Aplicaciones del álgebra matricial

Julio Benítez López

$$
L = \left[\begin{array}{cccccc|ccccc}
a_1 & a_2 & a_3 & \cdots & a_{r-1} & a_r & 0 & 0 & \cdots & 0 & 0 \\
m_1 & 0 & 0 & \cdots & 0 & 0 & 0 & 0 & \cdots & 0 & 0 \\
0 & m_2 & 0 & \cdots & 0 & 0 & 0 & 0 & \cdots & 0 & 0 \\
0 & 0 & m_3 & \cdots & 0 & 0 & 0 & 0 & \cdots & 0 & 0 \\
\vdots & \vdots & \vdots & \ddots & \vdots & \vdots & \vdots & \vdots & \ddots & \vdots & \vdots \\
0 & 0 & 0 & \cdots & m_{r-1} & 0 & 0 & 0 & \cdots & 0 & 0 \\
0 & 0 & 0 & \cdots & 0 & m_r & 0 & 0 & \cdots & 0 & 0 \\
\hline
0 & 0 & 0 & \cdots & 0 & 0 & 0 & 0 & \cdots & 0 & 0 \\
0 & 0 & 0 & \cdots & 0 & 0 & m_{r+1} & 0 & \cdots & 0 & \\
\vdots & \vdots & \vdots & \ddots & \vdots & \vdots & \vdots & \vdots & \ddots & \vdots & \\
0 & 0 & 0 & \cdots & 0 & 0 & 0 & 0 & \cdots & m_{n-1} &
\end{array}\right]
$$

Paraninfo

C/ Sierra de Guadarrama 35. Naves 2, 3, 4 y 5
Polígono Industrial San Fernando II,
28830 San Fernando de Henares, Madrid
Teléfono: 914 463 350
clientes@paraninfo.es / www.paraninfo.es

Impresión: Liberdigital (Casarrubuelos, Madrid)
ISBN: 978-84-283-7277-0
Depósito legal: M-15400-2025

Impreso en España

A Belén y Verónica.

Si las matemáticas son la base de la tecnología moderna,
Belén y Verónica son la base de mi vida.

Índice general

Prefacio **XIII**

1 El diseño de curvas por ordenador **1**

1.1 El algoritmo de Casteljau . . . 2

1.1.1 Parábolas . . . 2

1.1.2 Algoritmo general de Casteljau . . . 4

1.2 Curvas de Bézier y polinomios de Bernstein . . . 9

1.3 Propiedades de las curvas de Bézier . . . 11

1.3.1 Invarianza afín . . . 11

1.3.2 Interpolación inicial y final . . . 13

1.3.3 Vectores tangentes . . . 13

1.3.4 Pseudocontrol local . . . 17

1.3.5 Elevación del grado . . . 18

1.3.6 Subdivisión . . . 20

1.4 Demostraciones . . . 21

1.5 Ejercicios . . . 23

2 Las proyecciones en el diseño técnico **27**

2.1 ¿Cómo representamos objetos tridimensionales en el plano? . . . 27

2.2 La matriz de una proyección . . . 29

2.3 El factor de escala . . . 31

2.4 Proyecciones isométricas . . . 32

2.4.1 La proyección isométrica 30° . . . 33

2.4.2 La proyección isométrica 27° . . . 34

2.4.3 La proyección militar . . . 35

2.4.4 La proyección caballera . . . 36

2.5 Proyecciones ortográficas . . . 38

2.6 Demostraciones 40
2.7 Ejercicios 41

3 La geometría proyectiva **43**
3.1 Los orígenes de la geometría proyectiva 43
3.2 Un modelo algebraico para la perspectiva: las coordenadas homogéneas 44
3.2.1 El principio de dualidad 50
3.3 Transformaciones proyectivas 51
3.3.1 Reconstrucción de colineaciones a partir de la imagen de varios puntos . 53
3.4 Los teoremas de Pappus y Desargues 56
3.5 La relación entre la geometría "usual" y la proyectiva 59
3.6 La razón doble 63
3.6.1 La razón doble y la geometría "usual" 65
3.6.2 Una aplicación de la razón doble 68
3.7 Estimación de magnitudes a partir de fotografías 70
3.8 La perspectiva cónica 76
3.9 Ejercicios 83

4 La transformada discreta de Fourier **89**
4.1 Señales periódicas y series de Fourier 89
4.2 Transformada discreta de Fourier 90
4.2.1 Interpretación física de la transformada discreta de Fourier 97
4.3 Propiedades de la transformada discreta de Fourier 99
4.4 Filtrado de señales 101
4.5 Compresión digital y la transformada discreta de Fourier 103
4.6 La transformada discreta coseno 107
4.7 La transformada discreta coseno bidimensional 112
4.8 El sistema de compresión JPG 115
4.9 Sistemas independientes del tiempo. Matrices circulantes 119
4.9.1 Propiedades de las matrices circulantes 121
4.10 Ejercicios 125

5 *Analytic Hierarchy Process* **129**
5.1 Introducción 129
5.2 La matriz de comparaciones 129
5.3 Matrices consistentes y recíprocas 132

5.4 El índice de consistencia 139
5.5 Mejora de la consistencia cambiando algunas entradas 142
5.6 Proceso de linealización 144
5.6.1 ¿Cómo saber si dos matrices se parecen? 144
5.6.2 Más sobre matrices recíprocas y consistentes 146
5.6.3 Cómo hallar la matriz consistente más cercana a otra dada 149
5.6.4 El proceso de linealización 152
5.6.5 Un ejemplo "casi real" 154
5.7 Más niveles 155
5.8 Ejercicios 159

6 Códigos correctores lineales **163**
6.1 Sistema binario 163
6.2 Códigos de detección de errores 164
6.3 Códigos lineales 166
6.4 Códigos correctores de errores y distancia de Hamming 173
6.5 Corrección de errores por medio de síndromes 180
6.6 Códigos Hamming 183
6.7 Demostraciones 187
6.8 Ejercicios 187

7 Cadenas de Márkov **191**
7.1 Definición de una cadena de Márkov 194
7.1.1 Grafo asociado a una cadena de Márkov 197
7.2 Ejemplos de cadenas de Márkov 197
7.3 Potencias de matrices y cadenas de Márkov 202
7.4 Comportamiento a largo plazo de una cadena de Márkov 208
7.5 Estados absorbentes 212
7.6 Cadenas irreducibles 218
7.6.1 Cadenas regulares 219
7.6.2 Cadenas irreducibles no regulares 221
7.7 Tiempo medio del primer paso para cadenas irreducibles 225
7.7.1 Tiempo medio de transición 225
7.7.2 Tiempo medio de regreso 227
7.8 Demostraciones 227
7.9 Ejercicios 232

8 Matrices y biología **241**

8.1 Modelo de Leslie 241
8.2 Planteamiento general del modelo de Leslie 242
8.3 Solución general del modelo de Leslie 247
8.4 Valores y vectores propios de una matriz de Leslie 250
8.5 Comportamiento a largo plazo del modelo de Leslie 253
8.6 Comportamiento a largo plazo de la proporción 257
8.7 Demostraciones 265
8.8 Ejercicios 266

9 Modelo económico de Leontief **269**

9.1 Modelo económico de Leontief 270
9.2 Solución del modelo de Leontief 272
9.3 Un sistema económico donde todos los bienes son básicos 276
9.4 Los precios en el modelo de Leontief 278
9.4.1 La economía no genera beneficios 278
9.4.2 La economía genera beneficios 279
9.5 Ejercicios 280

10 El motor de búsqueda de Google **285**

10.1 Una pequeña introducción al algoritmo PageRank 285
10.2 La fórmula inicial del algoritmo PageRank 285
10.3 El algoritmo PageRank en su forma inicial 289
10.4 Ajustes del algoritmo PageRank. Matriz de Google 292
10.5 El algoritmo PageRank en su versión final 296
10.6 Aspectos computacionales del algoritmo PageRank 297
10.7 El factor de amortiguamiento 300
10.8 Ejercicios 304

11 Recuperación de información **307**

11.1 La matriz de documentos 307
11.1.1 Matriz de frecuencias ponderadas 308
11.1.2 Frecuencia inversa ponderada 310
11.1.3 Ponderación directa-inversa 311
11.2 El modelo del espacio vectorial 313
11.3 Reducción del rango y la factorización QR 317

11.4 Ejercicios 322

12 Análisis de componentes principales y el reconocimiento facial 325

12.1 El espacio de caras 325

12.2 Media, varianza y covarianza 327

12.3 Análisis de las componentes principales 331

12.3.1 Primer eje principal 331

12.3.2 Segunda componente principal 338

12.3.3 Componentes principales 339

12.3.4 Mejora de los cálculos 341

12.3.5 Estandarización 342

12.4 *Eigenfaces* 343

12.4.1 Procedimiento de reconocimiento 345

12.5 Ejercicios 346

A La teoría de Perron-Frobenius 347

A.1 El teorema de Perron 347

A.2 El teorema de Frobenius 349

A.2.1 La matriz de adyacencia de un grafo 350

A.2.2 Matrices irreducibles y el teorema de Frobenius 351

A.3 Demostraciones 355

Bibliografía 357

Prefacio

Dos personas se pierden en el desierto y comienzan a gritar desesperados.

—¡Hola! ¿Dónde estamos?

Unos cinco minutos más tarde, escuchan una voz:

—¡Hola! ¡¡Estáis perdidos en el desierto!!

Y las dos personas perdidas conversan:

—El que nos ha contestado debe de ser un matemático.

—¿Por qué dices esto?

—Por tres razones. Primero, ha tardado mucho tiempo en contestar; segundo, tiene toda la razón del mundo, y tercero, su respuesta es absolutamente inútil.

— — —

Las matemáticas son esenciales hoy en día: cámaras digitales, buscadores de internet, programas de diseño geométrico, códigos con verificación de errores ... Pero, en muchas ocasiones, las matemáticas que se enseñan en los cursos universitarios no muestran su enorme aplicabilidad. Las matemáticas son esenciales en el diseño de la moderna tecnología y, por tanto, deben ser explicadas con esta faceta.

También el flujo de información debe ir en sentido opuesto. Todo aquel que se dedique a diseñar la tecnología moderna debe comprender y saber hacer matemáticas. Estas no deben ser reducidas a un mero "recetario de cocina", ya que, al más mínimo cambio del planteamiento, se debe comprender la situación. Por supuesto que no estoy diciendo que el usuario deba saber todas las matemáticas inherentes: por ejemplo, un buen fotógrafo no tiene por qué saber la tranformada de Fourier, que es la base del sistema de compresión JPEG; pero un ingeniero que se dedique al diseño de cámaras digitales sí debe conocer la transformada de Fourier.

Este libro trata precisamente de lo que he intentado señalar en los dos párrafos anteriores: mostrar la enorme aplicabilidad de las matemáticas (y, más concretamente del álgebra lineal) en el mundo tecnológico actual. Contiene varios capítulos que pueden ser leídos de forma más o menos independiente y en el orden que quieras. Cada capítulo aborda una aplicación a la ingeniería moderna.

Cabe señalar que **NO** es un libro de texto de álgebra lineal o matricial. Hay muchos libros excelentes que tratan esta materia y, por tanto, creo que es inoportuno ofrecer al público otra obra similar, que no sería más que un "refrito" de los textos ya existentes. Por tanto, si lo que buscas es aprender álgebra lineal, lo mejor que puedes hacer es no seguir leyendo este libro. Si, por el contrario, quieres saber para qué sirve el álgebra lineal, te animo a que continúes leyendo.

Para comprender su contenido, he presupuesto que tienes un conocimiento básico de matrices: qué son, cómo se suman, multiplican, algo de valores y vectores propios y poco más. También es necesario conocer las propiedades básicas de los números complejos.

Deseo expresar mi más sincera gratitud al personal de la editorial Paraninfo por su apoyo y paciencia durante todo el proceso editorial. Sus valiosas recomendaciones han servido para mejorar la calidad de este libro. Finalmente, quiero agradecerle a mi familia su apoyo incondicional durante estos años de trabajo.

Si deseas compartir algún comentario, puedes mandarme un correo electrónico a la dirección `jbenitez@mat.upv.es`. Gracias de antemano por tus sugerencias.

Espero sinceramente que, al concluir la lectura, no compartas la opinión sobre las matemáticas que tienen las personas perdidas en el desierto del chiste del comienzo.

Julio Benítez López

Capítulo 1
El diseño de curvas por ordenador

Pensemos en el siguiente problema: ¿cómo representar una curva en el plano o en el espacio? Una de las formas más efectivas consiste en pensar en el movimiento de un cuerpo: en cada momento tenemos que especificar la posición que ocupa este cuerpo. Por tanto, para cada tiempo t, el cuerpo ocupa el punto $\mathbf{r}(t)$ de $\mathbb{R}^2$ (si la curva es plana) o bien de $\mathbb{R}^3$ (si la curva es espacial). Es decir, tenemos una aplicación $\mathbf{r} : [a,b] \to \mathbb{R}^n$, siendo $[a,b]$ el intervalo de tiempos y $n=2$ o bien $n=3$. El significado físico es el siguiente: la partícula ocupa la posición $\mathbf{r}(t)$ en el tiempo $t \in [a,b]$.

Hasta mediados del siglo XX no hubo necesidad de considerar muchos aspectos de la utilización del diseño de curvas en la industria. Pero, si se busca manejar curvas desde el punto de vista computacional, las expresiones de estas curvas han de ser sencillas. Por tanto, los polinomios deben ser las curvas más usadas. El problema es que los coeficientes de los polinomios no tienen un significado geométrico claro. Por ejemplo, si

$$\mathbf{r}(t) = \mathbf{a} + t\mathbf{b} + t^2\mathbf{c}, \qquad \mathbf{a}, \mathbf{b}, \mathbf{c} \in \mathbb{R}^2, \tag{1.1}$$

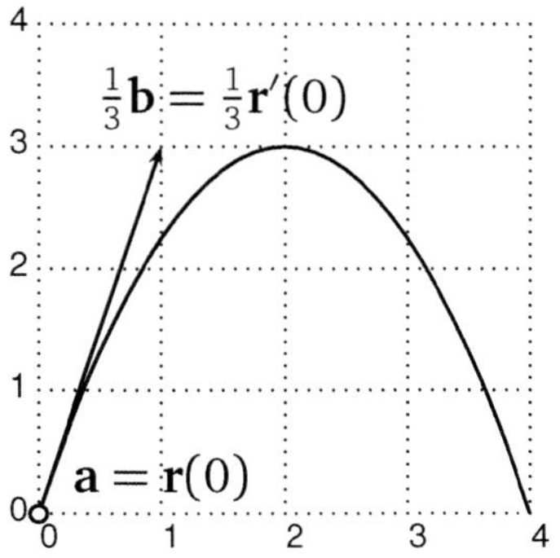

¿qué significan los coeficientes $\mathbf{a}$, $\mathbf{b}$, $\mathbf{c}$? Así, la parábola de la figura 1.1 se ha obtenido por medio de

Figura 1.1. Una parábola en el plano.

$$\mathbf{r}(t) = \begin{bmatrix} 0 \\ 0 \end{bmatrix} + \begin{bmatrix} 4 \\ 12 \end{bmatrix} t + \begin{bmatrix} 0 \\ -12 \end{bmatrix} t^2, \qquad 0 \le t \le 1.$$

Podemos ver, a partir de (1.1), que $\mathbf{r}(0) = \mathbf{a}$ y $\mathbf{r}'(0) = \mathbf{b}$; pero ¿qué significado geométrico tiene $\mathbf{c}$? No olvidemos (y esto es muy importante) que primero tenemos que conocer la forma de la curva que queremos modelar y luego la fórmula, y no al revés.

La representación de curvas más usada en el diseño por ordenador fue descubierta de manera independiente por Bézier y por Casteljau (quienes trabajaron para las empresas automovilísticas Renault y Citröen, respectivamente). En 1959 Casteljau redactó un informe confidencial en el que presentó un algoritmo con el fin de generar por ordenador curvas sencillas e intuitivas de manipular. Bézier en la década de los sesenta derivó de forma diferente el mismo tipo de curvas. Debido a que se hizo público antes el trabajo de Bézier, este tipo de curvas llevan su nombre.

Los trabajos de Bézier y Casteljau estaban orientados a la industria automovilística. Ahora las curvas de Bézier (en su versión plana) son la base de muchos programas informáticos de diseño gráfico (como Adobe Illustrator o Corel Draw) y del diseño de tipos de fuentes de letras (como PostScript o TrueType).

1.1. El algoritmo de Casteljau

1.1.1. Parábolas

Comencemos con el siguiente algoritmo (ideado por Casteljau): sean $\mathbf{p}_0, \mathbf{p}_1, \mathbf{p}_2$ tres puntos en $\mathbb{R}^3$ (el algoritmo también es válido si se sustituye $\mathbb{R}^3$ por $\mathbb{R}^2$) y $t \in [0,1]$. Construimos los siguientes dos puntos:

$$\mathbf{b}_0^1(t) = (1-t)\mathbf{p}_0 + t\mathbf{p}_1, \qquad \mathbf{b}_1^1(t) = (1-t)\mathbf{p}_1 + t\mathbf{p}_2.$$

A continuación construimos un último punto más:

$$\mathbf{b}_0^2(t) = (1-t)\mathbf{b}_0^1(t) + t\mathbf{b}_1^1(t).$$

Observa la figura 1.2. A medida que t varía entre 0 y 1, el punto $\mathbf{b}_0^2(t)$ describe una curva. La curva $\mathbf{b}_0^2(t)$ se llama **curva de Bézier** asociada a los puntos $\mathbf{p}_0, \mathbf{p}_1, \mathbf{p}_2$. Estos puntos se llaman **puntos de control** (más adelante veremos la razón de este nombre).

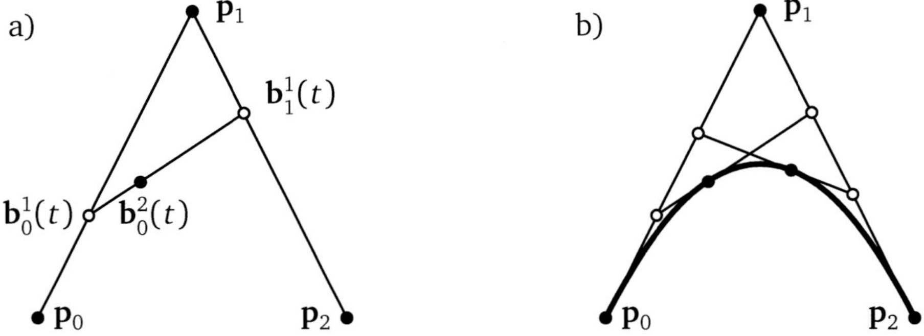

Figura 1.2. a) El algoritmo de Casteljau. b) La curva de Bézier que resulta tras aplicar el algoritmo.

Este algoritmo se puede escribir de forma matricial: sean $\mathbf{p}_0, \mathbf{p}_1, \mathbf{p}_2$ tres puntos de $\mathbb{R}^2$ o $\mathbb{R}^3$ (como siempre, vamos a considerar los puntos como columnas). Como

$$\left[\begin{array}{cc} \mathbf{b}_0^1(t) & \mathbf{b}_1^1(t) \end{array}\right] = \left[\begin{array}{cc} (1-t)\mathbf{p}_0 + t\mathbf{p}_1 & (1-t)\mathbf{p}_1 + t\mathbf{p}_2 \end{array}\right] = \left[\begin{array}{ccc} \mathbf{p}_0 & \mathbf{p}_1 & \mathbf{p}_2 \end{array}\right] \left[\begin{array}{cc} 1-t & 0 \\ t & 1-t \\ 0 & t \end{array}\right]$$

y

$$\mathbf{b}_0^2(t) = \left[\begin{array}{cc} \mathbf{b}_0^1(t) & \mathbf{b}_1^1(t) \end{array}\right] \left[\begin{array}{c} 1-t \\ t \end{array}\right],$$

entonces

$$\mathbf{b}_0^2(t) = \left[\begin{array}{ccc} \mathbf{p}_0 & \mathbf{p}_1 & \mathbf{p}_2 \end{array}\right] \left[\begin{array}{cc} 1-t & 0 \\ t & 1-t \\ 0 & t \end{array}\right] \left[\begin{array}{c} 1-t \\ t \end{array}\right], \tag{1.2}$$

lo que proporciona

$$\mathbf{b}_0^2(t) = (1-t)^2\mathbf{p}_0 + 2t(1-t)\mathbf{p}_1 + t^2\mathbf{p}_2.$$

Por tanto, la curva de Bézier asociada a los puntos $\mathbf{p}_0$, $\mathbf{p}_1$, $\mathbf{p}_2$ es una parábola.

Ejercicio 1.1. Comprueba que $\mathbf{b}_0^2(0) = \mathbf{p}_0$ y $\mathbf{b}_0^2(1) = \mathbf{p}_2$. Esto es, el punto inicial de la curva de Bézier con puntos de control $\mathbf{p}_0$, $\mathbf{p}_1$, $\mathbf{p}_2$ es $\mathbf{p}_0$, y el punto final, $\mathbf{p}_2$.

Mira las figuras 1.2 y 1.3, ¿observas alguna relación entre los segmentos $\mathbf{p}_0\mathbf{p}_1$, $\mathbf{p}_1\mathbf{p}_2$ y la parábola? Parece que ambos segmentos son tangentes a la parábola. Vamos a comprobar este hecho. Para ello, usaremos que, si $\mathbf{r} : [a,b] \to \mathbb{R}^n$ es una curva, entonces un vector tangente a la curva en el punto $\mathbf{r}(t_0)$ es el vector $\mathbf{r}'(t_0)$. Como

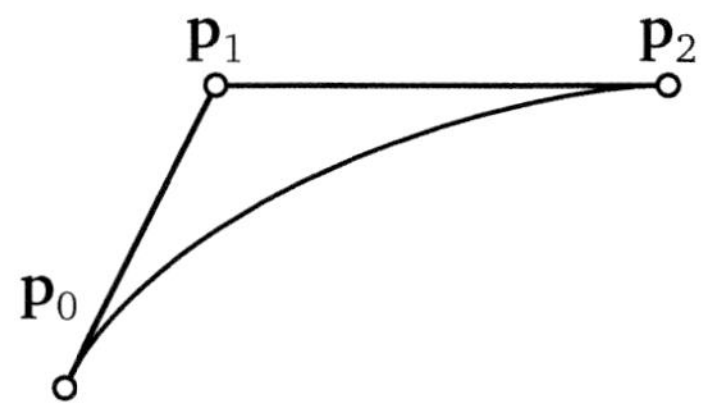

$$\mathbf{b}_0^2(t) = (1-t)^2\mathbf{p}_0 + 2t(1-t)\mathbf{p}_1 + t^2\mathbf{p}_2,$$

entonces

$$\frac{\mathrm{d}\mathbf{b}_0^2}{\mathrm{d}t} = 2(t-1)\mathbf{p}_0 + (2-4t)\mathbf{p}_1 + 2t\mathbf{p}_2.$$

Figura 1.3. La parábola con puntos de control $\mathbf{p}_0, \mathbf{p}_1, \mathbf{p}_2$.

Puesto que $\mathbf{p}_0 = \mathbf{b}_0^2(0)$, entonces un vector tangente a la curva en $\mathbf{p}_0$ viene dado por

$$\left.\frac{\mathrm{d}\mathbf{b}_0^2}{\mathrm{d}t}\right|_{t=0} = -2\mathbf{p}_0 + 2\mathbf{p}_1 = 2\overrightarrow{\mathbf{p}_0\mathbf{p}_1}.$$

De la misma manera se prueba que el segmento $\mathbf{p}_1\mathbf{p}_2$ es tangente a la curva en $\mathbf{p}_2$.

Observa que decimos "**un** vector tangente" en vez de "**el** vector tangente", ya que, si $\mathbf{v}$ es un vector tangente, entonces cualquier múltiplo no nulo de $\mathbf{v}$ es también un vector tangente, pues los vectores marcan direcciones. Por tanto, el factor 2 en $\mathrm{d}\mathbf{b}_0^2/\mathrm{d}t|_{t=0} = 2(\mathbf{p}_1 - \mathbf{p}_0)$ es prácticamente anecdótico (físicamente es importante pues $\mathrm{d}\mathbf{b}_0^2/\mathrm{d}t$ es la velocidad, pero en este tema estamos interesados en los aspectos geométricos y no en los físicos).

Ejemplo 1.1. Vamos a estudiar algunos ejemplos concretos. En particular vamos a dibujar aproximadamente una circunferencia mediante cuatro arcos de parábolas.

Si queremos dibujar aproximadamente el primer cuadrante de la circunferencia $x^2+y^2 = 1$ mediante una parábola de Bézier, como los puntos inicial y final del primer cuadrante de la circunferencia son $[1,0]^T$ y $[0,1]^T$, entonces definimos $\mathbf{p}_0 = [1,0]^T$ y $\mathbf{p}_2 = [0,1]^T$.

Ahora falta determinar $\mathbf{p}_1$. Como el segmento $\mathbf{p}_0\mathbf{p}_1$ es tangente al arco de circunferencia que queremos aproximar, entonces $\mathbf{p}_1$ está sobre la recta $x = 1$. Y como el segmento $\mathbf{p}_1\mathbf{p}_2$ es tangente al arco de circunferencia, entonces $\mathbf{p}_1$ está sobre la recta $y = 1$. Por tanto, $\mathbf{p}_1 = [1,1]^T$. En figura 1.4a puedes ver estos tres puntos de control junto a la parábola.

Pero en la figura 1.4b se puede apreciar que el resultado no es muy satisfactorio. ___ **Fin**

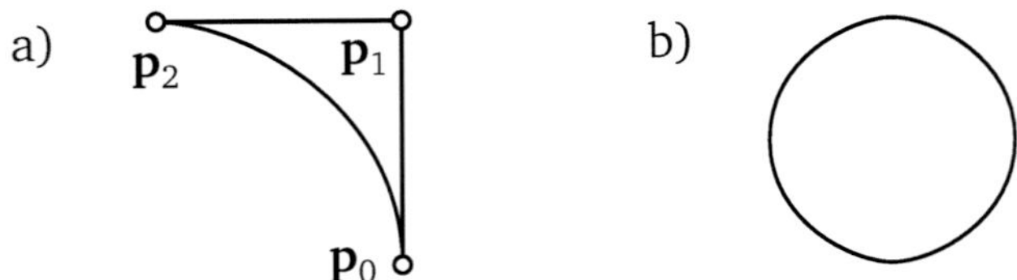

Figura 1.4.

Además, las parábolas son curvas planas; mientras que en las aplicaciones prácticas es muy interesante construir curvas tridimensionales. Por tanto, las parábolas son demasiado rígidas en el diseño práctico. Para construir curvas más flexibles modificaremos el algoritmo anterior.

1.1.2. Algoritmo general de Casteljau

Dados los $n+1$ puntos $\mathbf{p}_0, \mathbf{p}_1, \ldots, \mathbf{p}_n$ y $t \in [0,1]$, en primer lugar, se calculan n puntos:

$$\mathbf{b}_i^1(t) = (1-t)\mathbf{p}_i + t\mathbf{p}_{i+1}, \qquad i = 0, \ldots, n-1.$$

A continuación, se calculan $n-1$ puntos:

$$\mathbf{b}_i^2(t) = (1-t)\mathbf{b}_i^1(t) + t\mathbf{b}_{i+1}^1(t), \qquad i = 0, \ldots, n-2.$$

Y así progresivamente hasta calcular:

$$\mathbf{b}_0^n(t) = (1-t)\mathbf{b}_0^{n-1}(t) + t\mathbf{b}_1^{n-1}(t).$$

Este algoritmo se ve mejor si se pone en forma triangular, como se muestra en la tabla siguiente con cuatro puntos iniciales. Hemos escrito $\mathbf{b}_i^r$ en vez de $\mathbf{b}_i^r(t)$ simplemente por abreviar la escritura.

$$\begin{array}{lllllll}
\mathbf{p}_0 & & & & & & \\
& \searrow & & & & & \\
\mathbf{p}_1 & \rightarrow & \mathbf{b}_0^1 = (1-t)\mathbf{p}_0 + t\mathbf{p}_1 & & & & \\
& \searrow & & \searrow & & & \\
\mathbf{p}_2 & \rightarrow & \mathbf{b}_1^1 = (1-t)\mathbf{p}_1 + t\mathbf{p}_2 & \rightarrow & \mathbf{b}_0^2 = (1-t)\mathbf{b}_0^1 + t\mathbf{b}_1^1 & & \\
& \searrow & & \searrow & & \searrow & \\
\mathbf{p}_3 & \rightarrow & \mathbf{b}_2^1 = (1-t)\mathbf{p}_2 + t\mathbf{p}_3 & \rightarrow & \mathbf{b}_1^2 = (1-t)\mathbf{b}_1^1 + t\mathbf{b}_2^1 & \rightarrow & \mathbf{b}_0^3 = (1-t)\mathbf{b}_0^2 + t\mathbf{b}_1^2
\end{array} \tag{1.3}$$

Los puntos $\mathbf{p}_0, \ldots, \mathbf{p}_n$ se llaman **puntos de control**, y la curva final $\mathbf{b}_0^n(t)$, **curva de Bézier** asociada a los puntos $\mathbf{p}_0, \ldots, \mathbf{p}_n$, la cual será denotada en lo sucesivo por $\mathscr{B}[\mathbf{p}_0, \ldots, \mathbf{p}_n](t)$. En la figura 1.5 puedes ver el algoritmo de Casteljau con cuatro puntos de control.

La representación matricial es análoga a (1.2). Cuando solo hay tres puntos iniciales, es

$$\mathscr{B}[\mathbf{p}_0, \mathbf{p}_1, \mathbf{p}_2, \mathbf{p}_3](t) =$$

$$= \begin{bmatrix} \mathbf{p}_0 & \mathbf{p}_1 & \mathbf{p}_2 & \mathbf{p}_3 \end{bmatrix} \begin{bmatrix} 1-t & 0 & 0 \\ t & 1-t & 0 \\ 0 & t & 1-t \\ 0 & 0 & t \end{bmatrix} \begin{bmatrix} 1-t & 0 \\ t & 1-t \\ 0 & t \end{bmatrix} \begin{bmatrix} 1-t \\ t \end{bmatrix}. \tag{1.4}$$

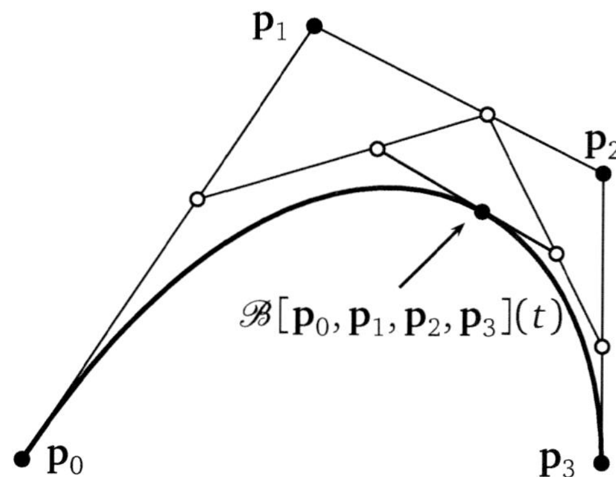

Figura 1.5. Una curva de Bézier con cuatro puntos de control.

En la figura 1.6 se han dibujado varias cúbicas de Bézier. Podemos observar que la curva de Bézier asociada es una versión suavizada de la poligonal que une los puntos de control.

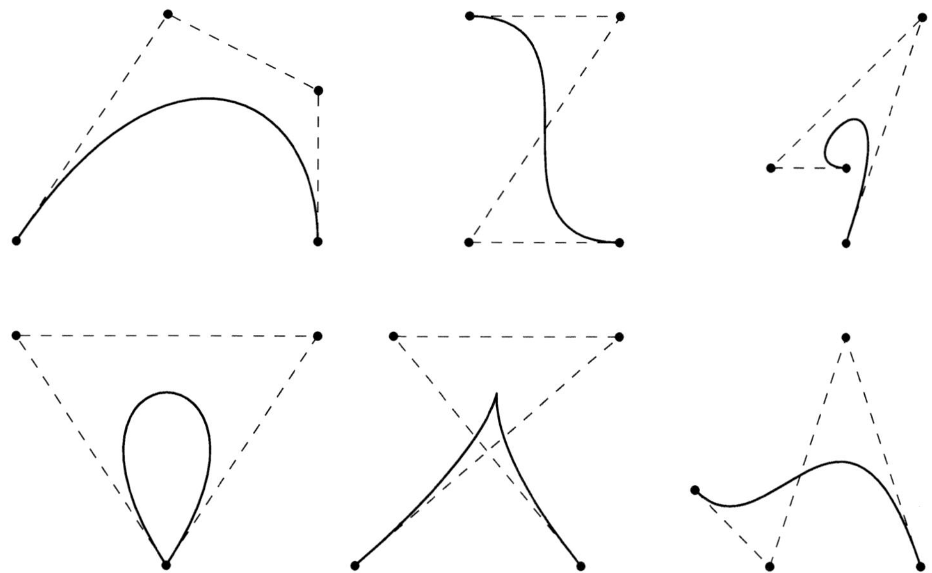

Figura 1.6. Varias cúbicas de Bézier.

Podemos observar en (1.4), haciendo $t = 0$ y $t = 1$, que los puntos inicial y final de la cúbica de Bézier asociada a los puntos $\mathbf{p}_0$, $\mathbf{p}_1$, $\mathbf{p}_2$, $\mathbf{p}_3$ son $\mathbf{p}_0$ y $\mathbf{p}_3$, respectivamente. En otras palabras,

$$\mathscr{B}[\mathbf{p}_0, \mathbf{p}_1, \mathbf{p}_2, \mathbf{p}_3](0) = \mathbf{p}_0, \qquad \mathscr{B}[\mathbf{p}_0, \mathbf{p}_1, \mathbf{p}_2, \mathbf{p}_3](1) = \mathbf{p}_2.$$

Si en (1.4) multiplicamos aparte las matrices que contienen t y $1-t$, tenemos:

$$\begin{bmatrix} 1-t & 0 & 0 \\ t & 1-t & 0 \\ 0 & t & 1-t \\ 0 & 0 & t \end{bmatrix} \begin{bmatrix} 1-t & 0 \\ t & 1-t \\ 0 & t \end{bmatrix} \begin{bmatrix} 1-t \\ t \end{bmatrix} = \begin{bmatrix} (1-t)^3 \\ 3t(1-t)^2 \\ 3t^2(1-t) \\ t^3 \end{bmatrix}.$$

Por lo que

$$\mathscr{B}[\mathbf{p}_0, \mathbf{p}_1, \mathbf{p}_2, \mathbf{p}_3](t) = (1-t)^3\mathbf{p}_0 + 3t(1-t)^2\mathbf{p}_1 + 3t^2(1-t)\mathbf{p}_2 + t^3\mathbf{p}_3.$$

Observa que la curva de Bézier asociada a tres puntos es un polinomio de grado 2 (parábola) y una curva de Bézier asociada a cuatro puntos es un polinomio de grado 3 (por eso se llama cúbica). En general, veremos que una curva de Bézier asociada a $n+1$ puntos es un polinomio de grado n.

Ejercicio 1.2. Comprueba que el segmento $\mathbf{p}_0\mathbf{p}_1$ es tangente a la cúbica de Bézier asociada a $\mathbf{p}_0, \mathbf{p}_1, \mathbf{p}_2, \mathbf{p}_3$ en $\mathbf{p}_0$. De forma análoga se probaría que el segmento $\mathbf{p}_2\mathbf{p}_3$ es tangente a la cúbica de Bézier asociada a $\mathbf{p}_0, \mathbf{p}_1, \mathbf{p}_2, \mathbf{p}_3$ en $\mathbf{p}_3$. Repasa las figuras 1.5 y 1.6.

Ejemplo 1.2. Imaginemos que queremos dibujar la zona sombreada de la figura 1.7a. Para ello, la ubicamos en un sistema de coordenadas sencillo y sean

$$\mathbf{a} = \begin{bmatrix} 0 \\ 0 \end{bmatrix}, \quad \mathbf{b} = \begin{bmatrix} 3 \\ 1.5 \end{bmatrix}, \quad \mathbf{c} = \begin{bmatrix} 6 \\ 1.5 \end{bmatrix}, \quad \mathbf{d} = \begin{bmatrix} 3 \\ 3.5 \end{bmatrix}$$

los puntos que definen los ejes (observa la figura 1.7b).

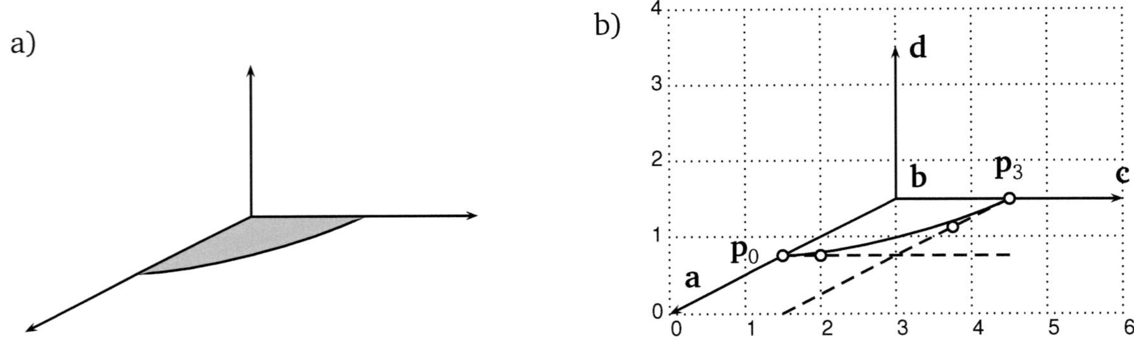

Figura 1.7. Un uso de las cúbicas de Bézier.

Elijamos un punto del segmento **ab** y otro punto del segmento **bc**; por ejemplo $[1.5, 0.75]^T$ y $[4.5, 1.5]^T$. Estos puntos son el primero y el último de los puntos de control ($\mathbf{p}_0 = [1.5, 0.75]^T$ y $\mathbf{p}_3 = [4.5, 1.5]^T$). Ahora falta ubicar $\mathbf{p}_1$ y $\mathbf{p}_2$. Si queremos que la tangente a la curva en $\mathbf{p}_0$ sea paralela al segmento **bc**, entonces $\mathbf{p}_1$ tiene que estar en la recta que pasa por $\mathbf{p}_0$ y cuyo vector director es $\overrightarrow{\mathbf{bc}} = \mathbf{c} - \mathbf{b} = [3, 0]^T$. Es decir, $\mathbf{p}_1$ tiene que ser de la forma

$$\mathbf{p}_1 = \mathbf{p}_0 + \lambda\overrightarrow{\mathbf{bc}} = \begin{bmatrix} 1.5 \\ 0.75 \end{bmatrix} + \lambda \begin{bmatrix} 3 \\ 0 \end{bmatrix} = \begin{bmatrix} 1.5 + 3\lambda \\ 0.75 \end{bmatrix},$$

donde λ es un número real arbitrario. De una forma similar, llegamos a que $\mathbf{p}_2$ tiene que estar en la recta que pasa por $\mathbf{p}_3$ y con vector director $\overrightarrow{\mathbf{ab}} = \mathbf{b} - \mathbf{a} = [3, 1.5]^T$, es decir,

$$\mathbf{p}_2 = \mathbf{p}_3 + \mu\overrightarrow{\mathbf{ab}} = \begin{bmatrix} 4.5 \\ 1.5 \end{bmatrix} + \mu \begin{bmatrix} 3 \\ 1.5 \end{bmatrix} = \begin{bmatrix} 4.5 + 3\mu \\ 1.5 + 1.5\mu \end{bmatrix},$$

donde μ es otro número real arbitrario. Ahora simplemente hay que variar los números λ y μ para elegir el más estético.

En la figura 1.7 se han elegido $\lambda = 1/6$ y $\mu = -0.25$ para obtener $\mathbf{p}_1 = [2, 0.75]^T$ y $\mathbf{p}_2 = [3.75, 1.125]^T$. ______ **Fin**

Ejercicio 1.3. Diseña una curva como la de la figura 1.8 por medio de una cúbica de Bézier. Las líneas discontinuas son paralelas y horizontales.

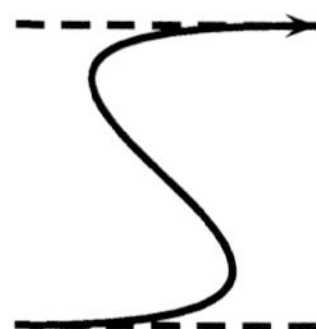

Figura 1.8. Figura para el ejercicio 1.3.

Octave El siguiente programa es una función de Octave que dibuja la curva de Bézier asociada a n puntos de $\mathbb{R}^2$.

```
function castel(P)
[m,n] = size(P);
x = zeros(1,101); y = zeros(1,101);
i = 1;
for t = 0:0.01:1
   B = P;
   for k = n-1:-1:1
        ceros = zeros(1,k);
        C = [(1-t)*eye(k);ceros] + [ceros;t*eye(k)];
        B = B*C;
   end
   x(i) = B(1); y(i) = B(2);
   i = i+1;
end
plot(x,y,'linewidth',3, ...
   P(1,:),P(2,:),'.k','markersize',20, P(1,:),P(2,:),'r','linewidth',2)
```

A continuación procedemos con la explicación y el uso del programa. Si queremos introducir la curva de Bézier asociada a los puntos $\mathbf{p}_0, \mathbf{p}_1, \ldots, \mathbf{p}_{n-1}$ (¡cuidado con los subíndices!: el último punto es $\mathbf{p}_{n-1}$ y no $\mathbf{p}_n$) tenemos que introducir `castel(P)`, donde P es una matriz con dos filas y n columnas, siendo cada columna el punto $\mathbf{p}_i$. Por ejemplo, si queremos dibujar $\mathscr{B}[\mathbf{p}_0, \mathbf{p}_1, \mathbf{p}_2, \mathbf{p}_3]$ donde

$$\mathbf{p}_0 = \begin{bmatrix} 1 \\ 0 \end{bmatrix}, \quad \mathbf{p}_0 = \begin{bmatrix} 0 \\ 2 \end{bmatrix}, \quad \mathbf{p}_0 = \begin{bmatrix} 3 \\ 3 \end{bmatrix}, \quad \mathbf{p}_0 = \begin{bmatrix} 2 \\ 0 \end{bmatrix},$$

entonces se debe introducir

```
P = [1 0 3 2; 0 2 3 0];
cast(P)
```

El número de filas de P es 2 y el número de columnas es n, que es el número de puntos. La curva $\mathscr{B}[\mathbf{p}_0, \ldots, \mathbf{p}_{n-1}](t)$, al ser de $\mathbb{R}^2$, es de la forma $t \mapsto [x(t), y(t)]^T$. Se van a dibujar los 101 puntos

$$\begin{bmatrix} x(0) \\ y(0) \end{bmatrix}, \begin{bmatrix} x(0.01) \\ y(0.01) \end{bmatrix}, \begin{bmatrix} x(0.02) \\ y(0.02) \end{bmatrix}, \ldots, \begin{bmatrix} x(0.99) \\ y(0.99) \end{bmatrix}, \begin{bmatrix} x(1) \\ y(1) \end{bmatrix}.$$

Por eso se inicializan los vectores x e y; y en cada vuelta del bucle externo (el de t) se calcula una nueva componente de los vectores x e y.

Para entender el resto, lo mejor es tomar un valor sencillo de n, por ejemplo $n = 4$. Entonces se dibujará una cúbica y la expresión matricial la tenemos escrita en (1.4). Si

$$C_3 = \begin{bmatrix} 1-t & 0 & 0 \\ t & 1-t & 0 \\ 0 & t & 1-t \\ 0 & 0 & t \end{bmatrix}, \quad C_2 = \begin{bmatrix} 1-t & 0 \\ t & 1-t \\ 0 & t \end{bmatrix}, \quad C_1 = \begin{bmatrix} 1-t \\ t \end{bmatrix},$$

entonces $\mathscr{B}[\mathbf{p}_0, \mathbf{p}_1, \mathbf{p}_2, \mathbf{p}_2] = [\mathbf{p}_0, \mathbf{p}_1, \mathbf{p}_2, \mathbf{p}_3]C_3C_2C_1$, que se calcula recursivamente como

$$[\mathbf{p}_0, \mathbf{p}_1, \mathbf{p}_2, \mathbf{p}_3]C_3 \to ([\mathbf{p}_0, \mathbf{p}_1, \mathbf{p}_2, \mathbf{p}_3]C_3)\, C_2 \to ([\mathbf{p}_0, \mathbf{p}_1, \mathbf{p}_2, \mathbf{p}_3]C_3C_2)\, C_1.$$

Este es el objeto de la línea `B = B*C`. En cada iteración del bucle de k se halla la matriz C, que en realidad corresponde a las matrices C_3, C_2 y C_1 escritas antes. Para entender la línea `C = [(1-t)*eye(k);ceros] + [ceros;t*eye(k)];` observemos que, por ejemplo,

$$C_3 = (1-t)\begin{bmatrix} 1 & 0 & 0 \\ 0 & 1 & 0 \\ 0 & 0 & 1 \\ \hline 0 & 0 & 0 \end{bmatrix} + t\begin{bmatrix} 0 & 0 & 0 \\ \hline 1 & 0 & 0 \\ 0 & 1 & 0 \\ 0 & 0 & 1 \end{bmatrix}.$$

Fíjate que antes se ha definido el vector ceros como el vector nulo fila de $\mathbb{R}^k$.

Por último, las últimas líneas (las del plot) dibujan la curva de Bézier x,y con un ancho 3; los puntos de control P(:,1),P(:,2) en negro con "circulitos" de tamaño 20 y la poligonal que une los puntos de control en rojo con ancho 2. ______ **Fin**

1.2. Curvas de Bézier y polinomios de Bernstein

Como hemos visto, las curvas de Bézier se dibujan de forma recursiva mediante el algoritmo de Casteljau; sin embargo es conveniente tener una forma explícita para estudiar las propiedades de estas curvas.

Aunque en (1.2) y en (1.4) se ha visto una representación matricial, desde el punto de vista teórico, la aparición de matrices no cuadradas hace difícil el estudio. Sean $t \in [0,1]$ y las siguientes matrices:

$$P = \begin{bmatrix} \mathbf{p}_0 & \mathbf{p}_1 & \cdots & \mathbf{p}_{n-1} & \mathbf{p}_n \end{bmatrix}$$

y

$$C(t) = \begin{bmatrix} 1-t & 0 & 0 & \cdots & 0 & 0 \\ t & 1-t & 0 & \cdots & 0 & 0 \\ 0 & t & 1-t & \cdots & 0 & 0 \\ \vdots & \vdots & \vdots & \ddots & \vdots & \vdots \\ 0 & 0 & 0 & \cdots & 1-t & 0 \\ 0 & 0 & 0 & \cdots & t & 1-t \end{bmatrix} = tL + (1-t)I_{n+1}, \tag{1.5}$$

siendo L la matriz cuadrada de orden $n+1$ con unos en la diagonal inferior a la principal y el resto de sus entradas nulas. Como

$$PC(t) = \begin{bmatrix} (1-t)\mathbf{p}_0 + t\mathbf{p}_1 & (1-t)\mathbf{p}_1 + t\mathbf{p}_2 & \cdots & (1-t)\mathbf{p}_{n-1} + t\mathbf{p}_n & (1-t)\mathbf{p}_n \end{bmatrix},$$

las n primeras columnas de $PC(t)$ producen los n puntos tras la primera etapa en el algoritmo de Casteljau. Las $n-1$ primeras columnas de $(PC(t))C(t) = PC(t)^2$ producen los $n-1$ puntos tras dos etapas del algoritmo. Y así sucesivamente. Por tanto,

$$\mathscr{B}[\mathbf{p}_0, \mathbf{p}_1, \ldots, \mathbf{p}_n](t) = \text{la primera columna de } PC(t)^n. \tag{1.6}$$

Luego, hay que calcular $C(t)^n = (tL + (1-t)I_{n+1})^n$.

Ejercicio 1.4. La fórmula del binomio de Newton **no** es cierta para matrices. Prueba que

$$(A+B)^2 = A^2 + AB + BA + B^2,$$

por lo que, si $AB \neq BA$, entonces $(A+B)^2 \neq A^2 + 2AB + B^2$. Halla una expresión cierta para $(A+B)^3$ y comprueba, que si $AB = BA$, entonces $(A+B)^3 = A^3 + 3A^2B + 3AB^2 + B^3$.

Se puede probar que, si A y B son matrices cuadradas tales que $AB = BA$, entonces

$$(A+B)^n = \sum_{k=0}^{n} \binom{n}{k} A^k B^{n-k}.$$

Pero ahora, como L e I_{n+1} conmutan, entonces se puede aplicar el binomio de Newton:

$$PC(t)^n = P(tL + (1-t)I_{n+1})^n = P\sum_{k=0}^{n}\binom{n}{k}t^kL^k(1-t)^{n-k}I_{n+1}^{n-k} = P\sum_{k=0}^{n}\binom{n}{k}t^k(1-t)^{n-k}L^k.$$

Si denotamos $B_k^n(t) = \binom{n}{k}t^k(1-t)^{n-k}$, entonces

$$PC(t)^n = \sum_{k=0}^{n} B_k^n(t)PL^k.$$

Y, por tanto,

$$\begin{aligned}\mathscr{B}[\mathbf{p}_0, \mathbf{p}_1, \ldots, \mathbf{p}_n](t) &= \text{la primera columna de } PC(t)^n\\ &= \sum_{k=0}^{n} B_k^n(t)\big(\text{la primera columna de } PL^k\big).\end{aligned}$$

Vamos a ir calculando la primera columna de PL^k para $k = 0, \ldots, n$. Es evidente que, para $k = 0$, la primera columna de PL^k es $\mathbf{p}_0$, puesto que $L^0 = I_{n+1}$. También es muy sencillo comprobar que la primera columna de PL es $\mathbf{p}_1$.

Ejercicio 1.5. Calcula L^2, L^3, L^4. ¿Qué observas?

Por tanto, es fácil comprobar que la primera fila de PL^k es $\mathbf{p}_k$ para todo $k \in \{0, \ldots, n\}$. Esto permite probar el siguiente resultado:

Teorema 1.1. Expresión explícita de las curvas de Bézier

Sean $\mathbf{p}_0, \mathbf{p}_1, \ldots, \mathbf{p}_n$ puntos de $\mathbb{R}^m$. Si

$$B_k(t) = \binom{n}{k}t^k(1-t)^{n-k}, \qquad k = 0, 1, \ldots, n,$$

entonces

$$\mathscr{B}[\mathbf{p}_0, \ldots, \mathbf{p}_n](t) = \sum_{k=0}^{n} B_k^n(t)\mathbf{p}_k.$$

Ejercicio 1.6. Comprueba, por medio del teorema anterior, que

$$\mathscr{B}[\mathbf{p}_0, \mathbf{p}_1, \mathbf{p}_2](t) = (1-t)^2\mathbf{p}_0 + 2(1-t)t\mathbf{p}_1 + t^2\mathbf{p}_2$$

y

$$\mathscr{B}[\mathbf{p}_0, \mathbf{p}_1, \mathbf{p}_2, \mathbf{p}_3](t) = (1-t)^3\mathbf{p}_0 + 3(1-t)^2t\mathbf{p}_1 + 3(1-t)t^2\mathbf{p}_2 + t^3\mathbf{p}_3.$$

El uso de $\mathscr{B}[\mathbf{p}_0, \ldots, \mathbf{p}_n](t)$ como la primera columna de $PC(t)^n$ no es computacionalmente adecuado, pues es preferible emplear matrices no cuadradas, como en (1.2) y en (1.4). Otra de las razones es que $PC(t)^n$ da más información de la deseada, ya que solo necesitamos calcular la primera columna de la matriz $PC(t)^n$.

Los polinomios $B_k^n(t)$ que han aparecido se llaman **polinomios de Bernstein.**

1.3. Propiedades de las curvas de Bézier

1.3.1. Invarianza afín

Las aplicaciones afines juegan un papel importante en el diseño de objetos, pues a menudo estos deben ser trasladados, girados, escalados, etc.

Supongamos que hemos dibujado la curva de Bézier $\mathscr{B}[\mathbf{p}_0, \ldots, \mathbf{p}_n]$. A continuación queremos dibujar la imagen de esta curva mediante una aplicación afín $T : \mathbb{R}^m \to \mathbb{R}^m$ (observa que $m = 2$ si la curva es plana o $m = 3$ si la curva es espacial); es decir, tenemos que dibujar la curva $T(\mathscr{B}[\mathbf{p}_0, \ldots, \mathbf{p}_n])$. La invarianza afín permite resolver este problema de dos modos:

1. Calculando la imagen por T de los puntos de la curva ya dibujada.

2. Primero calculando $T(\mathbf{p}_0), \ldots, T(\mathbf{p}_n)$ y luego dibujando la curva de Bézier asociada a los puntos de control $T(\mathbf{p}_0), \ldots, T(\mathbf{p}_n)$.

La propiedad de la invarianza afín es una consecuencia del algoritmo de Casteljau.

Normalmente es mucho más cómoda en la práctica la segunda opción de las mencionadas anteriormente.

Veamos un ejemplo de la utilidad de la invarianza afín.

Ejemplo 1.3. Queremos dibujar mediante curvas de Bézier un corazón como el que se muestra en la figura 1.9.

Figura 1.9.

Esta figura es simétrica y, por tanto, primero dibujamos una mitad y luego su simétrica. Optamos por una cúbica (de hecho, las cúbicas de Bézier han demostrado ser lo suficientemente flexibles para modelar bien la mayor parte de las curvas)[1]. Tras unos pocos ensayos, tomamos como puntos de control:

$$\mathbf{p}_0 = [0, 0]^T, \qquad \mathbf{p}_1 = [2.25, 2.25]^T, \qquad \mathbf{p}_2 = [0, 2.6]^T, \qquad \mathbf{p}_3 = [0, 1.5]^T,$$

y dibujamos la siguiente curva:

[1] Por ejemplo, casi todas las fuentes tipográficas están diseñadas mediante cúbicas.

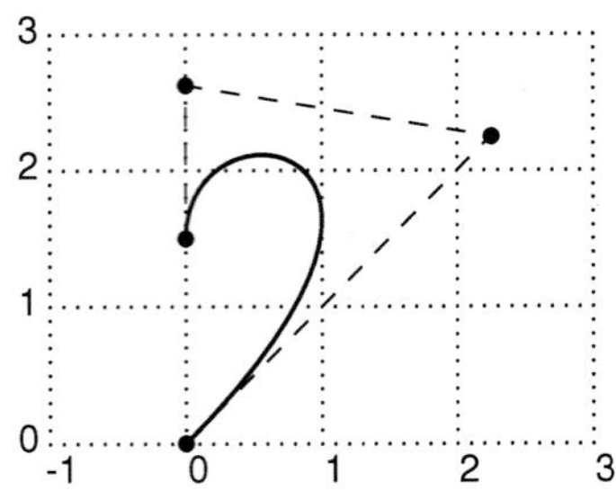

Figura 1.10.

Ahora queremos simetrizar la curva respecto el eje $x = 0$. Esta simetría es $T(x,y) = (-x,y)$. Por la invarianza afín, basta simetrizar los puntos de control:

$$T(\mathbf{p}_0)=\begin{bmatrix} 0 \\ 0 \end{bmatrix},\quad T(\mathbf{p}_1)=\begin{bmatrix} -2.25 \\ 2.25 \end{bmatrix},\quad T(\mathbf{p}_2)=\begin{bmatrix} 0 \\ 2.6 \end{bmatrix},\quad T(\mathbf{p}_3)=\begin{bmatrix} 0 \\ 1.5 \end{bmatrix},$$

y dibujar la curva de Bézier cuyos puntos de control son $T(\mathbf{p}_0), T(\mathbf{p}_1), T(\mathbf{p}_2), T(\mathbf{p}_3)$.

En la figura 1.11 puedes ver el resultado. **Fin**

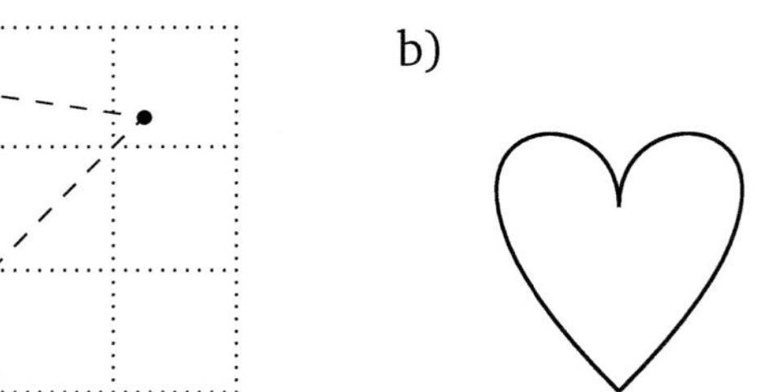

Figura 1.11.

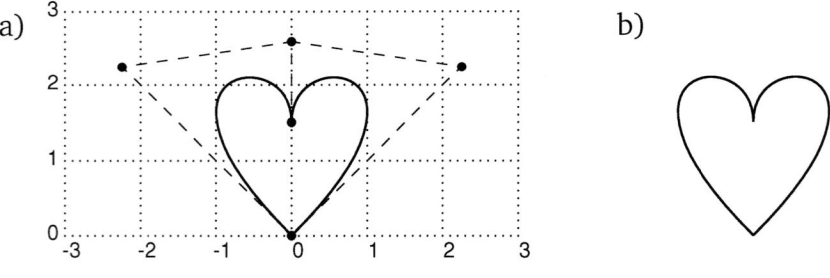

Ejercicio 1.7. ¿Cuáles son los puntos de control de las curvas de la figura 1.12 si los puntos inferiores de los tres corazones son $[0,0]^T, [1.25,0.5]^T, [2.5,1]^T$? ¿Qué es lo que debes hacer para dibujar un corazón en miniatura?

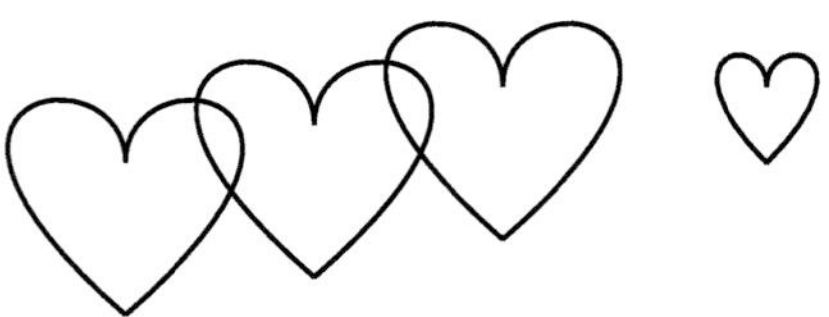

Figura 1.12. Un corazón, varios trasladados suyos y una versión escalada.

1.3.2. Interpolación inicial y final

La curva de Bézier pasa por el primer y último punto de control.

Ejercicio 1.8. Prueba esta afirmación. Es decir, demuestra que $\mathscr{B}[\mathbf{p}_0, \ldots, \mathbf{p}_n](0) = \mathbf{p}_0$ y $\mathscr{B}[\mathbf{p}_0, \ldots, \mathbf{p}_n](1) = \mathbf{p}_n$.

1.3.3. Vectores tangentes

En diseño gráfico es importante saber calcular tangentes a las curvas de Bézier, es decir, tenemos que saber simplificar

$$\frac{\mathrm{d}}{\mathrm{d}t}\mathscr{B}[\mathbf{p}_0, \ldots, \mathbf{p}_n](t).$$

Si nos fijamos en la figura 1.13, observamos que el segmento que une los penúltimos puntos calculados en el algoritmo de Casteljau es tangente a la curva de Bézier. Por tanto, el algoritmo de Casteljau calcula la tangente sin coste adicional. Observa que esto generaliza al hecho de que los segmentos $\mathbf{p}_0\mathbf{p}_1$ y $\mathbf{p}_{n-1}\mathbf{p}_n$ son tangentes a la curva $\mathscr{B}[\mathbf{p}_0, \mathbf{p}_1, \ldots, \mathbf{p}_n](t)$ en $\mathbf{p}_0$ y $\mathbf{p}_n$, respectivamente.

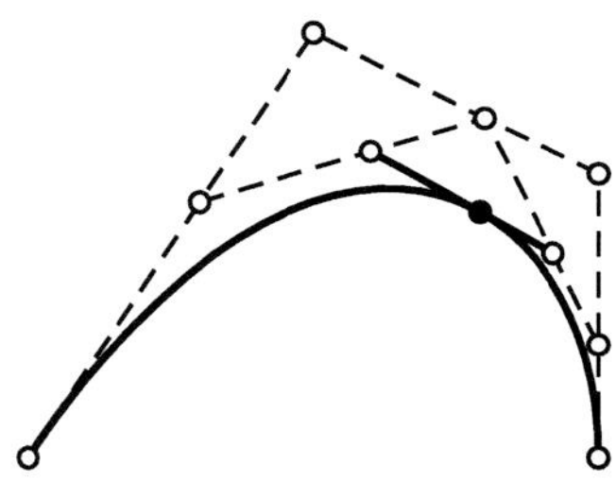

Figura 1.13.

Sea $P = [\mathbf{p}_0, \mathbf{p}_1, \cdots, \mathbf{p}_n]$. Observa que P es una matriz con $n+1$ columnas y tiene dos filas si los puntos de control son de $\mathbb{R}^2$ y tres filas si los puntos de control están en $\mathbb{R}^3$. Sea la matriz $C(t)$ definida en la página 9, igualdad (1.5). Recuerda que $\mathscr{B}[\mathbf{p}_0, \mathbf{p}_1, \ldots, \mathbf{p}_n](t)$ es la primera columna de $PC(t)^n$ (igualdad (1.6)). Pero, como la primera columna de una matriz cualquiera M de $n+1$ columnas es $M\mathbf{e}_1$, siendo $\mathbf{e}_1$ el primer vector de la base canónica de $\mathbb{R}^{n+1}$ (o, dicho de otro modo, $\mathbf{e}_1$ es el vector de $\mathbb{R}^{n+1}$ cuya primera componente es 1 y el resto de sus componentes son nulas), entonces

$$\mathscr{B}[\mathbf{p}_0, \ldots, \mathbf{p}_n](t) = PC^n(t)\mathbf{e}_1.$$

Usamos la fórmula

$$\frac{\mathrm{d}(A^n)}{\mathrm{d}t} = \sum_{k=1}^{n} A^{k-1}\frac{\mathrm{d}A}{\mathrm{d}t}A^{n-k}$$

(una demostración de esta fórmula se ve al final del capítulo) y, en particular, si A y $\mathrm{d}A/\mathrm{d}t$ conmutan, entonces

$$\frac{\mathrm{d}(A^n)}{\mathrm{d}t} = nA^{n-1}\frac{\mathrm{d}A}{\mathrm{d}t}.$$

Como $C(t) = tL + (1-t)I_{n+1}$, entonces $C(t)$ conmuta con $\mathrm{d}C/\mathrm{d}t = L - I_{n+1}$. Por lo que

$$\frac{\mathrm{d}}{\mathrm{d}t}\mathscr{B}[\mathbf{p}_0,\ldots,\mathbf{p}_n](t) = P\left(nC^{n-1}\frac{\mathrm{d}C}{\mathrm{d}t}\right)\mathbf{e}_1 = nPC^{n-1}(L-I_{n+1})\mathbf{e}_1 = n[PC^{n-1}L\mathbf{e}_1 - PC^{n-1}\mathbf{e}_1].$$

Observa que $L\mathbf{e}_1 = \mathbf{e}_2$ y, por tanto, $PC^{n-1}L\mathbf{e}_1 = PC^{n-1}\mathbf{e}_2$ es la segunda columna de la matriz PC^{n-1}. También debes observar que, así como la primera columna de PC^n produce el último punto del algoritmo de De Casteljau, las dos primeras columnas de PC^{n-1} producen los penúltimos puntos del algoritmo de De Casteljau. Es decir,

$$PC^{n-1}L\mathbf{e}_1 - PC^{n-1}\mathbf{e}_1 = PC^{n-1}\mathbf{e}_2 - PC^{n-1}\mathbf{e}_1$$

es el vector que une los dos penúltimos puntos calculados en el algoritmo.

Ejemplo 1.4. Vamos a dibujar aproximadamente una circunferencia usando cúbicas de Bézier. Supondremos que la circunferencia está centrada en el origen y tiene radio 1 (más adelante veremos qué tenemos que hacer en el caso general). Debido a la simetría de la circunferencia, basta dibujar un cuarto de la circunferencia, el cual lo supondremos en el primer cuadrante.

El objetivo es hallar los puntos $\mathbf{p}_0, \mathbf{p}_1, \mathbf{p}_2, \mathbf{p}_3$ tales que $\mathbf{r}(t) = \mathscr{B}[\mathbf{p}_0, \mathbf{p}_1, \mathbf{p}_2, \mathbf{p}_3](t)$ es la cúbica buscada (mira la figura 1.14).

Ya que el inicio del cuarto de circunferencia es $[1,0]^T$ y el final es $[0,1]^T$, exigiremos que $\mathbf{p}_0 = [1,0]^T$ y $\mathbf{p}_3 = [0,1]^T$.

Como la tangente en $[1,0]^T$ es vertical, exigimos que $\mathbf{p}_1$ esté en la recta vertical que pasa por $\mathbf{p}_0$. Es decir, $\mathbf{p}_1 = [1,\lambda]^T$ para algún número λ. Por cuestión de simetría, se exige también $\mathbf{p}_2 = [\lambda, 1]^T$.

Por tanto, solo hace falta determinar λ. Forzamos que el punto que está en la mitad de la curva de Bézier pase por la mitad del cuarto de circunferencia, es decir, $\mathbf{r}(1/2) = [\sqrt{2}/2, \sqrt{2}/2]^T$. Utilizamos el algoritmo de Casteljau para calcular $\mathbf{r}(1/2)$:

$$\begin{array}{ccccccc}
\begin{bmatrix} 1 \\ 0 \end{bmatrix} & & & & & & \\
& \searrow & & & & & \\
\begin{bmatrix} 1 \\ \lambda \end{bmatrix} & \to & \begin{bmatrix} 1 \\ \lambda/2 \end{bmatrix} & & & & \\
& \searrow & & \searrow & & & \\
\begin{bmatrix} \lambda \\ 1 \end{bmatrix} & \to & \begin{bmatrix} (1+\lambda)/2 \\ (1+\lambda)/2 \end{bmatrix} & \to & \begin{bmatrix} (3+\lambda)/4 \\ (1+2\lambda)/4 \end{bmatrix} & & \\
& \searrow & & \searrow & & \searrow & \\
\begin{bmatrix} 0 \\ 1 \end{bmatrix} & \to & \begin{bmatrix} \lambda/2 \\ 1 \end{bmatrix} & \to & \begin{bmatrix} (1+2\lambda)/4 \\ (3+\lambda)/4 \end{bmatrix} & \to & \begin{bmatrix} (4+3\lambda)/8 \\ (4+3\lambda)/8 \end{bmatrix}
\end{array}$$

Por tanto, $\mathbf{r}(1/2) = [(4+3\lambda)/8, (4+3\lambda)/8]^T$. Como estamos exigiendo que $\mathbf{r}(1/2)$ esté en la circunferencia $x^2 + y^2 = 1$, entonces

$$\left(\frac{4+3\lambda}{8}\right)^2 + \left(\frac{4+3\lambda}{8}\right)^2 = 1.$$

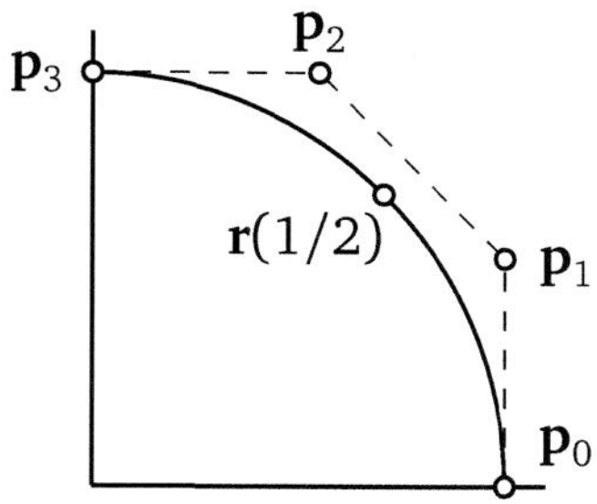

Figura 1.14.

La única raíz positiva (exigimos $\lambda > 0$, ya que $\mathbf{p}_1 = [1, \lambda]^T$ está por encima del eje x) es

$$\lambda = \frac{4(\sqrt{2}-1)}{3} \simeq 0.55228.$$

Ahora falta simetrizar la figura y para ello aplicamos la invarianza afín. Los cuadrantes que faltan por dibujar son el segundo, el tercero y el cuarto, que se obtienen respectivamente a partir de las simetrías $S_1(x,y) = (-x,y)$, $S_2(x,y) = (-x,-y)$, $S_3(x,y) = (x,-y)$. Por tanto, tenemos que dibujar las curva de Bézier asociadas a los puntos:

$$\begin{bmatrix} -1 \\ 0 \end{bmatrix}, \begin{bmatrix} -1 \\ \lambda \end{bmatrix}, \begin{bmatrix} -\lambda \\ 1 \end{bmatrix}, \begin{bmatrix} 0 \\ 1 \end{bmatrix};$$

$$\begin{bmatrix} -1 \\ 0 \end{bmatrix}, \begin{bmatrix} -1 \\ -\lambda \end{bmatrix}, \begin{bmatrix} -\lambda \\ -1 \end{bmatrix}, \begin{bmatrix} 0 \\ -1 \end{bmatrix};$$

y

$$\begin{bmatrix} 1 \\ 0 \end{bmatrix}, \begin{bmatrix} 1 \\ -\lambda \end{bmatrix}, \begin{bmatrix} \lambda \\ -1 \end{bmatrix}, \begin{bmatrix} 0 \\ -1 \end{bmatrix},$$

respectivamente.

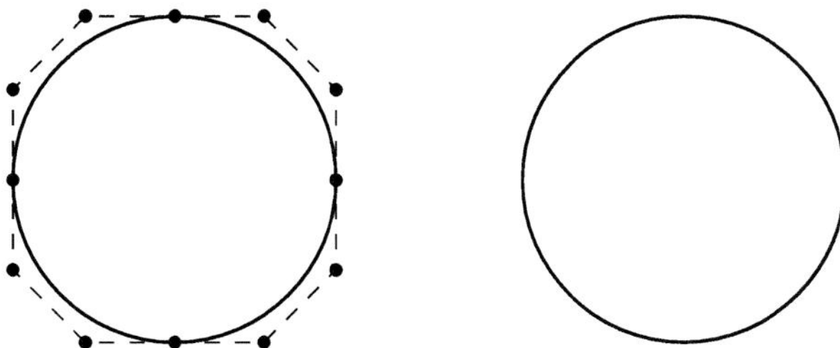

Figura 1.15. Aproximación de una circunferencia por una cúbica de Bézier.

Puedes ver el resultado en la figura 1.15. ______________________________ **Fin**

Octave El resultado de este ejemplo es indistinguible de una circunferencia, pero vamos a comprobarlo numéricamente. Para ello calcularemos la distancia entre el centro de la circunferencia y $\mathscr{B}[\mathbf{p}_0, \mathbf{p}_1, \mathbf{p}_2, \mathbf{p}_3](t) = [x(t), y(t)]^T$ para algunos valores de t. Con una pequeña modificación de la función `castel.m`, en la página 7, obtenemos la diferencia entre $x(t)^2 + y(t)^2$ y 1 para $t = 0, 0.01, 0.02, \ldots, 0.99, 1$ (de hecho, basta añadir `x.^2+y.^2-1` al final). Si lo ejecutamos, sale un vector cuyas 101 componentes son pequeñas. El error cometido se ve mejor si estudiamos el error máximo: la mayor (en valor absoluto) de las componentes del vector `x.^2+y.^2-1`. Si añadimos la instrucción `max(abs(x.^2+y.^2-1))`, obtenemos el valor de 0.00054259, un valor realmente pequeño. **Fin**

Ejemplo 1.5. Sigamos con el ejemplo de la circunferencia. Lo que hemos hecho hasta ahora es simplemente dibujar la circunferencia centrada en el origen y de radio 1, llamémosla C_1. Veamos ahora cómo dibujar la circunferencia centrada en el origen y de radio r, llamémosla C_r. Como C_r se obtiene aplicando la homotecia $H(\mathbf{x}) = r\mathbf{x}$ a C_1, entonces para dibujar C_r basta aplicar H a los puntos de control que permiten dibujar C_1. Concretamente, para dibujar el primer cuadrante de C_r, los puntos de control son

$$\begin{bmatrix} r \\ 0 \end{bmatrix}, \begin{bmatrix} r \\ r\lambda \end{bmatrix}, \begin{bmatrix} r\lambda \\ r \end{bmatrix}, \begin{bmatrix} 0 \\ r \end{bmatrix}.$$

El resto de los cuadrantes son análogos.

Y ahora veamos cómo dibujar la circunferencia centrada en $\mathbf{q} = [q_1, q_2]^T$ y de radio r (llamémosla $C_{\mathbf{q}r}$). Si T es la traslación $T(\mathbf{x}) = \mathbf{x} + \mathbf{q}$, entonces $T(C_r) = C_{\mathbf{q}r}$ (si trasladamos C_r, obtenemos $C_{\mathbf{q}r}$). Por lo que para dibujar $C_{\mathbf{q}r}$ basta trasladar los puntos de control que permiten dibujar C_r. Concretamente, para dibujar el primer cuadrante de $C_{\mathbf{q}r}$, los puntos de control son

$$\begin{bmatrix} r + q_1 \\ q_2 \end{bmatrix}, \begin{bmatrix} r + q_1 \\ r\lambda + q_2 \end{bmatrix}, \begin{bmatrix} r\lambda + q_1 \\ r + q_2 \end{bmatrix}, \begin{bmatrix} q_1 \\ r + q_2 \end{bmatrix}.$$

Fin

Ejemplo 1.6. Se muestra ahora otra utilidad más de la invarianza afín: si $\lambda = 4(\sqrt{2} - 1)/3$ y

$$\mathbf{p}_0 = \begin{bmatrix} 1 \\ 0 \end{bmatrix}, \quad \mathbf{p}_1 = \begin{bmatrix} 1 \\ \lambda \end{bmatrix}, \quad \mathbf{p}_2 = \begin{bmatrix} \lambda \\ 1 \end{bmatrix}, \quad \mathbf{p}_3 = \begin{bmatrix} 0 \\ 1 \end{bmatrix}$$

son los puntos de control para dibujar de forma aproximada la porción de la circunferencia $x^2 + y^2 = 1$ contenida en el primer cuadrante (repasa el ejemplo 1.4).

Imaginemos que queremos dibujar la elipse

$$\frac{x^2}{a^2} + \frac{y^2}{b^2} = 1.$$

Esta elipse es la imagen de la circunferencia $x^2 + y^2 = 1$ por medio de la transformación $A(x, y) = (ax, by)$. Por tanto, para dibujar la elipse, basta transformar por medio de A los puntos de control de la circunferencia $x^2 + y^2 = 1$. Luego, el primer cuadrante de la elipse

$x^2/a^2 + y^2/b^2 = 1$ se puede dibujar de forma aproximada como la curva de Bézier cuyos puntos de control son

$$A(\mathbf{p}_0) = \begin{bmatrix} a \\ 0 \end{bmatrix}, \qquad A(\mathbf{p}_1) = \begin{bmatrix} a \\ \lambda b \end{bmatrix}, \qquad A(\mathbf{p}_2) = \begin{bmatrix} a\lambda \\ b \end{bmatrix}, \qquad A(\mathbf{p}_3) = \begin{bmatrix} 0 \\ b \end{bmatrix}.$$

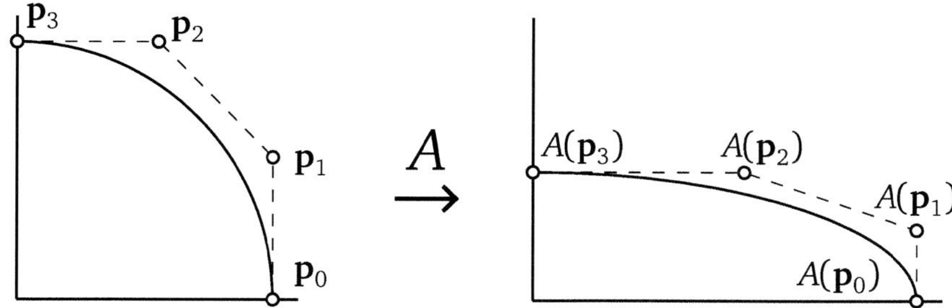

Figura 1.16.

Mira la figura 1.16, en la que se ha usado la transformación $A(x, y) = (2x, y/2)$. ___ **Fin**

1.3.4. Pseudocontrol local

¿Qué tenemos que hacer para modificar una curva de Bézier? ¿Qué ocurre si se mueve un punto de control? Sean las curvas

$$\mathbf{r}_1(t) = \mathscr{B}[\mathbf{p}_0, \ldots, \mathbf{p}_{k-1}, \mathbf{p}, \mathbf{p}_{k+1}, \ldots, \mathbf{p}_n](t), \quad \mathbf{r}_2(t) = \mathscr{B}[\mathbf{p}_0, \ldots, \mathbf{p}_{k-1}, \mathbf{q}, \mathbf{p}_{k+1}, \ldots, \mathbf{p}_n](t).$$

Vamos a estudiar la expresión $\mathbf{r}_1(t) - \mathbf{r}_2(t)$, que mide la diferencia entre ambas curvas:

$$\begin{aligned}\mathbf{r}_1(t) - \mathbf{r}_2(t) &= \left(\sum_{j=0}^{k-1} B_j(t)\mathbf{p}_j + B_k^n(t)\mathbf{p} + \sum_{j=k}^{n} B_j(t)\mathbf{p}_j \right) - \left(\sum_{j=0}^{k-1} B_j(t)\mathbf{p}_j + B_k^n(t)\mathbf{q} + \sum_{j=k}^{n} B_j(t)\mathbf{p}_j \right) \\ &= B_k^n(t)(\mathbf{p} - \mathbf{q}).\end{aligned}$$

¿Qué significa esta última expresión? Veamos un ejemplo en la figura 1.17.

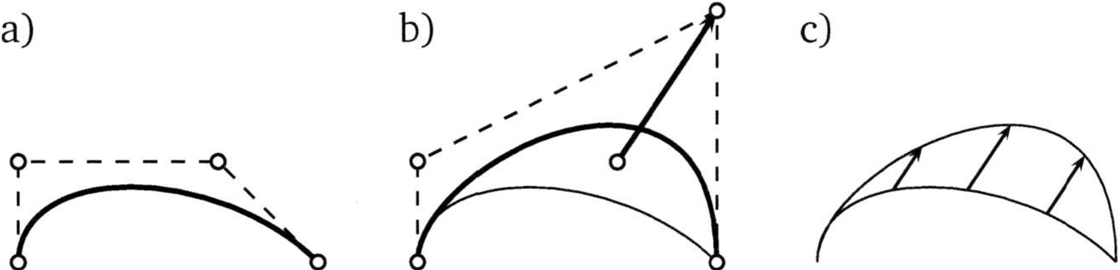

Figura 1.17. Cómo afecta el movimiento de un punto de control a una curva de Bézier.

En primer lugar, vemos que $\mathbf{r}_1(t)$–$\mathbf{r}_2(t)$ es un múltiplo escalar de **p**–**q** (mira la figura 1.17c). Pero, además, $\|\mathbf{r}_1(t) - \mathbf{r}_2(t)\|$ (que mide la distancia entre las curvas punto a punto) es variable y se hace más grande alrededor del punto de control que se mueve. Veámoslo de una forma cuantitativa. Ya que

$$\|\mathbf{r}_1(t)-\mathbf{r}_2(t)\| = \|B_k^n(t)(\mathbf{p}-\mathbf{q})\| = B_k^n(t)\|\mathbf{p}-\mathbf{q}\| = B_k^n(t)\|\overrightarrow{\mathbf{qp}}\|,$$

es suficiente estudiar el comportamiento de $B_k^n(t)$ cuando $0 \leq t \leq 1$. Recuerda que $B_k^n(t) \geq 0$ para $t \in [0,1]$ y, por tanto, $B_k^n(t)$ puede salir de $\|B_k^n(t)(\mathbf{p}-\mathbf{q})\|$ sin necesidad de escribir $|B_k^n(t)|$. Puesto que $\mathbf{r}_1(t)-\mathbf{r}_2(t) = B_k^n(t)\overrightarrow{\mathbf{qp}}$, cuando movemos el k-ésimo punto de control $\mathbf{p}$ hacia $\mathbf{q}$, la dirección de la variación es la misma: $\overrightarrow{\mathbf{qp}}$. Sin embargo, el módulo varía (como se puede observar en la figura 1.17). ¿Cuándo es máxima esta variación? Hemos de buscar los máximos de $B_k^n(t)$ en $t \in [0,1]$. Calculemos la derivada de $B_k^n(t)$:

$$\frac{\mathrm{d}B_k^n}{\mathrm{d}t} = \frac{\mathrm{d}}{\mathrm{d}t}\binom{n}{k}t^k(1-t)^{n-k} = \binom{n}{k}\left[kt^{k-1}(1-t)^{n-k}-(n-k)t^k(1-t)^{n-k-1}\right].$$

Debido a los factores t^{k-1} y $(1-t)^{n-k-1}$, hay que tratar los casos $k=0$ y $k=n$ por separado. Supondremos en este párrafo $k=1,\dots,n-1$. A partir de $\mathrm{d}B_k^n/\mathrm{d}t = 0$, obtenemos:

$$kt^{k-1}(1-t)^{n-k} = (n-k)t^k(1-t)^{n-k-1}.$$

Ten cuidado: es tentador dividir la ecuación anterior por t^{k-1} y por $(1-t)^{n-k-1}$, pero, si hacemos esto, estamos "eliminando" las soluciones $t=0$ y $t=1$ (ya que no se puede dividir por 0). Si suponemos $t \neq 0$ y $t \neq 1$, entonces sí que podemos dividir por t^{k-1} y por $(1-t)^{n-k-1}$ y obtenemos $k(1-t) = (n-k)t$. Por tanto, $t = k/n$. Luego, los "candidatos" para el máximo de B_k^n en $[0,1]$ son $t=0$, $t=k/n$ y $t=1$. Es trivial ver que $B_k(0) = B_k(1) = 0$ y $B_k^n(k/n) > 0$ (recuerda que los casos $k=0$ y $k=n$ se discuten por separado). Por tanto, k/n es el máximo de B_k^n.

Ejercicio 1.9. Prueba que $t=0$ es el máximo de $B_0^n(t)$ en $[0,1]$ y que $t=1$ es el máximo de $B_n^n(t)$ en $[0,1]$.

Por tanto, si movemos un punto de control, la variación de la curva se hace máxima cuando $t = k/n$ y esto ocurre aproximadamente alrededor del punto de control que movemos.

1.3.5. Elevación del grado

En determinados casos tenemos que escribir una curva de grado n como una curva de grado $n+1$ (o superior). Esto parece una redundancia, pero podemos citar dos ejemplos:

1. Algunos programas de ordenador permiten dibujar cúbicas, pero no parábolas de Bézier. Por ejemplo, el que hemos usado para los gráficos de este libro, pstricks. Si queremos dibujar una parábola, ¿qué tenemos que hacer para dibujarla como una cúbica?

2. Un modo de comparar dos curvas de Bézier de distinto grado consiste en elevar el grado a la curva de menor grado hasta que las dos tengan el mismo número de puntos de control.

Esto se logra con el siguiente teorema (cuya demostración se verá al final del capítulo).

Teorema 1.2. Elevación del grado en las curvas de Bézier

Sean $\mathbf{p}_0, \mathbf{p}_1, \ldots, \mathbf{p}_n$ puntos. Si definimos

$$\mathbf{q}_0 = \mathbf{p}_0, \qquad \mathbf{q}_{n+1} = \mathbf{p}_n, \qquad \mathbf{q}_i = \frac{i}{n+1}\mathbf{p}_{i-1} + \left(1 - \frac{i}{n+1}\right)\mathbf{p}_i, \quad i = 1, \ldots, n,$$

entonces

$$\mathscr{B}[\mathbf{p}_0, \ldots, \mathbf{p}_n](t) = \mathscr{B}[\mathbf{q}_0, \ldots, \mathbf{q}_{n+1}](t).$$

Ejemplo 1.7. Vamos a ver cómo se dibujan parábolas mediante cúbicas de Bézier. Sean $\mathbf{p}_0, \mathbf{p}_1, \mathbf{p}_2$ los tres puntos de control de una parábola. Si aplicamos el teorema 1.2, resulta que

$$\mathbf{q}_0 = \mathbf{p}_0, \qquad \mathbf{q}_1 = \frac{1}{3}\mathbf{p}_0 + \frac{2}{3}\mathbf{p}_1, \qquad \mathbf{q}_2 = \frac{2}{3}\mathbf{p}_1 + \frac{1}{3}\mathbf{p}_2, \qquad \mathbf{q}_3 = \mathbf{p}_2$$

son los cuatro puntos de control que permiten dibujar la parábola como si fuese una cúbica. Veamos un ejemplo más concreto. Si $\mathbf{p}_0 = [0,0]^T$, $\mathbf{p}_1 = [1,2]^T$ y $\mathbf{p}_2 = [3,2]^T$, entonces hay que definir

$$\mathbf{q}_0 = \mathbf{p}_0 = \begin{bmatrix} 0 \\ 0 \end{bmatrix}, \ \mathbf{q}_1 = \frac{1}{3}\mathbf{p}_0 + \frac{2}{3}\mathbf{p}_1 = \begin{bmatrix} 2/3 \\ 4/3 \end{bmatrix}, \ \mathbf{q}_2 = \frac{2}{3}\mathbf{p}_1 + \frac{1}{3}\mathbf{p}_2 = \begin{bmatrix} 5/3 \\ 2 \end{bmatrix}, \ \mathbf{q}_3 = \mathbf{p}_2 = \begin{bmatrix} 3 \\ 2 \end{bmatrix}.$$

Observa la figura 1.18. **Fin**

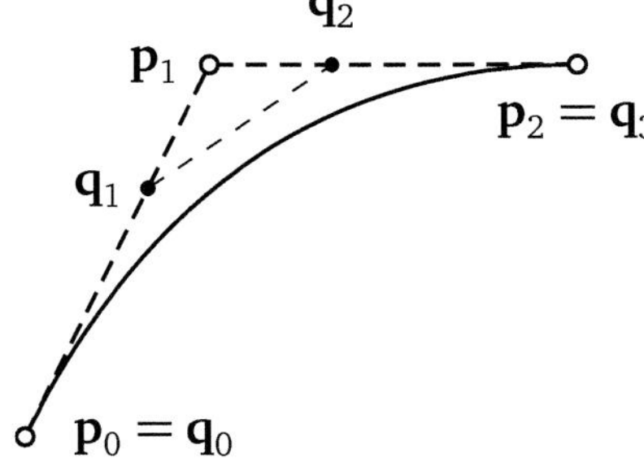

Figura 1.18. La parábola asociada a $\mathbf{p}_0, \mathbf{p}_1, \mathbf{p}_2$ coincide con la cúbica asociada a $\mathbf{q}_0, \mathbf{q}_1, \mathbf{q}_2, \mathbf{q}_3$.

Ejercicio 1.10. Expresa la parábola asociada a $\mathbf{p}_0, \mathbf{p}_1, \mathbf{p}_2$ como una curva de grado 4.

1.3.6. Subdivisión

En la figura 1.19a se ha dibujado una cúbica de Bézier con el algoritmo de Casteljau. Observa que la figura 1.19b contiene una "copia" de una cúbica más corta con sus puntos de control. Esta propiedad se llama **de la subdivisión** pues permite estudiar tramos de una curva de Bézier. Más adelante veremos su utilidad. Pero ahora vamos a formular la propiedad de la subdivisión de forma precisa.

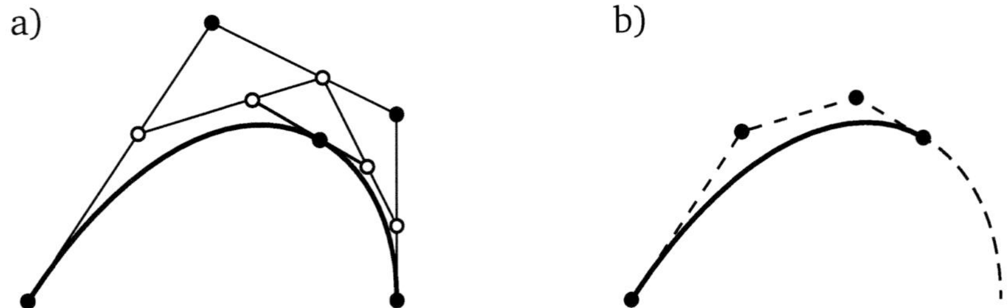

Figura 1.19. La propiedad de la subdivisión.

Queremos dividir la curva de Bézier $\mathbf{r} : [0,1] \to \mathbb{R}^k$ en dos tramos. Si $a \in]0,1[$, entonces las curvas $\mathbf{s}_1, \mathbf{s}_2 : [0,1] \to \mathbb{R}^k$ dadas por $\mathbf{s}_1(t) = \mathbf{r}(ta)$ y $\mathbf{s}_2(t) = \mathbf{r}((1-t)a+t)$ son los dos tramos de la curva original, respectivamente (mira la figura 1.20).

Esto es debido a que, si $0 \le t \le 1$ (donde está el parámetro de $\mathbf{s}_1$ y $\mathbf{s}_2$), entonces $0 \le at \le a$ (donde está el parámetro de $\mathbf{r}$ en el primer tramo) y $a \le (1-t)a+t \le 1$ (donde se mueve el parámetro de $\mathbf{r}$ en el segundo tramo).

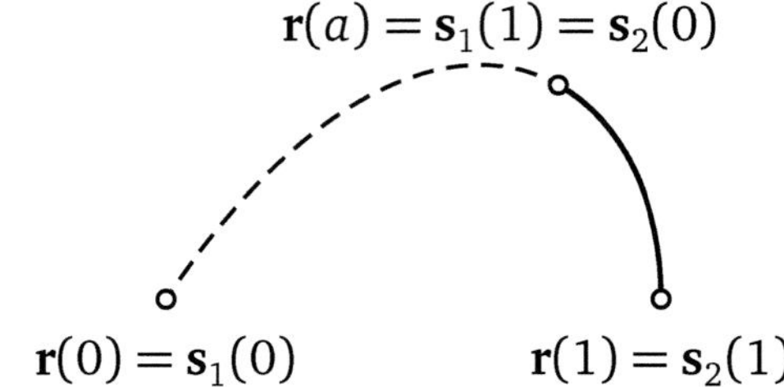

Figura 1.20. Una curva dividida en dos tramos.

Resulta que las curvas $\mathbf{s}_1$ y $\mathbf{s}_2$ son curvas de Bézier con sus respectivos puntos de control, como se intuye en la figura 1.19. El siguiente resultado (cuya demostración se ve al final del capítulo) muestra cuáles son los puntos de control de ambas curvas.

Teorema 1.3. Subdivisión de las curvas de Bézier

Sean $\mathbf{r}(t) = \mathscr{B}[\mathbf{p}_0, \ldots, \mathbf{p}_n](t) : [0,1] \to \mathbb{R}^k$, $a \in]0,1[$ y $\mathbf{s}_1, \mathbf{s}_2 : [0,1] \to \mathbb{R}^k$ dadas por $\mathbf{s}_1(t) = \mathbf{r}(ta)$ y $\mathbf{s}_2(t) = \mathbf{r}((1-t)a+t)$. Entonces

a) $\mathbf{s}_1$ es una curva de Bézier cuyos puntos de control son $\mathbf{p}_0, \mathbf{b}_0^1(a), \mathbf{b}_0^2(a), \ldots, \mathbf{b}_0^n(a)$.

b) $\mathbf{s}_2$ es una curva de Bézier cuyos puntos de control son $\mathbf{b}_0^1(a), \mathbf{b}_0^2(a), \ldots, \mathbf{b}_0^n(a), \mathbf{p}_n$.

Recuerda el significado de los puntos $\mathbf{b}_i^j(t)$: son los puntos intermedios en el algoritmo de Casteljau. Repasa la tabla (1.3) de la página 4.

1.4. Demostraciones

Teorema 1.4. Derivada de $A^n(t)$

Sea $A(t)$ una matriz cuadrada cuyas entradas son funciones derivables. Entonces para $n \in \mathbb{N}$ se tiene

$$\frac{\mathrm{d}A^n}{\mathrm{d}t} = \sum_{k=1}^{n} A^{k-1}\frac{\mathrm{d}A}{\mathrm{d}t}A^{n-k}.$$

DEMOSTRACIÓN. La prueba se hace fácilmente por inducción. Para $n = 1$ es evidente. Ahora supongamos que el teorema es cierto para $m \in \mathbb{N}$.

$$\begin{aligned}\frac{\mathrm{d}A^{m+1}}{\mathrm{d}t} &= \frac{\mathrm{d}(A^m A)}{\mathrm{d}t} = \frac{\mathrm{d}(A^m)}{\mathrm{d}t}A + A^m\frac{\mathrm{d}A}{\mathrm{d}t}\\ &= \left(\sum_{k=1}^{m} A^{k-1}\frac{\mathrm{d}A}{\mathrm{d}t}A^{m-k}\right)A + A^m\frac{\mathrm{d}A}{\mathrm{d}t} = \sum_{k=1}^{m+1} A^{k-1}\frac{\mathrm{d}A}{\mathrm{d}t}A^{m+1-k}.\end{aligned}$$

Por tanto, el teorema es cierto para $m+1$. □

DEMOSTRACIÓN DEL TEOREMA 1.2. Como tenemos que expresar una curva de Bézier de grado n en otra de grado $n+1$, entonces tenemos que relacionar los polinomios de Bernstein de grado n con los de grado $n+1$.

Ya que

$$\begin{aligned}(1-t)B_k^n(t) &= \frac{n!}{k!(n-k)!}t^k(1-t)^{n+1-k}\\ &= \frac{n+1-k}{n+1}\frac{(n+1)!}{k!(n+1-k)!}t^k(1-t)^{n+1-k} = \frac{n+1-k}{n+1}B_k^{n+1}(t)\end{aligned}$$

y

$$\begin{aligned}tB_k^n(t) &= \frac{n!}{k!(n-k)!}t^{k+1}(1-t)^{n-k}\\ &= \frac{k+1}{n+1}\frac{(n+1)!}{(k+1)!(n-k)!}t^{k+1}(1-t)^{n-k} = \frac{k+1}{n+1}B_{k+1}^{n+1}(t),\end{aligned}$$

entonces

$$B_k^n(t) = (1-t)B_k^n(t) + tB_k^n = \frac{n+1-k}{n+1}B_k^{n+1}(t) + \frac{k+1}{n+1}B_{k+1}^{n+1}(t).$$

Y ahora ya podemos usar la forma explícita de las curvas de Bézier dada en el teorema 1.1.

$$
\begin{aligned}
\mathscr{B}[\mathbf{p}_0,\dots,\mathbf{p}_n](t) &= \sum_{k=0}^{n} B_k^n(t)\mathbf{p}_k \\
&= \sum_{k=0}^{n}\left(\frac{n+1-k}{n+1}B_k^{n+1}(t)+\frac{k+1}{n+1}B_{k+1}^{n+1}(t)\right)\mathbf{p}_k \\
&= B_0^{n+1}(t)\mathbf{p}_0+\sum_{k=1}^{n}\frac{n+1-k}{n+1}B_k^{n+1}(t)\mathbf{p}_k+\sum_{k=0}^{n-1}\frac{k+1}{n+1}B_{k+1}^{n+1}(t)\mathbf{p}_k+B_{n+1}^{n+1}(t)\mathbf{p}_n \\
&= B_0^{n+1}(t)\mathbf{p}_0+\sum_{k=1}^{n}B_k^{n+1}(t)\left(\frac{n+1-k}{n+1}\mathbf{p}_k+\frac{k}{n+1}\mathbf{p}_{k-1}\right)+B_{n+1}^{n+1}(t)\mathbf{p}_n \\
&= B_0^{n+1}(t)\mathbf{q}_0+\sum_{k=1}^{n}B_k^{n+1}(t)\mathbf{q}_k+B_{n+1}^{n+1}(t)\mathbf{q}_{n+1} \\
&= \sum_{k=0}^{n+1}B_k^{n+1}(t)\mathbf{q}_k \\
&= \mathscr{B}[\mathbf{q}_0,\dots,\mathbf{q}_{n+1}](t).
\end{aligned}
$$

Con lo que la demostración se termina. □

DEMOSTRACIÓN DEL TEOREMA 1.3. Probemos en primer lugar la afirmación para $\mathbf{s}_1$. Si denotamos $\mathbf{q}_0=\mathbf{p}_0$ y $\mathbf{q}_k=\mathbf{b}_0^k(a)$ para $k=1,\dots,n$, hay que probar $\mathbf{r}(ta)=\mathscr{B}[\mathbf{q}_0,\dots,\mathbf{q}_n](t)$.

Recordemos que, si $P=[\mathbf{p}_0\ \cdots\ \mathbf{p}_n]$, entonces $\mathbf{r}(t)$ es la primera columna de $PC(t)^n$, donde

$$C(t)=tL+(1-t)I_{n+1}$$

y L es la matriz cuadrada de orden $n+1$ con unos en la diagonal inferior a la principal y el resto de sus entradas nulas. Por tanto,

$$\mathbf{r}(ta)=\text{Primera columna de } PC(ta)^n.$$

Así pues, tenemos que simplificar en primer lugar $C(ta)^n$:

$$
\begin{aligned}
C(ta) &= taL+(1-ta)I_{n+1} \\
&= taL-taI_{n+1}+tI_{n+1}+(1-t)I_{n+1} \\
&= t(aL+(1-a)I_{n+1})+(1-t)I_{n+1} \\
&= tC(a)+(1-t)I_{n+1}.
\end{aligned}
$$

Puesto que $C(a)$ e I_{n+1} conmutan, podemos aplicar el binomio de Newton para simplificar $C(ta)^n$:

$$C(ta)^n=[tC(a)+(1-t)I_{n+1}]^n=\sum_{k=0}^{n}\binom{n}{k}t^k(1-t)^{n-k}C(a)^k=\sum_{k=0}^{n}B_k^n(t)C(a)^k.$$

Por tanto,

$$\begin{aligned}\mathbf{r}(ta) &= \text{Primera columna de } P\sum_{k=0}^{n} B_k^n(t)C(a)^k \\ &= \sum_{k=0}^{n} B_k^n(t) \text{ Primera columna de } PC(a)^k = \sum_{k=0}^{n} B_k^n(t)\mathbf{b}_0^k(a).\end{aligned}$$

Ahora probaremos el teorema para el segundo tramo $\mathbf{s}_2$. Primero observa que, si recorremos la curva $\mathbf{r} = \mathscr{B}[\mathbf{p}_0, \dots, \mathbf{p}_n]$ al revés, obtenemos otra curva de Bézier con los mismos puntos de control que $\mathbf{r}$, pero en orden inverso. Esto es así porque, como $t \mapsto \mathbf{r}(1-t)$ es la curva $\mathbf{r}$ recorrida al revés, entonces

$$\begin{aligned}\mathscr{B}[\mathbf{p}_0, \mathbf{p}_1, \dots, \mathbf{p}_n](1-t) &= \sum_{k=0}^{n} B_k^n(1-t)\mathbf{p}_k \\ &= \sum_{k=0}^{n} B_{n-k}^n(t)\mathbf{p}_k = \sum_{k=0}^{n} B_k^n(t)\mathbf{p}_{n-k} = \mathscr{B}[\mathbf{p}_n, \mathbf{p}_{n-1}, \dots, \mathbf{p}_0](t).\end{aligned}$$

Por tanto, si $\mathbf{s}_3$ es la curva $\mathbf{s}_2$ recorrida al revés, por lo ya probado anteriormente, $\mathbf{s}_3$ es una curva de Bézier con puntos de control $\mathbf{p}$, $\mathbf{b}_0^n(a), \dots, \mathbf{b}_0^1$. Y, por tanto, $\mathbf{s}_2$ tiene los mismos puntos de control que $\mathbf{s}_3$, pero cambiados de orden. □

1.5. Ejercicios

1. Considera los puntos

   $$\mathbf{a} = \begin{bmatrix} 0 \\ 0 \end{bmatrix}, \qquad \mathbf{b} = \begin{bmatrix} 2 \\ 0 \end{bmatrix}, \qquad \mathbf{c} = \begin{bmatrix} 0 \\ 2 \end{bmatrix}$$

   y la curva de Bézier $\mathbf{r}(t) = \mathscr{B}[\mathbf{a}, \mathbf{b}, \mathbf{c}](t)$. Calcula a mano, siguiendo el algoritmo de Casteljau, $\mathbf{r}(1/2)$ y $\mathbf{r}'(1/2)$. Utiliza un papel cuadriculado para hacer un esbozo de la curva $\mathscr{B}[\mathbf{a}, \mathbf{b}, \mathbf{c}](t)$.

2. Halla una expresión, en términos de los puntos de control, para la aceleración (segunda derivada) de una cúbica de Bézier.

3. Sobre el año 1960, James Fergusson de la empresa Boeing desarrolló el método que se describe en este ejercicio para diseñar cúbicas:

   Sea $\mathbf{r} : [0,1] \to \mathbb{R}^k$ una curva que queremos modelar de la cual conocemos $\mathbf{r}(0)$, $\mathbf{r}'(0)$, $\mathbf{r}(1)$, y $\mathbf{r}'(1)$. Halla $\mathbf{p}_0, \mathbf{p}_1, \mathbf{p}_2$ y $\mathbf{p}_3$ tal que $\mathscr{B}[\mathbf{p}_0, \mathbf{p}_1, \mathbf{p}_2, \mathbf{p}_3](t) = \mathbf{r}(t)$.

4. Sean $\mathbf{p}_0, \mathbf{p}_1, \dots, \mathbf{p}_n$ los puntos de control de una curva de Bézier $\mathbf{r}(t)$. Prueba que $\mathbf{r}(t) = (1-t)\mathbf{p}_0 + t\mathbf{p}_n$ si y solo si $\mathbf{p}_k = [(n-k)/n]\mathbf{p}_0 + [k/n]\mathbf{p}_n$ para $k = 0, \dots, n$.

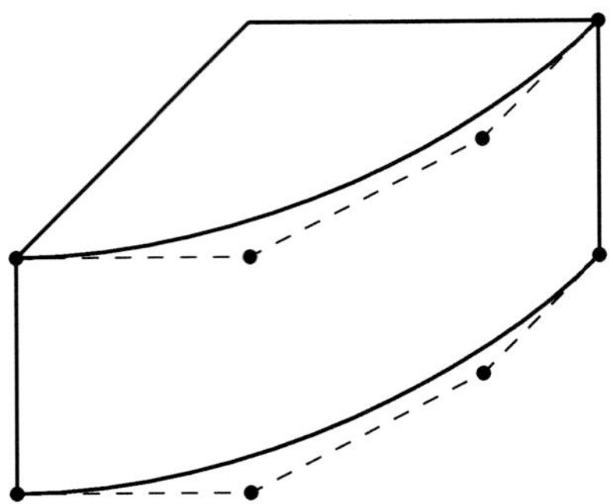

Figura 1.21.

5. Modela una curva de Bézier que permita dibujar la base. Usa la invarianza afín para modelar el arco superior.

6. No es bueno que las curvas $\mathbf{r} : [a, b] \to \mathbb{R}^k$ en el diseño gráfico cumplan $\mathbf{r}'(t_0) = \mathbf{0}$ para algún $t_0 \in [a, b]$. La idea intuitiva es que, como $\mathbf{r}'$ es la velocidad, cuando un móvil se para, este puede cambiar bruscamente su dirección. Por ejemplo, la curva $\mathbf{r}(t) = [t^2, t^3]^T$ cumple $\mathbf{r}'(0) = \mathbf{0}$. Por ejemplo, la figura 1.22 se obtiene con Octave por medio del código siguiente:

```
t = linspace(-1,1);
x = t.^2;
y = t.^3;
plot(x,y,'linewidth',4)
set(gca,'fontsize',20)
```

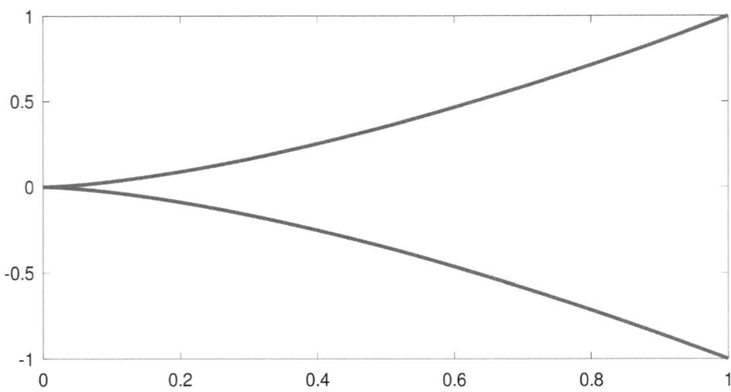

Figura 1.22. Una cúspide. Como $x = t^2$ e $y = t^3$, entonces $x'(0) = y'(0) = 0$.

Prueba que, si $\mathbf{p}_0, \mathbf{p}_1, \mathbf{p}_2$ son puntos no alineados, entonces la curva de Bézier

$$\mathbf{r}(t) = \mathscr{B}[\mathbf{p}_0, \mathbf{p}_1, \mathbf{p}_2](t)$$

cumple que $\mathbf{r}'(t) \neq \mathbf{0}$ para cualquier $t \in [0, 1]$.

7. Sin embargo, las cúbicas sí pueden tener picos. Tras observar las curvas de la figura 1.23, pon un ejemplo de una cúbica con una cúspide.

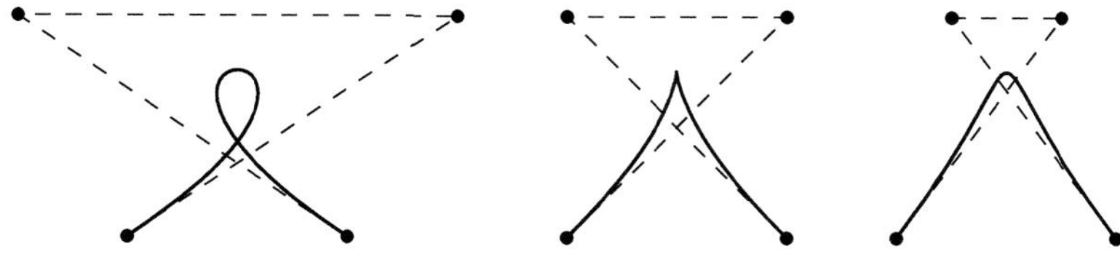

Figura 1.23.

8. Observando las curvas de la figura 1.24, intenta dar una situación más general:

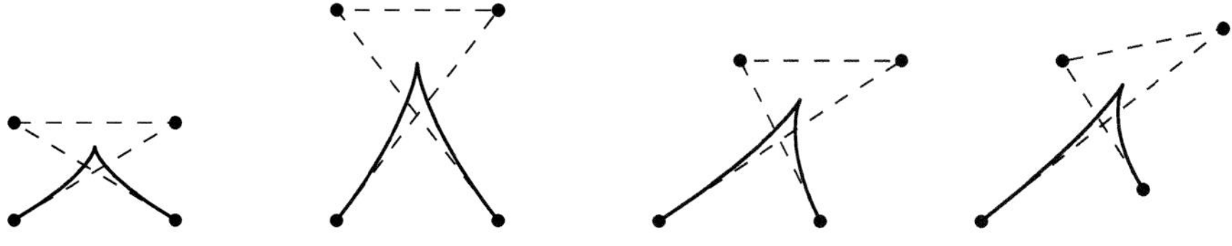

Figura 1.24.

9. Considera los puntos

$$\mathbf{a} = \begin{bmatrix} 0 \\ 0 \end{bmatrix}, \quad \mathbf{b} = \begin{bmatrix} 1 \\ 0 \end{bmatrix}, \quad \mathbf{c} = \begin{bmatrix} 4 \\ 1 \end{bmatrix}, \quad \mathbf{d} = \begin{bmatrix} 6 \\ 2 \end{bmatrix}.$$

Dibuja estos puntos y enlaza los segmentos **ab** y **cd** con una cúbica de Bézier.

10. Usa la propiedad de la subdivisión para proporcionar un algoritmo que permita calcular aproximadamente la longitud de una curva de Bézier.

11. Una cúbica de Bézier simétrica alrededor de un punto **p** se puede modelar como

$$\mathbf{r}(t) = \mathscr{B}[\mathbf{p} + \mathbf{u}, \mathbf{p} + \mathbf{v}, \mathbf{p} - \mathbf{v}, \mathbf{p} - \mathbf{u}](t),$$

siendo **u** y **v** vectores. Observa la figura 1.25.

a) Prueba que $\mathbf{r}(1/2) = \mathbf{p}$.

b) Prueba que $\mathbf{p}$ es el punto medio de $\mathbf{r}(t)$ y $\mathbf{r}(1-t)$. Esta propiedad nos dice que, si los puntos de control de una cónica son simétricos respecto a un punto, entonces la curva total es simétrica respecto a este punto.

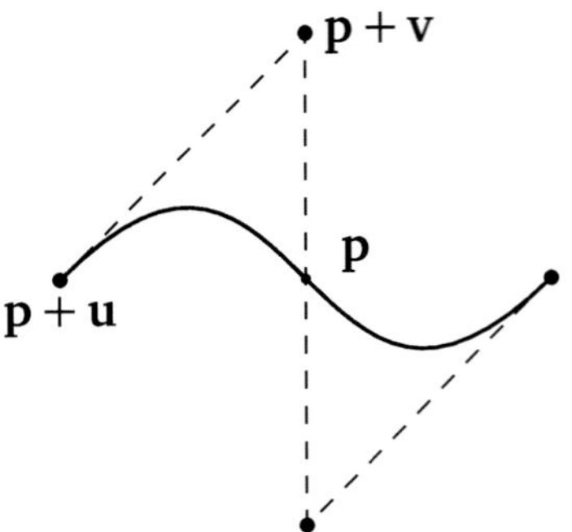

Figura 1.25. La figura es simétrica respecto al punto $\mathbf{p}$.

12. ¿Qué tienen que verificar los puntos de control de una cúbica de Bézier en el plano para que la curva sea simétrica respecto a una recta?

Capítulo 2
Las proyecciones en el diseño técnico

2.1. ¿Cómo representamos objetos tridimensionales en el plano?

La representación de los objetos tridimensionales en el plano es una cuestión importante desde el punto de vista práctico, puesto que es útil manejar las representaciones planas (en el papel o en la pantalla del ordenador) de diferentes objetos. De una manera informal, llamaremos **proyección** al paso de un objeto tridimensional a su representación plana.

Cuando proyectamos, perdemos una dimensión y esto provoca que bastantes cualidades (distancias, ángulos, etc.) del objeto tridimensional se pierdan. Por tanto, es interesante buscar las proyecciones que permitan reconstruir el objeto tridimensional. Normalmente, esto no es posible con una sola proyección (piensa en las sombras de un cilindro vertical y una esfera: ambas son indistinguibles); pero con varias proyecciones simultáneas sí lo es. En la figura 2.1 observa la proyección de un cubo al que se le ha extraído un cubo más pequeño, lo que genera una sensación de profundidad. Sin embargo, se puede apreciar que los ángulos de las aristas en la proyección no son de 90° (aunque visualmente pueda dar esta impresión).

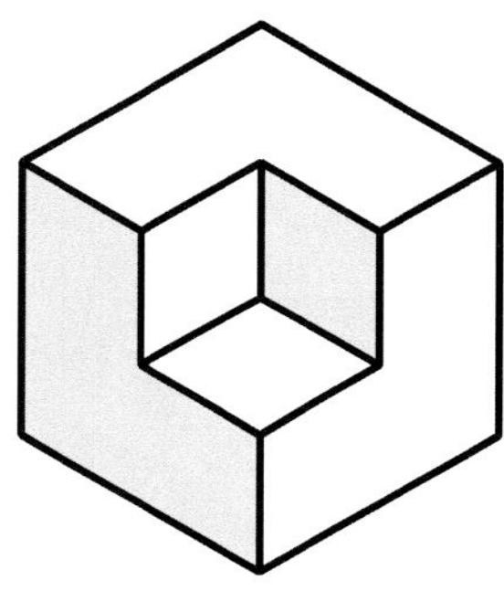

Figura 2.1.

Cualquier proyección consta de dos elementos principales: el plano de proyección y el eje de proyección. El plano de proyección es donde dibujamos la representación plana. Para entender lo que es el eje de proyección, nada mejor que mirar la figura 2.2.

Vamos a definir de forma matemática lo que es una proyección. Sea π un plano de $\mathbb{R}^3$ (supondremos que pasa por el origen) y sea $\mathbf{v} \in \mathbb{R}^3$ un vector no nulo y no paralelo al plano. Si $\mathbf{x} \in \mathbb{R}^3$, entonces la recta que pasa por $\mathbf{x}$ y con vector director $\mathbf{v}$ corta al plano π en un único punto $\mathbf{y}$ del plano. Si fijamos un sistema coordenado en este plano, entonces la proyección de $\mathbf{x}$ son las coordenadas de $\mathbf{y}$ en el plano.

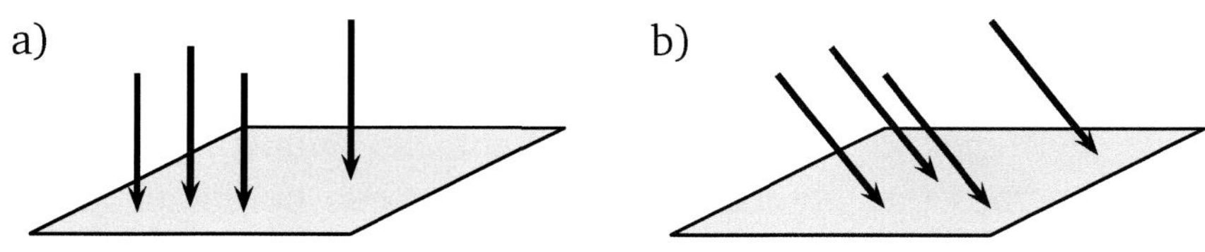

Figura 2.2.

Dependiendo de la relación entre el plano y el eje de proyección, tenemos un tipo de proyección importante.

Definición 2.1. Cuando el eje de proyección es perpendicular al plano de proyección, se dice que la proyección es **ortográfica**.

Resulta que el plano de proyección tiene su propio sistema coordenado (por ejemplo, las unidades del sistema coordenado de una pantalla de ordenador son los píxeles). Cada punto tridimensional tiene tres coordenadas y cada punto ya proyectado tiene dos coordenadas. Por tanto, tenemos que el siguiente paso

$$\text{Objeto tridimensional que queremos dibujar} \implies \text{Objeto bidimensional ya dibujado}$$

se modela como una aplicación $P : \mathbb{R}^3 \to \mathbb{R}^2$, de forma que, si $\mathbf{x}$ es el punto que queremos proyectar, entonces $P(\mathbf{x})$ es donde debemos dibujar el punto $\mathbf{x}$.

¿Cuál es la forma de esta aplicación P? Podemos enunciar el siguiente teorema, cuya demostración no es necesaria para abordar el resto del capítulo (la demostración se verá al final del capítulo).

Teorema 2.1. Matrices y proyecciones

Sea $P : \mathbb{R}^3 \to \mathbb{R}^2$ una proyección de forma que $P(\mathbf{0}) = \mathbf{0}$. Entonces existe una matriz A con tres columnas y dos filas tal que $P(\mathbf{x}) = A\mathbf{x}$ para todo $\mathbf{x} \in \mathbb{R}^3$.

Una consecuencia de este teorema es que la proyección de una recta es otra recta y, además, las proyecciones de dos rectas paralelas son otras dos rectas paralelas (esto último se suele abreviar diciendo que la proyección conserva el paralelismo). Puedes observar un ejemplo en la figura 2.1.

Ejercicio 2.1. Vamos a probar lo afirmado previamente.

a) Prueba que una proyección P transforma rectas en rectas. Para ello comprueba que las proyecciones de tres puntos alineados están alineados. Sean $\mathbf{p}, \mathbf{p} + \alpha\mathbf{v}, \mathbf{p} + \beta\mathbf{v}$ tres puntos alineados. Hay que demostrar que $P(\mathbf{p}), P(\mathbf{p} + \alpha\mathbf{v}), P(\mathbf{p} + \beta\mathbf{v})$ están alineados (usa el teorema 2.1).

b) Prueba que P conserva el paralelismo, es decir, si r y s son dos rectas paralelas (tienen el mismo vector director), entonces $P(r)$ y $P(s)$ son paralelas (de nuevo usa el teorema 1.2).

Sin embargo, no todas las representaciones planas conservan el paralelismo. En el famoso cuadro *La academia de Atenas*, del gran pintor italiano del Renacimiento Rafael (lo puedes ver en la página 45), vemos que algunas líneas que parecen paralelas convergen hacia un mismo punto. Este mismo fenómeno se observa en las fotografías (puedes ver un ejemplo en la fotografía de la página 46). Esta forma de representación, descubierta en el Renacimiento, es propia de la llamada geometría proyectiva (que se estudiará en el capítulo 3).

2.2. La matriz de una proyección

Recordemos que el teorema 2.1 dice que la forma de una proyección $P : \mathbb{R}^3 \to \mathbb{R}^2$ que cumple $P(\mathbf{0}) = \mathbf{0}$ es muy simple: es de la forma $P(\mathbf{x}) = A\mathbf{x}$, donde A es una matriz con tres columnas y dos filas. Resulta que para manipular la proyección P es suficiente conocer la matriz A. ¿Cómo se obtiene esta matriz A?

Sean $\mathbf{e}_1, \mathbf{e}_2, \mathbf{e}_3$ los tres vectores de la base canónica de $\mathbb{R}^3$, es decir,

$$\mathbf{e}_1 = \begin{bmatrix} 1 \\ 0 \\ 0 \end{bmatrix}, \qquad \mathbf{e}_2 = \begin{bmatrix} 0 \\ 1 \\ 0 \end{bmatrix}, \qquad \mathbf{e}_3 = \begin{bmatrix} 0 \\ 0 \\ 1 \end{bmatrix}.$$

Es muy fácil comprobar que la columna i-ésima de A es $P(\mathbf{e}_i)$. Por tanto, para determinar la matriz A, basta saber $P(\mathbf{e}_1), P(\mathbf{e}_2)$ y $P(\mathbf{e}_3)$.

Por tanto, tenemos el siguiente procedimiento para obtener la matriz de una proyección.

Teorema 2.2. Forma explícita de la matriz de una proyección

Sea $P : \mathbb{R}^3 \to \mathbb{R}^2$ una proyección que cumple $P(\mathbf{0}) = \mathbf{0}$. Si A es la matriz de tres columnas y dos filas cuya columna i es $P(\mathbf{e}_i)$, donde $\mathbf{e}_1, \mathbf{e}_2, \mathbf{e}_3$ son los tres vectores de la base canónica de $\mathbb{R}^3$, entonces $P(\mathbf{x}) = A\mathbf{x}$ para todo $\mathbf{x} \in \mathbb{R}^3$.

Ejemplo 2.1. Considera la proyección sobre el plano $z = 0$. Esta proyección consiste simplemente en eliminar la coordenada z: $P([x, y, z]^T) = [x, y]^T$. La representación matricial de esta proyección es

$$\underbrace{\begin{bmatrix} 1 & 0 & 0 \\ 0 & 1 & 0 \end{bmatrix}}_{:=A} \begin{bmatrix} x \\ y \\ z \end{bmatrix} = \begin{bmatrix} x \\ y \end{bmatrix}.$$

Observa que la primera fila de la matriz A es donde tenemos que dibujar $\mathbf{e}_1$, y la segunda fila, donde tenemos que dibujar $\mathbf{e}_2$. Advierte asimismo que $\mathbf{e}_3$ se proyecta al origen. Se suele llamar **planta** a la imagen de una figura proyectada de esta manera. ______ **Fin**

Ejercicio 2.2. Halla las matrices de las proyecciones sobre los planos $y = 0$ y $x = 0$.

Octave La siguiente función `pers.m` dibuja la proyección de un objeto ya implementado. Es un poco larga, pues este objeto tiene bastantes aristas. Las instrucciones clave son `M = [i1 j1 k1;i2 j2 k2];` (se inicializa la matriz de la proyección) y `A = M*malla;`.

Tras ejecutar `pers(-0.8,-0.5,0.8,-0.5,0,1)` y `pers(-0.7,-0.7,1,0,0,1)` se obtienen las siguientes figuras:

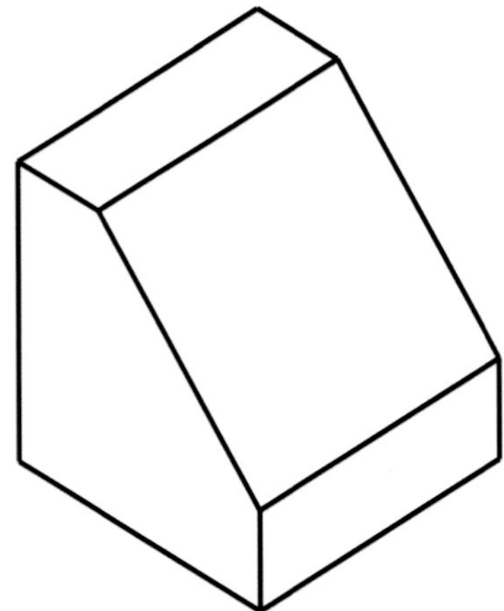
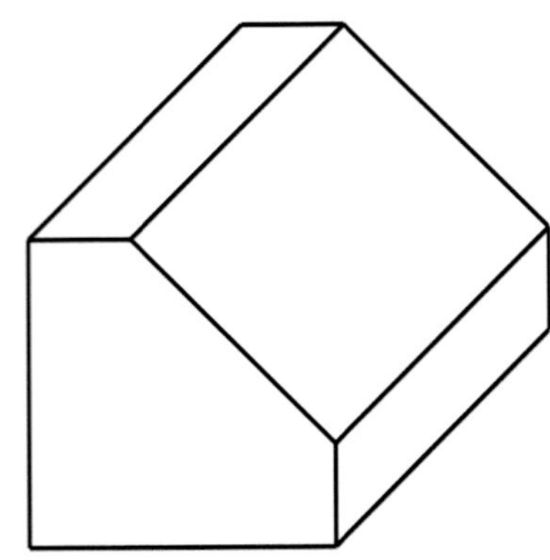

Figura 2.3.

```
function pers(i1,i2,j1,j2,k1,k2)
% Si i,j,k es la base canonica de R^3, y si P(i), P(j), P(k)
% es donde se proyectan estos tres vectores, entonces
% P(i)=(i1,i2), P(j)=(j1,j2), P(k)=(k1,k2).
clf
a1=[3 0 0]; a2=[0 3 0]; a3=[0 0 3]; a4=[3 3 0];
a5=[3 3 1]; a6=[0 3 1]; a7=[3 0 3]; a8=[3 1 3]; a9=[0 1 3];
malla=[a1' a2' a3' a4' a5' a6' a7' a8' a9'];
M=[i1 j1 k1;i2 j2 k2];
A=M*malla;
axis equal
B=A(:,[1,4]); b=line(B(1,:),B(2,:)); set(b,'color','k')
B=A(:,[2,4]); b=line(B(1,:),B(2,:)); set(b,'color','k')
B=A(:,[4,5]); b=line(B(1,:),B(2,:)); set(b,'color','k')
B=A(:,[2,6]); b=line(B(1,:),B(2,:)); set(b,'color','k')
B=A(:,[1,7]); b=line(B(1,:),B(2,:)); set(b,'color','k')
B=A(:,[7,3]); b=line(B(1,:),B(2,:)); set(b,'color','k')
B=A(:,[7,8]); b=line(B(1,:),B(2,:)); set(b,'color','k')
B=A(:,[8,5]); b=line(B(1,:),B(2,:)); set(b,'color','k')
B=A(:,[9,6]); b=line(B(1,:),B(2,:)); set(b,'color','k')
B=A(:,[8,9]); b=line(B(1,:),B(2,:)); set(b,'color','k')
B=A(:,[3,9]); b=line(B(1,:),B(2,:)); set(b,'color','k')
B=A(:,[5,6]); b=line(B(1,:),B(2,:)); set(b,'color','k')
aa=axis;
delta=abs(aa(4)-aa(3)); hold on; d=delta/50;
axis([aa(1) aa(2) aa(3)-d aa(4)+d]); axis off
```

Fin

Para estudiar algunas propiedades de la matriz de proyección es útil tener en cuenta dos conjuntos asociados a una matriz A.

Definición 2.2. Si A es una matriz $n \times m$ (la matriz A tiene n filas y m columnas), el **espacio nulo** de A es:

$$N(A) = \{\mathbf{x} \in \mathbb{R}^m : A\mathbf{x} = \mathbf{0}\}.$$

El **espacio imagen** de A es:

$$R(A) = \{A\mathbf{x} : \mathbf{x} \in \mathbb{R}^m\}.$$

En la situación concreta de una matriz de proyección, esta tiene tres columnas y dos filas. Además, como queremos que el espacio tridimensional se proyecte sobre todo el plano, el espacio imagen de A (que está formado por los puntos de la forma $A\mathbf{x}$, es decir, por las proyecciones de los puntos de $\mathbb{R}^3$) debería ser $\mathbb{R}^2$. Por tanto, a partir de ahora vamos a exigir que $R(A)$ sea $\mathbb{R}^2$. Esta última condición es equivalente a que el rango de A sea 2 (recuerda que el rango de una matriz es la dimensión de su espacio imagen).

Hay una fórmula que relaciona el espacio nulo con el espacio imagen de una matriz A de tamaño $n \times m$:

$$\dim N(A) + \mathrm{rg}(A) = m.$$

Puedes encontrar la demostración de esta fórmula en prácticamente cualquier libro de álgebra lineal.

Ya que cualquier matriz de proyección cumple $\mathrm{rg}(A) = 2$ y A tiene $m = 3$ columnas, por esta fórmula, se cumple $\dim N(A) = 1$. Luego, hay toda una recta, $N(A)$, que se proyecta sobre el origen de coordenadas del plano de proyección.

Ejercicio 2.3. Sea A una matriz de proyección. Prueba que, si $\mathbf{y} \in \mathbb{R}^2$, entonces hay una recta de $\mathbb{R}^3$ que se proyecta sobre $\mathbf{y}$.

Ejercicio 2.4. Halla $N(A)$ si A es la matriz de proyección correspondiente a la planta (revisa el ejemplo 2.1). Interpreta geométricamente el resultado.

2.3. El factor de escala

Pensemos en la proyección sobre el plano $z = 0$. Las dimensiones en los ejes x e y se mantienen inalteradas, mientras que cualquier distancia en el eje z se colapsa a 0. Diremos en este caso que el factor de escala en los ejes x e y es igual a 1, mientras que el factor de escala en el eje z es 0. Así, en general, hay tres factores de escala y miden la razón entre la distancia proyectada y la distancia original. ¿Cómo se calculan?

Definición 2.3. Sea $P : \mathbb{R}^3 \to \mathbb{R}^2$ una proyección y $\widehat{\mathbf{v}}$ un vector unitario de $\mathbb{R}^3$. El **factor de escala** en la dirección $\widehat{\mathbf{v}}$ es

$$s_{\widehat{\mathbf{v}}} = \frac{||P(\mathbf{p}+\lambda\widehat{\mathbf{v}}) - P(\mathbf{p})||}{||\mathbf{p}+\lambda\widehat{\mathbf{v}}-\mathbf{p}||}, \tag{2.1}$$

donde $\lambda > 0$ y $\mathbf{p} \in \mathbb{R}^3$.

La expresión de $s_{\widehat{\mathbf{v}}}$ se puede simplificar, puesto que $||\mathbf{p}+\lambda\widehat{\mathbf{v}}-\mathbf{p}|| = \lambda||\widehat{\mathbf{v}}|| = \lambda$. Además, por el teorema 2.1, existe una matriz A tal que $P(\mathbf{x}) = A\mathbf{x}$ para todo $\mathbf{x} \in \mathbb{R}^3$. Por tanto,

$$P(\mathbf{p}+\lambda\widehat{\mathbf{v}}) - P(\mathbf{p}) = A(\mathbf{p}+\lambda\widehat{\mathbf{v}}) - A\mathbf{p} = \lambda A\widehat{\mathbf{v}}.$$

Luego, $||P(\mathbf{p}+\lambda\widehat{\mathbf{v}}) - P(\mathbf{p})|| = \lambda||A\widehat{\mathbf{v}}||$ y se tiene que

$$s_{\widehat{\mathbf{v}}} = ||A\widehat{\mathbf{v}}||.$$

¿Por qué definimos el factor de escala mediante la fórmula (2.1) en lugar de emplear la fórmula anterior? Observa que el denominador en (2.1) es la distancia entre dos puntos arbitrarios de una recta con vector director $\widehat{\mathbf{v}}$ y el numerador en (2.1) es la distancia entre las proyecciones de estos puntos.

Por supuesto, utilizar $s_{\widehat{\mathbf{v}}} = ||A\widehat{\mathbf{v}}||$ es más rápido que usar (2.1). Debes observar también que, a pesar de la fórmula (2.1), el factor de escala es independiente de $\mathbf{p}$ y de λ, ya que $s_{\widehat{\mathbf{v}}} = ||A\widehat{\mathbf{v}}||$. Luego, el factor de escala solo depende de la proyección y el eje generado por $\widehat{\mathbf{v}}$.

Ejemplo 2.2. Considera la proyección que proporciona la planta de una figura (repasa el ejemplo 2.1). Vamos a calcular el factor de escala en la dirección x. Como un vector unitario en esta dirección es $\mathbf{e}_1 = [1,0,0]^T$ y $P(\mathbf{e}_1) = [1,0]^T$, entonces $s_{\mathbf{e}_1} = ||P(\mathbf{e}_1)|| = 1$. ______ **Fin**

Los factores de escala más usados (casi los únicos) son los de los ejes x, y, z. Estos factores se suelen denotar s_x, s_y, s_z, respectivamente.

Ejercicio 2.5. Si P es la proyección del ejemplo anterior, calcula s_y y s_z.

Ejercicio 2.6. Si P es la proyección del ejemplo anterior, prueba que $s_{\widehat{\mathbf{v}}} \leq 1$. Caracteriza los vectores unitarios $\widehat{\mathbf{v}}$ tales que $s_{\widehat{\mathbf{v}}} = 1$.

2.4. Proyecciones isométricas

Las proyecciones isométricas no distorsionan distancias en ningún eje coordenado (salvo un factor de escala igual para los tres ejes).

Definición 2.4. Una proyección es **isométrica** cuando $s_x = s_y = s_z$.

Si $s_x = s_y = s_z = 1$, entonces, si en el dibujo una distancia en cualquier eje coordenado mide 1 cm, en la realidad mide también 1 cm.

Ejercicio 2.7. Sea P una proyección con $s_x = s_y = s_z = 0.7$. Si un cubo de arista 1 cm se sitúa de forma que sus aristas sean paralelas a los ejes coordenados y se proyecta, ¿cuánto miden los lados de la proyección del cubo?

Ahora estudiaremos las proyecciones isométricas más usadas en diseño.

2.4.1. La proyección isométrica 30°

La proyección isométrica 30° se basa en la siguiente figura:

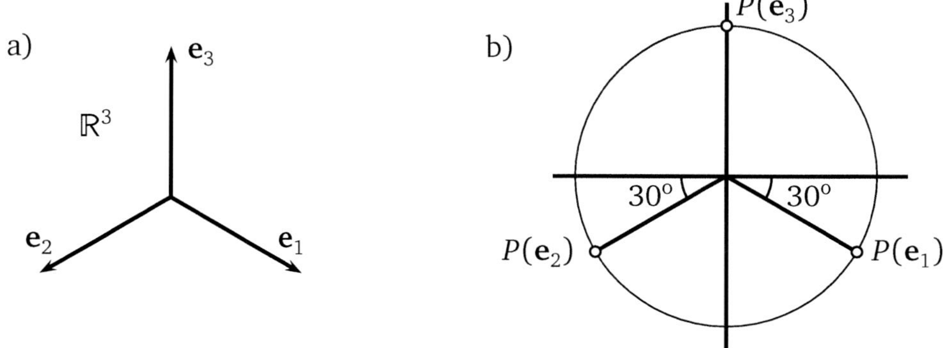

Figura 2.4. La proyección isométrica 30°.

Los puntos $P(\mathbf{e}_1), P(\mathbf{e}_2)$ y $P(\mathbf{e}_3)$ se dibujan en la circunferencia de centro el origen y de radio 1. Además, como $s_x = \|P(\mathbf{e}_1)\| = 1$, $s_y = \|P(\mathbf{e}_2)\| = 1$ y $s_z = \|P(\mathbf{e}_3)\| = 1$, esta proyección es isométrica. Pero, además, la distancia angular entre los tres ejes dibujados es la misma: 120°.

Calculemos la expresión matricial de esta proyección. Para ello usaremos el teorema 2.2. Ya que:

$$A = \begin{bmatrix} P(\mathbf{e}_1) & P(\mathbf{e}_2) & P(\mathbf{e}_3) \end{bmatrix} = \begin{bmatrix} \cos 30^\circ & -\cos 30^\circ & 0 \\ -\operatorname{sen} 30^\circ & -\operatorname{sen} 30^\circ & 1 \end{bmatrix} = \begin{bmatrix} \sqrt{3}/2 & -\sqrt{3}/2 & 0 \\ -1/2 & -1/2 & 1 \end{bmatrix},$$

entonces el punto $\mathbf{x} \in \mathbb{R}^3$ se tiene que dibujar en $A\mathbf{x}$. Así, dibujamos el punto $[x, y, z]^T$ en

$$\begin{bmatrix} \sqrt{3}/2 & -\sqrt{3}/2 & 0 \\ -1/2 & -1/2 & 1 \end{bmatrix} \begin{bmatrix} x \\ y \\ z \end{bmatrix} = \begin{bmatrix} \frac{\sqrt{3}}{2}(x-y) \\ -\frac{x+y}{2} + z \end{bmatrix}. \tag{2.2}$$

Ejercicio 2.8. ¿Qué significado geométrico es la solución de $A\mathbf{x} = \mathbf{0}$?

Podemos ver en la figura 2.5 la proyección de un cubo por medio de la proyección isométrica 30°. Da la sensación de imagen tridimensional, sin embargo, hemos dibujado un hexágono regular.

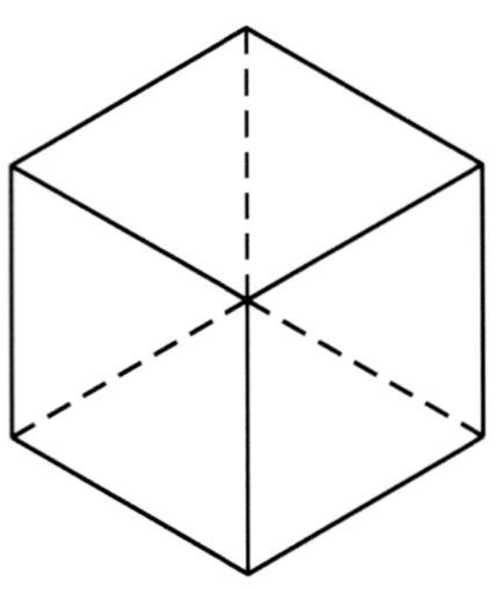

Figura 2.5.

Esta figura muestra claramente la razón de que una proyección isométrica no cumple que $\|P(\mathbf{x})\| = \|\mathbf{x}\|$ para todo $\mathbf{x} \in \mathbb{R}^3$. Si te fijas en el centro del hexágono, verás que las proyecciones de dos vértices distintos del cubo coinciden. Si $\mathbf{p}$ y $\mathbf{q}$ son estos dos vértices, entonces $\mathbf{p} \neq \mathbf{q}$ y, sin embargo, $P(\mathbf{p}) = P(\mathbf{q})$. Podemos dar el mismo ejemplo numéricamente: sean $\mathbf{p} = [0,0,0]^T$ y $\mathbf{q} = [1,1,1]^T$. Por medio de (2.2) podemos comprobar fácilmente que $P(\mathbf{p}) = P(\mathbf{q}) = [0,0]^T$.

Sin embargo, debido a la definición de proyección isométrica, se tiene que, si el vector que une $\mathbf{p}$ y $\mathbf{q}$ es paralelo a los ejes coordenados, entonces la distancia entre $\mathbf{p}$ y $\mathbf{q}$ coincide con la distancia entre $P(\mathbf{p})$ y $P(\mathbf{q})$.

Es imposible que una proyección $P : \mathbb{R}^3 \to \mathbb{R}^2$ cumpla que $\|P(\mathbf{x})\| = \|\mathbf{x}\|$ para todo $\mathbf{x} \in \mathbb{R}^3$. Este resultado, aunque no es interesante y su demostración menos aún, tiene ciertas implicaciones. Por esto se incluye como pie de página[2].

Una pequeña modificación de esta proyección ha ganado peso en el mundo del diseño por ordenador.

2.4.2. La proyección isométrica 27°

Hoy en día, casi todos los dispositivos gráficos (principalmente, pantallas de ordenador e impresoras) dibujan píxel a píxel. Debido a que la proyección isométrica 30° del eje x o del eje y es una recta cuya pendiente es $\pm\sqrt{3}/3 \approx \pm 0.577$, estas rectas no se representan muy bien. Se obtienen mejores resultados con rectas cuyas pendientes son $\pm 1/2$. Como (en grados sexagesimales) el ángulo cuya tangente es $1/2$ es aproximadamente 27°, con esta proyección se suele usar este ángulo redondeado. Un valor más preciso es $26°33'54''$.

La representación matricial es muy parecida a la isométrica 30°. Sea φ el ángulo del primer cuadrante tal que $\tan\varphi = 1/2$. Si

$$A = \begin{bmatrix} \cos\varphi & -\cos\varphi & 0 \\ -\operatorname{sen}\varphi & -\operatorname{sen}\varphi & 1 \end{bmatrix}, \qquad \mathbf{x} = \begin{bmatrix} x \\ y \\ z \end{bmatrix},$$

entonces $P(\mathbf{x}) = A\mathbf{x}$.

Ejercicio 2.9. Prueba que la proyección isométrica 27° es isométrica, es decir, prueba que $s_x = s_y = s_z$.

[2] Supongamos que $\|P(\mathbf{x})\| = \|\mathbf{x}\|$ para todo $\mathbf{x} \in \mathbb{R}^3$. Sea A la matriz tal que $P(\mathbf{x}) = A\mathbf{x}$. Si $\mathbf{x} \in N(A)$, entonces $\|\mathbf{x}\| = \|P(\mathbf{x})\| = \|\mathbf{0}\| = 0$, por lo que $\mathbf{x} = \mathbf{0}$, luego $N(A)$ se reduce al vector nulo; pero esto contradice el hecho de que $\dim N(A) = 1$ para cualquier matriz de proyección.

Octave Mediante `phi = atan(1/2)` se obtiene en radianes el ángulo φ cuya tangente es 1/2. Numéricamente podemos hallar el coseno y el seno de φ con `cos(phi)` y `sin(phi)`, respectivamente. ______ **Fin**

Analíticamente, para hallar $\cos\varphi$ y $\operatorname{sen}\varphi$, tenemos que resolver el sistema compuesto por las ecuaciones $\operatorname{sen}\varphi/\cos\varphi = 1/2$ (puesto que $\tan\varphi = 1/2$)) y $\cos^2\varphi + \operatorname{sen}^2\varphi = 1$. Podemos obtener fácilmente $\cos\varphi = 2/\sqrt{5}$ y $\operatorname{sen}\varphi = 1/\sqrt{5}$.

Ejercicio 2.10. Halla los puntos $\mathbf{x} \in \mathbb{R}^3$ tales que $P(\mathbf{x}) = [0,0]^T$, siendo P la proyección isométrica de 27°.

La proyección isométrica 30° o 27° es muy usada en los videojuegos.

2.4.3. La proyección militar

Una tercera proyección isométrica es la que se comenta ahora. Esta proyección cumple

$$P(\mathbf{e}_1) = [\cos 45°, -\operatorname{sen} 45°]^T, \qquad P(\mathbf{e}_2) = [-\cos 45°, -\operatorname{sen} 45°]^T, \qquad P(\mathbf{e}_3) = [0,1]^T.$$

Ya que $\cos 45° = \operatorname{sen} 45° = \sqrt{2}/2$, la matriz de la proyección es:

$$A = \begin{bmatrix} \sqrt{2}/2 & -\sqrt{2}/2 & 0 \\ -\sqrt{2}/2 & -\sqrt{2}/2 & 1 \end{bmatrix}. \tag{2.3}$$

Luego, la proyección de $\mathbf{x} = [x,y,z]^T$ es:

$$A\mathbf{x} = \begin{bmatrix} \sqrt{2}/2 & -\sqrt{2}/2 & 0 \\ -\sqrt{2}/2 & -\sqrt{2}/2 & 1 \end{bmatrix} \begin{bmatrix} x \\ y \\ z \end{bmatrix} = \begin{bmatrix} \frac{\sqrt{2}}{2}(x-y) \\ -\frac{\sqrt{2}}{2}(x+y)+z \end{bmatrix}.$$

Ejemplo 2.3. Vamos a dibujar el cubo de vértices

$$\begin{bmatrix} 0 \\ 0 \\ 0 \end{bmatrix}, \begin{bmatrix} 1 \\ 0 \\ 0 \end{bmatrix}, \begin{bmatrix} 0 \\ 1 \\ 0 \end{bmatrix}, \begin{bmatrix} 0 \\ 0 \\ 1 \end{bmatrix}, \begin{bmatrix} 0 \\ 1 \\ 1 \end{bmatrix}, \begin{bmatrix} 1 \\ 0 \\ 1 \end{bmatrix}, \begin{bmatrix} 1 \\ 1 \\ 0 \end{bmatrix}, \begin{bmatrix} 1 \\ 1 \\ 1 \end{bmatrix}$$

por medio de la proyección militar. Para ello definimos la matriz A como en (2.3). Sea M la siguiente matriz donde almacenamos los vértices del cubo:

$$M = \begin{bmatrix} 0 & 1 & 0 & 0 & 0 & 1 & 1 & 1 \\ 0 & 0 & 1 & 0 & 1 & 0 & 1 & 1 \\ 0 & 0 & 0 & 1 & 1 & 1 & 0 & 1 \end{bmatrix}.$$

Tras multiplicar AM, obtenemos una matriz de ocho columnas (las proyecciones de los ocho vértices del cubo) y dos filas (cada vértice proyectado está en $\mathbb{R}^2$). Las columnas de AM son las proyecciones de los vértices del cubo.

Por ejemplo, la proyección del vértice $[1,1,0]^T$ (la séptima columma de M) es la séptima columna de AM, que es $[0,-\sqrt{2}]^T \approx [0,-1.4]^T$. Puedes ver un cubo en proyección militar en la figura 2.6. **Fin**

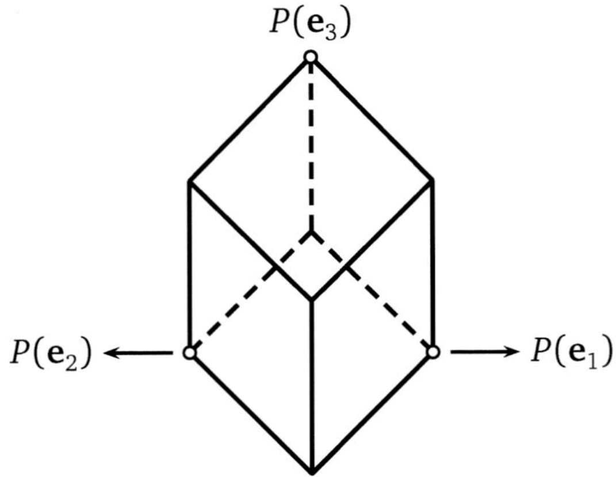

Figura 2.6. La proyección militar de un cubo.

Esta proyección se suele usar cuando la planta (la vista desde arriba) es importante.

2.4.4. La proyección caballera

La idea de esta proyección es parecida a las anteriores, salvo que el plano xz mantiene todas sus magnitudes (incluyendo los ángulos). Observa la figura 2.7. En la proyección caballera se tiene

$$P(\mathbf{e}_1) = \begin{bmatrix} 1 \\ 0 \end{bmatrix}, \qquad P(\mathbf{e}_2) = \begin{bmatrix} a \\ b \end{bmatrix}, \qquad P(\mathbf{e}_3) = \begin{bmatrix} 0 \\ 1 \end{bmatrix}$$

para ciertos $a, b \in \mathbb{R}$ que especificaremos un poco más adelante.

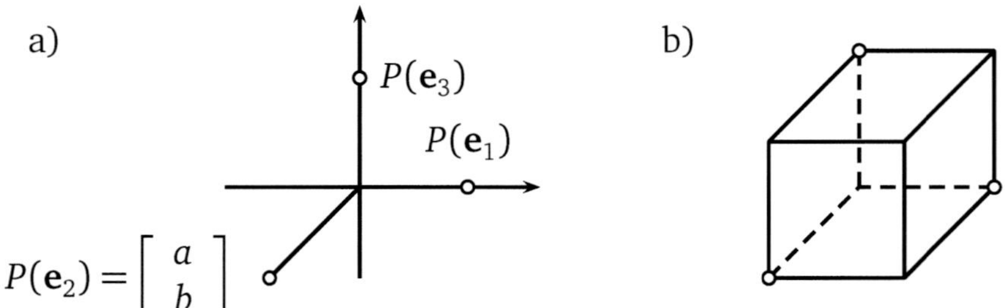

Figura 2.7. La proyección caballera.

La proyección de un punto $\mathbf{x} = [x,y,z]^T$ se calcula mediante

$$P(\mathbf{x}) = A\mathbf{x} = \begin{bmatrix} 1 & a & 0 \\ 0 & b & 1 \end{bmatrix} \begin{bmatrix} x \\ y \\ z \end{bmatrix} = \begin{bmatrix} x+ay \\ by+z \end{bmatrix}. \tag{2.4}$$

Ejercicio 2.11. Vamos a comprobar que la proyección caballera mantiene las distancias y ángulos para puntos contenidos en un plano paralelo al plano xz. Un plano paralelo al plano xz es $y = y_0$. Tomemos tres puntos de este plano: $\mathbf{x}_1 = [x_1, y_0, z_1]^T$, $\mathbf{x}_2 = [x_2, y_0, z_2]^T$ y $\mathbf{x}_1 = [x_3, y_0, z_3]^T$.

a) Prueba (usando (2.4)) que la distancia entre $P(\mathbf{x}_1)$ y $P(\mathbf{x}_2)$ es $\sqrt{(x_2 - x_1)^2 + (z_2 - z_1)^2}$, que coincide con la distancia entre $\mathbf{x}_1$ y $\mathbf{x}_2$.

b) Prueba (de nuevo usando (2.4)) que el producto escalar de los vectores $P(\mathbf{x}_2) - P(\mathbf{x}_1)$ y $P(\mathbf{x}_3) - P(\mathbf{x}_1)$ coincide con el producto escalar de los vectores $\mathbf{x}_2 - \mathbf{x}_1$ y $\mathbf{x}_3 - \mathbf{x}_1$. Lo que quiere decir que P conserva los ángulos del plano xz.

En primer lugar, vamos a ver qué condición debe cumplir la proyección caballera para que sea isométrica. Puesto que $\|P(\mathbf{e}_1)\| = \|P(\mathbf{e}_3)\| = 1$, si queremos que sea isométrica, tenemos que exigir que $\|P(\mathbf{e}_2)\| = 1$. Como $P(\mathbf{e}_2) = [a, b]^T$, entonces P es isométrica si y solo si $a^2 + b^2 = 1$. Una elección muy usada es que el ángulo señalado de la figura 2.8 sea de 45°. Con esta elección tenemos que $a = b = -\sqrt{2}/2$. Quizá te preguntes por qué se han tomado a y b negativos. No hay ninguna razón. Más adelante veremos qué pasa si a o b son positivos.

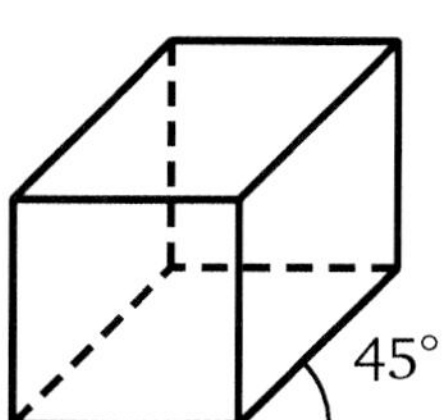

Figura 2.8. Una elección de la caballera.

Si te fijas en la figura 2.8, verás que está algo desproporcionada: la dirección del eje y dibujado parece más alargada de lo que debería. En la práctica se aplica un **factor de reducción** para minimizar este efecto visual no deseado. Los coeficientes más usados son los de 1/2, 2/3 y 3/4. No hay un acuerdo universal respecto al coeficiente de reducción (se trata más de una cuestión de estética que de ciencia).

Por tanto, la expresión de la proyección isométrica de ángulo 45° con un factor de reducción α viene dada por

$$P(\mathbf{x}) = \begin{bmatrix} 1 & -\alpha\cos 45^\circ & 0 \\ 0 & -\alpha \operatorname{sen} 45^\circ & 1 \end{bmatrix} \begin{bmatrix} x \\ y \\ z \end{bmatrix}.$$

En la figura 2.9 se puede apreciar el efecto de varios factores de reducción en donde se ha dibujado el mismo cubo en proyección caballera.

Aún hay otro término que se puede modificar en una proyección caballera: el ángulo que forma el vector que une el origen con $P(\mathbf{e}_2)$ con el eje horizontal (observa la figura 2.7). La expresión de la proyección caballera vista hasta ahora se puede escribir:

$$P(\mathbf{x}) = \begin{bmatrix} 1 & \alpha\cos 135^\circ & 0 \\ 0 & \alpha \operatorname{sen} 135^\circ & 1 \end{bmatrix} \begin{bmatrix} x \\ y \\ z \end{bmatrix}.$$

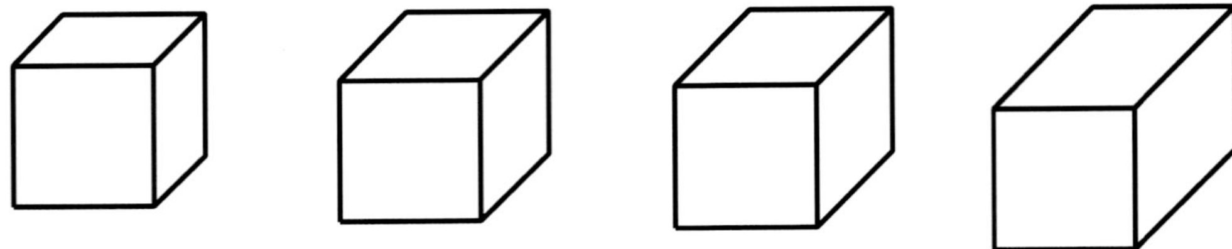

Figura 2.9. Un cubo en proyección caballera con los factores de reducción 1/2, 2/3, 3/4 y 1, respectivamente.

Observa ahora que, como $\cos 135^\circ$ y $\operatorname{sen} 135^\circ$ son negativos, no hace falta incluir en la matriz de la igualdad anterior ningún signo negativo.

Obviamente, la expresión anterior se puede generalizar a la expresión siguiente: la proyección caballera de factor de reducción α y ángulo ϕ viene dada por

$$P(\mathbf{x}) = \begin{bmatrix} 1 & \alpha\cos\phi & 0 \\ 0 & \alpha\operatorname{sen}\phi & 1 \end{bmatrix} \begin{bmatrix} x \\ y \\ z \end{bmatrix}. \tag{2.5}$$

Ejercicio 2.12. En la expresión (2.5) se evitan los ángulos múltiplos de $\pi/2$. ¿Por qué?

Lo normal es que se elija el ángulo ϕ en el intervalo $]180^\circ, 360^\circ[$, pues, si no, se mostraría la parte trasera de la figura. Aunque, por supuesto, no hay ningún impedimento para ello. En la figura 2.10 vemos algunos ejemplos (todos con un factor de reducción de 3/4).

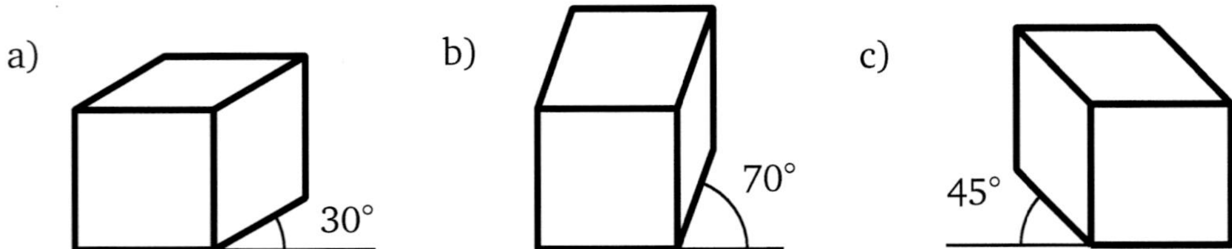

Figura 2.10. El mismo cubo dibujado en proyección caballera. Se ha tomado, respectivamente, $\phi = 210^\circ$, $\phi = 250^\circ$, $\phi = 315^\circ$.

2.5. Proyecciones ortográficas

Recordemos que una proyección es ortográfica cuando el plano de proyección es perpendicular al eje de proyección. Lo que vamos a hacer ahora es caracterizar de una forma matricial las proyecciones ortográficas. También debemos recordar que una proyección $P : \mathbb{R}^3 \to \mathbb{R}^2$ se expresa como $P(\mathbf{x}) = A\mathbf{x}$, siendo A una matriz de tres columnas y dos filas. Pues bien, el teorema 2.3 dice que P es ortográfica si y solo si A cumple una condición fácil de verificar.

La historia de este teorema es algo curiosa: Gauss enunció este teorema (y lo probó) usando números complejos (las matrices no se conocían en la época de Gauss, principios del siglo XIX). En un ejercicio al final del capítulo se verá la manera enunciada por Gauss. Más tarde, en 1940, Hadwiger generalizó el resultado de Gauss a dimensiones arbitrarias y usando matrices.

En las aplicaciones prácticas debemos considerar la escala. Por ejemplo, si vemos el plano de un edificio, obviamente, la proyección debe tener una escala apropiada.

Teorema 2.3. Teorema fundamental de la axonometría

Sea $P : \mathbb{R}^3 \to \mathbb{R}^2$ la proyección dada por $P(\mathbf{x}) = A\mathbf{x}$, donde A es una matriz con tres columnas y dos filas. Entonces P es ortográfica si y solo si existe $\lambda \in \mathbb{R}$ tal que $AA^T = \lambda I_2$.

Ejemplo 2.4. La proyección isométrica de 30° es una proyección ortográfica puesto que

$$AA^T = \begin{bmatrix} \sqrt{3}/2 & -\sqrt{3}/2 & 0 \\ -1/2 & -1/2 & 1 \end{bmatrix} \begin{bmatrix} \sqrt{3}/2 & -1/2 \\ -\sqrt{3}/2 & -1/2 \\ 0 & 1 \end{bmatrix} = \begin{bmatrix} 6/4 & 0 \\ 0 & 6/4 \end{bmatrix} = \frac{6}{4} I_2.$$

Ya que esta proyección es ortográfica, podemos calcular el plano y el eje de proyección. El eje de proyección se proyecta al origen, luego los puntos $[x, y, z]^T$ de este eje cumplen:

$$\begin{bmatrix} \sqrt{3}/2 & -\sqrt{3}/2 & 0 \\ -1/2 & -1/2 & 1 \end{bmatrix} \begin{bmatrix} x \\ y \\ z \end{bmatrix} = \begin{bmatrix} 0 \\ 0 \end{bmatrix}.$$

La solución de este sistema es $x = y = z$. Como esta solución es la recta que pasa por el origen y con vector director $[1, 1, 1]^T$, un vector (no unitario) del eje de proyección es $\mathbf{w} = [1, 1, 1]^T$. El plano de proyección son los vectores perpendiculares a $\mathbf{w}$: si $\mathbf{v} = [x, y, z]^T$ está en el plano de proyección, entonces $0 = \mathbf{v}^T\mathbf{w} = x + y + z$ es la ecuación del plano de proyección.

Fin

Ejemplo 2.5. Veamos cuándo la proyección caballera es ortográfica:

$$AA^T = \begin{bmatrix} 1 & a & 0 \\ 0 & b & 1 \end{bmatrix} \begin{bmatrix} 1 & 0 \\ a & b \\ 0 & 1 \end{bmatrix} = \begin{bmatrix} 1 + a^2 & ab \\ ab & 1 + b^2 \end{bmatrix}$$

Para que AA^T sea un múltiplo de la identidad se debe tener $a = b = 0$. **Fin**

Ejercicio 2.13. ¿Cuál es el significado geométrico de $a = b = 0$ en el ejemplo anterior?

2.6. Demostraciones

DEMOSTRACIÓN DEL TEOREMA 2.1. Como $P(\mathbf{0}) = \mathbf{0}$, el plano de proyección pasa por el origen. Sea $\{\mathbf{u}, \mathbf{v}\}$ una base ortonormal del plano de proyección, es decir, $\mathbf{u}, \mathbf{v}$ son perpendiculares ($\mathbf{u}^T\mathbf{v} = 0$) y $\mathbf{u}, \mathbf{v}$ tienen norma 1 ($\mathbf{u}^T\mathbf{u} = \mathbf{v}^T\mathbf{v} = 1$). Tomemos $\mathbf{n}$ un vector normal al plano y de norma 1. Observa que $\mathbf{n}$ es perpendicular a $\mathbf{u}$ y a $\mathbf{v}$ y que $\mathbf{u}, \mathbf{v}, \mathbf{n}$ forman una base de $\mathbb{R}^3$.

Sea $\mathbf{x}$ un vector arbitrario de $\mathbb{R}^3$. Como $\mathbf{u}, \mathbf{v}, \mathbf{n}$ forman una base de $\mathbb{R}^3$, entonces existen escalares α, β, γ tales que $\mathbf{x} = \alpha\mathbf{u} + \beta\mathbf{v} + \gamma\mathbf{n}$. Precisamente, la proyección de $\mathbf{x}$ sobre el plano de proyección es $P(\mathbf{x}) = [\alpha, \beta]^T$. Luego, hay que calcular estos escalares α y β. De $\mathbf{x} = \alpha\mathbf{u} + \beta\mathbf{v} + \gamma\mathbf{n}$ y, aprovechando las propiedades de la base $\{\mathbf{u}, \mathbf{v}, \mathbf{n}\}$, obtenemos

$$\mathbf{u}^T\mathbf{x} = \mathbf{u}^T(\alpha\mathbf{u} + \beta\mathbf{v} + \gamma\mathbf{n}) = \alpha\mathbf{u}^T\mathbf{u} + \beta\mathbf{u}^T\mathbf{v} + \gamma\mathbf{u}^T\mathbf{n} = \alpha.$$

De forma análoga, obtenemos $\beta = \mathbf{v}^T\mathbf{x}$. Por tanto,

$$P(\mathbf{x}) = \begin{bmatrix} \alpha \\ \beta \end{bmatrix} = \begin{bmatrix} \mathbf{u}^T\mathbf{x} \\ \mathbf{v}^T\mathbf{x} \end{bmatrix} = \underbrace{\begin{bmatrix} \mathbf{u}^T \\ \mathbf{v}^T \end{bmatrix}}_{=A} \mathbf{x} = A\mathbf{x}.$$

Observa que A tiene dos filas, y como $\mathbf{u}$ y $\mathbf{v}$ son vectores de $\mathbb{R}^3$, entonces A tiene tres columnas. □

DEMOSTRACIÓN DEL TEOREMA 2.3. El siguiente resultado es cierto: *si U es una matriz cuadrada de orden n cuyas columnas forman una base ortonormal de $\mathbb{R}^n$, entonces $U^{-1} = U^T$*. Ahora vamos a la demostración del teorema: sea $P : \mathbb{R}^3 \to \mathbb{R}^2$ la proyección dada por $P(\mathbf{x}) = A\mathbf{x}$.

Supongamos que P es ortográfica (es decir, el eje de proyección es perpendicular al plano de proyección). Sea $\widehat{\mathbf{u}}, \widehat{\mathbf{v}}$ la base ortonormal del plano de proyección de forma que

$$A\widehat{\mathbf{u}} = \begin{bmatrix} \mu \\ 0 \end{bmatrix}, \quad A\widehat{\mathbf{v}} = \begin{bmatrix} 0 \\ \mu \end{bmatrix}.$$

Sea $\widehat{\mathbf{w}}$ un vector unitario del eje de proyección (es perpendicular a la vez a $\widehat{\mathbf{u}}$ y $\widehat{\mathbf{v}}$). Puesto que, además, se tiene $A\widehat{\mathbf{w}} = \mathbf{0}$, entonces

$$A[\widehat{\mathbf{u}}, \widehat{\mathbf{v}}, \widehat{\mathbf{w}}] = \begin{bmatrix} \mu & 0 & 0 \\ 0 & \mu & 0 \end{bmatrix}.$$

Luego, por el resultado enunciado al principio de la demostración,

$$\begin{aligned} A &= \begin{bmatrix} \mu & 0 & 0 \\ 0 & \mu & 0 \end{bmatrix} [\widehat{\mathbf{u}}, \widehat{\mathbf{v}}, \widehat{\mathbf{w}}]^{-1} \\ &= \begin{bmatrix} \mu & 0 & 0 \\ 0 & \mu & 0 \end{bmatrix} [\widehat{\mathbf{u}}, \widehat{\mathbf{v}}, \widehat{\mathbf{w}}]^T = \begin{bmatrix} \mu & 0 & 0 \\ 0 & \mu & 0 \end{bmatrix} \begin{bmatrix} \widehat{\mathbf{u}}^T \\ \widehat{\mathbf{v}}^T \\ \widehat{\mathbf{w}}^T \end{bmatrix} = \begin{bmatrix} \mu\widehat{\mathbf{u}}^T \\ \mu\widehat{\mathbf{v}}^T \end{bmatrix} = \mu \begin{bmatrix} \widehat{\mathbf{u}}^T \\ \widehat{\mathbf{v}}^T \end{bmatrix}. \end{aligned}$$

Y ahora

$$AA^T = \mu^2 \begin{bmatrix} \widehat{\mathbf{u}}^T \\ \widehat{\mathbf{v}}^T \end{bmatrix} [\widehat{\mathbf{u}}, \widehat{\mathbf{v}}] = \mu^2 \begin{bmatrix} \widehat{\mathbf{u}}^T\widehat{\mathbf{u}} & \widehat{\mathbf{u}}^T\widehat{\mathbf{v}} \\ \widehat{\mathbf{v}}^T\widehat{\mathbf{u}} & \widehat{\mathbf{v}}^T\widehat{\mathbf{v}} \end{bmatrix} = \mu^2 I_2.$$

Supongamos que $AA^T = \lambda I_2$. La matriz A^T tiene dos columnas y tres filas. Por tanto, podemos escribir $A^T = [\mathbf{a}, \mathbf{b}]$, donde $\mathbf{a}$ y $\mathbf{b}$ son vectores columna de $\mathbb{R}^3$. La condición $AA^T = \lambda I_2$ implica que $\mathbf{a}$ y $\mathbf{b}$ son dos vectores perpendiculares y que $||\mathbf{a}|| = ||\mathbf{b}|| = \sqrt{\lambda}$. Sea $\mathbf{c}$ un vector perpendicular a $\mathbf{a}$ y $\mathbf{b}$ y además unitario (por ejemplo, podemos elegir $\mathbf{c} = \lambda^{-1}\mathbf{a} \times \mathbf{b}$). Como

$$A = \begin{bmatrix} \mathbf{a}^T \\ \mathbf{b}^T \end{bmatrix} = \begin{bmatrix} \sqrt{\lambda} & 0 & 0 \\ 0 & \sqrt{\lambda} & 0 \end{bmatrix} \begin{bmatrix} \mathbf{a}^T/\sqrt{\lambda} \\ \mathbf{b}^T/\sqrt{\lambda} \\ \mathbf{c}^T \end{bmatrix},$$

entonces, por el resultado enunciado al principio de la demostración, se tiene

$$A\begin{bmatrix} \frac{1}{\sqrt{\lambda}}\mathbf{a} & \frac{1}{\sqrt{\lambda}}\mathbf{b} & \mathbf{c} \end{bmatrix} = \begin{bmatrix} \sqrt{\lambda} & 0 & 0 \\ 0 & \sqrt{\lambda} & 0 \end{bmatrix}.$$

Luego,

$$P(\mathbf{a}) = A\mathbf{a} = \sqrt{\lambda}\left(A\frac{1}{\sqrt{\lambda}}\mathbf{a}\right) = \sqrt{\lambda}\begin{bmatrix} \sqrt{\lambda} \\ 0 \end{bmatrix} = \begin{bmatrix} \lambda \\ 0 \end{bmatrix}.$$

De forma análoga se obtiene $P(\mathbf{b}) = A\mathbf{b} = [0, \lambda]^T$ y $P(\mathbf{c}) = A\mathbf{c} = [0, 0]^T$. En otras palabras, P es la proyección ortogonal sobre el plano generado por $\mathbf{a}$ y $\mathbf{b}$ sobre el eje con vector $\mathbf{c}$ (recuerda que $\mathbf{c}$ es perpendicular a la vez a $\mathbf{a}$ y a $\mathbf{b}$). □

2.7. Ejercicios

1. Considera la proyección $P : \mathbb{R}^3 \to \mathbb{R}^2$ dada por $P(\mathbf{e}_1) = [1, 1]^T$, $P(\mathbf{e}_2) = [1, 0]^T$, $P(\mathbf{e}_3) = [0, 1]^T$. Dibuja la proyección del cubo de vértices $[\varepsilon_x, \varepsilon_y, \varepsilon_z]^T$, donde $\varepsilon_x, \varepsilon_y, \varepsilon_z$ toman los valores 0 y 1. Este cubo se llama **cubo unidad**.

2. Considera el cubo de la figura 2.11. Si

$$\mathbf{p} = \begin{bmatrix} 0 \\ 0 \end{bmatrix}, \quad \mathbf{a} = \begin{bmatrix} 2 \\ -26 \end{bmatrix}, \quad \mathbf{b} = \begin{bmatrix} -23 \\ 2 \end{bmatrix}, \quad \mathbf{c} = \begin{bmatrix} 14 \\ 7 \end{bmatrix},$$

   halla una proyección que permita dibujar este cubo.

3. Comprueba que la proyección del ejercicio anterior es ortográfica. Calcula el eje de proyección.

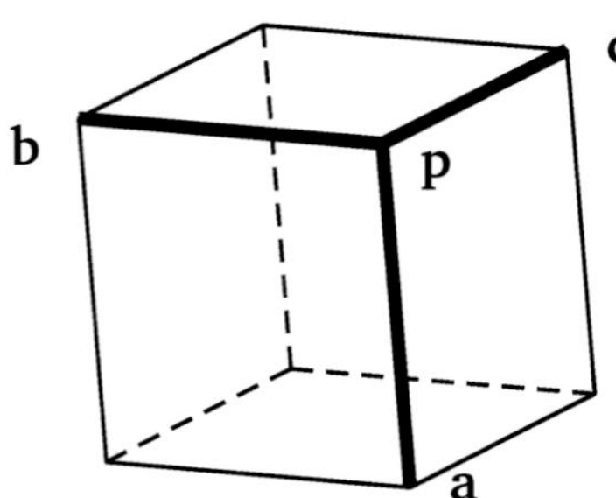

Figura 2.11. La proyección de un cubo.

4. Sea la proyección caballera cuya matriz es

$$\begin{bmatrix} 1 & a & 0 \\ 0 & b & 1 \end{bmatrix}.$$

Un ejemplo anterior establecía que esta proyección es ortográfica si y solamente si $a = b = 0$. Calcula el eje de proyección en este caso.

5. Halla las matrices que permiten dibujar el alzado y el perfil de una figura (si no sabes lo que son, busca en cualquier buscador de internet el bloque "planta alzado perfil").

6. Considera la proyección cuya matriz es

$$\begin{bmatrix} \cos\phi & -\cos\phi & 1 \\ -\operatorname{sen}\phi & -\operatorname{sen}\phi & 0 \end{bmatrix},$$

donde $0 < \phi < 180°$.

a) Comprueba que las proyecciones isométricas de 30°, 27° y militar son casos particulares de la considerada ahora.

b) Haz un esbozo de la proyección del cubo unidad (revisa el primer ejercicio) con esta proyección.

c) Comprueba que la proyección de este ejercicio es isométrica.

d) Caracteriza en términos de ϕ cuándo esta proyección es ortográfica.

7. Sean $\mathbf{a}, \mathbf{b}, \mathbf{c}$ las tres columnas de una matriz de proyección ortográfica.

a) Prueba que existe $\lambda > 0$ tal que $\mathbf{aa}^T + \mathbf{bb}^T + \mathbf{cc}^T = \lambda I_2$.

b) Sean α, β, γ los ángulos $\mathbf{0cb}$, $\mathbf{0ba}$, $\mathbf{0ab}$, respectivamente. Prueba

$$\frac{\|\mathbf{a}\|^2}{\operatorname{sen}\alpha\cos\alpha} = \frac{\|\mathbf{b}\|^2}{\operatorname{sen}\beta\cos\beta} = \frac{\|\mathbf{c}\|^2}{\operatorname{sen}\gamma\cos\gamma}.$$

Capítulo 3
La geometría proyectiva

3.1. Los orígenes de la geometría proyectiva

Hasta el Renacimiento (que comenzó en el siglo XV en la actual Italia), el arte pictórico era plano o sin perspectiva. La pintura de la Edad Media se caracteriza, además de por su dedicación a motivos religiosos, por la ausencia total de perspectiva (aunque a finales de la Edad Media, en el gótico tardío, ya aparecen algunos ejemplos de perspectiva, pero sin ninguna base matemática). Las figuras suelen agolparse en primer plano y se yuxtaponen sin buscar ningún efecto de profundidad. Puedes ver un ejemplo de una imagen sin perspectiva en la figura 3.1a. Como mucho se usaba la perspectiva jerárquica, donde las figuras de mayor importancia tenían mayor tamaño. Puedes ver un ejemplo de esta técnica en la pintura románica que se muestra en la figura 3.1b.

a) 

b) 

Figura 3.1. a, Alfonso VIII de Castilla y Leonor de Plantagenet entregan el castillo de Uclés al maestre de la Orden de Santiago. Miniatura perteneciente al Tumbo Menor de Castilla, dominio público. Fuente: *Wikipedia*, artículo: "Batalla de las Navas de Tolosa". b, *Maestà*, por Duccio di Buoninsegna, dominio público. Fuente: *Wikipedia*, artículo: "Duccio".

Probablemente el primer pintor que aplicó las leyes matemáticas a la pintura fue Masaccio (1401-1428). Su fresco *La trinidad* (figura 3.2) tuvo una importancia decisiva en la historia de la pintura, pues en él se usa por primera vez la teoría de la perspectiva. En el centro se encuentra Cristo crucificado, sostenido por Dios Padre —única figura que escapa a las leyes de la perspectiva—. El uso que hace Masaccio de la perspectiva crea la apariencia de que hay una bóveda, cuando solo se trata de una ilusión óptica. A la izquierda se muestra el fresco sin ninguna línea adicional. A la derecha podemos observar que todas las líneas de la bóveda convergen hacia un único punto, lo que genera la sensación de profundidad.

Un magnífico ejemplo del uso de la perspectiva en el Renacimiento es el cuadro *La escuela de Atenas*, de Rafael (figura 3.3).

Pero todo esto no ocurre solo en el arte. Contempla la fotografía de la figura 3.4. Observa que todas las líneas paralelas orientadas hacia delante (las alturas de los edificios, rayas de las

Figura 3.2. *La trinidad,* de Masaccio. Fresco de la Basílica de Santa María Novella, Florencia. Dominio público. Fuente: *Wikipedia,* artículo: "Masaccio".

calles, vías del tranvía, etc.) convergen hacia un solo punto. Pero también puedes advertir que hay conjuntos de paralelas que no convergen (los postes de toma de luz de los tranvías o las traviesas verticales de las barandillas).

La geometría proyectiva modela de forma matemática las proyecciones sobre un plano creando una sensación de profundidad. Hay muchas aplicaciones en diseño técnico, análisis de imágenes, visión por ordenador, etc. Muchas son complicadas y requieren herramientas avanzadas. Debido a la naturaleza de este libro, solo analizaremos algunas aplicaciones sencillas con cierto detalle; pero antes es necesario formalizar la geometría proyectiva.

En el artículo de Morris Kline "Projective Geometry", *Scientific American,* vol. 192, n.º 1, enero de 1955, puedes encontrar una muy buena introducción nada técnica a esta geometría.

3.2. Un modelo algebraico para la perspectiva: las coordenadas homogéneas

A un observador, todos los puntos alineados con sus ojos le parecerán el mismo punto. Imagínalo con objetos: si el observador está situado en el origen del espacio tridimensional, entonces dos objetos que están en los puntos $\mathbf{v}$ y $\alpha\mathbf{v}$ resultan indistinguibles (aquí, $\mathbf{v} \in \mathbb{R}^3$ y $\alpha \in \mathbb{R}$).

De hecho, a un observador situado en el origen, la recta que pasa por el origen y por $\mathbf{v}$ le parecerá un único punto. Esto constituye el germen de la siguiente definición.

Figura 3.3. *La escuela de Atenas.* Fresco de Rafael. Dominio público. Fuente: *Wikipedia,* artículo: "La escuela de Atenas".

Definición 3.1. Un **punto proyectivo** es una recta en $\mathbb{R}^3$ que pasa por el origen. El **plano proyectivo** es el conjunto de los puntos proyectivos. Los puntos proyectivos serán denotados por $\mathbb{p}, \mathbb{q}, \ldots$, y el plano proyectivo, por $\mathbb{P}$.

Para determinar una recta de $\mathbb{R}^3$ que pasa por el origen basta fijar un vector $\mathbf{v}$ no nulo de $\mathbb{R}^3$; pero, claro, dos vectores colineales determinan la misma recta que pasa por el origen (o el mismo punto proyectivo). Así, $[x, y, z]^T$ y $\lambda[x, y, z]^T$ corresponden al mismo punto proyectivo (siempre que $\lambda \neq 0$).

Definición 3.2. Si el punto proyectivo $\mathbb{p}$ es la recta que pasa por el origen y su vector director es $[x, y, z]^T$, las **coordenadas homogéneas** del punto proyectivo $\mathbb{p}$ son $[x, y, z]^T$.

Ejemplo 3.1. $[1, 2, 3]^T$ y $[2, 4, 6]^T$ son las coordenadas homogéneas del mismo punto proyectivo. En general, si $\lambda \neq 0$, entonces $[\lambda, 2\lambda, 3\lambda]^T$ corresponden al mismo punto proyectivo.
Fin

Ejercicio 3.1. Halla dos números reales a, b tales que $[1, 4, 1]^T$ y $[2, a, b]^T$ sean las coordenadas homogéneas del mismo punto proyectivo.

El vector nulo $[0, 0, 0]^T$ no corresponde a ningún punto proyectivo. Además, a cada vector $\mathbf{v}$ no nulo de $\mathbb{R}^3$ le asignamos un punto proyectivo de la siguiente manera:

$$\pi_{\mathbb{P}} : \mathbb{R}^3 \setminus \mathbf{0} \to \mathbb{P}, \qquad \pi_{\mathbb{P}}(\mathbf{v}) = \text{la recta que pasa por } \mathbf{0} \text{ y } \mathbf{v}.$$

Figura 3.4. La avenida de Tarongers en Valencia.

La notación $\mathbb{R}^3 \setminus \mathbf{0}$ denota todo $\mathbb{R}^3$ salvo el origen. Obviamente, $\pi_{\mathbb{P}}(\mathbf{v}) = \pi_{\mathbb{P}}(\mathbf{w})$ si y solo si existe un número real no nulo α de modo que $\mathbf{v} = \alpha\mathbf{w}$.

Un modelo de una representación pictórica o una fotografía para un observador situado en el origen es un plano que no pasa por el origen. Observa la figura 3.5. Podemos ver dos puntos proyectivos (dos rectas en el espacio que pasan por el origen) y, si hallamos la intersección de estas rectas con el plano de proyección, obtenemos dos puntos ordinarios. Por supuesto, podemos variar el plano de proyección y obtener diferentes vistas del mismo objeto.

Ejercicio 3.2. El párrafo anterior está incompleto en un sentido. ¿Puedes adivinar cuál? Si no lo ves, tan solo espera a la explicación completa.

¿Qué debemos hacer para unir dos puntos proyectivos? Observa la figura 3.5. Si trazamos la recta que pasa por $\mathbf{p}$ y $\mathbf{q}$, obtenemos puntos en el plano de proyección. Todos estos puntos ordinarios tienen asociados sus correspondientes puntos proyectivos (rectas en el espacio que pasan por el origen). Todas estas rectas forman un plano que pasa por el origen. Esto justifica la siguiente definición.

Definición 3.3. Una **recta proyectiva** es un plano que pasa por el origen. Las rectas proyectivas se denotarán $\mathbb{r}$, $\mathbb{s}$, $\mathbb{t}$, ...

Recuerda que la ecuación de un plano que pasa por el origen es $ax + by + cz = 0$. Por tanto, este plano viene determinado por los números a, b, c. Pero, obviamente, la ecuación de este plano es también $\lambda ax + \lambda by + \lambda cz = 0$ para cualquier $\lambda \neq 0$. ¿Te suena de algo?

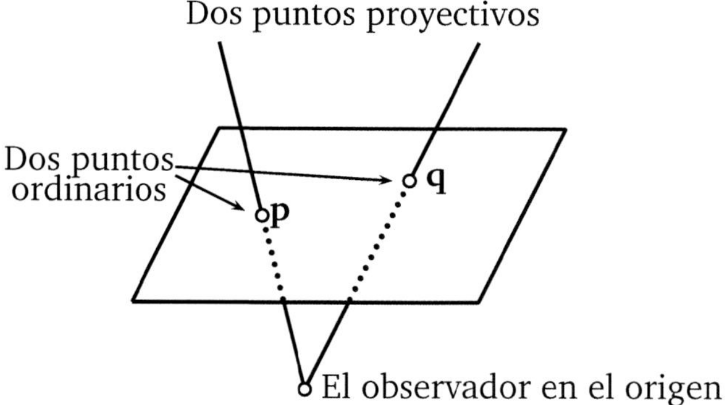

Figura 3.5. Cada punto proyectivo es una recta en el espacio que pasa por el origen. Una representación de cada punto proyectivo se obtiene con la intersección de la recta con un plano que no pasa por el origen. El plano representa el lugar donde se forma la imagen.

Definición 3.4. Las **coordenadas homogéneas** de la recta proyectiva $ax + by + cz = 0$ son $[a, b, c]^T$.

Y recíprocamente, dado el vector de $\mathbb{R}^3$ no nulo $[a, b, c]^T$, podemos considerar el plano $ax + by + cz = 0$. Este plano está en $\mathbb{R}^3$ y pasa por el origen, es decir, $ax + by + cz = 0$ es una recta proyectiva. Si denotamos por $\mathbb{L}$ al conjunto de todas las rectas proyectivas, podemos definir la siguiente aplicación:

$$\pi_{\mathbb{L}} : \mathbb{R}^3 \setminus \mathbf{0} \to \mathbb{L}, \qquad \pi_{\mathbb{L}}([a, b, c]^T) = \text{el plano de ecuación } ax + by + cz = 0.$$

Como $ax + by + cz$ es el producto escalar de $[a, b, c]^T$ y $[x, y, z]^T$, entonces tenemos el siguiente resultado, simple pero importante.

Teorema 3.1. Incidencia de un punto sobre una recta

Sea $\mathbb{p}$ un punto proyectivo de coordenadas homogéneas $\mathbf{v}$ y sea $\mathbb{r}$ una recta proyectiva de coordenadas homogéneas $\mathbf{w}$, entonces $\mathbb{p}$ está en $\mathbb{r}$ si y solo si $\mathbf{v}^T \mathbf{w} = 0$.

Ejercicio 3.3. Comprueba que el punto proyectivo de coordenadas homogéneas $[1, 0, 1]^T$ está en la recta proyectiva $x + y - z = 0$; pero el punto proyectivo de coordenadas homogéneas $[0, 1, 2]^T$ no está en esta recta proyectiva.

El teorema 3.1 tiene una consecuencia útil: permite calcular la recta proyectiva $\mathbb{r}$ que pasa por dos puntos proyectivos $\mathbb{p}_1$ y $\mathbb{p}_2$. Si $\mathbf{v}_i$ son las coordenadas homogéneas de $\mathbb{p}_i$, y $\mathbf{w}$, las coordenadas homogéneas de $\mathbb{r}$, entonces, por el teorema anterior, $\mathbf{v}_i^T \mathbf{w} = 0$, es decir, $\mathbf{w}$ es perpendicular a $\mathbf{v}_1$ y a $\mathbf{v}_2$. Por tanto, $\mathbf{w}$ es un múltiplo de $\mathbf{v}_1 \times \mathbf{v}_2$. Pero, cuando manejamos coordenadas homogéneas, los múltiplos escalares nos son indiferentes. Por tanto, las coordenadas homogéneas de $\mathbb{r}$ son $\mathbf{v}_1 \times \mathbf{v}_2$.

Teorema 3.2. Recta que pasa por dos puntos

Sean $\mathbb{p}_1$ y $\mathbb{p}_2$ dos puntos proyectivos de coordenadas homogéneas $\mathbf{v}_1$ y $\mathbf{v}_2$. Entonces las coordenadas homogéneas de la recta proyectiva que pasa por $\mathbb{p}_1$ y $\mathbb{p}_2$ son $\mathbf{v}_1 \times \mathbf{v}_2$.

Ejemplo 3.2. Sean los puntos proyectivos de coordenadas homogéneas $[1,2,0]^T$ y $[0,1,1]^T$. Vamos a calcular la recta proyectiva que pasa por estos dos puntos. Como

$$[1,2,0]^T \times [0,1,1]^T = \begin{vmatrix} \mathbf{i} & \mathbf{j} & \mathbf{k} \\ 1 & 2 & 0 \\ 0 & 1 & 1 \end{vmatrix} = [2,-1,1]^T,$$

entonces la ecuación de la recta proyectiva buscada es $2x - y + z = 0$. **Fin**

Ejercicio 3.4. Prueba que los puntos proyectivos de coordenadas homogéneas $\mathbf{v}_1$, $\mathbf{v}_2$, $\mathbf{v}_3$ están alineados si y solo si $\det(\mathbf{v}_1, \mathbf{v}_2, \mathbf{v}_3) = 0$.

El teorema 3.1 tiene otra consecuencia: permite hallar la intersección de dos rectas proyectivas de forma mecánica: sean $\mathbf{w}_1$ y $\mathbf{w}_2$ las coordenadas homogéneas de dos rectas proyectivas. Si $\mathbf{v}$ son las coordenadas del punto de corte de estas dos rectas, entonces $\mathbf{v}^T\mathbf{w}_1 = \mathbf{v}^T\mathbf{w}_2 = 0$, por lo que $\mathbf{v}$ es perpendicular a $\mathbf{w}_1$ y a $\mathbf{w}_2$. Luego (salvo un múltiplo escalar, que sabemos que es irrelevante), $\mathbf{v} = \mathbf{w}_1 \times \mathbf{w}_2$.

Teorema 3.3. Intersección de dos rectas

Sean $\mathbb{r}_1$ y $\mathbb{r}_2$ dos rectas proyectivas de coordenadas homogéneas $\mathbf{w}_1$ y $\mathbf{w}_2$. Entonces, las coordenadas homogéneas del punto proyectivo común a $\mathbb{r}_1$ y a $\mathbb{r}_2$ son $\mathbf{w}_1 \times \mathbf{w}_2$.

Ejemplo 3.3. Sean las rectas proyectivas de coordenadas homogéneas $x + 2y = 0$ e $y + z = 0$. Vamos a calcular el punto proyectivo común a estas dos rectas. Como

$$[1,2,0]^T \times [0,1,1]^T = \begin{vmatrix} \mathbf{i} & \mathbf{j} & \mathbf{k} \\ 1 & 2 & 0 \\ 0 & 1 & 1 \end{vmatrix} = [2,-1,1]^T,$$

entonces la coordenadas homogéneas del punto proyectivo buscado es $[2,-1,1]^T$. **Fin**

Ejercicio 3.5. Prueba que las rectas proyectivas de coordenadas homogéneas $\mathbf{w}_1$, $\mathbf{w}_2$, $\mathbf{w}_3$ son concurrentes si y solo si $\det(\mathbf{w}_1, \mathbf{w}_2, \mathbf{w}_3) = 0$.

Ejemplo 3.4. ¿Qué tiene que verificar la recta proyectiva $ax+by+cz=0$ para que esta recta proyectiva y las rectas proyectivas $x=0$, $y=0$ sean concurrentes?

Las coordenadas homogéneas de las tres rectas proyectivas son, respectivamente, $[a,b,c]^T$, $[1,0,0]^T$ y $[0,1,0]^T$. Por el ejercicio 3.5, estas rectas proyectivas son concurrentes si y solo si

$$0=\det\begin{bmatrix} a & b & c \\ 1 & 0 & 0 \\ 0 & 1 & 0 \end{bmatrix}=c.$$

Este ejemplo puede hacerse de otro modo sin usar el ejercicio 3.5: se aprecia que las coordenadas homogéneas del punto proyectivo común a las rectas $x=0$, $y=0$ son $[0,0,\lambda]^T$, y, por homogeneidad, las coordenadas homogéneas de este punto proyectivo son $[0,0,1]^T$ (si no resulta evidente a primera vista, recuerda que siempre puedes usar el teorema 3.3). Ahora, las tres rectas proyectivas del enunciado son concurrentes si y solo si el punto proyectivo hallado previamente está en la recta proyectiva de ecuación $ax+by+cz=0$, es decir, $c=0$. ___ **Fin**

Usando las aplicaciones $\pi_{\mathbb{P}}$ y $\pi_{\mathbb{L}}$, los teoremas 3.1, 3.2 y 3.3 pueden reescribirse:

Teorema 3.1. El punto proyectivo $\pi_{\mathbb{P}}(\mathbf{v})$ está en la recta proyectiva $\pi_{\mathbb{L}}(\mathbf{w})$ si y solo si $\mathbf{w}^T\mathbf{v}=0$.

Teorema 3.2. Por cualquier par de puntos proyectivos pasa una única recta proyectiva. La recta proyectiva que pasa por los puntos proyectivos $\pi_{\mathbb{P}}(\mathbf{v}_1)$ y $\pi_{\mathbb{P}}(\mathbf{v}_2)$ es $\pi_{\mathbb{L}}(\mathbf{v}_1\times\mathbf{v}_2)$.

Teorema 3.3. Cualquier par de rectas proyectivas se cortan en un único punto proyectivo. El punto proyectivo común a las rectas proyectivas $\pi_{\mathbb{L}}(\mathbf{w}_1)$ y $\pi_{\mathbb{L}}(\mathbf{w}_2)$ es $\pi_{\mathbb{P}}(\mathbf{w}_1\times\mathbf{w}_2)$.

Algo no termina de cuadrar (de momento). Lee de nuevo el teorema 3.3. Una consecuencia que puede pasar desapercibida es que, dadas dos rectas proyectivas, *siempre* hay un punto de corte; es decir, ¡no hay rectas proyectivas paralelas! Esto es consistente con la percepción de que las rectas paralelas parecen converger en un punto. En realidad, no hay contradicción ninguna y, de hecho, no distinguir entre rectas paralelas y no paralelas simplifica los cálculos. El concepto de paralelismo carece de sentido en la geometría proyectiva, ya que, según la perspectiva, las rectas tridimensionales dejan de ser paralelas cuando se dibujan. Observa la figura 3.6.

A partir de ahora usaremos la siguiente notación:

- Si $\mathbb{p}_1$ y $\mathbb{p}_2$ son dos puntos proyectivos, entonces $\langle\mathbb{p}_1,\mathbb{p}_2\rangle$ es la única recta proyectiva que pasa por $\mathbb{p}_1$ y $\mathbb{p}_2$.

- Si $\mathbb{r}_1$ y $\mathbb{r}_2$ son dos rectas proyectivas, entonces $\mathbb{r}_1\cap\mathbb{r}_2$ es el único punto proyectivo que está simultáneamente en $\mathbb{r}_1$ y $\mathbb{r}_2$.

Figura 3.6. Según la posición de la cámara, las rectas pueden dejar de ser paralelas.

3.2.1. El principio de dualidad

Esta subsección no es imprescindible para comprender el resto del capítulo, por lo que puedes omitirla; pero, según nuestra opinión, el principio de dualidad es uno de los resultados más bonitos de las matemáticas.

Lee los teoremas 3.2 y 3.3. ¿No aprecias que son parecidos? Basta intercambiar *punto proyectivo* por *recta proyectiva* y, a partir de un teorema, se obtiene el otro. Veamos otro ejemplo: considera las dos siguientes afirmaciones:

1. Por un punto proyectivo pasan infinitas rectas proyectivas.

2. En una recta proyectiva hay infinitos puntos proyectivos.

Vemos el mismo comportamiento: basta intercambiar *punto proyectivo* por *recta proyectiva* para obtener un enunciado a partir del otro. Este es el **principio de dualidad** de la geometría proyectiva. Este hecho se deduce del teorema 3.1: los papeles de $\mathbf{v}$ y $\mathbf{w}$ son intercambiables, ya que $\mathbf{v}^T\mathbf{w} = \mathbf{w}^T\mathbf{v}$. Más concretamente, el principio de dualidad dice “si en un enunciado de la geometría proyectiva se intercambia *punto proyectivo* por *recta proyectiva*, se obtiene otro enunciado verdadero".

3.3. Transformaciones proyectivas

Cuando proyectamos una figura tridimensional, a veces las paralelas dejan de ser paralelas (mira las fotografías de la figura 3.6) y, además, tampoco se conserva la proporción entre distancias. ¿Hay alguna propiedad que se conserve? Esto podría ser útil para medir distancias o ángulos en fotografías distorsionadas por la proyección. Hay que empezar con un modelo adecuado: una proyección transforma rectas en rectas: "no curva las rectas". La siguiente definición ha demostrado ser importante.

Definición 3.5. Una **colineación** es una aplicación invertible $h : \mathbb{P} \to \mathbb{P}$, de forma que, si los puntos proyectivos $\mathbb{p}_1$, $\mathbb{p}_2$ y $\mathbb{p}_3$ están alineados, entonces los puntos proyectivos $h(\mathbb{p}_1)$, $h(\mathbb{p}_2)$ y $h(\mathbb{p}_3)$ están alineados.

Una caracterización muy útil (pues permite trabajar con coordenadas) es la siguiente:

Teorema 3.4. Caracterización de las colineaciones

Sea $h : \mathbb{P} \to \mathbb{P}$ invertible. Las siguientes afirmaciones son equivalentes:

a) h es una colineación.

b) Existe una matriz 3×3 invertible M tal que $h(\pi_{\mathbb{P}}(\mathbf{v})) = \pi_{\mathbb{P}}(M\mathbf{v})$ para todo vector $\mathbf{v}$ no nulo de $\mathbb{R}^3$.

La implicación a) $\Rightarrow$ b) es muy difícil de probar. De hecho, se encuentran pocas demostraciones de esta implicación y, entre estas, la menos complicada está en en el libro *Projective Geometry, An Introduction*, de R. Casse (capítulo 4), aunque usa herramientas matemáticas bastante avanzadas. La demostración de b) $\Rightarrow$ a) requiere un hecho simple de matrices: si A es una matriz invertible de orden n, entonces $(A^T)^{-1} = (A^{-1})^T$. Esto es muy fácil de probar, ya que de $AA^{-1} = I_n$, trasponiendo, $(A^{-1})^T A^T = I_n$, es decir, $(A^{-1})^T$ es la inversa de A^T. Usaremos como abreviación $A^{-T} = (A^{-1})^T = (A^T)^{-1}$.

DEMOSTRACIÓN b) $\Rightarrow$ a). Sean $\mathbb{p}_1 = \pi_{\mathbb{P}}(\mathbf{v}_1)$, $\mathbb{p}_2 = \pi_{\mathbb{P}}(\mathbf{v}_2)$ y $\mathbb{p}_3 = \pi_{\mathbb{P}}(\mathbf{v}_3)$ tres puntos proyectivos alineados en la recta proyectiva $\mathbb{r} = \pi_{\mathbb{L}}(\mathbf{w})$. Por el teorema 3.1, se cumple $\mathbf{w}^T\mathbf{v}_i = 0$ para $i = 1, 2, 3$. Por tanto, $0 = \mathbf{w}^T M^{-1} M\mathbf{v}_i = (M^{-T}\mathbf{w})^T(M\mathbf{v}_i)$. De nuevo, por el teorema 3.1, se cumple que $h(\pi_{\mathbb{P}}(\mathbf{v}_i)) = \pi_{\mathbb{P}}(M\mathbf{v}_i)$ están en la recta proyectiva $\pi_{\mathbb{L}}(M^{-T}\mathbf{w})$ para $i = 1, 2, 3$. □

La demostración de b) $\Rightarrow$ a) proporciona un bonus extra: saber cómo se transforman las rectas proyectivas por medio de una colineación.

Teorema 3.5. Rectas transformadas por una colineación

Sea $h : \mathbb{P} \to \mathbb{P}$ la colineación dada por $h(\pi_{\mathbb{P}}(\mathbf{v})) = \pi_{\mathbb{P}}(M\mathbf{v})$, siendo M una matriz invertible de orden 3. Entonces, la imagen de la recta proyectiva $\pi_{\mathbb{L}}(\mathbf{w})$ por medio de h es la recta proyectiva $\pi_{\mathbb{L}}(M^{-T}\mathbf{w})$.

Ejemplo 3.5. Sea la colineación $h : \mathbb{P} \to \mathbb{P}$ definida por medio de la matriz invertible

$$M = \begin{bmatrix} 1 & 2 & 0 \\ 0 & 1 & 1 \\ 0 & 0 & 1 \end{bmatrix}.$$

Considera los puntos proyectivos $\mathbb{p}_1 = \pi_{\mathbb{P}}(\mathbf{v}_1)$, $\mathbb{p}_2 = \pi_{\mathbb{P}}(\mathbf{v}_2)$ y $\mathbb{p}_3 = \pi_{\mathbb{P}}(\mathbf{v}_3)$ dados por

$$\mathbf{v}_1 = [1,0,1]^T, \qquad \mathbf{v}_2 = [0,1,1]^T, \qquad \mathbf{v}_3 = [1,1,2]^T.$$

Los puntos proyectivos $\mathbb{p}_1$, $\mathbb{p}_2$ y $\mathbb{p}_3$ están alineados, pues, como se puede comprobar fácilmente, $\det(\mathbf{v}_1, \mathbf{v}_2, \mathbf{v}_3) = 0$.

Vamos a calcular las coordenadas homogéneas de los puntos $h(\mathbb{p}_i)$. Puesto que $h(\mathbb{p}_i) = h(\pi_{\mathbb{P}}(\mathbf{v}_i)) = \pi_{\mathbb{P}}(M\mathbf{v}_i)$, antes calculamos $M\mathbf{v}_i$.

$$M\mathbf{v}_1 = [1,1,1]^T, \qquad M\mathbf{v}_2 = [2,2,1]^T, \qquad M\mathbf{v}_3 = [3,3,2]^T.$$

Los puntos proyectivos $h(\mathbb{p}_1)$, $h(\mathbb{p}_2)$ y $h(\mathbb{p}_3)$ están alineados, ya que $\det(M\mathbf{v}_1, M\mathbf{v}_2, M\mathbf{v}_3) = 0$ (o, más sencillamente, pues h es una colineación). Es más, vamos a calcular las rectas proyectivas involucradas en este problema. Para calcular la recta proyectiva que pasa por $\mathbb{p}_1 = \pi_{\mathbb{P}}(\mathbf{v}_1)$ y por $\mathbb{p}_2 = \pi_{\mathbb{P}}(\mathbf{v}_2)$, tenemos en cuenta que esta recta proyectiva es $\pi_{\mathbb{L}}(\mathbf{v}_1 \times \mathbf{v}_2)$:

$$\mathbf{w} = \mathbf{v}_1 \times \mathbf{v}_2 = \begin{vmatrix} \mathbf{i} & \mathbf{j} & \mathbf{k} \\ 1 & 0 & 1 \\ 0 & 1 & 1 \end{vmatrix} = \begin{bmatrix} -1 \\ -1 \\ 1 \end{bmatrix}.$$

Por lo que la ecuación de la recta proyectiva que pasa por $\mathbb{p}_1$ y $\mathbb{p}_2$ es $-x - y + z = 0$. El punto proyectivo $\mathbb{p}_3 = \pi_{\mathbb{P}}(\mathbf{v}_3)$ está en la recta proyectiva $\pi_{\mathbb{L}}(\mathbf{w})$, puesto que

$$\mathbf{w}^T\mathbf{v}_3 = [-1,-1,1] \begin{bmatrix} 1 \\ 1 \\ 2 \end{bmatrix} = 0.$$

Como los puntos proyectivos $h(\mathbb{p}_1)$, $h(\mathbb{p}_2)$ y $h(\mathbb{p}_3)$ están alineados, existe una recta proyectiva que pasa por estos puntos. Vamos a calcularla de dos maneras distintas.

1. Hallamos la recta proyectiva que pasa por $h(\mathbb{p}_i) = \pi_{\mathbb{P}}(M\mathbf{v}_i)$ usando el teorema 3.2:

$$M\mathbf{v}_1 \times M\mathbf{v}_2 = \begin{vmatrix} \mathbf{i} & \mathbf{j} & \mathbf{k} \\ 1 & 1 & 1 \\ 2 & 2 & 1 \end{vmatrix} = \begin{bmatrix} -1 \\ 1 \\ 0 \end{bmatrix}.$$

La recta proyectiva que pasa por $h(\mathbb{p}_i) = \pi_{\mathbb{P}}(M\mathbf{v}_i)$ es $-x+y=0$. Como ves, solo hemos empleado los puntos proyectivos $h(\mathbb{p}_1)$ y $h(\mathbb{p}_2)$; pero se aprecia fácilmente que el punto proyectivo $h(\mathbb{p}_3)$ está en la recta proyectiva $-x+y=0$, puesto que $h(\mathbb{p}_3) = \pi_{\mathbb{P}}(M\mathbf{v}_3)$ y $M\mathbf{v}_3 = [3,3,2]^T$.

2. La ecuación de la recta proyectiva que pasa por $\mathbb{p}_1$, $\mathbb{p}_2$ y $\mathbb{p}_3$ es $-x-y+z=0$. Esta recta proyectiva es $\pi_{\mathbb{L}}(\mathbf{w})$, siendo $\mathbf{w} = [-1,-1,1]^T$. La imagen de esta recta proyectiva es $\pi_{\mathbb{L}}(M^{-T}\mathbf{w})$ gracias al teorema 3.5. Como

$$M^{-T} = \begin{bmatrix} 1 & 0 & 0 \\ -2 & 1 & 0 \\ 2 & -1 & 1 \end{bmatrix}, \qquad M^{-T}\mathbf{w} = \begin{bmatrix} 1 & 0 & 0 \\ -2 & 1 & 0 \\ 2 & -1 & 1 \end{bmatrix} \begin{bmatrix} -1 \\ -1 \\ 1 \end{bmatrix} = \begin{bmatrix} -1 \\ 1 \\ 0 \end{bmatrix},$$

la imagen de la recta proyectiva es $-x+y=0$. **Fin**

3.3.1. Reconstrucción de colineaciones a partir de la imagen de varios puntos

Recuerda que, si las coordenadas homogéneas de un punto proyectivo son $[x,y,z]^T$, entonces $\lambda[x,y,z]^T$ son también las coordenadas homogéneas del mismo punto proyectivo. Por lo que, si M es la matriz invertible 3×3 que aparece en el teorema 3.4, entonces λM corresponde exactamente a la misma colineación (siempre que $\lambda \neq 0$).

Para reconstruir una colineación $h : \mathbb{P} \to \mathbb{P}$ son útiles la siguiente definición y la demostración del teorema 3.6.

Definición 3.6. Un **cuadrilátero** es un conjunto de cuatro puntos proyectivos tales que, de estos cuatro, no hay tres alineados.

Teorema 3.6. Teorema fundamental de la geometría proyectiva

Sean $\mathbb{p}_1\mathbb{p}_2\mathbb{p}_3\mathbb{p}_4$ y $\mathbb{q}_1\mathbb{q}_2\mathbb{q}_3\mathbb{q}_4$ dos cuadriláteros. Existe una única colineación $h : \mathbb{P} \to \mathbb{P}$ tal que $h(\mathbb{p}_i) = \mathbb{q}_i$ para $i = 1,2,3,4$.

Demostración. Sean $\mathbf{v}_i, \mathbf{w}_i$ vectores no nulos de $\mathbb{R}^3$ tales que $\pi_{\mathbb{P}}(\mathbf{v}_i) = \mathbb{p}_i$ y $\pi_{\mathbb{P}}(\mathbf{w}_i) = \mathbb{q}_i$.

Supongamos que existe una colineación $h : \mathbb{P} \to \mathbb{P}$ tal que $h(\mathbb{p}_i) = \mathbb{q}_i$ para $i = 1,2,3,4$. Por el teorema 3.4 existe una matriz invertible M tal que $h(\pi_{\mathbb{P}}(\mathbf{u})) = \pi_{\mathbb{P}}(M\mathbf{u})$ para todo vector no nulo $\mathbf{u}$ de $\mathbb{R}^3$. Por tanto,

$$\pi_{\mathbb{P}}(\mathbf{w}_i) = \mathbb{q}_i = h(\mathbb{p}_i) = h(\pi_{\mathbb{P}}(\mathbf{v}_i)) = \pi_{\mathbb{P}}(M\mathbf{v}_i).$$

Luego, existen cuatro escalares no nulos λ_i tales que $M\mathbf{v}_i = \lambda_i \mathbf{w}_i$ para $i = 1,2,3,4$. Ahora se cumple

$$M[\mathbf{v}_1, \mathbf{v}_2, \mathbf{v}_3] = [M\mathbf{v}_1, M\mathbf{v}_2, M\mathbf{v}_3] = [\lambda_1 \mathbf{w}_1, \lambda_2 \mathbf{w}_2, \lambda_3 \mathbf{w}_3].$$

Como los puntos proyectivos $\mathbb{p}_1$, $\mathbb{p}_2$, $\mathbb{p}_3$ no están alineados, entonces, por el ejercicio 3.4, la matriz $[\mathbf{v}_1, \mathbf{v}_2, \mathbf{v}_3]$ es invertible. Luego,

$$M = [\lambda_1 \mathbf{w}_1, \lambda_2 \mathbf{w}_2, \lambda_3 \mathbf{w}_3][\mathbf{v}_1, \mathbf{v}_2, \mathbf{v}_3]^{-1} = [\mathbf{w}_1, \mathbf{w}_2, \mathbf{w}_3] \begin{bmatrix} \lambda_1 & 0 & 0 \\ 0 & \lambda_2 & 0 \\ 0 & 0 & \lambda_3 \end{bmatrix} [\mathbf{v}_1, \mathbf{v}_2, \mathbf{v}_3]^{-1}. \quad (3.1)$$

Como $M\mathbf{v}_4 = \lambda_4 \mathbf{w}_4$, entonces

$$[\mathbf{w}_1, \mathbf{w}_2, \mathbf{w}_3] \begin{bmatrix} \lambda_1 & 0 & 0 \\ 0 & \lambda_2 & 0 \\ 0 & 0 & \lambda_3 \end{bmatrix} [\mathbf{v}_1, \mathbf{v}_2, \mathbf{v}_3]^{-1} \mathbf{v}_4 = \lambda_4 \mathbf{w}_4.$$

Como los puntos proyectivos $\mathbb{q}_1, \mathbb{q}_2, \mathbb{q}_3$ no están alineados, la matriz $[\mathbf{w}_1, \mathbf{w}_2, \mathbf{w}_3]$ es invertible (por el ejercicio 3.4) y, así,

$$\begin{bmatrix} \lambda_1 & 0 & 0 \\ 0 & \lambda_2 & 0 \\ 0 & 0 & \lambda_3 \end{bmatrix} [\mathbf{v}_1, \mathbf{v}_2, \mathbf{v}_3]^{-1} \mathbf{v}_4 = \lambda_4 [\mathbf{w}_1, \mathbf{w}_2, \mathbf{w}_3]^{-1} \mathbf{w}_4.$$

Si llamamos

$$[\mathbf{v}_1, \mathbf{v}_2, \mathbf{v}_3]^{-1} \mathbf{v}_4 = \begin{bmatrix} a_1 \\ a_2 \\ a_3 \end{bmatrix}, \qquad [\mathbf{w}_1, \mathbf{w}_2, \mathbf{w}_3]^{-1} \mathbf{w}_4 = \begin{bmatrix} b_1 \\ b_2 \\ b_3 \end{bmatrix}, \quad (3.2)$$

entonces

$$\lambda_1 a_1 = \lambda_4 b_1, \qquad \lambda_2 a_2 = \lambda_4 b_2, \qquad \lambda_3 a_3 = \lambda_4 b_3.$$

De la primera igualdad de (3.2) se obtiene

$$\mathbf{v}_4 = [\mathbf{v}_1, \mathbf{v}_2, \mathbf{v}_3] \begin{bmatrix} a_1 \\ a_2 \\ a_3 \end{bmatrix} = a_1 \mathbf{v}_1 + a_2 \mathbf{v}_2 + a_3 \mathbf{v}_3.$$

Si $a_1 = 0$, entonces $\mathbf{v}_4 = a_2 \mathbf{v}_2 + a_3 \mathbf{v}_3$, luego $\det[\mathbf{v}_4, \mathbf{v}_2, \mathbf{v}_3] = 0$ y, por tanto, los puntos proyectivos $\mathbb{p}_4, \mathbb{p}_2, \mathbb{p}_3$ están alineados, lo que contradice la hipótesis. Por tanto, $a_1 \neq 0$ y, análogamente, se tiene $a_2 \neq 0$ y $a_3 \neq 0$. Luego, $\lambda_i = \lambda_4 b_i / a_i$ para $i = 1,2,3$. Por tanto, de (3.1) se logra:

$$M = \lambda_4 [b_1 a_1^{-1} \mathbf{w}_1, b_2 a_2^{-1} \mathbf{w}_2, b_3 a_3^{-1} \mathbf{w}_3][\mathbf{v}_1, \mathbf{v}_2, \mathbf{v}_3]^{-1}. \quad (3.3)$$

Con esto se obtiene la unicidad, ya que, de (3.2), los números a_i y b_i están determinados por los vectores $\mathbf{v}_i$ y $\mathbf{w}_i$. Recuerda que M y $\lambda_4 M$ determinan la misma colineación. Es decir, hemos probado que la existencia de la colineación del teorema implica su unicidad.

Ahora tenemos que probar la existencia. Pero resulta que (3.2) y (3.3) nos dan un candidato para la colineación buscada. Sea $h : \mathbb{P} \to \mathbb{P}$ la colineación dada por $h(\pi_{\mathbb{P}}(\mathbf{u})) = \pi_{\mathbb{P}}(M\mathbf{u})$ para $\mathbf{u} \in \mathbb{R}^3$, siendo M la matriz dada en (3.3) y los números a_i, b_i están dados en (3.2). Podemos suponer sin ningún problema que $\lambda_4 = 1$, puesto que M y αM determinan la misma colineación si $\alpha \neq 0$. Tenemos que probar que $h(\mathbb{p}_i) = \mathbb{q}_i$ para $i = 1, 2, 3, 4$. Observa que los puntos proyectivos $\mathbb{p}_1, \mathbb{p}_2$ y $\mathbb{p}_3$ se tratan de distinta manera que $\mathbb{p}_4$ (basta observar con mayor detenimiento la fórmula (3.3)). Por tanto, primero vamos a probar que $h(\mathbb{p}_i) = \mathbb{q}_i$ para $i = 1, 2, 3$ y luego $h(\mathbb{p}_4) = \mathbb{q}_4$. Sea $i = 1, 2, 3$. Como

$$h(\mathbb{p}_i) = h(\pi_{\mathbb{P}}(\mathbf{v}_i)) = \pi_{\mathbb{P}}(M\mathbf{v}_i),$$

antes hay que saber simplificar $M\mathbf{v}_i$. La igualdad (3.3) nos da la herramienta adecuada, pero evitamos el uso de la inversa (casi siempre esto es buena idea). La igualdad (3.3) es equivalente a $M[\mathbf{v}_1, \mathbf{v}_2, \mathbf{v}_3] = [b_1 a_1^{-1}\mathbf{w}_1, b_2 a_2^{-1}\mathbf{w}_2, b_3 a_3^{-1}\mathbf{w}_3]$. Luego $M\mathbf{v}_i = b_i a_i^{-1}\mathbf{w}_i$ y, por tanto, $\pi_{\mathbb{P}}(M\mathbf{v}_i) = \pi_{\mathbb{P}}(b_i a_i^{-1}\mathbf{w}_i) = \pi_{\mathbb{P}}(\mathbf{w}_i) = \mathbb{q}_i$.

Ahora hay que probar que $h(\mathbb{p}_4) = \mathbb{q}_4$. Ya que $h(\mathbb{p}_4) = h(\pi_{\mathbb{P}}(\mathbf{v}_4)) = \pi_{\mathbb{P}}(M\mathbf{v}_4)$, se ha de simplificar $M\mathbf{v}_4$. Para este fin usamos (3.2) y (3.3). Observa que el uso conjunto de ambas igualdades no implica el uso explícito de la inversa de $[\mathbf{v}_1, \mathbf{v}_2, \mathbf{v}_3]$.

$$\begin{aligned}
M\mathbf{v}_4 &= [b_1 a_1^{-1}\mathbf{w}_1, b_2 a_2^{-1}\mathbf{w}_2, b_3 a_3^{-1}\mathbf{w}_3][\mathbf{v}_1, \mathbf{v}_2, \mathbf{v}_3]^{-1}\mathbf{v}_4 \\
&= [b_1 a_1^{-1}\mathbf{w}_1, b_2 a_2^{-1}\mathbf{w}_2, b_3 a_3^{-1}\mathbf{w}_3] \begin{bmatrix} a_1 \\ a_2 \\ a_3 \end{bmatrix} \\
&= b_1\mathbf{w}_1 + b_2\mathbf{w}_2 + b_3\mathbf{w}_3 = [\mathbf{w}_1, \mathbf{w}_2, \mathbf{w}_3] \begin{bmatrix} b_1 \\ b_2 \\ b_3 \end{bmatrix} = \mathbf{w}_4.
\end{aligned}$$

Por último, $h(\mathbb{p}_4) = h(\pi_{\mathbb{P}}(\mathbf{v}_4)) = \pi_{\mathbb{P}}(M\mathbf{v}_4) = \pi_{\mathbb{P}}(\mathbf{w}_4) = \mathbb{q}_4$. □

Falta un pequeño detalle en la demostración.

Ejercicio 3.6. Prueba que la matriz M definida en (3.3) es invertible.

Ejemplo 3.6. Vamos a hallar la matriz M que determina la colineación $h : \mathbb{P} \to \mathbb{P}$ tal que:

$$\pi_{\mathbb{P}}\left([1,0,0]^T\right) \mapsto \pi_{\mathbb{P}}\left([0,1,1]^T\right), \qquad \pi_{\mathbb{P}}\left([0,1,0]^T\right) \mapsto \pi_{\mathbb{P}}\left([1,2,0]^T\right),$$

$$\pi_{\mathbb{P}}\left([0,0,1]^T\right) \mapsto \pi_{\mathbb{P}}\left([0,0,1]^T\right), \qquad \pi_{\mathbb{P}}\left([1,1,1]^T\right) \mapsto \pi_{\mathbb{P}}\left([1,0,-1]^T\right).$$

De la primera igualdad de (3.2) se obtiene:

$$\begin{bmatrix} 1 & 0 & 0 \\ 0 & 1 & 0 \\ 0 & 0 & 1 \end{bmatrix}^{-1} \begin{bmatrix} 1 \\ 1 \\ 1 \end{bmatrix} = \begin{bmatrix} a_1 \\ a_2 \\ a_3 \end{bmatrix}.$$

Luego $a_1 = a_2 = a_3$. De la segunda igualdad de (3.2) se logra:

$$\begin{bmatrix} 0 & 1 & 0 \\ 1 & 2 & 0 \\ 1 & 0 & 1 \end{bmatrix}^{-1} \begin{bmatrix} 1 \\ 0 \\ -1 \end{bmatrix} = \begin{bmatrix} b_1 \\ b_2 \\ b_3 \end{bmatrix}.$$

Tras un cálculo sencillo, se obtiene $b_1 = -2$, $b_2 = 1$, $b_3 = 1$. A partir de (3.3), obtenemos

$$M = \left[-2 \begin{bmatrix} 0 \\ 1 \\ 1 \end{bmatrix} \; 1 \begin{bmatrix} 1 \\ 2 \\ 0 \end{bmatrix} \; 1 \begin{bmatrix} 0 \\ 0 \\ 1 \end{bmatrix} \right] = \begin{bmatrix} 0 & 1 & 0 \\ -2 & 2 & 0 \\ -2 & 0 & 1 \end{bmatrix}.$$

Por lo que la colineación queda determinada. Recuerda que el factor λ_4 en (3.3) es irrelevante, puesto que M y αM determinan la misma colineación. **Fin**

Ejemplo 3.7. En la colineación del ejemplo anterior, si queremos saber la imagen del punto proyectivo cuyas coordenadas homogéneas son $[1,2,3]^T$, simplemente multiplicamos

$$\begin{bmatrix} 0 & 1 & 0 \\ -2 & 2 & 0 \\ -2 & 0 & 1 \end{bmatrix} \begin{bmatrix} 1 \\ 2 \\ 3 \end{bmatrix} = \begin{bmatrix} 2 \\ 2 \\ 1 \end{bmatrix},$$

y así la imagen del punto proyectivo dado tiene coordenadas homogéneas $[2,2,1]^T$. **Fin**

Ejercicio 3.7. Encuentra la colineación $h : \mathbb{P} \to \mathbb{P}$ que cumple $h(\mathbb{p}_i) = \mathbb{q}_i$, donde $\mathbb{p}_i = \pi_{\mathbb{P}}(\mathbf{v}_i)$, $\mathbb{q}_i = \pi_{\mathbb{P}}(\mathbf{w}_i)$ y

$$\mathbf{v}_1 = [1,0,0]^T, \quad \mathbf{v}_2 = [1,1,0]^T, \quad \mathbf{v}_3 = [1,1,1]^T, \quad \mathbf{v}_4 = [0,1,2]^T.$$

$$\mathbf{w}_1 = [1,1,0]^T, \quad \mathbf{w}_2 = [1,0,1]^T, \quad \mathbf{w}_3 = [1,0,0]^T, \quad \mathbf{w}_4 = [0,1,1]^T.$$

3.4. Los teoremas de Pappus y Desargues

Esta sección no es necesaria para el resto del capítulo, por lo que la puedes obviar sin ningún problema. Simplemente aborda dos teoremas clásicos de la geometría proyectiva y una forma particular de demostrarlos. Te recomendamos considerar estos teoremas como simples ejercicios para adquirir soltura con las coordenadas homogéneas.

La siguiente observación es muy útil: si $\mathbb{p}_1\mathbb{p}_2\mathbb{p}_3\mathbb{p}_4$ es un cuadrilátero, por el teorema 3.6, existe una colineación $h : \mathbb{P} \to \mathbb{P}$ tal que $h(\mathbb{p}_1) = \pi_{\mathbb{P}}([1,0,0]^T)$, $h(\mathbb{p}_2) = \pi_{\mathbb{P}}([0,1,0]^T)$, $h(\mathbb{p}_3) = \pi_{\mathbb{P}}([0,0,1]^T)$ y $h(\mathbb{p}_4) = \pi_{\mathbb{P}}([1,1,1]^T)$. Por lo que siempre podemos suponer que las coordenadas homogéneas de los cuatro puntos proyectivos de un cuadrilátero son $[1,0,0]^T$, $[0,1,0]^T$, $[0,0,1]^T$ y $[1,1,1]^T$.

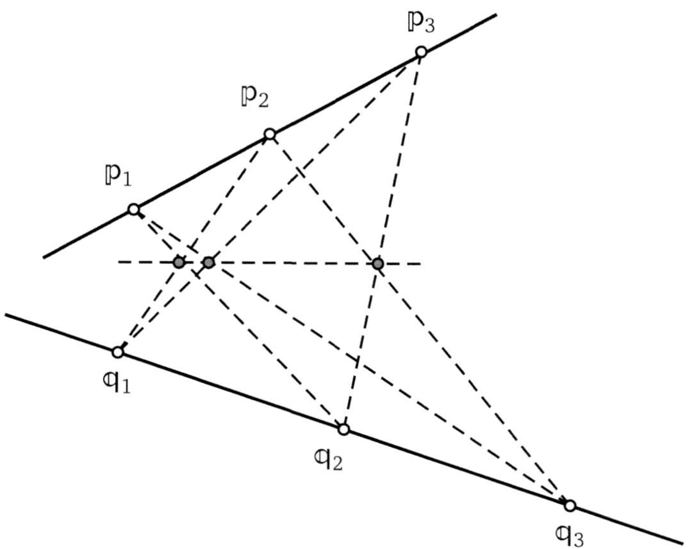

Figura 3.7. El teorema de Pappus.

Ejemplo 3.8. El teorema de Pappus dice que, si $\mathbb{p}_1, \mathbb{p}_2, \mathbb{p}_3$ son puntos proyectivos alineados y $\mathbb{q}_1, \mathbb{q}_2, \mathbb{q}_3$ son otros puntos alineados, entonces los puntos proyectivos $\langle \mathbb{p}_1, \mathbb{q}_2 \rangle \cap \langle \mathbb{p}_2, \mathbb{q}_1 \rangle$, $\langle \mathbb{p}_1, \mathbb{q}_3 \rangle \cap \langle \mathbb{p}_3, \mathbb{q}_1 \rangle$ y $\langle \mathbb{p}_2, \mathbb{q}_3 \rangle \cap \langle \mathbb{p}_3, \mathbb{q}_2 \rangle$ están alineados. Observa la siguiente figura.

Cabe destacar que presentamos este resultado como un ejemplo y no como un teorema. Desde luego, esto es discutible y, de hecho, el teorema de Pappus es importante dentro de la teoría de la geometría proyectiva; sin embargo, no le encontramos ninguna aplicación práctica y, por eso, se ha "degradado" este teorema a la categoría de ejemplo. Lo mismo se ha hecho con el teorema de Desargues.

Vamos a probar el teorema de Pappus. Podemos suponer que $\mathbb{p}_1 = \pi_{\mathbb{P}}(\mathbf{v}_1)$, $\mathbb{p}_2 = \pi_{\mathbb{P}}(\mathbf{v}_2)$, $\mathbb{q}_1 = \pi_{\mathbb{P}}(\mathbf{w}_1)$, $\mathbb{q}_2 = \pi_{\mathbb{P}}(\mathbf{w}_2)$ y

$$\mathbf{v}_1 = \begin{bmatrix} 1 \\ 0 \\ 0 \end{bmatrix}, \quad \mathbf{v}_2 = \begin{bmatrix} 0 \\ 1 \\ 0 \end{bmatrix}, \quad \mathbf{w}_1 = \begin{bmatrix} 0 \\ 0 \\ 1 \end{bmatrix}, \quad \mathbf{w}_2 = \begin{bmatrix} 1 \\ 1 \\ 1 \end{bmatrix}.$$

La recta proyectiva $\langle \mathbb{p}_1, \mathbb{p}_2 \rangle$ es $z = 0$ (esto se puede obtener de manera intuitiva al observar que la tercera componente de $\mathbf{v}_1$ y $\mathbf{v}_2$ es nula o bien usando el teorema 3.2) y, como $\mathbb{p}_3$ está en esta recta proyectiva, entonces las coordenadas homogéneas de $\mathbb{p}_3$ son $[\alpha, \beta, 0]^T$ para ciertos α, β. Observa que $\alpha \neq 0$, pues, si $\alpha = 0$, entonces $[\alpha, \beta, 0]^T = \beta[0, 1, 0]^T$ serían las coordenadas homogéneas de $\mathbb{p}_3$ y $\mathbb{p}_2$, lo que es imposible. Por la misma razón, $\beta \neq 0$. Ya que los factores escalares no varían las coordenadas homogéneas, podemos suponer que las coordenadas homogéneas de $\mathbb{p}_3$ son $[1, a, 0]^T$ para cierto $a \neq 0$.

Ejercicio 3.8. Prueba que la ecuación de la recta proyectiva $\langle \mathbb{q}_1, \mathbb{q}_2 \rangle$ es $x = y$. Deduce que es posible suponer que las coordenadas homogéneas de $\mathbb{q}_3$ sean $[1, 1, b]^T$.

Para hallar la recta proyectiva $\langle \mathbb{p}_1, \mathbb{q}_2 \rangle$ usamos el teorema 3.2. Como $\mathbf{v}_1 \times \mathbf{w}_2 = [0,-1,1]^T$, entonces la ecuación de $\langle \mathbb{p}_1, \mathbb{q}_2 \rangle$ es $-y+z=0$. De forma análoga, podemos comprobar que la ecuación de la recta proyectiva $\langle \mathbb{p}_2, \mathbb{q}_1 \rangle$ es $x=0$. Por tanto, el punto proyectivo $\langle \mathbb{p}_1, \mathbb{q}_2 \rangle \cap \langle \mathbb{p}_2, \mathbb{q}_1 \rangle$ se calcula por medio del teorema 3.3, por lo que obtenemos que las coordenadas homogéneas de este punto son $[0,1,1]^T$.

Ejercicio 3.9. Hay una fórmula del producto vectorial que es útil en este contexto. Si $\mathbf{a}, \mathbf{b}, \mathbf{c}, \mathbf{d}$ son cuatro vectores de $\mathbb{R}^3$, entonces

$$(\mathbf{a} \times \mathbf{b}) \times (\mathbf{c} \times \mathbf{d}) = \det[\mathbf{a}, \mathbf{b}, \mathbf{d}]\mathbf{c} - \det[\mathbf{a}, \mathbf{b}, \mathbf{c}]\mathbf{d}. \tag{3.4}$$

Usa esta fórmula para demostrar que las coordenadas homogéneas de los puntos proyectivos $\langle \mathbb{p}_1, \mathbb{q}_2 \rangle \cap \langle \mathbb{p}_2, \mathbb{q}_1 \rangle$, $\langle \mathbb{p}_1, \mathbb{q}_3 \rangle \cap \langle \mathbb{p}_3, \mathbb{q}_1 \rangle$ y $\langle \mathbb{p}_2, \mathbb{q}_3 \rangle \cap \langle \mathbb{p}_3, \mathbb{q}_2 \rangle$ son, respectivamente, $[0,1,1]^T$, $[1,a,ab]^T$ y $[-1,ab-a-b,-b]^T$.

Ahora, para comprobar que estos tres últimos puntos proyectivos están alineados, usamos el ejercicio 3.4:

$$\det \begin{bmatrix} 0 & 1 & 1 \\ 1 & a & ab \\ 1 & a+b-ab & b \end{bmatrix} = 0.$$

Con lo que el teorema de Pappus ya está demostrado. ________ **Fin**

Ejemplo 3.9. El teorema de Desargues afirma que, si las tres ternas siguientes de distintos puntos proyectivos $\mathbb{o}\mathbb{p}_1\mathbb{q}_1$, $\mathbb{o}\mathbb{p}_2\mathbb{q}_2$ y $\mathbb{o}\mathbb{p}_3\mathbb{q}_3$ están alineadas y si $\mathbb{x} = \langle \mathbb{p}_1, \mathbb{p}_2 \rangle \cap \langle \mathbb{q}_1, \mathbb{q}_2 \rangle$, $\mathbb{y} = \langle \mathbb{p}_1, \mathbb{p}_3 \rangle \cap \langle \mathbb{q}_1, \mathbb{q}_3 \rangle$, $\mathbb{z} = \langle \mathbb{p}_2, \mathbb{p}_3 \rangle \cap \langle \mathbb{q}_2, \mathbb{q}_3 \rangle$, entonces $\mathbb{x}, \mathbb{y}, \mathbb{z}$ están alineados. Observa la figura 3.8.

Antes de presentar la prueba, ten en cuenta que dos rectas proyectivas siempre son concurrentes, así, en el teorema anterior, los puntos $\mathbb{x}$, $\mathbb{y}$ y $\mathbb{z}$ siempre están definidos. Al contrario que en la geometría "usual" donde sí hay rectas que no tienen intersección (las paralelas).

Vamos a probar el teorema de Desargues. Igual que en la demostración del teorema de Pappus, podemos suponer que

$$\mathbb{p}_1 = \pi_{\mathbb{P}}([1,0,0]^T), \quad \mathbb{p}_2 = \pi_{\mathbb{P}}([0,1,0]^T), \quad \mathbb{p}_3 = \pi_{\mathbb{P}}([0,0,1]^T), \quad \mathbb{o} = \pi_{\mathbb{P}}([1,1,1]^T).$$

Como los puntos proyectivos $\mathbb{o} = \pi_{\mathbb{P}}([1,1,1]^T)$, $\mathbb{p}_1 = \pi_{\mathbb{P}}([1,0,0]^T)$ y $\mathbb{q}_1$ están alineados, por el ejercicio 3.4, se ve fácilmente que $\mathbb{q}_1 = \pi_{\mathbb{P}}([a,b,b]^T)$ para algunos $a, b \in \mathbb{R}$. Ahora, $b=0$ implicaría $\mathbb{p}_1 = \mathbb{q}_1$, lo que no es posible; luego, $\mathbb{q}_1 = \pi_{\mathbb{P}}([a,b,b]^T) = \pi_{\mathbb{P}}([a/b,1,1]^T)$. Llamemos $p = a/b$.

Similarmente, las coordenadas homogéneas de los puntos proyectivos $\mathbb{q}_2$ y $\mathbb{q}_3$ son $[1,q,1]^T$ y $[1,1,r]^T$, respectivamente, para algunos números reales q y r.

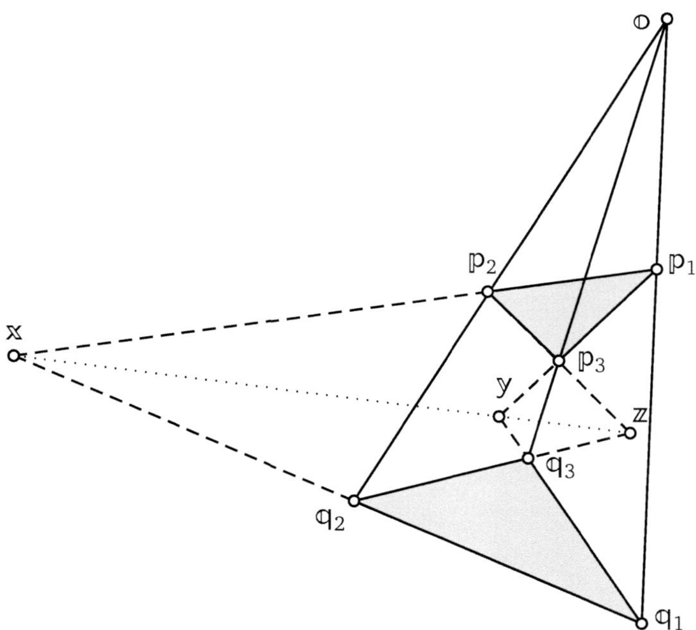

Figura 3.8. El teorema de Desargues.

Ahora encontraremos el punto proyectivo $\mathbb{x} = \langle \mathbb{p}_1, \mathbb{p}_2 \rangle \cap \langle \mathbb{q}_1, \mathbb{q}_2 \rangle$. La ecuación de $\langle \mathbb{p}_1, \mathbb{p}_2 \rangle$ es $z = 0$. Para hallar la ecuación de $\langle \mathbb{q}_1, \mathbb{q}_2 \rangle$ usamos el teorema 3.2: ya que $[p, 1, 1]^T \times [1, q, 1]^T = [1 - q, 1 - p, pq - 1]^T$, la ecuación de $\langle \mathbb{q}_1, \mathbb{q}_2 \rangle$ es $(1 - q)x + (1 - p)y + (pq - 1)z = 0$. Para hallar $\mathbb{x}$ usamos el teorema 3.3: ya que $[0, 0, 1]^T \times [1 - q, 1 - p, pq - 1]^T = [p - 1, 1 - q, 0]^T$, las coordenadas homogéneas de $\mathbb{x}$ son $[p - 1, 1 - q, 0]^T$.

Ejercicio 3.10. Prueba que las coordenadas homogéneas de los puntos proyectivos $\mathbb{y}$ y $\mathbb{z}$ son, respectivamente, $[1 - p, 0, r - 1]^T$ y $[0, 1 - q, r - 1]^T$.

Para comprobar que $\mathbb{x}$, $\mathbb{y}$, $\mathbb{z}$ están alineados, basta usar el ejercicio 3.4. Se trata de un procedimiento muy sencillo, por lo que te será posible completarlo sin ayuda adicional. _ **Fin**

3.5. La relación entre la geometría "usual" y la proyectiva

Vamos a analizar en esta sección la relación entre el plano proyectivo $\mathbb{P}$ y el plano ordinario.

Considera la proyección desde el origen sobre el plano $z = 1$ (mira la figura 3.9) y un punto proyectivo $\mathbb{p}$, que es una recta que pasa por el origen. Si $\mathbf{v} = [x, y, z]^T$ es un punto de esta recta, entonces los puntos de la recta que pasa por $\mathbf{0}$ y $\mathbf{v}$ son de la forma $r[x, y, z]^T$. Luego, la intersección de esta recta con el plano $z = 1$ es $[x/z, y/z, 1]^T$. Luego, si $T(\mathbf{v})$ es la proyección de $\mathbf{v}$, entonces

$$T([x, y, z]^T) = [x/z, y/z, 1]^T.$$

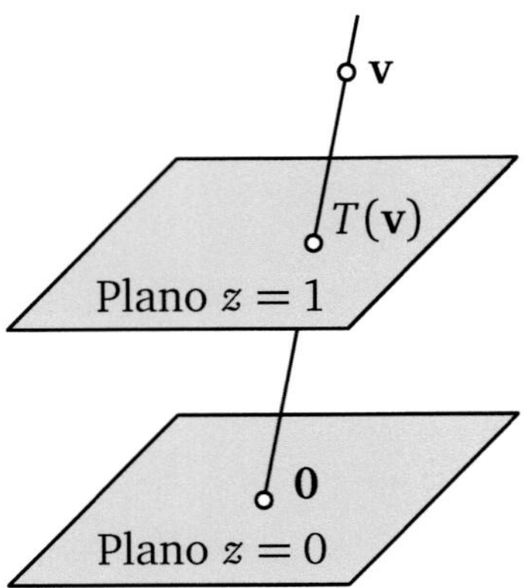

Figura 3.9. La proyección desde el origen al plano $z = 1$.

Geométricamente debe ser evidente que toda la recta se proyecta al mismo punto del plano $z = 1$, ya que $T(\lambda\mathbf{v}) = T(\mathbf{v})$ para cualquier $\lambda \neq 0$. Por lo que a un punto proyectivo $\mathbb{p}$ le hemos hecho corresponder un punto del plano $z = 1$.

Y viceversa: si nos dan un punto del plano $z = 1$, basta considerar la recta que pasa por este punto y el origen para obtener un punto proyectivo.

Pero hay un problema: la aplicación T solo está definida para los puntos $[x, y, z]^T$ tales que $z \neq 0$. Por tanto, conviene afinar un poco más la frase anterior: a un punto proyectivo $\mathbb{p}$ cuya tercera coordenada homogénea no es nula le asignamos un punto del plano $z = 1$. Esto sugiere separar los puntos proyectivos en dos clases: los que están en la recta proyectiva $z = 0$ y los que no.

Definición 3.7. Un punto proyectivo que no está en la recta proyectiva $z = 0$ se llama **finito.** Un punto proyectivo que está en la recta proyectiva $z = 0$ se llama **infinito.** La recta proyectiva $z = 0$ se llama **recta del infinito**. El conjunto de los puntos finitos será denotado por $\mathbb{P}_{\text{finito}}$.

Resulta que el conjunto de los puntos finitos tiene exactamente la misma estructura que los puntos ordinarios. Mira la figura 3.9. Dado un punto del plano $z = 1$, podemos unir este punto con el origen y obtener una recta que es un punto proyectivo finito. Así, podemos pasar de $\mathbb{R}^2$ a $\mathbb{P}_{\text{finito}}$ como sigue

$$\begin{array}{ccccc} \mathbb{R}^2 & \to & \mathbb{R}^3 & \to & \mathbb{P}_{\text{finito}} \\ [x, y]^T & \mapsto & [x, y, 1]^T & \mapsto & \text{Recta en } \mathbb{R}^3 \text{ que pasa por } \mathbf{0} \text{ y } [x, y, 1]^T = \pi_{\mathbb{P}}([x, y, 1]^T). \end{array}$$

A partir de ahora esta identificación de $\mathbb{R}^2$ con $\mathbb{P}_{\text{finito}}$ se denotará por $\mathbb{f}$. Escrito de otra manera:

$$\mathbb{f} : \mathbb{R}^2 \to \mathbb{P}_{\text{finito}} \qquad \mathbb{f}([x, y]^T) = \pi_{\mathbb{P}}([x, y, 1]^T). \tag{3.5}$$

Y al revés, como un punto finito es una recta (en $\mathbb{R}^3$) que pasa por el origen y no está contenida en el plano $z=0$, esta recta corta al plano $z=1$ en un punto ordinario. Algebraicamente,

$$\begin{array}{rcccc} \mathbb{P}_{\text{finito}} & \to & \mathbb{R}^3 & \to & \mathbb{R}^2 \\ \text{Recta en } \mathbb{R}^3 \text{ que pasa por } \mathbf{0} \text{ y } [x,y,z]^T & \mapsto & [x/z, y/z, 1]^T & \mapsto & [x/z, y/z]^T. \end{array}$$

Vamos a ver la razón de usar las palabras finito e infinito. Imagina la siguiente recta contenida en $\mathbb{R}^2$:

$$\mathbf{x}(\lambda) = \mathbf{p} + \lambda\mathbf{v}.$$

Esta recta pasa por $\mathbf{p}$ y tiene como vector director $\mathbf{v}$. Según varía $\lambda \in \mathbb{R}$, vamos obteniendo distintos puntos de la recta. Cuando λ tiende a $+\infty$ o $-\infty$, los puntos se "alejan". Vamos a ver qué ocurre con la identificación previa de $\mathbb{R}^2$ con $\mathbb{P}_{\text{finito}}$:

$$\mathbb{f}(\mathbf{p}+\lambda\mathbf{v}) = \pi_{\mathbb{P}}\left(\begin{bmatrix} \mathbf{p}+\lambda\mathbf{v} \\ 1 \end{bmatrix}\right) = \pi_{\mathbb{P}}\left(\begin{bmatrix} \frac{1}{\lambda}\mathbf{p}+\mathbf{v} \\ 1/\lambda \end{bmatrix}\right) \overset{\lambda\to\pm\infty}{\longrightarrow} \pi_{\mathbb{P}}\left(\begin{bmatrix} \mathbf{v} \\ 0 \end{bmatrix}\right).$$

Observa que $\pi_{\mathbb{P}}([\mathbf{v}^T, 0])$ es un punto proyectivo infinito ya que se anula su tercera componente.

Vamos a ver ahora la explicación a la frase "dos rectas paralelas se cortan en el infinito": Sean las rectas paralelas del plano ordinario

$$r_1 \equiv \mathbf{p} + \lambda\mathbf{v}, \qquad r_2 \equiv \mathbf{q} + \mu\mathbf{v}.$$

Advierte que ambas rectas tienen el mismo vector director.

Vamos a meter r_1 en $\mathbb{P}_{\text{finito}}$, es decir, vamos a hallar $\mathbb{f}(r_1)$. En la figura 3.10 puedes ver que $\mathbb{f}(r_1)$ es el plano que pasa por el origen, $[\mathbf{p}, 1]$ y $[\mathbf{p}+\mathbf{v}, 1]$. O en el lenguaje de la geometría proyectiva: es la recta proyectiva que pasa por los puntos de coordenadas homogéneas $[\mathbf{p}, 1]$ y $[\mathbf{p}+\mathbf{v}, 1]$. Por el teorema 3.3, las coordenadas homogéneas de $\mathbb{f}(r_1)$ son $[\mathbf{p}, 1] \times [\mathbf{p}+\mathbf{v}, 1]$.

Análogamente, las coordenadas homogéneas de la recta proyectiva $\mathbb{f}(r_2)$ son $[\mathbf{q}, 1] \times [\mathbf{v}, 0]$. Por el teorema 3.2, las coordenadas homogéneas de $\mathbb{f}(r_1) \cap \mathbb{f}(r_2)$ son

$$([\mathbf{p}, 1] \times [\mathbf{v}, 0]) \times ([\mathbf{q}, 1] \times [\mathbf{v}, 0]).$$

Por la fórmula (3.4) obtenemos

$$\begin{aligned} &([\mathbf{p}, 1] \times [\mathbf{v}, 0]) \times ([\mathbf{q}, 1] \times [\mathbf{v}, 0]) \\ &\qquad = \det([\mathbf{p}, 1], [\mathbf{v}, 0], [\mathbf{v}, 0])[\mathbf{q}, 1] - \det([\mathbf{p}, 1], [\mathbf{v}, 0], [\mathbf{q}, 1])[\mathbf{v}, 0] \\ &\qquad = -\det([\mathbf{p}, 1], [\mathbf{v}, 0], [\mathbf{q}, 1])[\mathbf{v}, 0] \end{aligned}$$

ya que el primer determinante tiene dos columnas iguales. Y como las coordenadas homogéneas no cambian por un factor, entonces las coordenadas homogéneas de $\mathbb{f}(r_1) \cap \mathbb{f}(r_2)$ son $[\mathbf{v}, 0]$, que es un punto proyectivo de la recta del infinito, ya que su tercera coordenada es nula.

Decir que las rectas paralelas se cortan en el infinito no es solo una notación: simplifica muchos casos particulares y posibilita la obtención de bastantes teoremas de la geometría clásica.

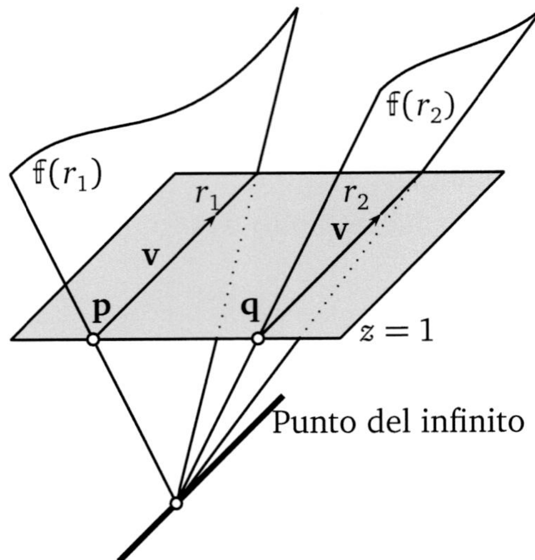

Figura 3.10. La intersección de dos rectas paralelas es un punto del infinito.

Ejemplo 3.10. En el enunciado del teorema de Desargues se puede leer "si $\mathbb{x}$ es el punto de intersección de $\langle \mathbb{p}_1, \mathbb{p}_2 \rangle$ y $\langle \mathbb{q}_1, \mathbb{q}_2 \rangle$, ...". Pero ¿qué pasa si las rectas $\langle \mathbb{p}_1, \mathbb{p}_2 \rangle$ y $\langle \mathbb{q}_1, \mathbb{q}_2 \rangle$ son paralelas? Obviamente, esto no puede pasar, ya que, en la geometría proyectiva, no existen las rectas paralelas (recuerda el teorema 3.3). Pero ¿qué pasa si consideramos el teorema de Desargues en el plano ordinario? (es decir, si el punto proyectivo $\mathbb{o}$ y los triángulos $\mathbb{p}_1\mathbb{p}_2\mathbb{p}_3$ y $\mathbb{q}_1\mathbb{q}_2\mathbb{q}_3$ son puntos proyectivos finitos).

Observa que la conclusión del teorema de Desargues se puede reescribir diciendo que las rectas proyectivas $\langle \mathbb{p}_1, \mathbb{p}_2 \rangle$, $\langle \mathbb{q}_1, \mathbb{q}_2 \rangle$ y $\langle \mathbb{y}, \mathbb{z} \rangle$ son concurrentes en $\mathbb{x}$.

Por lo que, si $\mathbb{x}$ está en la recta del infinito, entonces las rectas proyectivas $\langle \mathbb{p}_1, \mathbb{p}_2 \rangle$, $\langle \mathbb{q}_1, \mathbb{q}_2 \rangle$ y $\langle \mathbb{y}, \mathbb{z} \rangle$ son concurrentes en un punto del infinito, en otras palabras, si los lados $\mathbb{p}_1\mathbb{p}_2$ y $\mathbb{q}_1\mathbb{q}_2$ son paralelos, entonces $\mathbb{y}\mathbb{z}$ es paralelo a estos dos lados. ________ **Fin**

Ejemplo 3.11. Considera el siguiente enunciado: sean los paralelogramos *OABC* y *OPQR* como se muestra en la figura 3.11 y definiendo el punto *M* como la intersección de los segmentos *PA* y *QB*. Comprueba que los puntos *R*, *C* y *M* son colineales.

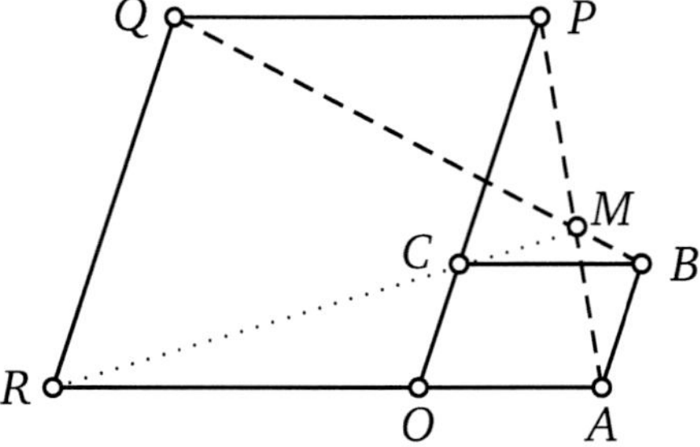

Figura 3.11. Un teorema que se puede generalizar a la geometría proyectiva.

¿Cómo se puede "traducir" este enunciado a la geometría proyectiva? Desde luego, tenemos que evitar el uso del paralelismo. ¿Cómo evitamos decir que *QR*, *PO* y *BA* son segmentos paralelos? Podemos decir que las rectas *QR*, *PO* y *BA* son concurrentes en un punto del infinito. De la misma manera, podemos sustituir "*QP*, *CB* y *ROA* son segmentos paralelos" por "*QP*, *CB* y *ROA* son rectas concurrentes en un punto del infinito". Podemos ver en la siguiente figura el enunciado del teorema generalizado.

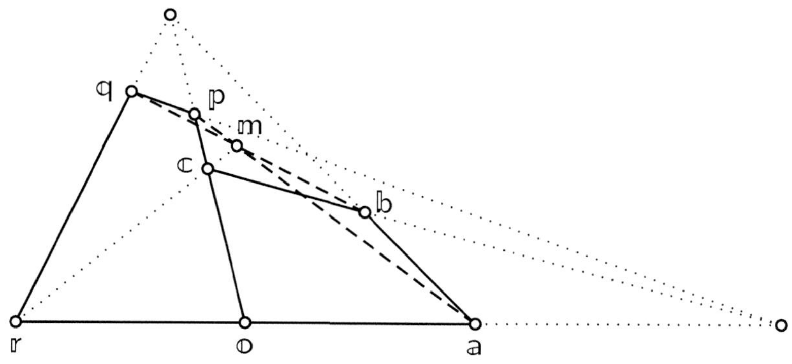

Figura 3.12.

Fin

Ejercicio 3.11. Considera el siguiente enunciado de la geometría plana (no hace falta que lo pruebes): sea **abc** un triángulo y **p** un punto que no está en ninguna de las rectas que definen el triángulo. Las rectas **ap**, **bp** y **cp** se cortan con las rectas **bc**, **ca** y **ab** en los puntos **a**′, **b**′ y **c**′, respectivamente. Si **a**′**c**′ es paralelo a **ac** y **a**′**b**′ es paralelo a **ab**, entonces **b**′**c**′ es paralelo a **bc**.

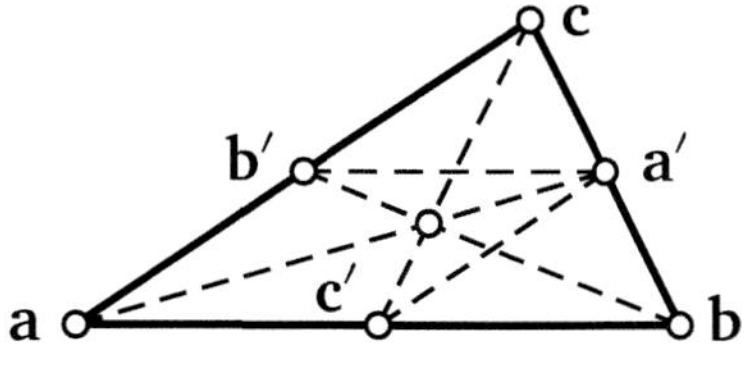

Figura 3.13.

Busca un teorema de la geometría proyectiva que generalice este enunciado.

3.6. La razón doble

Hay una magnitud que se conserva en las colineaciones. Esto será de mucha utilidad cuando tengamos que estimar distancias reales a partir de fotografías.

Recuerda que, si los puntos proyectivos $\mathbb{p}_1 = \pi_{\mathbb{P}}(\mathbf{v}_1)$, $\mathbb{p}_2 = \pi_{\mathbb{P}}(\mathbf{v}_2)$ y $\mathbb{p}_3 = \pi_{\mathbb{P}}(\mathbf{v}_3)$ están alineados, entonces $\det(\mathbf{v}_1, \mathbf{v}_2, \mathbf{v}_3) = 0$, lo que quiere decir que, si $\mathbf{v}_1$ y $\mathbf{v}_2$ no son proporcionales (es decir, $\mathbb{p}_1 \neq \mathbb{p}_2$), entonces $\mathbf{v}_3$ es una combinación lineal de $\mathbf{v}_1$ y $\mathbf{v}_2$, es decir, existen $\alpha, \beta \in \mathbb{R}$ tales que $\mathbf{v}_3 = \alpha\mathbf{v}_1 + \beta\mathbf{v}_2$.

Definición 3.8. Sean $\mathbb{a}$, $\mathbb{b}$, $\mathbb{c}$, $\mathbb{d}$ cuatro puntos proyectivos distintos y alineados, $\mathbf{a}, \mathbf{b}, \mathbf{c}, \mathbf{d}$ cuatro vectores de $\mathbb{R}^3$ que cumplen $\mathbb{a} = \pi_{\mathbb{P}}(\mathbf{a})$, $\mathbb{b} = \pi_{\mathbb{P}}(\mathbf{b})$, $\mathbb{c} = \pi_{\mathbb{P}}(\mathbf{c})$ y $\mathbb{d} = \pi_{\mathbb{P}}(\mathbf{d})$, y $\alpha, \beta, \gamma, \delta \in \mathbb{R}$ tales que $\mathbf{c} = \alpha\mathbf{a} + \beta\mathbf{b}$, $\mathbf{d} = \gamma\mathbf{a} + \delta\mathbf{b}$. La **razón doble** de $\mathbb{a}$, $\mathbb{b}$, $\mathbb{c}$, $\mathbb{d}$ se define como

$$[\mathbb{a}, \mathbb{b}, \mathbb{c}, \mathbb{d}] = \frac{\beta/\alpha}{\delta/\gamma}.$$

Hay un problema con la definición. Pero antes veamos un ejemplo.

Ejemplo 3.12. Sean los puntos homogéneos $\mathbb{a}$, $\mathbb{b}$, $\mathbb{c}$ y $\mathbb{d}$ de coordenadas homogéneas $[1,1,0]^T$, $[0,1,1]^T$, $[1,2,1]^T$ y $[1,0,-1]^T$, respectivamente. Vamos a calcular la razón doble de estos puntos proyectivos.

Primero de todo vamos a expresar $[1,2,1]^T$ como combinación lineal de $[1,1,0]^T, [0,1,1]^T$:

$$\begin{bmatrix} 1 \\ 2 \\ 1 \end{bmatrix} = \alpha \begin{bmatrix} 1 \\ 1 \\ 0 \end{bmatrix} + \beta \begin{bmatrix} 0 \\ 1 \\ 1 \end{bmatrix}.$$

Claramente, este sistema es compatible y su única solución es $\alpha = \beta = 1$ (lo que implica también que $\mathbb{a}$, $\mathbb{b}$, $\mathbb{c}$ están alineados). Ahora tenemos que expresar $[1,0,-1]^T$ como combinación lineal de $[1,1,0]^T$, $[0,1,1]^T$:

$$\begin{bmatrix} 1 \\ 0 \\ -1 \end{bmatrix} = \gamma \begin{bmatrix} 1 \\ 1 \\ 0 \end{bmatrix} + \delta \begin{bmatrix} 0 \\ 1 \\ 1 \end{bmatrix}.$$

De donde $\gamma = 1$, $\delta = -1$. Luego:

$$[\mathbb{a}, \mathbb{b}, \mathbb{c}, \mathbb{d}] = \frac{\beta/\alpha}{\delta/\gamma} = \frac{1/1}{1/(-1)} = -1.$$

Fin

Si miramos este ejemplo más detenidamente podemos darnos cuenta de un problema. Puesto que las coordenadas homogéneas para representar un punto proyectivo no son únicas (recuerda que $\mathbf{v}$ y $\lambda\mathbf{v}$ representan el mismo punto proyectivo), ¿es posible que, si se cambian las coordenadas homogéneas, cambie la razón doble? Observa el ejercicio siguiente.

Ejercicio 3.12. Sean los puntos proyectivos $\mathbb{a}$, $\mathbb{b}$, $\mathbb{c}$ y $\mathbb{d}$ de coordenadas homogéneas $[2,2,0]^T$, $[0,-1,-1]^T$, $[2,4,2]^T$ y $[1,0,-1]^T$, respectivamente. Calcula la razón doble de estos puntos proyectivos.

Si lees este ejercicio, puedes observar una cosa: los puntos proyectivos considerados son los mismos que los del ejemplo anterior (por ejemplo, como $[1,1,0]^T$ y $[2,2,0]^T$ son proporcionales, entonces representan el mismo punto proyectivo). Y si haces el ejercicio, puedes comprobar que la razón doble es la misma.

Comprobemos este hecho en general (vamos a usar la notación de la definición de razón doble): si $\mathbf{a}' = \lambda\mathbf{a}$, $\mathbf{b}' = \mu\mathbf{b}$, $\mathbf{c}' = \rho\mathbf{c}$, $\mathbf{d}' = \theta\mathbf{d}$, entonces

$$\mathbf{c}' = \rho\mathbf{c} = \rho(\alpha\mathbf{a} + \beta\mathbf{b}) = \frac{\rho\alpha}{\lambda}\mathbf{a}' + \frac{\rho\beta}{\mu}\mathbf{b}' \qquad \text{y} \qquad \mathbf{d}' = \theta\mathbf{d} = \theta(\gamma\mathbf{a} + \delta\mathbf{b}) = \frac{\theta\gamma}{\lambda}\mathbf{a}' + \frac{\theta\delta}{\mu}\mathbf{b}'.$$

Por último,

$$\frac{\dfrac{\rho\beta}{\mu}/\dfrac{\rho\alpha}{\lambda}}{\dfrac{\theta\delta}{\mu}/\dfrac{\theta\gamma}{\lambda}} = \frac{\beta/\alpha}{\delta/\gamma}.$$

Vamos a ver ahora el resultado fundamental de la razón doble.

Teorema 3.7. Las colineaciones conservan la razón doble

Si $\mathbb{p}_1, \mathbb{p}_2, \mathbb{p}_3, \mathbb{p}_4$ son cuatro puntos proyectivos alineados y $h : \mathbb{P} \to \mathbb{P}$ es una colineación, entonces la razón doble de $\mathbb{p}_1$, $\mathbb{p}_2$, $\mathbb{p}_3$, $\mathbb{p}_4$ coincide con la razón doble de $h(\mathbb{p}_1)$, $h(\mathbb{p}_2)$, $h(\mathbb{p}_3)$, $h(\mathbb{p}_4)$.

DEMOSTRACIÓN. Si $\mathbf{v}_i$ son vectores de $\mathbb{R}^3$ tales que $\mathbb{p}_i = \pi_{\mathbb{P}}(\mathbf{v}_i)$, entonces $\mathbf{v}_3 = \alpha\mathbf{v}_1 + \beta\mathbf{v}_2$, $\mathbf{v}_4 = \gamma\mathbf{v}_1 + \delta\mathbf{v}_2$, y la razón doble de $\mathbb{p}_1$, $\mathbb{p}_2$, $\mathbb{p}_3$, $\mathbb{p}_4$ es $(\beta/\alpha)/(\delta/\gamma)$. Pero, al ser h una colineación, existe una matriz cuadrada invertible de tamaño 3, M, tal que $h(\pi_{\mathbb{P}}(\mathbf{v})) = \pi_{\mathbb{P}}(M\mathbf{v})$. El teorema debe ser claro si observamos que $M\mathbf{v}_3 = \alpha M\mathbf{v}_1 + \beta M\mathbf{v}_2$, $M\mathbf{v}_4 = \gamma M\mathbf{v}_1 + \delta M\mathbf{v}_2$. □

3.6.1. La razón doble y la geometría "usual"

No resulta evidente qué usos o consecuencias tiene la razón doble en la práctica. Sin embargo, comprobaremos que la invarianza de la razón doble implica que hay una magnitud que se mantiene igual tanto en la realidad como en cualquier fotografía.

Sean los siguientes puntos alineados de $\mathbb{R}^2$: $\mathbf{a}$, $\mathbf{b}$, $\mathbf{c}$ y $\mathbf{d}$. Como $\mathbf{a}$, $\mathbf{b}$, $\mathbf{c}$ están alineados, los vectores $\overrightarrow{\mathbf{ab}}$ y $\overrightarrow{\mathbf{ac}}$ son vectores proporcionales, por tanto, existe $\alpha \in \mathbb{R}$ tal que $\overrightarrow{\mathbf{ac}} = \alpha\overrightarrow{\mathbf{ab}}$, es decir, $\mathbf{c} = \mathbf{a} + \alpha(\mathbf{b} - \mathbf{a}) = (1-\alpha)\mathbf{a} + \alpha\mathbf{b}$. Por la misma razón, existe $\beta \in \mathbb{R}$ tal que $\mathbf{d} = (1-\beta)\mathbf{a} + \beta\mathbf{b}$.

Ahora vamos a pensar en los puntos proyectivos $\mathbb{f}(\mathbf{a})$, $\mathbb{f}(\mathbf{b})$, $\mathbb{f}(\mathbf{c})$ y $\mathbb{f}(\mathbf{d})$ (recuerda la identificación $\mathbb{f} : \mathbb{R}^2 \to \mathbb{P}_{\text{finitos}}$ descrita en la página 60). Para calcular la razón doble de estos cuatro puntos, tenemos que expresar

$$\begin{bmatrix} \mathbf{c} \\ 1 \end{bmatrix} \text{y} \begin{bmatrix} \mathbf{d} \\ 1 \end{bmatrix}$$

como combinación lineal de $\begin{bmatrix} \mathbf{a} \\ 1 \end{bmatrix}$ y $\begin{bmatrix} \mathbf{b} \\ 1 \end{bmatrix}$. Pero esto es fácil:

$$\begin{bmatrix} \mathbf{c} \\ 1 \end{bmatrix} = \begin{bmatrix} (1-\alpha)\mathbf{a}+\alpha\mathbf{b} \\ 1 \end{bmatrix} = (1-\alpha)\begin{bmatrix} \mathbf{a} \\ 1 \end{bmatrix} + \alpha \begin{bmatrix} \mathbf{b} \\ 1 \end{bmatrix}$$

y, análogamente,

$$\begin{bmatrix} \mathbf{d} \\ 1 \end{bmatrix} = (1-\beta)\begin{bmatrix} \mathbf{a} \\ 1 \end{bmatrix} + \beta \begin{bmatrix} \mathbf{b} \\ 1 \end{bmatrix}.$$

Por tanto, la razón doble de los puntos proyectivos $\mathfrak{f}(\mathbf{a}), \mathfrak{f}(\mathbf{b}), \mathfrak{f}(\mathbf{c}), \mathfrak{f}(\mathbf{d})$ es

$$[\mathfrak{f}(\mathbf{a}), \mathfrak{f}(\mathbf{b}), \mathfrak{f}(\mathbf{c}), \mathfrak{f}(\mathbf{d})] = \frac{\alpha/1-\alpha}{\beta/1-\beta}.$$

¿Qué significado geométrico tienen α y $1-\alpha$? El significado de α es claro, pues, a partir de $\overrightarrow{\mathbf{ac}} = \alpha\overrightarrow{\mathbf{ab}}$, se deduce que $\alpha = \mathbf{ac}/\mathbf{ab}$. Para $1-\alpha$ hemos de pelear un poco más: puesto que $\mathbf{c} = (1-\alpha)\mathbf{a} + \alpha\mathbf{b}$, entonces

$$\begin{aligned} \overrightarrow{\mathbf{bc}} &= \mathbf{c} - \mathbf{b} = (1-\alpha)\mathbf{a} + \alpha\mathbf{b} - \mathbf{b} \\ &= (1-\alpha)\mathbf{a} + (\alpha-1)\mathbf{b} = (\alpha-1)(\mathbf{b}-\mathbf{a}) = (\alpha-1)\overrightarrow{\mathbf{ab}} \end{aligned}$$

Por tanto, $\alpha\overrightarrow{\mathbf{bc}} = \alpha(\alpha-1)\overrightarrow{\mathbf{ab}} = (\alpha-1)\overrightarrow{\mathbf{ac}}$. Luego, $\alpha/(\alpha-1) = \mathbf{ac}/\mathbf{bc}$. De igual manera se obtiene que $\beta/(\beta-1) = \mathbf{ad}/\mathbf{bd}$. Por tanto,

$$[\mathfrak{f}(\mathbf{a}), \mathfrak{f}(\mathbf{b}), \mathfrak{f}(\mathbf{c}), \mathfrak{f}(\mathbf{d})] = \frac{\mathbf{ac}/\mathbf{bc}}{\mathbf{ad}/\mathbf{bd}}. \tag{3.6}$$

El siguiente resultado muestra la propiedad más importante de la razón doble.

Teorema 3.8. Invarianza de la razón doble

Sea $\mathbf{p}$ un punto plano y r_1, r_2, r_3, r_4 cuatro rectas que pasan por $\mathbf{p}$. Si r es una recta cualquiera y $\mathbf{q}_i = r_i \cap r$ $(i = 1, 2, 3, 4)$, entonces el cociente

$$\frac{\mathbf{q}_1\mathbf{q}_3/\mathbf{q}_2\mathbf{q}_3}{\mathbf{q}_1\mathbf{q}_4/\mathbf{q}_2\mathbf{q}_4}$$

es independiente de la elección de la recta r. Observa la figura 3.14.

Puedes encontrar una demostración algebraica en el libro *Geometry*, escrito por D. A. Brannan, M. F. Esplen y J. J. Gray.

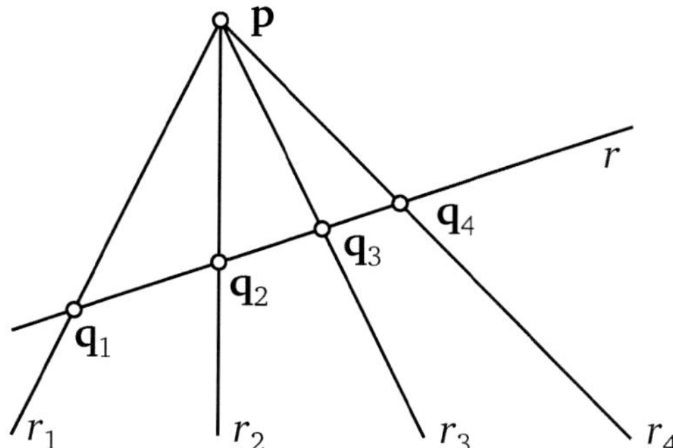

Figura 3.14. La razón doble de los puntos $\mathbf{q}_i$ es independiente de la recta r.

¿Qué ocurre cuando en (3.6) el punto **d** se aleja al infinito? O, dicho de otra manera, ¿qué ocurre cuando el punto proyectivo $\mathbb{f}(\mathbf{d})$ se aproxima a un punto del infinito? Como $\mathbf{d} = \mathbf{a} + \beta \overrightarrow{\mathbf{ab}}$, el número β tiene que tender a infinito (en realidad, no se sabe si $\beta \to +\infty$ o $\beta \to -\infty$, no sabemos si **d** se aleja al infinito "por la derecha" o "por la izquierda" de **a**, pero vas a ver que esto es irrelevante). Por tanto,

$$\lim_{\beta \to \infty} \frac{\mathbf{ad}}{\mathbf{bd}} = \lim_{\beta \to \infty} \frac{\beta}{\beta - 1} = 1.$$

Por esto, cuando $\mathbb{f}(\mathbf{d})$ se convierte en un punto del infinito, entonces (3.6) se reduce a:

$$\text{Si } \mathbb{f}(\mathbf{d}) \text{ es un punto del infinito, entonces } [\mathbb{f}(\mathbf{a}), \mathbb{f}(\mathbf{b}), \mathbb{f}(\mathbf{c}), \mathbb{f}(\mathbf{d})] = \frac{\mathbf{ac}}{\mathbf{bc}}.$$

Observa que, por esto último, la noción de punto medio se puede generalizar a la geometría proyectiva: si $\mathbb{f}(\mathbf{d})$ es un punto del infinito y la razón doble de $\mathbb{f}(\mathbf{a}), \mathbb{f}(\mathbf{b}), \mathbb{f}(\mathbf{c}), \mathbb{f}(\mathbf{d})$ es -1, entonces $\overrightarrow{\mathbf{ac}} = -\overrightarrow{\mathbf{bc}}$, es decir, **c** es el punto medio de **a** y **b**.

Si la razón doble de los puntos proyectivos $\mathbb{a}$, $\mathbb{b}$, $\mathbb{c}$, $\mathbb{d}$ es -1, se suele decir que estos cuatro puntos forman una **cuaterna armónica**, pero no profundizaremos más en esta cuestión.

Ejercicio 3.13. Sean $\mathbb{abcd}$ un cuadrilátero, $\mathbb{p} = \langle \mathbb{a}, \mathbb{c} \rangle \cap \langle \mathbb{b}, \mathbb{d} \rangle$ y $\mathbb{q} = \langle \mathbb{a}, \mathbb{d} \rangle \cap \langle \mathbb{b}, \mathbb{c} \rangle$. Finalmente, sean $\mathbb{p}_1 = \langle \mathbb{p}, \mathbb{q} \rangle \cap \langle \mathbb{c}, \mathbb{d} \rangle$ y $\mathbb{p}_2 = \langle \mathbb{p}, \mathbb{q} \rangle \cap \langle \mathbb{a}, \mathbb{b} \rangle$.

a) Prueba que la razón doble de $\mathbb{p}, \mathbb{q}, \mathbb{p}_1, \mathbb{p}_2$ es -1.

b) Particulariza el resultado anterior cuando $\mathbb{p}$ es un punto del infinito a otro resultado que no use razones dobles.

Ayuda: puedes suponer que las coordenadas homogéneas de los puntos $\mathbb{a}$, $\mathbb{b}$, $\mathbb{c}$ y $\mathbb{d}$ son, respectivamente, $[1,0,0]^T$, $[0,1,0]^T$, $[0,0,1]^T$ y $[1,1,1]^T$ para emplear a continuación los teoremas 3.2 y 3.3.

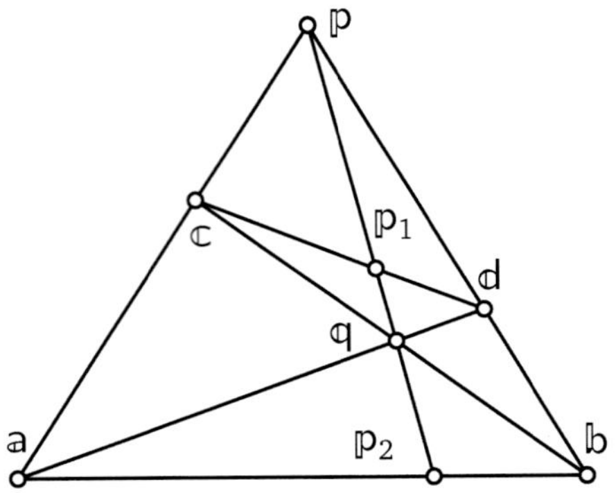

Figura 3.15.

3.6.2. Una aplicación de la razón doble

Imagina que sacamos una fotografía y queremos saber cómo medir la distancia entre dos objetos mirando solo la fotografía. ¿Qué podemos hacer?

Ya que la razón doble es invariante por medio de colineaciones, entonces la razón doble de cuatro puntos alineados en la realidad coincide con la razón doble de la imagen de estos cuatro puntos en la fotografía. Esto nos da un procedimiento para calcular algunas distancias sabiendo otras de antemano.

Vamos a ver en el siguiente ejemplo cómo se puede determinar la velocidad de un coche si sacamos dos fotografías aéreas de un tramo recto de carretera.

Ejemplo 3.13. Observa la fotografía de la figura 3.16. En ella se pueden observar los puntos A, B y C. En un tiempo dado, fotografiamos un coche en la posición marcada por un círculo y, al cabo de 4 segundos, volvemos a fotografiar el mismo coche, que ahora ocupa la posición del cuadrado.

Se sabe que la distancia entre A y B es de 140 m, y la distancia entre B y C es de 120 m. Con estos datos[3] y con la fotografía, ¿cómo se puede averiguar la velocidad del coche fotografiado?

Medimos la distancia entre los puntos en la fotografía. Vamos a denotar por $\mathbf{a}$, $\mathbf{b}$ y $\mathbf{c}$ las posiciones respectivas de los puntos A, B y C en la fotografía y por $\mathbf{x}$ e $\mathbf{y}$ las posiciones del círculo y del cuadrado. Con una simple regla obtenemos $d(\mathbf{a},\mathbf{b}) = 2.9$ cm, $d(\mathbf{b},\mathbf{c}) = 2.2$ cm, $d(\mathbf{b},\mathbf{x}) = 1.8$ cm y $d(\mathbf{c},\mathbf{y}) = 0.8$ cm. Ahora calculamos la razón doble de los puntos $\mathbf{a},\mathbf{b},\mathbf{c},\mathbf{x}$ por medio del teorema 3.8.

$$[\mathbf{a},\mathbf{b},\mathbf{c},\mathbf{x}] = \frac{\mathbf{ac}/\mathbf{bc}}{\mathbf{ax}/\mathbf{bx}} = \frac{(2.9+2.2)/2.2}{(2.9-1.8)/1.8} = 3.7934. \tag{3.7}$$

Sea X la posición del coche (el círculo en la fotografía). Calcularemos ahora la razón doble

[3] En realidad, estos valores son inventados, pues los desconocemos.

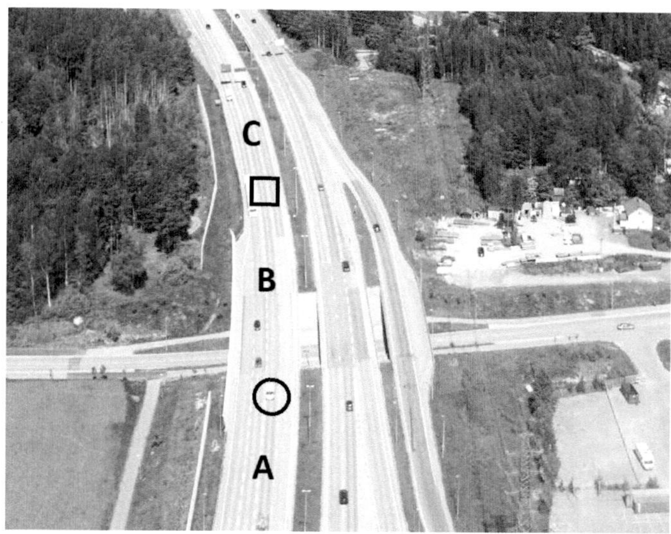

Figura 3.16. Vista aérea de la carretera entre Helsinki y Tampere (Finlandia). Autor: Tiia Monto, reproducida bajo la licencia Creative Commons Attribution-Share Alike 4.0 International. Fuente: *Wikipedia*, artículo "Autopista".

de los puntos A, B, C, X. Vamos a denotar por x la distancia entre B y X.

$$[A, B, C, X] = \frac{AC/BC}{AX/BX} = \frac{(140+120)/120}{(140-x)/x}. \tag{3.8}$$

Como la razón doble de $\mathbf{a}, \mathbf{b}, \mathbf{c}, \mathbf{x}$ coincide con la razón doble de A, B, C, X, entonces, igualamos (3.7) y (3.8), y obtenemos una ecuación cuya incógnita es x y su solución es $x = 89.106$.

Ahora veamos dónde está el coche cuando es fotografiado por segunda vez. Sea $\mathbf{y}$ la posición del cuadrado en la fotogafía e Y la posición del coche cuando es fotografiado por segunda vez.

$$[\mathbf{a}, \mathbf{b}, \mathbf{c}, \mathbf{y}] = \frac{\mathbf{ac}/\mathbf{bc}}{\mathbf{ay}/\mathbf{by}} = \frac{(2.9+2.2)/2.2}{(2.9+2.2-0.8)/(2.2-0.8)} = 0.755. \tag{3.9}$$

Vamos a denotar por y la distancia entre C e Y.

$$[A, B, C, Y] = \frac{AC/BC}{AY/BY} = \frac{(140+120)/120}{(140+120-y)/(120-y)}. \tag{3.10}$$

Como hemos hecho antes, igualamos (3.9) y (3.9) y obtenemos otra ecuación cuya solución es (tras algunos cálculos que se omiten) $y = 45.124$.

Ya tenemos todos los elementos necesarios para saber cuánto se ha desplazado el coche en los seis segundos de separación entre las dos fotografías. Sea Δ tal despazamiento, que no es más que la distancia entre X e Y.

Mirando la figura 3.17 se ve fácilmente que $\Delta = x + 120 - y = 163.98$ m. Como el coche ha recorrido Δ metros en 4 segundos, entonces la velocidad de este coche es $\Delta/4 = 50.995$ m/s.

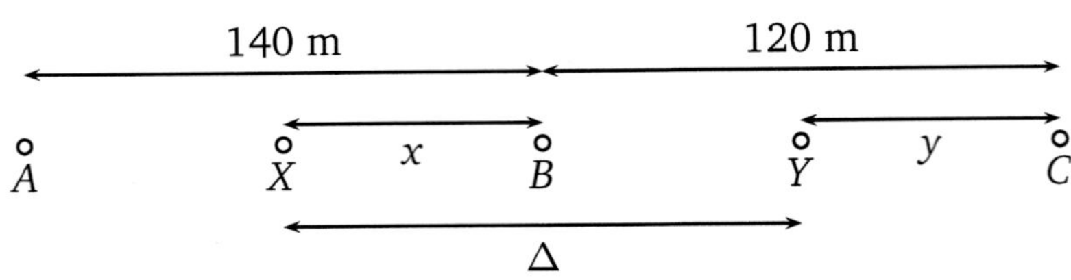

Figura 3.17.

Para pasar a km/h, o bien multiplicamos por 3.6, o bien convertimos Δ a kilómetros y los 4 segundos a horas, por lo que:

$$\text{velocidad} = \frac{\Delta/1000}{3/3600} = 147.58\,\text{km/h}.$$

Observa que este método solo funciona si los puntos están alineados. **Fin**

3.7. Estimación de magnitudes a partir de fotografías

Tenemos una fotografía distorsionada por la proyección y queremos averiguar algunas de las magnitudes reales. Por ejemplo, la fotografía de la figura 3.18 muestra la Catedral de León y se quiere medir la altura del punto marcado con un círculo en la fotografía. Por supuesto necesitamos conocer previamente algunas magnitudes. Supondremos conocidas las dimensiones del rectángulo dibujado en la imagen. Vamos a ver que con esta información y con la fotografía es suficiente para determinar cualquier distancia real.

Sean 4 puntos coplanarios (para fijar ideas piensa en las cuatro esquinas del rectángulo en la catedral; pero no las de la fotografía) $\mathbf{x}_i = [x_i, y_i]^T$ $(i = 1, 2, 3, 4)$. Metemos estos cuatro puntos en $\mathbb{P}_{\text{finitos}}$ mediante la aplicación

$$\mathfrak{f} : \mathbb{R}^2 \to \mathbb{P}_{\text{finito}}$$

definida en la página 60. Supongamos que conocemos la imagen de los cuatro puntos $\mathbf{x}_i$ en la fotografía, sean $\mathbf{x}'_i = [x'_i, y'_i]^T$. Queremos encontrar la colineación $h : \mathbb{P} \to \mathbb{P}$ de forma que

$$h(\mathfrak{f}(\mathbf{x}_i)) = \mathfrak{f}(\mathbf{x}'_i), \qquad i = 1, 2, 3, 4.$$

Como cualquier colineación está caracterizada por una matriz 3×3 invertible tal que $h(\pi_{\mathbb{P}}(\mathbf{v})) = \pi_{\mathbb{P}}(M\mathbf{v})$ para todo $\mathbf{v} \in \mathbb{R}^3$, entonces para hallar h basta con encontrar esta matriz M. Usando las igualdades anteriores,

$$\pi_{\mathbb{P}}([x'_i, y'_i, 1]^T) = \mathfrak{f}(\mathbf{x}'_i) = h(\mathfrak{f}(\mathbf{x}_i)) = h(\pi_{\mathbb{P}}([x_i, y_i, 1]^T)) = \pi_{\mathbb{P}}(M[x_i, y_i, 1]^T),$$

por lo que $[x'_i, y'_i, 1]^T$ y $M[x_i, y_i, 1]^T$ son proporcionales o, escrito de otro modo,

$$[x'_i, y'_i, 1]^T \times M[x_i, y_i, 1]^T = \mathbf{0}, \qquad i = 1, 2, 3, 4. \tag{3.11}$$

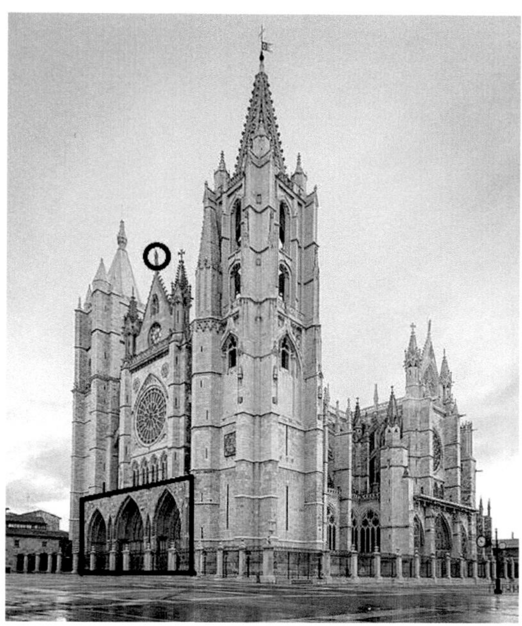

Figura 3.18. Catedral de León. Autor: David Jiménez Llanes, reproducida bajo la licencia Creative Commons Attribution-Share Alike 3.0 Unported. Fuente: *Wikipedia*, artículo: "Catedral de León".

Usamos ahora la representación matricial del producto vectorial: si $\mathbf{u} = [u_1, u_2, u_3]^T$ y $\mathbf{v} = [v_1, v_2, v_3]^T$, entonces

$$\mathbf{u} \times \mathbf{v} = \begin{vmatrix} \mathbf{i} & \mathbf{j} & \mathbf{k} \\ u_1 & u_2 & u_3 \\ v_1 & v_2 & v_3 \end{vmatrix} = \begin{bmatrix} u_2v_3 - u_3v_2 \\ -u_1v_3 + u_3v_1 \\ u_1v_2 - u_2v_1 \end{bmatrix} = \begin{bmatrix} 0 & -u_3 & u_2 \\ u_3 & 0 & -u_1 \\ -u_2 & u_1 & 0 \end{bmatrix} \begin{bmatrix} v_1 \\ v_2 \\ v_3 \end{bmatrix}.$$

Además denotamos $\mathbf{y}_i = [x_i, y_i, 1]^T$ y $\mathbf{a}^T, \mathbf{b}^T, \mathbf{c}^T$ las tres filas de M. De (3.11),

$$\begin{aligned} \mathbf{0} &= \begin{bmatrix} 0 & -1 & y_i' \\ 1 & 0 & -x_i' \\ -y_i' & x_i & 0 \end{bmatrix} \begin{bmatrix} \mathbf{a}^T \\ \mathbf{b}^T \\ \mathbf{c}^T \end{bmatrix} \mathbf{y}_i = \begin{bmatrix} -\mathbf{b}^T + y_i'\mathbf{c}^T \\ \mathbf{a}^T - x_i'\mathbf{c}^T \\ -y_i'\mathbf{a}^T + x_i\mathbf{b}^T \end{bmatrix} \mathbf{y}_i \\ &= \begin{bmatrix} -\mathbf{b}^T\mathbf{y}_i + y_i'\mathbf{c}^T\mathbf{y}_i \\ \mathbf{a}^T\mathbf{y}_i - x_i'\mathbf{c}^T\mathbf{y}_i \\ -y_i'\mathbf{a}^T\mathbf{y}_i + x_i\mathbf{b}^T\mathbf{y}_i \end{bmatrix} = \begin{bmatrix} -\mathbf{y}_i^T\mathbf{b} + y_i'\mathbf{y}_i^T\mathbf{c} \\ \mathbf{y}_i^T\mathbf{a} - x_i'\mathbf{y}_i^T\mathbf{c} \\ -y_i'\mathbf{y}_i^T\mathbf{a} + x_i'\mathbf{y}_i^T\mathbf{b} \end{bmatrix} = \begin{bmatrix} \mathbf{0} & -\mathbf{y}_i^T & y_i'\mathbf{y}_i^T \\ \mathbf{y}_i^T & \mathbf{0} & -x_i'\mathbf{y}_i^T \\ -y_i'\mathbf{y}_i^T & x_i'\mathbf{y}_i^T & \mathbf{0} \end{bmatrix} \begin{bmatrix} \mathbf{a} \\ \mathbf{b} \\ \mathbf{c} \end{bmatrix}. \end{aligned}$$

Este sistema es de la forma $\mathbf{0} = A_i\mathbf{m}$, donde A_i tiene 9 columnas y 3 filas. El vector $\mathbf{m}$ es un vector de $\mathbb{R}^9$ puesto que, si

$$M = \begin{bmatrix} m_1 & m_2 & m_3 \\ m_4 & m_5 & m_6 \\ m_7 & m_8 & m_9 \end{bmatrix}, \tag{3.12}$$

entonces

$$\mathbf{m} = \begin{bmatrix} \mathbf{a} \\ \mathbf{b} \\ \mathbf{c} \end{bmatrix} = \begin{bmatrix} m_1 \\ m_2 \\ m_3 \\ m_4 \\ m_5 \\ m_6 \\ m_7 \\ m_8 \\ m_9 \end{bmatrix}.$$

Pero, es más, si te fijas en la matriz de los coeficientes de este sistema,

$$\begin{bmatrix} \mathbf{0} & -\mathbf{y}_i^T & y_i'\mathbf{y}_i^T \\ \mathbf{y}_i^T & \mathbf{0} & -x_i'\mathbf{y}_i^T \\ -y_i'\mathbf{y}_i^T & x_i'\mathbf{y}_i^T & \mathbf{0} \end{bmatrix},$$

resulta que la tercera fila es combinación de la primera y segunda filas, pues, si multiplicas la primera por x_i' y la segunda por y_i' y luego sumas estas dos últimas, obtienes la tercera (cambiada de signo), luego (3.11) se puede escribir como

$$\mathbf{0} = \begin{bmatrix} \mathbf{0} & -\mathbf{y}_i^T & y_i'\mathbf{y}_i^T \\ \mathbf{y}_i^T & \mathbf{0} & -x_i'\mathbf{y}_i^T \end{bmatrix} \begin{bmatrix} \mathbf{a} \\ \mathbf{b} \\ \mathbf{c} \end{bmatrix}, \qquad \mathbf{0} = A_i\mathbf{m}. \tag{3.13}$$

Como esto vale para $i = 1, 2, 3, 4$, entonces tenemos el sistema

$$\mathbf{0} = \begin{bmatrix} A_1 \\ A_2 \\ A_3 \\ A_4 \end{bmatrix} \mathbf{m}, \qquad \mathbf{0} = A\mathbf{m}. \tag{3.14}$$

Buscamos una solución no nula $\mathbf{m}$ de este sistema, ya que la solución nula $\mathbf{m} = \mathbf{0}$ no nos interesa, pues conduciría a la matriz $M = 0$ que define la colineación, lo que es imposible.

Se puede argumentar que, si los cuatro puntos $\mathbf{x}_i$ y $\mathbf{x}_i'$ son dos cuadriláteros, entonces el rango de A es 8, ya que, como se demostró en el teorema 3.6, la colineación $h : \mathbb{P} \to \mathbb{P}$ que cumple $h(\mathbb{f}(\mathbf{x}_i)) = \mathbb{f}(\mathbf{x}_i')$ es única, y esto se traduce en que la matriz M es única salvo múltiplos escalares, lo que implica que el conjunto de soluciones de $A\mathbf{m} = \mathbf{0}$ tiene dimensión 1. Como A es 8×9 (ten en cuenta que A tiene 8 filas y 9 columnas), entonces el rango de A debe ser 8. Observa que estoy aplicando que, si $\mathscr{S}$ es el conjunto de soluciones de $A\mathbf{m} = \mathbf{0}$ y A es $m \times n$, entonces $\text{rango}(A) + \dim \mathscr{S} = n$.

Observa la diferencia del ejemplo 3.13 con el ejercicio actual. En el ejemplo 3.13, los puntos tienen que estar alineados y, en el que estamos viendo ahora, los cuatro puntos conocidos tienen que formar un cuadrilátero (es decir, que no haya tres puntos alineados).

Ejemplo 3.14. Aunque no hagamos los cálculos finales, veamos cómo se puede plantear el problema establecido en el principio de esta sección. En la figura 3.19a podemos ver de forma esquemática el rectángulo marcado en la figura 3.18 y el punto señalado con el círculo.

La fotografía tiene 509×602 píxeles. Vamos a tomar como origen de coordenadas el extremo superior izquierdo de la fotografía y la unidad 10 píxeles. Con un editor de imágenes podemos averiguar las coordenadas de los vértices del cuadrilátero y del punto marcado con un círculo[4].

$$\mathbf{x}_1 = \begin{bmatrix} 7 \\ 55 \end{bmatrix}, \quad \mathbf{x}_2 = \begin{bmatrix} 8 \\ 48 \end{bmatrix}, \quad \mathbf{x}_3 = \begin{bmatrix} 18 \\ 46 \end{bmatrix}, \quad \mathbf{x}_4 = \begin{bmatrix} 19 \\ 55 \end{bmatrix}, \quad \mathbf{z} = \begin{bmatrix} 13 \\ 24 \end{bmatrix}.$$

En la figura 3.19b se ve un esquema de la realidad tridimensional.

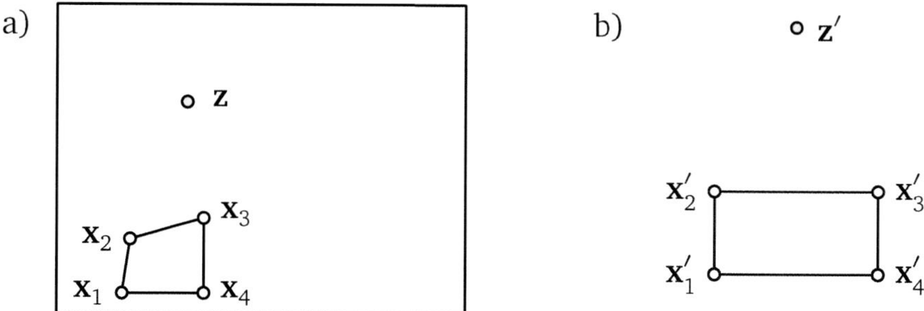

Figura 3.19. a) Esquema de la fotografía. b) Esquema de los puntos tridimensionales que forman un rectángulo. Se pretende saber la altura del punto $\mathbf{z}'$.

Siguiendo la notación de esta sección, ampliamos los vectores $\mathbf{x}_i$ añadiendo unos en la tercera componente:

$$\mathbf{y}_1 = \begin{bmatrix} 7 \\ 55 \\ 1 \end{bmatrix}, \quad \mathbf{y}_2 = \begin{bmatrix} 8 \\ 48 \\ 1 \end{bmatrix}, \quad \mathbf{y}_3 = \begin{bmatrix} 18 \\ 46 \\ 1 \end{bmatrix}, \quad \mathbf{y}_4 = \begin{bmatrix} 19 \\ 55 \\ 1 \end{bmatrix}.$$

[4] Se ha usado el programa libre *GIMP*.

Si tomamos $\mathbf{x}_1'$ como el origen de coordenadas y si b y h son la base y la altura del rectángulo, respectivamente, entonces

$$\mathbf{x}_1' = \begin{bmatrix} 0 \\ 0 \end{bmatrix}, \quad \mathbf{x}_2' = \begin{bmatrix} 0 \\ h \end{bmatrix}, \quad \mathbf{x}_3' = \begin{bmatrix} b \\ h \end{bmatrix}, \quad \mathbf{x}_4' = \begin{bmatrix} b \\ 0 \end{bmatrix}, \quad \mathbf{z}' = \begin{bmatrix} \alpha \\ \beta \end{bmatrix}.$$

Observa que β es la altura del punto que se quiere estimar. Recuerda que suponemos que b y h son conocidos.

Sea M la matriz de la colineación que transforma las dos imágenes de la figura 3.19 y $\mathbf{a}^T$, $\mathbf{b}^T$, $\mathbf{c}^T$ sus tres filas. Si escribimos el sistema (3.13) para $i = 1$, tenemos

$$\mathbf{0} = \left[\begin{array}{ccc|ccc|ccc} 0 & 0 & 0 & -7 & -55 & -1 & 0 & 0 & 0 \\ 7 & 55 & 1 & 0 & 0 & 0 & 0 & 0 & 0 \end{array}\right] \begin{bmatrix} \mathbf{a} \\ \mathbf{b} \\ \mathbf{c} \end{bmatrix}. \tag{3.15}$$

Los sistemas (3.13) para $i = 2, 3, 4$ (igual que el previo) tienen dos ecuaciones y nueve incógnitas, ya que $\mathbf{a}, \mathbf{b}, \mathbf{c}$ son columnas de $\mathbb{R}^3$. Además estas incógnitas son las mismas. Ensamblamos estos sistemas junto con el sistema (3.15) como dice la igualdad (3.14) y obtenemos:

$$\mathbf{0} = \left[\begin{array}{ccc|ccc|ccc} 0 & 0 & 0 & -7 & -55 & -1 & 0 & 0 & 0 \\ 7 & 55 & 1 & 0 & 0 & 0 & 0 & 0 & 0 \\ \hline 0 & 0 & 0 & -8 & -48 & -1 & 8h & 48h & h \\ 8 & 48 & 1 & 0 & 0 & 0 & 0 & 0 & 0 \\ \hline 0 & 0 & 0 & -18 & -46 & -1 & 18h & 46h & h \\ 18 & 46 & 1 & 0 & 0 & 0 & -18b & -46b & -b \\ \hline 0 & 0 & 0 & -19 & -55 & -1 & 0 & 0 & 0 \\ 19 & 55 & 1 & 0 & 0 & 0 & -19b & -55b & -b \end{array}\right] \begin{bmatrix} \mathbf{a} \\ \mathbf{b} \\ \mathbf{c} \end{bmatrix} \tag{3.16}$$

Este sistema tiene ocho ecuaciones y nueve incógnitas (recuerda que $\mathbf{a}, \mathbf{b}, \mathbf{c}$ son vectores columna desconocidos de $\mathbb{R}^3$). Por lo que ya se ha comentado, la solución de este sistema son múltiplos de un vector de $\mathbb{R}^9$; pero esto es precisamente lo deseable, ya que la matriz de una colineación está determinada salvo un múltiplo escalar. Una vez hallada la matriz de la colineación, podemos acabar fácilmente el ejemplo. Ya que los cálculos son engorrosos, usaremos Octave. **Fin**

Octave Como Octave no trabaja con variables literales, asignamos $b = 20$ y $h = 4$ (ambos en metros)[5]. Almacenamos los puntos $\mathbf{x}_i$ y $\mathbf{x}_i'$ en las matrices X y X'.

```
X = [7 8 18 19; 55 48 46 55];
b = 20; h = 7;
Xprima = [0 0 b b; 0 h h 0];
```

[5] Estos valores no son reales, simplemente se utilizan para este ejemplo.

X y Xprima tienen cuatro columnas, cada una de estas columnas se corresponde con los puntos $\mathbf{x}_i$ y $\mathbf{x}'_i$. Ampliamos los puntos $\mathbf{x}_i$ añadiendo unos en la tercera coordenada.

```
Y = [X;ones(1,4)];
```

Inicializamos la matriz A con

```
A = zeros(8,9);
```

para, a continuación, ir rellenando esta matriz mediante la fórmula (3.13).

```
for i=1:4
     x = Xprima(1,i);
     y = Xprima(2,i);
     A(2*i-1,:)= [0 0 0 -Y(:,i)' y*Y(:,i)'];
     A(2*i,:)=[Y(:,i)' 0 0 0 -x*Y(:,i)'];
end
```

La solución del sistema general (3.14) o bien (3.16) se obtiene con el comando de Octave null[6]. Si ejecutamos

```
m = null(A);
```

obtenemos un vector columna de nueve componentes. Ahora formamos la matriz M de la colineación usando la expresión (3.12). No olvides que el vector m es una columna de tamaño nueve.

```
M = [m(1:3)'; m(4:6)'; m(7:9)'];
```

Ahora queremos saber cuál es la imagen por medio de esta colineación del punto proyectivo finito cuyas coordenadas homogéneas son $[13, 24, 1]^T$, que corresponde al punto $\mathbf{z} = [13, 24]$, el marcado con un círculo en la fotografía de la figura 3.18. Recuerda que, dado un punto plano $[a, b]$, metemos este punto en el espacio proyectivo considerando el punto cuyas coordenadas homogéneas son $[a, b, 1]^T$.

```
im = M*[13; 24; 1];
```

El punto proyectivo cuyas coordenadas homogéneas son im es finito pues su tercera coordenada, im(3), no es cero. Ahora tenemos que pasar de este punto proyectivo finito a un punto plano[7]:

[6] Este comando sirve para encontrar una base ortonormal del conjunto de soluciones $A\mathbf{x} = \mathbf{0}$. Si A es una matriz, null(A) es otra matriz cuyas columnas forman una base de $A\mathbf{x} = \mathbf{0}$, es decir, si $\mathbf{a}_1, \ldots, \mathbf{a}_k$ son las columnas de null(A), entonces la solución de $A\mathbf{x} = \mathbf{0}$ es $C_1\mathbf{a}_1 + \cdots + C_k\mathbf{a}_k$, siendo $C_1, \ldots, C_k$ constantes reales arbitrarias.

[7] La aplicación es $\pi_{\mathbb{P}}([x, y, z]^T) = [x/z, y/z]$, que está definida en la página 60.

```
[im(1)/im(3) im(2)/im(3)]
```

Obtenemos $[9.08, 67.68]^T$, con lo que concluimos que el punto marcado con un círculo en la fotografía de la figura 3.18 está a unos 67.68 m del suelo. **Fin**

3.8. La perspectiva cónica

Hemos visto en el capítulo 2 distintos modos de representar objetos tridimensionales en el plano. ¿Qué tienen en común estas proyecciones? Transforman rectas en rectas, pero, además, transforman rectas paralelas en rectas paralelas. Pero estas proyecciones, que resultan muy útiles en el diseño gráfico, no son adecuadas cuando se quiere dibujar mostrando los efectos de profundidad. Acuérdate del cuadro de la figura 3.3 o de la foto de la figura 3.4. En todas estas imágenes hay paralelas que convergen a un punto común.

Observa la figura 3.20: algunas rectas paralelas convergen a un mismo punto; pero las rectas verticales son paralelas. Vamos a ver en esta sección cómo dibujar este tipo de figuras.

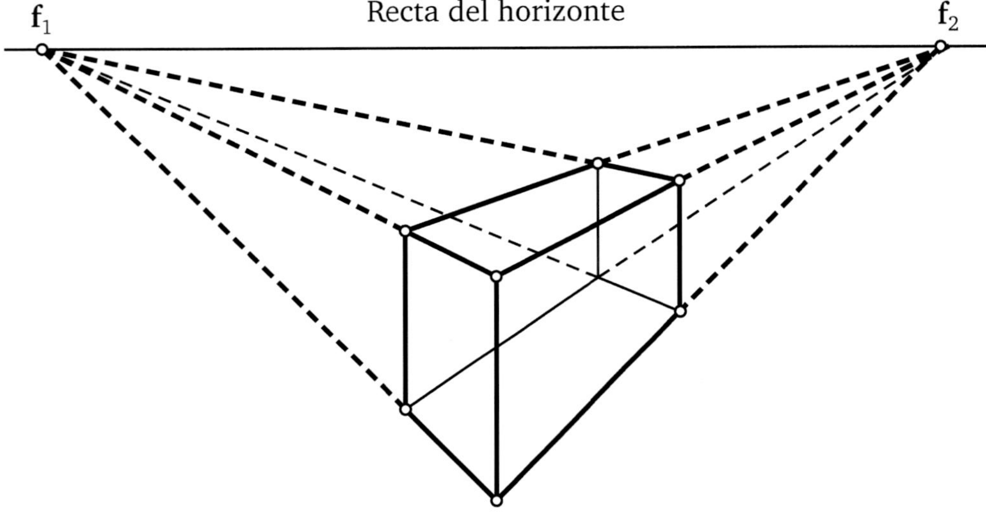

Figura 3.20. Las paralelas horizontales convergen hacia dos puntos de fuga.

Hay dos puntos destacados $\mathbf{f}_1$, $\mathbf{f}_2$, llamados **puntos de fuga,** donde convergen dos direcciones de paralelas. La recta que une estos dos puntos de fuga se llama **recta del horizonte** y se supone que es la altura del ojo que ve la imagen. En un ejercicio se estudiará cómo dibujar proyecciones con solo un punto de fuga. La perspectiva con puntos de fuga y una recta del horizonte se llama **perspectiva cónica.**

Si variamos la posición de la recta del horizonte, nos parecerá que la imagen se ve desde arriba o desde abajo. Vemos en la figura 3.21 que, si bajamos la posición de la recta del horizonte, entonces el cubo se ve desde otro punto de vista.

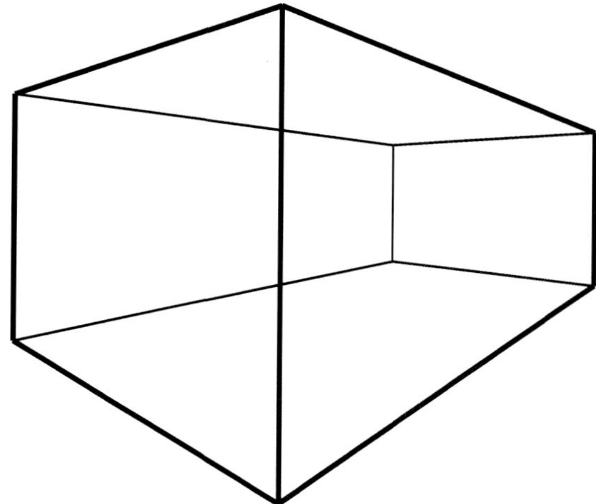

Figura 3.21. Si se modifica la posición de la recta del horizonte, se varía el punto de vista.

Vamos a ver cómo se dibuja usando la perspectiva cónica con un simple ejemplo: el dibujo de un cuadrado[8] en perspectiva. Empecemos a dibujar la base de un cubo. Sean los puntos

$$\mathbf{a} = \begin{bmatrix} 0 \\ 0 \end{bmatrix}, \quad \mathbf{b} = \begin{bmatrix} 1 \\ 0 \end{bmatrix}, \quad \mathbf{c} = \begin{bmatrix} 0 \\ 1 \end{bmatrix}, \quad \mathbf{d} = \begin{bmatrix} 1 \\ 1 \end{bmatrix}$$

los vértices de este cuadrado.

Tenemos que saber cuántos elementos necesitamos para dibujar la base en perspectiva. Por el teorema fundamental de la geometría proyectiva (teorema 3.6) hay que saber dónde debemos dibujar cuatro puntos. Vamos a elegir como puntos que inician toda la construcción los dos puntos de fuga y dos vértices opuestos de la base. En la figura 3.22, estos puntos son, respectivamente, $\mathbf{f}_1$, $\mathbf{f}_2$, $\mathbf{a}'$ y $\mathbf{d}'$. Vamos a situar

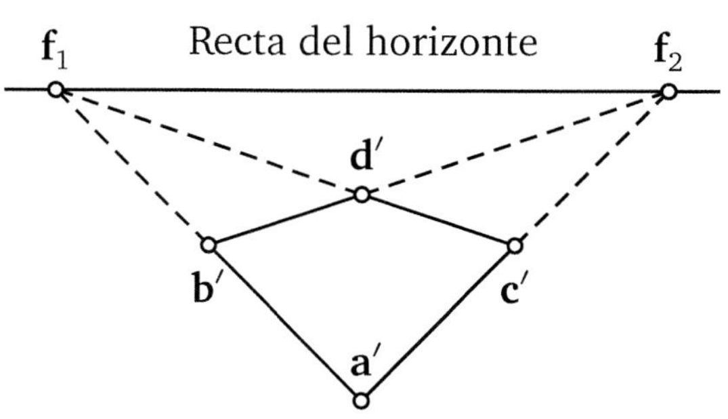

Figura 3.22.

$$\mathbf{a}' = \begin{bmatrix} 0 \\ 0 \end{bmatrix}, \quad \mathbf{d}' = \begin{bmatrix} 0 \\ 2 \end{bmatrix}, \quad \mathbf{f}_1 = \begin{bmatrix} -3 \\ 3 \end{bmatrix}, \quad \mathbf{f}_2 = \begin{bmatrix} 3 \\ 3 \end{bmatrix}$$

y tenemos que saber dónde dibujar $\mathbf{b}'$ y $\mathbf{c}'$.

Vamos a meter estos cuatro puntos en el plano proyectivo. Recuerda que cualquier punto $\mathbf{x}$ de $\mathbb{R}^2$ se puede meter en el plano proyectivo como el punto proyectivo cuyas coordenadas homogéneas son $\begin{bmatrix} \mathbf{x} \\ 1 \end{bmatrix}$. Sean $\mathbb{f}_1, \mathbb{f}_2, \mathbb{a}', \mathbb{d}', \mathbb{b}', \mathbb{c}'$ los puntos proyectivos correspondientes a

[8] Un bonito libro (¡sin apenas matemáticas!) que enseña a dibujar usando la perspectiva cónica es *Perspective Drawing Handbook*, escrito (y dibujado) por Joseph D'Amelio.

$\mathbf{f}_1, \mathbf{f}_2, \mathbf{a}', \mathbf{d}', \mathbf{b}', \mathbf{c}'$.

Vamos a hallar los vértices $\mathbf{b}'$ y $\mathbf{c}'$ de dos maneras distintas.

Usando los teoremas 3.2 y 3.3. En la figura 3.22 puedes ver que $\mathbf{b}'$ es el punto de corte de las rectas $\mathbf{f}_1\mathbf{a}'$ y $\mathbf{f}_2\mathbf{d}'$. Luego, $\mathbb{b}' = \langle \mathbb{f}_1', \mathbb{a}' \rangle \cap \langle \mathbb{f}_2', \mathbb{d}' \rangle$. Por los teoremas 3.2 y 3.3, las coordenadas homogéneas de $\mathbb{b}'$ son

$$\left(\begin{bmatrix} \mathbf{a}' \\ 1 \end{bmatrix} \times \begin{bmatrix} \mathbf{f}_1 \\ 1 \end{bmatrix}\right) \times \left(\begin{bmatrix} \mathbf{d}' \\ 1 \end{bmatrix} \times \begin{bmatrix} \mathbf{f}_2 \\ 1 \end{bmatrix}\right) = \left(\begin{bmatrix} 0 \\ 0 \\ 1 \end{bmatrix} \times \begin{bmatrix} -3 \\ 3 \\ 1 \end{bmatrix}\right) \times \left(\begin{bmatrix} 0 \\ 2 \\ 1 \end{bmatrix} \times \begin{bmatrix} 3 \\ 3 \\ 1 \end{bmatrix}\right)$$
$$= \begin{bmatrix} -3 \\ -3 \\ 0 \end{bmatrix} \times \begin{bmatrix} -1 \\ 3 \\ -6 \end{bmatrix} = \begin{bmatrix} 18 \\ -18 \\ -12 \end{bmatrix}.$$

Para pasar del punto proyectivo $\mathbb{b}'$ al punto $\mathbf{b}'$ tenemos que dividir entre la tercera coordenada y quedarnos con las dos primeras coordenadas.

$$\mathbf{b}' = \frac{1}{-12}\begin{bmatrix} 18 \\ -18 \end{bmatrix} = \begin{bmatrix} -1.5 \\ 1.5 \end{bmatrix}.$$

De manera similar se calcula $\mathbf{c}' = [1.5, 1.5]^T$.

Usando el teorema 3.4. Sean $\mathbb{a}, \mathbb{b}, \mathbb{c}, \mathbb{d}, \mathbb{a}', \mathbb{b}', \mathbb{c}', \mathbb{d}', \mathbb{f}_1, \mathbb{f}_2$ los puntos proyectivos correspondientes a $\mathbf{a}, \mathbf{b}, \mathbf{c}, \ldots, \mathbf{d}', \mathbf{f}_1, \mathbf{f}_2$. Encontraremos la colineación h que transforma los puntos $\mathbb{a}, \mathbb{b}, \mathbb{c}, \mathbb{d}$ en los puntos $\mathbb{a}', \mathbb{b}', \mathbb{c}', \mathbb{d}'$. Pero, tal como hemos planteado el problema, conocemos $\mathbf{a}'$, $\mathbf{d}'$, $\mathbf{f}_1$ y $\mathbf{f}_2$, y desconocemos $\mathbf{b}'$ y $\mathbf{c}'$.

Como $\mathbf{a} = [0,0]^T$, entonces las coordenadas homogéneas de $\mathbb{a}$ son $[0,0,1]^T$. Si $\mathbf{a}' = [a_1, a_2]^T$, entonces las coordenadas homogéneas de $\mathbb{a}'$ son $[a_1, a_2, 1]^T$. Entonces la colineación h cumple $h(\mathbb{a}) = \mathbb{a}'$, es decir,

$$h\big(\pi_{\mathbb{P}}([0,0,1]^T)\big) = \pi_{\mathbb{P}}([a_1, a_2, 1]^T). \tag{3.17}$$

Recuerda que, si $\mathbf{v} \in \mathbb{R}^3 \setminus \{0\}$, entonces $\pi_{\mathbb{P}}(\mathbf{v})$ es el punto proyectivo cuyas coordenadas homogéneas son $\mathbf{v}$.

Denotamos $\mathbf{d}' = [d_1, d_2]^T$. Como $\mathbf{d} = [1,1]^T$ y usando un argumento similar, entonces h cumple $h(\mathbb{d}) = \mathbb{d}'$, es decir,

$$h\big(\pi_{\mathbb{P}}([1,1,1]^T)\big) = \pi_{\mathbb{P}}([d_1, d_2, 1]^T). \tag{3.18}$$

Ahora tenemos que hallar el punto proyectivo $\mathbb{g}_1$ tal que $h(\mathbb{g}_1) = \mathbb{f}_1$. Como $\mathbb{f}_1$ es un punto de fuga, $\mathbb{g}_1$ no debe ser un punto proyectivo finito. ¿Cómo hallamos $\mathbb{g}_1$? Si te fijas en la figura 3.23, puedes ver que $\mathbf{f}_1$ se obtiene yendo al infinito a través de la recta que pasa por $\mathbf{a}'$ y $\mathbf{b}'$.

Sea $\mathbf{g}_1$ un punto de la recta que pasa por $\mathbf{a}$ y $\mathbf{b}$. Como $\mathbf{a} = [0,0]^T$ y $\mathbf{b} = [1,0]^T$, entonces $\mathbf{g}_1 = [x, 0]^T$. Tras meter $\mathbf{g}_1$ en el plano proyectivo, sus coordenadas homogéneas son $[x, 0, 1]^T$.

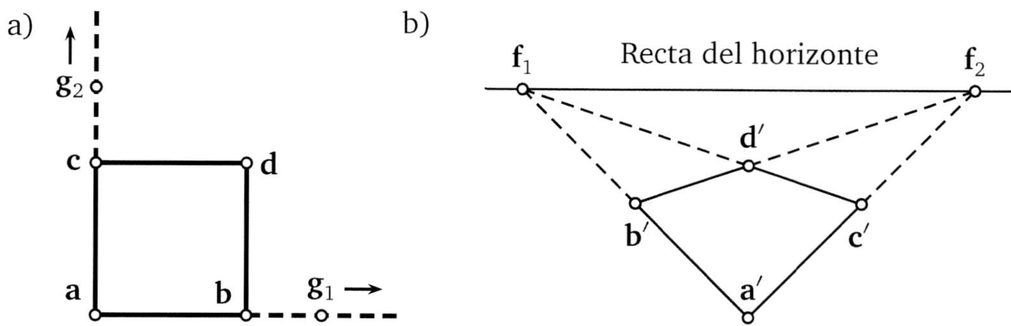

Figura 3.23.

Ahora queremos hacer tender $x \to \infty$ y para ello usamos que las coordenadas homogéneas de $\mathbf{v}$ y $\lambda\mathbf{v}$ coinciden para cualquier λ.

$$\pi_{\mathbb{P}}\left(\begin{bmatrix} x \\ 0 \\ 1 \end{bmatrix}\right) = \pi_{\mathbb{P}}\left(\begin{bmatrix} 1 \\ 0 \\ 1/x \end{bmatrix}\right) \xrightarrow{x\to\infty} \pi_{\mathbb{P}}\left(\begin{bmatrix} 1 \\ 0 \\ 0 \end{bmatrix}\right).$$

Luego, $\mathrm{g}_1 = \pi_{\mathbb{P}}([1,0,0]^T)$. Observa que g_1 es un punto del infinito ya que la tercera coordenada de sus coordenadas homogéneas es 0. Como $h(\mathrm{g}_1) = \mathbb{f}_1$, entonces (denotamos $\mathbf{f}_1 = [f_{11}, f_{12}]^T$).

$$h(\pi_{\mathbb{P}}([1,0,0]^T)) = \pi_{\mathbb{P}}([f_{11}, f_{12}, 1]^T). \tag{3.19}$$

Análogamente, si denotamos $\mathbf{f}_2 = [f_{21}, f_{22}]^T$, entonces

$$h(\pi_{\mathbb{P}}([0,1,0]^T)) = \pi_{\mathbb{P}}([f_{21}, f_{22}, 1]^T). \tag{3.20}$$

Ahora basta proceder como en el ejemplo 3.6 para acabar. Como $\mathbf{f}_1 = [-3,3]^T$, $\mathbf{f}_2 = [3,3]^T$ y $\mathbf{a}' = [0,0]^T$ y $\mathbf{d}' = [0,2]^T$, debido a las igualdades (3.17), (3.18), (3.19), (3.20), se tiene

$$h(\pi_{\mathbb{P}}([1,0,0]^T)) = \pi_{\mathbb{P}}([-3,3,1]^T), \qquad h(\pi_{\mathbb{P}}([0,1,0]^T)) = \pi_{\mathbb{P}}([3,3,1]^T),$$

$$h(\pi_{\mathbb{P}}([0,0,1]^T)) = \pi_{\mathbb{P}}([0,0,1]^T), \qquad h(\pi_{\mathbb{P}}([1,1,1]^T)) = \pi_{\mathbb{P}}([0,2,1]^T).$$

Hallamos los a_i y los b_i que cumplen la igualdad (3.2):

$$\begin{bmatrix} a_1 \\ a_2 \\ a_3 \end{bmatrix} = [\mathbf{v}_1\ \mathbf{v}_2\ \mathbf{v}_3]^{-1}\mathbf{v}_4 = \begin{bmatrix} 1 & 0 & 0 \\ 0 & 1 & 0 \\ 0 & 0 & 1 \end{bmatrix}^{-1} \begin{bmatrix} 1 \\ 1 \\ 1 \end{bmatrix} = \begin{bmatrix} 1 \\ 1 \\ 1 \end{bmatrix}$$

y

$$\begin{bmatrix} b_1 \\ b_2 \\ b_3 \end{bmatrix} = [\mathbf{w}_1\ \mathbf{w}_2\ \mathbf{w}_3]^{-1}\mathbf{w}_4 = \begin{bmatrix} -3 & 3 & 0 \\ 3 & 3 & 0 \\ 1 & 1 & 1 \end{bmatrix}^{-1} \begin{bmatrix} 0 \\ 2 \\ 1 \end{bmatrix} = \frac{1}{3}\begin{bmatrix} 1 \\ 1 \\ 1 \end{bmatrix}$$

Y ahora hallamos la matriz de la colineación h usando (3.3) sin escribir los múltiplos escalares que sabemos que son irrelevantes.

$$M = [b_1 a_1^{-1}\mathbf{w}_1, b_2 a_2^{-1}\mathbf{w}_2, b_3 a_3^{-1}\mathbf{w}_3][\mathbf{v}_1, \mathbf{v}_2, \mathbf{v}_3]^{-1} = \begin{bmatrix} -3 & 3 & 0 \\ 3 & 3 & 0 \\ 1 & 1 & 1 \end{bmatrix}. \tag{3.21}$$

La imagen del punto $\mathbf{b} = [1, 0]^T$ se obtiene primero multiplicando M por las coordenadas homogéneas de $\mathbb{b}$ obteniendo las coordenadas homogéneas de $\mathbb{b}'$.

$$\begin{bmatrix} -3 & 3 & 0 \\ 3 & 3 & 0 \\ 1 & 1 & 1 \end{bmatrix} \begin{bmatrix} 1 \\ 0 \\ 1 \end{bmatrix} = \begin{bmatrix} -3 \\ 3 \\ 2 \end{bmatrix}.$$

Si queremos pasar del punto proyectivo $\mathbb{b}'$ al punto $\mathbf{b}'$, dividimos entre la tercera coordenada y nos quedamos con las dos primeras:

$$\mathbf{b}' = \frac{1}{2}\begin{bmatrix} -3 \\ 3 \end{bmatrix}\begin{bmatrix} -1.5 \\ 1.5 \end{bmatrix}.$$

De forma análoga, se obtiene $\mathbf{c}' = [1.5, 1.5]^T$. Desde luego, obtenemos los mismos resultados que antes.

Puedes ver que, de las dos maneras de calcular $\mathbf{b}'$ y $\mathbf{c}'$, la primera es mucho más sencilla, pero solo sirve para calcular $\mathbf{b}'$ y $\mathbf{c}'$; mientras que la segunda sirve para dibujar cualquier punto.

Ejemplo 3.15. Vamos a ver cómo se dibuja en perspectiva la figura 3.24a sabiendo dos puntos de fuga y dónde se sitúan $\mathbf{a}'$ y $\mathbf{d}'$ (dos vértices opuestos del cuadrado sombreado de la figura 3.24b).

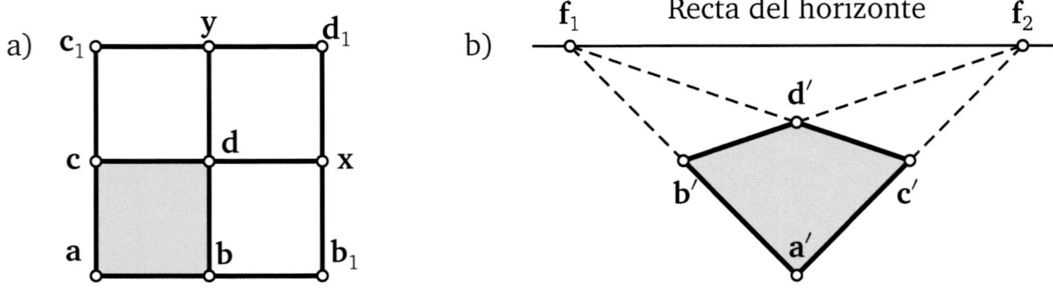

Figura 3.24.

En realidad, el trabajo ya está hecho: como ya sabemos la matriz de la colineación (está escrita en la igualdad (3.21)), basta meter todos los puntos de la figura 3.24a en el plano proyectivo, multiplicar sus coordenadas homogéneas por la matriz de la colineación y luego volver del plano proyectivo al ordinario dividiendo entre la tercera coordenada. De hecho, desarrollamos este procedimiento en el ejemplo anterior para hallar $\mathbf{b}'$. Pero ahora vamos realizar todo el proceso de una vez.

$$\begin{bmatrix} -3 & 3 & 0 \\ 3 & 3 & 0 \\ 1 & 1 & 1 \end{bmatrix} \overset{\begin{matrix} \mathbf{a} & \mathbf{b} & \mathbf{c} & \mathbf{d} & \mathbf{b}_1 & \mathbf{c}_1 & \mathbf{x} & \mathbf{y} & \mathbf{d}_1 \end{matrix}}{\begin{bmatrix} 0 & 1 & 0 & 1 & 2 & 0 & 2 & 1 & 2 \\ 0 & 0 & 1 & 1 & 0 & 2 & 1 & 2 & 2 \\ 1 & 1 & 1 & 1 & 1 & 1 & 1 & 1 & 1 \end{bmatrix}} =$$

$$= \begin{bmatrix} 0 & -3 & 3 & 0 & -6 & 6 & -3 & 3 & 0 \\ 0 & 3 & 3 & 6 & 6 & 6 & 9 & 9 & 12 \\ 1 & 2 & 2 & 3 & 3 & 3 & 4 & 4 & 5 \end{bmatrix}.$$

Dividimos cada columna entre la última coordenada y obtenemos

$$\overset{\begin{matrix} \mathbf{a}' & \mathbf{b}' & \mathbf{c}' & \mathbf{d}' & \mathbf{b}_1' & \mathbf{c}_1' & \mathbf{x} & \mathbf{y} & \mathbf{d}_1' \end{matrix}}{\begin{bmatrix} 0 & -1.5 & 1.5 & 0 & -2 & 2 & -0.75 & 0.75 & 0 \\ 0 & 1.5 & 1.5 & 2 & 2 & 2 & 2.25 & 2.25 & 2.4 \end{bmatrix}}.$$

Puedes ver el dibujo en perspectiva en la figura 3.25 ______________ **Fin**

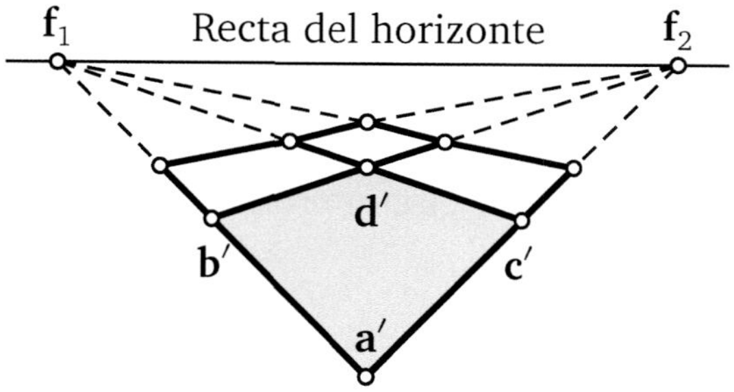

Figura 3.25.

Ejemplo 3.16. Vamos a ver cómo se dibuja una circunferencia en perspectiva si conocemos su centro y su radio y la colineación.

En primer lugar vamos a parametrizar la circunferencia. Una parametrización consiste en expresar las coordenadas de un punto cualquiera $\mathbf{x}(t)$ de la circunferencia en función de un solo parámetro. Si miras la figura anterior, puedes ver que, a medida que el ángulo t varía, el punto $\mathbf{x}(t)$ se mueve sobre la circunferencia.

Sea $\mathbf{p}_0 = [x_0, y_0]^T$ el centro de la circunferencia y r su radio. La base del triángulo de la figura 3.26 es $r\cos t$ y su altura es $r\,\mathrm{sen}\,t$. Por tanto,

$$\mathbf{x}(t) = \begin{bmatrix} x_0 + r\cos t \\ y_0 + r\,\mathrm{sen}\,t \end{bmatrix}.$$

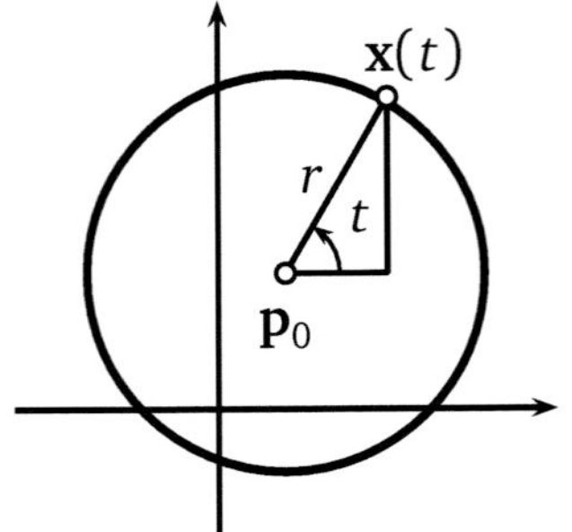

El centro de la circunferencia es $\mathbf{p}_0$

El radio de la circunferencia es r

Un punto arbitrario de la circunferencia es $\mathbf{x}(t)$

Figura 3.26. La parametrización de una circunferencia de centro $\mathbf{p}_0$ y radio r.

También es importante indicar dónde varía t. Si queremos describir la circunferencia completa, entonces t debe variar en $[0, 2\pi]$ (si la unidad de los ángulos es el radián). Si, por ejemplo, queremos describir el primer cuadrante, entonces t debería variar en $[0, \pi/2]$.

Y ahora procedemos exactamente como antes: metemos $\mathbf{x}(t)$ en el plano proyectivo añadiendo un 1 en la tercera coordenada, $[x_0 + r\cos t, y_0 + r\,\mathrm{sen}\, t, 1]^T$. Luego multiplicamos la matriz de la colineación por este vector:

$$\begin{bmatrix} -3 & 3 & 0 \\ 3 & 3 & 0 \\ 1 & 1 & 1 \end{bmatrix} \begin{bmatrix} x_0 + r\cos t \\ y_0 + r\,\mathrm{sen}\, t \\ 1 \end{bmatrix} = \begin{bmatrix} -3(x_0 + r\cos t) + 3(y_0 + r\,\mathrm{sen}\, t) \\ 3(x_0 + r\cos t) + 3(y_0 + r\,\mathrm{sen}\, t) \\ x_0 + r\cos t + y_0 + r\,\mathrm{sen}\, t + 1 \end{bmatrix} = \begin{bmatrix} x(t) \\ y(t) \\ z(t) \end{bmatrix}.$$

Si dividimos entre la tercera coordenada y nos quedamos con las dos primeras, obtenemos la parametrización de la proyección de la circunferencia.

$$\begin{bmatrix} x(t)/z(t) \\ y(t)/z(t) \end{bmatrix}.$$

De una manera más concreta, siguiendo el ejemplo 3.15, vamos a dibujar en perpectiva la circunferencia que pasa por los puntos $\mathbf{b}, \mathbf{b}_1, \mathbf{d}, \mathbf{x}$. Observa la figura 3.27a.

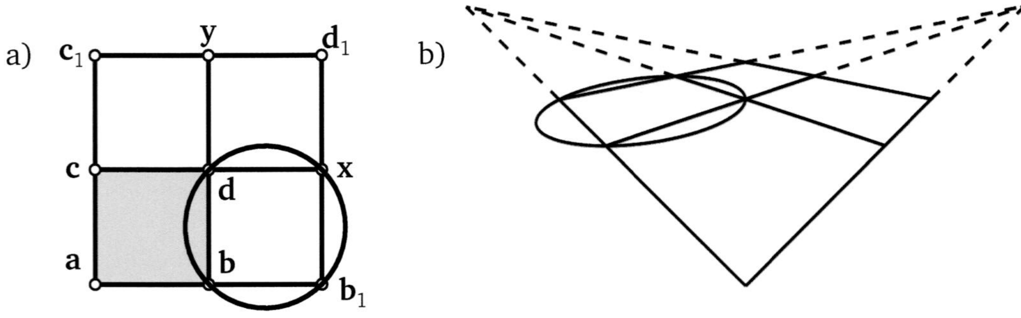

Figura 3.27. La figura b está hecha con Octave.

Como $\mathbf{b} = [1,0]^T$ y $\mathbf{x} = [2,1]$, el centro de la circunferencia es $\mathbf{p}_0 = [x_0, y_0]^T = [1.5, 0.5]^T$ y su radio es $r = \mathrm{d}(\mathbf{b}, \mathbf{p}_0) = \sqrt{2}/2$. Por tanto, si definimos

$$f(t) = \frac{3}{2} + \frac{\sqrt{2}}{2}\cos t, \qquad g(t) = \frac{1}{2} + \frac{\sqrt{2}}{2}\operatorname{sen} t,$$

entonces

$$x(t) = -3f(t) + 3g(t), \qquad y(t) = 3f(t) + 3g(t), \quad z(t) = f(t) + g(t) + 1.$$

La parametrización de la proyección de la circunferencia es $\mathbf{r}(t) = [x(t)/z(t), y(t)/z(t)]^T$ para $0 \leq t \leq 2\pi$. Puedes observar la gráfica (hecha con Octave) en la figura 3.27b. _____ **Fin**

Octave La siguiente función de Octave permite dibujar la figura 3.27b.

```
x0 = 1.5; y0 = 0.5; r = sqrt(2)/2;
t = linspace(0,2*pi);
f = x0 + r*cos(t); g = y0 + r*sin(t);
x = -3*f + 3*g; y = 3*f + 3*g; z = f + g + 1;
hold on
plot(x./z,y./z,'linewidth',4,'k')
a = [0;0]; b = [-1.5;1.5]; c = [1.5;1.5]; d = [0;2];
b1 = [-2;2]; c1 = [2;2]; x = [-0.75;2.25]; y = [0.75;2.25]; d1 = [0;2.4];
M = [a b d c a]; plot(M(1,:),M(2,:),'linewidth',4,'k')
M = [b b1 x d b]; plot(M(1,:),M(2,:),'linewidth',4,'k')
M = [d x d1 y d]; plot(M(1,:),M(2,:),'linewidth',4,'k')
M = [c d y c1 c]; plot(M(1,:),M(2,:),'linewidth',4,'k')
f1 = [-3;3]; f2=[3;3];
M = [b1 f1]; plot(M(1,:),M(2,:),'linewidth',4,'--k')
M = [c1 f2]; plot(M(1,:),M(2,:),'linewidth',4,'--k')
M = [d1 f2]; plot(M(1,:),M(2,:),'linewidth',4,'--k')
M = [d1 f1]; plot(M(1,:),M(2,:),'linewidth',4,'--k')
M = [y f2]; plot(M(1,:),M(2,:),'linewidth',4,'--k')
M = [x f1]; plot(M(1,:),M(2,:),'linewidth',4,'--k')
axis off
```

_____ **Fin**

3.9. Ejercicios

1. Sean los puntos proyectivos de coordenadas homogéneas $[1,0,0]^T$, $[1,2,-1]^T$ y $[0,1,1]^T$. ¿Cuáles de estos puntos están en la recta proyectiva $y = z$?

2. Encuentra la recta proyectiva que pasa por los puntos cuyas coordenadas homogéneas son $[1,1,0]^T$ y $[0,1,1]^T$.

3. ¿Están los siguientes puntos alineados? En caso afirmativo, encuentra la recta que pasa por estos puntos.

   a) $\pi_{\mathbb{P}}([1,1,1]^T), \pi_{\mathbb{P}}([0,1,1]^T), \pi_{\mathbb{P}}([3,2,2]^T)$.

   b) $\pi_{\mathbb{P}}([1,1,1]^T), \pi_{\mathbb{P}}([0,1,1]^T), \pi_{\mathbb{P}}([1,0,1]^T)$.

4. Considera los puntos proyectivos $\mathbb{a}$, $\mathbb{b}$, $\mathbb{c}$ y $\mathbb{d}$ cuyas coordenadas homogéneas son, respectivamente, $[1,0,0]^T, [0,1,0]^T, [0,0,1]^T, [1,1,1]^T$. Calcula las rectas $\langle \mathbb{a}, \mathbb{b} \rangle$ y $\langle \mathbb{c}, \mathbb{d} \rangle$. Calcula el punto intersección de estas rectas.

5. Halla la forma general de las rectas proyectivas que pasan por $\pi_{\mathbb{P}}([1,0,1]^T)$.

6. Halla la forma general de los puntos proyectivos de la recta que pasa por $\pi_{\mathbb{P}}([1,0,1]^T)$ y $\pi_{\mathbb{P}}([0,1,0]^T)$.

7. Sean los puntos proyectivos cuyas coordenadas homogéneas son $[1,0,1]^T$, $[0,1,-1]^T$ y $[1,1,0]^T$.

   a) Prueba que están alineados y encuentra la recta común.

   b) Encuentra el punto proyectivo de esta recta de forma que la razón doble de estos cuatro puntos es -1.

8. Prueba que los tres puntos diagonales de un cuadrílatero nunca son colineales. Un punto diagonal de un cuadrílatero es la intersección de dos rectas del cuadrilátero.

   Este resultado que, geométricamente es muy intuitivo y analíticamente no es difícil de demostrar, es importante en consideraciones teóricas sobre la geometría proyectiva. El geómetra italiano Gino Fano (1871—1930) estudió las consecuencias teóricas de este resultado.

9. Sean $\pi_{\mathbb{P}}(\mathbf{a})$, $\pi_{\mathbb{P}}(\mathbf{b})$, $\pi_{\mathbb{P}}(\mathbf{c})$ y $\pi_{\mathbb{P}}(\mathbf{d})$ cuatro puntos proyectivos alineados y distintos entre sí. Prueba que, la razón doble de estos cuatro puntos es

$$\frac{(\mathbf{a}\times\mathbf{c})^T(\mathbf{b}\times\mathbf{d})}{(\mathbf{a}\times\mathbf{d})^T(\mathbf{b}\times\mathbf{c})}.$$

10. Sean $\mathbb{a}$, $\mathbb{b}$, $\mathbb{c}$, $\mathbb{d}$ y $\mathbb{d}'$ cinco puntos alineados tales que $\mathbb{a}$, $\mathbb{b}$, $\mathbb{c}$ y $\mathbb{d}$ son distintos entre sí y $\mathbb{a}$, $\mathbb{b}$, $\mathbb{c}$ y $\mathbb{d}'$ son distintos entre sí. Prueba que, si la razón doble de $\mathbb{a}$, $\mathbb{b}$, $\mathbb{c}$, $\mathbb{d}$ coincide con la razón doble de $\mathbb{a}$, $\mathbb{b}$, $\mathbb{c}$, $\mathbb{d}'$, entonces $\mathbb{d} = \mathbb{d}'$.

11. Sean $\mathbb{o}$, $\mathbb{a}$, $\mathbb{b}$, $\mathbb{c}$, $\mathbb{a}'$, $\mathbb{b}'$, $\mathbb{c}'$ puntos proyectivos de forma que $\mathbb{o}$, $\mathbb{a}$, $\mathbb{b}$, $\mathbb{c}$ están alineados y que también $\mathbb{o}$, $\mathbb{a}'$, $\mathbb{b}'$, $\mathbb{c}'$ están alineados.

a) Prueba que la razón doble de $\mathbb{o}$, $\mathbb{a}$, $\mathbb{b}$, $\mathbb{c}$ coincide con la razón doble de $\mathbb{o}$, $\mathbb{a}'$, $\mathbb{b}'$, $\mathbb{c}'$ si y solo si las rectas $\langle \mathbb{a}, \mathbb{a}' \rangle$, $\langle \mathbb{b}, \mathbb{b}' \rangle$ y $\langle \mathbb{c}, \mathbb{c}' \rangle$ son concurrentes.

b) ¿En qué teorema clásico se convierte el resultado anterior cuando $\mathbb{c}$ y $\mathbb{c}'$ son puntos del infinito?

12. Generaliza a la geometría proyectiva el siguiente resultado: "Si **p**, **q**, **r** y **t** son los puntos medios de los lados de un cuadrilátero, entonces las rectas **pq** y **rt** son paralelas".

13. Generaliza a la geometría proyectiva el siguiente resultado: "Las medianas de un triángulo son concurrentes".

14. Trata de dualizar el concepto de razón doble de cuatro puntos alineados. Deberás definir lo que es la razón doble de cuatro rectas concurrentes.

15. Sea $h : \mathbb{P} \to \mathbb{P}$ una colineación. Sabemos que esta h viene determinada por una matriz M cuadrada 3×3 invertible de forma que $h(\pi_{\mathbb{P}}(\mathbf{v})) = \pi_{\mathbb{P}}(M\mathbf{v})$ para todo $\mathbf{v} \in \mathbb{R}^3$ (mira el teorema 3.4 que está en la página 51). Prueba que las siguientes afirmaciones son equivalentes:

    a) Si $\mathbb{p}$ es un punto del infinito, entonces $h(\mathbb{p})$ es otro punto del infinito.

    b) La imagen por h de la recta del infinito es la recta del infinito.

    c) La matriz M se puede escribir como

    $$M = \begin{bmatrix} M_1 & \mathbf{v} \\ \mathbf{0} & 1 \end{bmatrix}.$$

    siendo M_1 una matriz invertible 2×2 y $\mathbf{v} \in \mathbb{R}^2$.

    d) Existe una matriz M_1 invertible y $\mathbf{v} \in \mathbb{R}^2$ tales que $\mathbb{f}(M_1\mathbf{x} + \mathbf{v}) = h(\mathbb{f}(\mathbf{x}))$ para todo $\mathbf{x} \in \mathbb{R}^2$. La aplicación $\mathbb{f}$ está definida en la página 60.

16. Sea $h : \mathbb{P} \to \mathbb{P}$ una colineación definida por una matriz M invertible en el sentido que $h(\pi_{\mathbb{P}}(\mathbf{v})) = \pi_{\mathbb{P}}(M\mathbf{v})$ para todo $\mathbf{v} \in \mathbb{R}^3$. Prueba que $\pi_{\mathbb{P}}(\mathbf{v})$ es un punto fijo de h si y solamente si $\mathbf{v}$ es un vector propio de M. Un punto fijo de h cumple $h(\mathbb{p}) = \mathbb{p}$.

17. Halla una colineación $h : \mathbb{P} \to \mathbb{P}$ tal que transforma las rectas

    $$\mathbb{r}_1 \equiv x = 0, \qquad \mathbb{r}_2 \equiv y = 0, \qquad \mathbb{r}_3 \equiv z = 0, \qquad \mathbb{r}_4 \equiv x + y + z = 0$$

    en las rectas

    $$\mathbb{r}_1 \equiv x = 0, \qquad \mathbb{r}_2 \equiv x + y = 0, \qquad \mathbb{r}_3 \equiv x + y + z = 0, \qquad \mathbb{r}_4 \equiv z = 0.$$

18. Prueba el resultado que has obtenido en el ejercicio 12.

19. Sean $\mathbf{p}$, $\mathbf{q}$, $\mathbf{r}$ tres puntos planos alineados tales que $\mathbf{p}-\mathbf{q}=2(\mathbf{p}-\mathbf{r})$. Halla la razón doble de los puntos $\mathbb{f}(\mathbf{p}), \mathbb{f}(\mathbf{q})$, $\mathbb{f}(\mathbf{r})$ y $\mathbb{p}$, siendo $\mathbb{p}$ el punto del infinito de la recta que pasa $\mathbb{f}(\mathbf{p}), \mathbb{f}(\mathbf{q})$ y $\mathbb{f}(\mathbf{r})$.

20. Prueba el teorema (en su versión proyectiva) del ejemplo 3.11.

21. En este ejercicio y en el siguiente vamos a tratar un punto importante en la matemática aplicada: la sensibilidad respecto a las condiciones (o datos) iniciales. Si no entiendes esta última frase, no te preocupes: se explicará con detalle un poco más adelante.

    Lee de nuevo el ejemplo 3.13 (en la página 68). Observa que vamos a usar la notación de este ejemplo. Asimismo, supondremos que las distancias medidas en la fotografía están hechas con una precisión infinita; pero las medidas de los puntos tridimensionales no. Así que, por ejemplo, no podemos decir que la distancia entre A y B sea exactamente de 140 metros; por tanto supondremos que existe $\varepsilon_1 > 0$ tal que $140-\varepsilon_1 < \mathrm{d}(A,B) < 140+\varepsilon_1$. Y análogamente existe $\varepsilon_2 > 0$ tal que $120-\varepsilon_2 < \mathrm{d}(B,C) < 120+\varepsilon_2$.

    Con el resto de los datos del ejemplo, ¿entre qué dos valores oscila la velocidad del coche si $\varepsilon_1 = \varepsilon_2 = 10$?

22. Para hacer este ejercicio necesitarás el programa Octave.

    Lee de nuevo el ejemplo 3.14 (en la página 73). Supondremos que las coordenadas de los puntos de la fotografía son exactas; pero no las distancias en el mundo tridimensional. Si usamos la notación de este ejemplo, todo, salvo b y h, se puede determinar con exactitud. Como Octave solo trabaja con variables numéricas (no simbólicas), emplearemos el artificio descrito en el párrafo siguiente.

    Resuelve el ejemplo cuando $b = 20+\varepsilon$ y $h = 7+\varepsilon$ para

    $$\varepsilon = -0.2, -0.15, -0.1, -0.05, 0, 0.05, 0.1, 0.15, 0.2$$

    (si automatizas los cálculos con Octave, esto no debería resultar muy pesado). Haz una gráfica bidimensional de los resultados (un eje es ε, y el otro eje, la altura buscada). ¿Qué observas? ¿Puedes indicar entre qué valores se halla la altura buscada? ¿Cuál es el valor más razonable? ¿En qué medida afectan los errores de medida en el resultado final?

23. Repasa la sección "La perspectiva cónica" e intenta elaborar las matemáticas necesarias para dibujar las siguientes figuras, es decir, dibujar con un solo punto de fuga.

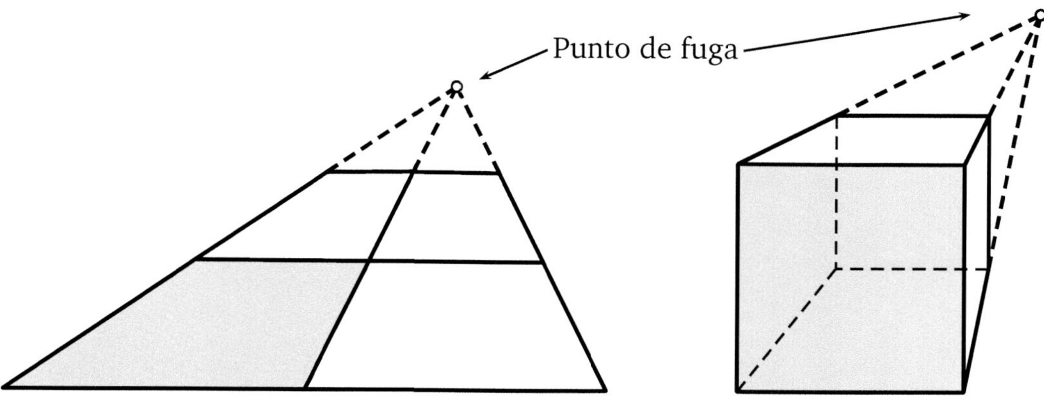

24. Considera las siguientes rectas paralelas en el plano $\mathbb{R}^2$:

$$r \equiv ax + by = c, \qquad s \equiv ax + by = d.$$

Puedes hacer la suposición $c \neq d$ para que estas rectas sean distintas. Mete estas rectas en el plano proyectivo y halla el punto de intersección. Comprueba que este punto de intersección es infinito.

Capítulo 4
La transformada discreta de Fourier

Todos nosotros sabemos lo que es un archivo JPG: cuando tomamos una fotografía con el móvil o con cualquier cámara digital, esta se guarda con esta extensión. El formato JPG es uno de los más populares de los usados en internet. ¿Por qué? Cada vez que hacemos una foto y la guardamos en este formato, algunos datos se pierden; pero esta pérdida de información es indistinguible al ojo humano. Este sistema se contrapone a los ficheros BMP (usados originalmente por Windows). Los ficheros BMP almacenan toda la información píxel a píxel, por tanto, son precisos al 100 %, pero son enormes. Una misma fotografía guardada con el formato JPG nos permite ahorrar cerca de un 90 % de la memoria que ocuparía usando los archivos BMP. Por eso, apenas se usa el formato BMP[9]. JPEG (del inglés Joint Photographic Experts Group) es el nombre de un comité de expertos que creó en los años noventa un estándar de compresión y codificación de imágenes.

4.1. Señales periódicas y series de Fourier

Debido a la identidad de Euler

$$e^{a+\mathrm{j}b} = e^{a}(\cos b + \mathrm{j}\,\mathrm{sen}\, b), \qquad a, b \in \mathbb{R},$$

una manera eficaz de manejar señales periódicas es usar la exponencial compleja. Recuerda que el módulo de un número complejo $x + \mathrm{j}\,y$ cumple $|x+\mathrm{j}\,y|^2 = x^2 + y^2$. Por tanto, $|\,e^{\mathrm{j}\,b}\,| = 1$ para cualquier $b \in \mathbb{R}$.

Para entender el manejo de las señales periódicas es conveniente comenzar con la más básica de las señales: $\theta \mapsto e^{\mathrm{j}\,\theta}$ para $\theta \in \mathbb{R}$ (mira la figura 4.1). Obviamente, si $0 \leq \theta \leq 2\pi$, entonces $e^{\mathrm{j}\,\theta}$ solo recorre una vuelta a la circunferencia.

Si queremos recorrer la circunferencia a distintas velocidades, es conveniente fijar $\omega > 0$ (la **velocidad angular**) y hacer $\theta = \omega t$ (es intuitivo pensar que t es el tiempo). El **periodo** de la oscilación es el menor $T > 0$ tal que $1 = e^{\mathrm{j}\,\omega T}$ (es el menor tiempo que tarda una partícula en pasar dos veces por el mismo sitio). Para encontrar este periodo T desarrollamos $1 = e^{\mathrm{j}\,\omega T} = \cos(\omega T) + \mathrm{j}\,\mathrm{sen}(\omega T)$, por lo que $\cos(\omega T) = 1$ y $\mathrm{sen}(\omega T) = 0$. Como buscamos el menor T, entonces $\omega T = 2\pi$. Es decir, $T = 2\pi/\omega$. Por lo que la oscilación básica es

$$t \mapsto e^{\mathrm{j}\,\theta} = e^{\mathrm{j}\,\omega t} = e^{2\pi\,\mathrm{j}\,t/T}, \qquad t \in \mathbb{R}.$$

Ejercicio 4.1. ¿Cuál es periodo de la señal $t \mapsto \cos t$?

---

[9] Además hay otros formatos gráficos que no entraremos a detallar, como el PNG o el GIF, cada uno con sus ventajas e inconvenientes.

Si variamos la velocidad angular de forma que, en T unidades de tiempo, se recorren n vueltas a la circunferencia, entonces tenemos otra oscilación T-periódica:

$$t \mapsto \mathrm{e}^{2\pi n \mathrm{j} t/T}, \qquad t \in \mathbb{R}. \tag{4.1}$$

La **frecuencia** de esta oscilación es n/T y se mide en herzios (Hz). La frecuencia f y la velocidad angular ω están relacionadas por medio de $\omega = 2\pi f$.

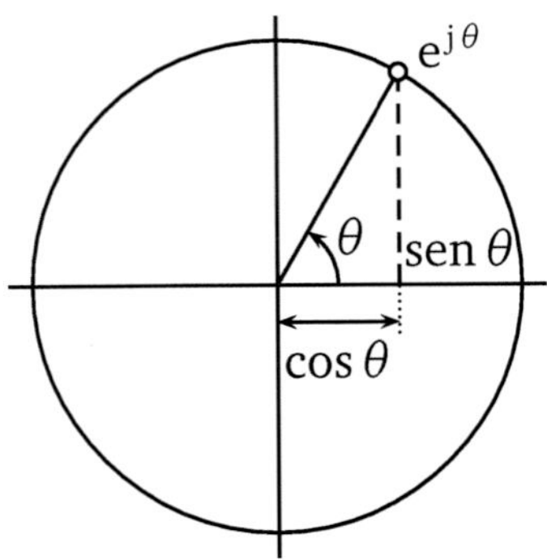

Figura 4.1. Una oscilación básica.

Ejercicio 4.2. ¿Cuáles son las frecuencias de las señales $t \mapsto \cos t$ y $t \mapsto \cos(2t)$? ¿Qué significa físicamente que una señal tenga una frecuencia mayor que otra?

Hasta ahora, las vueltas a la circunferencia se dan en sentido positivo (en sentido contrario al de las agujas del reloj). Si además queremos considerar que las oscilaciones vayan en sentido negativo, entonces en (4.1) tendremos que permitir que $n \in \mathbb{Z}$.

Como $\left|\mathrm{e}^{2\pi n \mathrm{j} t/T}\right| = 1$, si queremos que las oscilaciones tengan amplitud distinta a uno, entonces tenemos que considerar $t \mapsto a\ \mathrm{e}^{2\pi n \mathrm{j} t/T}$, siendo a la **amplitud** y $n \in \mathbb{Z}$.

Por último, las expresiones de la forma

$$t \mapsto \sum_{n=-n_0}^{n_1} a_n \mathrm{e}^{2\pi n \mathrm{j} t/T} \tag{4.2}$$

son T-periódicas ($n_0, n_1 \in \mathbb{N}$). Sin embargo, estas combinaciones lineales no cubren todas las señales periódicas, ya que hay señales periódicas que no son continuas (mira la figura 4.2) y cualquier función de la forma expresada en (4.2) es continua.

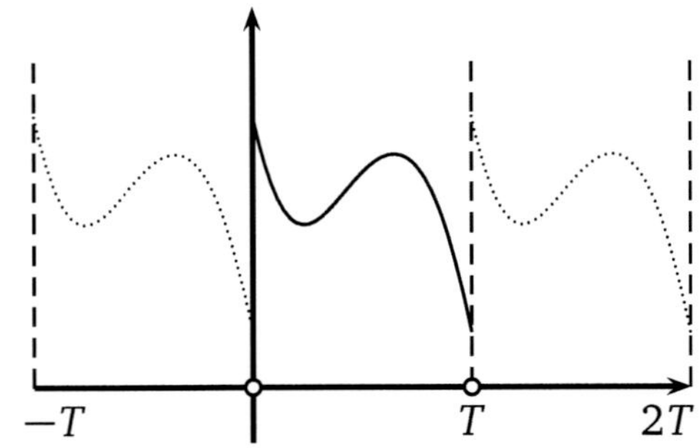

Figura 4.2. Una señal periódica discontinua.

Para remediar esto, consideraremos expresiones parecidas a (4.2), pero permitiendo que haya infinitos sumandos. Es decir, expresiones de la forma

$$t \mapsto \sum_{n \in \mathbb{Z}} a_n \mathrm{e}^{2\pi n \mathrm{j} t/T}. \tag{4.3}$$

Esta última expresión es lo que se llama una **serie de Fourier.**

4.2. Transformada discreta de Fourier

En las aplicaciones prácticas no se conoce el comportamiento completo de una señal: solo se suele saber el valor de esta en unos puntos determinados. Más concretamente, dada $h : [0, T] \to \mathbb{R}$, lo que normalmente se conoce son los valores:

$$h_0 = h(0), \qquad h_1 = h\left(\frac{T}{n}\right), \qquad h_2 = h\left(\frac{2T}{n}\right), \qquad \ldots, \quad h_{n-1} = h\left(\frac{(n-1)T}{n}\right).$$

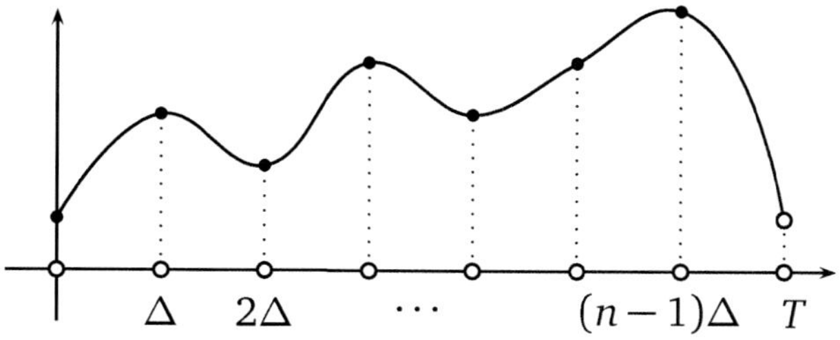

Figura 4.3. Discretización de una señal T-periódica en n muestras. Aquí, $\Delta = T/n$.

Una situación que hay que tener en cuenta es el ***aliasing.*** Consiste en tener dos señales T-periódicas distintas, h y g, tales que $h(kT/n) = g(kT/n)$ para $k = 0, \ldots, n-1$. Estas dos señales son indistinguibles con esta discretización. Este fenómeno causa que las aspas de un ventilador parezcan a veces girar en el sentido inverso del que en realidad lo hacen cuando son filmadas o iluminadas por una fuente de luz parpadeante. Mira la figuras 4.4 y 4.5. También se produce en algunas películas: a veces las ruedas de los carros parecen girar en el sentido contrario del que deberían.

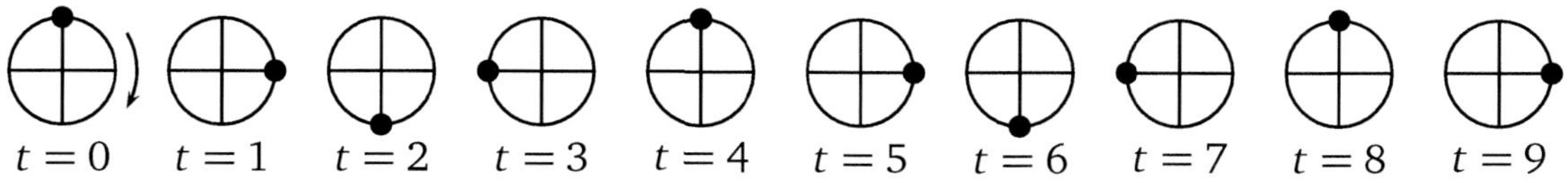

Figura 4.4. La imagen simboliza las aspas de un ventilador (que se mueve en el sentido de las agujas del reloj). Si solo vemos el ventilador en $t = 0, 4, 8, \ldots$, creeremos que está parado. Si lo vemos en $t = 0, 3, 6, 9, \ldots$, creeremos que las aspas van en sentido contrario a las agujas del reloj.

Una pregunta interesante es la siguiente: dada una señal periódica, ¿cuál debe ser la frecuencia de muestreo para evitar el *aliasing*? Es decir, para recuperar de forma inequívoca la señal. La respuesta nos la proporciona el teorema de Nyquist-Shannon.

Teorema 4.1. Teorema de Nyquist-Shannon

Una señal sin frecuencias mayores que F Hz se puede representar de forma exacta especificando los valores de la señal en instantes de tiempo separados por $1/(2F)$ segundos.

Puedes encontrar la demostración (requiere el uso de la transformada integral de Fourier) en el libro *The Fourier Integral and its Applications*, escrito por A. Papoulis. Un error extendido es creer que, al aumentar la tasa de muestreo, se mejora la calidad de la señal recuperada: una

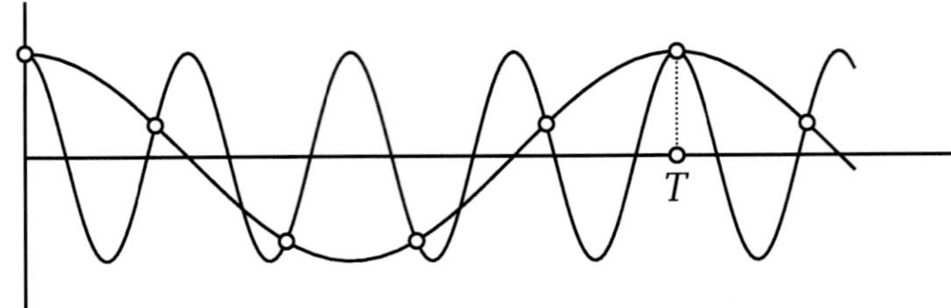

Figura 4.5. Fenómeno del *aliasing:* las dos señales son indistinguibles. El cerebro tiende a suponer que la imagen que percibe es la de menor frecuencia.

vez cumplido el criterio del teorema de Nyquist-Shannon, la reconstrucción es exacta (al menos desde el punto de vista matemático).

Ejercicio 4.3. Una señal que representa la voz humana no suele tener información relevante más allá de los 10 kHz y, de hecho, en telefonía fija se toman solo los primeros 3.8 kHz. Por tanto, si deseamos grabar una conversación telefónica, ¿cuántas muestras por segundo deberemos tomar para no perder información?

Recordemos que tenemos una señal $h : [0, T] \to \mathbb{R}$ de la cual solo conocemos los valores en $0, T/n, \dots, (n-1)T/n$. Sean $h_k = h(kT/n)$ estos valores conocidos. Si suponemos que la señal viene expresada en forma de serie de Fourier (mira la expresión (4.3)),

$$h(t) = \sum_{m\in\mathbb{Z}} a_m \,\mathrm{e}^{2\pi m\,\mathrm{j}\,t/T} \quad \Longrightarrow \quad h_k = h(kT/n) = \sum_{m\in\mathbb{Z}} a_m \,\mathrm{e}^{2\pi m\,\mathrm{j}\,k/n} \tag{4.4}$$

Ahora bien, si dividimos cualquier entero m entre n, obtenemos un cociente c y un resto r. Estos números cumplen $r \in \{0, 1, \dots, n-1\}$ y $m = cn + r$. Por lo que

$$\exp\left(\frac{2\pi m\,\mathrm{j}\,k}{n}\right) = \exp\left(\frac{2\pi(cn+r)\,\mathrm{j}\,k}{n}\right) = \exp\left(\frac{2\pi r\,\mathrm{j}\,k}{n}\right),$$

ya que $\exp(2\pi\,\mathrm{j}\,q) = 1$ para cualquier entero q. Por tanto, el sumatorio infinito que aparece en (4.4) se convierte en un sumatorio finito:

$$h_k = \sum_{r=0}^{n-1} b_r \,\mathrm{e}^{2\pi r\,\mathrm{j}\,k/n}, \tag{4.5}$$

siendo $b_r = \sum_{c\in\mathbb{Z}} a_{c+rn}$. Resulta que esta última expresión nos es absolutamente irrelevante y la única expresión que de verdad va a ser importante es (4.5). Ahora el problema es, dados n valores $h_0, \dots, h_{n-1}$, ¿cómo encontrar los valores $b_0, \dots, b_{n-1}$ para que se cumpla (4.5)?

En primer lugar, expresamos (4.5) en forma matricial: si llamamos $\omega_n = \mathrm{e}^{2\pi\,\mathrm{j}/n}$, entonces (4.5) se reescribe como $h_k = b_0 + b_1\omega_n^k + b_2\omega_n^{2k} + \cdots + b_{n-1}\omega_n^{(n-1)k}$ y, por tanto,

$$\begin{bmatrix} h_0 \\ h_1 \\ h_2 \\ \vdots \\ h_{n-1} \end{bmatrix} = \begin{bmatrix} 1 & 1 & 1 & \cdots & 1 \\ 1 & \omega_n & \omega_n^2 & \cdots & \omega_n^{n-1} \\ 1 & \omega_n^2 & \omega_n^4 & \cdots & \omega_n^{2(n-1)} \\ \vdots & \vdots & \vdots & \ddots & \vdots \\ 1 & \omega_n^{n-1} & \omega_n^{2(n-1)} & \cdots & \omega_n^{(n-1)^2} \end{bmatrix} \begin{bmatrix} b_0 \\ b_1 \\ b_2 \\ \vdots \\ b_{n-1} \end{bmatrix}. \tag{4.6}$$

De forma resumida, si $\mathbf{h} = [h_0, h_1, \ldots, h_{n-1}]^T$, $\mathbf{b} = [b_0, b_1, \ldots, b_{n-1}]^T k$, y si F_n es la matriz cuadrada de orden n cuya (r,s) entrada es ω_n^{rs} (para $r,s = 0,\ldots,n-1$), entonces (4.6) se escribe de forma matricial como

$$\mathbf{h} = F_n \mathbf{b}. \tag{4.7}$$

La matriz F_n que aparece en (4.7) se llama la **matriz de Fourier** de orden n. Observa que las entradas de la matriz F_n son números complejos. Por lo que, a partir de ahora, vamos a considerar que los vectores pueden ser complejos.

El siguiente resultado es clave, pues permite calcular la inversa de F_n sin apenas esfuerzo. Vamos a denotar desde ahora por $\overline{F_n}$ la conjugada de la matriz F_n.

Teorema 4.2. La inversa de la matriz de Fourier

Si F_n es la matriz de Fourier de orden n, entonces F_n es invertible y

$$F_n^{-1} = \frac{1}{n}\overline{F_n}.$$

DEMOSTRACIÓN. Para probar este teorema, vamos a comprobar $F_n\overline{F}_n = nI_n$. Recuerda que, si $A = [a_{pq}]$ y $B = [b_{uv}]$ son dos matrices cuadradas de orden n, la entrada (r,s) de AB es $\sum_{k=1}^{n} a_{rk}b_{ks}$. Luego, la entrada (r,s) de $F_n\overline{F_n}$ es

$$\sum_{k=1}^{n} [F_n]_{rk}\,\overline{[F_n]_{ks}} = \sum_{k=0}^{n-1} \omega_n^{rk}\,\overline{\omega_n}^{ks}.$$

Como $\omega_n\overline{\omega_n} = |\omega_n|^2 = 1$, entonces $\overline{\omega_n} = \omega_n^{-1}$ y, por tanto,

$$\sum_{k=0}^{n-1} \omega_n^{rk}\,\overline{\omega_n}^{ks} = \sum_{k=0}^{n-1} \omega_n^{rk}\,\omega_n^{-ks} = \sum_{k=0}^{n-1} \left(\omega_n^{r-s}\right)^k.$$

Si $r = s$, es evidente que $\omega_n^{r-s} = 1$. Por tanto, la entrada (r,r) de $F_n\overline{F_n}$ es n. Supongamos ahora que $r \neq s$ y denotemos $\xi = \omega_n^{r-s}$. Como $r-s \neq 0$ y $r,s \in \{1,\ldots,n\}$, entonces $\xi \neq 1$. Pero, es más, $\xi^n = 1$ (puesto que $\omega_n^n = 1$). Tras aplicar la fórmula de la suma de n términos de una progresión geométrica, tenemos

$$\sum_{k=0}^{n-1} \left(\omega_n^{r-s}\right)^k = 1 + \xi + \xi^2 + \cdots + \xi^{n-1} = \frac{1-\xi^n}{1-\xi} = 0.$$

Por tanto, si $r \neq s$, la entrada (r,s) de $F_n\overline{F_n}$ es cero. □

Ejemplo 4.1. Vamos a calcular la matriz de Fourier de orden 2. Como $\omega_2 = \exp(2\pi\,\mathrm{j}/2) = \exp(\pi\,\mathrm{j}) = -1$, entonces

$$F_2 = \begin{bmatrix} 1 & 1 \\ 1 & \omega_2 \end{bmatrix} = \begin{bmatrix} 1 & 1 \\ 1 & -1 \end{bmatrix}.$$

Como F_2 es real, entonces $\overline{F}_2 = F_2$ y, por tanto, $F_2^{-1} = \frac{1}{2}F_2$. ______ **Fin**

Ejemplo 4.2. Vamos a calcular la matriz de Fourier de orden 3. Se tiene

$$F_3 = \begin{bmatrix} 1 & 1 & 1 \\ 1 & \omega_3 & \omega_3^2 \\ 1 & \omega_3^2 & \omega_3^4 \end{bmatrix}.$$

Como $\omega_3^3 = 1$ (se cumple de forma más general $\omega_n^n = 1$), entonces $\omega_3^4 = \omega_3^3\omega_3 = \omega$. Por lo que:

$$F_3 = \begin{bmatrix} 1 & 1 & 1 \\ 1 & \omega_3 & \omega_3^2 \\ 1 & \omega_3^2 & \omega_3 \end{bmatrix}.$$

Usando $\exp(\mathrm{j}\,\alpha) = \cos\alpha + \mathrm{j}\,\mathrm{sen}\,\alpha$, podemos obtener fácilmente la parte real e imaginaria de F_3, pero no es necesario: suele ser más cómodo dejar este tipo de expresiones en forma de exponencial compleja,

$$F_3 = \begin{bmatrix} 1 & 1 & 1 \\ 1 & \exp(2\pi\,\mathrm{j}/3) & \exp(4\pi\,\mathrm{j}/3) \\ 1 & \exp(4\pi\,\mathrm{j}/3) & \exp(2\pi\,\mathrm{j}/3) \end{bmatrix}.$$

Además, $F_3^{-1} = \frac{1}{3}\overline{F_3}$. Como todas las entradas de F_3 son de la forma ω_3^k, entonces las entradas de $\overline{F_3}$ son de la forma $\overline{\omega_3^k} = \omega_3^{-k}$. Por el teorema 4.2,

$$F_3^{-1} = \frac{1}{3}\begin{bmatrix} 1 & 1 & 1 \\ 1 & \omega_3^{-1} & \omega_3^{-2} \\ 1 & \omega_3^{-2} & \omega_3^{-1} \end{bmatrix} = \frac{1}{3}\begin{bmatrix} 1 & 1 & 1 \\ 1 & \omega_3^{3-1} & \omega_3^{3-2} \\ 1 & \omega_3^{3-2} & \omega_3^{3-1} \end{bmatrix} = \frac{1}{3}\begin{bmatrix} 1 & 1 & 1 \\ 1 & \omega_3^2 & \omega_3 \\ 1 & \omega_3 & \omega_3^2 \end{bmatrix}.$$

______ **Fin**

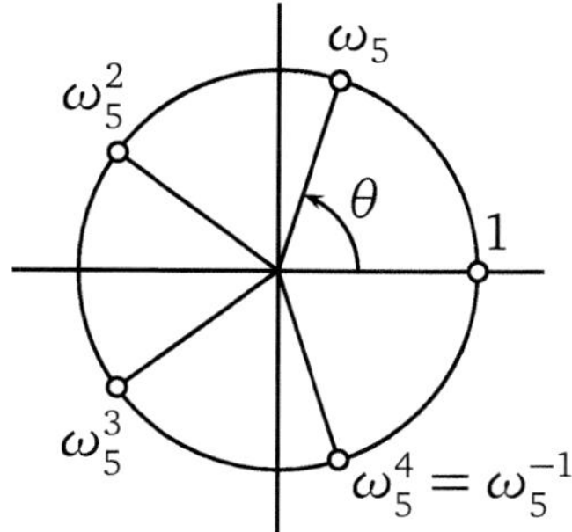

Figura 4.6. En esta figura, $\theta = 2\pi/5$.

El comportamiento de $\omega_n = \exp(2\pi\,\mathrm{j}/n)$ y sus potencias se ve de forma clara en la figura 4.6. La idea es dividir el arco de circunferencia en n partes: los valores $\omega_n, \omega_n^2, \ldots$ van recorriendo la circunferencia de centro 0 y radio 1 a saltos de $2\pi/n$ radianes. Estas potencias $1, \omega_n, \omega_n^2, \ldots, \omega_n^{n-1}$ están en esta circunferencia pues $|\omega_n^k| = 1$.

En la figura 4.6 se puede observar que ω_5 y ω_5^{-1} están en la misma vertical. El siguiente ejercicio generaliza esta propiedad.

Ejercicio 4.4. Prueba que $\omega_n^{n-k} = \omega_n^{-k} = \overline{\omega_n^k}$ para $k = 0, 1, \ldots, n-1$.

La siguiente definición es la más importante del capítulo.

Definición 4.1. Si $\mathbf{h} \in \mathbb{C}^n$, entonces el vector $\mathbf{b} \in \mathbb{C}^n$ que aparece en (4.7) se llama **la transformada discreta de Fourier** de $\mathbf{h}$ y se denotará $\mathscr{F}(\mathbf{h})$.

Si $\mathbf{b} \in \mathbb{C}^n$, entonces el vector $\mathbf{h} \in \mathbb{C}^n$ que aparece en (4.7) se llama **la antitransformada discreta de Fourier** de $\mathbf{b}$ y se denotará $\mathscr{F}^{-1}(\mathbf{b})$.

Puesto que $\mathbf{h} = F_n\mathbf{b}$, se tiene que $\mathscr{F}^{-1}(\mathbf{b}) = \mathbf{h} = F_n\mathbf{b}$. Pero, como la matriz F_n es invertible y $F_n^{-1} = \frac{1}{n}\overline{F_n}$ (teorema 4.2), entonces $\mathscr{F}(\mathbf{h}) = \mathbf{b} = F_n^{-1}\mathbf{h} = \frac{1}{n}\overline{F_n}\mathbf{h}$. Por tanto, se tiene el siguiente importante resultado.

Teorema 4.3. Transformada y antitransformada discreta de Fourier

Sea F_n la matriz de Fourier de orden n.

a) Si $\mathbf{h} \in \mathbb{C}^n$, entonces $\mathscr{F}(\mathbf{h}) = \frac{1}{n}\overline{F_n}\mathbf{h}$.

b) Si $\mathbf{b} \in \mathbb{C}^n$, entonces $\mathscr{F}^{-1}(\mathbf{b}) = F_n\mathbf{b}$.

Octave Vamos a dar unas funciones que calculan la transformada discreta y la antitransformada de Fourier. El primer paso es construir la matriz de Fourier de orden n. Si nos fijamos en los exponentes, vemos que aparece la matriz

$$X = \begin{bmatrix} 0 & 0 & 0 & \cdots & 0 \\ 0 & 1 & 2 & \cdots & n-1 \\ 0 & 2 & 4 & \cdots & 2(n-1) \\ \vdots & \vdots & \vdots & \ddots & \vdots \\ 0 & n-1 & 2(n-1) & \cdots & (n-1)^2 \end{bmatrix}.$$

Esta matriz se puede implementar si observamos que:

$$X = \begin{bmatrix} 0 \\ 1 \\ \vdots \\ n-1 \end{bmatrix} \begin{bmatrix} 0 & 1 & \cdots & n-1 \end{bmatrix},$$

lo que permite calcular la matriz de Fourier.

Las siguientes dos funciones calculan la transformada (`fou`) y la antitransformada (`foui`) discreta de Fourier.

```
function b = fou(h)
% Calcula la TF discreta
h = h(:);
n = length(h);
omega = exp(2*pi*j/n);
X = (0:n-1)'*(0:n-1);
F = omega.^X;
b = (conj(F)*h)/n;
```

Para comprender la tercera línea, observa que, si `h` es un vector fila o columna, entonces `h(:)` es el mismo vector, pero en columna. Lo que es necesario, ya que, en la igualdad de la última línea, el vector `h` debe ser columna, y el usuario quizá haya introducido `h` como fila.

```
function h = foui(b)
% Calcula la TFI discreta
b = b(:)
n = length(b);
omega = exp(2*pi*j/n);
X = (0:n-1)'*(0:n-1);
F = omega.^X;
h = F*b;
```

Fin

4.2.1. Interpretación física de la transformada discreta de Fourier

Sea $\mathbf{h} \in \mathbb{C}^n$ y $\mathscr{F}(\mathbf{h}) = [b_0, b_1, \dots, b_{n-1}]^T$ su transformada discreta de Fourier. Debido a la igualdad (4.5), cada b_k muestra el comportamiento de la oscilación

$$\cos\left(\frac{2\pi k}{n} r\right) + \mathrm{j}\operatorname{sen}\left(\frac{2\pi k}{n} r\right), \qquad r = 0, 1, \dots, n-1.$$

Por eso se dice que el dominio de $\mathbf{h}$ es el temporal y el dominio de $\mathscr{F}(\mathbf{h})$ es el de las frecuencias.

Ejemplo 4.3. Considera la señal $h(t) = \cos(2\pi t/10) + 2\operatorname{sen}(4\pi t/10)$ definida en el intervalo temporal $[0, 10]$, de la cual se han tomado 20 muestras equiespaciadas. Esto se puede hacer de forma cómoda en Octave con los comandos:

```
t = 0:0.5:9.5;
h = cos(2*pi*t/10)+2*sin(4*pi*t/10);
```

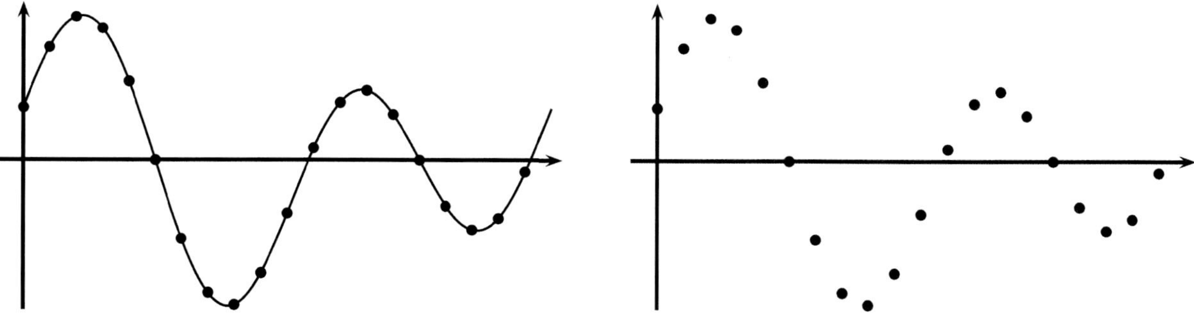

Figura 4.7. De una señal se toman muestras equiespaciadas. Lo habitual es que solo conozcamos las muestras (derecha) y no la señal entera (izquierda).

¿Qué es lo que se suele conocer de una señal? ¿La forma explícita de $h(t)$ o las muestras? Casi siempre (por no decir siempre) solo conocemos las muestras. Vamos a suponer que, en este ejemplo, conocemos el vector $\mathbf{h}$ y nuestro objetivo es hallar las frecuencias y las amplitudes de esta señal, en otras palabras, tenemos que llegar a la expresión $h(t) = \cos(2\pi t/10) + 2\operatorname{sen}(4\pi t/10)$.

Ejecutamos `b = fou(h)`. Es decir, hallamos la transformada discreta de Fourier de $\mathbf{h}$ y la almacenamos en `b`. Salvo minúsculos errores (debido al redondeo), puedes observar que `b` solo tiene cuatro componentes no nulas: la segunda, la tercera, la penúltima y la última. Recuerda que los índices de los vectores en Octave empiezan desde 1, por lo que, si $\mathbf{b} = \mathscr{F}(\mathbf{h}) = [b_0, b_1, \dots, b_{19}]^T$, la segunda componente de `b` es b_1. Para hacernos una idea de cómo es el vector $\mathbf{b}$, puesto que sus entradas son complejas, representamos el vector $[|b_0|, |b_1|, \dots, |b_{19}|]^T$. Observa la figura 4.8 que se ha obtenido tras ejecutar los siguientes comandos.

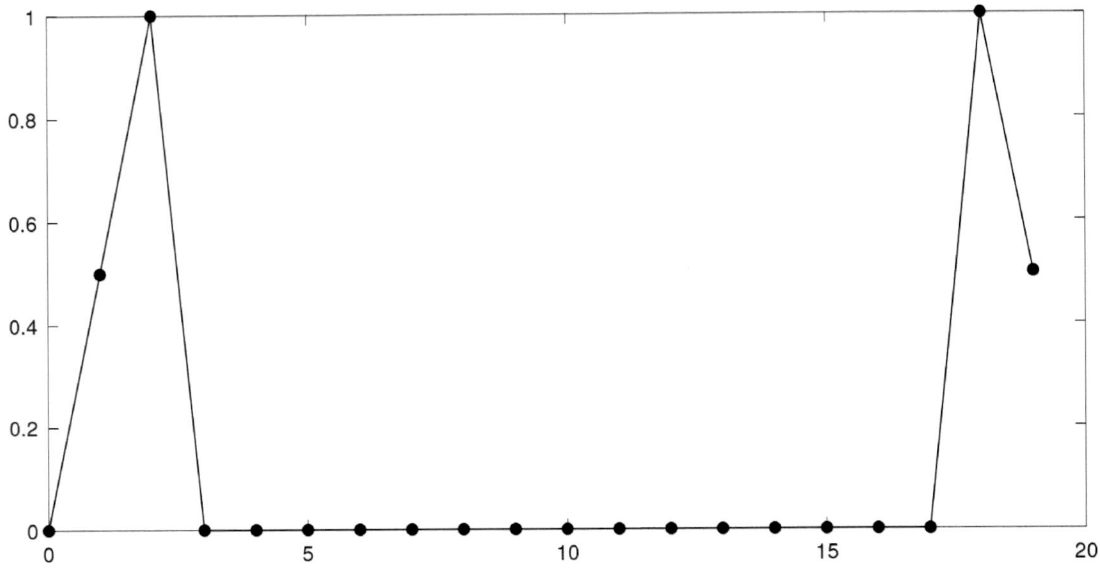

Figura 4.8. Si $\mathbf{h}$ es la señal discreta del ejemplo 4.3, se han dibujado los valores $|b_0|, \ldots, |b_{19}|$, siendo $[b_0, \ldots, b_{19}] = \mathscr{F}(\mathbf{h})$.

```
b = fou(h);
plot(0:19,abs(b),'-o','markersize',8,'markerfacecolor','auto')
```

Redondeando, $b_1 = b_{19} = 1/2$, $b_2 = -\mathrm{j}$, $b_{18} = \mathrm{j}$ y el resto de las coordenadas de $\mathscr{F}(\mathbf{h})$ nulas. Debido a la igualdad (4.5), parece sensato (solo por escribir menos) denotar $\theta = 2\pi k/20$.

$$\begin{aligned} h_k &= \sum_{r=0}^{19} b_r \exp\left(\frac{2\pi r\,\mathrm{j}\,k}{20}\right) \\ &= b_1 \exp(\mathrm{j}\,\theta) + b_2 \exp(2\,\mathrm{j}\,\theta) + b_{18} \exp(18\,\mathrm{j}\,\theta) + b_{19} \exp(19\,\mathrm{j}\,\theta) \\ &= \frac{1}{2}[\exp(\mathrm{j}\,\theta) + \exp(19\,\mathrm{j}\,\theta)] + \mathrm{j}[-\exp(2\,\mathrm{j}\,\theta) + \exp(18\,\mathrm{j}\,\theta)]. \end{aligned}$$

Ahora bien,

$$\exp(19\,\mathrm{j}\,\theta) = \exp(20\,\mathrm{j}\,\theta)\exp(-\mathrm{j}\,\theta) = \exp(-\mathrm{j}\,\theta),$$

ya que $\exp(20\,\mathrm{j}\,\theta) = \exp(20\,\mathrm{j}\,2\pi k/20) = 1$. Análogamente, $\exp(18\,\mathrm{j}\,\theta) = \exp(-2\,\mathrm{j}\,\theta)$. Luego,

$$h_k = \frac{1}{2}\left[\mathrm{e}^{\mathrm{j}\theta} + \mathrm{e}^{-\mathrm{j}\theta}\right] + \mathrm{j}\left[-\mathrm{e}^{2\mathrm{j}\theta} + \mathrm{e}^{-2\mathrm{j}\theta}\right].$$

Si usamos las fórmulas

$$\cos\alpha = \frac{\mathrm{e}^{\mathrm{j}\alpha} + \mathrm{e}^{-\mathrm{j}\alpha}}{2}, \qquad \operatorname{sen}\alpha = \frac{\mathrm{e}^{\mathrm{j}\alpha} - \mathrm{e}^{-\mathrm{j}\alpha}}{2\,\mathrm{j}},$$

entonces obtenemos

$$h_k = \cos\theta + 2\,\mathrm{sen}(2\theta) = \cos\left(\frac{2\pi k}{20}\right) + 2\,\mathrm{sen}\left(\frac{4\pi k}{20}\right).$$

Para reconstruir la señal en función del tiempo, recordemos que se ha discretizado el problema de forma que el vector de tiempos es `t = 0:0.5:9.5;`. Es decir, $t = [0, 0.5, 1, 1.5, \ldots, 9.5]$. Como la k-ésima coordenada de t es $k/2$ (recuerda que, en este tema, los índices empiezan desde 0), entonces $t = k/2$. Por lo que la señal es

$$h(t) = \cos\left(\frac{2\pi t}{10}\right) + 2\,\mathrm{sen}\left(\frac{4\pi t}{10}\right),$$

que coincide con la señal original. ______ **Fin**

4.3. Propiedades de la transformada discreta de Fourier

La primera propiedad es evidente debido a la naturaleza matricial de la transformada discreta de Fourier (repasa el teorema 4.3).

Teorema 4.4. Linealidad de la transformada de Fourier

Sean $\mathbf{h}, \mathbf{g} \in \mathbb{C}^n$ y $\lambda \in \mathbb{C}$. Entonces

$$\mathscr{F}(\mathbf{h} + \mathbf{g}) = \mathscr{F}(\mathbf{h}) + \mathscr{F}(\mathbf{g}) \qquad \text{y} \qquad \mathscr{F}(\lambda\mathbf{h}) = \lambda\mathscr{F}(\mathbf{h}).$$

Sean $\mathbf{u}, \mathbf{v} \in \mathbb{C}^n$ y $\lambda \in \mathbb{C}$. Entonces

$$\mathscr{F}^{-1}(\mathbf{u} + \mathbf{v}) = \mathscr{F}^{-1}(\mathbf{u}) + \mathscr{F}^{-1}(\mathbf{v}) \qquad \text{y} \qquad \mathscr{F}^{-1}(\lambda\mathbf{u}) = \lambda\mathscr{F}^{-1}(\mathbf{v}).$$

Teorema 4.5. La norma de la transformada de Fourier

Sea $\mathbf{h} \in \mathbb{C}^n$. Entonces

$$||\mathbf{h}|| = \sqrt{n}||\mathscr{F}(\mathbf{h})||.$$

Observa que, aunque $\mathbf{h}$ sea real, $\mathscr{F}(\mathbf{h})$ puede no ser real; por lo que, para estudiar la norma de $\mathscr{F}(\mathbf{h})$, hay que ver cómo se calcula la norma de un vector de $\mathbb{C}^n$. Si $\mathbf{z} = [z_1, \ldots, z_n]^T \in \mathbb{C}^n$, la norma de $\mathbf{z}$ se define como

$$||\mathbf{z}||^2 = |z_1|^2 + \cdots + |z_n|^2 = \begin{bmatrix} \overline{z_1} & \cdots & \overline{z_n} \end{bmatrix} \begin{bmatrix} z_1 \\ \vdots \\ z_n \end{bmatrix}.$$

Si denotamos por A^* la conjugada traspuesta de una matriz compleja A, entonces $\|\mathbf{z}\|^2 = \mathbf{z}^*\mathbf{z}$.

DEMOSTRACIÓN DEL TEOREMA 4.5. Sean $\mathbf{h} \in \mathbb{C}^n$ y $\mathbf{b} = \mathscr{F}(\mathbf{h})$. Ahora $\mathbf{h} = \mathscr{F}^{-1}(\mathbf{b}) = F_n\mathbf{b}$ y

$$\|\mathbf{h}\|^2 = \mathbf{h}^*\mathbf{h} = (F_n\mathbf{b})^* F_n\mathbf{b} = \mathbf{b}^* F_n^* F_n \mathbf{b}.$$

Como F_n es simétrica y cumple $\overline{F}_n F_n = nI$, entonces $F_n^* F_n = nI$. Por tanto,

$$\mathbf{b}^* F_n^* F_n \mathbf{b} = \mathbf{b}^*(nI)\mathbf{b} = n\mathbf{b}^*\mathbf{b} = n\|\mathbf{b}\|^2.$$

De estos cálculos, sacando raíces cuadradas, se tiene que $\|\mathbf{h}\| = \sqrt{n}\|\mathbf{b}\|$. □

Octave El comando `rand(n,m)` produce una matriz $n \times m$ de números aleatorios uniformemente distribuidos en $[0,1]$. Este comando sirve en muchas ocasiones para experimentar algunas propiedades.

Tras hallar la transformada discreta de Fourier de un vector de $\mathbb{R}^6$ elegido al azar, usando la función `fou` y la instrucción `fou(rand(6,1))`, obtenemos

$$[0.222,\ 0.043 - 0.086\,\mathrm{j},\ 0.001 - 0.09\,\mathrm{j},\ -0.138,\ 0.001 + 0.09\,\mathrm{j},\ 0.043 + 0.086\,\mathrm{j}]^T.$$

Fin

¿Qué observas? Si hallas más transformadas, verás que siempre, si el tamaño del vector **h** es 6, entonces la primera y la cuarta componentes de la transformada son reales y el resto de las componentes están emparejadas: una es conjugada de la otra. Podemos variar el tamaño y la amplitud del vector **h** mediante `fou(3*rand(5,1))`, y obtener, por ejemplo,

$$[1.541,\ -0.389 - 0.101\,\mathrm{j},\ 0.277 - 0.086\,\mathrm{j},\ 0.277 + 0.086\,\mathrm{j},\ -0.389 + 0.101\,\mathrm{j}]^T.$$

Aquí vemos que solo la primera componente es real, mientras que de nuevo aparecen emparejadas las componentes de la transformada (una y su conjugada). Podemos enunciar estas dos propiedades como sigue:

Teorema 4.6. Propiedad de la transformada de una señal real

Sean $\mathbf{h} \in \mathbb{R}^n$ y $\mathscr{F}(\mathbf{h}) = [b_0, b_1, \ldots, b_{n-1}]^T$. Entonces

$$b_0 \in \mathbb{R} \qquad \text{y} \qquad b_k = \overline{b_{n-k}} \ \text{ para } \ k = 1, \ldots, n-1.$$

Nota: si $\mathbf{h} \in \mathbb{C}^n$ es un vector no real, las propiedades del teorema anterior no son ciertas.

DEMOSTRACIÓN DEL TEOREMA 4.6. Es evidente que tenemos que usar $\mathscr{F}(\mathbf{h}) = \frac{1}{n}\overline{F}_n\mathbf{h}$. Sean

$$\mathbf{h} = [h_0, h_1, \ldots, h_{n-1}]^T \qquad \text{y} \qquad \mathbf{b} = \mathscr{F}[\mathbf{h}] = [b_0, b_1, \ldots, b_{n-1}]^T.$$

Recuerda que los subíndices de **h**, $\mathscr{F}(\mathbf{h})$ y los de la matriz de Fourier van desde 0 hasta $n-1$. Se cumple que

$$b_0 = \frac{1}{n}\left(\text{0-ésima fila de } \overline{F_n}\right)\mathbf{h} = \frac{1}{n}[1, 1, \cdots, 1]\mathbf{h} = \frac{1}{n}(h_0 + h_1 + \cdots + h_{n-1}) \in \mathbb{R}.$$

Por otra parte,

$$b_k = \frac{1}{n}\left(k\text{-ésima fila de } \overline{F_n}\right)\mathbf{h} = \frac{1}{n}\left[1, \overline{\omega_n^k}, \overline{\omega_n^{2k}}, \cdots, \overline{\omega_n^{(n-1)k}}\right]\mathbf{h}$$

y

$$b_{n-k} = \frac{1}{n}\left(n-k \text{ fila de } \overline{F_n}\right)\mathbf{h} = \frac{1}{n}\left[1, \overline{\omega_n^{n-k}}, \overline{\omega_n^{2(n-k)}}, \cdots, \overline{\omega_n^{(n-1)(n-k)}}\right]\mathbf{h}.$$

Como $\mathbf{h}$ es real, para probar $b_k = \overline{b_{n-k}}$ es suficiente demostrar que $\overline{\omega_n^{r(n-k)}} = \omega_n^{rk}$ para $r = 0, 1, 2, \ldots, n-1$. Recuerda que $\omega_n = \mathrm{e}^{2\pi\,\mathrm{j}/n}$ y, por tanto, $\overline{\omega_n} = \omega_n^{-1}$ y $\omega_n^n = 1$. Ahora se tiene $\omega_n^{r(n-k)} = \omega_n^{rn}\omega_n^{-rk} = \omega_n^{-rk}$ y, por tanto, $\overline{\omega_n^{r(n-k)}} = \overline{\omega_n^{-rk}} = \omega_n^{rk}$. □

Ejercicio 4.5. Prueba que, si n es par y $\mathbf{h} \in \mathbb{R}^n$, entonces $b_{n/2}$ debe ser real si $b_0, b_1, \ldots, b_{n-1}$ son las componentes de $\mathscr{F}(\mathbf{h})$. *Ayuda:* usa el teorema 4.6.

En realidad, el teorema 4.6 es una equivalencia. La demostración se deja como un ejercicio.

Ejercicio 4.6. Sean $\mathbf{h} \in \mathbb{C}^n$ y $\mathscr{F}(\mathbf{h}) = [b_0, b_1, \ldots, b_{n-1}]^T$. Si $b_0 \in \mathbb{R}$ y $b_k = \overline{b_{n-k}}$ para $k = 1, 2, \ldots, n-1$, entonces $\mathbf{h} \in \mathbb{R}^n$. *Ayuda:* define $\mathbf{h} = [h_0, h_1, \ldots, h_{n-1}]^T$. Si usas $\mathbf{h} = \mathscr{F}^{-1}(\mathscr{F}(\mathbf{h}))$, por el teorema 4.3, se cumple $\mathbf{h} = F_n[b_0, b_1, \ldots, b_{n-1}]^T$. Observa que h_k es la k-ésima fila de F_n multiplicada por $[b_0, b_1, \ldots, b_{n-1}]^T$. Prueba que $\overline{h_k} = h_k$.

4.4. Filtrado de señales

Ejemplo 4.4. Consideremos una señal de la que se han tomado 51 muestras equiespaciadas, como se observa en la figura 4.9.

Esta señal $\mathbf{h}$ es un vector de $\mathbb{R}^{51}$. Si aplicamos la transformada discreta de Fourier a $\mathbf{h}$ por medio de la función `fou.m`, obtenemos $\mathscr{F}(\mathbf{h}) = [b_0, b_1, \ldots, b_{50}]^T$. Si queremos, podemos comprobar que se satisface el teorema 4.6, por ejemplo, podemos teclear `b(1)` (con esto comprobamos $b_0 \in \mathbb{R}$) y si `n = length(b)` para asegurarnos del tamaño de $\mathscr{F}(\mathbf{h})$, entonces con `[b(2:n) b(n:-1:2)]` creamos una matriz con dos columnas, de forma que en cada fila aparecen los valores b_k, b_{n-k} para poder compararlos.

Ya que las componentes de $\mathscr{F}(\mathbf{h})$ son complejas, para representar visualmente $\mathscr{F}(\mathbf{h})$ dibujamos $|b_0|, \ldots, |b_{50}|$ (mira la figura 4.10).

Vemos que de entre todos los valores $|b_0|, \ldots, |b_{50}|$ hay dos valores más altos que los demás: el tercero y el penúltimo. Podemos pensar que estos dos valores son los "de verdad", mientras que el resto corresponde al ruido de fondo. Vamos a conservar solo estos valores más altos, es decir, definimos $\mathbf{c} = [0, 0, b_2, 0, \ldots, 0, b_{49}, 0]^T$. Este vector $\mathbf{c}$ puede implementarse con `c = zeros(size(b));` y, a continuación, `c(3) = b(3);` y `c(50) = b(50);`.

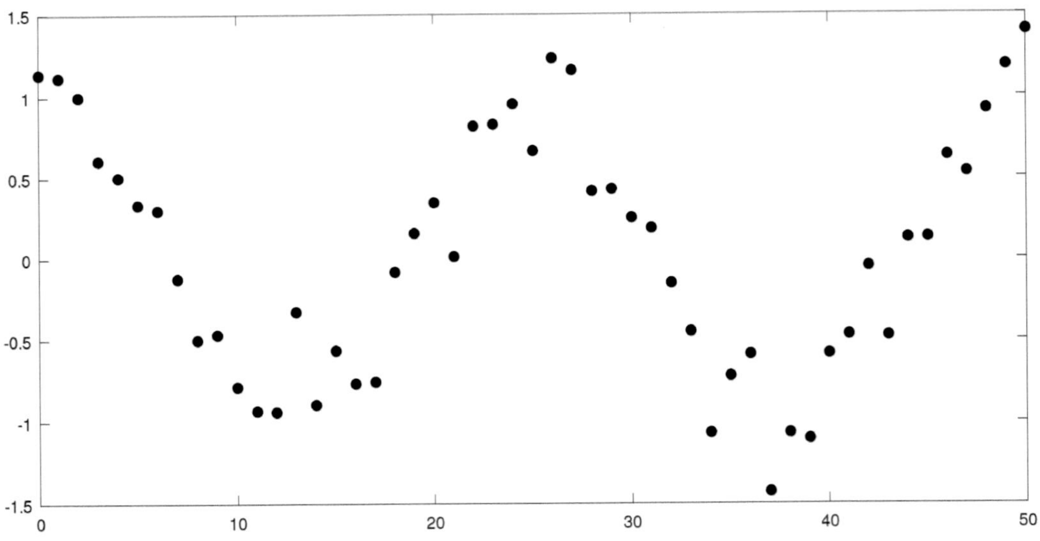

Figura 4.9. Una señal con ruido.

Por último, volvemos al dominio temporal calculando $\mathbf{g} = \mathscr{F}^{-1}(\mathbf{c})$ (con `g = foui(c)`). En este ejemplo, como **c** cumple las condiciones del ejercicio 4.6, el vector **g** es real (se dibuja esta señal en la figura 4.11). Si usas un ordenador, en este tipo de situaciones conviene intercalar `g = real(g)`, ya que, debido a errores de redondeo, es posible que g tenga parte imaginaria no nula. Vemos en la figura 4.11 que se trata de una sinusoidal perfecta.

Vamos a ver cómo se halla la expresión de esta sinusoidal. Para ello, en primer lugar, tenemos que saber si es más sencillo usar $\mathbf{g} = \mathscr{F}^{-1}(\mathbf{c})$ o **c**. Desde luego, es más sencillo **c**, ya que solo tiene dos componentes no nulas (la tercera y la penúltima). Además, debido al teorema 4.6, se cumple que $b_2 = c_2 = \overline{b_{49}} = \overline{c_{49}}$. De hecho, con los datos numéricos usados en este ejemplo se tiene que $b_2 = 0.518 + 0.084\,\mathrm{j}$ y $b_{49} = 0.518 - 0.084\,\mathrm{j}$. Llamemos ahora $a = 0.518$ y $b = 0.084$. La sinusoidal buscada es $\mathbf{g} = [g_0, g_1, \ldots, g_{50}]^T$. Si usamos (4.5), tenemos, ya que $n = 51$,

$$g_k = \sum_{r=0}^{50} c_r \,\mathrm{e}^{2\pi r\,\mathrm{j}k/51} = c_2\,\mathrm{e}^{2\pi 2\,\mathrm{j}k/51} + c_{49}\,\mathrm{e}^{2\pi 49\,\mathrm{j}k/51} = (a + b\,\mathrm{j})\,\mathrm{e}^{4\pi\,\mathrm{j}k/51} + (a - b\,\mathrm{j})\,\mathrm{e}^{98\pi\,\mathrm{j}k/51}.$$

Ya que $\mathrm{e}^{98\pi\,\mathrm{j}k/51} = \mathrm{e}^{-4\pi\,\mathrm{j}k/51}$, entonces

$$\begin{aligned} g_k &= (a + b\,\mathrm{j})\,\mathrm{e}^{4\pi\,\mathrm{j}k/51} + (a - b\,\mathrm{j})\,\mathrm{e}^{-4\pi\,\mathrm{j}k/51} \\ &= a(\mathrm{e}^{4\pi\,\mathrm{j}k/51} + \mathrm{e}^{-4\pi\,\mathrm{j}k/51}) + b\,\mathrm{j}(\mathrm{e}^{4\pi\,\mathrm{j}k/51} - \mathrm{e}^{-4\pi\,\mathrm{j}k/51}) \\ &= 2a\cos(4\pi k/51) - 2b\,\mathrm{sen}(4\pi k/51) \\ &= 1.036\cos(4\pi k/51) - 0.168\,\mathrm{sen}(4\pi k/51). \end{aligned}$$

Fin

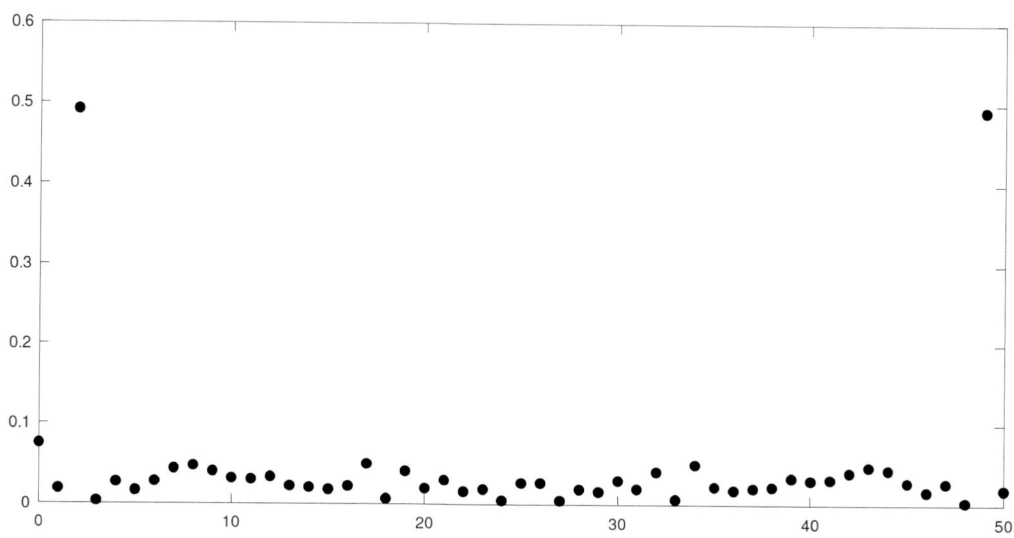

Figura 4.10. El valor absoluto de la transformada de Fourier discreta de una señal con ruido.

Octave Hemos de confesar que este ejemplo está hecho con "trampa". La siguiente función de Octave genera este ejemplo (sin las gráficas).

```
function señal
T = 5;
x = 0:0.1:T;
y1 = cos(4*pi*x/T);
y2 = rand(1,51)-0.5;
h = y1+y2;  % señal con ruido
b = fou(h); % transformada de la señal con ruido
c = zeros(size(b));
c(3) = b(3); c(50)=b(50); % transformada de la señal limpiada
g = foui(c); % g = la señal limpiada
```

El vector x (fila) es el vector de 51 componentes $[0, 0.1, \ldots, 4.9, 5]$ e y1 es el vector cuyas 51 componentes son $[f(0), f(0.1), \ldots, f(4.9), f(5)]$, siendo $f(x) = \cos(4\pi x/T)$. El vector y2 es el "ruido" de la señal: son 51 números aleatorios distribuidos uniformemente en el intervalo $[-1/2, 1/2]$. Por tanto, h = y1+y2 es la señal con ruido. ______________ **Fin**

4.5. Compresión digital y la transformada discreta de Fourier

Piensa en el último ejemplo: se parte de una señal discreta $\mathbf{h} \in \mathbb{R}^n$, se calcula su transformada discreta de Fourier y se obtiene $\mathscr{F}(\mathbf{h})$. Se modifica esta transformada para lograr $\mathbf{c}$. Y por último se antitransforma $\mathbf{c}$ y se consigue $\mathscr{F}^{-1}(\mathbf{c})$. Mira el esquema de la figura 4.12.

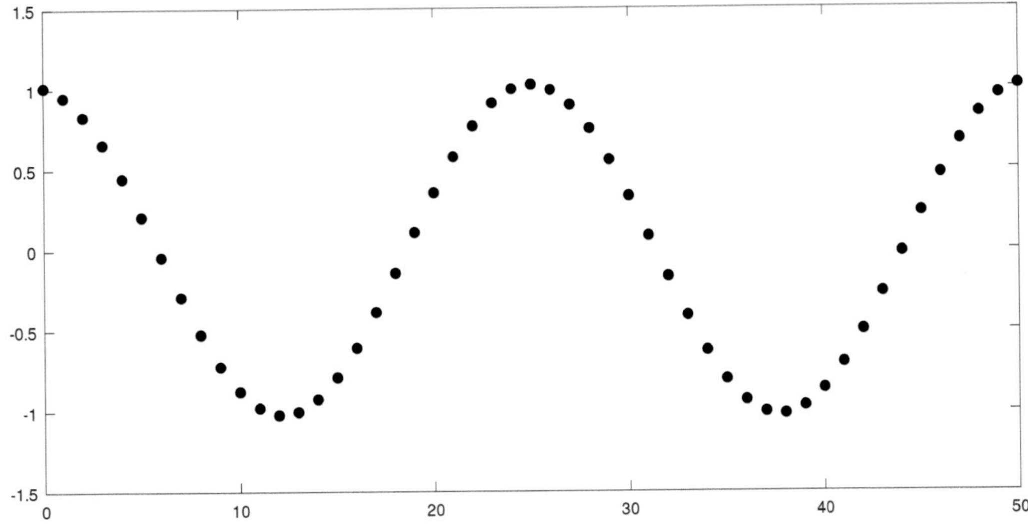

Figura 4.11. La señal procesada.

La pregunta es: ¿se parecen $\mathbf{h}$ y $\mathscr{F}^{-1}(\mathbf{c})$? O, dicho de otro modo, si el cambio que se implementa en $\mathscr{F}(\mathbf{h})$ para obtener $\mathbf{c}$ es pequeño, ¿se parecen $\mathbf{h}$ y $\mathscr{F}^{-1}(\mathbf{c})$?

Resulta que el teorema 4.5 da una respuesta muy precisa, ya que, aplicando este teorema junto con el teorema 4.4, se tiene que

$$\begin{aligned} \|\mathbf{h}-\mathscr{F}^{-1}(\mathbf{c})\| &= \sqrt{n}\|\mathscr{F}(\mathbf{h}-\mathscr{F}^{-1}(\mathbf{c}))\| \\ &= \sqrt{n}\|\mathscr{F}(\mathbf{h})-\mathbf{c}\|. \end{aligned}$$

$$\begin{array}{ccc} \mathscr{F}^{-1}(\mathbf{c}) & \overset{\mathscr{F}^{-1}}{\longleftarrow} & \mathbf{c} \\ & & \uparrow \\ \mathbf{h} & \underset{\mathscr{F}}{\longrightarrow} & \mathscr{F}(\mathbf{h}) \end{array}$$

Figura 4.12. $\mathbf{h}$ es la señal con ruido y $\mathscr{F}^{-1}(\mathbf{c})$ es la señal "limpia".

Esto quiere decir, entre otras cosas, que, si $\|\mathscr{F}(\mathbf{h})-\mathbf{c}\|$ es pequeño, entonces $\|\mathbf{h}-\mathscr{F}^{-1}(\mathbf{c})\|$ es también pequeño.

Ejemplo 4.5. Veamos un ejemplo de la utilidad de la igualdad

$$\|\mathbf{h}-\mathscr{F}^{-1}(\mathbf{c})\| = \sqrt{n}\|\mathscr{F}(\mathbf{h})-\mathbf{c}\|.$$

Sea $\mathbf{h} = [1,2,3,3.5,3,2,1]^T$. Si $\mathscr{F}(\mathbf{h}) = [b_0, b_1, \ldots, b_6]^T$, entonces, aproximadamente,

$$b_0 = 2.21, \quad b_1 = -0.586-0.282\,\mathrm{j}, \quad b_2 = -0.017-0.021\,\mathrm{j}, \quad b_3 = -0.0045-0.0199\,\mathrm{j},$$

y $b_4 = \overline{b_3}$, $b_5 = \overline{b_2}$, $b_6 = \overline{b_1}$ (estas tres últimas igualdades se deben cumplir por el teorema 4.6). El vector $\mathscr{F}(\mathbf{h})$ se "ve" mejor si consideramos el vector cuya k-ésima componente es el valor absoluto de la k-ésima componente de $\mathscr{F}(\mathbf{h})$.

$$[2.214,\ 0.6498,\ 0.0274,\ 0.0204,\ 0.0204,\ 0.0274,\ 0.6498]^T.$$

Vemos que la tercera, cuarta, quinta y sexta componentes de $\mathscr{F}(\mathbf{h})$ son pequeñas en comparación con las restantes. Vamos a anular estas componentes: $\mathbf{c} = [b_0, b_1, 0, 0, 0, 0, b_6]^T$. Y ahora volvemos "para atrás":

$$\mathscr{F}^{-1}(\mathbf{c}) = [1.043,\ 1.925,\ 3.024,\ 3.514,\ 3.025,\ 1.925,\ 1.043]^T.$$

Vemos que $\mathbf{h}$ y $\mathscr{F}^{-1}(\mathbf{c})$ son parecidos. De hecho,

$$\|\mathbf{h} - \mathscr{F}^{-1}(\mathbf{c})\| = \sqrt{n}\|\mathscr{F}(\mathbf{h}) - \mathbf{c}\| = \sqrt{7}\|\mathscr{F}(\mathbf{h}) - \mathbf{c}\|.$$

Como las componentes que anulamos en $\mathscr{F}(\mathbf{h})$ son pequeñas, entonces $\|\mathscr{F}(\mathbf{h}) - \mathbf{c}\|$ es pequeño, y así, $\mathbf{h} \simeq \mathscr{F}^{-1}(\mathbf{c})$.

Y... ¿qué utilidad tiene esto? El vector $\mathbf{h}$ tiene 7 componentes reales no nulas. El vector $\mathscr{F}(\mathbf{h})$ tiene 7 componentes complejas no nulas; pero, como cada número complejo está compuesto de dos números reales, en $\mathscr{F}(\mathbf{h})$ hay 14 componentes reales. Pero hay más: debido al teorema 4.6, en realidad, para describir $\mathscr{F}(\mathbf{h})$ hacen falta siete números reales. Hasta ahora no ha habido ninguna compresión.

Fíjate ahora en el vector $\mathbf{c}$. ¿Cuántos números reales son necesarios para describir $\mathbf{c}$? Tres (la primera componente de $\mathbf{c}$ y la parte real e imaginaria de la segunda componente), es decir, hemos comprimido en más de un 50 % la señal original $\mathbf{h}$ perdiendo una mínima información.

Fin

Ejercicio 4.7. (Se requiere Octave) Define el vector $\mathbf{h}$ dado por `h = [1:1:10 10:-1:1]`.

a) ¿Cuántas componentes reales no nulas tiene `h`?

b) Calcula $\mathbf{b} = \mathscr{F}(\mathbf{h})$ mediante `b = fou(h)`.

c) Con `plot(abs(b),'*')` puedes saber qué componentes de $\mathscr{F}(\mathbf{h})$ puedes eliminar para comprimir el vector $\mathbf{h}$. Con la instrucción `J = find(abs(b)<0.1*max(abs(b)))` sabes las componentes de $\mathscr{F}(\mathbf{h})$ que son (en módulo) un 10 % menores que la mayor. Anularemos estas componentes.

d) Con `c = b; c(J) = 0` anulamos las componentes no significativas de $\mathscr{F}(\mathbf{h})$. ¿Cuántos números reales son necesarios para almacenar `c`?

e) Calcula la antitransformada discreta de Fourier de `c`. ¿Se parece este vector a $\mathbf{h}$?

f) Repite los mismos apartados anteriores, pero eliminando menos componentes de $\mathscr{F}(\mathbf{h})$. Por ejemplo, ejecutando `J = find(abs(b)<0.01*max(abs(b)))`.

En este ejemplo y en el ejercicio anterior hemos visto que, eliminando las componentes pequeñas de $\mathscr{F}(\mathbf{h})$, conseguimos un vector $\mathscr{F}^{-1}(\mathbf{c})$ parecido a $\mathbf{h}$ y que necesita menos números reales para ser almacenado. La clave para que funcione este proceso es la igualdad:

$$\|\mathbf{h} - \mathscr{F}^{-1}(\mathbf{c})\| = \sqrt{n}\|\mathscr{F}(\mathbf{h}) - \mathbf{c}\|.$$

Si $\mathscr{F}(\mathbf{h})$ no es parecido a $\mathbf{c}$, entonces $\mathbf{h}$ no se parece a $\mathscr{F}^{-1}(\mathbf{c})$. Esto se ve mejor con otro ejemplo.

Ejemplo 4.6. Veamos otro ejemplo. Considera $\mathbf{h} = [1, 2, 3, 4, 5, 6, 7]^T$. ¡Más regular no puede ser! Su transformada de Fourier discreta es, redondeando,

$$\mathscr{F}(\mathbf{h}) = [4,\ -0.5{+}1.04\,\mathrm{j},\ -0.5{+}0.4\,\mathrm{j},\ -0.5{+}0.11\,\mathrm{j}, -0.5{-}0.11\,\mathrm{j},\ -0.5{-}0.4\,\mathrm{j},\ -0.5{-}1.04\,\mathrm{j}]^T.$$

No hay ninguna componente de $\mathscr{F}(\mathbf{h})$ pequeña. Este hecho se ve mejor si calculamos el vector cuyas componentes es el valor absoluto de las componentes de $\mathscr{F}(\mathbf{h})$:

$$[4,\ 1.152,\ 0.639,\ 0.513,\ 0.513,\ 0.639,\ 1.152]^T.$$

Podríamos pensar en anular las dos componentes más pequeñas de $\mathscr{F}(\mathbf{h})$. Sea

$$\mathbf{c} = [4,\ -0.5+1.04\,\mathrm{j},\ -0.5+0.4\,\mathrm{j},\ 0,\ 0,\ -0.5-0.4\,\mathrm{j}, -0.5-1.04\,\mathrm{j}]^T.$$

La antitransformada de $\mathbf{c}$ es $\mathscr{F}^{-1}(\mathbf{c}) = [2, 1.198, 3.445, 4, 4.555, 6.802, 6]^T$. Vemos que $\mathbf{h}$ y $\mathscr{F}^{-1}(\mathbf{c})$ no se parecen. De hecho, esto ya lo podríamos haber deducido a partir de $\|\mathbf{h}-\mathscr{F}^{-1}(\mathbf{c})\| = \sqrt{n}\|\mathscr{F}(\mathbf{h}) - \mathbf{c}\|$, puesto que las componentes de $\mathscr{F}(\mathbf{h})$ que anulamos no son pequeñas. — **Fin**

¿Por qué estos dos ejemplos tienen un comportamiento tan distinto? La situación se aclara si pensamos que las señales deben ser *periódicas*. La señal del ejemplo 4.6 es

$$\begin{bmatrix} \cdots & 5 & 6 & 7 & 1 & 2 & 3 & 4 & 5 & 6 & 7 & 1 & 2 & \cdots \end{bmatrix}$$

En la figura 4.13 se ve mejor este comportamiento.

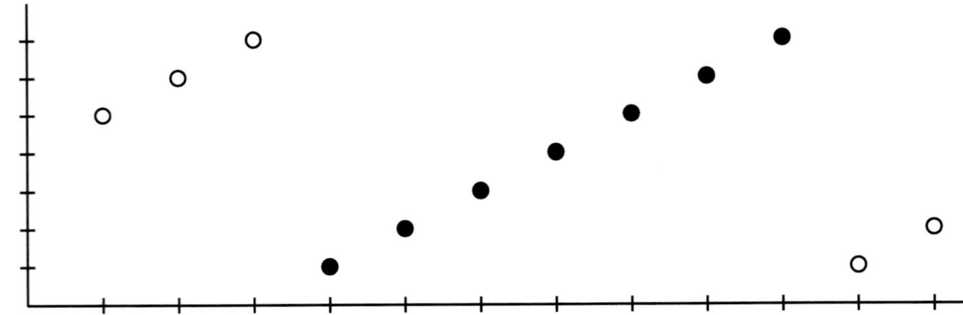

Figura 4.13. Los puntos en negro corresponden a la señal finita, pero en realidad esta señal es infinita. Observa que hay "saltos".

Esta es la razón de que la señal del ejemplo 4.6 se "comporte mal" cuando hallamos su transformada discreta de Fourier. En realidad, las palabras "mal comportamiento" son erróneas: de hecho, se comporta como debería comportarse: debido a que la señal tiene saltos considerables, hay frecuencias grandes significativas.

Pero, si solo estamos interesados en el tramo finito (en la figura 4.13, los puntos negros), existe una forma de evitar estos saltos: simetrizar la señal. Se comprende mejor observando la figura 4.14.

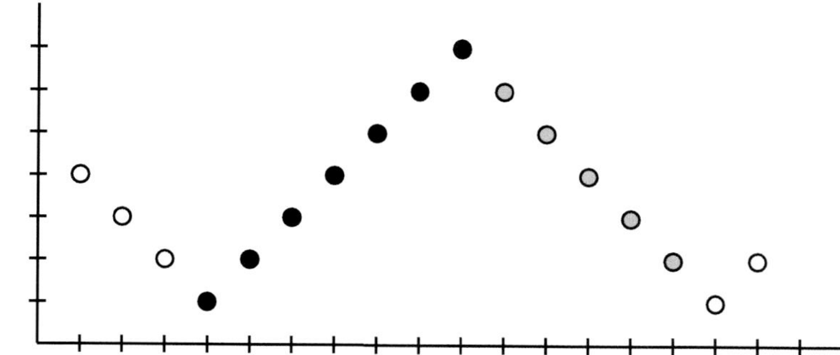

Figura 4.14. Extensión simétrica de la señal finita. Ya no hay “saltos”.

Ejemplo 4.7. Considera $\mathbf{h} = [1,2,3,4,5,6,7,6,5,4,3,2]^T \in \mathbb{R}^{12}$ (observa que si “simetrizamos” el vector $[1,2,3,4,5,6,7]^T$ obtenemos $\mathbf{h}$). Calculamos $\mathscr{F}(\mathbf{h})$:

$$\mathscr{F}(\mathbf{h}) = [4,\ -1.244,\ 0,\ -0.1667,\ 0,\ -0.0893,\ 0,\ -0.0893,\ 0, -0.1667,\ 0,\ -1.244]^T.$$

Hacemos nulas las dos componentes más pequeñas de $\mathscr{F}(\mathbf{h})$ obteniendo $\mathbf{c}$, muy parecido a $\mathscr{F}(\mathbf{h})$. Y, por último, antitransformamos $\mathbf{c}$ y logramos:

$$\mathscr{F}^{-1}(\mathbf{c}) = [1.17,\ 1.84,\ 3.08,\ 4,\ 4.91,\ 6.15,\ 6.82,\ 6.15,\ 4.91,\ 4,\ 3.08,\ 1.84]^T.$$

Ahora sí hay un parecido entre $\mathbf{h}$ y $\mathscr{F}^{-1}(\mathbf{c})$. ______ **Fin**

Este ejemplo es un caso particular de la transformada coseno que veremos a continuación.

4.6. La transformada discreta coseno

Sea $\mathbf{h} = [h_0, h_1, \ldots, h_{n-1}]^T \in \mathbb{R}^n$. En primer lugar definimos la extensión simétrica:

$$\mathbf{y} = [h_0,\ h_1,\ \cdots,\ h_{n-1},\ h_{n-1},\ \cdots,\ h_1,\ h_0]^T \in \mathbb{R}^{2n}. \tag{4.8}$$

Sea $\mathscr{F}(\mathbf{y}) = [b_0, b_1, \ldots, b_{2n-1}]^T \in \mathbb{C}^{2n}$. Por el teorema 4.3,

$$\mathscr{F}(\mathbf{y}) = \frac{1}{2n}\overline{F_{2n}}\mathbf{y}, \tag{4.9}$$

donde la matriz F_{2n} es la matriz de Fourier de orden $2n$ (recuerda que estamos calculando la transformada discreta de Fourier de un vector de $2n$ componentes y no de n). Es decir, la entrada (r,s) de F_{2n} es ω_{2n}^{rs}, siendo

$$\omega_{2n} = \exp\left(\frac{2\pi\,\mathrm{j}}{2n}\right) = \exp\left(\frac{\pi\,\mathrm{j}}{n}\right).$$

Puesto que aparece $\overline{F_{2n}}$, denotaremos $\xi = \overline{\omega_{2n}} = \exp(-\pi\,\mathrm{j}/n)$. Sea $k = 0, 1, \ldots, 2n-1$. Por el teorema 4.3,

$$b_k = \frac{1}{2n}(k \text{ fila de } \overline{F_{2n}}) \, \mathbf{y}$$

$$= \frac{1}{2n}\begin{bmatrix} \xi^0 & \xi^k & \cdots & \xi^{k(n-1)} & \xi^{kn} & \cdots & \xi^{k(2n-2)} & \xi^{k(2n-1)} \end{bmatrix} \begin{bmatrix} h_0 \\ h_1 \\ \vdots \\ h_{n-1} \\ h_{n-1} \\ \vdots \\ h_1 \\ h_0 \end{bmatrix}$$

$$= \frac{1}{2n}\left[(\xi^0 + \xi^{k(2n-1)})h_0 + (\xi^k + \xi^{k(2n-2)})h_1 + \cdots + (\xi^{k(n-1)} + \xi^{kn})h_{n-1}\right].$$

El coeficiente de h_r es $\xi^{kr} + \xi^{k(2n-1-r)}$. Para simplificar este coeficiente, recuerda que $\xi = \mathrm{e}^{-\pi\,\mathrm{j}/n}$ y, por tanto, $\xi^n = -1$ y $\xi^{2n} = 1$.

$$\xi^{kr} + \xi^{k(2n-1-r)} = \xi^{kr} + \xi^{-k(1+r)} = \xi^{-k/2}\left(\xi^{kr+k/2} + \xi^{-kr-k/2}\right)$$
$$= \xi^{-k/2}\left(\exp\left(\frac{-\pi\,\mathrm{j}(kr+k/2)}{n}\right) + \exp\left(\frac{\pi\,\mathrm{j}(kr+k/2)}{n}\right)\right).$$

Usando la fórmula $\cos\alpha = (\mathrm{e}^{\mathrm{j}\alpha} + \mathrm{e}^{-\mathrm{j}\alpha})/2$, se tiene

$$\xi^{kr} + \xi^{k(2n-1-r)} = 2\xi^{-k/2}\cos\left(\frac{\pi(kr+k/2)}{n}\right) = 2\omega_{2n}^{k/2}\cos\left(\frac{\pi k(2r+1)}{2n}\right).$$

Por tanto,

$$b_k = \frac{\omega_{2n}^{k/2}}{n}\sum_{r=0}^{n-1} h_r \cos\left(\frac{\pi k(2r+1)}{2n}\right). \tag{4.10}$$

Esta igualdad es el germen de la transformada coseno y motiva la siguiente definición (la aparición de $\sqrt{n}$ y $\sqrt{2}$ se debe simplemente a la costumbre).

Definición 4.2. Si $\theta = \pi/(2n)$, la siguiente matriz

$$C_n = \frac{1}{\sqrt{n}}\begin{bmatrix} 1 & 1 & \cdots & 1 \\ \sqrt{2}\cos\theta & \sqrt{2}\cos(3\theta) & \cdots & \sqrt{2}\cos((2n-1)\theta) \\ \vdots & \vdots & \ddots & \vdots \\ \sqrt{2}\cos((n-1)\theta) & \sqrt{2}\cos(3(n-1)\theta) & \cdots & \sqrt{2}\cos((2n-1)(n-1)\theta) \end{bmatrix} \tag{4.11}$$

es la **matriz coseno** de orden n.

Si $\mathbf{h} \in \mathbb{R}^n$, el vector $C_n\mathbf{h}$ se llama la **transformada coseno** de $\mathbf{h}$ y se representa por $\mathscr{C}(\mathbf{h})$.

Octave La siguiente función de Octave calcula la transformada coseno del vector `h`. Observa que, en este código, la matriz `C` es la matriz C_n de la definición anterior.

```
function c = coseno(h)
h = h(:);
n = length(h);
theta = pi/(2*n);
N = (0:n-1)'*(1:2:2*n-1);
M = cos(theta*N);
D = diag([1 sqrt(2)*ones(1,n-1)]);
C = D*M/sqrt(n);
c = C*h;
```

Fin

El cálculo de la antitransformada es importante. Obviamente, de $\mathbf{c} = C_n\mathbf{h}$ se deduce que $\mathbf{h} = C_n^{-1}\mathbf{c}$ (siempre que la matriz C_n sea invertible); pero vamos a calcular la antitransformada coseno de un modo más eficiente.

Si $\mathbf{c} = [c_0, c_1, \ldots, c_{n-1}]^T \in \mathbb{R}^n$ es conocido, queremos saber si existe y cómo se puede calcular $\mathbf{h} \in \mathbb{R}^n$ de modo que $\mathscr{C}(\mathbf{h}) = C_n\mathbf{h} = \mathbf{c}$. Suponiendo que exista tal $\mathbf{h} = [h_0, h_1, \ldots, h_{n-1}]^T$, definimos $\mathbf{y} \in \mathbb{R}^{2n}$ por medio de (4.8). Sea $\mathscr{F}(\mathbf{y}) = [b_0, b_1, \ldots, b_{2n-1}]^T \in \mathbb{R}^{2n}$ la transformada discreta de Fourier de $\mathbf{y}$ y como $\mathbf{y} = \mathscr{F}^{-1}(\mathscr{F}(\mathbf{y})) = F_{2n}\mathscr{F}(\mathbf{y})$, entonces para $k = 0, \ldots, n-1$,

$$h_k = \omega_{2n}^0 b_0 + \omega_{2n}^k b_1 + \cdots + \omega_{2n}^{k(n-1)} b_{n-1} + \omega_{2n}^{kn} b_n + \omega_{2n}^{k(n+1)} b_{n+1} + \omega_{2n}^{k(n+2)} b_{n+2} + \cdots + \omega_{2n}^{k(2n-1)} b_{2n-1}.$$

El siguiente ejercicio te será útil.

Ejercicio 4.8. Sean $\mathbf{h} \in \mathbb{R}^n$ e $\mathbf{y} \in \mathbb{R}^{2n}$ definido como en (4.8). Si $\mathscr{F}(\mathbf{y}) = [b_0, b_1, \ldots, b_{2n-1}]^T$, prueba que $b_0 \in \mathbb{R}$, $b_n = 0$ y $\overline{b_r} = b_{2n-r}$ para $r = 1, \ldots, n-1$.

Debido a este ejercicio, es útil agrupar los términos que contengan a b_r y b_{2n-r}.

$$h_k = b_0 + \left[\omega_{2n}^k b_1 + \omega_{2n}^{k(2n-1)} b_{2n-1}\right] + \cdots + \left[\omega_{2n}^{k(n-1)} b_{n-1} + \omega_{2n}^{k(n+1)} b_{n+1}\right].$$

Como $\omega_{2n} = \exp(\pi\,\mathrm{j}/n)$, se tiene

$$\omega_{2n}^{kr} b_r + \omega_{2n}^{k(2n-r)} b_{2n-r} = \omega_{2n}^{kr} b_r + \omega_{2n}^{-kr}\overline{b_r} = \omega_{2n}^{kr} b_r + \overline{\omega_{2n}^{kr} b_r} = 2\,\mathrm{Re}\left(\omega_{2n}^{kr} b_r\right),$$

y como b_0 es real, se tiene

$$h_k = \mathrm{Re}\left(b_0 + 2\omega_{2n}^k b_1 + \cdots + 2\omega_{2n}^{(n-1)k} b_{n-1}\right). \tag{4.12}$$

Ahora pondremos cada b_r en función de $\mathbf{c}$ para expresar, usando (4.12), cada h_k en términos de $\mathbf{c}$. Definimos $\mathbf{b} = [b_1, b_2, \ldots, b_{n-1}]^T \in \mathbb{C}^n$ (observa que $\mathbf{b}$ es la “primera mitad” de $\mathscr{F}(\mathbf{y})$). Debido a (4.10) y a la definición de la matriz coseno,

$$\mathbf{b} = \frac{1}{\sqrt{n}} \underbrace{\begin{bmatrix} 1 & 0 & \cdots & 0 \\ 0 & \omega_{2n}^{1/2} & \cdots & 0 \\ \vdots & \vdots & \ddots & \vdots \\ 0 & 0 & \cdots & \omega_{2n}^{(n-1)/2} \end{bmatrix} \begin{bmatrix} 1 & 0 & \cdots & 0 \\ 0 & 1/\sqrt{2} & \cdots & 0 \\ \vdots & \vdots & \ddots & \vdots \\ 0 & 0 & \cdots & 1/\sqrt{2} \end{bmatrix}}_{=D} C_n \mathbf{h} = \frac{1}{\sqrt{n}} D\mathbf{c}.$$

Ya hemos puesto **b** en función de **c**. Retomemos los cálculos presentados en (4.12).

$$\begin{aligned} b_0 + 2\omega_{2n}^{k} b_1 + \cdots + 2\omega_{2n}^{(n-1)k} b_{n-1} = \\ &= \begin{bmatrix} 1 & 2\omega_{2n}^{k} & \cdots & 2\omega_{2n}^{k(n-1)} \end{bmatrix} \begin{bmatrix} b_0 \\ b_1 \\ \vdots \\ b_{n-1} \end{bmatrix} \\ &= \begin{bmatrix} 1 & 2\omega_{2n}^{k} & \cdots & 2\omega_{2n}^{k(n-1)} \end{bmatrix} \mathbf{b} \\ &= \frac{1}{\sqrt{n}} \begin{bmatrix} 1 & 2\omega_{2n}^{k} & \cdots & 2\omega_{2n}^{k(n-1)} \end{bmatrix} D\mathbf{c} \\ &= \frac{1}{\sqrt{n}} \begin{bmatrix} 1 & 2\omega_{2n}^{k} & \cdots & 2\omega_{2n}^{k(n-1)} \end{bmatrix} \begin{bmatrix} 1 & 0 & \cdots & 0 \\ 0 & \omega_{2n}^{1/2}/\sqrt{2} & \cdots & 0 \\ \vdots & \vdots & \ddots & \vdots \\ 0 & 0 & \cdots & \omega_{2n}^{(n-1)/2}/\sqrt{2} \end{bmatrix} \mathbf{c} \\ &= \frac{1}{\sqrt{n}} \begin{bmatrix} 1 & \sqrt{2}\omega_{2n}^{k+1/2} & \cdots & \sqrt{2}\omega_{2n}^{k(n-1)+(n-1)/2} \end{bmatrix} \mathbf{c}. \end{aligned}$$

No perdamos de vista que en (4.12) aparece la parte real de $b_0 + 2\omega_{2n}^{k} b_1 + \cdots + 2\omega_{2n}^{(n-1)k} b_{n-1}$ y que **c** es un vector real. Por tanto, vamos a tomar la parte real de $\omega_{2n}^{kr+r/2}$ para $r = 1, \ldots, n-1$. Recuerda que $\omega_{2n} = \exp(\pi \, \mathrm{j}/n)$ y $\theta = \pi/(2n)$.

$$\omega_{2n}^{kr+r/2} = \exp\left(\left(kr + \frac{r}{2}\right)\frac{\pi \, \mathrm{j}}{n}\right) = \exp\left(\pi \, \mathrm{j} \, \frac{2kr + r}{2n}\right) = \cos\left((2k+1)r\theta\right) + \mathrm{j}\,\mathrm{sen}\left((2k+1)r\theta\right).$$

Por tanto,

$$\begin{aligned} h_k &= \mathrm{Re}\left(b_0 + 2\omega_{2n}^{k} b_1 + \cdots + 2\omega_{2n}^{(n-1)k} b_{n-1}\right) \\ &= \frac{1}{\sqrt{n}} \begin{bmatrix} 1 & \sqrt{2}\cos((2k+1)\theta) & \cdots & \sqrt{2}\cos((2k+1)(n-1)\theta) \end{bmatrix} \mathbf{c}. \end{aligned}$$

De forma matricial:

$$\mathbf{h} = \frac{1}{\sqrt{n}} \begin{bmatrix} 1 & \sqrt{2}\cos\theta & \cdots & \sqrt{2}\cos(\theta(n-1)) \\ 1 & \sqrt{2}\cos(3\theta) & \cdots & \sqrt{2}\cos(3(n-1)\theta) \\ \vdots & \vdots & \ddots & \vdots \\ 1 & \sqrt{2}\cos((2n-1)\theta) & \cdots & \sqrt{2}\cos((2n-1)(n-1)\theta) \end{bmatrix} \mathbf{c}. \qquad (4.13)$$

Resumamos lo que hemos hecho hasta ahora: dado $\mathbf{c} \in \mathbb{R}^n$, hemos demostrado que, si existe $\mathbf{h} \in \mathbb{R}^n$ tal que $C_n\mathbf{h} = \mathbf{c}$, entonces este $\mathbf{h}$ es único y viene forzosamente dado por (4.13). Es decir, hemos encontrado la expresión para la transformada coseno inversa[10].

Pero resulta que la matriz cuadrada que aparece en (4.13) es ¡la traspuesta de la matriz C_n que aparece en (4.11)! Esto permite calcular la inversa de la transformada coseno discreta sin invertir ninguna matriz.

Teorema 4.7. La antitransformada coseno

Sea C_n la matriz coseno que aparece en (4.11). Entonces

$$C_n^{-1} = C_n^T.$$

Como consecuencia, la transformada coseno inversa de $\mathbf{c} \in \mathbb{R}^n$ es $\mathscr{C}^{-1}(\mathbf{c}) = C_n^T\mathbf{c}$.

Octave La siguiente función de Octave calcula la antitransformada coseno del vector c.

```
function h = cosenoi(c)
c = c(:);
n = length(c);
theta = pi/(2*n);
N = (0:n-1)'*(1:2:2*n-1);
M = cos(theta*N);
D = diag([1 sqrt(2)*ones(1,n-1)]);
C = D*M/sqrt(n);
h = C'*c;
```

Fin

Teorema 4.8. La norma de la transformada discreta coseno

Si $\mathbf{h} \in \mathbb{R}^n$, entonces

$$||\mathbf{h}|| = ||\mathscr{C}(\mathbf{h})||.$$

DEMOSTRACIÓN. Observa que del teorema 4.7 se deduce $C_n^T C_n = I_n$. Luego,

$$||\mathscr{C}(\mathbf{h})||^2 = ||C_n\mathbf{h}||^2 = (C_n\mathbf{h})^T(C_n\mathbf{h}) = \mathbf{h}^T C_n^T C_n\mathbf{h} = \mathbf{h}^T I_n\mathbf{h} = \mathbf{h}^T\mathbf{h} = ||\mathbf{h}||^2. \qquad \square$$

[10] Para los más puristas: hemos demostrado la unicidad de la solución de $C_n\mathbf{h} = \mathbf{c}$, pero no la existencia. Pero un resultado de álgebra matricial establece que, si una matriz A es cuadrada, entonces el sistema $A\mathbf{x} = \mathbf{b}$ tiene solución única para cualquier $\mathbf{b}$ si y solo si A es invertible. Por tanto, la matriz C es invertible y $\mathbf{h} = C_n^{-1}\mathbf{c}$.

4.7. La transformada discreta coseno bidimensional

La idea fundamental del sistema de compresión JPG es aplicar la transformada coseno a una matriz (y no a un vector), ya que una imagen se puede tratar como tal. Por tanto, en esta sección vamos a ver cómo se puede definir de forma natural la transformada coseno de una matriz.

Vamos a suponer que la matriz que queremos transformar es una matriz de tamaño $n \times m$. En realidad, el primer paso del sistema de compresión JPG es dividir la fotografía en bloques 8×8 y aplicar la transformada coseno a cada bloque. Podemos considerar una matriz M de tamaño $n \times m$ como un operador de $\mathbb{R}^m$ a $\mathbb{R}^n$ que actúa $\mathbf{x} \mapsto M\mathbf{x}$.

$$\begin{array}{ccc} & C_m & \\ \mathbb{R}^m & \longrightarrow & \mathbb{R}^m \\ M \downarrow & & \downarrow \\ \mathbb{R}^n & \longrightarrow & \mathbb{R}^n \\ & C_n & \end{array}$$

Figura 4.15.

Fíjate en la figura 4.15. A la izquierda están los objetos que van a ser transformados por $\mathscr{C}$ y, a la derecha, los que han sido transformados por $\mathscr{C}$. Si queremos definir la "transformada de M por medio de $\mathscr{C}$", podemos exigir que sea equivalente ir desde la esquina superior izquierda a la esquina inferior derecha por los dos caminos distintos. Si $\mathscr{C}(M)$ denota la transformada de la matriz M por medio de $\mathscr{C}$, parece lógico que se deba cumplir $C_n M = \mathscr{C}(M) C_m$. Observa en la figura 4.16 estos dos caminos.

$$\begin{array}{ccc} \mathbb{R}^m & & \mathbb{R}^m \\ M \downarrow & & \\ \mathbb{R}^n & \longrightarrow & \mathbb{R}^n \\ & C_n & \end{array} \quad = \quad \begin{array}{ccc} & C_m & \\ \mathbb{R}^m & \longrightarrow & \mathbb{R}^m \\ & & \downarrow \mathscr{C}(M) \\ \mathbb{R}^n & & \mathbb{R}^n \end{array}$$

Figura 4.16.

Como $C_n M = \mathscr{C}(M) C_m$ y $C_m^{-1} = C_m^T$, podemos despejar $\mathscr{C}(M)$. Esto nos lleva a la siguiente definición.

Definición 4.3. Sea M una matriz de orden $n \times m$. La **transformada coseno bidimensional** de M (o simplemente la transformada coseno de M) se define como

$$\mathscr{C}(M) = C_n M C_m^T.$$

Observa que, si M es una matriz $n \times m$, entonces $\mathscr{C}(M)$ es también otra matriz $n \times m$ (recuerda que C_k es una matriz cuadrada $k \times k$).

Por supuesto, tenemos que saber dar el paso opuesto: es decir, dada una matriz N, ¿cómo hallar la matriz M tal que $\mathscr{C}(M) = N$? Esto es fácil si de $C_n M C_m^T = N$ despejamos M. Ten en cuenta que $C_n^{-1} = C_n^T$ y $C_m^{-1} = C_m^T$.

Figura 4.17. Esta figura es de dominio público y puede descargarse en la siguiente dirección de internet: `http://www.wpclipart.com/recreation/games/chess`.

Teorema 4.9. La antitransformada coseno bidimensional

Sea N una matriz de orden $n \times m$. La **antitransformada coseno bidimensional** de N (o simplemente la antitransformada coseno de N) es

$$\mathscr{C}^{-1}(N) = C_n^T N C_m.$$

Octave Las funciones `cosb.m` y `cosbi.m` calculan la transformada y la antitransformada coseno de una matriz. Es cómodo crear una función previa que calcula la matriz coseno de orden arbitrario.

```
function C = matrizc(n)
theta = pi/(2*n);
A = (0:n-1)'*(1:2:2*n-1);
B = cos(theta*A);
D = diag([1 sqrt(2)*ones(1,n-1)]);
C = D*B/sqrt(n);

function N = cosb(M)
[n m] = size(M);
Cn = matrizc(n); Cm = matrizc(m);
N = Cn*M*Cm';

function M = cosbi(N)
[n m] = size(N);
Cn = matrizc(n); Cm = matrizc(m);
M = Cn'*N*Cm;
```

Fin

Octave En este ejemplo veremos cómo usar Octave para empezar a entender el sistema de compresión JPG. Si hemos cargado la figura 4.17 con el nombre `rey.jpg`, entonces la orden

```
A = imread('rey.jpg');
```

crea la matriz A, donde se almacena el fichero gráfico. No olvides el punto y coma para que no muestre el resultado (en este ejemplo, A es una matriz 500×500). Como solo hay píxeles blancos y negros, las entradas de A toman el valor 0 (negro) o 255 (blanco). La función `imread` crea una matriz de enteros de tipo 8 bits (que tienen una aritmética más restringida que la de los complejos). Para manipular la matriz A, convertimos las entradas de esta matriz a números complejos con el comando

```
A = double(A);
```

Usamos la función `cosb` para hallar la transformada coseno de la matriz A.

```
AC = cosb(A);
```

Si ejecutamos `mean(mean(abs(AC)))`, obtenemos 15.187, que es la media del valor absoluto de todas las entradas de AC. Pero, si ejecutamos `max(max(abs(AC)))`, obtenemos 10 396, lo que nos indica que hay muchas entradas de AC pequeñas. Con

```
indices = find(abs(AC)<1000);
```

buscamos las entradas de AC que son menores en valor absoluto a 1000. Mediante la orden `length(indices)` podemos observar que hay 249 708 entradas de este tipo (de un total de $500^2 = 250\,000$). Anulamos estas entradas (el 99.883 % de las entradas) y antitransformamos:

```
AC(indices) = 0;
B = cosbi(AC);
```

Convertimos B a una matriz de enteros de tipo 8 bits.

```
B = uint8(B);
```

Por último, creamos el fichero JPG correspondiente.

```
imwrite(B,'reybis.jpg')
```

En la figura 4.18 se muestran tres ficheros gráficos. El primero es el descrito. En el segundo se anulan las componentes de AC menores en valor aboluto a 500. En el tercero se anulan las componentes de AC menores en valor aboluto a 100. Si descartamos las entradas de AC menores en valor absoluto a 20, logramos una compresión del 88.06 % y una imagen prácticamente indistinguible de la original. ______________ **Fin**

Si has ejecutado este último ejemplo, puedes observar que los pasos de transformar y antitransformar son lentos (y eso que lo hemos hecho para una imagen muy sencilla: solo blancos y negros, sin grises, sin colores y relativamente pequeña). Una idea básica del sistema JPG evita la manipulación de matrices grandes. Por fin, describiremos el sistema JPG en la sección siguiente.

Figura 4.18. En el gráfico de la izquierda se ha logrado una compresión del 99.83 %. En el central del 99.76 %. En el de la derecha del 98.17 %.

4.8. El sistema de compresión JPG

Ya que uno de los pasos del sistema JPG es anular algunas entradas de la matriz transformada de la imagen, vamos a analizar estos cambios.

Sean E_{rs} la matriz de orden n cuya entrada (r, s) es 1 y el resto de sus entradas son nulas y G_{rs} la antitransformada coseno de E_{rs}. Un cambio en la entrada (r, s) de la transformada de una imagen se ve reflejada si observamos la imagen asociada a G_{rs}. Observa el esquema siguiente: las matrices G_{rs} corresponden a las imágenes y las matrices E_{rs} son las transformadas cosenos de G_{rs}.

$$\begin{array}{ccc} \text{Imágenes} & \Longleftrightarrow & \text{Frecuencias} \\ G_{rs} & \Longleftrightarrow & E_{rs} \end{array}$$

En la figura 4.19 se muestran las imágenes correspondientes a las matrices G_{rs} para $n = 4$. Si quieres ver cómo se han generado con Octave, consulta el párrafo que sigue.

Octave Para generar la primera imagen de la figura 4.19 se han usado las siguientes instrucciones:

```
ac = zeros(4,4);
ac(1,1) = 255;
a = uint8(cosbi(ac));
imwrite(a,'c11.jpg')
```

Fin

Es posible que algunas fórmulas ayuden a entender tanto la figura 4.19 como la idea básica del sistema de compresión JPG.

Sean A una matriz cuadrada de tamaño $n \times n$ y $\mathscr{C}(A)$ su transformada coseno. Recuerda que las matrices E_{rs} tienen un 1 en la posición (r, s) y tienen 0 en las posiciones restantes, por lo que, si λ_{rs} es la entrada (r, s) de $\mathscr{C}(A)$, entonces

$$\mathscr{C}(A) = \sum_{r,s} \lambda_{rs} E_{rs}.$$

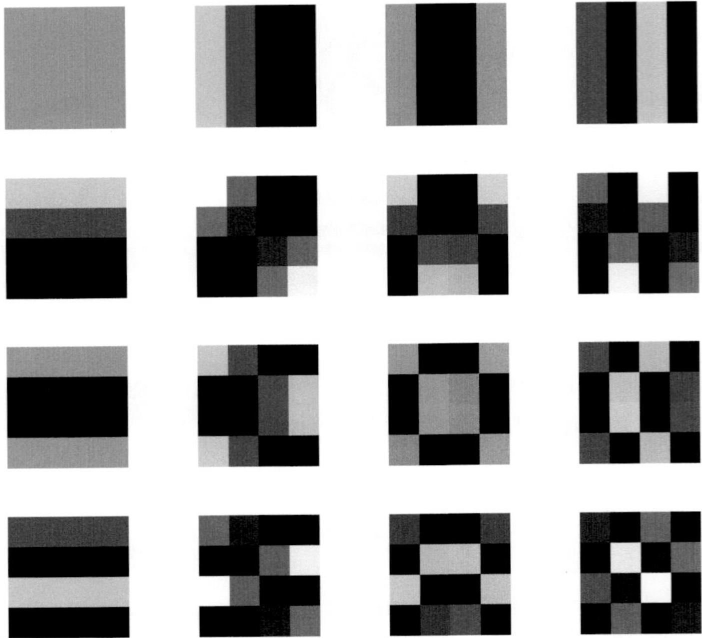

Figura 4.19. Cualquier imagen 4×4 es una combinación de estas 16 imágenes.

Si no entiendes esta última igualdad, observa la siguiente, que no es más que la igualdad análoga, pero con matrices cuadradas de orden 2:

$$\begin{bmatrix} a & b \\ c & d \end{bmatrix} = a\begin{bmatrix} 1 & 0 \\ 0 & 0 \end{bmatrix} + b\begin{bmatrix} 0 & 1 \\ 0 & 0 \end{bmatrix} + c\begin{bmatrix} 0 & 0 \\ 1 & 0 \end{bmatrix} + d\begin{bmatrix} 0 & 0 \\ 0 & 1 \end{bmatrix}.$$

Como la antitransformada coseno de una matriz X de tamaño $n \times m$ es $C_n^T X C_m$, entonces

$$A = \mathscr{C}^{-1}(\mathscr{C}(A)) = C_n^T \mathscr{C}(A) C_n = C_n^T \left(\sum_{r,s} \lambda_{rs} E_{rs} \right) C_n = \sum_{r,s} \lambda_{rs} C_n^T E_{rs} C_n = \sum_{r,s} \lambda_{rs} \mathscr{C}^{-1}(E_{rs})$$
$$= \sum_{r,s} \lambda_{rs} G_{rs}.$$

Luego, la imagen original (representada por medio de la matriz A) se descompone como combinación de las matrices G_{rs}. Para $n = m = 4$, las imágenes asociadas a estas matrices $G_{r,s}$ son las que aparecen en la figura 4.19. Cuanto más abajo y más a la derecha se encuentren estas imágenes, "menos uniformes" serán. Veamos para n y m arbitrarios la razón de esta "menor uniformidad".

Vamos a denotar por $[M]_{uv}$ la entrada (u, v) de una matriz arbitraria M. Como

$$\left[\mathscr{C}^{-1}(E_{rs})\right]_{uv} = \sum_{k=0}^{n-1} [C_n^T]_{uk} [E_{rs} C_n]_{kv},$$

antes tenemos que ser capaces de calcular $[E_{rs}C_n]_{kv}$. Puesto que $[E_{rs}]_{km} = 1$ si $(r,s) = (k,m)$ y $[E_{rs}]_{km} = 0$ si $(r,s) \neq (k,m)$, entonces

$$[E_{rs}C_n]_{kv} = \sum_{m=0}^{n-1}[E_{rs}]_{km}[C_n]_{mv} = \begin{cases} [C_n]_{sv} & \text{si } r = k, \\ 0 & \text{si } r \neq k. \end{cases}$$

Luego,

$$\left[\mathscr{C}^{-1}(E_{rs})\right]_{uv} = \sum_{k=0}^{n-1}[C_n^T]_{uk}[E_{rs}C_n]_{kv} = [C_n^T]_{ur}[C_n]_{sv} = [C_n]_{ru}[C_n]_{sv}.$$

Las entradas de la matriz C_n están escritas en (4.11). Observamos que, cuanto mayores sean r y s, las frecuencias de $\mathscr{C}^{-1}(E_{rs})$ son mayores. Y a mayor frecuencia, más oscilación. Esta es la razón de que en la figura 4.19, cuanto más cerca estemos de la posición sureste, la uniformidad es menor.

Otra idea del sistema de compresión JPG es que, a escalas pequeñas, los cambios son pequeños. Por tanto, si analizamos un segmento pequeño de una imagen, podemos eliminar las altas frecuencias sin perjudicar la calidad de la imagen. Con esto, ya disponemos el esquema básico.

Imagen original → Dividir la imagen en fragmentos pequeños →

→ Eliminar las altas frecuencias de cada fragmento pequeño → Juntar los fragmentos.

El sistema de compresión JPG divide la imagen original en bloques de 8×8 píxeles (un tamaño realmente pequeño). El siguiente paso es "suavizar" cada bloque, es decir, eliminar las altas frecuencias. ¿Cómo eliminamos las altas frecuencias de cada bloque 8×8?

Sea A una matriz 8×8 (que corresponde a un bloque cuadrado de 8×8 píxeles). Primero se calcula $\mathscr{C}(A) = C_8 A C_8^T$. Como esta operación hay que hacerla para cada bloque, resulta que la matriz C_8 solo hay que calcularla una vez (de hecho, ya está implementada y no hay que calcularla nunca, ya que viene "de fábrica"). Para cada entrada (r,s) de $\mathscr{C}(A)$, el sistema JPEG calcula $[\mathscr{C}(A)]_{rs}/q_{rs}$ y redondea el resultado al entero más próximo. Como resulta que deseamos eliminar las frecuencias mayores, los números q_{rs} deben ser mayores a medida que r y s aumentan. La matriz $Q = (q_{rs})$ se llama **cuantizador.** Este es el paso donde se pierde información; pero se trata de información irrelevante. Una elección muy usada para Q es

$$Q = \begin{bmatrix} 16 & 11 & 10 & 16 & 24 & 40 & 51 & 61 \\ 12 & 12 & 14 & 19 & 26 & 40 & 57 & 69 \\ 14 & 13 & 16 & 24 & 40 & 57 & 69 & 56 \\ 14 & 17 & 22 & 29 & 51 & 87 & 80 & 62 \\ 18 & 22 & 37 & 56 & 68 & 109 & 103 & 77 \\ 24 & 35 & 55 & 64 & 81 & 104 & 113 & 92 \\ 49 & 64 & 78 & 87 & 103 & 121 & 120 & 101 \\ 72 & 92 & 95 & 98 & 112 & 100 & 103 & 99 \end{bmatrix}.$$

Esta matriz, recomendada por la International Telecommuncation Union y que ha sido copiada de la página `http://www.w3.org/Graphics/JPEG/itu-t81.pdf`, se ha obtenido de forma empírica y ha sido usada con buenos resultados (pero pueden emplearse otras matrices concretas).

Por último, se antitransforma la matriz $[\mathscr{C}(A)]_{rs}/q_{rs}$. Esta última matriz es la que se representa gráficamente.

Ejemplo 4.8. Consideremos el siguiente bloque:

$$A = \begin{bmatrix} 148 & 146 & 148 & 148 & 148 & 147 & 146 & 148 \\ 27 & 30 & 40 & 60 & 90 & 138 & 145 & 146 \\ 20 & 22 & 21 & 22 & 20 & 24 & 84 & 146 \\ 66 & 60 & 38 & 23 & 24 & 20 & 23 & 72 \\ 148 & 147 & 146 & 125 & 47 & 22 & 22 & 23 \\ 148 & 148 & 144 & 146 & 144 & 44 & 20 & 20 \\ 148 & 145 & 148 & 147 & 146 & 99 & 25 & 22 \\ 147 & 146 & 148 & 146 & 148 & 122 & 20 & 21 \end{bmatrix}.$$

Esta matriz corresponde a la imagen a) de la figura 4.20.

a) 

b) 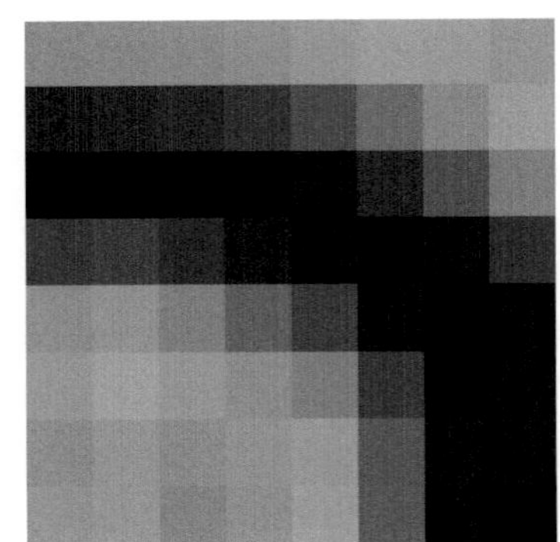

Figura 4.20. La imagen original y la imagen comprimida de este ejemplo. Recuerda que estos dos bloques son 8×8 y, por tanto, en una foto corriente son muy pequeños.

Guardamos esta matriz en `A`. A continuación calculamos la transformada coseno bidimensional de `A` y la almacenamos en `B`. La matriz cuya entrada (r,s) es B_{rs}/q_{rs} (si previamente hemos guardado la matriz `Q`) se calcula mediante `B./Q` (no olvides que, en Octave, la división entrada a entrada se hace con ./ y no con /). Por último, redondeamos al entero más próximo y obtenemos la matriz

$$\mathtt{R} = \mathtt{round(B./Q)} = \begin{bmatrix} 45 & 11 & -3 & -1 & 1 & -1 & 0 & 0 \\ -3 & -21 & 8 & -1 & -1 & 1 & 0 & 0 \\ 14 & -3 & -4 & 2 & 0 & 0 & 0 & 0 \\ 12 & 7 & -2 & 0 & 0 & 0 & 0 & 0 \\ 2 & 4 & 0 & 0 & 0 & 0 & 0 & 0 \\ 0 & 0 & 0 & 0 & 0 & 0 & 0 & 0 \\ 0 & 0 & 0 & 0 & 0 & 0 & 0 & 0 \\ 0 & 0 & 0 & 0 & 0 & 0 & 0 & 0 \end{bmatrix}.$$

Es en este último paso de redondeo donde se ha perdido información. Pero observa que esta última matriz solo tiene 21 entradas no nulas. Así, en vez de almacenar 64 entradas numéricas, solo tenemos que almacenar 21 entradas enteras. ¡Una reducción considerable!

Ahora tenemos que "deshacer el proceso" para recuperar la imagen (o matriz) original. Eso sí, un poco distorsionada. Primero multiplicamos entrada a entrada R por Q y aplicamos la transformada inversa coseno discreta bidimensional a este último resultado. Por último redondeamos las entradas y obtenemos

$$\begin{bmatrix} 137 & 135 & 139 & 144 & 147 & 155 & 157 & 146 \\ 44 & 46 & 54 & 65 & 83 & 112 & 141 & 156 \\ 2 & 8 & 8 & 9 & 21 & 50 & 91 & 128 \\ 68 & 73 & 58 & 35 & 20 & 12 & 29 & 65 \\ 140 & 149 & 130 & 100 & 72 & 25 & 2 & 25 \\ 148 & 164 & 152 & 141 & 127 & 66 & 15 & 26 \\ 138 & 153 & 142 & 147 & 155 & 92 & 25 & 27 \\ 145 & 154 & 135 & 143 & 160 & 95 & 18 & 15 \end{bmatrix}.$$

La imagen correspondiente a esta última matriz está representada en la imagen b) de la figura 4.20. ______ **Fin**

4.9. Sistemas independientes del tiempo. Matrices circulantes

En bastantes secciones de este tema hemos pensado que un vector $\mathbf{v} \in \mathbb{C}^n$ es una señal donde su n-ésima componente expresa el "comportamiento" de la señal en el tiempo n. A veces interesa modificar esta señal, por ejemplo, amplificarla. Observa que una modificación de una señal $\mathbf{v} \in \mathbb{C}^n$ es otra señal que depende de $\mathbf{v}$, que denotaremos $T(\mathbf{v})$. Supondremos que $T(\mathbf{v})$ también tiene n coordenadas, es decir, $T(\mathbf{v}) \in \mathbb{C}^n$. Y así, $T : \mathbb{C}^n \to \mathbb{C}^n$ es una transformación.

¿Qué características debe tener esta transformación T? Parece razonable que el efecto de dos señales juntas debería ser la suma de las dos señales por separado: esto es, $T(\mathbf{u}+\mathbf{v}) = T(\mathbf{u}) + T(\mathbf{v})$. Además, si multiplicamos una señal por una cierta cantidad α, el *output* debería multiplicarse también por α, esto es, $T(\alpha\mathbf{v}) = \alpha T(\mathbf{v})$. Estas dos condiciones establecen que

T es una aplicación lineal. Y cuando ocurre esto, T se puede escribir de forma matricial: si $\mathbf{e}_0, \mathbf{e}_1, \dots, \mathbf{e}_{n-1}$ es la base canónica de $\mathbb{C}^n$, entonces

$$T(\mathbf{v}) = T(v_0\mathbf{e}_0 + \dots + v_{n-1}\mathbf{e}_{n-1}) = v_0 T(\mathbf{e}_0) + \dots + v_{n-1} T(\mathbf{e}_{n-1}) = [T(\mathbf{e}_0) \cdots T(\mathbf{e}_{n-1})] \begin{bmatrix} v_0 \\ \vdots \\ v_{n-1} \end{bmatrix}.$$

A partir de ahora vamos a denotar la matriz $[T(\mathbf{e}_0) \cdots T(\mathbf{e}_{n-1})]$ también por T.

Otra condición natural es que, si retrasamos la señal un cierto tiempo, el único efecto que debería tener el *output* es que se retrase el mismo tiempo. Vamos a formalizar esta condición, y para ello no olvides que las señales son periódicas. Por ejemplo, la señal $\mathbf{v} = [a, b, c]^T$ corresponde a la sucesión $[\dots, a, b, c, a, b, c, a, b, c, \dots]$.

Observa que, si retrasamos la señal $[v_0, v_1, \dots, v_{n-1}]^T$ una unidad temporal, obtenemos la señal $[v_{n-1}, v_0, \dots, v_{n-3}, v_{n-2}]^T$. La siguiente tabla aclara esta situación:

Tiempo	$\cdots$	-2	-1	0	1	$\cdots$	$n-2$	$n-1$	n	$n+1$	$\cdots$
Señal sin retrasar	$\cdots$	v_{n-2}	v_{n-1}	v_0	v_1	$\cdots$	v_{n-2}	v_{n-1}	v_0	v_1	$\cdots$
Señal retrasada	$\cdots$	v_{n-3}	v_{n-2}	v_{n-1}	v_0	$\cdots$	v_{n-3}	v_{n-2}	v_{n-1}	v_0	$\cdots$

Por lo que el retraso en una unidad temporal viene dado por la transformación R dada por

$$\mathbf{v} = [v_0, v_1, \dots, v_{n-2}, v_{n-1}]^T \longrightarrow [v_{n-1}, v_0, v_1 \dots, v_{n-3}, v_{n-2}]^T = R\mathbf{v}.$$

Esta transformación se puede escribir de forma matricial como sigue:

$$R\mathbf{v} = \begin{bmatrix} v_{n-1} \\ v_0 \\ v_1 \\ \vdots \\ v_{n-3} \\ v_{n-2} \end{bmatrix} = \underbrace{\begin{bmatrix} 0 & 0 & 0 & \cdots & 0 & 0 & 1 \\ 1 & 0 & 0 & \cdots & 0 & 0 & 0 \\ 0 & 1 & 0 & \cdots & 0 & 0 & 0 \\ \vdots & \vdots & \vdots & \ddots & \vdots & \vdots & \vdots \\ 0 & 0 & 0 & \cdots & 1 & 0 & 0 \\ 0 & 0 & 0 & \cdots & 0 & 1 & 0 \end{bmatrix}}_{=R} \underbrace{\begin{bmatrix} v_0 \\ v_1 \\ \vdots \\ v_{n-3} \\ v_{n-2} \\ v_{n-1} \end{bmatrix}}_{=\mathbf{v}}. \tag{4.14}$$

Evidentemente, el retraso en k unidades temporales de la señal $\mathbf{v}$ es $R^k\mathbf{v}$.

Sea $T\mathbf{h}$ el *output* de una señal $\mathbf{h}$. El *output* de una señal $\mathbf{v}$ retrasada k unidades de tiempo es $TR^k\mathbf{v}$. Si retrasamos k unidades de tiempo el *output* de una señal $\mathbf{v}$, obtenemos $R^kT\mathbf{v}$. Es intuitivo que, si se retrasa una señal un cierto tiempo, entonces el único efecto que debería tener el *output* es que se retrase el mismo tiempo. Esto conduce a la siguiente definición.

Definición 4.4. Sea T una matriz cuadrada de orden n. Se dice que T es **circulante** si

$$TR^k = R^k T$$

para todo $k \in \mathbb{N}$, siendo R la matriz cuadrada de orden n que aparece en la igualdad (4.14).

La razón del nombre *circulante* se entenderá mejor un poco más adelante.

Ejercicio 4.9. Sean T y R dos matrices cuadradas del mismo tamaño. Prueba que, si $TR = RT$, entonces $TR^k = R^k T$ para todo natural k.

Evidentemente, este ejercicio nos dice que para comprobar que T es circulante basta comprobar $TR = RT$.

4.9.1. Propiedades de las matrices circulantes

Vamos a ver las propiedades más importantes de las matrices circulantes. Para ello, la siguiente igualdad será útil: si $\mathbf{h} \in \mathbb{C}^n$, entonces[11]

$$[F_n R\mathbf{h}]_k = \omega_n^k [F_n \mathbf{h}]_k \qquad \text{para } k = 0, 1, \ldots, n-1.$$

Probemos ahora esta expresión: debido a la definición de la matriz de Fourier de orden n, y si denotamos $\mathbf{h} = [h_0, h_1, \ldots, h_{n-1}]^T$, entonces

$$\begin{aligned}
[F_n R\mathbf{h}]_k &= [R\mathbf{h}]_0 + \omega_n^k [R\mathbf{h}]_1 + \omega_n^{2k} [R\mathbf{h}]_2 + \cdots + \omega_n^{(n-1)k} [R\mathbf{h}]_{n-1} \\
&= h_{n-1} + \omega_n^k h_0 + \omega_n^{2k} h_1 + \cdots + \omega_n^{(n-1)k} h_{n-2} \\
&= \omega_n^k \left(\omega_n^{-k} h_{n-1} + h_0 + \omega_n^k h_1 + \cdots + \omega_n^{(n-2)k} h_{n-2} \right) \\
&= \omega_n^k \left(\omega_n^{n-k} h_{n-1} + h_0 + \omega_n^k h_1 + \cdots + \omega_n^{(n-2)k} h_{n-2} \right) \\
&= \omega_n^k [F_n \mathbf{h}]_k .
\end{aligned}$$

Escribiremos de forma matricial esta última igualdad: si denotamos $F_n R\mathbf{h} = [b_0, b_1, \ldots, b_{n-1}]^T$ y $F_n \mathbf{h} = [c_0, c_1, \ldots, c_{n-1}]^T$, entonces

$$F_n R\mathbf{h} = \begin{bmatrix} b_0 \\ b_1 \\ \vdots \\ b_{n-2} \\ b_{n-1} \end{bmatrix} = \begin{bmatrix} c_0 \\ \omega_n c_1 \\ \vdots \\ \omega_n^{n-2} c_{n-2} \\ \omega_n^{n-1} c_{n-1} \end{bmatrix} = \underbrace{\begin{bmatrix} 1 & 0 & \cdots & 0 & 0 \\ 0 & \omega_n & \cdots & 0 & 0 \\ \vdots & \vdots & \ddots & \vdots & \vdots \\ 0 & 0 & \cdots & \omega_n^{n-2} & 0 \\ 0 & 0 & \cdots & 0 & \omega_n^{n-1} \end{bmatrix}}_{=D} \begin{bmatrix} c_0 \\ c_1 \\ \vdots \\ c_{n-2} \\ c_{n-1} \end{bmatrix} = DF_n \mathbf{h}.$$

Por lo que

$$F_n R = DF_n. \tag{4.15}$$

[11] $[\mathbf{v}]_k$ denota la k-ésima coordenada del vector $\mathbf{v} \in \mathbb{C}^n$ para $k = 0, \ldots, n-1$.

Ejercicio 4.10. Halla los valores y vectores propios de R. *Ayuda:* usa la igualdad (4.15).

Ejercicio 4.11. Usa la igualdad (4.15) y $\omega_n^n = 1$ para probar $R^n = I$. Prueba que R es invertible y expresa R^{-1} en función de las potencias naturales de R.

Octave Para implementar la matriz R de orden $n = 3$ en Octave se pueden ejecutar las siguientes órdenes:

```
n = 3;
R = eye(n)(:,[2:n,1])
```

Por supuesto, con `[X D] = eig(R)` puedes conjeturar los valores y vectores propios de R para cualquier natural n. **Fin**

En el siguiente resultado se caracterizan las matrices circulantes. Para la demostración es útil observar que, si $\mathbf{e}_0, \ldots, \mathbf{e}_{n-1}$ es la base canónica de $\mathbb{C}^n$ y M es una matriz, entonces la columna k-ésima de M es $M\mathbf{e}_k$.

Teorema 4.10. Caracterización de las matrices circulantes

Sean T una matriz cuadrada $n \times n$ y $\mathbf{t}_0, \ldots, \mathbf{t}_{n-1}$ sus columnas. Entonces equivalen

a) T es circulante, esto es, $TR = RT$.

b) $R\mathbf{t}_k = \mathbf{t}_{k+1}$ para $k = 0, \ldots, n-2$.

c) T es diagonalizable, las columnas de F_n^{-1} forman una base de vectores propios y la componente k-ésima de $F_n\mathbf{t}_0$ es el valor propio correspondiente al vector propio que está en la columna k-ésima de F_n^{-1}.

DEMOSTRACIÓN.

a) $\Rightarrow$ b): para $k = 0, \ldots, n-2$, se cumple $R\mathbf{t}_k = RT\mathbf{e}_k = TR\mathbf{e}_k = T\mathbf{e}_{k+1} = \mathbf{t}_{k+1}$.

b) $\Rightarrow$ a): para $k = 0, \ldots, n-2$ se tiene $RT\mathbf{e}_k = R\mathbf{t}_k = \mathbf{t}_{k+1} = T\mathbf{e}_{k+1} = TR\mathbf{e}_k$. Ahora vamos a demostrar que $RT\mathbf{e}_{n-1} = TR\mathbf{e}_{n-1}$. Observa que la hipótesis nos permite probar $R\mathbf{t}_0 = \mathbf{t}_1$, $R^2\mathbf{t}_0 = R\mathbf{t}_1 = \mathbf{t}_2$, y así hasta $R^{n-1}\mathbf{t}_0 = \mathbf{t}_{n-1}$. Como $R^n = I$, entonces $\mathbf{t}_0 = R\mathbf{t}_{n-1}$, luego, $RT\mathbf{e}_{n-1} = R\mathbf{t}_{n-1} = \mathbf{t}_0$. Por otra parte, es fácil ver que $R\mathbf{e}_{n-1} = \mathbf{e}_0$; por lo que $TR\mathbf{e}_{n-1} = T\mathbf{e}_0 = \mathbf{t}_0$.

Hemos demostrado que $TR\mathbf{e}_k = RT\mathbf{e}_k$ para todo $k = 0, \ldots, n-1$. Por tanto,

$$\begin{aligned} TR &= TRI = TR[\mathbf{e}_0 \ \cdots \ \mathbf{e}_{n-1}] \\ &= [TR\mathbf{e}_0 \ \cdots \ TR\mathbf{e}_{n-1}] = [RT\mathbf{e}_0 \ \cdots \ RT\mathbf{e}_{n-1}] = RT[\mathbf{e}_0 \ \cdots \ \mathbf{e}_{n-1}] = RTI = RT. \end{aligned}$$

b) ⇒ c): sea $\mathbf{t}_0 = [c_0, c_1, \ldots, c_{n-1}]^T$ la primera columna de T. La segunda columna de T es $\mathbf{t}_1 = R\mathbf{t}_0 = [c_{n-1}, c_0, \ldots, c_{n-2}]^T$. Y así sucesivamente hasta tener:

$$T = \begin{bmatrix} c_0 & c_{n-1} & c_{n-2} & \cdots & c_2 & c_1 \\ c_1 & c_0 & c_{n-1} & \cdots & c_3 & c_2 \\ c_2 & c_1 & c_0 & \cdots & c_4 & c_3 \\ \vdots & \vdots & \vdots & \ddots & \vdots & \vdots \\ c_{n-2} & c_{n-3} & c_{n-4} & \cdots & c_0 & c_{n-1} \\ c_{n-1} & c_{n-2} & c_{n-3} & \cdots & c_1 & c_0 \end{bmatrix}.$$

Observando esta matriz T, se tiene

$$T = c_0 I + c_1 R + c_2 R^2 + \cdots + c_{n-1} R^{n-1}.$$

La igualdad (4.15) nos dice que $R = F_n^{-1} D F_n$. Por lo que

$$T = c_0 I + c_1 F_n^{-1} D F_n + \cdots + c_{n-1} F_n^{-1} D^{n-1} F_n = F_n^{-1} (c_0 I + c_1 D + \cdots + c_{n-1} D^n) F_n.$$

Como D es diagonal, $\Delta = c_0 I + c_1 D + \cdots + c_{n-1} D^n$ es también diagonal. Como $T = F_n^{-1} \Delta F_n$, entonces T es diagonalizable y las columnas de F_n^{-1} forman una base de vectores propios.

Los valores propios de T son los términos de la diagonal de $c_0 + c_1 D + \cdots + c_{n-1} D^n$. Si usamos la definición de D (justo antes de la igualdad (4.15)), los valores propios (en columna) son

$$\begin{bmatrix} c_0 + c_1 + \cdots + c_{n-1} \\ c_0 + c_1 \omega_n + \cdots + c_{n-1} \omega_n^{n-1} \\ \vdots \\ c_0 + c_1 \omega_n^{n-1} + \cdots + c_{n-1} \omega_n^{(n-1)(n-1)} \end{bmatrix} = \begin{bmatrix} 1 & 1 & \cdots & 1 \\ 1 & \omega_n & \cdots & \omega_n^{n-1} \\ \vdots & \vdots & \ddots & \vdots \\ 1 & \omega_n^{n-1} & \cdots & \omega_n^{(n-1)(n-1)} \end{bmatrix} \begin{bmatrix} c_0 \\ c_1 \\ \vdots \\ c_{n-1} \end{bmatrix} = F_n \mathbf{t}_0.$$

c) ⇒ a): la hipótesis nos proporciona $T = F_n^{-1} \Delta F_n$, siendo Δ diagonal. La igualdad (4.15) nos dice que $R = F_n^{-1} D F_n$, y sabemos de nuevo que D es diagonal. Luego, como las matrices diagonales conmutan entre sí,

$$TR = F_n^{-1} \Delta F_n F_n^{-1} D F_n = F_n^{-1} \Delta D F_n = F_n^{-1} D \Delta F_n = F_n^{-1} D F_n F_n^{-1} \Delta F_n = RT. \qquad \square$$

El teorema 4.10 proporciona tres facetas distintas de las matrices circulantes. El apartado a) define la propiedad física de los sistemas invariantes, el apartado b) proporciona una manera fácil de ver si una matriz es invariante en el tiempo: basta ir "moviendo" la primera columna de la matriz hasta llegar al final de la matriz, de aquí el nombre de "circulante", y el apartado c) caracteriza en términos de la propiedad algebraica que más simplifica las matrices: la diagonalizabilidad.

Octave Para generar en Octave una matriz circulante cuya primera columna es `v`, se ejecuta `gallery('circul',v)'` (no olvides la traspuesta). El comando `gallery` permite generar muchas matrices especiales. ______ **Fin**

Ejemplo 4.9. Consideremos la transformación siguiente:

$$\mathbf{h} = [h_0, h_1, h_2, \dots, h_{n-2}, h_{n-1}]^T \longrightarrow \left[\frac{h_{n-1}+h_1}{2}, \frac{h_0+h_2}{2}, \dots, \frac{h_{n-2}+h_0}{2}\right]^T = T\mathbf{h}.$$

Podemos comprobar de dos modos distintos que T es circulante:

$$TR\mathbf{h} = T[h_{n-1}, h_0, h_1, \dots, h_{n-3}, h_{n-2}]^T = \left[\frac{h_{n-2}+h_0}{2}, \frac{h_{n-1}+h_1}{2}, \dots, \frac{h_{n-3}+h_{n-1}}{2}\right]^T = RT\mathbf{h},$$

o bien observando directamente la matriz T. Con la siguiente igualdad obtenemos la matriz correspondiente a esta transformación.

$$\begin{bmatrix} \dfrac{h_{n-1}+h_1}{2} \\ \dfrac{h_0+h_2}{2} \\ \vdots \\ \dfrac{h_{n-2}+h_0}{2} \end{bmatrix}^T = \begin{bmatrix} 0 & 1/2 & 0 & \cdots & 0 & 1/2 \\ 1/2 & 0 & 1/2 & \cdots & 0 & 0 \\ 0 & 1/2 & 0 & \cdots & 0 & 0 \\ \vdots & \vdots & \vdots & \ddots & \vdots & \vdots \\ 0 & 0 & 0 & \cdots & 0 & 1/2 \\ 1/2 & 0 & 0 & \cdots & 1/2 & 0 \end{bmatrix} \begin{bmatrix} h_0 \\ h_1 \\ h_2 \\ \vdots \\ h_{n-1} \end{bmatrix}.$$

Vemos claramente que $R\mathbf{t}_k = \mathbf{t}_{k+1}$ para $k = 0, \dots, n-2$.

Vamos a calcular los valores propios de T usando el teorema 4.10 sin hallar las raíces de su polinomio característico, $\det(T - \lambda I) = 0$. Los valores propios de una matriz circulante T de tamaño n son las coordenadas de $F_n\mathbf{t}_0$:

$$[F_n\mathbf{t}_0]_k = \sum_{r=0}^{n-1}[F_n]_{kr}[\mathbf{t}_0]_r = \frac{1}{2}[F_n]_{k,1} + \frac{1}{2}[F_n]_{k,n-1} = \frac{1}{2}\left(\omega_n^k + \omega_n^{k(n-1)}\right) = \frac{1}{2}\left(\omega_n^k + \omega_n^{-k}\right).$$

Si recordamos que $\omega_n = e^{2\pi\,\mathrm{j}/n} = \cos(2\pi/n) + \mathrm{j}\,\mathrm{sen}(2\pi/n)$, entonces, si denotamos $\theta = 2\pi/n$, tenemos

$$[F_n\mathbf{t}_0]_k = \frac{1}{2}\left[\omega_n^k + \omega_n^{-k}\right] = \frac{1}{2}[\cos(k\theta) + \mathrm{j}\,\mathrm{sen}(k\theta) + \cos(k\theta) - \mathrm{j}\,\mathrm{sen}(k\theta)] = \cos(k\theta).$$

Además, la columna k-ésima de la matriz F_n^{-1} es un vector propio asociado al valor propio $\cos(k\theta)$. **Fin**

Ejercicio 4.12. Halla los valores de n tales que la matriz T del ejemplo 4.9 sea invertible.

Ejercicio 4.13. Sea la matriz

$$T = \begin{bmatrix} 1 & 1 & 0 \\ 0 & 1 & 1 \\ 1 & 0 & 1 \end{bmatrix}.$$

Halla, usando el teorema 4.10, los valores propios de T.

4.10. Ejercicios

1. Prueba que, si F es la matriz de Fourier de orden n, entonces $|\det(F)| = n^{n/2}$.

2. Sean A y B la parte real y la parte imaginaria de la matriz de Fourier de orden n. Comprueba que $A^2 + B^2 = nI$ y $AB = BA$.

3. Sea $\mathbf{h} \in \mathbb{R}^n$. Prueba que $\mathscr{F}(\overline{\mathscr{F}(\mathbf{h})}) = \mathbf{h}/n$.

4. Sea $\mathbf{h} = [1, \ldots, 1]^T \in \mathbb{R}^n$. Halla $\mathscr{F}(\mathbf{h})$ e interpreta tanto $\mathbf{h}$ en el dominio temporal y $\mathscr{F}(\mathbf{h})$ en el dominio de las frecuencias.

5. Sea $\mathbf{e}_i \in \mathbb{R}^n$ el vector i-ésimo de la base canónica de $\mathbb{R}^n$. Halla $\mathscr{F}^{-1}(\mathbf{e}_i)$.

6. Halla $\mathscr{F}(\mathbf{e}_i)$ siendo $\mathbf{e}_i \in \mathbb{R}^n$ el vector i-ésimo de la base canónica de $\mathbb{R}^n$.

7. Sea $\mathbf{v} = [1,\ -\mathrm{j},\ -1,\ \mathrm{j}]^T$. Calcula $\mathscr{F}(\mathbf{v})$ y $\mathscr{F}^{-1}(\mathbf{v})$.

8. Sea $\mathbf{x} \in \mathbb{R}^9$ y $\mathscr{F}(\mathbf{x}) = [2, \star, 2-\mathrm{j}, \star, 1+\mathrm{j}, \star, -\mathrm{j}, \star, 1-2\,\mathrm{j}]^T$. Escribe las componentes ausentes en $\mathscr{F}(\mathbf{x})$.

9. Sea $\mathbf{b} \in \mathbb{C}^n$ dada por $\mathbf{b} = [0, 0, 1, 0, \ldots, 0, 1, 0]^T$ (este vector tiene dos unos, en la tercera y penúltima posición). Calcula $\mathscr{F}^{-1}(\mathbf{b})$ usando funciones trigonométricas y sin que aparezca la unidad imaginaria j.

10. Halla la transformada discreta de Fourier de $\mathbf{h} = [1, 0, 1, 0, \ldots, 1, 0] \in \mathbb{R}^{2n}$.

11. En este ejercicio se generalizará la igualdad del teorema 4.5. Sean $\mathbf{h}, \mathbf{g} \in \mathbb{C}^n$. Prueba que $\mathbf{h}^*\mathbf{g} = n\mathscr{F}(\mathbf{h})^*\mathscr{F}(\mathbf{g})$.

12. Escribe de manera explícita la matriz coseno de órdenes 2 y 3.

13. Decimos que el vector $\mathbf{h} \in \mathbb{C}^n$ es imaginario puro si $\mathbf{h} = \mathrm{j}\,\mathbf{w}$ para algún $\mathbf{w} \in \mathbb{R}^n$. Sea $\mathscr{F}(\mathbf{h}) = [b_0, b_1, \ldots, b_{n-1}]^T$. Prueba que $\mathbf{h}$ es imaginario puro si y solamente si $\mathrm{j}\, b_0 \in \mathbb{R}$ y $b_k = -\overline{b_{n-k}}$ para $k = 1, \ldots, n-1$.

14. ¿Cúal es la transformada coseno de una imagen uniforme de $n \times n$ píxeles?

15. La **norma de Frobenius** de una matriz M se define como la raíz cuadrada de la traza de la matriz MM^T, y la traza de una matriz cuadrada es la suma de los elementos de la diagonal principal. Calcula la norma de Frobenius de la matriz coseno de orden n.

16. Sea R la matriz definida en (4.14). Prueba que $R^T = R^{-1}$.

17. Sean T y S dos matrices circulantes del mismo tamaño.

    a) Prueba que $TS = ST$.

b) Prueba que $T+S$ y TS son circulantes.

c) Si sabes los valores propios de T y S, ¿cuáles son los valores propios de $T+S$ y TS?

18. Sea T una matriz circulante. Prueba que T^* es circulante.

19. La siguiente transformación modela una "suavización" de una señal $\mathbf{h} \in \mathbb{C}^n$.

$$\mathbf{h} = [h_0, h_1, h_2, \dots, h_{n-2}, h_{n-1}] \mapsto \left[\frac{h_0 + h_1}{2}, \frac{h_1 + h_2}{2}, \dots, \frac{h_{n-2} + h_{n-1}}{2}, \frac{h_{n-1} + h_0}{2} \right] = T\mathbf{h}.$$

En la figura 4.21 puedes ver la razón de por qué se le llama "suavización". En esta figura se ha tomado un vector $\mathbf{h} \in \mathbb{R}^8$ cuyas entradas son aleatorias en $[0,1]$ y $T\mathbf{h}$. Se ha dibujado (ya que las señales son periódicas) la señal $\mathbf{h}$ en los tiempos $t = 0, 1, \dots, 7, 8, 9, \dots, 15$ y la señal $T\mathbf{h}$ en los tiempos $t = 0.5, 1.5, \dots, 15.5$.

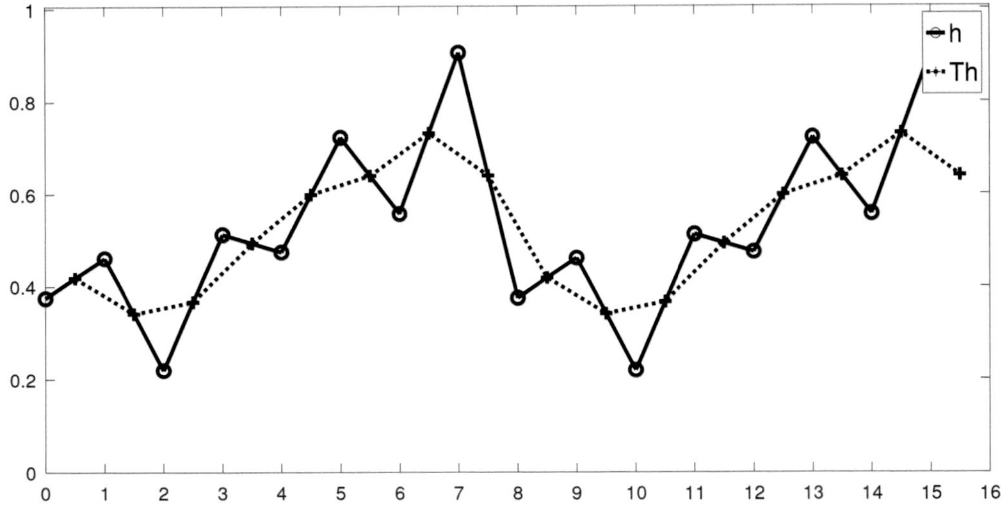

Figura 4.21.

a) Prueba que T es circulante.

b) Halla los valores propios de T.

c) Prueba que $\|T\mathbf{h}\| \leq \|\mathbf{h}\|$ para cualquier $\mathbf{h} \in \mathbb{C}^n$.

El código para dibujar esta figura ha sido el siguiente:

```
function suaviza(n)
v = zeros(n,1); v(1) =1/2; v(n) = 1/2;
T = gallery('circul',v)';
h = rand(n,1); Th = T*h;
```



```
plot(0:2*n-1,[h;h],'ko-','linewidth',3,'markersize',10,
0.5:2*n-.5,[Th;Th],'k+:','linewidth',3,'markersize',10)
leyenda = legend('h','Th');
xticks(0:2*n)
axis([0 2*n 0 max(h)+0.1])
set(gca, 'FontSize', 30)
set(leyenda,'fontsize',40)
```

20. Sean $0 < s, t < 1$ tales que $s + t = 1$. Dado un triángulo de vértices $\mathbf{a}_0, \mathbf{b}_0, \mathbf{c}_0$ (considera que estos puntos son filas de $\mathbb{R}^2$), se construyen una serie de triángulos de forma recurrente como sigue:

$$\mathbf{a}_{n+1} = s\mathbf{b}_n + t\mathbf{c}_n, \qquad \mathbf{b}_{n+1} = s\mathbf{c}_n + t\mathbf{a}_n, \qquad \mathbf{c}_{n+1} = s\mathbf{a}_n + t\mathbf{b}_n.$$

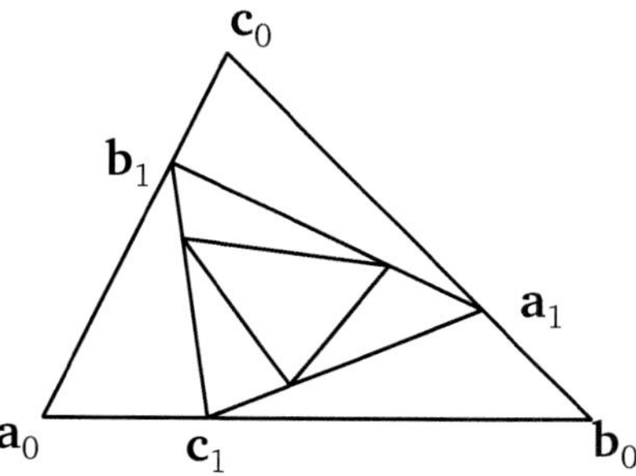

Figura 4.22.

a) Halla una matriz C tal que

$$\begin{bmatrix} \mathbf{a}_{n+1} \\ \mathbf{b}_{n+1} \\ \mathbf{c}_{n+1} \end{bmatrix} = C \begin{bmatrix} \mathbf{a}_n \\ \mathbf{b}_n \\ \mathbf{c}_n \end{bmatrix}.$$

Observa que C es circulante.

b) Halla los valores propios de C.

c) Halla el módulo de los valores propios de C.

d) Si A_n es el área del triángulo $\mathbf{a}_n\mathbf{b}_n\mathbf{c}_n$, prueba que $A_{n+1} = (1 - 3st)A_n$. *Ayuda*: si $[x_1, x_2]^T, [y_1, y_2]^T, [z_1, z_2]^T$ son los vértices de un triángulo, entonces el área de este triángulo es:

$$\frac{1}{2}\det\begin{bmatrix} x_1 & x_2 & 1 \\ y_1 & y_2 & 1 \\ z_1 & z_2 & 1 \end{bmatrix}.$$

e) ¿Tiene algo que ver la expresión $A_{n+1} = (1 - 3st)A_n$ con los valores propios de C? Deduce que $A_n = (1 - 3st)^n A_0$, lo que implica que los triángulos convergen a un punto.

f) ¿Cuál es este punto?

21. Encuentra los valores propios de la siguiente matriz de orden n:

$$\begin{bmatrix} 2 & -1 & 0 & 0 & \cdots \\ -1 & 2 & -1 & 0 & \cdots \\ 0 & -1 & 2 & -1 & \cdots \\ 0 & 0 & -1 & 2 & \cdots \\ \vdots & \vdots & \vdots & \vdots & \ddots \end{bmatrix}.$$

22. Halla el determinante de la siguiente matriz de orden n:

$$\begin{bmatrix} x & 1 & 1 & 1 & \cdots \\ 1 & x & 1 & 1 & \cdots \\ 1 & 1 & x & 1 & \cdots \\ 1 & 1 & 1 & x & \cdots \\ \vdots & \vdots & \vdots & \vdots & \ddots \end{bmatrix}.$$

Capítulo 5
Analytic Hierarchy Process

5.1. Introducción

En la vida real tenemos que tomar decisiones importantes: ¿qué carrera estudiar?, ¿a quién votar?, ¿qué coche comprar?. Otro ejemplo: un empresario tiene cierta cantidad de dinero, ¿cómo debe invertirlo?, ¿en publicidad?, ¿en mejorar las infraestucturas?, ¿en mejorar las condiciones laborales? Evidentemente, en este caso, no solo es importante establecer la prioridad de las inversiones, sino que también es fundamental conocer los porcentajes que se invierten en cada opción: no es lo mismo invertir el 60 % del capital en publicidad, el 30 % en infraestructuras y el 10 % en condiciones laborales que el 80 %, el 15 % y el 5 % en las opciones respectivas.

La toma de decisiones puede llegar a ser muy compleja debido al gran número de alternativas y objetivos en conflicto. La siguiente lista no es más que una pequeña muestra de situaciones en las que es importante saber cuál es la decisión óptima:

- Seleccionar personal para una empresa.
- Decidir qué tipo de productos debe fabricar una empresa.
- Determinar qué tipo de cultivos se deben plantar en una explotación agrícola.
- Tomar decisiones diplomáticas en un país.
- Establecer cantidades de dinero para invertir en distintos valores bursátiles.

Es evidente que en ese tipo de situaciones es crucial apoyarse en herramientas fiables que nos ayuden a resolver el problema. Entre todas estas herramientas destaca *Analytic Hierarchy Process* (AHP), desarrollada por el profesor Thomas L. Saaty en los años setenta. Esta técnica, basada en el álgebra matricial, ayuda a obtener la mejor decisión a partir de una serie de valores fácilmente implementables por los usuarios.

Hoy en día, el método AHP es ampliamente usado en campos tan diversos como gobierno, negocios, industria, salud y educación.

5.2. La matriz de comparaciones

En primer lugar, proponemos un ejemplo muy sencillo: a una persona le gustan tres posibles desayunos; pero no sabe cuál escoger. Las opciones son:

A. Café con leche. B. Manzanilla. C. Chocolate.

Para entender lo que sigue vamos a suponer que **ya** sabemos la proporción de preferencias. Por ejemplo, supongamos que el 60 % de las veces toma café con leche, el 30 % manzanilla y el 10 % chocolate. Por supuesto, saber cuáles son las prioridades es la última fase del proceso; pero, en este momento, vamos a ir al revés para entender mejor la teoría.

Podemos almacenar las preferencias en el vector $\mathbf{v}_1 = [60, 30, 10]^T \in \mathbb{R}^3$ (recordemos que el superíndice T denota la trasposición matricial). Observa que, si, en vez de porcentajes, nos hubieran proporcionado tantos por uno, este vector hubiera sido $\mathbf{v}_2 = [0.6, 0.3, 0.1]^T$. Pero, si queremos saber, de un total de 30 días, cuántas veces desayuna café con leche, manzanilla o chocolate, tendremos que considerar $\mathbf{v}_3 = [18, 9, 3]^T$. Observa que todos estos vectores son múltiplos: de hecho $\mathbf{v}_1 = 100\mathbf{v}_2$ y $\mathbf{v}_3 = 30\mathbf{v}_2$.

Ahora viene la primera idea: para describir las prioridades de n alternativas es suficiente usar un vector $\mathbf{v} = [v_1, \dots, v_n]^T$ de forma que todas sus componentes sean positivas y $v_1 + \dots + v_n = 1$. Si la suma de las componentes fuera $k > 0$, entonces el vector de prioridades sería $k\mathbf{v}$.

Volvamos al ejemplo del desayuno. Si comparamos los desayunos dos a dos, vemos que debe tomar café con leche el doble de los días que toma manzanilla y el séxtuple de los días que debería tomar chocolate. Asimismo debería tomar manzanilla el triple de veces que chocolate. ¿Cómo se han obtenido estas palabras **doble**, **séxtuple** y **triple**? Pensemos en los días de un mes en los que esta persona desayuna alguna de las tres alternativas:

$$\begin{bmatrix} \text{Café con leche} \\ \text{Manzanilla} \\ \text{Chocolate} \end{bmatrix} = \begin{bmatrix} 18 \\ 9 \\ 3 \end{bmatrix} \Rightarrow \begin{array}{rcl} 18/9 & = & 2 \\ 18/3 & = & 6 \\ 9/3 & = & 3 \end{array}$$

Podemos observar que este proceso es independiente de si tomamos $\mathbf{v}$ como vector de prioridades o $k\mathbf{v}$, ya que, al dividir la componente i-ésima entre la j-ésima, el factor k desaparece.

Estas preferencias se pueden codificar usando matrices de la siguiente manera:

$$\begin{bmatrix} \text{Café con leche} \\ \text{Manzanilla} \\ \text{Chocolate} \end{bmatrix} = \begin{bmatrix} 18 \\ 9 \\ 3 \end{bmatrix} \Rightarrow \begin{bmatrix} 18 \\ 9 \\ 3 \end{bmatrix} \begin{bmatrix} \frac{1}{18} & \frac{1}{9} & \frac{1}{3} \end{bmatrix} = \begin{bmatrix} 1 & 2 & 6 \\ 1/2 & 1 & 3 \\ 1/6 & 1/3 & 1 \end{bmatrix}.$$

Hemos recuperado las palabras **doble**, **séxtuple** y **triple** en la parte superior de la matriz cuadrada que ha surgido. Asimismo, sus inversos aparecen en la parte inferior y hay unos en la diagonal principal. Por tanto, podemos decir que la entrada (i, j) de esta matriz cuadrada muestra la preferencia de la alternativa i frente a la j (incluso para $i = j$).

El problema es que, si tenemos varias alternativas y no tenemos el vector de prioridades (esta es nuestra meta), ¿cómo formamos la matriz de las preferencias? Saaty (el creador de la teoría de AHP) propuso formar una matriz que contuviera las comparaciones dos a dos.

Veamos otro ejemplo. Una persona almuerza todos los días en un bar que tiene tres frutas distintas de postre: naranjas, manzanas y plátanos y quiere saber la proporción de los días que toma cada fruta. Para ello se plantea cuál es su preferencia entre dos de estas frutas: naranjas y manzanas. Imaginemos que le gustan las naranjas el doble que las manzanas.

Entonces, en la siguiente matriz tendremos que escribir 2 y 1/2:

$$\begin{bmatrix} \text{Naranja} \\ \text{Manzana} \\ \text{Plátano} \end{bmatrix} \Rightarrow \begin{bmatrix} 1 & 2 & * \\ 1/2 & 1 & * \\ * & * & 1 \end{bmatrix}.$$

Observa que hemos escrito en la diagonal principal 1, ya que la opción i es igual de preferible a la misma opción i.

Vamos a hacer lo mismo con el resto de las comparaciones dos a dos. Nos queda comparar naranjas con plátanos y manzanas con plátanos. Imaginemos que prefiere el triple las manzanas a los plátanos y el cuádruple las naranjas a los plátanos. Por tanto, podemos formar nuestra matriz de comparaciones:

$$\begin{bmatrix} \text{Naranja} \\ \text{Manzana} \\ \text{Plátano} \end{bmatrix} \Rightarrow \begin{bmatrix} 1 & 2 & 4 \\ 1/2 & 1 & 3 \\ 1/4 & 1/3 & 1 \end{bmatrix}.$$

Saaty propuso la siguiente escala numérica para establecer grados de preferencia entre dos alternativas.

1. Igual importancia.
2. Importancia débil.
3. Importancia moderada.
4. Importancia algo más que moderada.
5. Fuerte importancia.
6. Importancia algo más que fuerte.
7. Importancia muy fuerte.
8. Importancia muy, muy fuerte.
9. Extrema importancia.

Pero ahora tenemos un problema. Veámoslo con el ejemplo de las frutas: tenemos la matriz

$$A = \begin{bmatrix} 1 & 2 & 4 \\ 1/2 & 1 & 3 \\ 1/4 & 1/3 & 1 \end{bmatrix}.$$

¿Cómo conseguimos el vector de prioridades $\mathbf{v} = [v_1, v_2, v_3]^T$? Recordemos que este vector es importante, ya que nos va a decir la proporción de los días que debe tomar naranjas, manzanas o plátanos. Si procedemos como en el ejemplo anterior del desayuno, tendremos que plantear

$$\begin{bmatrix} v_1 \\ v_2 \\ v_3 \end{bmatrix} \begin{bmatrix} v_1^{-1} & v_2^{-1} & v_3^{-1} \end{bmatrix} = \begin{bmatrix} 1 & 2 & 4 \\ 1/2 & 1 & 3 \\ 1/4 & 1/3 & 1 \end{bmatrix}.$$

De donde obtenemos

$$\frac{v_1}{v_2} = 2, \qquad \frac{v_1}{v_3} = 4, \qquad \frac{v_2}{v_3} = 3.$$

Pese a tener un sistema de tres ecuaciones con tres incógnitas, es fácil deducir que este sistema no tiene solución, ya que, si dividimos la primera ecuación entre la segunda, tenemos $v_3/v_2 = 1/2$, que es incongruente con la última.

¿Cómo obtenemos las preferencias de esta persona a partir de la matriz de comparaciones? Hemos visto en el último ejemplo que no siempre se puede obtener; pero ¿se puede obtener algo aproximado? También hemos de ser capaces de diferenciar entre las situaciones donde se puede obtener de manera exacta el vector de prioridades y las que no.

5.3. Matrices consistentes y recíprocas

El ejemplo de los desayunos nos va a servir para establecer nuestras primeras definiciones. En primer lugar, denotaremos por $\mathbb{R}_+^n$ los vectores de $\mathbb{R}^n$ con todas sus componentes positivas y por $\mathcal{M}_{n,+}$ las matrices cuadradas de orden n con todas sus entradas positivas. Denotaremos a partir de ahora $J : \mathbb{R}_+^n \to \mathbb{R}_+^n$ a la aplicación dada por $J[v_1, \ldots, v_n]^T = [v_1^{-1}, \ldots, v_n^{-1}]^T$.

Definición 5.1. Sea $A \in \mathcal{M}_{n,+}$. Diremos que A es **consistente** si existe $\mathbf{v} \in \mathbb{R}_+^n$ tal que $\mathbf{v}J(\mathbf{v})^T = A$. Este vector $\mathbf{v}$ es el **vector de prioridades** de la matriz A.

Ejemplo 5.1. La matriz del ejemplo del desayuno es consistente debido a

$$\begin{bmatrix} 18 \\ 9 \\ 3 \end{bmatrix} \begin{bmatrix} \frac{1}{18} & \frac{1}{9} & \frac{1}{3} \end{bmatrix} = \begin{bmatrix} 1 & 2 & 6 \\ 1/2 & 1 & 3 \\ 1/6 & 1/3 & 1 \end{bmatrix}.$$

La matriz del ejemplo de las frutas no es consistente debido a que, como hemos visto, no existen $v_1, v_2, v_3 > 0$ tales que

$$\begin{bmatrix} v_1 \\ v_2 \\ v_3 \end{bmatrix} \begin{bmatrix} v_1^{-1} & v_2^{-1} & v_3^{-1} \end{bmatrix} = \begin{bmatrix} 1 & 2 & 4 \\ 1/2 & 1 & 3 \\ 1/4 & 1/3 & 1 \end{bmatrix}.$$

Fin

En realidad, el artículo *el* en las palabras **el vector de prioridades** de la definición anterior está mal empleado: si $\mathbf{v}$ cumple $A = \mathbf{v}J(\mathbf{v})^T$, entonces $A = (\alpha\mathbf{v})J(\alpha\mathbf{v})^T$ para cualquier $\alpha > 0$, ya que $J(\alpha\mathbf{v}) = \alpha^{-1}J(\mathbf{v})$. Es decir, si $\mathbf{v}$ es un vector de prioridades, entonces $\alpha\mathbf{v}$ es otro vector de prioridades para cualquier $\alpha > 0$. El siguiente resultado muestra que dos vectores de prioridades son múltiplos escalares.

Teorema 5.1. Los vectores de prioridades son únicos

Sean $\mathbf{v}, \mathbf{w} \in \mathbb{R}^n_+$ tales que $\mathbf{v}J(\mathbf{v})^T = \mathbf{w}J(\mathbf{w})^T$. Entonces $\mathbf{w}$ es un múltiplo de $\mathbf{v}$.

DEMOSTRACIÓN. Multiplicamos $\mathbf{v}J(\mathbf{v})^T = \mathbf{w}J(\mathbf{w})^T$ por $\mathbf{v}$ por la derecha (recuerda que las matrices no conmutan) obteniendo $\mathbf{v}J(\mathbf{v})^T\mathbf{v} = \mathbf{w}J(\mathbf{w})^T\mathbf{v}$. Recuerda que las matrices se pueden agrupar como queramos (esto es la propiedad asociativa) y observa que

$$J(\mathbf{v})^T\mathbf{v} = [v_1^{-1} \ \cdots \ v_n^{-1}] \begin{bmatrix} v_1 \\ \vdots \\ v_n \end{bmatrix} = n.$$

Como n y $J(\mathbf{w})^T\mathbf{v}$ son números y los números sí que conmutan con las matrices, entonces $n\mathbf{v} = \left[J(\mathbf{w})^T\mathbf{v}\right]\mathbf{w}$. Si llamamos $\alpha = J(\mathbf{w})^T\mathbf{v}/n$, entonces logramos que $\mathbf{v} = \alpha\mathbf{w}$. □

Ejercicio 5.1. ¿Alguna de las dos matrices siguientes es consistente?

$$A = \begin{bmatrix} 1 & 2 & 1/2 \\ 1/2 & 1 & 1/4 \\ 2 & 4 & 1 \end{bmatrix}, \qquad B = \begin{bmatrix} 1 & 2 & 1/3 \\ 1/2 & 1 & 1/4 \\ 3 & 4 & 1 \end{bmatrix}.$$

En caso afirmativo, halla el vector de prioridades.

Ejercicio 5.2. Sea U_n la matriz de orden n completamente formada por unos. Prueba que U_n es consistente y halla su vector de prioridades. Interpreta este resultado.

Octave Si $\mathbf{v} \in \mathbb{R}^n$ es un vector columna, entonces $\mathbf{v}J(\mathbf{v})^T$ es una matriz consistente cuyo vector de prioridades es $\mathbf{v}$. En Octave podemos calcular $\mathbf{v}J(\mathbf{v})^T$ como sigue: dado un vector columna `v`, escribimos

```
A = v*(1./v)'
```

Recuerda que el apóstrofo en Octave significa la conjugada traspuesta (si la matriz es real, simplemente se traspone). ______ **Fin**

Veamos algunas propiedades que nos permitirán en ciertas condiciones saber si una matriz es consistente o no.

Teorema 5.2. Propiedades de las matrices consistentes

Sea $A = [a_{ij}] \in \mathscr{M}_{n,+}$. Entonces:

a) A es consistente si y solo si $a_{ij}a_{jk} = a_{ik}$ para todos los índices i, j, k.

b) Si A es consistente, entonces todas sus columnas son múltiplos de cualquier columna prefijada de antemano.

c) Si A es consistente, cualquier columna se puede tomar como el vector de prioridades.

DEMOSTRACIÓN.

a) Supongamos que A es consistente. Existe $\mathbf{v} = [v_1, \ldots, v_n]^T \in \mathbb{R}^n_+$ tal que

$$A = \mathbf{v}J(\mathbf{v})^T = \begin{bmatrix} v_1 \\ v_2 \\ \vdots \\ v_n \end{bmatrix} \begin{bmatrix} v_1^{-1} & v_2^{-1} & \cdots & v_n^{-1} \end{bmatrix}.$$

Por lo que $a_{ij} = v_i/v_j$ para cualquier par de índices i, j. Ahora tenemos

$$a_{ij}a_{jk} = \frac{v_i}{v_j}\frac{v_j}{v_k} = \frac{v_i}{v_k} = a_{ik}.$$

Supongamos ahora que $a_{ij}a_{jk} = a_{ik}$ para cualquier terna de índices i, j, k. Definimos $\mathbf{v} = [a_{11}, a_{21}, \ldots, a_{n1}]^T$ (la primera columna de A). Vamos a demostrar que $\mathbf{v}J(\mathbf{v})^T = A$. Para este fin es suficiente demostrar que $a_{i1}/a_{j1} = a_{ij}$ para cualquier i, j. Pero esto es evidente a partir de la suposición $a_{ij}a_{jk} = a_{ik}$.

b) Seguimos con la notación de la demostración del apartado anterior. Ya hemos visto que las entradas de la matriz A cumplen $a_{ij} = v_i/v_j$ para cualquier par de índices i, j. Vamos a expresar la columna r como múltiplo de la columna s.

$$\text{Columna } r \text{ de } A = \begin{bmatrix} a_{1r} \\ a_{2r} \\ \vdots \\ a_{nr} \end{bmatrix} = \begin{bmatrix} v_1/v_r \\ v_2/v_r \\ \vdots \\ v_n/v_r \end{bmatrix} = \frac{1}{v_r}\mathbf{v}.$$

Por la misma razón, la columna s de A es $v_s^{-1}\mathbf{v}$. Por tanto,

$$\text{Columna } r \text{ de } A = \frac{1}{v_r}\mathbf{v} = \frac{v_s}{v_r} \text{ Columna } s \text{ de } A.$$

c) Se deduce de la demostración del apartado anterior, ya que hemos comprobado previamente que la columna r de A es un múltiplo de $\mathbf{v}$. □

Resulta evidente que toda matriz consistente $A = [a_{ij}]$ cumple $a_{ii} = 1$: de la propiedad a) del teorema anterior tenemos $a_{ii}^2 = a_{ii}$, y, como $a_{ii} > 0$, entonces $a_{ii} = 1$. Intuitivamente, esto indica que cualquier alternativa es igual de preferible a sí misma.

Ejercicio 5.3. Prueba que el rango de toda matriz consistente es 1. Esta propiedad permite descartar la consistencia de muchas matrices: si el rango de una matriz no es 1, entonces no es consistente. ¿Es cierto que toda matriz de rango 1 es consistente?

Resulta, como ya demostró Saaty, que la teoría de valores y vectores propios juega un papel fundamental dentro de la teoría AHP. Veamos, en primer lugar, un resultado sencillo.

Teorema 5.3. Vector de prioridades y vector propio

Sea $A \in \mathscr{M}_{n,+}$ una matriz consistente y $\mathbf{v} \in \mathbb{R}_+^n$. Entonces $\mathbf{v}$ es un vector de prioridades de A si y solo si $\mathbf{v}$ es un vector propio asociado al valor propio n.

DEMOSTRACIÓN. Sea $\mathbf{v} = [v_1, \ldots, v_n]^T$ un vector de prioridades de $A = \mathbf{v}J(\mathbf{v})^T$. Se cumple

$$J(\mathbf{v})^T\mathbf{v} = \begin{bmatrix} v_1^{-1} & \cdots & v_n^{-1} \end{bmatrix} \begin{bmatrix} v_1 \\ \vdots \\ v_n \end{bmatrix} = v_1^{-1}v_1 + \cdots + v_n^{-1}v_n = n.$$

Y ahora, teniendo en cuenta que el producto es asociativo y los escalares conmutan con cualquier matriz, $A\mathbf{v} = \left[\mathbf{v}J(\mathbf{v})^T\right]\mathbf{v} = \mathbf{v}\left[J(\mathbf{v})^T\mathbf{v}\right] = n\mathbf{v}$.

Supón en este párrafo que $\mathbf{v}$ es un vector propio asociado a n. Si $\mathbf{w}$ es un vector de prioridades de A, entonces $A = \mathbf{w}J(\mathbf{w})^T$, por lo que $\mathbf{w}J(\mathbf{w})^T\mathbf{v} = A\mathbf{v} = n\mathbf{v}$. Como $J(\mathbf{w})^T\mathbf{v}$ es un escalar no nulo que conmuta con cualquier matriz, $[J(\mathbf{w})^T\mathbf{v}]\mathbf{w} = n\mathbf{v}$. Luego $\mathbf{v}$ y $\mathbf{w}$ son proporcionales, y como $\mathbf{w}$ es un vector de prioridades, entonces $\mathbf{v}$ lo es. □

Ejercicio 5.4. Prueba que, si A es una matriz $n \times n$ consistente, entonces $A^2 = nA$.

El primer paso del método AHP siempre es rellenar la matriz de las comparaciones. Ten en cuenta que escribir una matriz recíproca es fácil: basta hacer 1 en la diagonal principal y, si escribimos λ en la posición (i, j), entonces debemos escribir λ^{-1} en la posición (j, i). Pero no siempre esta matriz es consistente (repasa el ejemplo 5.1).

Definición 5.2. Una matriz $A = [a_{ij}] \in \mathscr{M}_{n,+}$ es **recíproca** si cumple $a_{ij}a_{ji} = 1$ para cualquier par de índices i, j.

Si en $a_{ij}a_{ji} = 1$ hacemos $i = j$, como las componentes de A son positivas, logramos $a_{ii} = 1$. De manera intuitiva, esto expresa el hecho de que un criterio es igual de preferible que sí mismo.

Octave Observa que una matriz A es recíproca si y solo si $J(A) = A^T$, que es la base del siguiente código para probar la reciprocidad de una matriz guardada en `A`.

```
A-(1./A)'
% Si sale la matriz nula, A es reciproca.
% En caso contrario, A no es reciproca.
```

Fin

Teorema 5.4. Matrices consistentes y recíprocas

Toda matriz consistente es recíproca.

DEMOSTRACIÓN. Sea $A=[a_{ij}]$ una matriz consistente de orden n. Por tanto, existe un vector $\mathbf{v}=[v_1,\ldots,v_n]^T \in \mathbb{R}_+^n$ tal que $A=\mathbf{v}J(\mathbf{v})^T$ o, escrito de otra manera, $a_{ij}=v_i/v_j$. Ahora es evidente que $a_{ij}a_{ji}=1$. □

Ejemplo 5.2. Aunque toda matriz consistente es recíproca, no es cierto que toda matriz recíproca sea consistente. O dicho de otro modo: hay matrices recíprocas que no son consistentes. Revisa el ejemplo 5.1 en la página 132. **Fin**

Ejercicio 5.5. Prueba que, si A es una matriz 2×2 recíproca, entonces A es consistente.

Imaginemos que tenemos una matriz de comparaciones (que es siempre recíproca). ¿Cómo sabemos de una manera sencilla si es consistente? Hay un teorema (debido a Saaty) que caracteriza a las matrices consistentes. Para establecer este resultado es útil repasar el teorema de Perron, que encontrarás en la página 347. A partir de ahora, el valor propio de módulo máximo (que es real y único por el teorema de Perron) será denotado por $\lambda_{\text{máx}}$.

Ejercicio 5.6. Sean $\mathbf{v}=[v_1,\ldots,v_n]^T$ y $\mathbf{w}=[w_1,\ldots,w_n]^T$ dos vectores proporcionales y de forma que $v_i,w_i>0$ para $i=1,\ldots,n$. Prueba que

$$\frac{1}{v_1+\cdots+v_n}\mathbf{v}=\frac{1}{w_1+\cdots+w_n}\mathbf{w}.$$

Ejemplo 5.3. Considera la siguiente matriz:

$$A=\begin{bmatrix} 1 & 2 & 3 \\ 1/2 & 1 & 1 \\ 1/3 & 1 & 1 \end{bmatrix}.$$

Obviamente, esta matriz es positiva, por lo que cumple el teorema de Perron.

El comando `eig` sirve para calcular los valores y vectores propios de una matriz cuadrada. Si se escribe `[X,D] = eig(A)`, entonces X es una matriz y D es una matriz diagonal tales que $AX=XD$. Los valores propios de A son las entradas de la diagonal de D y las columnas de X son los vectores propios. Además, si λ_i es la componente i-ésima de la diagonal de D, entonces la columna i-ésima de X es un vector propio asociado a λ_i. Si A es diagonalizable, entonces X es invertible.


```
A = [1 2 3; 1/2 1 1; 1/3 1 1];
[X D] = eig(A);
valores_propios = diag(D)
```

Observa que se cumple el teorema de Perron, ya que hay un valor propio positivo, $\lambda_{\text{máx}} = 3.018$, que cumple $\lambda_{\text{máx}} > |\mu|$ para el resto de los valores propios μ. Podemos obtener el valor absoluto de los valores propios mediante `abs(valores_propios)`.

Ahora calcularemos los vectores de Perron de A (los vectores propios asociados a $\lambda_{\text{máx}}$).

```
[maximo,posicion] = max(valores_propios);
vdePerron = X(:,posicion)
```

Si queremos tomar el vector de Perron cuyas componentes suman 1, basta calcular:

```
vdePerron/sum(vdePerron)
```

Fin

Teorema 5.5. Matrices recíprocas, consistentes y raíz de Perron

Sea A una matriz recíproca de tamaño n. Entonces:

a) $\lambda_{\text{máx}} \geq n$.

b) $\lambda_{\text{máx}} = n$ si y solo si A es consistente.

DEMOSTRACIÓN. Sean $A = [a_{ij}]$ y $\mathbf{v}_{\text{máx}} = [v_1, \ldots, v_n]^T$ un vector de Perron de A (es decir, $A\mathbf{v}_{\text{máx}} = \lambda_{\text{máx}}\mathbf{v}_{\text{máx}}$). Definimos la matriz E de forma que la entrada (i, j) de E es $e_{ij} = a_{ij}v_j/v_i$. Cada fila de E suma $\lambda_{\text{máx}}$, ya que

$$\begin{aligned} e_{i1} + e_{i2} + \cdots + e_{in} &= a_{i1}\frac{v_1}{v_i} + a_{i2}\frac{v_2}{v_i} + \cdots + a_{in}\frac{v_n}{v_i} \\ &= \frac{1}{v_i}(a_{i1}v_1 + a_{i2}v_2 + \cdots + a_{in}v_n) \\ &= \frac{1}{v_i}(\text{Componente } i\text{-ésima de } A\mathbf{v}_{\text{máx}}) \\ &= \frac{1}{v_i}(\text{Componente } i\text{-ésima de } \lambda_{\text{máx}}\mathbf{v}_{\text{máx}}) = \lambda_{\text{máx}}. \end{aligned}$$

Por tanto, como $a_{ij}a_{ji} = 1$ (pues A es recíproca), tenemos que $e_{ij}e_{ji} = a_{ij}\frac{v_j}{v_i}a_{ji}\frac{v_i}{v_j} = 1$. Luego, $e_{ii} = 1$ para todo índice i y, además,

$$n\lambda_{\text{máx}} = \sum_{i=1}^{n}\sum_{j=1}^{n} e_{ij} = \sum_{i=1}^{n} e_{ii} + \sum_{i<j}\left(e_{ij} + e_{ji}\right) = n + \sum_{i<j}(e_{ij} + e_{ij}^{-1}).$$

Ahora, debido a la desigualdad $x + x^{-1} \geq 2$ y a que hay exactamente $n(n-1)/2$ pares (i, j) que cumplen $i, j \in \{1, 2, \ldots, n\}$ e $i < j$, entonces $\sum_{i<j}(e_{ij} + e_{ij}^{-1}) \geq n(n-1)$ y, por tanto,

$$n\lambda_{\text{máx}} \geq n + n(n-1) = n^2.$$

De modo que ya hemos probado el primer apartado. Para demostrar el segundo, fijémonos en que $x + x^{-1} = 2$ si y solo si $x = 1$. Y, por tanto,

$$\lambda_{\text{máx}} = n \iff e_{ij} = 1 \text{ para todos } i, j \iff a_{ij} = v_i/v_j \text{ para todos } i, j \iff A = \mathbf{v}J(\mathbf{v})^T.$$

Es decir, A es consistente y $\mathbf{v}$ es su vector de prioridades. □

Ejercicio 5.7. Sea $A = [a_{ij}]$ una matriz recíproca de orden n. Prueba que $\sum_{i,j=1}^{n} a_{ij} \geq n^2$ y que se da la igualdad si y solo si $a_{ij} = 1$ para cualquier par de índices i, j. *Ayuda:* repasa la demostración del teorema 5.5.

Ejemplo 5.4. Sean las matrices recíprocas

$$A = \begin{bmatrix} 1 & 2 & 6 \\ 1/2 & 1 & 3 \\ 1/6 & 1/3 & 1 \end{bmatrix} \quad \text{y} \quad B = \begin{bmatrix} 1 & 2 & 4 \\ 1/2 & 1 & 3 \\ 1/4 & 1/3 & 1 \end{bmatrix}.$$

Si hallamos los valores propios de A mediante Octave con el comando `eig`, obtenemos que sus valores propios son 0 (repetido 2 veces) y 3. Por el teorema 5.5, la matriz A es consistente. Por el teorema 5.2, cualquier columna de A se puede tomar como vector de prioridades.

Los valores propios de B son 3.018, -0.09 ± 0.235j. Por tanto, B no es consistente ya que, el valor de Perron, que es $\lambda_{\text{máx}} = 3.018$, no coincide con el tamaño de la matriz, $n = 3$.

Sin embargo, podemos ver que B es parecida a A. Como B (que no es consistente) se parece mucho a una matriz consistente, podemos considerarla casi consistente (por supuesto, más adelante precisaremos este concepto). Además, como B es parecida a A, entonces los valores propios de B son parecidos a los de A (esto se puede formular y probar rigurosamente, pero no será necesario). Además, los vectores de Perron normalizados[12] también se parecen. Los valores y vectores de Perron de A se pueden obtener con

```
A = [1 2 6; 1/2 1 3; 1/6 1/3 1];
[X D] = eig(A);
valores_propios_de_A = diag(D);
[maximo,posicion] = max(valores_propios_de_A);
disp(['Raiz de Perron:'])
maximo
disp(['Vector de Perron: '])
vp = X(:,posicion)/sum(X(:,posicion))
```

[12] La palabra *normalizado* significa que tiene norma 1. Pero, usando una norma adecuada, podemos decir que *normalizado* significa que “la suma de las componentes sea 1”.

Para obtener los de B basta cambiar en la primera línea del código la matriz A por B.

$$\text{valor de Perron de } A = 3 \qquad \text{valor de Perron de } B = 3.018$$

$$\text{vector de Perron de } A = \begin{bmatrix} 0.6 \\ 0.3 \\ 0.1 \end{bmatrix} \simeq \text{vector de Perron de } B = \begin{bmatrix} 0.558 \\ 0.312 \\ 0.122 \end{bmatrix}$$

Vemos que los valores y vectores de Perron de A y B son parecidos. ____________ **Fin**

5.4. El índice de consistencia

Observa que la persona que quiere conocer el vector de prioridades construye antes la matriz de comparaciones A (que siempre es recíproca). Esta matriz no siempre es consistente; pero a veces podemos considerarla como "casi consistente". En este caso, podemos dar como vector de prioridades el vector de Perron $\mathbf{v}$, aunque no cumpla $\mathbf{v}J(\mathbf{v})^T = A$. La siguiente definición es de Saaty y prepara el camino para decidir si una matriz recíproca es cercana a ser consistente.

Definición 5.3. Sea $A \in \mathscr{M}_n$ una matriz recíproca. El **índice de consistencia** de A es

$$\mathrm{CI}(A) = \frac{\lambda_{\text{máx}} - n}{n-1}.$$

Por el teorema 5.5, si la matriz A es recíproca, entonces $\mathrm{CI}(A) \geq 0$ y, además, $\mathrm{CI}(A) = 0$ si y solo si A es consistente. Saaty explica[13] de la siguiente manera esta definición:

Si $A = [a_{ij}]$ es una matriz recíproca, $\mathbf{v}_{\text{máx}} = [v_1, \ldots, v_n]^T$ un vector de Perron (un vector propio asociado a $\lambda_{\text{máx}}$), definimos (como en la demostración del teorema 5.5) $e_{ij} = a_{ij}v_j/v_i$. En la demostración de este teorema se vio

$$n\lambda_{\text{máx}} = n + \sum_{i<j} \left(e_{ij} + e_{ij}^{-1} \right).$$

Además, la matriz A es consistente si y solo si $e_{ij} + e_{ij}^{-1} = 2$ para todos i, j. Teniendo en cuenta que $x + x^{-1} \geq 2$ para todo $x > 0$, entonces $e_{ij} + e_{ij}^{-1} - 2$ puede verse como una especie de error entre la matriz A y la ordenación proporcionada por el vector de prioridades $\mathbf{v}_{\text{máx}}$.

Como hay $n(n-1)/2$ sumandos en $\sum_{i<j} \left(e_{ij} + e_{ij}^{-1} \right)$, entonces

$$n\lambda_{\text{máx}} = n + \sum_{i<j} \left(e_{ij} + e_{ij}^{-1} \right) = n + \sum_{i<j} \left(e_{ij} + e_{ij}^{-1} - 2 \right) + 2\frac{n(n-1)}{2} = n^2 + \sum_{i<j} \left(e_{ij} + e_{ij}^{-1} - 2 \right).$$

[13] En el artículo "A scaling method for priorities in hierarchical structures", *Journal of Mathematical Psichology* 15(3): 234-281, 1977.

Por tanto,

$$n(\lambda_{\text{máx}} - n) = \sum_{i<j} \left(e_{ij} + e_{ij}^{-1} - 2 \right).$$

Luego,

$$\text{CI}(A) = \frac{\lambda_{\text{máx}} - n}{n-1} = \frac{1}{n(n-1)} \sum_{i<j} \left(e_{ij} + e_{ij}^{-1} - 2 \right). \tag{5.1}$$

Por lo que CI(A) puede verse como una media de los errores $e_{ij} + e_{ij}^{-1} - 2$. La igualdad (5.1) muestra que el índice de consistencia de Saaty aumenta cuando los errores son mayores y además tiene en cuenta el número y tamaño de las violaciones individuales de la consistencia consideradas en los juicios $i, j = 1, \ldots, n$.

Con el fin de intuir lo que es el índice de consistencia, Saaty hizo la siguiente simulación por ordenador: eligió las entradas de A por encima de la diagonal principal al azar de entre los valores $\{1/9, 1/8, \ldots, 1, 2, \ldots, 8, 9\}$. Luego rellenó las entradas por debajo de la diagonal principal de A tomando inversos (para asegurarse de que A sea recíproca). Después puso unos en la diagonal principal y calculó CI(A). Repitió este proceso 50 000 veces y tomó la media, a la que llamó **índice aleatorio de consistencia** (denotado RI, del inglés *random index*). La siguente tabla muestra los valores obtenidos de esta simulación para matrices de tamaño $3, \ldots, 15$.

Orden	3	4	5	6	7	8	9
RI_n	0.52	0.89	1.11	1.25	1.35	1.40	1.45
Orden	10	11	12	13	14	15	
RI_n	1.49	1.52	1.54	1.56	1.58	1.59	

Saaty propuso que, si $\text{CI}(A)/\text{RI}_n < 0.1$, entonces A debería tomarse como casi consistente y tomarse el vector de prioridades como el vector de Perron.

Ejemplo 5.5. Imaginemos que una empresa dispone de x € para invertir en las siguientes alternativas:

1. Publicidad.

2. Seguridad laboral.

3. Investigación.

4. Mejora de las infraestructuras.

Como el gerente no sabe muy bien cómo distribuir los x €, va a emplear AHP. Primero de todo tiene que formar la matriz de las comparaciones A y, como hay cuatro opciones, entonces la matriz es 4×4.

$$A = \begin{bmatrix} 1 & * & * & * \\ * & 1 & * & * \\ * & * & 1 & * \\ * & * & * & 1 \end{bmatrix}.$$

Supongamos que el gerente piensa de la siguiente manera: "si solo pudiera invertir en publicidad y en seguridad laboral, entonces me gustaría invertir el 60 % en publicidad y el 40 % en seguridad laboral". Por tanto, la publicidad es $60/40 = 3/2$ veces más importante que la seguridad laboral. Por tanto, tendremos que escribir

$$A = \begin{bmatrix} 1 & 3/2 & * & * \\ 2/3 & 1 & * & * \\ * & * & 1 & * \\ * & * & * & 1 \end{bmatrix}.$$

Y así progresivamente, estableciendo comparaciones dos a dos, el gerente rellena la matriz A. Por ejemplo,

$$A = \begin{bmatrix} 1 & 3/2 & 2 & 2 \\ 2/3 & 1 & 3 & 1 \\ 1/2 & 1/3 & 1 & 1/4 \\ 1/2 & 1 & 4 & 1 \end{bmatrix}.$$

Para usar el teorema 5.5 necesitamos saber el valor propio de módulo máximo. En este ejemplo se tiene que este valor es[14] $\lambda_{\text{máx}} = 4.1769$. Como $\lambda_{\text{máx}} \neq 4$, la matriz no es consistente, pero, si calculamos el índice de constencia,

$$\text{CI}(A) = \frac{\lambda_{\text{máx}} - n}{n-1} = \frac{4.1769 - 4}{4-1} = 0.0589,$$

y como

$$\frac{\text{CI}(A)}{\text{RI}_4} = \frac{0.0589}{0.89} = 0.0662 < 0.1,$$

según Saaty, la inconsistencia de esta matriz A es aceptable. El vector propio de A asociado a $\lambda_{\text{máx}}$ cuyas componentes suman 1 es[15]

$$\mathbf{v} = [0.3611, 0.2612, 0.1056, 0.2721]^T.$$

[14] Calculado con Octave.

[15] Recuerda que, dado un vector `v`, siempre podemos conseguir otro proporcional y de forma que sus componentes sumen 1 con Octave mediante `v=v/sum(v)`.

Si el gerente dispone de 10 000 € para invertir, ¿cuántos euros será conveniente gastar en cada partida? Para saber cómo invertir 10 000 €, simplemente calculamos 10000**v**. Como

$$10000\mathbf{v} \simeq [3611, 2612, 1056, 2721]^T,$$

entonces debemos invertir 3611 € en publicidad, 2612 € en seguridad laboral, 1056 € en investigación y 2721 € en mejora de las infraestructuras. ______ **Fin**

Ejemplo 5.6. Otra empresa quiere invertir en los mismos apartados que la empresa anterior y forma la siguiente matriz de comparaciones:

$$A = \begin{bmatrix} 1 & 1/4 & 2 & 2 \\ 4 & 1 & 3 & 1 \\ 1/2 & 1/3 & 1 & 1/4 \\ 1/2 & 1 & 4 & 1 \end{bmatrix}.$$

El valor propio de Perron de esta matriz es $\lambda_{\text{máx}} = 4.4845$. Por lo que el índice de consistencia de A es

$$\text{CI}(A) = (\lambda_{\text{máx}} - n)/(n-1) = (4.4845 - 4)/(4-1) = 0.161.$$

Como $\text{CI}(A)/\text{RI}_4 = 0.161/0.89 = 0.181 > 0.1$, la inconsistencia de A es inaceptable. _ **Fin**

A la luz de este ejemplo, resulta evidente que un problema crucial es cómo modificar una matriz inconsistente para que sea más consistente.

5.5. Mejora de la consistencia cambiando algunas entradas

Sea A una matriz recíproca cuya inconsistencia es inaceptable. ¿Cómo debemos modificar la matriz A para que sea consistente? Vamos a ver un método para mejorar la consistencia de una matriz recíproca.

Como vimos en la sección 5.4, cuando tratábamos de explicar el significado del índice de consistencia mediante la igualdad (5.1), si A es una matriz recíproca, podemos medir la inconsistencia de una matriz recíproca A como

$$\frac{1}{n(n-1)} \sum_{i<j} \left(e_{ij} + e_{ij}^{-1} - 2 \right),$$

siendo $e_{ij} = a_{ij} v_j / v_i$ y $[v_1, \ldots, v_n]^T$ un vector de Perron de A.

Podemos mejorar la inconsistencia de A identificando el mayor valor de $e_{ij} + e_{ij}^{-1} - 2$ y pedirle al experto que cambie este valor por alguno más pequeño. Si el experto está dispuesto a cambiar de opinión, la nueva matriz mejorará su índice de consistencia. Ten en cuenta que los índices (i,j) que maximizan $e_{ij}+e_{ij}^{-1}-2$ coinciden con los índices (i,j) que maximizan $e_{ij}+e_{ij}^{-1}$.

Es conveniente tener una fórmula sencilla para estudiar las cantidades $e_{ij}+e_{ij}^{-1}$. Sea E la matriz cuyas componentes son e_{ij}. Para una mayor comprensión de los cálculos, vamos a suponer que el tamaño de las matrices es 2×2.

$$E=\begin{bmatrix} e_{11} & e_{12} \\ e_{21} & e_{22} \end{bmatrix}=\begin{bmatrix} a_{11}v_1/v_1 & a_{12}v_2/v_1 \\ a_{21}v_1/v_2 & a_{22}v_2/v_2 \end{bmatrix}=\begin{bmatrix} v_1^{-1} & 0 \\ 0 & v_2^{-1} \end{bmatrix}\begin{bmatrix} a_{11} & a_{12} \\ a_{21} & a_{22} \end{bmatrix}\begin{bmatrix} v_1 & 0 \\ 0 & v_2 \end{bmatrix}.$$

En general, si V es la matriz diagonal cuyas entradas son $v_1,\ldots,v_n$, entonces

$$E=V^{-1}AV.$$

Como $e_{ji}=e_{ij}^{-1}$, entonces, si F es la matriz cuyas componentes son $e_{ij}+e_{ij}^{-1}$, tenemos $F=E+E^T$.

Ejemplo 5.7. La matriz del ejemplo 5.6

$$A=\begin{bmatrix} 1 & 1/4 & 2 & 2 \\ 4 & 1 & 3 & 1 \\ 1/2 & 1/3 & 1 & 1/4 \\ 1/2 & 1 & 4 & 1 \end{bmatrix}$$

tiene, como vimos, una inconsistencia inaceptable. Vamos a identificar la entrada (i,j) que hace máxima $e_{ij}+e_{ij}^{-1}$. Primero, calculamos la raíz y el vector de Perron usando Octave.

```
A = [1 1/4 2 2; 4 1 3 1; 1/2 1/3 1 1/4; 1/2 1 4 1];
[X D] = eig(A);
valores_propios_de_A = diag(D);
[raiz_de_Perron,posicion] = max(valores_propios_de_A);
vector_de_Perron = X(:,posicion)/sum(X(:,posicion))
```

Ahora calculamos la matriz $F=E+E^T$:

```
Vmenos1 = diag(valores_propios_de_A.^(-1));
V = diag(vp);
E = Vmenos1*A*V;
F = E+E';
```

Obtenemos la matriz

$$F=\begin{bmatrix} 2 & 2.6616 & 2.0534 & 2.6847 \\ 2.6616 & 2 & 2.1781 & 2.2363 \\ 2.0534 & 2.1781 & 2 & 2.1238 \\ 2.6847 & 2.2363 & 2.1238 & 2 \end{bmatrix}.$$

Ejercicio 5.8. En este ejemplo, la matriz F tiene doses en la diagonal principal y es simétrica. ¿Es esto casualidad?

Vemos que la entrada $(1,4)$ es la más grande (y su simétrica). Vamos a cambiar ligeramente estas dos entradas para mejorar la consistencia de A. Para este fin, pensemos que a_{14} se debe parecer a v_1/v_4. Como $a_{14} = 2$ y $v_1/v_4 = 0.8937$, obtenidos con

```
A(1,4)
vector_de_Perron(1)/vector_de_Perron(4)
```

le deberíamos preguntar al experto que ha rellenado la matriz de comparaciones si está dispuesto a bajar un poco el valor de a_{14}. Vamos a suponer que acepta y propone el nuevo valor $a_{14} = 1$. Entonces se debe cambiar la matriz A original por

$$A = \begin{bmatrix} 1 & 1/4 & 2 & 1 \\ 4 & 1 & 3 & 1 \\ 1/2 & 1/3 & 1 & 1/4 \\ 1 & 1 & 4 & 1 \end{bmatrix}.$$

Ahora el valor propio de Perron de la matriz A actualizada es $\lambda_{\text{máx}} = 4.22$, y el índice de consistencia es $\text{CI}(A) = (\lambda_{\text{máx}} - 4)/(4-1) = 0.0739$ y, como $\text{CI}(A)/\text{RI}_4 = 0.0739/0.89 = 0.083 < 0.1$, la inconsistencia de esta nueva matriz A es aceptable. **Fin**

5.6. Proceso de linealización

La idea de esta sección es, dada una matriz A recíproca, encontrar una matriz consistente B que sea "lo más cercana posible a A". Obviamente, deberíamos ser capaces de definir con precisión cuándo una matriz se parece a otra.

5.6.1. ¿Cómo saber si dos matrices se parecen?

Tenemos que saber cuantificar los cambios que hacemos a las matrices y para este fin usaremos el concepto de norma matricial. Más en concreto, usaremos la norma de Frobenius.

Definición 5.4. Sea A una matriz $n \times m$, la **norma de Frobenius** de A se define como

$$\|A\|_F = \sqrt{\sum_{i,j} a_{ij}^2}.$$

La idea es usar algo parecido a la norma de un vector. Se puede probar (es bastante tedioso y no merece la pena que pierdas el tiempo) que $\text{tr}(A^T A) = \|A\|_F^2$. Aquí, $\text{tr}(X)$ es la traza de una matriz X, esto es, la suma de los elementos de la diagonal de X. Esta fórmula nos va a ser útil.

La idea de usar esta norma es pensar que, si $\|A\|_F$ es pequeño, entonces A es pequeño. Por lo que, si $\|X-Y\|_F$ es pequeño, entonces X e Y se parecen.

Octave En Octave, para calcular la norma de Frobenius de una matriz cualquiera A, se ejecuta `norm(A,'fro')`, mientras que, para calcular la traza de una matriz cuadrada X, se ejecuta `trace(X)`. ______ **Fin**

Sin embargo, como veremos en el siguiente ejemplo, esta norma aún no conduce a algo satisfactorio.

Ejemplo 5.8. Considera las matrices:

$$A_1 = \begin{bmatrix} 1 & 1 \\ 1 & 1 \end{bmatrix}, \quad B_1 = \begin{bmatrix} 1 & 2 \\ 1/2 & 1 \end{bmatrix}, \quad A_2 = \begin{bmatrix} 1 & 8 \\ 1/8 & 1 \end{bmatrix}, \quad B_2 = \begin{bmatrix} 1 & 9 \\ 1/9 & 1 \end{bmatrix}.$$

Estas cuatro matrices son recíprocas (y, por tanto, consistentes en vista del ejercicio 5.5) y corresponden a cuatro situaciones en las que se pretende elegir la mejor opción entre dos alternativas. Si calculamos $\|A_1-B_1\|_F$ y $\|A_2-B_2\|_F$, obtenemos

$$\|A_1-B_1\|_F = 1.118, \qquad \|A_2-B_2\|_F = 1.001,$$

lo que podría darnos la impresión de que A_1 y B_1 se parecen de un modo similar a como A_2 y B_2 se parecen. Esto no resulta muy intuitivo debido a que la matriz A_1 refleja que los dos criterios son equivalentes, mientras que B_1 refleja que el segundo criterio es dos veces más importante que el primero. Observemos que la importancia de los criterios en A_2 y B_2 es similar. Por lo que, desde un punto de vista intuitivo, la distancia entre A_1 y B_1 debe ser bastante mayor que la distancia entre A_2 y B_2.

Otra forma de entender el párrafo anterior es considerar que tenemos 100 € para gastar en dos opciones y tenemos cuatro escenarios posibles: los descritos en las matrices A_1, B_1, A_2 y B_2. Tras calcular los vectores de prioridades de las cuatro matrices, obtenemos que

$$A_1 \to \begin{bmatrix} 1 \\ 1 \end{bmatrix}, \quad B_1 \to \begin{bmatrix} 2 \\ 1 \end{bmatrix}, \quad A_2 \to \begin{bmatrix} 8 \\ 1 \end{bmatrix}, \quad B_2 \to \begin{bmatrix} 9 \\ 1 \end{bmatrix},$$

lo que, tras algunos cálculos sencillos, implica que

	A_1	B_1	A_2	B_2
Cantidad invertida en la primera opción	50	66.6	88.9	90
Cantidad invertida en la segunda opción	50	33.3	11.1	10

Aquí vemos que el cambio de A_1 a B_1 es mucho mayor que el cambio de A_2 a B_2. ____ **Fin**

A la luz del ejemplo anterior, parece que hay que modificar la noción de distancia entre matrices. La idea es que el “salto” que hay de 1 a 2 debe ser mayor que el “salto” que hay de 8 a 9. Esto se logra con logaritmos, ya que $\log 2 - \log 1 \simeq 0.693$ y $\log 9 - \log 8 \simeq 0.118$.

A partir de ahora vamos a denotar, si $A = (a_{ij})$, por $L(A)$ a la matriz cuya entrada (i,j) es el logaritmo neperiano de a_{ij}. Por ejemplo, $L([1,a,b]) = [0, \log a, \log b]$. Además vamos a denotar, si $B = (b_{ij})$, por $E(B)$ a la matriz cuya entrada (i,j) es $e^{b_{ij}}$. Observa que $E(L(A)) = A$ y $L(E(B)) = B$ (en otras palabras, E y L son aplicaciones inversas).

Definición 5.5. Sean A y B dos matrices del mismo orden y cuyas entradas son todas positivas. La **distancia** entre A y B es el número real

$$d(A,B) = \|L(A) - L(B)\|_F,$$

donde $\|\cdot\|_F$ es la norma de Frobenius.

Ejemplo 5.9. Para las matrices A_1, B_1, A_2 y B_2 del ejemplo anterior se tiene (recuerda que $\log 1 = 0$ y $\log a^{-1} = -\log a$)

$$d(A_1,B_1) = \|L(A_1) - L(B_1)\|_F = \left\| \begin{bmatrix} 0 & -\log 2 \\ \log 2 & 0 \end{bmatrix} \right\|_F = \sqrt{0^2 + (-\log 2)^2 + (\log 2)^2 + 0^2}$$
$$\simeq 0.98026.$$

Un cálculo similar muestra que $d(A_2,B_2) \simeq 0.1666$. Lo que confirma nuestra suposición de que la distancia entre A_1 y B_1 debe ser mayor que la distancia entre A_2 y B_2. __________ **Fin**

5.6.2. Más sobre matrices recíprocas y consistentes

Nuestro objetivo es resolver el siguiente problema: si A es una matriz recíproca, pero no consistente, ¿cómo podemos encontrar una matriz B consistente de forma que

$$d(A,B) \leq d(A,B') \tag{5.2}$$

para toda matriz B' consistente del mismo tamaño que A?

Es decir, vamos a encontrar, de entre todas las matrices consistentes, la más parecida a la matriz A. La desigualdad anterior se puede escribir como

$$\|L(A) - L(B)\|_F \leq \|L(A) - L(B')\|_F. \tag{5.3}$$

Como A es recíproca, B es consistente y aparecen $L(A)$ y $L(B)$, resulta útil determinar qué propiedades cumplen $L(A)$ y $L(B)$.

Empecemos con $L(A)$. La mejor manera es pensar en un caso particular: vamos a suponer que A es de orden 3. Ya que A es recíproca,

$$L\left(\begin{bmatrix} 1 & a & b \\ a^{-1} & 1 & c \\ b^{-1} & c^{-1} & 1 \end{bmatrix}\right) = \begin{bmatrix} 0 & \log a & \log b \\ -\log a & 0 & \log c \\ -\log b & -\log c & 0 \end{bmatrix}.$$

Vemos que las entradas por encima de la diagonal principal se repiten por debajo, pero cambiadas de signo. Las matrices que cumplen esto reciben un nombre especial: antisimétricas. Una matriz X es **antisimétrica** si cumple $X^T = -X$. Por tanto, tenemos el siguiente resultado:

Teorema 5.6. Matrices recíprocas y simétricas

Sean A y B dos matrices cuadradas.

a) A es recíproca si y solo si $L(A)$ es antisimétrica.

b) B es antisimétrica si y solo si $E(B)$ es recíproca.

Ejercicio 5.9. Prueba que son necesarios $(n^2-n)/2$ parámetros independientes para describir una matriz antisimétrica arbitraria de orden n.

Ahora debemos averiguar cómo son las matrices de la forma $L(B)$, siendo B consistente. Y de nuevo vamos a verlo con el mismo caso particular: las de orden 3. Si B es consistente y de orden 3, existe un vector $\mathbf{v}$ de $\mathbb{R}^3$ que cumple $B = \mathbf{v}J(\mathbf{v})^T$. Este vector $\mathbf{v}$ es un vector de prioridades de la matriz B. Pero recordemos que en realidad cualquier múltiplo de $\mathbf{v}$ nos sirve para recuperar la matriz B, ya que $\mathbf{v}J(\mathbf{v})^T = (\alpha\mathbf{v})J(\alpha\mathbf{v})^T$ para cualquier $\alpha > 0$. Así pues, multiplicando por un escalar adecuado, podemos suponer que $\mathbf{v} = [1, a, b]^T$.

Antes de seguir con los cálculos, quizá te preguntes por qué tomamos $\mathbf{v} = [1, a, b]^T$ en lugar de $\mathbf{v} = [a, b, c]^T$: las dos elecciones son correctas, pero, cuantas menos variables o parámetros, mejor.

Por tanto, como

$$B = \mathbf{v}J(\mathbf{v})^T = \begin{bmatrix} 1 \\ a \\ b \end{bmatrix} \begin{bmatrix} 1 & a^{-1} & b^{-1} \end{bmatrix} = \begin{bmatrix} 1 & a^{-1} & b^{-1} \\ a & 1 & ab^{-1} \\ b & ba^{-1} & 1 \end{bmatrix},$$

entonces

$$L(B) = \begin{bmatrix} 0 & -\log a & -\log b \\ \log a & 0 & \log a - \log b \\ \log b & \log b - \log a & 0 \end{bmatrix}.$$

Además de que $L(B)$ es antisimétrica (debe serlo, ya que B, por ser consistente, es recíproca), $L(B)$ cumple más condiciones. Observa que una matriz antisimétrica arbitraria 3×3 tiene 3 parámetros libres (repasa el ejercicio 5.9) y $L(B)$ tiene solo 2 parámetros libres. Con unas cuentas logramos, si denotamos $\alpha = \log a$ y $\beta = \log b$ (solo por simplificar la notación):

$$L(B) = \begin{bmatrix} 0 & 0 & 0 \\ \alpha & \alpha & \alpha \\ \beta & \beta & \beta \end{bmatrix} - \begin{bmatrix} 0 & \alpha & \beta \\ 0 & \alpha & \beta \\ 0 & \alpha & \beta \end{bmatrix} = \begin{bmatrix} 0 \\ \alpha \\ \beta \end{bmatrix} \begin{bmatrix} 1 & 1 & 1 \end{bmatrix} - \begin{bmatrix} 1 \\ 1 \\ 1 \end{bmatrix} \begin{bmatrix} 0 & \alpha & \beta \end{bmatrix}.$$

Como ha aparecido el vector completamente formado por unos, lo llamaremos de una manera especial: $\mathbb{1}_n$ es el vector columna de $\mathbb{R}^n$ completamente formado por unos. Resulta que el cálculo previo demuestra que, si B es una matriz consistente de orden 3, entonces existe un vector $\mathbf{v} \in \mathbb{R}^3$ de modo que $L(B) = \mathbf{v}\mathbb{1}_3^T - \mathbb{1}_3\mathbf{v}^T$. En realidad, esto puede generalizarse:

Teorema 5.7. Matrices consistentes

Sea B una matriz de orden n con todas sus entradas positivas. Las siguientes afirmaciones son equivalentes:

a) B es consistente.

b) Existe $\mathbf{v} \in \mathbb{R}^n$ tal que $L(B) = \mathbf{v}\mathbb{1}_n^T - \mathbb{1}_n\mathbf{v}^T$.

DEMOSTRACIÓN. Sea $\mathbf{v} = [v_1, v_2, \ldots v_n]^T$ un vector arbitrario de $\mathbb{R}^n$. La matriz $\mathbf{v}\mathbb{1}_n^T - \mathbb{1}_n\mathbf{v}^T$ es cuadrada de orden n y su entrada (i, j) es $v_i - v_j$.

a) $\Rightarrow$ b): si $B = (b_{ij})$ es una matriz consistente, entonces existe un vector $[w_1, \cdots w_n]^T$ de componentes positivas tales que $b_{ij} = w_i/w_j$, luego, $\log b_{ij} = \log w_i - \log w_j$. Si se define $\mathbf{v} = [\log w_1, \ldots \log w_n]^T$, entonces se cumple $L(B) = \mathbf{v}\mathbb{1}_n^T - \mathbb{1}_n\mathbf{v}^T$.

b) $\Rightarrow$ a): como $\log b_{ij} = v_i - v_j$, entonces $b_{ij} = \mathrm{e}^{v_i}/\mathrm{e}^{v_j}$. Y ahora, si definimos $\mathbf{w} = [\mathrm{e}^{v_1}, \ldots \mathrm{e}^{v_n}]^T$, se tiene $B = \mathbf{w}J(\mathbf{w})^T$. $\square$

¿Cuántos parámetros independientes tiene una matriz consistente de orden n? A la luz del teorema anterior, parece que una matriz consistente B depende de $\mathbf{v} \in \mathbb{R}^n$, ya que $L(B) = \mathbf{v}\mathbb{1}_n^T - \mathbb{1}_n\mathbf{v}^T$ y, por tanto, parece que hay n parámetros libres (las n coordenadas de $\mathbf{v}$). Pero, si repasas el caso particular $n = 3$, discutido antes del teorema 5.7, vemos que una matriz consistente de orden n, no tiene n parámetros libres. Es más, parece que haya $n-1$ parámetros libres. Si pensamos un poco más, podemos comprender la razón intuitiva: si B es una matriz consistente de tamaño n, es cierto que el vector de prioridades tiene n componentes, pero todos los vectores de prioridades son proporcionales. Por tanto, si fijamos que la suma de las componentes es 1, en realidad hay $n - 1$ parámetros libres.

El siguiente teorema formaliza esta discusión. Su demostración requiere el uso de aplicaciones lineales, por tanto, si no conoces la teoría de las aplicaciones lineales, puedes saltarte la demostración del siguiente teorema.

Teorema 5.8. La dimensión del conjunto de matrices consistentes

El conjunto

$$\mathscr{L}_n = \{L(B) : B \text{ es una matriz consistente de orden } n\}$$

es un subespacio vectorial del espacio de las matrices $n \times n$ cuya dimensión es $n - 1$.

DEMOSTRACIÓN. Denotemos por $\mathscr{M}$ el espacio vectorial de las matrices $n \times n$. Sea la aplicación $\phi_n : \mathbb{R}^n \to \mathscr{M}_n$ dada por $\phi_n(\mathbf{v}) = \mathbf{v}\mathbb{1}_n^T - \mathbb{1}_n\mathbf{v}^T$. Es fácil demostrar que ϕ_n es lineal. Por el teorema 5.7 se tiene que $\operatorname{im}\phi_n = \mathscr{L}_n$ (en particular, $\mathscr{L}_n$ es un subespacio vectorial).

Además, $\mathbf{v} = [v_1, \ldots, v_n]^T \in \ker \phi_n \iff \phi_n(\mathbf{v}) = 0 \iff \mathbf{v}\mathbb{1}_n^T = \mathbb{1}_n\mathbf{v}^T \iff v_i = v_j$ para todos $i, j \iff$ todas las componentes de $\mathbf{v}$ son iguales $\iff \mathbf{v}$ es un múltiplo de $\mathbb{1}_n$. Por lo que $\dim \ker \phi_n = 1$. Y ahora, $\dim \mathscr{L}_n = \dim \operatorname{im} \phi_n = \dim \mathbb{R}^n - \dim \ker \phi_n = n - 1$. □

Observa la figura 5.1 donde se esquematizan los conjuntos de las matrices recíprocas, consistentes, $\mathscr{L}_n$ y antisimétricas.

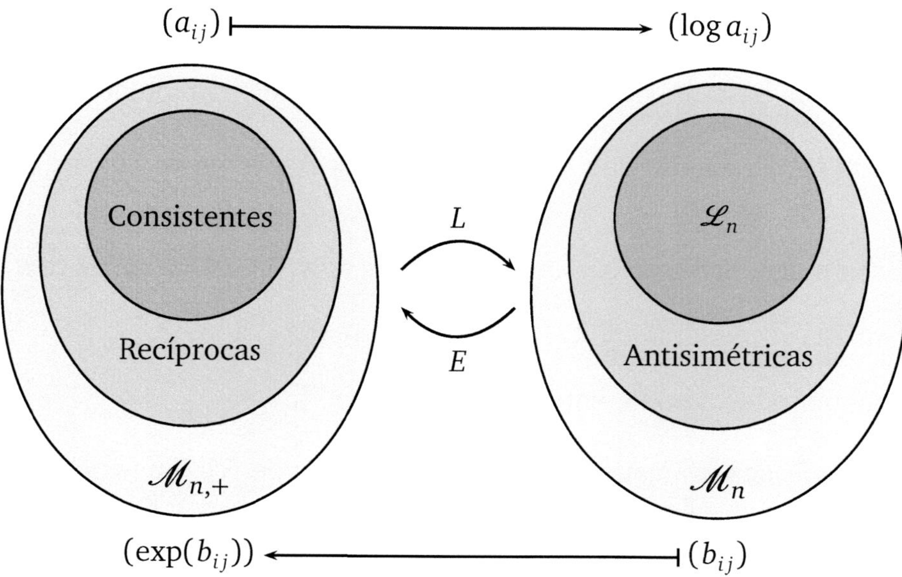

Figura 5.1. El conjunto de las matrices $n \times n$ cuyas entradas son positivas se denota por $\mathscr{M}_{n,+}$

La siguiente aplicación va a jugar un papel importante en el resto del capítulo:

$$\phi_n : \mathbb{R}^n \to \mathscr{M}_n, \qquad \phi_n(\mathbf{v}) = \mathbf{v}\mathbb{1}_n^T - \mathbb{1}_n\mathbf{v}^T \tag{5.4}$$

5.6.3. Cómo hallar la matriz consistente más cercana a otra dada

Volvamos al problema planteado anteriormente: dada una matriz A recíproca, ¿cómo podemos encontrar la matriz consistente B más cercana a A? Si te fijas en las desigualdades (5.2) y (5.3) y en el teorema 5.8, tenemos que buscar la matriz de $\mathscr{L}_n$ más cercana a $L(A)$. Pero $\mathscr{L}_n$ es un subespacio vectorial. ¿Cómo buscamos el elemento de un subespacio vectorial más próximo a otro elemento?

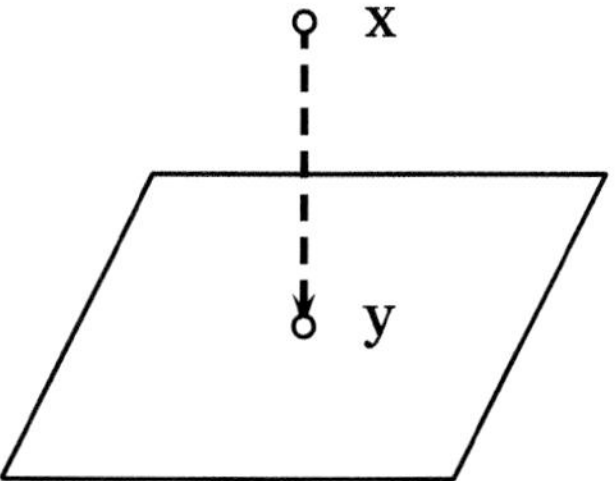

Figura 5.2. El punto del plano más próximo a $\mathbf{x}$ es la proyección ortogonal de $\mathbf{x}$.

Si pensamos en puntos y planos en el espacio (mira la figura 5.2), las mejores aproximaciones se logran con perpendiculares. Pero estamos usando matrices. ¿Cómo hablamos de perpendicularidad con matrices? Pues de la misma manera que manejamos la perpendicularidad en

$\mathbb{R}^3$: con un producto escalar. Vamos a definir un producto escalar para matrices de la siguiente manera. Si X e Y son dos matrices reales $n \times n$, definimos:

$$\langle X, Y \rangle = \text{tr}(XY^T). \tag{5.5}$$

Recuerda que $\text{tr}(A)$ significa la traza de la matriz A (la suma de los elementos de la diagonal de A) y además que $\langle X, X \rangle = \text{tr}(X^T X) = \|X\|_F^2$.

Enunciamos algunas propiedades básicas de la traza de matrices que nos serán útiles. Las demostraciones son bastante aburridas y no merece la pena que intentes hacerlas.

a) Si A y B son matrices tales que los productos AB y BA se pueden hacer, entonces $\text{tr}(AB) = \text{tr}(BA)$.

b) Si A y B son matrices del mismo tamaño, entonces $\text{tr}(A+B) = \text{tr}(A) + \text{tr}(B)$.

c) Si A es una matriz cuadrada y $\lambda \in \mathbb{R}$, entonces $\text{tr}(\lambda A) = \lambda\, \text{tr}(A)$.

d) Si A es una matriz cuadrada, entonces $\text{tr}(A) = \text{tr}(A^T)$.

También es útil observar que, si $\mathbf{v}$ y $\mathbf{w}$ son vectores de $\mathbb{R}^n$ (que como siempre los consideramos columnas), entonces $\mathbf{v}^T\mathbf{w}$ es el producto escalar de $\mathbf{v}$ y $\mathbf{w}$ (que, obviamente, es un número) y $\mathbf{v}\mathbf{w}^T$ es una matriz cuadrada $n \times n$.

Por último, aunque las matrices no conmuten, los números sí y pueden ser ubicados donde queramos. Por ejemplo, imagina que $\mathbf{u}$ y $\mathbf{v}$ son vectores (columna) de $\mathbb{R}^n$. Si queremos simplificar $\text{tr}\left(\mathbf{u}\mathbf{v}^T\mathbf{u}\mathbf{v}^T\right)$, primero agrupamos los dos vectores de en medio: $\mathbf{v}^T$ y $\mathbf{u}$; y como $\mathbf{v}^T\mathbf{u}$ es un número, lo ponemos al principio y lo sacamos fuera de la traza:

$$\text{tr}\left(\mathbf{u}\mathbf{v}^T\mathbf{u}\mathbf{v}^T\right) = \text{tr}\left(\mathbf{u}(\mathbf{v}^T\mathbf{u})\mathbf{v}^T\right) = \text{tr}\left((\mathbf{v}^T\mathbf{u})\mathbf{u}\mathbf{v}^T\right) = (\mathbf{v}^T\mathbf{u})\,\text{tr}(\mathbf{u}\mathbf{v}^T).$$

Ahora cambiamos el orden de las matrices dentro de la traza (cuidado, si A y B son matrices, en general $AB \neq BA$; pero sí es cierto que $\text{tr}(AB) = \text{tr}(BA)$). Y como el producto escalar es un número (una matriz 1×1), entonces

$$\left(\mathbf{v}^T\mathbf{u}\right)\text{tr}\left(\mathbf{u}\mathbf{v}^T\right) = \left(\mathbf{v}^T\mathbf{u}\right)\text{tr}\left(\mathbf{v}^T\mathbf{u}\right) = \left(\mathbf{v}^T\mathbf{u}\right)\left(\mathbf{v}^T\mathbf{u}\right) = \left(\mathbf{v}^T\mathbf{u}\right)^2.$$

El siguiente resultado es muy importante ya que nos permitirá encontrar la matriz consistente más próxima a una recíproca. Recuerda que hemos denotado:

$$\mathscr{L}_n = \{L(A) : A \text{ es consistente de tamaño } n \times n\}.$$

Teorema 5.9. Fórmula para la proyección sobre $\mathscr{L}_n$

Si B es antisimétrica y si U_n es la matriz $n \times n$ totalmente formada por unos, entonces

$$\text{Proyección de } B \text{ sobre } \mathscr{L}_n = \frac{1}{n}\left[(BU_n) - (BU_n)^T\right].$$

DEMOSTRACIÓN. Es útil manejar la aplicación $\phi_n : \mathbb{R}^n \to \mathscr{M}_n$ definida previamente, $\phi_n(\mathbf{w}) = \mathbf{w}\mathbb{1}_n^T - \mathbb{1}_n\mathbf{w}^T$, donde, recuerda, que $\mathbb{1}_n$ es el vector columna de $\mathbb{R}^n$ cuyas componentes son iguales a 1.

El teorema 5.8 permite probar que $\mathscr{L}_n$ es un subespacio vectorial, de hecho, en este teorema se probó que $\mathscr{L}_n = \{\phi_n(\mathbf{w}) : \mathbf{w} \in \mathbb{R}^n\}$. La figura 5.3 es un esquema de la situación: para hallar la matriz de $\mathscr{L}_n$ más próxima a B hay que determinar $\mathbf{v} \in \mathbb{R}^n$ tal que el vector que une B con $\phi_n(\mathbf{v})$ es perpendicular a $\mathscr{L}_n$ (en la teoría de espacios vectoriales con un producto escalar se demuestra que el vector de un subespacio más próximo a $\mathbf{x}$ es la proyección de $\mathbf{x}$ sobre este subespacio. Puedes consultar cualquier libro de álgebra lineal).

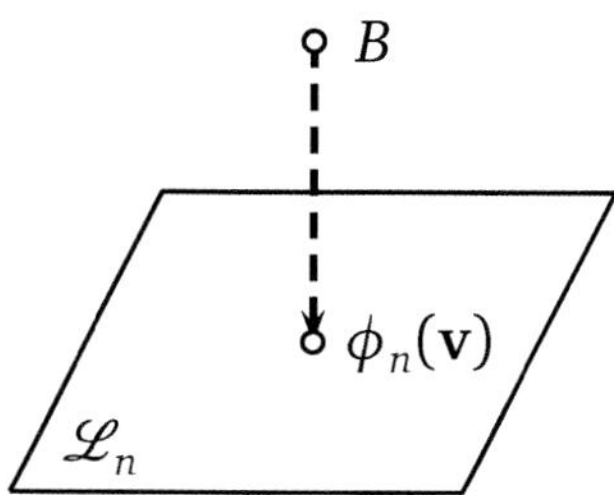

Figura 5.3. $\phi_n(\mathbf{v}) - B$ es ortogonal a $\mathscr{L}_n$.

Observa que el vector que une B con $\phi_n(\mathbf{v})$ es $\phi_n(\mathbf{v}) - B$. Pero, como $\mathscr{L}_n = \{\phi_n(\mathbf{w}) : \mathbf{w} \in \mathbb{R}^n\}$, decir que $\phi_n(\mathbf{v}) - B$ es perpendicular a $\mathscr{L}_n$ es lo mismo que decir que $\phi_n(\mathbf{v}) - B$ es perpendicular a $\phi_n(\mathbf{w})$ para todo vector $\mathbf{w} \in \mathbb{R}^n$. Es decir, tenemos que hallar $\mathbf{v} \in \mathbb{R}^n$ tal que

$$\langle \phi_n(\mathbf{v}) - B, \phi_n(\mathbf{w}) \rangle = 0 \qquad \text{para todo } \mathbf{w} \in \mathbb{R}^n. \tag{5.6}$$

Definimos (simplemente para abreviar la escritura) $M = \phi_n(\mathbf{v}) - B$ y observamos que M es antisimétrica. Vamos a tratar de simplificar $\langle M, \phi_n(\mathbf{w}) \rangle$:

$$\begin{aligned}\langle M, \phi_n(\mathbf{w}) \rangle &= \operatorname{tr}(M^T \phi_n(\mathbf{w})) = \operatorname{tr}\left(M^T(\mathbf{w}\mathbb{1}_n^T - \mathbb{1}_n\mathbf{w}^T)\right) = \operatorname{tr}(M^T\mathbf{w}\mathbb{1}_n^T) - \operatorname{tr}(M^T\mathbb{1}_n\mathbf{w}^T) \\ &\overset{(a)}{=} \operatorname{tr}\left((M^T\mathbf{w}\mathbb{1}_n^T)^T\right) + \operatorname{tr}(M\mathbb{1}_n\mathbf{w}^T) \overset{(b)}{=} \operatorname{tr}(\mathbb{1}_n\mathbf{w}^T M) + \operatorname{tr}(M\mathbb{1}_n\mathbf{w}^T) \\ &\overset{(c)}{=} \operatorname{tr}(M\mathbb{1}_n\mathbf{w}^T) + \operatorname{tr}(M\mathbb{1}_n\mathbf{w}^T) = 2\operatorname{tr}(M\mathbb{1}_n\mathbf{w}^T) \overset{(c)}{=} 2\operatorname{tr}(\mathbf{w}^T M\mathbb{1}_n) \overset{(d)}{=} 2\mathbf{w}^T M\mathbb{1}_n.\end{aligned}$$

La explicación de algunos pasos es la siguiente:

(a) Usamos que la traza de una matriz coincide con la de su traspuesta. Además, utilizamos que M es antisimétrica, es decir, $M^T = -M$.

(b) Empleamos que $(ABC)^T = C^T B^T A^T$ para cualquier terna de matrices A, B, C tales que ABC tenga sentido.

(c) Utilizamos que $\operatorname{tr}(AB) = \operatorname{tr}(BA)$ para cualquier par de matrices A, B tales que AB y BA tengan sentido.

(d) Observamos que $\mathbf{w}^T M \mathbb{1}_n$ es un escalar y la traza de un escalar es el propio escalar.

Ahora, si recuerdas que el producto escalar de vectores de $\mathbb{R}^n$ es $\langle \mathbf{x}, \mathbf{y} \rangle = \mathbf{x}^T \mathbf{y}$, resulta que (5.6) se reescribe como

$$M\mathbb{1}_n \text{ es perpendicular a } \mathbf{w} \text{ para todo } \mathbf{w} \in \mathbb{R}^n.$$

Pero el único vector que es perpendicular a todos los vectores es el $\mathbf{0}$. Por tanto, de lo anterior se deduce que $M\mathbb{1}_n = \mathbf{0}$. Y si recuerdas cómo hemos definido M, se obtiene que $B\mathbb{1}_n = \phi_n(\mathbf{v})\mathbb{1}_n$. Vamos a simplificar el lado derecho de esta última igualdad:

$$\phi_n(\mathbf{v})\mathbb{1}_n = (\mathbf{v}\mathbb{1}_n^T - \mathbb{1}_n\mathbf{v}^T)\mathbb{1}_n = \mathbf{v}(\mathbb{1}_n^T\mathbb{1}_n) - \mathbb{1}_n(\mathbf{v}^T\mathbb{1}_n) = n\mathbf{v} - (\mathbf{v}^T\mathbb{1}_n)\mathbb{1}_n.$$

Por tanto, $B\mathbb{1}_n = n\mathbf{v} - (\mathbf{v}^T\mathbb{1}_n)\mathbb{1}_n$. Como $\phi_n(\mathbb{1}_n) = \mathbf{0}$ y ϕ_n es lineal, entonces $\phi_n(B\mathbb{1}_n) = n\phi(\mathbf{v})$. Ahora

$$\phi_n(\mathbf{v}) = \frac{1}{n}\phi_n(B\mathbb{1}_n) = \frac{1}{n}\left[(B\mathbb{1}_n)\mathbb{1}_n^T - \mathbb{1}_n(B\mathbb{1}_n)^T\right] = \frac{1}{n}\left[B(\mathbb{1}_n\mathbb{1}_n^T) - \mathbb{1}_n\mathbb{1}_n^T B^T\right].$$

Observa que $U_n = \mathbb{1}_n\mathbb{1}_n^T$ es una matriz simétrica, por lo que

$$\phi_n(\mathbf{v}) = \frac{1}{n}\left[BU_n - U_n B^T\right] = \frac{1}{n}\left[BU_n - U_n^T B^T\right] = \frac{1}{n}\left[BU_n - (BU_n)^T\right].$$

Como $\phi_n(\mathbf{v})$ es la proyección de B sobre $\mathscr{L}_n$ (mira la figura 5.3), entonces la demostración se ha terminado. □

¿Para qué sirve el teorema 5.9? Si A es una matriz recíproca (que es la proporcionada por el experto), entonces $B = L(A)$ es antisimétrica. Podemos usar el teorema 5.9 y obtenemos la proyección de $B = L(A)$ sobre $\mathscr{L}_n$. Si aplicamos E a esta proyección, obtenemos la matriz consistente más próxima a A.

Ejercicio 5.10. Considera la matriz $M = \begin{bmatrix} 0 & a \\ -a & 0 \end{bmatrix}$. Halla la proyección de M sobre $\mathscr{L}_2$ usando el teorema 5.9. ¿Qué observas?

5.6.4. El proceso de linealización

Supongamos que un gestor construye una matriz de comparaciones A.

Lo primero que se debe hacer es comprobar si la inconsistencia de A es aceptable. Es decir, se debe calcular $\operatorname{CI}(A)$ (su fórmula está en la definición 5.3, página 139). En la tabla de la página 140 puedes mirar los índices aleatorios de consistencia, RI, para matrices de tamaños

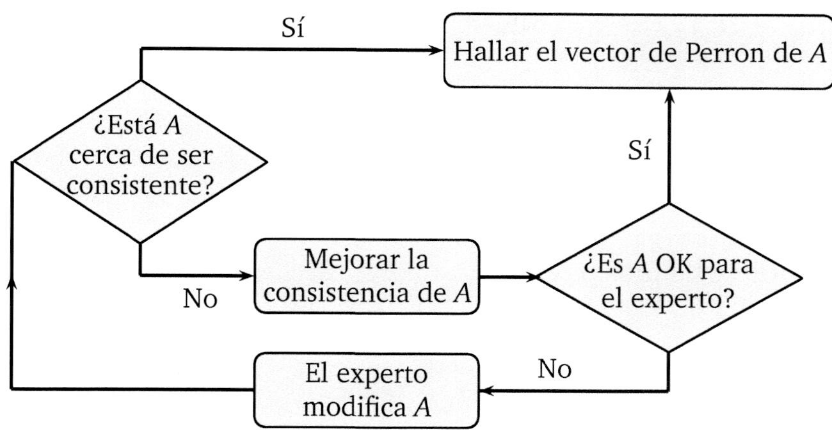

Figura 5.4. El proceso de mejora de la consistencia en AHP.

$3,\ldots,15$. Si $\mathrm{CI}(A)/\mathrm{RI} < 0.1$, la consistencia de A es aceptable, y el vector de prioridades se calcula a partir del vector de Perron.

Si $\mathrm{CI}(A)/\mathrm{RI} > 0.1$, la inconsistencia de A es inaceptable y, por tanto, hemos de mejorar su consistencia. Para este propósito calculamos $B = L(A)$. A continuación calculamos Y, la proyección ortogonal de M sobre $\mathscr{L}_n$ usando el teorema 5.9. Esta matriz Y cumple $\|B-Y\|_F \leq \|B-Y'\|_F$ para cualquier matriz Y' de $\mathscr{L}_n$. Si $X = E(Y)$, entonces $\|L(A)-L(X)\|_F \leq \|L(A)-L(X')\|_F$ para cualquier matriz X' consistente. En otras palabras, si usamos la distancia mencionada en la definición 5.5, $\mathrm{d}(A,X) \leq \mathrm{d}(A,X')$ para cualquier matriz X' consistente. Acabamos de encontrar la matriz consistente más próxima a A.

Un problema es que esta matriz X, matemáticamente hablando, es idónea: es consistente y lo más cercana posible a A. Pero quizá no refleja las opiniones del experto. En este caso, el experto debería modificar la matriz X para que represente sus opiniones. Y en este momento se debería iterar el proceso hasta tener una matriz aceptable para el experto y con adecuada consistencia. Por último, calcularíamos el vector de Perron para tener el vector de prioridades. Mira la figura 5.4.

Octave La siguiente función calcula la matriz consistente más cercana a la matriz recíproca A. Se usa el teorema 5.9.

```
function X = mejorcons(A)
% A debe ser cuadrada y recíproca
[n m] = size(A);
B = log(A);
Y = (B*ones(n,n)-(B*ones(n,n))')/n;
X = exp(Y);
```

Fin

5.6.5. Un ejemplo "casi real"

Supón que una empresa dispone de 10 000 € euros para invertir en los siguientes apartados:

1. Publicidad.
2. Mejoras de infraestructuras.
3. Salario de trabajadores.
4. Beneficio de los inversores.

El gerente construye la siguiente matriz de comparaciones:

$$A = \begin{bmatrix} 1 & 1/2 & 1/3 & 2 \\ 2 & 1 & 3 & 2 \\ 3 & 1/3 & 1 & 3 \\ 1/2 & 1/2 & 1/3 & 1 \end{bmatrix}.$$

Claramente, los criterios 2 y 3 deben ser los mejor valorados, mientras que el último debería ser el menos valorado. Pero usemos la teoría AHP. El valor propio de A de mayor módulo es $\lambda = 4.3561$. Por tanto, el índice de consistencia de A (recuerda la definición 5.3) es

$$\mathrm{CI}(A) = \frac{\lambda - 4}{4-1} = 0.1187.$$

Como (recuerda mirar la tabla donde se definió el *random index*)

$$\frac{\mathrm{CI}(A)}{\mathrm{RI}_4} = \frac{0.1187}{0.89} = 0.133 > 10\,\%,$$

según el criterio de Saaty, la inconsistencia de A es inaceptable. Por lo que procedemos a mejorarla usando el teorema 5.9. Para aplicar este teorema, debemos hallar previamente la matriz antisimétrica $B = L(A)$. Obteniendo que la matriz consistente más próxima a A es

$$X = \begin{bmatrix} 1 & 0.4082 & 0.5774 & 1.4142 \\ 2.4495 & 1 & 1.4142 & 3.4641 \\ 1.7321 & 0.70711 & 1 & 2.4495 \\ 0.7071 & 0.2887 & 0.4082 & 1 \end{bmatrix}.$$

Merece la pena comparar esta matriz con la original A. Vemos que los juicios son más o menos parecidos. Sin embargo, supongamos que al experto se le muestra la matriz consistente X como sustituta de la matriz A y opina que no es lógico que la entrada $(2,3)$ sea inferior a la entrada $(2,4)$, ya que había sugerido $a_{23} = 3$, $a_{24} = 2$. El gestor propone sustituir X por la matriz

$$C = \begin{bmatrix} 1 & 0.4082 & 0.5774 & 1.4142 \\ 2.4495 & 1 & \mathbf{2} & \mathbf{2} \\ 1.7321 & \mathbf{0.5} & 1 & 2.4495 \\ 0.7071 & \mathbf{0.5} & 0.4082 & 1 \end{bmatrix}.$$

Ahora, el valor propio de C de mayor módulo es $\lambda_{\text{máx}} = 4.0775$, luego, el índice de consistencia de C es $\text{CI}(C) = (4.0775 - 4)/(4-1) = 0.0258$, de donde $\text{CI}(C)/\text{RI}_4 = 0.0258/0.89 = 0.029 < 10\%$. Por lo que C tiene (según el criterio de Saaty) una consistencia aceptable. Los vectores propios asociados a $\lambda_{\text{máx}}$ son (según cálculos hechos con Octave) múltiplos de $\mathbf{v} = [0.32, 0.75, 0.51, 0.26]^T$. Si S es la suma de las componentes de $\mathbf{v}$, entonces $\mathbf{v}/S$ muestra en tantos por uno el peso que se le ha de dar a cada alternativa:

$$\frac{1}{S}\mathbf{v} = [0.1717, 0.4091, 0.2766, 0.1426]^T.$$

Como el empresario dispone de 10 000 €, no hay más que multiplicar 10 000 por el vector anterior para concretar los presupuestos destinados a cada partida, y se obtiene

$$[1717, 4091, 2766, 1426]^T.$$

5.7. Más niveles

En todos los ejemplos que hemos visto solo aparecían varias opciones. Pero puede haber varias opciones que dependan de varios criterios. Esto se entiende mejor con un ejemplo concreto.

Ejemplo 5.10. Imaginemos que quiero comprar un coche y tengo las siguientes alternativas:

1. Sitroen Jara.
2. Ceat Cuenca.
3. Fort Siesta.

Para elegir uno de estos tres modelos me baso en los siguientes criterios:

- Precio.
- Fiabilidad.
- Consumo (de gasolina).

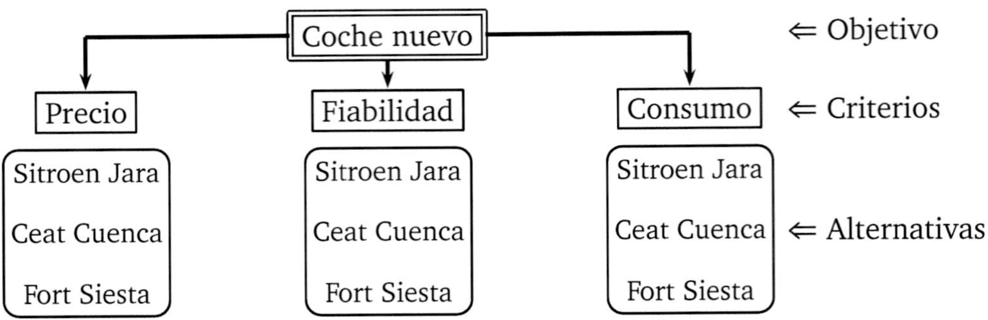

Figura 5.5. Una estructura jerárquica para comprar un coche.

Se ordenan los citerios y alternativas en una estructura jerárquica (de aquí el nombre de AHP: *analytic hierarchy process*). Observa la figura 5.5.

Primero determinamos la importancia de los criterios, y lo hacemos como hasta ahora: formamos la matriz de comparaciones y, si es consistente (según el criterio de Saaty), hallamos el vector de prioridades; y, si no es consistente, mejoramos su consistencia hasta lograr que sea consistente y a la vez aceptable por el experto que rellena la matriz de consistencia. Supongamos que formamos:

$$\begin{bmatrix} \text{Precio} \\ \text{Fiabilidad} \\ \text{Consumo} \end{bmatrix} \implies A = \begin{bmatrix} 1 & 1/3 & 1/2 \\ 3 & 1 & 2 \\ 2 & 1/2 & 1 \end{bmatrix}.$$

El valor propio de mayor módulo de esta matriz A es $\lambda_{\text{máx}} = 3.00920$. El índice de consistencia de A es $\text{CI} = (\lambda_{\text{máx}} - 3)/(3-1) = 0.0046104$, y como $\text{CI}/\text{RI}_3 = 0.0046104/0.52 = 0.88\,\% < 10\,\%$, según el criterio de consistencia de Saaty, A es consistente. El valor propio de A asociado a $\lambda_{\text{máx}}$ cuya suma de las componentes es 1 es $\mathbf{v} = [0.163, 0.539, 0.297]^T$. En la matriz A se observa que la fiabilidad es el criterio más importante, pero, es más, el vector $\mathbf{v}$ nos proporciona unos pesos precisos que miden la importancia de cada criterio.

$$\begin{matrix} \text{Precio} \\ \text{Fiabilidad} \\ \text{Consumo} \end{matrix} \implies \mathbf{v} = \begin{bmatrix} 0.163 \\ 0.539 \\ 0.297 \end{bmatrix} \implies \begin{matrix} \text{El criterio menos importante} \\ \text{El criterio más importante} \\ \text{El segundo criterio más importante} \end{matrix}$$

Volvamos al árbol de jerarquías en el que hemos escrito el peso de cada criterio (mira la figura 5.6). Ahora para cada criterio tenemos que ordenar las alternativas. Imaginemos que para el precio tenemos la siguiente matriz de comparaciones:

$$\text{Precio:} \quad \begin{bmatrix} \text{Sitroen Jara} \\ \text{Ceat Cuenca} \\ \text{Fort Siesta} \end{bmatrix} \implies B_1 = \begin{bmatrix} 1 & 2 & 1 \\ 1/2 & 1 & 1/2 \\ 1 & 2 & 1 \end{bmatrix}.$$

Esta matriz es consistente ya que el valor propio de mayor módulo es exactamente $\lambda_{\text{máx}} = 3$. Los vectores propios asociados a $\lambda_{\text{máx}} = 3$ son los múltiplos de $[2, 1, 2]^T$. Ahora normalizamos

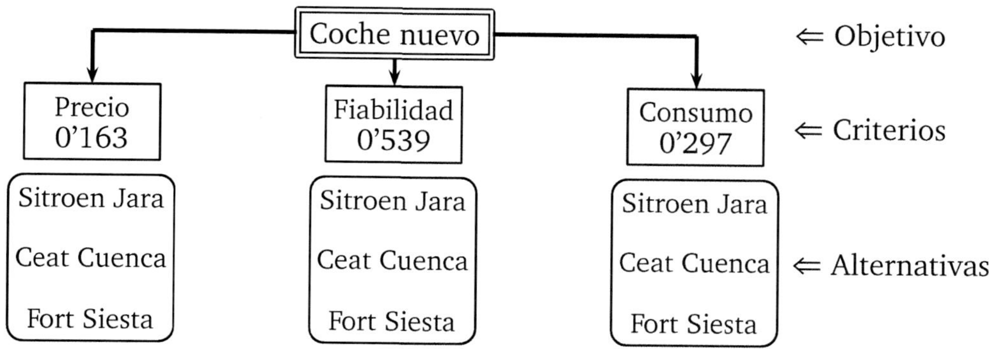

Figura 5.6. Una estructura jerárquica para comprar un coche. Ya hemos calculado el peso para cada criterio.

este vector, es decir, lo dividimos entre la suma de sus componentes para que las nuevas componentes sumen 1, obteniendo $\mathbf{w}_{\text{precio}} = [0.4, 0.2, 0.4]^T$.

Ahora vamos a estudiar el segundo criterio: la fiabilidad. Supongamos que para este criterio tenemos la siguiente matriz de comparaciones:

$$\text{Fiabilidad:} \quad \begin{bmatrix} \text{Sitroen Jara} \\ \text{Ceat Cuenca} \\ \text{Fort Siesta} \end{bmatrix} \quad \Longrightarrow \quad B_2 = \begin{bmatrix} 1 & 3 & 1/2 \\ 1/3 & 1 & 1/4 \\ 2 & 4 & 1 \end{bmatrix}.$$

El valor propio de B_2 con mayor módulo es $\lambda_{\text{máx}} = 3.018$. Como $\lambda_{\text{máx}} > 3$, la matriz B_2 no es consistente, pero, como $\text{CI}(B_2) = (\lambda_{\text{máx}} - 3)/(3-1) = 0.00914$ y $\text{CI}(B_2)/\text{RI}_3 = 0.00914/0.52 = 0.0176 = 1.76\,\% < 10\,\%$, según el criterio de Saaty, la consistencia de B_2 es aceptable. El vector de prioridades de B_2 es un vector propio de B_2 asociado a $\lambda_{\text{máx}}$. Si lo calculamos con Octave, obtenemos $[0.49, 0.19, 0.85]^T$. Si lo normalizamos para que la suma de sus componentes sea 1, obtenemos $\mathbf{w}_{\text{fiabilidad}} = [0.32, 0.12, 0.56]^T$.

Imaginemos que para el consumo tenemos la matriz:

$$\text{Consumo:} \quad \begin{bmatrix} \text{Sitroen Jara} \\ \text{Ceat Cuenca} \\ \text{Fort Siesta} \end{bmatrix} \quad \Longrightarrow \quad B_3 = \begin{bmatrix} 1 & 5 & 3 \\ 1/5 & 1 & 1/4 \\ 1/3 & 4 & 1 \end{bmatrix}.$$

Ejercicio 5.11. Prueba que la matriz B_3 no es consistente, pero, según el criterio de Saaty, su consistencia es aceptable. Obtén su vector de prioridades (normalizado para que la suma de sus componentes sea 1). Este vector debe ser $\mathbf{w}_{\text{consumo}} = [0.63, 0.09, 0.28]^T$.

La figura 5.7 muestra el árbol de jerarquías completo. Por último, lo que debemos hacer es "combinar" de forma ponderada los vectores $\mathbf{w}_{\text{precio}}$, $\mathbf{w}_{\text{fiabilidad}}$ y $\mathbf{w}_{\text{consumo}}$ con los pesos que hemos obtenido al principio:

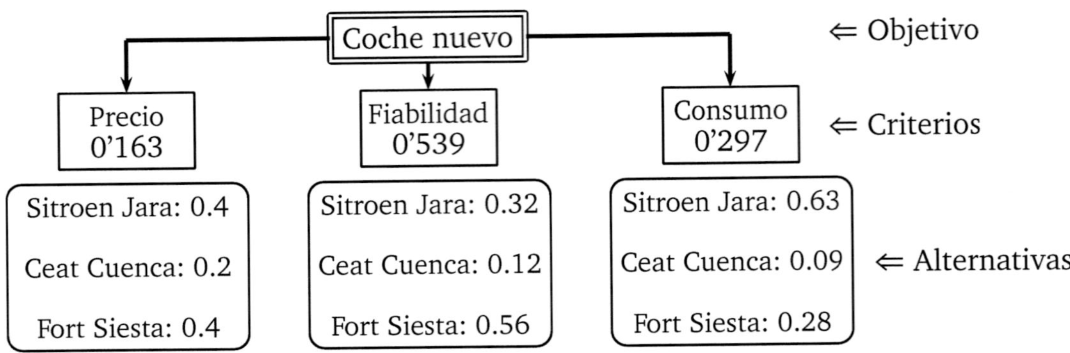

Figura 5.7. El árbol de jerarquías completo.

$$0.163\begin{bmatrix}0.4\\0.2\\0.4\end{bmatrix}+0.539\begin{bmatrix}0.32\\0.12\\0.56\end{bmatrix}+0.297\begin{bmatrix}0.63\\0.09\\0.28\end{bmatrix}=\begin{bmatrix}0.425\\0.125\\0.450\end{bmatrix}. \tag{5.7}$$

Vemos que la mejor opción es el Fort Siesta, con una puntuación de 0.45, la segunda mejor opción es el Sitroen Jara (con 0.425) y la peor opción es el Ceat Cuenca (con 0.12)[16]. __ **Fin**

La combinación lineal (5.7) se puede expresar matricialmente de la forma siguiente:

$$\begin{bmatrix}0.4 & 0.32 & 0.63\\0.2 & 0.12 & 0.09\\0.4 & 0.56 & 0.28\end{bmatrix}\begin{bmatrix}0.163\\0.539\\0.297\end{bmatrix}=\begin{bmatrix}0.425\\0.125\\0.450\end{bmatrix}.$$

Ejercicio 5.12. Como puedes observar, la matriz cuadrada de orden 3 que acaba de aparecer cumple las dos propiedades siguientes: la suma de las entradas de cada columna es uno y cada componente es positiva. Este tipo de matrices se llaman **estocásticas**. También puedes observar que la suma de las componentes de los vectores columnas que aparecen es también 1.

Prueba que, en general, si A es una matriz estocástica de orden n y si $\mathbf{v} = [v_1, v_2, \ldots, v_n]^T \in \mathbb{R}^n$ cumple $v_1 + v_2 + \cdots + v_n = 1$, entonces las componentes de $A\mathbf{v}$ suman 1.

El ejemplo anterior tiene una jerarquía con solo 3 niveles (objetivo, criterios y alternativas); pero se ve fácilmente que puede haber varios niveles de criterios formando una jerarquía más compleja. Además, el número de criterios y alternativas coincide en el ejemplo de la elección del mejor coche, pero en general no tiene por qué ocurrir.

[16] Estos valores no tienen nada que ver con la realidad ni con marcas reales. Los nombres se han escogido con intención humorística y los valores de las matrices han sido asignados de forma más o menos aleatoria.

Ejercicio 5.13. Una universidad quiere contratar a un profesor y cuenta con los siguientes tres criterios básicos: experiencia docente, expresividad y expediente académico. Dos de estos criterios tienen "subcriterios". Más en concreto, para evaluar la experiencia docente se contempla la experiencia docente en cursos no universitarios y universitarios. Y para evaluar el expediente académico se tienen en cuenta las notas de cursos previos a la universidad, la nota de universidad y la calificación de la tesis doctoral.

El árbol de jerarquías es el que se muestra en la figura 5.8. Imagina que eres el encargado de seleccionar al personal de la universidad, proporciona las matrices necesarias para la elección de personal. Usa tu propio criterio.

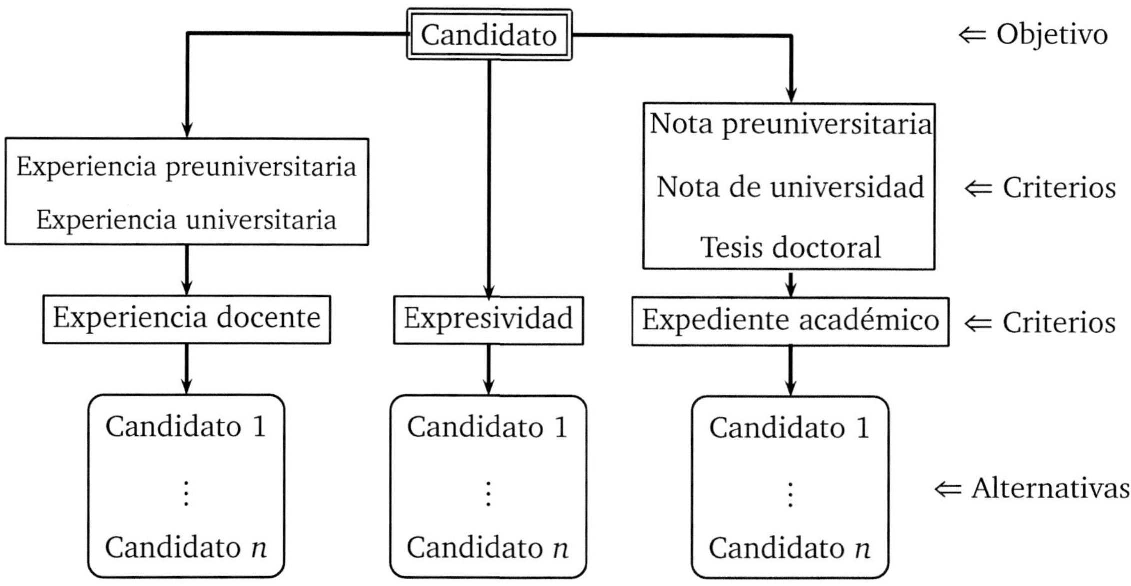

Figura 5.8. Árbol de jerarquías para contratar a un profesor.

5.8. Ejercicios

1. Sea $\mathbf{v} = [1, 2, 3]^T$. Calcula las matrices $A = \mathbf{v}J(\mathbf{v}^T)$ y $B = J(\mathbf{v})\mathbf{v}^T$. ¿Cuáles son los vectores de prioridades de A y B?

2. Prueba que

$$\begin{bmatrix} 1 & 1/2 & 1 \\ 2 & 1 & 2 \\ 1 & 1/2 & 1 \end{bmatrix}$$

es una matriz consistente. Halla su vector de prioridades.

3. Sea $\mathbf{v} = [v_1, \ldots, v_n]^T \in \mathbb{R}^n_+$.

   a) Si $v_1 = v_2$, entonces las dos primeras columnas de $\mathbf{v}J(\mathbf{v})^T$ coinciden.

   b) Si las dos primeras columnas de $\mathbf{v}J(\mathbf{v})^T$ coinciden, entonces $v_1 = v_2$.

   c) Interpreta este resultado en términos de juicios.

4. Sea $A = \mathbf{v}J(\mathbf{v})^T$ una matriz consistente cuyo vector de prioridades es $\mathbf{v} \in \mathbb{R}^n_+$. Prueba que $v_i > v_j$ si y solo si $a_{ij} > 1$. Interpreta este resultado en términos de juicios.

5. Sea A una matriz recíproca de orden n. Prueba que A es consistente si y solo si su polinomio característico, $\det(A - \lambda I_n)$, es $(-1)^n(\lambda^n - n\lambda^{n-1})$.

6. Sea A una matriz recíproca de orden n. Prueba que A es consistente si y solo si todas las columnas de A son múltiplos de un vector fijo de $\mathbb{R}^n$. Es decir, prueba que A es consistente si y solo si su rango es uno.

7. Sea A una matriz recíproca de orden 3. Prueba que A es consistente si y solo si el determinante de A es cero.

8. Sea A una matriz recíproca de orden 3. Comprueba que el polinomio característico de A es $-\lambda^3 + 3\lambda^2 + \theta$, siendo θ un número que depende de las entradas de A. ¿Cuál es la relación de este ejercicio con el anterior?

9. ¿Existen valores de $x > 0$ tales que la matriz

$$\begin{bmatrix} 1 & 2 & 3 & x \\ 1/2 & 1 & 1 & 2 \\ 1/3 & 1 & 1 & 4 \\ 1/x & 1/2 & 1/4 & 1 \end{bmatrix}$$

   sea consistente?

10. Considera la matriz

$$A_x = \begin{bmatrix} 1 & a & x \\ 1/a & 1 & b \\ 1/x & 1/b & 1 \end{bmatrix}, \qquad x > 0.$$

   Vamos a hallar los valores de x que hacen que A_x sea consistente de tres modos distintos.

   a) Usa el teorema 5.2

   b) Halla la proyección de $L(A_x)$ sobre $\mathscr{L}_3$. ¿Hay algún valor de x de modo que $L(A_x)$ coincida con esta proyección? Observa que una matriz M está en $\mathscr{L}_3$ si y solo si la proyección de M sobre $\mathscr{L}_3$ coincide con M.

   c) Usa el ejercicio 7. Es decir, calcula el determinante de A_x y fuerza que este determinante sea nulo.

11. Considera cuatro equipos de fútbol A, B, C y D. Si los enfrentamientos son A-B: 3-1; A-C: 1-1; A-D: 0-1; B-C: 0-0; B-D: 3-0; C-D: 1-0. Da una matriz de comparaciones apropiada y halla el vector de prioridades. ¿Cómo se tendrían que repartir 100 € entre los cuatro equipos?

12. Sea A una matriz recíproca de orden n. Halla un vector de prioridades de $E(B)$, con el mínimo esfuerzo, si B es la proyección ortogonal de $L(A)$ sobre $\mathscr{L}_n$.

13. Imagina una liga en la que juegan n equipos todos entre sí. Se adjudican a cada equipo dos puntos por victoria, un punto por empate y 0 puntos por derrota.

    a) Halla una matriz M que depende de los resultados de los equipos y un vector $\mathbf{b} \in \mathbb{R}^n$ de forma que la componente i-ésima de $M\mathbf{b}$ sean los puntos obtenidos por el equipo i.

    b) Sea $A = [a_{ij}]$ la siguiente matriz antisimétrica.

    $$a_{ij} = \begin{cases} 1 & \text{si } i \text{ gana a } j, \\ -1 & \text{si } j \text{ gana a } j, \\ 0 & \text{si } i \text{ y } j \text{ empatan o si } i = j. \end{cases}$$

    Relaciona esta matriz con la matriz del apartado anterior.

    c) La suma de todos los puntos obtenidos por todos los partidos es, por el apartado a), $\mathbb{1}_n^T M\mathbf{b}$. Simplifica esta expresión. Como en cada partido se reparten dos puntos, halla el número de partidos que hay en una competición todos contra todos (a una vuelta) de n equipos.

    d) Relaciona el vector de prioridades de $E(B)$ con el primer apartado. La matriz B es la proyección ortogonal de A sobre $\mathscr{L}_n$.

    e) Sea $\mathbf{v}$ el vector de prioridades obtenido en el apartado previo. Demuestra que el equipo i consigue más puntos que el equipo j según el criterio del primer apartado si y solo si la componente i-ésima de $\mathbf{v}$ es mayor que la componente j.

14. Se desea establecer un *ranking* entre varios jugadores de ajedrez que aún no se han enfrentado entre sí. Se establecen los siguientes criterios para ordenar a los jugadores: experiencia, buena salud, voluntad de ganar, memoria, preparación y edad. Para la experiencia influyen el número de torneos y el número de campeonatos nacionales jugados. Hay varios tipos de torneos en función de la calidad de los jugadores y se supone que, cuanto mejores sean los adversarios, más experiencia se adquiere. Podemos clasificar los torneos en cuatro categorías. Para la memoria influyen la memoria visual y la memoria verbal.

    Establece un árbol de jerarquías y escribe unas matrices de comparaciones (a tu juicio) que permitirían ordenar a los jugadores.

Capítulo 6
Códigos correctores lineales

Actualmente vivimos en un mundo *digital*: la inmensa parte de la información que manejamos está representada mediante *números*. Pensemos en los archivos que usamos en el ordenador (por ejemplo, vídeos, música, imágenes, etc.), los códigos de barras que aparecen en los productos que compramos, las comunicaciones por teléfono móvil... Antes se usaba la tecnología *analógica* (por ejemplo, los discos de vinilo), pero ahora toda esa información se traduce a una secuencia de números, y, más concretamente, una secuencia de ceros y unos.

Una tasa común para un archivo de audio de MP3 está entre los 128 y los 320 kbps. Podemos imaginar fácilmente que una canción de tres o cuatro minutos contiene una cantidad enorme de bits. Y no digamos una película de hora y media. Con esta enorme cantidad de bits, es normal que uno de los problemas más importantes de la transmisión y el almacenamiento de la información digital sea el de los errores cometidos por diferentes causas.

Es necesario contar con algún procedimiento que permita detectar si ha ocurrido un error y, si fuera posible, corregirlo. En este capítulo veremos algunas herramientas basadas en el álgebra matricial que detectan y corrigen estos errores. Como la secuencia de números viene dada mediante ceros y unos, es necesario aprender algo sobre la aritmética empleando solo ceros y unos.

6.1. Sistema binario

Si solo usamos ceros y unos, entonces la aritmética usual debe modificarse ya que únicamente podremos utilizar estos dos números. Las reglas para la suma y la multiplicación son las siguientes:

$+$	0	1
0	0	1
1	1	0

$\cdot$	0	1
0	0	0
1	0	1

Quizá te preguntes la razón de que $1 + 1 = 0$. Si $1 + 1 \neq 0$, entonces $1 + 1 = 1$, puesto que en nuestro sistema numérico solo hay dos números: el 0 y el 1. De $1 + 1 = 1$, restando 1 a ambos lados, tendríamos $1 = 0$, lo que es inadmisible pues queremos que haya dos números distintos.

Siguiendo el último razonamiento, de $1 + 1 = 0$, restando 1 a ambos lados, tenemos que $1 = -1$. ¡Sí! Es cierto: el opuesto de 1 en nuestro nuevo sistema aritmético es el propio 1.

Definición 6.1. El conjunto $\{0, 1\}$ con estas reglas de suma y multiplicación se llama **enteros módulo 2** y se denota $\mathbb{Z}_2$.

6.2. Códigos de detección de errores

Podemos codificar cualquier mensaje ordinario como una serie de vectores cuyas componentes son elementos de $\mathbb{Z}_2$. Por ejemplo, imaginemos que deseamos transmitir un mensaje que contiene solo vocales. Podemos identificar

$$\mathrm{A} \to [0,0,0]^T, \quad \mathrm{E} \to [0,0,1]^T, \quad \mathrm{I} \to [0,1,0]^T, \quad \mathrm{O} \to [0,1,1]^T, \quad \mathrm{U} \to [1,0,0]^T.$$

Como es habitual, consideramos los vectores como columnas.

Es decir, en este ejemplo, cualquier mensaje es una sucesión finita de vectores de $\mathbb{Z}_2^3$. Por ejemplo, el mensaje

$$[0,0,0]^T, [0,0,0]^T, [0,0,1]^T, [1,0,0]^T.$$

corresponde a «A, A, E, U».

Ejercicio 6.1. ¿Por qué usar vectores de $\mathbb{Z}_2^2$ resulta inviable para transmitir mensajes que contienen solo vocales? Si queremos transmitir mensajes con las 27 letras del abecedario del castellano, ¿cuál es el menor n para poder usar vectores de $\mathbb{Z}_2^n$?

Ejercicio 6.2. ¿Cuántos vectores distintos tiene $\mathbb{Z}_2^n$?

Supongamos que transmitimos un mensaje que consta de varios vectores de $\mathbb{Z}_2^k$. Es razonable pensar que se puede producir un error en un bit (en una componente de un vector). ¿Cómo podemos averiguar si se ha producido un error? Una manera (luego veremos que no es la única) consiste en añadir una coordenada extra que corresponde a la suma de las primeras m componentes.

Ejemplo 6.1. Si se quiere transmitir el vector $[0,1,1]^T$, se añade una cuarta coordenada que es la suma de las componentes de $[0,1,1]^T$ (recuerda la aritmética binaria). Como $0+1+1=0$, entonces, en vez de transmitir $[0,1,1]^T$, transmitiremos $[0,1,1,0]^T$.

Resulta que con esta información extra podemos comprobar rápidamente si se ha producido un error en la transmisión. Por ejemplo, si se ha recibido $[1,0,0,0]^T$, como la suma de las tres primeras componentes es 1 y la última componente es 0, entonces podemos comprobar que en el envío de $[1,0,0,0]^T$ se ha producido un error. ______ **Fin**

Generalicemos este ejemplo.

Ejemplo 6.2. Supongamos que se quiere mandar el vector $[b_1,\dots,b_k]^T \in \mathbb{Z}_2^k$ (cada b_i es un bit, 0 o 1). Entonces se forma el vector $[b_1,\dots,b_k,d]^T \in \mathbb{Z}_2^{k+1}$, donde la última componente

$$d = b_1 + \cdots + b_k$$

es el bit verificador. Restando d a ambos lados (recuerda que en la aritmética binaria $-1 = 1$),

$$b_1 + \cdots + b_k + d = 0,$$

Vamos a escribir estas expresiones de forma matricial. ¿Cómo transformamos $[b_1, \ldots, b_k]^T$ en $[b_1, \ldots, b_k, d]^T$? Multiplicando por una matriz concreta:

$$\begin{bmatrix} b_1 \\ \vdots \\ b_k \\ b_1 + \cdots + b_k \end{bmatrix} = \begin{bmatrix} 1 & 0 & \cdots & 0 & 0 \\ \vdots & \vdots & \ddots & \vdots & \vdots \\ 0 & 0 & \cdots & 0 & 1 \\ 1 & 1 & \cdots & 1 & 1 \end{bmatrix} \begin{bmatrix} b_1 \\ b_2 \\ \vdots \\ b_k \end{bmatrix}. \tag{6.1}$$

Esta matriz de ceros y unos sirve para codificar un mensaje, y se llama **matriz generadora de un código** (más adelante se dará la definición general). Vamos a llamar a esta matriz G. Si queremos enviar un vector $\mathbf{b} \in \mathbb{Z}_2^k$, entonces deberíamos transmitir el vector $G\mathbf{b} \in \mathbb{Z}_2^{k+1}$.

¿Y cómo comprobamos si $b_1 + \cdots + b_k + b_{k+1} = 0$? Comprobando si

$$[1, \ldots, 1, 1] \begin{bmatrix} b_1 \\ \vdots \\ b_k \\ b_{k+1} \end{bmatrix} = 0. \tag{6.2}$$

La matriz $P = [1, \ldots, 1]$ sirve para verificar si en un mensaje se ha producido un error, y se llama **matriz de verificación** (de nuevo, se dará la definición general más adelante). Si hemos recibido $\mathbf{c} \in \mathbb{Z}_2^{k+1}$ y si $P\mathbf{c} \neq 0$, entonces seguro que se ha cometido un error en la transmisión.

Por el contrario, si $P\mathbf{c} = 0$, diremos que el vector $\mathbf{c}$ es un **vector del código**. ________ **Fin**

Pero este mecanismo simple tiene dos inconvenientes: (1) si se ha producido un error, no sabemos cuál es el bit defectuoso y (2) no determina si se han producido dos errores.

Ejemplo 6.3. Considera el ejemplo 6.2, pero con un tamaño concreto de los vectores ($k = 3$).

Si se recibe $\mathbf{c} = [1, 0, 0, 0]^T$, como la suma de las entradas de este vector no es 0, entonces se ha producido un error en la transmisión. Pero el bit defectuoso puede ser cualquiera de las cuatro componentes de $\mathbf{c}$. Observa que cualquiera de los siguientes vectores

$$[0, 0, 0, 0]^T, \quad [1, 1, 0, 0]^T, \quad [1, 0, 1, 0]^T, \quad [1, 0, 0, 1]^T$$

se diferencian de $\mathbf{c}$ en solo un bit y son vectores del código (puesto que la suma de las componentes de estos cuatro vectores es 0).

Por otra parte, si se recibe $\mathbf{d} = [0, 1, 1, 0]^T$, existen dos posibilidades: que el envío sea correcto (la suma de las componentes de $\mathbf{d}$ es 0) o que se hayan producido dos errores en la transmisión, pues en realidad se quería mandar:

$$[1, 0, 1, 0]^T, \quad [1, 1, 0, 0]^T, \quad [1, 1, 1, 1]^T, \quad [0, 0, 0, 0]^T, \quad [0, 0, 1, 1]^T, \quad [0, 1, 0, 1]^T.$$

Observa que cualquiera de estos seis vectores se diferencia de $\mathbf{d}$ en dos bits y además todos pertenecen al código. ________ **Fin**

Más adelante veremos códigos que permiten corregir bits defectuosos introduciendo redundancia en los mensajes. Respecto al otro inconveniente (que se produzca más de un error en la transmisión, la probabilidad p de que se produzca un error suele ser pequeña, y si los errores que se producen en los bits son independientes, entonces la probabilidad de que se produzcan dos errores es p^2, y, si p es pequeño, p^2 es aún más pequeño.

6.3. Códigos lineales

Veamos dos ejemplos previos antes de dar ninguna definición rigurosa.

Ejemplo 6.4. Si queremos enviar $\mathbf{x} = [b_1, \ldots, b_k]^T \in \mathbb{Z}_2^k$, entonces codificamos

$$G\mathbf{x} = \begin{bmatrix} 1 & 0 & \cdots & 0 & 0 \\ \vdots & \vdots & \ddots & \vdots & \vdots \\ 0 & 0 & \cdots & 0 & 1 \\ 1 & 1 & \cdots & 1 & 1 \end{bmatrix} \begin{bmatrix} b_1 \\ b_2 \\ \vdots \\ b_k \end{bmatrix} = \begin{bmatrix} b_1 \\ \vdots \\ b_k \\ b_1 + \cdots + b_k \end{bmatrix}$$

y transmitimos $G\mathbf{x}$. Cualquier mensaje válido será de la forma $G\mathbf{x}$ para algún $\mathbf{x} \in \mathbb{Z}_2^k$.

Si $\mathbf{c} = [c_1, \ldots, c_{k+1}]^T \in \mathbb{Z}_2^{k+1}$ es un mensaje válido, entonces

$$P\mathbf{c} = [1, \cdots, 1] \begin{bmatrix} c_1 \\ \vdots \\ c_{k+1} \end{bmatrix} = 0.$$

Pero, si damos por válido $\mathbf{c}$, entonces tenemos que decodificar $\mathbf{c}$ para obtener de nuevo $\mathbf{x} = [x_1, \ldots, x_k]^T$. En este ejemplo es sencillo: las k primeras coordenadas de $\mathbf{c}$ forman $\mathbf{x}$. **Fin**

Ejemplo 6.5. Imaginemos que deseamos mandar un único bit b. Pero ahora formamos el vector $[b, b, b]^T$. ¿Cómo transformamos b en $[b, b, b]^T$? Igual que antes, multiplicando por cierta matriz:

$$\begin{bmatrix} b \\ b \\ b \end{bmatrix} = \begin{bmatrix} 1 \\ 1 \\ 1 \end{bmatrix} b.$$

Si llamamos

$$G = \begin{bmatrix} 1 \\ 1 \\ 1 \end{bmatrix}, \tag{6.3}$$

y si queremos enviar b, entonces deberíamos transmitir Gb. Cualquier mensaje válido es de la forma Gb para algún $b \in \mathbb{Z}_2$.

Ahora supongamos que hemos recibido $\mathbf{c} = [c_1, c_2, c_3]^T$. Este vector es válido si $c_1 = c_2 = c_3$. Podemos escribir $c_1 = c_2 = c_3$ de forma matricial:

$$\begin{array}{l} c_1 = c_2 \\ c_1 = c_3 \end{array} \iff \begin{array}{l} c_1 + c_2 = 0 \\ c_1 + c_3 = 0 \end{array} \iff \begin{bmatrix} 1 & 1 & 0 \\ 1 & 0 & 1 \end{bmatrix} \begin{bmatrix} c_1 \\ c_2 \\ c_3 \end{bmatrix} = \begin{bmatrix} 0 \\ 0 \end{bmatrix}.$$

Si llamamos

$$P = \begin{bmatrix} 1 & 1 & 0 \\ 1 & 0 & 1 \end{bmatrix}, \tag{6.4}$$

entonces, si $P\mathbf{c} \neq \mathbf{0}$, es seguro que hemos cometido un error.

Si damos por válido el mensaje $\mathbf{c} \in \mathbb{Z}_2^3$, tenemos que decodificarlo. Pero en este ejemplo es trivial: ya que, si $P\mathbf{c} = \mathbf{0}$, las tres coordenadas de $\mathbf{c}$ son iguales, y basta tomar este valor común. ——— **Fin**

Ejercicio 6.3. Para mandar el vector $\mathbf{b} = [b_1, b_2]^T$ se transmite $[b_1, b_2, b_1, b_1 + b_2]^T$.

a) Halla una matriz G tal que $G\mathbf{b} = [b_1, b_2, b_1, b_1 + b_2]^T$.

b) Halla una matriz P tal que $P\mathbf{c} = \mathbf{0}$ para cualquier $\mathbf{c} \in \mathbb{Z}_2^4$ si el envío de $\mathbf{c} = G\mathbf{b}$ ha sido correcto.

Fijemos la notación que usaremos: queremos enviar $\mathbf{x} \in \mathbb{Z}_2^k$, pero emitimos este vector junto con algunas componentes redundantes, y, para ello, multiplicamos $\mathbf{x}$ por cierta matriz G de n filas (observa que debemos tener $n > k$) y k columnas, y obtenemos $G\mathbf{x} \in \mathbb{Z}_2^n$. Por último, emitimos $G\mathbf{x}$.

En los ejemplos anteriores existe una matriz P de $n-k$ filas y n columnas tal que cualquier vector $\mathbf{c} \in \mathbb{Z}_2^n$ válido cumple $P\mathbf{c} = \mathbf{0}$.

¿Qué propiedades deberían cumplir estas matrices P y G?

Los vectores correctos son de la forma $\mathbf{c} = G\mathbf{x}$ para algún $\mathbf{x} \in \mathbb{Z}_2^k$, y solo estos vectores deben cumplir $P\mathbf{c} = \mathbf{0}$. Por otra parte, si se recibe un vector $\mathbf{c}$ correcto, entonces deberíamos poder decodificarlo (obtener un vector $\mathbf{x}$ tal que $G\mathbf{x} = \mathbf{c}$) de manera única: es decir, si el sistema $G\mathbf{x} = \mathbf{c}$ tiene solución, entonces la solución debería ser única.

Veamos dos notaciones y un resultado previo antes de enunciar el teorema 6.1, que nos permitirá ver las propiedades que deben cumplir estas matrices G y P. Dada una matriz arbitraria A de tamaño $p \times q$, entonces definimos el **espacio imagen** y el **espacio nulo** como

$$R(A) = \{A\mathbf{x} : \mathbf{x} \in \mathbb{Z}_2^q\}, \qquad N(A) = \{\mathbf{y} \in \mathbb{Z}_2^q : A\mathbf{y} = \mathbf{0}\}.$$

Se tiene que $\dim R(A) = \operatorname{rg}(A)$ y se puede probar que $\dim N(A) = q - \operatorname{rg}(A)$.

Teorema 6.1. Condiciones de las matrices generadoras y verificadoras

Sean $k < n$ dos números naturales. Sean G y P dos matrices cuyos tamaños son $n \times k$ y $(n-k) \times n$, respectivamente. Entonces

a) $G\mathbf{x}_1 = G\mathbf{x}_2$ implica $\mathbf{x}_1 = \mathbf{x}_2$ si y solamente si $\mathrm{rg}(G) = k$.

b) $R(G) \subset N(P)$ si y solamente si $PG = 0$.

c) Si se cumple las condiciones de los apartados anteriores, entonces $R(G) = N(P)$ si y solamente si $\mathrm{rg}(P) = n-k$.

DEMOSTRACIÓN. Sean $\mathbf{g}_1, \ldots, \mathbf{g}_k$ las k columnas de G.

a) Si $\mathrm{rg}(G) < k$ (observa que es imposible que $k < \mathrm{rg}(G)$ pues G tiene k columnas), entonces las columnas de G son linealmente dependientes y, así, existen escalares $a_1, \ldots, a_k$ no todos nulos tales que $a_1\mathbf{g}_1 + \cdots + a_k\mathbf{g}_k = \mathbf{0}$. Esta última igualdad se escribe como $G\mathbf{x} = \mathbf{0}$, siendo $\mathbf{x} = [a_1, \ldots, a_k]^T$. Pero se tiene $G\mathbf{x} = G\mathbf{0}$ y $\mathbf{x} \neq \mathbf{0}$.

Si $\mathrm{rg}(G) = k$, entonces las columnas de G son linealmente independientes. Si $G\mathbf{x}_1 = G\mathbf{x}_2$, entonces $G(\mathbf{x}_1 - \mathbf{x}_2) = \mathbf{0}$ y, como las columnas de G son independientes, entonces $\mathbf{x}_1 - \mathbf{x}_2 = \mathbf{0}$.

b) Supongamos $R(G) \subset N(P)$. Si $\mathbf{x}$ es cualquier vector de $\mathbb{Z}_2^k$, como $G\mathbf{x} \in R(G) \subset N(P)$, entonces $P(G\mathbf{x}) = \mathbf{0}$; luego, $PG\mathbf{x} = \mathbf{0}$ para cualquier $\mathbf{x} \in \mathbb{Z}_2^k$, es decir, $PG = 0$.

Supongamos $PG = 0$. Si $\mathbf{y} \in R(G)$, entonces existe $\mathbf{x} \in \mathbb{Z}_2^k$ tal que $\mathbf{y} = G\mathbf{x}$. Ahora $P\mathbf{y} = PG\mathbf{x} = 0\mathbf{x} = \mathbf{0}$. Luego, $\mathbf{y} \in N(P)$.

c) Tenemos $\dim R(G) = \mathrm{rg}(G) = k$ y $\dim N(P) = n - \mathrm{rg}(P)$. Por tanto, como $R(G) \subset N(P)$, entonces

$$R(G) = N(P) \iff \dim R(G) = \dim N(P) \iff k = n - \mathrm{rg}(P) \iff \mathrm{rg}(P) = n-k. \qquad \square$$

Definición 6.2. Una **matriz generadora de un código** y una **matriz de verificación de un código** son dos matrices G y P tales que

a) G es una matriz $n \times k$ y P es una matriz $(n-k) \times n$.

b) $PG = 0$.

c) $\mathrm{rg}(G) = k$ y $\mathrm{rg}(P) = n-k$.

Los vectores de la forma $\{G\mathbf{x} : \mathbf{x} \in \mathbb{Z}_2^n\}$ constituyen el **código**. En esta definición se supone que $k < n$, y se dice que el código es de **tipo** (n,k).

Por el teorema 6.1, los vectores $\mathbf{c}$ del código son exactamente los que cumplen $P\mathbf{c} = \mathbf{0}$.

Ejercicio 6.4. Sea C un código y $\mathbf{x}, \mathbf{y} \in C$. Prueba que $\mathbf{x} + \mathbf{y} \in C$.

Vamos a recordar el significado de los parámetros n y k. El natural n es el número de componentes que tienen los vectores que transmitimos. Recuerda que, si deseamos enviar $\mathbf{x} \in \mathbb{Z}_2^k$, entonces emitimos $G\mathbf{x} \in \mathbb{Z}_2^n$, por lo que el natural k es el número de bits no redundantes.

¿Cuántos vectores hay en un código de tipo (n,k)? Como las k columnas de G son independientes, los elementos de $\{G\mathbf{x} : \mathbf{x} \in \mathbb{Z}_2^n\}$ son tantos en número como los vectores de $\mathbb{Z}_2^k$ (la razón es simple: si $\mathbf{x} \neq \mathbf{y}$, entonces $G\mathbf{x} \neq G\mathbf{y}$ ya que, si $G\mathbf{x} = G\mathbf{y}$, entonces, por la condición a) del teorema 6.1, se tendría $\mathbf{x} = \mathbf{y}$). Y como hay 2^k vectores distintos en $\mathbb{Z}_2^k$, entonces el número de elementos de un código de tipo (n,k) es 2^k.

Ejemplo 6.6. Supón que queremos transmitir $\mathbf{x} = [b_1, b_2]^T$. Pero, para evitar posibles errores en la transmisión, emitimos el vector $[b_1, b_2, b_1, b_1 + b_2]^T$. Este último vector es

$$\begin{bmatrix} b_1 \\ b_2 \\ b_1 \\ b_1 + b_2 \end{bmatrix} = \begin{bmatrix} 1 & 0 \\ 0 & 1 \\ 1 & 0 \\ 1 & 1 \end{bmatrix} \begin{bmatrix} b_1 \\ b_2 \end{bmatrix} = G\mathbf{x}.$$

Esta matriz G es la matriz generadora del código. Observa que las dos columnas de G son independientes, luego, el rango de G es 2. Este código es de tipo $(4,2)$.

Además, si recibimos el vector $\mathbf{c} = [c_1, c_2, c_3, c_4]^T$, este pertenece al código si y solo si $c_3 = c_1$ y $c_4 = c_1 + c_2$. Para escribir estas ecuaciones de forma matricial (recuerda que, en aritmética binaria, $-1 = 1$) usamos $c_1 + c_3 = 0$ y $c_1 + c_2 + c_4 = 0$, es decir,

$$\begin{bmatrix} 1 & 0 & 1 & 0 \\ 1 & 1 & 0 & 1 \end{bmatrix} \begin{bmatrix} c_1 \\ c_2 \\ c_3 \\ c_4 \end{bmatrix} = \mathbf{0}, \qquad P\mathbf{c} = \mathbf{0}.$$

Como las dos filas de P son independientes, entonces el rango de P es 2. La matriz P es una matriz verificadora del código, ya que puedes comprobar fácilmente la condición que falta: $PG = 0$

$$PG = \begin{bmatrix} 1 & 0 & 1 & 0 \\ 1 & 1 & 0 & 1 \end{bmatrix} \begin{bmatrix} 1 & 0 \\ 0 & 1 \\ 1 & 0 \\ 1 & 1 \end{bmatrix} = \begin{bmatrix} 0 & 0 \\ 0 & 0 \end{bmatrix}.$$

Supón que recibimos el vector $\mathbf{c} = [1, 0, 1, 1]^T$. Como

$$P\mathbf{c} = \begin{bmatrix} 1 & 0 & 1 & 0 \\ 1 & 1 & 0 & 1 \end{bmatrix} \begin{bmatrix} 1 \\ 0 \\ 1 \\ 1 \end{bmatrix} = \begin{bmatrix} 1+0+1+0 \\ 1+0+0+1 \end{bmatrix} = \begin{bmatrix} 0 \\ 0 \end{bmatrix} = \mathbf{0},$$

concluimos que $\mathbf{c}$ es un vector correcto del código. Para decodificarlo tenemos que resolver el siguiente sistema de ecuaciones $G\mathbf{x} = \mathbf{c}$:

$$G\mathbf{x} = \mathbf{c} \quad \Rightarrow \quad \begin{bmatrix} 1 & 0 \\ 0 & 1 \\ 1 & 0 \\ 1 & 1 \end{bmatrix} \begin{bmatrix} b_1 \\ b_2 \end{bmatrix} = \begin{bmatrix} 1 \\ 0 \\ 1 \\ 1 \end{bmatrix} \quad \Rightarrow \quad b_1 = 1, b_2 = 0.$$

Si ahora recibimos el vector $\mathbf{c} = [1,0,1,0]^T$. Como es fácil comprobar, $P\mathbf{c} = [0,1]^T \neq \mathbf{0}$. Por lo que $\mathbf{c}$ no es un vector del código y se ha producido un error en la transmisión. ___ **Fin**

Si revisas las matrices G y P del ejemplo 6.6, podrás observar que estas matrices se pueden descomponer por bloques de una manera especial:

$$G = \begin{bmatrix} I_2 \\ A \end{bmatrix}, \qquad P = \begin{bmatrix} A & I_2 \end{bmatrix}.$$

El siguiente teorema generaliza esta observación.

Teorema 6.2. Matrices generadoras y verificadoras

Sea A una matriz binaria con $n-k$ filas y k columnas. Se definen las siguientes matrices:

$$G = \begin{bmatrix} I_k \\ A \end{bmatrix}, \qquad P = \begin{bmatrix} A & I_{n-k} \end{bmatrix}.$$

Entonces, G y P son las matrices generadoras de un código.

DEMOSTRACIÓN. Las igualdades $\operatorname{rg}(G) = k$ y $\operatorname{rg}(P) = n-k$ son triviales debido a la aparición de la matriz identidad como uno de los bloques de P y G. La afirmación sobre los tamaños de G y P también es trivial. Luego solo hace falta comprobar $PG = 0$:

$$PG = \begin{bmatrix} A & I_{n-k} \end{bmatrix} \begin{bmatrix} I_k \\ A \end{bmatrix} = A + A = 0$$

ya que, en aritmética binaria, $1 + 1 = 0$ y, puesto que A solo tiene ceros y unos, entonces $A + A = 0$. □

Observa que, si la matriz G está escrita como en este teorema, entonces la matriz P se deduce de forma sencilla. Por ejemplo, si

$$G = \left[\begin{array}{ccc} 1 & 0 & 0 \\ 0 & 1 & 0 \\ 0 & 0 & 1 \\ \hline 1 & 0 & 1 \\ 0 & 1 & 0 \end{array}\right],$$

se tiene $n = 5$, $k = 3$ y

$$P = \left[\begin{array}{ccc|cc} 1 & 0 & 1 & 1 & 0 \\ 0 & 1 & 0 & 0 & 1 \end{array}\right].$$

Ejercicio 6.5. Identifica la matriz A y los parámetros n y k en las matrices generadoras escritas en (6.1) y (6.3).

Ejemplo 6.7. Para transmitir $\mathbf{x} = [b_1, b_2]^T$ con redundancia, se envía $[b_1, b_2, b_1, b_2, b_1 + b_2]^T$ (esto es bastante ineficiente, pero solo es un ejemplo). Como

$$\begin{bmatrix} b_1 \\ b_2 \\ b_1 \\ b_2 \\ b_1 + b_2 \end{bmatrix} = \begin{bmatrix} 1 & 0 \\ 0 & 1 \\ 1 & 0 \\ 0 & 1 \\ 1 & 1 \end{bmatrix} \begin{bmatrix} b_1 \\ b_2 \end{bmatrix},$$

la matriz generadora del código es

$$G = \begin{bmatrix} 1 & 0 \\ 0 & 1 \\ 1 & 0 \\ 0 & 1 \\ 1 & 1 \end{bmatrix}.$$

Los parámetros de este código son $n = 5$ y $k = 2$. Observa que las dos primeras filas de G forman la matriz identidad de orden 2. Por lo que, si nos adaptamos a la notación del teorema anterior,

$$G = \left[\begin{array}{cc} 1 & 0 \\ 0 & 1 \\ \hline 1 & 0 \\ 0 & 1 \\ 1 & 1 \end{array}\right], \qquad A = \begin{bmatrix} 1 & 0 \\ 0 & 1 \\ 1 & 1 \end{bmatrix}.$$

Por el teorema anterior, y sin hacer absolutamente ningún cálculo, la matriz verificadora es:

$$P = \left[\begin{array}{cc|ccc} 1 & 0 & 1 & 0 & 0 \\ 0 & 1 & 0 & 1 & 0 \\ 1 & 1 & 0 & 0 & 1 \end{array}\right].$$

Fin

Observa que, si hemos recibido $\mathbf{c} = [c_1, \ldots, c_k, c_{k+1}, \ldots, c_n]^T$ y queremos decodificarlo, es decir, hallar $\mathbf{x} \in \mathbb{Z}_2^k$ tal que $G\mathbf{x} = \mathbf{c}$, entonces, si G está escrita como en el teorema anterior, tendríamos que resolver

$$\begin{bmatrix} I_k \\ A \end{bmatrix} \mathbf{x} = \begin{bmatrix} \mathbf{c}_1 \\ \mathbf{c}_2 \end{bmatrix}, \qquad \mathbf{c}_1 = \begin{bmatrix} c_1 \\ \vdots \\ c_k \end{bmatrix}, \, \mathbf{c}_2 = \begin{bmatrix} c_{k+1} \\ \vdots \\ c_n \end{bmatrix}.$$

Luego, $\mathbf{x} = \mathbf{c}_1$. En otras palabras, $\mathbf{x}$ está formado por las k primeras componentes de $\mathbf{c}$.

Octave Veamos cómo emplear Octave para hacer algunos cálculos sobre los códigos. Considera el código del ejemplo 6.7. Primero introducimos los parámetros y las matrices del código:

```
n = 5; k = 2;
A = [1 0; 0 1; 1 1];
G = [eye(k);A];
P = [A eye(n-k)];
```

Para comprobar $PG = 0$ usando la aritmética binaria, emplearemos la función `mod`.

```
mod(P*G,2)
```

Si queremos enviar el vector $\mathbf{x} = [1, 1]^T$, emitiremos $\mathbf{y} = G\mathbf{x}$ en aritmética binaria.

```
x = [1 1]';
y = mod(G*x,2)
```

Podemos comprobar que $\mathbf{y} = [1, 1, 1, 1, 0]^T$ es un vector del código si vemos que $P\mathbf{y} = \mathbf{0}$.

```
mod(P*y,2)
```

Si se ha producido un error en la segunda componente obtenemos otro vector $\mathbf{z}$ que se diferencia de $\mathbf{y}$ en la segunda componente:

```
z = y;
z(2) = mod(y(2)+1,2)
```

Vemos que este vector $\mathbf{z}$ no pertenece al código comprobando que $P\mathbf{z} \neq \mathbf{0}$:

```
mod(P*z,2)
```

Fin

6.4. Códigos correctores de errores y distancia de Hamming

En $\mathbb{Z}_2^n$ podemos definir una distancia que nos indica si dos vectores son parecidos o no. Esta distancia fue ideada por Richard Hamming.

Definición 6.3. Se define la **distancia de Hamming** en $\mathbb{Z}_2^n$ como

$$\mathrm{d}(\mathbf{x},\mathbf{y}) = \text{número de coordenadas distintas de } \mathbf{x} \text{ e } \mathbf{y}.$$

Por ejemplo,

$$\mathrm{d}([0,1,0,0]^T,[1,1,0,0]^T) = 1, \qquad \mathrm{d}([0,1,0,1]^T,[1,1,0,0]^T) = 2.$$

Para la primera distancia, solo la primera coordenada difiere; mientras que en la segunda distancia hay dos coordenadas distintas.

Octave No hay una función específica de Octave para hallar la distancia de Hamming entre dos vectores de $\mathbb{Z}_2^n$. Pero sí se puede calcular esta distancia usando las funciones `xor` y `sum`.

Si A y B son matrices del mismo tamaño, la instrucción `C = xor(A,B)` devuelve otra matriz $C = [c_{ij}]$ del mismo tamaño de forma que

$$c_{ij} = \begin{cases} 1 & a_{ij} \neq b_{ij}, \\ 0 & a_{ij} = b_{ij}. \end{cases}$$

Luego, `xor(A,B)` es una matriz de ceros y unos, en la que los unos marcan las posiciones en donde difieren las entradas de A y B. Como el resto de las entradas de `xor(A,B)` son nulas, para saber el número de entradas distintas, basta sumar las entradas de `xor(A,B)`. Veamos un ejemplo sencillo: calculemos la distancia de Hamming entre $\mathbf{u} = [1,0,0]^T$ y $\mathbf{v} = [1,1,0]^T$.

```
u=[1 0 0]; v=[1 1 0];
dist_hamming = sum(xor(u,v))
```

Fin

La idea de la distancia de Hamming es la de corregir mensajes en los que se ha producido uno o varios errores. Imagina que estamos leyendo un libro y vemos la palabra *alpebraico*. Como esta palabra no aparece en el diccionario (siguiendo el símil de las definiciones de este capítulo, esta palabra no está en el código), deducimos que se ha producido algún error. De entre todas las palabras de 10 letras del diccionario, buscamos la más parecida. Sin apenas pensar, encontramos la palabra *algebraico* que sí está en el diccionario. De hecho, la distancia de Hamming entre *alpebraico* y *algebraico* es 1; y la palabra del diccionario de 10 letras que está más cerca de *alpebraico* es precisamente *algebraico*. Sin darnos cuenta hemos corregido un error.

Esta idea presenta algunos problemas: por ejemplo, si leemos la palabra *estwpa*, obviamente detectamos que hay un error. Pero hay dos palabras de seis letras que están en el diccionario cuya distancia con *estwpa* es 1: *estepa* y *estopa*. ¿Cuál de las dos es? En un texto ordinario se deduciría por el contexto, pero estamos interesados en un sistema *automático* de corrección de errores.

Las propiedades básicas de la distancia de Hamming vienen recogidas en el siguiente teorema[17].

Teorema 6.3. La distancia de Hamming

Si $\mathbf{x}, \mathbf{y}, \mathbf{z} \in \mathbb{Z}_2^n$, entonces

a) $\mathrm{d}(\mathbf{x}, \mathbf{y}) = 0$ si y solo si $\mathbf{x} = \mathbf{y}$.

b) $\mathrm{d}(\mathbf{x}, \mathbf{y}) \geq 0$.

c) $\mathrm{d}(\mathbf{x}, \mathbf{y}) = \mathrm{d}(\mathbf{y}, \mathbf{x})$.

d) $\mathrm{d}(\mathbf{x}, \mathbf{z}) \leq \mathrm{d}(\mathbf{x}, \mathbf{y}) + \mathrm{d}(\mathbf{y}, \mathbf{z})$.

La idea de usar esta distancia es la siguiente: si hemos recibido un vector $\mathbf{c}$ que no es válido (es decir, que no es de la forma $G\mathbf{x}$ para algún $\mathbf{x} \in \mathbb{Z}_2^k$ o, equivalentemente, $P\mathbf{c} \neq \mathbf{0}$), queremos buscar el vector del código más cercano a $\mathbf{c}$, ya que este vector es el que tiene más coordenadas coincidentes con $\mathbf{c}$. De esta manera, podríamos corregir algunos tipos de errores.

Ejemplo 6.8. Si queremos enviar un bit b con redundancia, transmitimos $[b, b]^T$. La matriz generadora del código es

$$G = \begin{bmatrix} 1 \\ 1 \end{bmatrix}.$$

Este código permite detectar errores simples, puesto que, si se produce un solo error, entonces se recibe $[1,0]^T$ o bien $[0,1]^T$, que no son vectores del código (que son $\mathbf{c}_1 = [0,0]^T$ y $\mathbf{c}_2 = [1,1]^T$).

Pero este código no permite corregir errores. Por ejemplo, si hemos recibido el vector no válido $\mathbf{c} = [0,1]^T$, como $\mathrm{d}(\mathbf{c}, \mathbf{c}_1) = 1 = \mathrm{d}(\mathbf{c}, \mathbf{c}_2)$ no podemos corregir $\mathbf{c}$. ______ **Fin**

Si aumentamos la redundancia, sí podremos corregir errores.

[17] Puedes ver su demostración en el capítulo 7 del libro *Álgebra lineal: una introducción moderna,* escrito por D. Poole, editorial Cengage Learning.

Ejemplo 6.9. Si queremos enviar el bit b con redundancia, transmitimos $[b,b,b]^T$. La matriz generadora del código es

$$G = \begin{bmatrix} 1 \\ 1 \\ 1 \end{bmatrix}.$$

Los dos únicos vectores del código son $\mathbf{c}_1 = [0,0,0]^T$ y $\mathbf{c}_2 = [1,1,1]^T$. Si hemos recibido el vector no válido $\mathbf{c} = [0,1,0]^T$, como $\mathrm{d}(\mathbf{c},\mathbf{c}_1) = 1 < 2 = \mathrm{d}(\mathbf{c},\mathbf{c}_2)$, concluimos que el vector correcto debe ser $\mathbf{c}_1 = [0,0,0]^T$. Esto debe ser intuitivo, pues para pasar de $\mathbf{c}$ a $\mathbf{c}_1$ solo se ha modificado una coordenada y para pasar de $\mathbf{c}$ a $\mathbf{c}_2$ se han modificado dos coordenadas. _ **Fin**

Definición 6.4. La **distancia mínima** de un código C es

$$d = \text{mín}\{\mathrm{d}(\mathbf{x},\mathbf{y}) : \mathbf{x},\mathbf{y} \in C, \mathbf{x} \neq \mathbf{y}\}.$$

Como un código (n,k) tiene 2^k vectores, entonces hay que calcular muchas distancias $\mathrm{d}(\mathbf{x}_i,\mathbf{x}_j)$ para hallar la distancia mínima (en concreto $2^k(2^k-1)/2$). El siguiente teorema facilita mucho el cálculo de la distancia mínima de un código.

Teorema 6.4. La distancia mínima de un código

La distancia mínima de un código C es

$$d = \text{mín}\{\mathrm{d}(\mathbf{x},\mathbf{0}) : \mathbf{x} \in C, \mathbf{x} \neq \mathbf{0}\}.$$

DEMOSTRACIÓN. Basta usar que, si $\mathbf{x},\mathbf{y} \in C$, entonces $\mathbf{x}-\mathbf{y} \in C$ y $\mathrm{d}(\mathbf{x},\mathbf{y}) = \mathrm{d}(\mathbf{x}-\mathbf{y},\mathbf{0})$. □

Ejercicio 6.6. ¿Por qué $\mathbf{x},\mathbf{y} \in C$ implica que $\mathbf{x}-\mathbf{y} \in C$?

Observa que para calcular la distancia mínima de un código de tipo (n,k) usando este último teorema solo hace falta calcular $2^k - 1$ distancias.

Ejemplo 6.10. Sea el código generado por

$$G = \begin{bmatrix} 1 & 0 \\ 0 & 1 \\ 1 & 1 \\ 1 & 0 \end{bmatrix}.$$

Los cuatro vectores del código son de la forma $G\mathbf{x}$, siendo $\mathbf{x}$ cualquier vector de $\mathbb{Z}_2^2$:

$$\mathbf{c}_1 = G\begin{bmatrix} 0 \\ 0 \end{bmatrix} = \begin{bmatrix} 0 \\ 0 \\ 0 \\ 0 \end{bmatrix}, \quad \mathbf{c}_2 = G\begin{bmatrix} 1 \\ 0 \end{bmatrix} = \begin{bmatrix} 1 \\ 0 \\ 1 \\ 1 \end{bmatrix},$$

$$\mathbf{c}_3 = G\begin{bmatrix} 0 \\ 1 \end{bmatrix} = \begin{bmatrix} 0 \\ 1 \\ 1 \\ 0 \end{bmatrix}, \quad \mathbf{c}_4 = G\begin{bmatrix} 1 \\ 1 \end{bmatrix} = \begin{bmatrix} 1 \\ 1 \\ 0 \\ 1 \end{bmatrix}.$$

Para calcular la distancia mínima usando la definición, habría que calcular $\mathrm{d}(\mathbf{c}_i, \mathbf{c}_j)$ para $i \neq j$, y esto requiere calcular 6 distancias. Pero, usando el teorema anterior, basta calcular $\mathrm{d}(\mathbf{c}_2, \mathbf{0}) = 3$, $\mathrm{d}(\mathbf{c}_3, \mathbf{0}) = 2$ y $\mathrm{d}(\mathbf{c}_4, \mathbf{0}) = 3$, quedándonos con la menor. Por tanto, la distancia mínima de este código es $d = 2$. **Fin**

Ejercicio 6.7. Halla la distancia mínima del código generado por $G = [1, 1, 1]^T$.

Teorema 6.5. Distancia mínima y matriz verificadora

La distancia mínima de un código con matriz verificadora P es la menor cantidad de columnas de P tales que la suma de estas es $\mathbf{0}$.

DEMOSTRACIÓN. Vamos a probar que existe un vector $\mathbf{x}$ del código tal que $\mathrm{d}(\mathbf{x}, \mathbf{0}) = r$ si y solamente si existen r columnas de P tales que la suma de estas es $\mathbf{0}$.

Si existe un vector $\mathbf{x} = [x_1, \ldots, x_n]^T$ del código tal que $\mathrm{d}(\mathbf{x}, \mathbf{0}) = r$, entonces $\mathbf{x}$ tiene exactamente r coordenadas distintas de 0, y como estamos en aritmética binaria, $\mathbf{x}$ tiene exactamente r coordenadas iguales a 1. Como además $P\mathbf{x} = \mathbf{0}$ (por pertenecer $\mathbf{x}$ al código), si $\mathbf{p}_1, \ldots, \mathbf{p}_n$ son las columnas de P, entonces $\mathbf{0} = P\mathbf{x} = x_1\mathbf{p}_1 + \cdots + x_n\mathbf{p}_n$ y, como $\mathbf{x}$ tiene exactamente r coordenadas iguales a 1, entonces hay r columnas de P que suman $\mathbf{0}$.

Supongamos que existen r columnas de P que sumen $\mathbf{0}$. Supondremos que son las r primeras (si no lo fueran, la demostración es la misma, pero más farragosa). Entonces $\mathbf{0} = \mathbf{p}_1 + \cdots + \mathbf{p}_r$. Si definimos $\mathbf{x} = [1, \ldots, 1, 0, \ldots, 0]^T$ (hay r unos y $n - r$ ceros), entonces $P\mathbf{x} = \mathbf{p}_1 + \cdots + \mathbf{p}_r = \mathbf{0}$, luego, $\mathbf{x}$ es del código y, además, $\mathrm{d}(\mathbf{x}, \mathbf{0}) = r$. □

El siguiente teorema es importante, pues permite determinar cuándo un código corrige y detecta errores.

Teorema 6.6. Códigos detectores y correctores

Sea C un código con distancia mínima d. Si $d \geq 2$, entonces

a) El código C detecta $d - 1$ errores.

b) El código C corrige $[(d-1)/2]$ errores.

La notación $[x]$ indica la parte entera de x, por ejemplo, $[2] = [2.2] = [2.99] = 2$.

DEMOSTRACIÓN.

a) Supongamos que hemos recibido $\mathbf{y} \in \mathbb{Z}_2^n$ con el que se han producido, como mucho, $d-1$ errores y, como mínimo, un error. Entonces se ha querido mandar un vector $\mathbf{x} \in C$ de forma que $\mathbf{x}$ e $\mathbf{y}$ difieren en, como mucho, $d-1$ coordenadas y, como mínimo, una coordenada, esto es, $1 \leq \mathrm{d}(\mathbf{x},\mathbf{y}) \leq d-1$. Observa que $\mathbf{x} \neq \mathbf{y}$ (pues en el envío de $\mathbf{y}$ se ha producido como mínimo un error). Si $\mathbf{y} \in C$, por la definición de distancia mínima d, tenemos:

$$d = \min\{\mathrm{d}(\mathbf{x}_1,\mathbf{x}_2) : \mathbf{x}_1,\mathbf{x}_2 \in C, \mathbf{x}_1 \neq \mathbf{x}_2\} \leq \mathrm{d}(\mathbf{x},\mathbf{y}) \leq d-1.$$

Esto es una contradicción, por tanto, $\mathbf{y} \notin C$.

b) Definimos r la parte entera de $(d-1)/2$, es decir, $r = [(d-1)/2]$. Supongamos que se ha recibido $\mathbf{y} \in \mathbb{Z}_2^n$ en el que se han producido como mucho r errores en la transmisión. Es decir, existe $\mathbf{x} \in C$ tal que $\mathrm{d}(\mathbf{x},\mathbf{y}) \leq r$. Si hubiera dos vectores distintos $\mathbf{u},\mathbf{v} \in C$ tales que $\mathrm{d}(\mathbf{u},\mathbf{y}) \leq r$ y $\mathrm{d}(\mathbf{v},\mathbf{y}) \leq r$, entonces

$$d = \min\{\mathrm{d}(\mathbf{x}_1,\mathbf{x}_2) : \mathbf{x}_1,\mathbf{x}_2 \in C, \mathbf{x}_1 \neq \mathbf{x}_2\} \leq \mathrm{d}(\mathbf{u},\mathbf{v}) \leq \mathrm{d}(\mathbf{u},\mathbf{y}) + \mathrm{d}(\mathbf{y},\mathbf{v}) \leq r + r = 2r \leq d-1.$$

De nuevo hemos llegado a una contradicción. Por tanto, existe un único vector $\mathbf{x} \in C$ tal que $\mathrm{d}(\mathbf{x},\mathbf{y}) \leq r$. El código corrige los r errores que se han producido al transmitir $\mathbf{y}$ corrigiéndolo a $\mathbf{x}$ de forma única. □

Así, tenemos el siguiente algoritmo (lo mejoraremos en la próxima sección) que recupera un vector de un código de distancia mínima d si se han producido como mucho $[(d-1)/2]$ errores.

Algoritmo. Corrección de errores (sin optimizar).

Entrada: Un código $C \subset \mathbb{Z}_2^n$ (con matriz verificadora P). Un vector $\mathbf{y} \in \mathbb{Z}_2^n$.

Calcular $\mathbf{s} = P\mathbf{y}$.

Si $\mathbf{s} = \mathbf{0}$, entonces el vector $\mathbf{y}$ es válido y se acepta.

Salida: $\mathbf{y}$.

Si $\mathbf{s} \neq \mathbf{0}$, buscar el vector $\mathbf{x} \in C$ que minimiza $\mathrm{d}(\mathbf{x},\mathbf{y})$.

Salida: $\mathbf{x}$.

El problema de este algoritmo es que, si el código es grande (tiene tamaño 2^k), el algoritmo tiene un tiempo de ejecución demasiado largo.

Ejemplo 6.11. Considera el código cuya matriz generadora es

$$G = \begin{bmatrix} 1 & 0 \\ 0 & 1 \\ 1 & 0 \\ 1 & 1 \end{bmatrix}.$$

Esto es, si se desea enviar $\mathbf{x} = [b_1, b_2]^T$, entonces se transmite $G\mathbf{x} = [b_1, b_2, b_1, b_1 + b_2]^T$. Los parámetros de este código son $k = 2$ y $n = 4$. Vamos a calcular la distancia mínima de este código usando el teorema 6.4. Los cuatro vectores del código son de la forma $G\mathbf{x}$, donde $\mathbf{x}$ es cualquier vector de $\mathbb{Z}_2^2$. Estos cuatro vectores son

$$\mathbf{c}_1 = [0,0,0,0]^T, \qquad \mathbf{c}_2 = [1,0,1,1]^T, \qquad \mathbf{c}_3 = [0,1,0,1]^T, \qquad \mathbf{c}_4 = [1,1,1,0]^T.$$

Ahora es evidente (usando el teorema 6.4) que la distancia mínima del código es $d = 2$. Por el teorema 6.6, el código detecta $d-1 = 1$ errores y corrige $[(d-1)/2] = 0$ errores.

Por el teorema 6.2, la matriz verificadora de este código es

$$P = \begin{bmatrix} 1 & 0 & 1 & 0 \\ 1 & 1 & 0 & 1 \end{bmatrix}.$$

Si hemos recibido $\mathbf{c}_3 = [0,1,0,1]^T$, es posible que no se hayan producido errores o bien que se hayan producido errores en la segunda y cuarta componente (habiéndose querido mandar $\mathbf{c}_1$). Por lo que este código no detecta dos errores. Pero sí detecta un solo error.

Imaginemos que se ha recibido $\mathbf{y} = [0,1,0,0]^T$. Como $P\mathbf{y} \neq \mathbf{0}$, entonces se ha producido al menos un error. Hemos de buscar el vector $\mathbf{x}$ del código que minimiza $\mathrm{d}(\mathbf{x},\mathbf{y})$. Como $\mathrm{d}(\mathbf{c}_1,\mathbf{y}) = 1$, $\mathrm{d}(\mathbf{c}_2,\mathbf{y}) = 4$, $\mathrm{d}(\mathbf{c}_3,\mathbf{y}) = 1$, $\mathrm{d}(\mathbf{c}_4,\mathbf{y}) = 2$, entonces hay dos vectores del código, $\mathbf{c}_1$ y $\mathbf{c}_3$, que difieren de $\mathbf{y}$ en solo una coordenada. Por tanto, no podemos corregir el vector erróneo $\mathbf{y}$ puesto que hay dos candidatos como posibles correcciones y no sabemos cuál de los dos es. ___ **Fin**

Ejemplo 6.12. Vamos a aumentar la redundancia del ejemplo anterior a ver si logramos corregir errores. Considera el código cuya matriz generadora es

$$G = \begin{bmatrix} 1 & 0 \\ 0 & 1 \\ 1 & 0 \\ 0 & 1 \\ 1 & 1 \end{bmatrix}.$$

Esto es, si se desea enviar $\mathbf{x} = [b_1, b_2]^T$, entonces se transmite $G\mathbf{x} = [b_1, b_2, b_1, b_2, b_1+b_2]^T$.

Ejercicio 6.8. Halla los parámetros n y k de este código. Comprueba que la distancia mínima de este código es $d = 3$.

Por el teorema 6.6, el código corrige $[(d-1)/2] = 1$ error. La matriz verificadora de este código es

$$P = \begin{bmatrix} 1 & 0 & 1 & 0 & 0 \\ 0 & 1 & 0 & 1 & 0 \\ 1 & 1 & 0 & 0 & 1 \end{bmatrix}.$$

Imaginemos que se ha recibido $\mathbf{y} = [1,0,1,0,0]^T$. Como $P\mathbf{y} \neq \mathbf{0}$, entonces se ha producido al menos un error. Hemos de buscar el vector $\mathbf{x}$ del código que minimiza $\mathrm{d}(\mathbf{x},\mathbf{y})$.

Ejercicio 6.9. Calcula todos los vectores del código (hay cuatro distintos). Calcula la distancia de Hamming entre **y** y estos cuatro vectores.

Si haces este ejercicio, puedes ver que solo hay un vector del código que minimiza la distancia a $\mathbf{y}$. Este vector es $[1,0,1,0,1]^T$ (el resto de los vectores del código están más alejados de $\mathbf{y}$). Acabamos de corregir el error producido: cambiamos $\mathbf{y}$ por $[1,0,1,0,1]^T$. ______ **Fin**

Claramente vemos que el algoritmo de la página 177 tiene que calcular 2^k distancias. Por lo que, si k es grande, el tiempo de ejecución de este algoritmo es demasiado extenso (observa que se tendría que aplicar este algoritmo para cada vector no válido que se reciba). Más adelante veremos algunas modificaciones que permiten mejorar el tiempo de ejecución.

Recordemos los parámetros de un código. Los vectores que se transmiten tienen tamaño n. Pero cada vector que se transmite tiene unas componentes de redundancia que permiten detectar y corregir errores. Recuerda que, si deseamos mandar $\mathbf{x} \in \mathbb{Z}_2^k$ (sin codificar), en realidad, transmitimos su codificación $G\mathbf{x} \in \mathbb{Z}_2^n$ con $k < n$. Por tanto, $n-k$ es el número de bits redundantes y k es el número de bits significativos. La **tasa de redundancia** es $K = k/n$. Observa que $0 \leq K \leq 1$ y sería deseable que K fuera lo más cercano a 1 posible para que el número de bits redundantes sea pequeño en comparación con el número de bits significativos.

Como la distancia mínima de un código C es $d = \text{mín}\{\text{d}(\mathbf{x},\mathbf{y}) : \mathbf{x},\mathbf{y} \in C, \mathbf{x} \neq \mathbf{y}\}$ y $\text{d}(\mathbf{x},\mathbf{y})$ es el número de coordenadas distintas que tienen $\mathbf{x}$ e $\mathbf{y}$, ya que $\mathbf{x}$ e $\mathbf{y}$ tienen n coordenadas, entonces $d \leq n$. Por lo que, si $D = d/n$, entonces $0 \leq D \leq 1$. Observa que, por el teorema 6.6, interesa que d sea lo más grande posible. O sea que D esté tan próximo a 1 como sea posible.

Lamentablemente, no podemos hacer que K y D se acerquen a la vez a 1. El siguiente teorema muestra una restricción entre los distintos parámetros de un código.

Teorema 6.7. Restricción entre los parámetros de un código

Sea C un código de tipo (n,k,d). Entonces

$$k + d \leq n + 1.$$

La demostración se deja para el final del capítulo pues consideramos que es bastante "truculenta".

Teorema 6.8. Códigos correctores de errores simples

Sea P la matriz verificadora de un código sin ninguna columna repetida ni ninguna columna nula. Si se ha producido un solo error cuando se quiere transmitir $\mathbf{x} \in \mathbb{Z}_2^n$ y se recibe $\mathbf{y} \in \mathbb{Z}_2^n$, entonces existe una única columna i de P tal que $P\mathbf{y}$ es esta columna. Además, el error se ha producido en la componente i-ésima de $\mathbf{x}$.

DEMOSTRACIÓN. Si transmitimos $\mathbf{x}$, pero se ha producido un solo error en la i-ésima coordenada, entonces se recibe $\mathbf{y} = \mathbf{x} + \mathbf{e}_i$, siendo $\mathbf{e}_1, \ldots, \mathbf{e}_n$ la base canónica de $\mathbb{Z}_2^n$ (si la i-ésima coordenada de $\mathbf{x}$ es 0, entonces la i-ésima coordenada de $\mathbf{y}$ es $0 + 1 = 1$; y, si la i-ésima coordenada de $\mathbf{x}$ es 1, entonces la i-ésima coordenada de $\mathbf{y}$ es $1 + 1 = 0$). Como $P\mathbf{x} = \mathbf{0}$ (porque $\mathbf{x}$ es del código), entonces $P\mathbf{y} = P(\mathbf{x} + \mathbf{e}_i) = P\mathbf{x} + P\mathbf{e}_i = \mathbf{0} + P\mathbf{e}_i = P\mathbf{e}_i$. Pero $P\mathbf{e}_i$ es la i-ésima columna de P. □

Ejemplo 6.13. Considera el código de doble repetición. Dado un bit b, transmitimos $[b, b, b]^T$. La matriz generadora de este código es:

$$G = \begin{bmatrix} 1 \\ 1 \\ 1 \end{bmatrix}.$$

Si aplicamos el teorema 6.2, la matriz verificadora es:

$$P = \begin{bmatrix} 1 & 1 & 0 \\ 1 & 0 & 1 \end{bmatrix}.$$

Resulta que podemos aplicar el teorema 6.8, ya que P no tiene ninguna columna nula ni ninguna columna repetida.

Si, por ejemplo, recibimos $\mathbf{y} = [1, 0, 1]^T$, entonces

$$P\mathbf{y} = \begin{bmatrix} 1 & 1 & 0 \\ 1 & 0 & 1 \end{bmatrix} \begin{bmatrix} 1 \\ 0 \\ 1 \end{bmatrix} = \begin{bmatrix} 1 \cdot 1 + 1 \cdot 0 + 0 \cdot 1 \\ 1 \cdot 1 + 0 \cdot 0 + 1 \cdot 1 \end{bmatrix} = \begin{bmatrix} 1 + 0 + 0 \\ 1 + 0 + 1 \end{bmatrix} = \begin{bmatrix} 1 \\ 0 \end{bmatrix} \neq \begin{bmatrix} 0 \\ 0 \end{bmatrix}.$$

Como $P\mathbf{y} \neq \mathbf{0}$, entonces $\mathbf{y}$ no es del código y se ha producido como mínimo un error en la transmisión. Si suponemos que solo se ha producido un error, por el teorema 6.8, como $P\mathbf{y}$ es la segunda columna de P, entonces el error se ha cometido en el segundo bit. Como se ha recibido $[1, 0, 1]^T$, el envío correcto es $[1, 1, 1]^T$. ________ **Fin**

6.5. Corrección de errores por medio de síndromes

Ya vimos un algoritmo que permite detectar y corregir errores; sin embargo, es bastante ineficiente, pues se compara el vector que se recibe con los 2^k vectores del código. Evidentemente, si k es grande, esta operación (que debe repetirse para cada vector erróneo) es prohibitiva desde el punto de vista computacional. Veamos cómo se puede mejorar este algoritmo.

Definición 6.5. Sea un código con matriz verificadora P. El **síndrome** de $\mathbf{y}$ es $P\mathbf{y}$.

En el teorema 6.8 vimos el uso del síndrome para algunos códigos especialmente simples.

Teorema 6.9. Síndromes y errores

El síndrome de un vector es la suma de las columnas de la matriz verificadora correspondientes a las coordenadas donde se han producido errores.

Ejercicio 6.10. Prueba este teorema.

Ejemplo 6.14. Considera el código de doble repetición comentado en el ejemplo 6.13. Como ya vimos en este ejemplo, si recibimos $\mathbf{y} = [1,0,1]^T$, entonces, como el síndrome de $\mathbf{y}$ es $P\mathbf{y} = [1,0]^T \neq \mathbf{0}$, este vector $\mathbf{y}$ no es del código.

Vimos que, si se ha producido un único error en la transmisión, entonces la segunda coordenada es errónea. Pero observamos que el síndrome de $\mathbf{y}$ es la suma de las columnas 1 y 3. Luego, si hay dos errores, por el teorema 6.9, estos se han producido en la primera y tercera coordenada de $\mathbf{y}$, y así podríamos decir que se ha querido enviar $[0,0,0]^T$. Pero por el principio de la mínima distancia suponemos que se ha cometido un error y no dos. **Fin**

Podemos dividir el conjunto $\mathbb{Z}_2^n$ en varios subconjuntos usando el síndrome: en cada subconjunto ponemos a todos los vectores con el mismo síndrome. Veamos un ejemplo:

Ejemplo 6.15. Considera el código de doble repetición comentado en el ejemplo 6.13. Vamos a calcular el síndrome de todos los vectores de $\mathbb{Z}_2^3$:

$$P\begin{bmatrix}0\\0\\0\end{bmatrix}=\begin{bmatrix}0\\0\end{bmatrix},\quad P\begin{bmatrix}0\\0\\1\end{bmatrix}=\begin{bmatrix}0\\1\end{bmatrix},\quad P\begin{bmatrix}0\\1\\0\end{bmatrix}=\begin{bmatrix}1\\0\end{bmatrix},\quad P\begin{bmatrix}0\\1\\1\end{bmatrix}=\begin{bmatrix}1\\1\end{bmatrix},$$

$$P\begin{bmatrix}1\\0\\0\end{bmatrix}=\begin{bmatrix}1\\1\end{bmatrix},\quad P\begin{bmatrix}1\\0\\1\end{bmatrix}=\begin{bmatrix}1\\0\end{bmatrix},\quad P\begin{bmatrix}1\\1\\0\end{bmatrix}=\begin{bmatrix}0\\1\end{bmatrix},\quad P\begin{bmatrix}1\\1\\1\end{bmatrix}=\begin{bmatrix}0\\0\end{bmatrix}.$$

Por tanto, podemos dividir $\mathbb{Z}_2^3$ en cuatro subconjuntos de forma que los vectores de cada subconjunto tengan el mismo síndrome.

$$\left\{\begin{bmatrix}0\\0\\0\end{bmatrix},\begin{bmatrix}1\\1\\1\end{bmatrix}\right\},\quad \left\{\begin{bmatrix}0\\0\\1\end{bmatrix},\begin{bmatrix}1\\1\\0\end{bmatrix}\right\},\quad \left\{\begin{bmatrix}0\\1\\0\end{bmatrix},\begin{bmatrix}1\\0\\1\end{bmatrix}\right\},\quad \left\{\begin{bmatrix}0\\1\\1\end{bmatrix},\begin{bmatrix}1\\0\\0\end{bmatrix}\right\}.$$

Fin

Definición 6.6. Sea C un código de tipo (n,k). Podemos dividir el conjunto $\mathbb{Z}_2^n$ de acuerdo con la siguiente partición: los vectores $\mathbf{u},\mathbf{v}\in\mathbb{Z}_2^n$ están en el mismo subconjunto si y solo si los síndromes de $\mathbf{u}$ y $\mathbf{v}$ coinciden. El subconjunto donde está $\mathbf{u}$ se llama la **clase de u.**

Es evidente que dos clases distintas no tienen elementos comunes y que la unión de todas las clases es todo $\mathbb{Z}_2^n$.

Ejercicio 6.11. Sean $\mathbf{u},\mathbf{v}\in\mathbb{Z}_2^n$. Prueba que $\mathbf{v}$ está en la clase de $\mathbf{u}$ si y solo si $\mathbf{u}-\mathbf{v}$ es un vector del código.

La idea de síndrome es útil para crear un algoritmo de corrección de errores: si recibimos un vector $\mathbf{y}$ no válido, entonces, si restamos otro vector $\mathbf{u}$ con el mismo síndrome, obtenemos un vector $\mathbf{c}$ válido (por el ejercicio previo). Ya que $\mathbf{c}=\mathbf{y}-\mathbf{u}$, podemos pensar que $\mathbf{u}$ es el error cometido. Por el principio de la mínima distancia, queremos que $\mathbf{u}$ tenga el menor número de componentes no nulas posibles. Recuerda que $\mathrm{d}(\mathbf{0},\mathbf{u})$ es el número de componentes no nulas de $\mathbf{u}$.

Definición 6.7. Un vector $\mathbf{v}$ es **líder** de una clase cuando es el único elemento de la clase que minimiza $\mathrm{d}(\mathbf{0},\mathbf{v})$.

Ejemplo 6.16. Considera el ejemplo 6.15. Es evidente que:

$$
\begin{aligned}
&[0,0,0]^T \text{ es el líder de la clase } \left\{[0,0,0]^T,[1,1,1]^T\right\},\\
&[0,0,1]^T \text{ es el líder de la clase } \left\{[0,0,1]^T,[1,1,0]^T\right\},\\
&[0,1,0]^T \text{ es el líder de la clase } \left\{[0,1,0]^T,[1,0,1]^T\right\},\\
&[1,0,0]^T \text{ es el líder de la clase } \left\{[1,0,0]^T,[0,1,1]^T\right\}.
\end{aligned}
$$

Fin

No hay razón para que en una clase haya un único vector que minimiza la distancia a $\mathbf{0}$. Pero hay ocasiones específicas en las que sí.

Teorema 6.10. Existencia de líderes

Sean un código de tipo (n,k), $\mathbf{e}\in\mathbb{Z}_2^n$ y d la distancia mínima del código. Si $\mathrm{d}(\mathbf{0},\mathbf{e})\leq[(d-1)/2]$, entonces $\mathbf{e}$ es el líder de su clase.

DEMOSTRACIÓN. Supongamos que existe $\mathbf{f}$ de la clase de $\mathbf{e}$ tal que $\mathbf{e}\neq\mathbf{f}$ y $\mathrm{d}(\mathbf{0},\mathbf{e})=\mathrm{d}(\mathbf{0},\mathbf{f})$. Sea $t=[(d-1)/2]$. Como $\mathbf{f}$ y $\mathbf{e}$ son de la misma clase, entonces $\mathbf{f}-\mathbf{e}$ está en el código (por el ejercicio 6.11). Ahora

$$\mathrm{d}(\mathbf{e}-\mathbf{f},\mathbf{0})=\mathrm{d}(\mathbf{e},\mathbf{f})\leq\mathrm{d}(\mathbf{e},\mathbf{0})+\mathrm{d}(\mathbf{0},\mathbf{f})\leq t+t=2t\leq d-1<d.$$

Esto es una contradicción por el teorema 6.4. □

Para utilizar el siguiente algoritmo, llamado **del líder**, hay que precalcular una tabla con los síndromes de todos los vectores $\mathbf{e}\in\mathbb{Z}_2^n$ tales que $\mathrm{d}(\mathbf{e},\mathbf{0})\leq[(d-1)/2]$.

Algoritmo. Del líder.

Entrada: Un código $C \subset \mathbb{Z}_2^n$ (con matriz verificadora P). Una tabla con los síndromes de todos los vectores $\mathbf{e} \in \mathbb{Z}_2^n$ tales que $\mathrm{d}(\mathbf{e},\mathbf{0}) \leq [(d-1)/2]$. Un vector $\mathbf{y} \in \mathbb{Z}_2^n$.

Calcular $\mathbf{s} = P\mathbf{y}$.

Si $\mathbf{s} = \mathbf{0}$, entonces el vector $\mathbf{y}$ es válido y se acepta.

Salida: $\mathbf{y}$.

Si $\mathbf{s} \neq \mathbf{0}$,

Buscamos el síndrome $\mathbf{t}$ de la tabla tal que $\mathbf{t} = \mathbf{s}$.

¿Existe $\mathbf{t}$?

Sí: Sea $\mathbf{e}$ el líder de la clase del síndrome $\mathbf{t}$.

Salida: $\mathbf{y} - \mathbf{e}$.

No: **Salida:** No se puede corregir $\mathbf{y}$.

Ejemplo 6.17. Veamos cómo funciona el algoritmo del líder para el ejemplo 6.15. En el ejemplo 6.16 hemos hallado los líderes de las cuatro clases que cumplen $\mathrm{d}(\mathbf{e}_i,\mathbf{0}) \leq [(d-1)/2]$. Calculamos los síndromes de estos cuatro líderes:

Líder, $\mathbf{e}$	$[0,0,0]^T$	$[0,0,1]^T$	$[0,1,0]^T$	$[1,0,0]^T$
Síndrome, $P\mathbf{e}$	$[0,0]^T$	$[0,1]^T$	$[1,0]^T$	$[1,1]^T$

Esta es la tabla que tenemos que precalcular. Observa que en esta tabla están todos los síndromes posibles, por tanto, el algoritmo del líder va a poder corregir cualquier vector.

Si hemos recibido $\mathbf{y} = [0,1,1]^T$, entonces calculamos $\mathbf{s} = P\mathbf{y} = [1,1]^T$. Como $\mathbf{s} \neq \mathbf{0}$, entonces ha habido al menos un error. El líder de la clase con síndrome $\mathbf{s}$ es $\mathbf{e} = [1,0,0]^T$. Por último, calculamos $\mathbf{x} = \mathbf{y} - \mathbf{e} = [0,1,1]^T - [1,0,0]^T = [1,1,1]^T$. ______ **Fin**

Sea C un código de distancia mínima d y sea $t = [(d-1)/2]$. Supón que recibimos $\mathbf{y}$ tal que existe $\mathbf{x} \in C$ tal que $\mathrm{d}(\mathbf{x},\mathbf{y}) \leq t$ (puede pasar $\mathbf{x} = \mathbf{y}$). Si $\mathbf{e} = \mathbf{y} - \mathbf{x}$, entonces $\mathrm{d}(\mathbf{e},\mathbf{0}) = \mathrm{d}(\mathbf{y}-\mathbf{x},\mathbf{0}) = \mathrm{d}(\mathbf{y},\mathbf{x}) \leq t$. Además, los síndromes de $\mathbf{y}$ y $\mathbf{e}$ coinciden, ya que, como $\mathbf{x}$ es del código, entonces su síndrome es $\mathbf{0}$, luego $P\mathbf{e} = P(\mathbf{y}-\mathbf{x}) = P\mathbf{y} - P\mathbf{x} = P\mathbf{y} - \mathbf{0} = P\mathbf{y}$. Por el teorema 6.10, $\mathbf{e}$ es el líder de la clase de $\mathbf{y}$. Como $\mathbf{x} = \mathbf{y} - \mathbf{e}$, entonces vemos que el algoritmo del líder proporciona una corrección de mínima distancia.

6.6. Códigos Hamming

La familia de códigos Hamming es una de las más importantes. Vamos a estudiarla con algo de profundidad. Comencemos con un caso particular.

Definición 6.8. Sea

$$A = \begin{bmatrix} 1 & 1 & 1 & 0 \\ 1 & 1 & 0 & 1 \\ 1 & 0 & 1 & 1 \end{bmatrix}.$$

El **código Hamming de tipo (7,4)** es el código cuya matriz generadora es

$$G = \begin{bmatrix} I_4 \\ A \end{bmatrix}.$$

Por el teorema 6.2, la matriz verificadora del código es

$$P = \begin{bmatrix} A & I_3 \end{bmatrix}.$$

Los parámetros del código son $n = 7$ y $k = 4$, ya que transmitimos $n = 7$ bits, de los cuales $k = 4$ son significativos. Vamos a calcular la distancia mínima del código Hamming.

Teorema 6.11. La distancia mínima del código Hamming (7,4)

La distancia mínima del código Hamming (7,4) es $d = 3$.

DEMOSTRACIÓN. Sean $\mathbf{e}_1$ y $\mathbf{e}_2$ los dos primeros vectores de la base canónica de $\mathbb{Z}_2^4$. El vector $G(\mathbf{e}_1 + \mathbf{e}_2)$ es del código. Como $G(\mathbf{e}_1 + \mathbf{e}_2)$ es la suma de las dos primeras columnas de G, entonces $G(\mathbf{e}_1 + \mathbf{e}_2) = [1, 1, 0, 0, 0, 0, 1]^T$. Por tanto, si d es la distancia mínima,

$$d = \text{mín}\{\, \text{d}(\mathbf{c}, \mathbf{0}) : \mathbf{c} \text{ es del código }, \mathbf{c} \neq \mathbf{0}\} \leq \text{d}(G(\mathbf{e}_1 + \mathbf{e}_2), \mathbf{0}) = 3.$$

Pero, si d fuera igual a 2, por el teorema 6.5, habría dos columnas de P que suman 0. Puesto que estamos en aritmética binaria, estas dos columnas serían iguales, lo cual es falso. Por tanto, la distancia mínima es $d = 3$. □

Por el teorema 6.6, el código Hamming (7,4) corrige un error. Por el teorema 6.8 podemos corregir fácilmente un vector no válido si se ha producido un error. Más adelante veremos que el código Hamming (7,4) tiene la siguiente propiedad: cualquier vector transmitido se diferencia en un vector del código como máximo en una coordenada: por tanto, podemos decir que cualquier vector transmitido puede cambiarse a uno del código modificando solo una coordenada.

Vamos a ver un ejemplo sencillo usando Octave:

Octave Introducimos la matriz verificadora del código Hamming (7,4):

```
A = [1 1 1 0; 1 1 0 1; 1 0 1 1];
n = 7; k = 4;
P = [A eye(n-k)];
```


Si hemos recibido el vector $[1,0,1,0,1,0,1]^T$, queremos comprobar si es correcto y, si no lo es, corregirlo:

```
y = [1 0 1 0 1 0 1]';
mod(P*y,2)
```

Obtenemos $P\mathbf{y} = [1,1,1]^T$ (en aritmética binaria). Como $P\mathbf{y} \neq \mathbf{0}$, el vector $\mathbf{y}$ no es válido. Pero, como $P\mathbf{y}$ es la primera columna de P, entonces el error se ha cometido en la primera coordenada de $\mathbf{y}$, y, por tanto, la corrección es

```
corrige = y;
corrige(1) = mod(corrige(1)+1,2)
```

ya que en aritmética binaria cambiar un número es equivalente a sumarle 1. ______ **Fin**

Si escribimos de forma explícita la matriz verificadora del código Hamming (7,4), tenemos

$$P = \left[\begin{array}{cccc|ccc} 1 & 1 & 1 & 0 & 1 & 0 & 0 \\ 1 & 1 & 0 & 1 & 0 & 1 & 0 \\ 1 & 0 & 1 & 1 & 0 & 0 & 1 \end{array}\right].$$

Vemos que las columnas de P son las expresiones binarias de los números 1,2, ..., 7 (no en este orden). Esto permite generalizar el código Hamming (7,4).

Definición 6.9. Sea r un número natural mayor que 1. El **código Hamming** r, denotado por $H(r)$, tiene como matriz verificadora la matriz P con r filas y $2^r - 1$ columnas. Las r últimas columnas de P forman la matriz identidad de orden r. Las columnas de P corresponden a las expresiones binarias de los números $1, 2, \ldots, 2^r - 1$.

El código Hamming de tipo $(7,4)$ es $H(3)$. Veamos cómo es el código $H(2)$.

Ejemplo 6.18. Para $r = 2$, la matriz P debe tener 2 filas y $2^r - 1 = 3$ columnas. Las últimas dos columnas de P forman la matriz identidad de orden 2. Luego P debe tener la siguiente forma:

$$P = \left[\begin{array}{c|cc} ? & 1 & 0 \\ ? & 0 & 1 \end{array}\right].$$

Las columnas de P deben corresponder a las expresiones binarias de los números $1, 2, 3$. Luego

$$P = \left[\begin{array}{c|cc} 1 & 1 & 0 \\ 1 & 0 & 1 \end{array}\right].$$

Por el teorema 6.2, la matriz generadora es

$$G = \left[\begin{array}{c} 1 \\ 1 \\ 1 \end{array}\right].$$

Es decir, el código $H(2)$ es el código de doble repetición. ______ **Fin**

Observa que las r últimas columnas de la matriz verificadora del código $H(r)$ están unívocamente determinadas por la definición, pero las primeras no: podemos cambiar su orden. Por ejemplo, la siguiente matriz

$$P_1 = \left[\begin{array}{cccc|ccc} 1 & 1 & 0 & 1 & 1 & 0 & 0 \\ 1 & 0 & 1 & 1 & 0 & 1 & 0 \\ 0 & 1 & 1 & 1 & 0 & 0 & 1 \end{array}\right]$$

también puede considerarse como la matriz verificadora del código $H(3)$. Básicamente es el mismo código que el descrito al comienzo de la sección pues simplemente se obtiene uno del otro permutando las posiciones de los bits.

Teorema 6.12. Los parámetros del código $H(r)$.

Sea C el código $H(r)$. Entonces $n = 2^r - 1$, $k = 2^r - 1 - r$ y $d = 3$.

DEMOSTRACIÓN. Por el teorema 6.2, la matriz P tiene $n - k$ filas y n columnas. Por la construcción de la matriz verificadora del código $H(r)$, la matriz P tiene r filas y $2^r - 1$ columnas. Luego $n = 2^r - 1$ y $k = n - r = 2^r - 1 - r$.

Veamos que la distancia mínima es $d = 3$. Por el teorema 6.5, si $d = 1$, habría una columna de P que es $\mathbf{0}$, lo que es falso. Si $d = 2$, habría dos columnas de P que suman $\mathbf{0}$, y, puesto que estamos usando aritmética binaria, habría dos columnas de P que son iguales, lo que es falso. Por tanto, $d \geq 3$. Vamos a ver que hay 3 columnas de P que suman 0, por lo que, por el teorema 6.5, tendríamos que $d = 3$. Las columnas correspondientes en binario a los números 1, 2 y 3 son $[1,0,0,\ldots,0]^T$, $[0,1,0,\ldots,]^T$ y $[1,1,0,\ldots,0]^T$ (cada columna tiene r entradas y, por la definición del código $H(r)$, se tiene $r \geq 2$). La suma de estas tres columnas es $\mathbf{0}$. □

Luego, por el teorema 6.6, los códigos Hamming $H(r)$ corrigen un error para cualquier $r \geq 2$.

Veamos una propiedad muy interesante de los códigos Hamming. Básicamente dice que cualquier vector recibido puede ser corregido.

Teorema 6.13. Capacidad de corrección de un código Hamming

Si $\mathbf{x} \in \mathbb{Z}_2^n$, entonces existe un único $\mathbf{c}$ del código Hamming (n,k) tal que $\mathrm{d}(\mathbf{x},\mathbf{c}) \leq 1$.

DEMOSTRACIÓN. Vamos a emplear la siguiente notación para un vector $\mathbf{c}$ del código:

$$B(\mathbf{c}) = \{\mathbf{y} \in \mathbb{Z}_2^n : \mathrm{d}(\mathbf{y},\mathbf{c}) \leq 1\}.$$

Observa que

$$B(\mathbf{c}) = \{\mathbf{c}\} \cup \{\mathbf{y} \in \mathbb{Z}_2^n : \mathrm{d}(\mathbf{y},\mathbf{c}) = 1\}.$$

Como los elementos $\mathbf{y} \in \mathbb{Z}_2^n$ que cumplen $\mathrm{d}(\mathbf{y},\mathbf{c}) = 1$ se diferencian de $\mathbf{c}$ en una única coordenada, y los elementos de $\mathbb{Z}_2^n$ tienen n coordenadas, hay n elementos en $\{\mathbf{y} \in \mathbb{Z}_2^n : \mathrm{d}(\mathbf{y},\mathbf{c}) = 1\}$. Por tanto, hay $1+n$ elementos en $B(\mathbf{c})$. Por el teorema 6.12, hay 2^r elementos en $B(\mathbf{c})$.

Veamos que, si $\mathbf{c}_1, \mathbf{c}_2$ son dos vectores distintos del código, entonces $B(\mathbf{c}_1) \cap B(\mathbf{c}_2) = \varnothing$. Si existiese $\mathbf{y} \in B(\mathbf{c}_1) \cap B(\mathbf{c}_2)$, entonces $\mathrm{d}(\mathbf{y},\mathbf{c}_1) \leq 1$ y $\mathrm{d}(\mathbf{y},\mathbf{c}_2) \leq 1$. Por definición de la distancia mínima de un código y por el teorema 6.3,

$$3 = d = \min\{\mathrm{d}(\mathbf{z}_1,\mathbf{z}_2) : \mathbf{z}_1,\mathbf{z}_2 \in C, \mathbf{z}_1 \neq \mathbf{z}_2\} \leq \mathrm{d}(\mathbf{c}_1,\mathbf{c}_2) \leq \mathrm{d}(\mathbf{c}_1,\mathbf{y}) + \mathrm{d}(\mathbf{y},\mathbf{c}_2) \leq 1+1 = 2,$$

lo que es una contradicción.

Observa que, si $\mathbf{c}_1, \ldots, \mathbf{c}_q$ son los vectores del código, entonces $D = B(\mathbf{c}_1) \cup \cdots \cup B(\mathbf{c}_q)$ son los vectores de $\mathbb{Z}_2^n$ que pueden ser corregidos (pues estos vectores distan de un vector del código en uno o menos de uno). Por el párrafo previo, hay $q \cdot 2^r$ vectores en D.

Pero un código de tipo (n,k) tiene 2^k vectores. Luego en D hay $q \cdot 2^r = 2^k \cdot 2^r = 2^{k+r} = 2^n$ vectores. Y como D es un subconjunto de $\mathbb{Z}_2^n$ que tiene exactamente 2^n vectores, entonces $D = \mathbb{Z}_2^n$. Por lo que, si $\mathbf{x} \in \mathbb{Z}_2^n$, como $\mathbb{Z}_2^n = D = B(\mathbf{c}_1) \cup \cdots \cup B(\mathbf{c}_q)$ y los conjuntos $B(\mathbf{c}_i)$ y $B(\mathbf{c}_j)$ tienen intersección vacía si $\mathbf{c}_i \neq \mathbf{c}_j$, entonces existe un único $\mathbf{c}$ del código tal que $\mathbf{x} \in B(\mathbf{c})$. □

6.7. Demostraciones

Demostración del Teorema 6.7. Ya vimos justamente antes del enunciado de este teorema que $d \leq n$. Sea $s = n-(d-1) = n+1-d \geq 1$. Sea $f : C \to \mathbb{Z}_2^s$ dada por

$$f(x_1, \ldots, x_s, x_{s+1}, \ldots, x_n) = (x_1, \ldots, x_s).$$

Esta f no hace más que quitar las $d-1$ últimas componentes a cualquier vector de C. Evidentemente, la aplicación f es lineal. Veamos que es inyectiva: sea $\mathbf{x} \in \ker f$, es decir, $f(\mathbf{x}) = \mathbf{0}$ y, por definición de f, las primeras s componentes del vector $\mathbf{x}$ son nulas. Si $\mathbf{x} \neq \mathbf{0}$, por el teorema 6.4 se tendría (recuerda que $\mathbf{x}$ tiene n coordenadas)

$$\begin{aligned} d &= \min\{\mathrm{d}(\mathbf{u},\mathbf{0}) : \mathbf{u} \in C, \mathbf{u} \neq \mathbf{0}\} \leq \mathrm{d}(\mathbf{x},\mathbf{0}) = \text{número de coordenadas distintas de } \mathbf{x} \text{ y } \mathbf{0} \\ &\leq n-s = d-1, \end{aligned}$$

lo que es una contradicción. Por tanto, $\mathbf{x} = \mathbf{0}$; luego, el núcleo de f se reduce al elemento $\mathbf{0}$; es decir, f es inyectiva.

Ahora, como $\operatorname{im} f \subset \mathbb{Z}_2^s$

$$k = \operatorname{rg}(G) = \dim C = \dim \ker f + \dim \operatorname{im} f = 0 + \dim \operatorname{im} f \leq s = n+1-d. \qquad \square$$

6.8. Ejercicios

1. El producto escalar en $\mathbb{Z}_2^n$ tiene algunas sorpresas como veremos en este ejercicio. Sea $\mathbf{x} = [b_1, b_2]^T \in \mathbb{Z}_2^2$ (esto es, $\mathbf{x}$ es un par ordenado de bits). Halla $\mathbf{x} \neq \mathbf{0}$ tal que $\mathbf{x}^T\mathbf{x} = 0$.

2. Halla la matriz generadora y la matriz verificadora para la siguiente codificación:

$$[x_1, x_2]^T \mapsto [x_1, x_2, x_1, x_2]^T.$$

3. Considera el siguiente código:

$$[x_1, x_2, x_3]^T \mapsto [x_1, x_2, x_3, x_1 + x_3, x_2 + x_3, x_1 + x_2 + x_3]^T.$$

   a) Halla la matriz generadora y la matriz verificadora.
   b) Comprueba que el vector $[1,0,1,0,0,1]^T$ no está en el código.
   c) Aplica el teorema 6.8 para corregir el vector del apartado anterior.

4. Considera el código de $n-1$ repeticiones, esto es,

$$b \mapsto [b, \dots, b]^T \in \mathbb{Z}_2^n.$$

   a) Halla la matriz generadora y la matriz verificadora del código.
   b) Halla los parámetros k y d de este código.

5. Considera el código de verificación de paridad:

$$[b_1, \dots, b_r]^T \mapsto [b_1, \dots, b_r, b_1 + \dots + b_r]^T.$$

   a) Halla la matriz generadora y la matriz verificadora del código.
   b) Halla los parámetros n y k (en función de r) de este código.
   c) Comprueba si $[1, 1, \dots, 1]^T \in \mathbb{Z}_2^{r+1}$ pertenece a este código.
   d) Halla la distancia mínima de este código.

6. Sea C un código de tipo (n, k) y distancia mínima d. Prueba que, si $k = n$, entonces $d = 1$.

7. Sea C un código de tipo (n, k) y distancia mínima d. Prueba que, si $d = n$, entonces $k = 1$ y C solo tiene dos vectores.

8. Sea A una matriz binaria $(n-k) \times k$. Por el teorema 6.2 sabemos que $G = \begin{bmatrix} I_k \\ A \end{bmatrix}$ y $P = [A\, I_{n-k}]$ es la matriz generadora y verificadora de un código. Por este mismo teorema, sabemos que, si $\mathbf{x} \in \mathbb{Z}_2^n$ cumple $P\mathbf{x} = \mathbf{0}$, entonces existe $\mathbf{y} \in \mathbb{Z}_2^k$ tal que $G\mathbf{y} = \mathbf{x}$. Halla de manera explícita $\mathbf{y}$ en términos de $\mathbf{x}$ y A.

9. Considera la siguiente codificación:

$$[b_1, b_2]^T \mapsto [b_1, b_2, b_1 + b_2, b_1, b_1 + b_2]^T.$$

   Prueba que $[1, 1, 1, 1, 1]^T$ no es del código y corrígelo.

10. Sea C un código de tipo (n, k).

    a) Prueba que cada clase tiene exactamente 2^k elementos.

    b) Prueba que hay 2^{n-k} clases distintas.

11. Comprueba que se verifica el teorema 6.7 para los códigos Hamming $H(r)$.

12. Sean C_1 y C_2 dos códigos de tipo (n_1, k_1) y (n_2, k_2), respectivamente. Se define otro código C mediante la siguiente codificación:

$$\begin{bmatrix} \mathbf{x}_1 \\ \mathbf{x}_2 \end{bmatrix} \mapsto \begin{bmatrix} G_1\mathbf{x}_1 \\ G_2\mathbf{x}_2 \end{bmatrix},$$

    siendo $\mathbf{x}_1 \in \mathbb{Z}_2^{k_1}$, $\mathbf{x}_2 \in \mathbb{Z}_2^{k_2}$ y G_1, G_2 las matrices generadoras de los códigos C_1 y C_2, respectivamente.

    a) Si C es un código de tipo (n, k), expresa n y k en función de n_1, k_1, n_2, k_2.

    b) Si C_1 es el código del ejercicio 2, y C_2, el del ejercicio 3, razona si el siguiente vector $[1, 0, 1, 0, 1, 1, 0, 0, 0, 0]^T \in \mathbb{Z}_2^{10}$ está en C.

    c) Para C_1 y C_2 códigos arbitrarios, halla una matriz generadora de C (en función de las matrices generadoras de C_1 y C_2).

    d) Si P_1 y P_2 son matrices verificadoras de C_1 y C_2, halla una matriz verificadora de C.

13. Sea C un código de tipo (n, k). Se define otro código $\overline{C}$ mediante la siguiente codificación:

$$\mathbf{x} \mapsto \begin{bmatrix} G\mathbf{x} \\ G\mathbf{x} \end{bmatrix},$$

    siendo $\mathbf{x} \in \mathbb{Z}_2^k$ y G la matriz generadora del código C.

    a) Halla una matriz generadora y una matriz verificadora del código $\overline{C}$. ¿Cuáles son los tamaños de estas matrices?

    b) Expresa la distancia mínima del código $\overline{C}$ en función de la distancia mínima de C.

14. Sea C un código de tipo (n, k). Se define otro código $\overline{C}$ mediante

$$\mathbf{x} \mapsto \begin{bmatrix} G\mathbf{x} \\ s(G\mathbf{x}) \end{bmatrix},$$

    siendo $\mathbf{x} \in \mathbb{Z}_2^k$ y G la matriz generadora del código C, y $s(G\mathbf{x})$, la suma de las componentes de $G\mathbf{x}$. Observa que la suma de las componentes de cualquier vector $\mathbf{v} \in \mathbb{Z}_2^n$ es $\mathbb{1}_n^T\mathbf{v}$, siendo $\mathbb{1}_n = [1, \ldots, 1]^T \in \mathbb{Z}_2^n$.

    a) Halla una matriz generadora del código $\overline{C}$.

b) Si P es una matriz verificadora del código C, halla una matriz verificadora del código $\overline{C}$.

c) Sean d y $\overline{d}$ la distancia mínima del código C y la del código $\overline{C}$. Prueba que $d \leq \overline{d} \leq d+1$, es decir, $\overline{d}$ es, o bien d, o bien $d+1$.

15. Considera el siguiente código (3,2):

$$\begin{bmatrix} b_1 \\ b_2 \end{bmatrix} \mapsto \begin{bmatrix} b_1 \\ b_2 \\ b_1 + b_2 \end{bmatrix}.$$

a) ¿Se puede usar el teorema 6.8?

b) Halla todos los síndromes de $\mathbb{Z}_2^3$.

c) Halla todas las clases de este código (hay dos).

d) Prueba que una clase tiene líder y la otra no tiene líder. Verifica que se cumple el teorema 6.10.

16. Imagina que usas el código $H(3)$ y has recibido el vector $[1,0,1,0,1,0,0]^T$. Comprueba que se ha cometido al menos un error, y corrige este vector suponiendo que se ha cometido un solo error.

17. Sea C un código. Prueba que, o bien todos los vectores del código empiezan con 0, o bien la mitad de los vectores del código empiezan por 0.

18. Sea C un código de tipo (n,k) y sea $\mathbf{m}$ un vector binario de $\mathbb{Z}_2^n$. Observa que $\mathbf{m}^T\mathbf{v}$ es un escalar (0 o 1) para cualquier $\mathbf{v}$ del código.

a) Generaliza el ejercicio anterior usando el vector $\mathbf{v}$.

b) Prueba que, o bien todas, o bien la mitad de las palabras del código tienen número par de componentes no nulas (usa el apartado anterior).

Capítulo 7
Cadenas de Márkov

Vamos a ver el primer ejemplo de una cadena de Márkov. No te preocupes, es sencillo y no requiere saber nada más que el producto matricial.

Ejemplo 7.1. Un país está dividido en tres regiones A, B y C. Debido a los movimientos de migración, se observa que, mes a mes, se cumple que:

a) El 10 % de los habitantes de A migra a B y el 10 % migra a C (por supuesto, el 80 % de los habitantes de A se queda en A).

b) El 5 % de los habitantes de B migra a A y el 10 % migra a C.

c) Solo el 15 % de los habitantes de C migra a A.

Inicialmente en A hay 1.5 millones de habitantes, en B, 2 millones, y en C son 0.8 millones. Tras n meses, ¿cuántos habitantes habrá en cada región?

Lo primero de todo es establecer una notación adecuada. Sean a_n, b_n, c_n los habitantes en el mes n de las regiones A, B y C, respectivamente. Observa que, como el tiempo es discreto (es decir, "va a saltos"), lo mejor es usar sucesiones y no funciones.

Más que pensar en los habitantes que salen de una región, resulta más adecuado considerar los habitantes de una región concreta y ver dónde se encontraban en el mes anterior. Observa la figura 7.1.

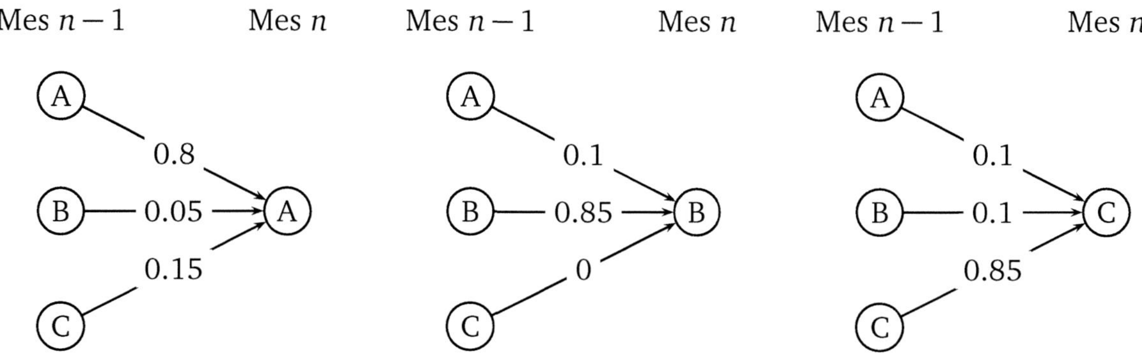

Figura 7.1.

Los números sobre las flechas que salen de cada región deben sumar 1, pues esto equivale a que una persona que está en A, B o C necesariamente estará en una de estas tres regiones al mes siguiente.

Las personas que se encuentran en A en el mes n estuvieron durante el mes anterior, o bien en A, o bien en B, o bien en C. De las a_{n-1} personas que estaban en A, se quedan $0.8a_{n-1}$.

Similarmente, hay $0.05b_{n-1}$ personas que migran de B a A y hay $0.15c_{n-1}$ personas que migran de C a A. Por tanto,

$$a_n = 0.8a_{n-1} + 0.05b_{n-1} + 0.15c_{n-1}. \tag{7.1}$$

Observa que hemos puesto a_n en función de a_{n-1}, b_{n-1} y c_{n-1}. De forma análoga escribimos b_n y c_n en función de las poblaciones en el mes $n-1$ y obtenemos:

$$\begin{aligned} b_n &= 0.1a_{n-1} + 0.85b_{n-1}, \\ c_n &= 0.1a_{n-1} + 0.1b_{n-1} + 0.85c_{n-1}. \end{aligned}$$

Estas igualdades se pueden escribir de forma muy compacta usando matrices:

$$\begin{bmatrix} a_n \\ b_n \\ c_n \end{bmatrix} = \begin{bmatrix} 0.8 & 0.05 & 0.15 \\ 0.1 & 0.85 & 0 \\ 0.1 & 0.1 & 0.85 \end{bmatrix} \begin{bmatrix} a_{n-1} \\ b_{n-1} \\ c_{n-1} \end{bmatrix}. \tag{7.2}$$

O, más aún, si denotamos P la matriz 3×3 que ha aparecido y $\mathbf{v}_n = [a_n, b_n, c_n]^T$,

$$\mathbf{v}_n = P\mathbf{v}_{n-1}.$$

Esta última igualdad prácticamente resume todo el problema.

Además, como inicialmente hay 1.5 millones de habitantes en A, hay 2 millones en B, y hay 0.8 millones en C, entonces $\mathbf{v}_0 = [1.5, 2, 0.8]^T$. Usando la relación de recurrencia, podemos expresar cualquier $\mathbf{v}_n$ en función de $\mathbf{v}_0$:

$$\mathbf{v}_1 = P\mathbf{v}_0, \qquad \mathbf{v}_2 = P\mathbf{v}_1 = P(P\mathbf{v}_0) = P^2\mathbf{v}_0, \qquad \mathbf{v}_3 = P\mathbf{v}_2 = P(P^2\mathbf{v}_0) = P^3\mathbf{v}_0, \ldots$$

Por lo que $\mathbf{v}_n = P^n\mathbf{v}_0$. De esta manera, podemos estudiar las poblaciones en el mes n “solo” con estudiar las potencias de P. ______ **Fin**

Ejercicio 7.1. En el ejemplo anterior, prueba que $a_n + b_n + c_n = a_{n-1} + b_{n-1} + c_{n-1}$, lo que indica que la población total se mantiene constante.

Vamos a empezar a hablar de probabilidades, que será la base fundamental de este tema. No te preocupes: solo con conocimientos elementales de las probabilidades podrás comprender prácticamente todo el capítulo y los apartados donde se requieren conceptos más avanzados serán señalados convenientemente.

En el ejemplo anterior, en vez de hablar de número de personas, podemos pensar en probabilidades. Por ejemplo, en el mes n, ¿cuál es la probabilidad de que una persona esté en A? Pues $a_n/(a_n + b_n + c_n)$, ya que hay a_n personas en A y en total hay $a_n + b_n + c_n$. Pero $a_n + b_n + c_n$, la población total permanece constante. Si denotamos la población total por K, entonces el vector $\mathbf{x}_n = K^{-1}\mathbf{v}_n = K^{-1}[a_n, b_n, c_n]^T$ proporciona las probabilidades de que una persona esté en A, B o C en el mes n. De igual manera que antes, tenemos la relación recurrente $\mathbf{x}_n = P\mathbf{x}_{n-1}$; pero ahora

$$\mathbf{x}_0 = \frac{1}{K}\begin{bmatrix} a_0 \\ b_0 \\ c_0 \end{bmatrix} = \frac{1}{4.3}\begin{bmatrix} 1.5 \\ 2 \\ 0.8 \end{bmatrix} \simeq \begin{bmatrix} 0.349 \\ 0.465 \\ 0.186 \end{bmatrix}. \tag{7.3}$$

Observa que la suma de las entradas de $\mathbf{x}_0$, es decir, de todas las probabilidades, debe ser 1.

Ejercicio 7.2. Prueba que la suma de las componentes de $\mathbf{x}_n$ es uno para cualquier $n \in \mathbb{N}$.

Octave La siguiente función calcula y elabora un gráfico con las probabilidades del ejemplo anterior. Los argumentos de entrada son el vector inicial de población, $\mathbf{v}_0$, y el número máximo de iteraciones calculadas, n.

```
function markov(v0,n)
P = [0.8 0.05 0.15; 0.1 0.85 0; 0.1 0.1 0.85];
x0 = v0(:)/sum(v0);
X = zeros(3,n+1); X(:,1) = x0;
for k = 2:n+1
  X(:,k) = P*X(:,k-1);
end
X
plot(0:n,X(1,:),'o-',0:n,X(2,:),'+-',0:n,X(3,:),'^-');
legend('A','B','C');
```

Vamos a comentar brevemente algunos de los comandos anteriores.

1. Es posible que el usuario introduzca el vector de población inicial como una fila. Si ocurriera esto, la igualdad $\mathbf{v}_1 = P\mathbf{v}_0$ carece de sentido, ya que P es una matriz 3×3 y $\mathbf{v}_0$ es un vector fila de orden 3. El comando `x0 = v0(:)/sum(v0)` fuerza dos cosas: que `x0` sea columna y que $\mathbf{x}_0$ sea un vector de probabilidades y no de número de habitantes. Revisa la igualdad (7.3).

2. La matriz `X` es una matriz con tres filas y $n+1$ columnas. La primera columna de `X` es $\mathbf{x}_0$, la segunda columna es $\mathbf{x}_1$, y así sucesivamente. La primera fila de `X` almacena las probabilidades de que una persona esté en la región A, y similarmente, la segunda y tercera fila almacenan las probabilidades de que una persona esté en B y C, respectivamente.

   Después de ejecutar `markov([1.5 2 0.8],4)`, obtenemos

$$X = \begin{bmatrix} 0.3488 & 0.3302 & 0.3216 & 0.3192 & 0.3204 \\ 0.4651 & 0.4302 & 0.3987 & 0.3711 & 0.3473 \\ 0.1860 & 0.2395 & 0.2797 & 0.3097 & 0.3323 \end{bmatrix}.$$

La primera columna de X es la distribución inicial. La última columna es la distribución para $n = 4$. La primera fila de X muestra la evolución de las probabilidades de que una persona esté en la región A.

Parece que la población se estabiliza en torno al vector $[1/3, 1/3, 1/3]^T$. ¿Es cierto? A veces, las matemáticas dan sorpresas. Tras ejecutar `markov([1.5 2 0.8],30)`, obtenemos la gráfica de la figura 7.2. Podemos ver que el vector de probabilidades no se estabiliza en torno a $[1/3, 1/3, 1/3]^T$.

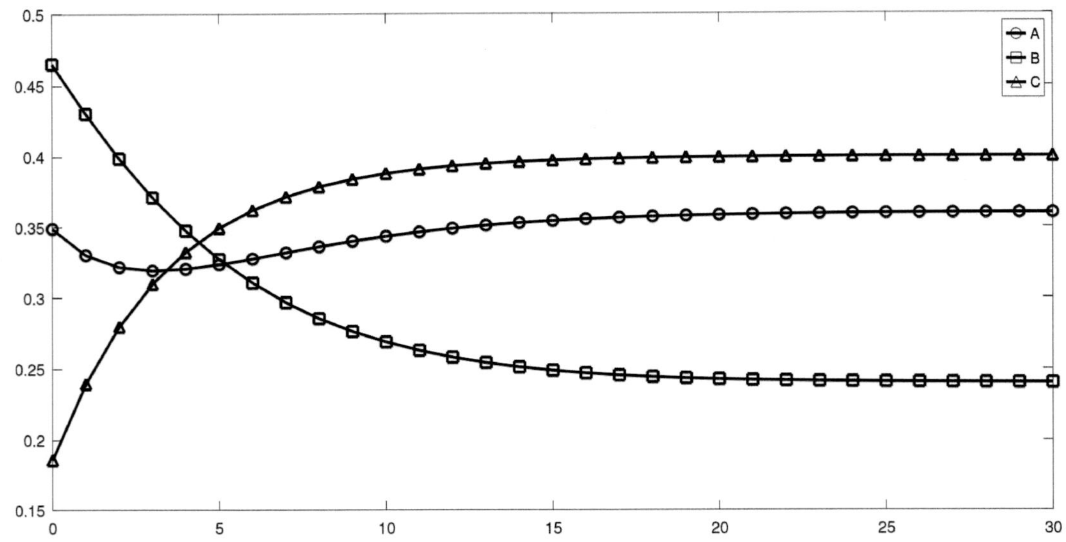

Figura 7.2. La evolución de un modelo de poblaciones con una distribución inicial.

De hecho, tras probar con otra distribución inicial, $\mathbf{x}_0 = [0.5, 0.5, 0]^T$, el vector de probabilidades se estabiliza en torno al mismo vector que antes. Observa la gráfica de la figura 7.3. ¿Es cierto este comportamiento en general?, ¿y hacia qué vector se estabiliza? ___ **Fin**

7.1. Definición de una cadena de Márkov

Pensemos otra vez más en el ejemplo anterior. Vamos a denotar a partir de ahora por $\text{pr}(X)$ la probabilidad de un determinado suceso X.

Ejemplo 7.2. Si definimos los siguientes sucesos:

$A_n =$ Una persona está en A en el mes n,

$B_n =$ Una persona está en B en el mes n,

$C_n =$ Una persona está en C en el mes n.

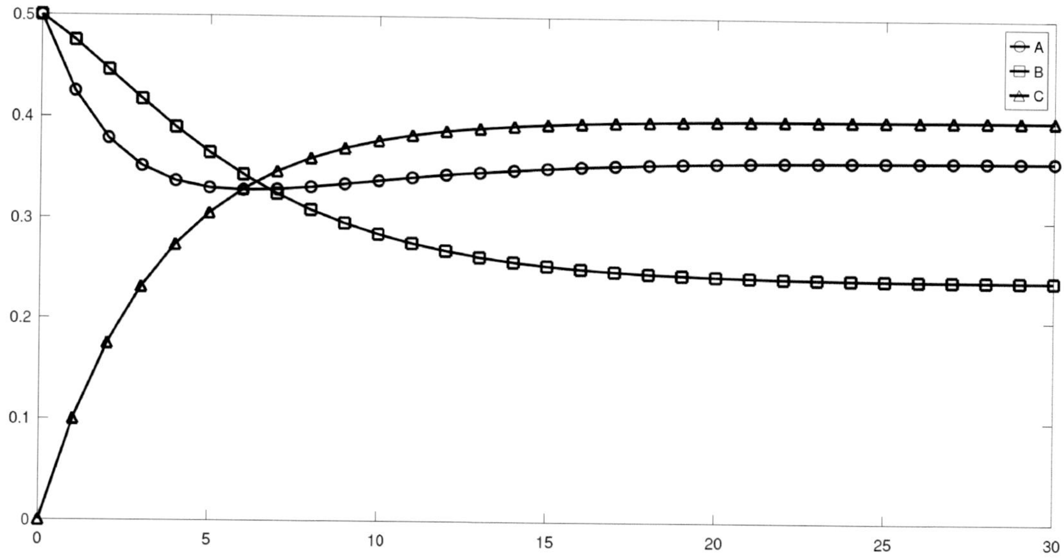

Figura 7.3. La evolución de un modelo de poblaciones con otra distribución inicial.

Por tanto, la igualdad (7.1) implica

$$\mathrm{pr}(A_n) = 0.8\,\mathrm{pr}(A_{n-1}) + 0.05\,\mathrm{pr}(B_{n-1}) + 0.15\,\mathrm{pr}(C_{n-1}). \tag{7.4}$$

La relación de recurrencia escrita en (7.2) se puede reformular usando solo probabilidades:

$$\begin{bmatrix} \mathrm{pr}(A_n) \\ \mathrm{pr}(B_n) \\ \mathrm{pr}(C_n) \end{bmatrix} = \begin{bmatrix} 0.8 & 0.05 & 0.15 \\ 0.1 & 0.85 & 0 \\ 0.1 & 0.1 & 0.85 \end{bmatrix} \begin{bmatrix} \mathrm{pr}(A_{n-1}) \\ \mathrm{pr}(B_{n-1}) \\ \mathrm{pr}(C_{n-1}) \end{bmatrix}. \tag{7.5}$$

Fin

Observa que tanto los vectores como las columnas de la matriz cuadrada suman 1. Además, la matriz cuadrada **no** depende de n: en este ejemplo, los flujos de migración son constantes. Esto último es una de las características de las cadenas de Márkov que estudiaremos.

Definición 7.1. Una **cadena de Márkov** es una sucesión $\mathbf{x}_0, \mathbf{x}_1, \ldots$ de vectores de $\mathbb{R}^k$ que cumple:

a) Existe una matriz cuadrada, que no depende de n, que cumple $\mathbf{x}_n = P\mathbf{x}_{n-1}$ para $n \geq 1$. Las entradas de esta matriz P son mayores o iguales que 0 y cada columna de P suma 1.

b) Las componentes de $\mathbf{x}_0$ son mayores o iguales que 0 y la suma de estas es 1.

La matriz P que aparece en la condición a) se suele llamar **matriz de transición**.

Las matrices cuadradas que cumplen la condición a) de la definición anterior se llaman **matrices estocásticas.** Por ejemplo, las siguientes matrices son estocásticas:

$$\begin{bmatrix} 0.3 & 0.8 \\ 0.7 & 0.2 \end{bmatrix}, \quad \begin{bmatrix} 0 & 0.8 \\ 1 & 0.2 \end{bmatrix}, \quad \begin{bmatrix} 1 & 0 & 0 \\ 0 & 1 & 0 \\ 0 & 0 & 1 \end{bmatrix}, \quad \begin{bmatrix} 0.1 & 0.2 & 0.3 \\ 0.4 & 0.5 & 0.7 \\ 0.5 & 0.3 & 0 \end{bmatrix}, \quad \begin{bmatrix} 1 & 0.1 & 0.1 \\ 0 & 0.5 & 0.4 \\ 0 & 0.4 & 0.5 \end{bmatrix}.$$

La condición de que cada columna sume 1 se puede reescribir con símbolos matemáticos, lo que facilita su manejo. A partir de ahora vamos a denotar por $\mathbb{1}_k$ el vector columna de $\mathbb{R}^k$ que tiene unos en todas sus componentes. Para una matriz P cuadrada de orden k se cumple

$$\text{Cada columna de } P \text{ suma } 1 \iff \mathbb{1}_k^T P = \mathbb{1}_k^T. \tag{7.6}$$

Por ejemplo, observa que, para matrices cuadradas de orden 2, se cumple:

$$\mathbb{1}_2^T P = \begin{bmatrix} 1 & 1 \end{bmatrix} \begin{bmatrix} a & b \\ c & d \end{bmatrix} = \begin{bmatrix} a+c & b+d \end{bmatrix}.$$

Además observa que la suma de las componentes de un vector $\mathbf{x} \in \mathbb{R}^k$ se puede escribir de forma compacta como $\mathbb{1}_k^T \mathbf{x}$. Con esta observación se puede deducir a partir de la definición anterior de cadena de Márkov que la suma de las componentes de $\mathbf{x}_n$ siempre vale 1. En efecto: $\mathbb{1}_k^T \mathbf{x}_1 = \mathbb{1}_k^T P \mathbf{x}_0 = \mathbb{1}_k^T \mathbf{x}_0 = 1$; $\mathbb{1}_k^T \mathbf{x}_2 = \mathbb{1}_k^T P \mathbf{x}_1 = \mathbb{1}_k^T \mathbf{x}_1 = 1$, y así para todo $\mathbf{x}_n$.

Si unos números reales $a_1, \dots, a_k$ cumplen $a_i \geq 0$ y $a_1 + \cdots + a_k = 1$, entonces $a_1, \dots, a_k \leq 1$. Esta propiedad[18] implica que, en la definición anterior de las cadenas de Márkov, las componentes de cada $\mathbf{x}_n$ y las entradas de la matriz P son menores o iguales que 1.

Ejercicio 7.3. Prueba que, si A y B son matrices estocásticas, entonces AB es otra matriz estocástica. *Ayuda:* tienes que comprobar dos cosas, que las componentes de AB no son negativas y que cada columna de AB suma 1. La primera es evidente, debido a que las componentes de A y de B no son negativas, para probar la segunda usa (7.6).

Observa que, si $\mathbf{x}_0, \mathbf{x}_1, \dots$ es una cadena de Márkov y P es su matriz de transición, entonces $\mathbf{x}_1 = P\mathbf{x}_0$, $\mathbf{x}_2 = P\mathbf{x}_1 = P^2\mathbf{x}_0$, y en general

$$\mathbf{x}_n = P^n \mathbf{x}_0.$$

En particular, si conocemos $\mathbf{x}_0$, entonces podemos determinar todos los vectores $\mathbf{x}_n$. El vector $\mathbf{x}_0$ se llama **distribución inicial.**

Si te fijas en el ejemplo 7.2, puedes ver que las componentes de $\mathbf{x}_k$ son probabilidades. Esta interpretación se da en general. Con la notación de la definición 7.1, se puede decir que

[18] La prueba es muy sencilla: si existe un a_i que sea mayor que 1, reordenándolos, podemos suponer que $a_1 > 1$. Ahora: $a_1 > 1 = a_1 + a_2 + \cdots + a_k$, luego $0 > a_2 + \cdots + a_k$, pero esto es imposible, pues todos los a_i son no negativos y su suma debe ser no negativa.

un sistema presenta k alternativas excluyentes y, si $\mathbf{x}_n = [x_{1n}, x_{2n}, \dots, x_{kn}]^T$, entonces x_{in} es la probabilidad de que el sistema esté en la alternativa i en el tiempo n. Además, si la matriz de transición es $P = [p_{ij}]$, entonces p_{ij} se puede interpretar como la probabilidad de que el sistema esté en la alternativa i habiendo estado en el tiempo anterior en la alternativa j.

Ejercicio 7.4. Un modelo muy simplificado para predecir el clima en una ciudad es el siguiente: se supone que solo hay días nublados y soleados. Si un día está nublado, la probabilidad de que el día siguiente también lo esté es 0.7. Si un día está soleado, la probabilidad de que al día siguiente haga sol es 0.8. Construye la matriz de transición de esta cadena de Márkov.

7.1.1. Grafo asociado a una cadena de Márkov

A cada cadena de Márkov le podemos asociar un grafo dirigido en donde escribimos los elementos de la matriz de transición. Con el siguiente ejemplo se verá mejor.

Un país está dividido en tres regiones A, B y C. Debido a los movimientos migratorios, se observa que, mes a mes, se cumple que

a) El 10 % de los habitantes de A migra a B y el 10 % migra a C (por supuesto, el 80 % de los habitantes de A se queda en A).

b) El 5 % de los habitantes de B migra a A y el 10 % migra a C.

c) Solo el 15 % de los habitantes de C migra a A.

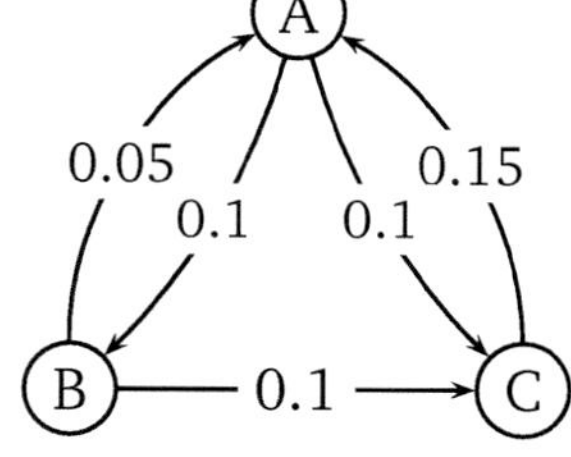

Figura 7.4.

En el grafo de la figura 7.4 no se han dibujado los bucles (flechas que salen de un nodo y llegan al mismo nodo). Teniendo en cuenta el hecho de que los números en las flechas que parten de un nodo deben sumar 1 (esto equivale a que cada columna en la matriz de transición suma 1), se pueden rellenar fácilmente los bucles. Por ejemplo, el bucle en el nodo A es 0.8.

Ejercicio 7.5. Dibuja el gráfico asociado a la cadena de Márkov del ejercicio 7.4.

7.2. Ejemplos de cadenas de Márkov

Ejemplo 7.3. Cierto juego de ordenador tiene tres fases (1, 2 y 3) que deben superarse consecutivamente. El juego se considera completo cuando la fase 3 se ha superado con éxito. Pero el usuario puede abandonar el juego en cualquiera de las tres etapas. Además, el jugador puede repetir las veces necesarias (si quiere) una fase hasta superarla con éxito.

La prob. de que supere la fase 1 es p

La prob. de que supere la fase 2 es q

La prob. de que supere la fase 3 es r

La prob. de que abandone en la fase i es s_i

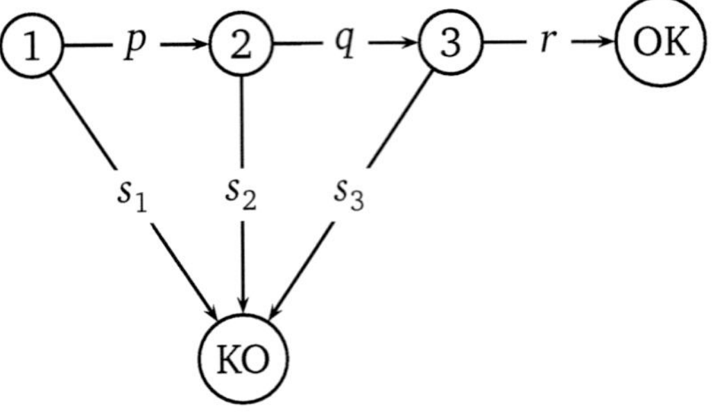

Figura 7.5.

Sean a_n, b_n, c_n las probabilidades de que un jugador esté en las fases 1, 2, 3, respectivamente, en el periodo n y sean d_n, e_n las probabilidades de que un jugador haya abandonado o haya completado el juego, respectivamente. Se tiene que

$$\begin{aligned} a_n &= (1-p-s_1)a_{n-1}, \\ b_n &= pa_{n-1}+(1-q-s_2)b_{n-1}, \\ c_n &= qb_{n-1}+(1-r-s_3)c_{n-1}, \\ d_n &= s_1a_{n-1}+s_2b_{n-1}+s_3c_{n-1}+d_{n-1}, \\ e_n &= rc_{n-1}+e_{n-1}. \end{aligned}$$

Si un jugador empieza el juego, se tiene que $a_0 = 1$, $b_0 = c_0 = d_0 = e_0 = 0$. ________ **Fin**

Ejercicio 7.6. Halla la matriz de transición de este ejemplo.

Ejercicio 7.7. Un vigilante tiene que visitar tres salas conectadas por tres pasillos formando un triángulo. Para pasar de una a otra, decide lanzar una moneda. Si sale cara, va a una, y, si sale cruz, va a la otra. Construye la matriz de transición asociada a esta cadena de Márkov.

Ejemplo 7.4. (Caminos aleatorios) Una persona va a la derecha o a la izquierda según el lanzamiento de una moneda. Sean pr(Cara) $= p$ y pr(Cruz) $= q$, y, por tanto, $p+q=1$.

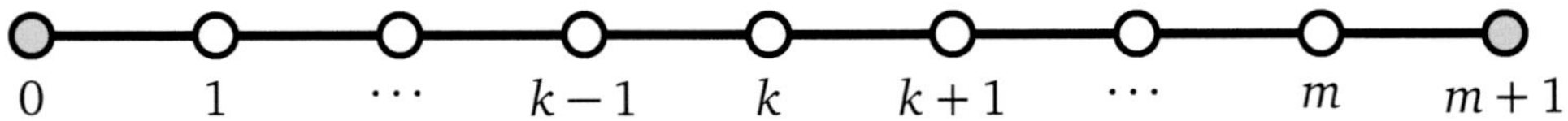

Figura 7.6.

La persona puede estar en los sitios $0, 1, \dots, m+1$. Si, al lanzar la moneda, sale cara, se desplaza una posición hacia la derecha y, si sale cruz, se desplaza hacia la izquierda. Las posiciones 0 y $m+1$ son "absorbentes" en el siguiente sentido: cuando la persona alcanza una de estas dos posiciones, deja de moverse.

Para que la notación no sea farragosa supondremos un valor concreto de m (al final se verá que pasar a un m arbitrario es evidente). Este valor no debe ser ni demasiado alto ni bajo. En concreto, tomaremos $m = 4$. Es decir, la persona puede estar en las posiciones $0, 1, 2, 3, 4$ o 5.

Sea $p_{i,n}$ la probabilidad de que la persona esté en la posición i en el tiempo n. Vamos a relacionar lo que pasa en el tiempo $n + 1$ con el tiempo n.

Si la persona está en la posición 0 en el tiempo $n + 1$, ¿dónde ha estado en el tiempo n? O bien en la 0, o bien en la 1; pero, si ha estado en la posición 1, la probabilidad de que haya ido a la posición 0 es q, pues, si la moneda sale cruz, la persona se desplaza a la izquierda. Por tanto,

$$p_{0,n+1} = p_{0,n} + qp_{1,n}.$$

Si la persona está en la posición 1 en el tiempo $n+1$, solo ha podido venir de la posición 2; pero con probabilidad q. Por tanto,

$$p_{1,n+1} = qp_{2,n}.$$

Si la persona está en la posición 2 en el tiempo $n+1$, ha podido venir, o bien de la 1, o bien de la 3. Si recordamos que va a la izquierda con probabilidad q y a la derecha con probabilidad p, entonces

$$p_{2,n+1} = pp_{1,n} + qp_{3,n}.$$

Análogamente se tienen las igualdades:

$$p_{3,n+1} = pp_{2,n} + qp_{4,n}, \qquad p_{4,n+1} = pp_{3,n}, \qquad p_{5,n+1} = pp_{4,n} + p_{5,n}.$$

Todas estas ecuaciones escalares se pueden escribir de forma matricial de la siguiente manera:

$$\begin{bmatrix} p_{0,n+1} \\ p_{1,n+1} \\ p_{2,n+1} \\ p_{3,n+1} \\ p_{4,n+1} \\ p_{5,n+1} \end{bmatrix} = \begin{bmatrix} 1 & q & 0 & 0 & 0 & 0 \\ 0 & 0 & q & 0 & 0 & 0 \\ 0 & p & 0 & q & 0 & 0 \\ 0 & 0 & p & 0 & q & 0 \\ 0 & 0 & 0 & p & 0 & 0 \\ 0 & 0 & 0 & 0 & p & 1 \end{bmatrix} \begin{bmatrix} p_{0,n} \\ p_{1,n} \\ p_{2,n} \\ p_{3,n} \\ p_{4,n} \\ p_{5,n} \end{bmatrix}.$$

Observa que cada columna de la matriz cuadrada que ha aparecido suma 1. ________ **Fin**

Ejemplo 7.5. El ejemplo anterior surge en muchos contextos en apariencia distintos. Vamos a ver una situación concreta.

El ganador de un partido de tenis normalmente es el mejor de tres sets. Cada set tiene 6 juegos y cada juego comienza con una puntuación de 0-0. El primer punto le da al jugador que lo consigue 15 puntos, el segundo punto obtenido por ese mismo jugador le sitúa en 30 y el tercero le lleva a 40. Si este jugador se anota un cuarto punto, ganaría este juego. Pero, si ambos jugadores llegan a 40 (esto se conoce como *deuce*), cualquiera de los dos jugadores puede ganar ese juego siempre y cuando logren dos puntos seguidos. Si el jugador con ventaja pierde el siguiente punto, vuelven ambos a la situación de *deuce* y así hasta que alguno de los dos gane dos puntos consecutivos.

Los tenistas A y B están en *deuce*. Si A gana cada punto de manera independiente con probabilidad p y, por tanto, B gana cada punto con probabilidad $q = 1 - p$, ¿cómo podemos modelar esta situación? Observa la figura 7.7.

Figura 7.7.

Este ejemplo es esencialmente el mismo que el del camino aleatorio. ____________ **Fin**

Ejercicio 7.8. Dos personas, A y B, tiran una moneda repetidamente. Cada vez que sale cara, A le paga a B un euro y, cada vez que sale cruz, B le paga a A un euro. El capital inicial de A es a y el de B es b. Modela este juego como un paseo aleatorio[19].

Ejemplo 7.6. (Cadena de Ehrenfest) La cadena de Ehrenfest es un modelo discreto del intercambio de moléculas de gas entre dos volúmenes conectados. Estas cadenas pueden ser formuladas de manera simple usando dos urnas y bolas. Supongamos que hay dos urnas, A y B, que contienen m bolas entre las dos. En un momento dado, se elige una bola al azar y se lleva a la otra urna. Y así progresivamente.

Es evidente que, en este modelo, el tiempo "va a saltos" y solo hay un número finito de posibles estados: el número de bolas que tiene la urna A es $0, 1, \ldots, m$. Para modelizar este ejemplo, pensemos que, aunque sepamos con certeza el número de bolas en cada urna en un instante dado, en el instante siguiente solo disponemos de probabilidades, ya que no sabemos *a priori* la urna de la que proviene la bola trasladada. Por tanto, para cada instante n tenemos un vector $\mathbf{x}_n$ que indica las siguientes probabilidades:

$$\mathbf{x}_n = \begin{bmatrix} \text{pr(la urna A tiene 0 bolas en el instante } n) \\ \text{pr(la urna A tiene 1 bolas en el instante } n) \\ \vdots \\ \text{pr(la urna A tiene } m \text{ bolas en el instante } n) \end{bmatrix} = \begin{bmatrix} p_{0,n} \\ p_{1,n} \\ \vdots \\ p_{m,n} \end{bmatrix}.$$

[19] Este problema, llamado de la *ruina del jugador*, fue planteado por Christian Huygens en 1657 y parece que el primero en resolverlo fue Abraham de Moivre en 1712. Puedes ver este problema bastante bien analizado en `https://revistasuma.es/IMG/pdf/59/023-030.pdf`. J. Basulto, J. A. Camúñez, M. D. Pérez, "El problema de la ruina del jugador", *Revista Suma*, 59, noviembre de 2008, 23-30.

Para expresar $\mathbf{x}_{n+1}$ en función de $\mathbf{x}_n$ es útil tener a mano un gráfico. El número dentro de los círculos indica el número de bolas de la urna A.

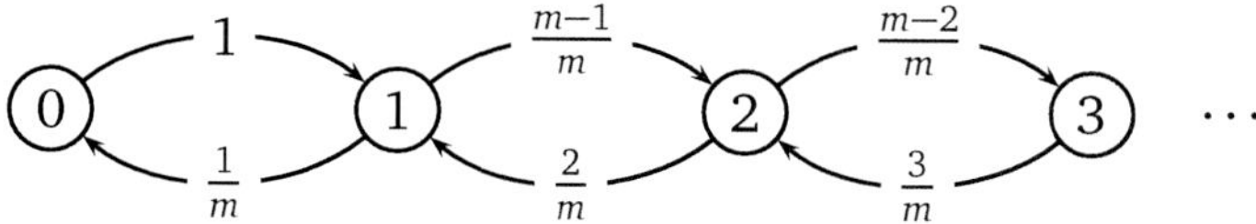

Figura 7.8.

Si el sistema está en el estado 0, entonces hay 0 bolas en la urna A (luego todas las m bolas están en la urna B) y, si se elige una bola al azar, seguro que está en la urna B, que se moverá a la urna A. Por tanto, en el instante siguiente es seguro que hay una bola en la urna A.

Si el sistema está en el estado 1, hay 1 bola en la urna A. Si se elige al azar una bola, la probabilidad de que sea de la urna A es $1/m$. Por tanto, la probabilidad de que el sistema salte al estado 0 es $1/m$. Por una razón similar, la probabilidad de que el sistema salte al estado 2 es $(m-1)/m$.

En general, si el sistema está en el estado k, como hay k bolas en la urna A, la probabilidad de elegir una bola de esta urna es k/m y, por tanto, la probabilidad de que el sistema salte al estado $k-1$ es k/m y la probabilidad de que salte al estado $k+1$ es $(m-k)/m$. Ahora ya podemos escribir la relación matricial entre $\mathbf{x}_{n+1}$ y $\mathbf{x}_n$:

$$\begin{bmatrix} p_{0,n+1} \\ p_{1,n+1} \\ p_{2,n+1} \\ p_{3,n+1} \\ \vdots \\ p_{m-1,n+1} \\ p_{m,n+1} \end{bmatrix} = \underbrace{\begin{bmatrix} 0 & \frac{1}{m} & 0 & 0 & \cdots & 0 & 0 \\ 1 & 0 & \frac{2}{m} & 0 & \cdots & 0 & 0 \\ 0 & \frac{m-1}{m} & 0 & \frac{3}{m} & \cdots & 0 & 0 \\ 0 & 0 & \frac{m-2}{m} & 0 & \cdots & 0 & 0 \\ \vdots & \vdots & \vdots & \vdots & \ddots & \vdots & \vdots \\ 0 & 0 & 0 & 0 & \cdots & 0 & 1 \\ 0 & 0 & 0 & 0 & \cdots & \frac{1}{m} & 0 \end{bmatrix}}_{\text{Esta matriz es } (m+1)\times(m+1)} \begin{bmatrix} p_{0,n} \\ p_{1,n} \\ p_{2,n} \\ p_{3,n} \\ \vdots \\ p_{m-1,n} \\ p_{m,n} \end{bmatrix}.$$

El modelo de Ehrenfest proporciona una explicación muy simplificada de la segunda ley de la termodinámica. Esta ley expresada de forma muy sencilla dice que la naturaleza tiende a la uniformidad.

Si todas las bolas están inicialmente en la urna A, en el momento siguiente es seguro que todas, salvo una, están en la urna A. En el momento siguiente es casi seguro que todas las bolas, excepto dos, permanecen en la urna A, y así hasta que más o menos la mitad de las bolas estén en la urna A.

Es mucho más probable que, a largo plazo, haya la mitad de las bolas en cada urna a que todas las bolas estén en una de las dos. La segunda ley de la termodinámica simplemente indica que habitualmente la naturaleza progresa hacia los estados más probables. ________ **Fin**

Octave El siguiente código proporciona la matriz cuadrada anterior.

```
function P = ehrenfest(m)
v = (1:m)./m; w = (m:-1:1)./m;
P = diag(v,1)+diag(w,-1);
```

La siguiente función simula el modelo de Ehrenfest con m bolas y n iteraciones. Se supone que inicialmente no hay ninguna bola en la urna A.

```
function urna(m,n)
% m = número de bolas; n = tiempo final
a = [0]; % numero bolas de la urna A
for i=1:n-1
  x = randi(m); % Se elige una bola al azar
  if x<a(end) % La bola elegida está en la urna A
    a = [a a(end)-1];
  else % La bola elegida está en la urna B
    a = [a a(end)+1];
  endif
end
plot(1:n, a,'k-','linewidth',2, [1 n],[m/2 m/2],'k:','linewidth',2)
```

La función `randi` proporciona un número entero aleatorio. La sintaxis es `randi(m)`, que devuelve un entero al azar en el conjunto $1, 2, \dots, m$. También se dibuja la constante $m/2$, que es hacia donde tiende el número de bolas en cada urna. Puedes ver una gráfica en la figura 7.9 con los valores $m = 5000$ y $n = 20000$. **Fin**

7.3. Potencias de matrices y cadenas de Márkov

Sea $\mathbf{x}_0, \mathbf{x}_1, \mathbf{x}_2, \cdots$ una cadena de Márkov cuya matriz de transición es P; es decir $\mathbf{x}_n = P\mathbf{x}_{n-1}$ para $n \geq 1$. Entonces, como hemos visto ya, $\mathbf{x}_n = P^n\mathbf{x}_0$ para todo $n \in \mathbb{N}$. La matriz P^n tiene una interpretación probabilística.

Teorema 7.1. Ecuación de Chapman-Kolmogorov

Sea P una matriz de transición. La entrada (i, j) de P^n es la probabilidad de que la cadena de Márkov esté en el estado i tras n pasos si ha comenzado en el estado j.

Demostración. Sean k el tamaño de P y $\mathbf{x}_0, \mathbf{x}_1, \dots,$ la cadena de Márkov asociada a P. Si la cadena comienza en el estado j, entonces $\mathbf{x}_0 = \mathbf{e}_j$, donde $\{\mathbf{e}_1, \dots, \mathbf{e}_k\}$ es la base canónica de

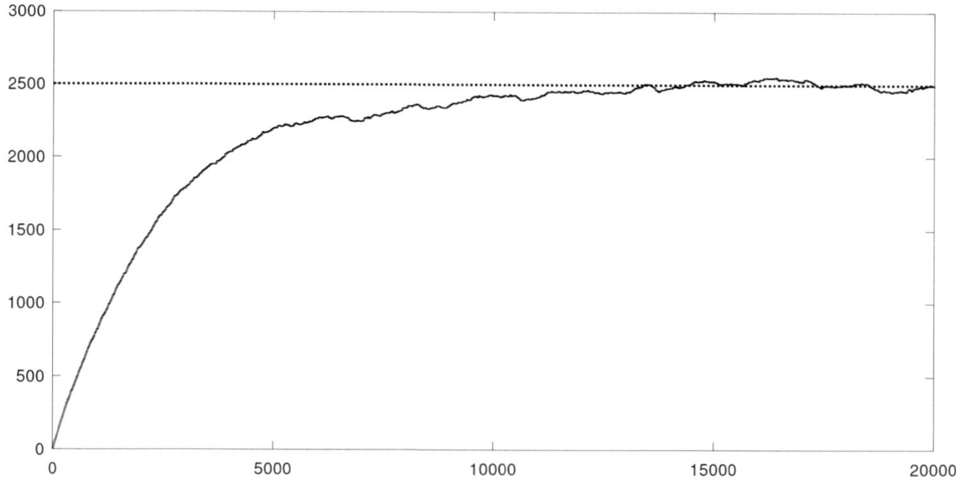

Figura 7.9. Inicialmente hay 0 bolas en la urna A. El número de bolas en esta urna aumenta hasta que llega a la mitad del número de bolas totales (el equilibrio se alcanza rápidamente).

$\mathbb{R}^k$. Como $\mathbf{x}_n$ es el vector de probabilidades tras n pasos, la componente i-ésima de $\mathbf{x}_n$ es la probabilidad de que la cadena esté en el estado i.

Como la componente i-ésima de un vector $\mathbf{v}$ es $\mathbf{e}_i^T\mathbf{v}$, entonces,

$$\begin{aligned}\text{Probabilidad de que la cadena esté en el estado } i &= \mathbf{e}_i^T\mathbf{x}_n = \mathbf{e}_i^T P^n\mathbf{e}_j \\ &= \text{Entrada } (i,j) \text{ de } P^n. \quad \square\end{aligned}$$

Supongamos que P es diagonalizable y sea $\{\mathbf{v}_1,\dots,\mathbf{v}_k\}$ una base de vectores propios (cada $\mathbf{v}_i$ está asociado al valor propio λ_i). El vector $\mathbf{x}_0$ se expresa como combinación de estos $\mathbf{v}_i$ como $\mathbf{x}_0 = \alpha_1\mathbf{v}_1 + \cdots + \alpha_k\mathbf{v}_k$, luego

$$\mathbf{x}_n = P^n\mathbf{x}_0 = P^n(\alpha_1\mathbf{v}_1 + \cdots + \alpha_k\mathbf{v}_k) = \alpha_1P^n\mathbf{v}_1 + \cdots + \alpha_kP^n\mathbf{v}_k = \alpha_1\lambda_1^n\mathbf{v}_1 + \cdots + \alpha_k\lambda_k^n\mathbf{v}_k.$$

Todo esto se puede resumir en el siguiente teorema.

Teorema 7.2. La matriz de transición es diagonalizable

Sean $\mathbf{x}_0 \in \mathbb{R}^k$ y P una matriz diagonalizable de orden k. Si $\mathbf{v}_1,\dots,\mathbf{v}_k$ forman una base de vectores propios asociados a los valores propios $\lambda_1,\dots,\lambda_k$. Entonces existen escalares $\alpha_1,\dots,\alpha_k$ que no dependen de n tales que la sucesión dada por $\mathbf{x}_n = P^n\mathbf{x}_0$ cumple

$$\mathbf{x}_n = \alpha_1\lambda_1^n\mathbf{v}_1 + \cdots + \alpha_k\lambda_k^n\mathbf{v}_k \qquad \forall n = 0, 1, \dots \tag{7.7}$$

Veamos un ejemplo concreto.

Ejemplo 7.7. En un país operan dos compañías de teléfonos: A y B. Las personas cambian de compañía mes a mes de acuerdo con el grafo de la figura 7.10.

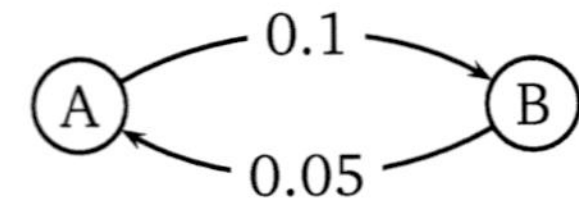

Figura 7.10.

Por tanto, si a_n, b_n son las probabilidades de que una persona use A y B, respectivamente, se cumple que

$$\begin{bmatrix} a_n \\ b_n \end{bmatrix} = \begin{bmatrix} 0.9 & 0.05 \\ 0.1 & 0.95 \end{bmatrix} \begin{bmatrix} a_{n-1} \\ b_{n-1} \end{bmatrix}, \quad \mathbf{x}_n = P\mathbf{x}_{n-1}. \tag{7.8}$$

Si en una población inicial de 1000 habitantes, hay 900 que operan con la compañía A, tras cinco meses, ¿cuántos habitantes operan con A?

El vector de probabilidad inicial es $\mathbf{x}_0 = [0.9, 0.1]^T$. El vector $\mathbf{x}_5$ nos proporciona la distribución de probabilidades tras cinco meses. Utilizando, por ejemplo, Octave, se tiene

$$\mathbf{x}_5 = P^5\mathbf{x}_0 = \begin{bmatrix} 0.9 & 0.05 \\ 0.1 & 0.95 \end{bmatrix}^5 \begin{bmatrix} 0.9 \\ 0.1 \end{bmatrix} = \begin{bmatrix} 0.58477 \\ 0.41523 \end{bmatrix}.$$

Es decir, la probabilidad de que una persona opere con A es 0.58477. Como el número total de personas es estable, 1000, habrá unas 585 personas que operen en A tras cinco meses.

Observa que no hemos usado el teorema 7.2. Si queremos calcular la expresión general de $\mathbf{x}_n$, no tenemos más que usar este teorema como sigue.

Los valores propios de P se calculan hallando las raíces de $p(\lambda) = \det(P - \lambda I_2)$. Con un poco de esfuerzo, se tiene que $p(\lambda) = \lambda^2 - 1.85\lambda + 0.85$, que tiene por raíces 1 y 0.85. Los vectores propios de P asociados a 1 se calculan resolviendo el sistema indeterminado $(P - I_2)\mathbf{x} = \mathbf{0}$, cuya solución son los múltiplos de $[1, 2]^T$. Puedes calcular los vectores propios asociados a 0.85 y verás que obtienes múltiplos de $[1, -1]^T$.

Por tanto, aplicando el teorema anterior, existen dos escalares α, β (que no dependen de n) tales que

$$\mathbf{x}_n = \alpha \begin{bmatrix} 1 \\ 2 \end{bmatrix} + \beta(0.85)^n \begin{bmatrix} 1 \\ -1 \end{bmatrix}.$$

Para hallar α, β sustituimos $n = 0$ en la igualdad anterior:

$$\begin{bmatrix} 0.9 \\ 0.1 \end{bmatrix} = \mathbf{x}_0 = \alpha \begin{bmatrix} 1 \\ 2 \end{bmatrix} + \beta \begin{bmatrix} 1 \\ -1 \end{bmatrix}.$$

Luego, $\alpha + \beta = 0.9$, $2\alpha - \beta = 0.1$.

La solución de este sistema es $\alpha = 1/3$ y $\beta = 17/30$. Luego

$$\begin{bmatrix} a_n \\ b_n \end{bmatrix} = \mathbf{x}_n = \frac{1}{3} \begin{bmatrix} 1 \\ 2 \end{bmatrix} + \frac{17}{30}(0.85)^n \begin{bmatrix} 1 \\ -1 \end{bmatrix}.$$

Cuando n es grande (esto equivale a estudiar lo que pasa tras mucho tiempo), 0.85^n es despreciable (de una manera más formal: $\lim_{n\to\infty} 0.85^n = 0$), por lo que

$$a_n \simeq \frac{1}{3}, \qquad b_n \simeq \frac{2}{3}.$$

Cuando n es grande, $b_n/a_n \simeq 2$, por lo que, a largo plazo, la probabilidad de que una persona use la compañía B es el doble que la probabilidad de que la misma persona use la compañía A. ______ **Fin**

Octave Vamos a ver cómo se usa Octave para calcular los valores y vectores propios de una matriz. Para la matriz del ejemplo anterior ejecutamos

```
A = [0.9 0.05; 0.1 0.95];
[X D] = eig(A)
```

La matriz D es una matriz diagonal cuyos términos son los valores propios. La columna i-ésima de la matriz X es un vector propio del valor propio i-ésimo de la matriz D. Recuerda que, si $\mathbf{v}$ es un vector propio, entonces cualquier múltiplo suyo es un vector propio asociado al mismo valor propio. Octave proporciona los vectores propios normalizados (la norma de cada columna es 1). ______ **Fin**

Ejercicio 7.9. Este ejercicio generaliza de manera completa al ejemplo anterior. Supón que en vez de (7.8) tenemos la siguiente relación más general.

$$\begin{bmatrix} a_n \\ b_n \end{bmatrix} = \begin{bmatrix} 1-a & b \\ a & 1-b \end{bmatrix} \begin{bmatrix} a_{n-1} \\ b_{n-1} \end{bmatrix}, \qquad \mathbf{x}_n = P\mathbf{x}_{n-1}.$$

Vamos a exigir que $0 \leq a, b \leq 1$ para que en la matriz de transición solo haya probabilidades, además excluiremos $a = b = 0$, pues esta situación es trivial, ya que tendríamos $P = I$ y, por tanto, $\mathbf{x}_n = \mathbf{x}_0$ para todo n.

a) Comprueba que los valores propios de P son 1 y $1-a-b$, que los vectores propios de P asociados a 1 son múltiplos de $[b,a]^T$ y los asociados a $1-b-a$ son $[1,-1]^T$.

b) Comprueba que, si $\mathbf{x}_n = [a_n, b_n]^T$, entonces

$$a_n = \frac{1}{a+b}\left[b + (1-a-b)^n(aa_0 - bb_0)\right].$$

Observa que $a+b \neq 0$ pues, si $a+b=0$, como $a,b \geq 0$, se tendría $a=b=0$, lo que se ha prohibido al principio del ejercicio.

c) Argumenta que $|1-a-b| < 1$, o bien $a = b = 1$. En la primera situación, ¿hacia qué valores se aproximan a_n y b_n cuando n se hace muy grande?

d) Explica de manera intuitiva lo que le pasa a la cadena de Márkov si $a = b = 1$.

Observa la cadena de Márkov de la figura 7.11. Podemos pensar que A, B y C son contenedores de agua y las probabilidades son los porcentajes de la cantidad de agua total que se transvasa de un contenedor a otro. Es decir, toda el agua de A pasa a B, la mitad del agua de B pasa a C y la mitad del agua de C pasa a A. Supongamos que, inicialmente, toda el agua está en el contenedor A.

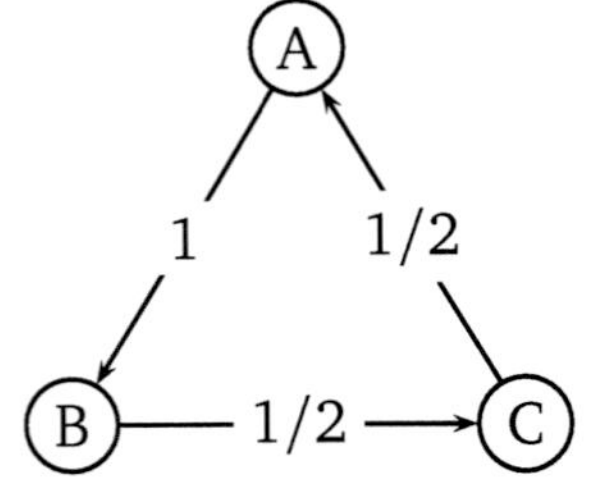

Figura 7.11.

Vamos a estudiar este modelo, en el que van a surgir números complejos. En concreto, vamos a estudiar las probabilidades en el instante n-ésimo.

Ejemplo 7.8. La matriz de transición de la cadena de Márkov asociada a la figura 7.11 es

$$P = \begin{bmatrix} 0 & 0 & 1/2 \\ 1 & 1/2 & 0 \\ 0 & 1/2 & 1/2 \end{bmatrix}.$$

Sean x_n, y_n, z_n las proporciones de la cantidad de agua en los contenedores A, B y C en el instante n, respectivamente. Si $\mathbf{x}_n = [x_n, y_n, z_n]^T$, entonces $\mathbf{x}_{n+1} = P\mathbf{x}_n$. Vamos a usar el teorema 7.2 para hallar el término general $\mathbf{x}_n$.

El polinomio característico de P es

$$\det(P - \lambda I_3) = -\lambda(\lambda - 1/2)^2 + 1/4 = -\lambda^3 + \lambda^2 - \lambda/4 + 1/4.$$

Como este polinomio es de grado 3, de momento, la única manera aceptable[20] de hallar sus raíces es por medio de un programa informático[21]. Las raíces de este polinomio son $1, \mathrm{j}/2, -\mathrm{j}/2$. Observa de momento dos cosas:

a) En todos los ejemplos, $\lambda = 1$ siempre es un valor propio. Esto no es casualidad, como veremos más adelante.

b) Una matriz de transición puede tener valores propios complejos. Pero, como la matriz de transición es real, su polinomio característico es real; y las raíces complejas (si las tuviera) están siempre emparejadas: si está una, está su conjugada. En este ejemplo, como $\mathrm{j}/2$ es una raíz, seguro que $-\mathrm{j}/2$ es otra raíz.

Hay un teorema que dice que, si el número de valores propios distintos coincide con el tamaño de una matriz, entonces esta matriz es diagonalizable. Por este resultado, la matriz P es diagonalizable. Sean $\mathbf{u}, \mathbf{v}, \mathbf{w}$ vectores propios asociados a los valores propios $1, \mathrm{j}/2, -\mathrm{j}/2$, respectivamente. Usando el teorema 7.2, existen escalares α, β, γ tales que

$$\mathbf{x}_n = \alpha\mathbf{u} + \beta\left(\frac{\mathrm{j}}{2}\right)^n \mathbf{v} + \gamma\left(\frac{-\mathrm{j}}{2}\right)^n \mathbf{w} \qquad \text{para todo } n \in \mathbb{N}. \tag{7.9}$$

[20] Hay una fórmula para hallar las raíces de un polinomio de grado 3, pero es complicada de usar. Puedes consultar esta fórmula en `http://www.ecuacioncubica.com/`

[21] Con Octave se usa el comando `roots` y, en este ejemplo, la orden `roots([-1 1 -1/4 1/4])` proporciona las raíces del polinomio $-x^3 + x - x/4 + 1/4$. Observa que los coeficentes se introducen de mayor a menor grado.

Para hallar $\mathbf{x}_n$ tenemos que obtener los vectores $\mathbf{u}, \mathbf{v}, \mathbf{w}$ y los escalares α, β, γ.

Recuerda que $\mathbf{u}$ es un vector propio asociado a 1, por lo que $(P - I_3)\mathbf{u} = \mathbf{0}$. Las soluciones del sistema $(P - I_3)\mathbf{x} = \mathbf{0}$ son múltiplos escalares de $[1, 2, 2]^T$. Luego, podemos tomar $\mathbf{u} = [1, 2, 2]^T$.

El vector $\mathbf{v}$ es un vector propio asociado a $\mathrm{j}/2$, que es una solución no nula del sistema de ecuaciones $(P - \mathrm{j}/2\, I_3)\mathbf{v} = \mathbf{0}$. Una solución no nula es, por ejemplo, $\mathbf{v} = [\mathrm{j} - 1, 2, -1 - \mathrm{j}]^T$.

Ahora es conveniente observar que, cuando aparecen valores y vectores propios complejos, muchas veces se simplifican los cálculos. Si usamos el siguiente resultado: "Si P es una matriz real y $\mathbf{v}$ es un vector propio asociado a λ, entonces $\overline{\mathbf{v}}$ es un vector propio asociado a $\overline{\lambda}$"[22], entonces un vector propio asociado a $-\mathrm{j}/2$ es $\overline{\mathbf{v}}$. Por tanto, **sin ningún esfuerzo,** concluimos que $\mathbf{w} = \overline{\mathbf{v}} = [-\mathrm{j} - 1, 2, -1 + \mathrm{j}]^T$.

De (7.9), y como inicialmente toda el agua está en el contenedor A,

$$\begin{bmatrix} 1 \\ 0 \\ 0 \end{bmatrix} = \mathbf{x}_0 = \alpha\mathbf{u} + \beta\mathbf{v} + \gamma\mathbf{w} = [\,\mathbf{u} \mid \mathbf{v} \mid \mathbf{w}\,] \begin{bmatrix} \alpha \\ \beta \\ \gamma \end{bmatrix}. \tag{7.10}$$

Esto es un sistema lineal 3×3 (con números complejos). Tras resolverlo, se obtiene $\alpha = 0.2$, $\beta = -0.1 + 0.3\,\mathrm{j}$, $\gamma = -0.1 - 0.3\,\mathrm{j}$. Observa que $\gamma = \overline{\beta}$ (como veremos, no es casualidad). De (7.9) ya podemos averiguar una expresión para $\mathbf{x}_n$. Como aparece la potencia de un número complejo, usaremos su forma polar: $\mathrm{j}/2 = 2^{-1}\mathrm{e}^{\mathrm{j}\pi/2}$.

$$\begin{aligned} \mathbf{x}_n &= \alpha\mathbf{u} + \frac{1}{2^n}\beta\,\mathrm{e}^{\mathrm{j}n\pi/2}\mathbf{v} + \frac{1}{2^n}\overline{\beta\,\mathrm{e}^{\mathrm{j}n\pi/2}\mathbf{v}} = \alpha\mathbf{u} + \frac{2}{2^n}\mathrm{Re}\left(\beta\,\mathrm{e}^{\mathrm{j}n\pi/2}\mathbf{v}\right) \\ &= \alpha\mathbf{u} + \frac{1}{2^{n-1}}\mathrm{Re}\left[\beta\mathbf{v}(\cos(n\pi/2) + \mathrm{j}\,\mathrm{sen}(n\pi/2))\right]. \end{aligned}$$

Como $\alpha\mathbf{u} = 0.2[1, 2, 2]^T = [0.2, 0.4, 0.4]^T$ y

$$\beta\mathbf{v} = (-0.1 + 0.3\,\mathrm{j}) \cdot [-1 - j, 2, -1 + j]^T = [0.4 - 0.2\,\mathrm{j}, -0.2 + 0.6\,\mathrm{j}, -0.2 - 0.4\,\mathrm{j}]^T = \mathbf{v}_1 + \mathrm{j}\,\mathbf{v}_2,$$

entonces

$$\begin{aligned} \mathbf{x}_n &= \alpha\mathbf{u} + \frac{1}{2^{n-1}}\mathrm{Re}\left[(\mathbf{v}_1 + \mathrm{j}\,\mathbf{v}_2)(\cos(n\pi/2) + \mathrm{j}\,\mathrm{sen}(n\pi/2))\right] \\ &= \alpha\mathbf{u} + \frac{1}{2^{n-1}}\left[\mathbf{v}_1\cos(n\pi/2) - \mathbf{v}_2\,\mathrm{sen}(n\pi/2)\right] \\ &= \begin{bmatrix} 0.2 \\ 0.4 \\ 0.4 \end{bmatrix} + \frac{1}{2^{n-1}}\begin{bmatrix} 0.4 \\ -0.2 \\ -0.2 \end{bmatrix}\cos(n\pi/2) - \frac{1}{2^{n-1}}\begin{bmatrix} 0.2 \\ 0.6 \\ -0.4 \end{bmatrix}\mathrm{sen}(n\pi/2). \end{aligned}$$

Fin

[22] La demostración es muy sencilla: si $P\mathbf{v} = \lambda\mathbf{v}$, entonces, tomando conjugados, $\overline{P\mathbf{v}} = \overline{\lambda\mathbf{v}}$, luego, $\overline{P}\,\overline{\mathbf{v}} = \overline{\lambda}\,\overline{\mathbf{v}}$ y, como P es real, $P\,\overline{\mathbf{v}} = \overline{\lambda}\,\overline{\mathbf{v}}$.

Ejercicio 7.10. Sean P una matriz real diagonalizable de orden k y $\mathbf{x}_0 \in \mathbb{R}^k$. Sabemos por el teorema 7.2 que existen números complejos $\alpha_1, \dots, \alpha_k$ tales que $P^n \mathbf{x}_0 = \alpha_1 \lambda_1^n \mathbf{v}_1 + \cdots + \alpha_k \lambda_k^n \mathbf{v}_k$ para todo $n \in \mathbb{N}$. En este ejercicio, se verá lo que les ocurre a los escalares α_i cuando hay valores propios complejos. Supondremos (reordenando los valores propios) que λ_2 es el conjugado de λ_1 (e igual con $\mathbf{v}_1$, $\mathbf{v}_2$).

Si $\lambda_2 = \overline{\lambda_1}$ y $\mathbf{v}_2 = \overline{\mathbf{v}_1}$, prueba que $\alpha_2 = \overline{\alpha_1}$. La utilidad de este ejercicio es que, en los sistemas similares a (7.10), basta con hallar parte de las incógnitas.

7.4. Comportamiento a largo plazo de una cadena de Márkov

Definición 7.2. Sea $\mathbf{x}_0, \mathbf{x}_1, \mathbf{x}_2, \dots$ una cadena de Márkov. El **término estacionario** es el término al cual se estabiliza el proceso de Márkov, es decir, $\lim_{n\to\infty} \mathbf{x}_n$ (si existe). El término estacionario será denotado por π.

Mira de nuevo el ejemplo inicial del capítulo. En este ejemplo se han mostrado dos gráficas de la evolución del modelo con dos distribuciones iniciales distintas; y en estos dos casos parece que el vector de probabilidades tiende al mismo valor. ¿Es esto cierto en general? En muchas ocasiones sí, pero en general no es cierto. Veamos dos ejemplos.

Ejemplo 7.9. Un curso de una facultad tiene dos clases, A y B, pero los profesores son tan malos que, semana a semana, todos los alumnos se cambian de clase. Inicialmente hay 80 alumnos en la clase A y 20 en la clase B. Si $\mathbf{x}_n = [a_n, b_n]^T$ denota los alumnos en cada clase en la semana n, es claro que $a_0 = 80$, $a_1 = 20$, $a_2 = 80$, $\dots$ y $b_0 = 20$, $b_1 = 80$, $b_2 = 20$. Es evidente que, en este modelo, las poblaciones no se estabilizan. Es decir, esta cadena de Márkov no tiene término estacionario. **Fin**

Ejemplo 7.10. Considera la siguiente matriz estocástica:

$$P = \begin{bmatrix} 1 & 1/2 & 0 & 0 \\ 0 & 0 & 1/2 & 0 \\ 0 & 1/2 & 0 & 0 \\ 0 & 0 & 1/2 & 1 \end{bmatrix}.$$

Si $\mathbf{x}_0 = [1, 0, 0, 0]^T$, entonces es fácil ver que $\mathbf{x}_1 = P\mathbf{x}_0 = \mathbf{x}_0$. Por lo que $\mathbf{x}_n = \mathbf{x}_0$ para todo $n \in \mathbb{N}$. Pero, si $\mathbf{x}_0 = [1/2, 1/2, 0, 0]^T$, entonces

$$\mathbf{x}_0 = \begin{bmatrix} 1/2 \\ 1/2 \\ 0 \\ 0 \end{bmatrix}, \quad \mathbf{x}_1 = P\mathbf{x}_0 = \begin{bmatrix} 3/4 \\ 0 \\ 1/4 \\ 0 \end{bmatrix}, \quad \mathbf{x}_2 = P\mathbf{x}_1 = \begin{bmatrix} 3/4 \\ 1/8 \\ 0 \\ 1/8 \end{bmatrix}.$$

Si seguimos calculando muchos más iterados (con Octave), vemos que, cuando n es grande, entonces $\mathbf{x}_n \simeq [5/6, 0, 0, 1/6]^T$.

Es posible que te preguntes cómo se nos ha ocurrido este ejemplo. Observa el ejemplo del camino aleatorio (ejemplo 7.4, en la página 198). Evidentemente, si está en el punto más a la izquierda, estará ahí siempre (cuando $\mathbf{x}_0 = [1,0,0,0]^T$). Pero, si no está en alguno de los extremos, entonces parece que la partícula que se mueve puede acabar en alguno de los extremos. **Fin**

Veremos que la teoría de valores y vectores propios es esencial para estudiar el comportamiento a largo plazo. Los dos resultados siguientes son importantes pues ayudan a estudiar el comportamiento de las potencias de una matriz estocástica. La demostración del primer resultado no es demasiado importante (pues no es constructiva) y se relega al final del capítulo.

Teorema 7.3. Los valores propios de una matriz estocástica

Si P es una matriz estocástica, entonces:

a) $\lambda = 1$ es un valor propio de P.

b) Si λ es un valor propio de P, entonces $|\lambda| \leq 1$.

Con independencia de si la matriz de transición es diagonalizable o no, el siguiente resultado menciona una condición que debe cumplir sí o sí el término estacionario.

Teorema 7.4. El término estacionario es un vector propio asociado a 1

Si una cadena de Márkov, con matriz de transición P, tiene término estacionario π, entonces $P\pi = \pi$. En otras palabras, π es un vector propio de P asociado a $\lambda = 1$.

DEMOSTRACIÓN. Sea $\mathbf{x}_0$ la condición inicial. Como $\pi = \lim_{n\to\infty} P^n \mathbf{x}_0$, multiplicando por P, tenemos $P\pi = \lim_{n\to\infty} P^{n+1}\mathbf{x}_0 = \pi$. □

El siguiente resultado es importante, ya que da una condición suficiente para que una cadena tenga término estacionario.

Teorema 7.5. Condición para la existencia de término estacionario

Toda cadena de Márkov cuya matriz de transición es diagonalizable y todos sus valores propios distintos de 1 tienen módulo menor que 1 tiene término estacionario.

DEMOSTRACIÓN. Sea $\mathbf{v}_1, \ldots, \mathbf{v}_k$ una base de vectores propios asociados a los valores propios $\lambda_1, \ldots, \lambda_k$ (estos valores propios pueden estar repetidos). Por el teorema 7.3, al menos uno de estos valores propios es 1, y reordenándolos, podemos suponer que $\lambda_1 = \cdots = \lambda_j = 1$. El resto de los valores propios cumple $|\lambda_i| < 1$ para $i = j+1, \ldots, k$. Por el teorema 7.2, existen escalares $\alpha_1, \ldots, \alpha_k$ tales que $\mathbf{x}_n = \alpha_1 \lambda_1^n \mathbf{v}_1 + \cdots + \alpha_k \lambda_k^n \mathbf{v}_k = \alpha_1 \mathbf{v}_1 + \cdots + \alpha_j \mathbf{v}_j + \alpha_{j+1} \lambda_{j+1}^n \mathbf{v}_{j+1} + \cdots + \alpha_k \lambda_k^n \mathbf{v}_k$. Ahora, como $\lim_{n\to\infty} \lambda_i^n = 0$ para $i = j+1, \ldots, k$, existe $\lim_{n\to\infty} \mathbf{x}_n$. □

Veamos cómo calcular el término estacionario de algunas cadenas usando estos resultados.

Ejemplo 7.11. Considera el siguiente proceso de Márkov:

$$\mathbf{x}_0 = \begin{bmatrix} a_0 \\ b_0 \end{bmatrix}, \qquad \mathbf{x}_{n+1} = P\mathbf{x}_n, \qquad P = \begin{bmatrix} 0.9 & 0.05 \\ 0.1 & 0.95 \end{bmatrix}.$$

Aunque esta cadena ya está planteada en el ejemplo 7.7, vamos a usar el teorema 7.5 para estudiar el término estacionario (si existiera).

En primer lugar, hay que calcular los valores propios. Las soluciones de $\det(P - \lambda I_2) = 0$ son $\lambda_1 = 1$ y $\lambda_2 = 0.85$. Como el tamaño de P y el número de valores distintos coinciden, la matriz P es diagonalizable. Evidentemente, P cumple las condiciones del teorema 7.5 y, por tanto, existe el término estacionario, π, que es un vector propio asociado a 1. Tras resolver $(P - I_2)\pi = \mathbf{0}$, obtenemos $\pi = \alpha[1,2]^T$, $\alpha \in \mathbb{R}$ (recuerda que los sistemas de ecuaciones que permiten hallar vectores propios tienen infinitas soluciones).

Como la suma de las componentes de π debe ser 1 (pues se trata de un vector de probabilidades), entonces $1 = 3\alpha$ y, por tanto, $\alpha = 1/3$. Obtenemos que el término estacionario es $\pi = [1/3, 2/3]^T$. ______ **Fin**

Aunque algunos de los valores propios de una matriz estocástica sean complejos, también se puede usar el teorema 7.5.

Ejercicio 7.11. Sea P la matriz estocástica del ejemplo 7.8. Si calculas sus valores propios, obtienes $1, \pm \mathrm{j}/2$. Como P es 3×3 y tiene 3 valores propios distintos, P es diagonalizable. Observa que el módulo de los valores propios distintos de 1 es $|\pm \mathrm{j}/2| = 1/2$. Usa el teorema 7.5 y el procedimiento descrito en el ejemplo anterior para ver que el término estacionario existe y es $[1/5, 2/5, 2/5]^T$. Compara este resultado con el obtenido en el ejemplo 7.8.

Una característica clave del último ejemplo y ejercicio es que la dimensión del subespacio de vectores propios asociados a $\lambda = 1$ es 1, lo que permite el cálculo del término estacionario de forma relativamente simple. Además, el término estacionario no depende de la distribución inicial. El siguiente ejercicio precisa esta condición.

Ejercicio 7.12. Sea P una matriz que cumple las condiciones del teorema 7.5. Supón, además, que la dimensión del subespacio de vectores propios asociados a $\lambda = 1$ es 1. Prueba que el término estacionario no depende de la distribución inicial.

El teorema 7.5 aporta luz al extraño comportamiento del ejemplo 7.9.

Ejemplo 7.12. Es claro que $a_{n+1} = b_n$, $b_{n+1} = a_n$. Luego

$$\begin{bmatrix} a_{n+1} \\ b_{n+1} \end{bmatrix} = \underbrace{\begin{bmatrix} 0 & 1 \\ 1 & 0 \end{bmatrix}}_{P} \begin{bmatrix} a_n \\ b_n \end{bmatrix}.$$

Los valores propios de P se obtienen resolviendo $0 = \det(P - \lambda I_2) = \lambda^2 - 1$, y obtenemos $\lambda = \pm 1$. Observa que **no** podemos usar el teorema 7.5, pues hay un valor propio distinto de 1 cuyo módulo es 1. Precisamente, la aparición de -1 como valor propio, si echamos un vistazo al teorema 7.2, provoca la aparición de $(-1)^n$, lo que explica el caracter oscilante de esta cadena. **Fin**

A veces la dimensión del subespacio de vectores propios asociado a $\lambda = 1$ es mayor que 1, lo que implica que la búsqueda del término estacionario, usando el teorema 7.5, sea imposible.

Ejemplo 7.13. Considera la matriz estocástica:

$$P = \begin{bmatrix} 1 & 0 & 0.2 \\ 0 & 1 & 0.2 \\ 0 & 0 & 0.6 \end{bmatrix}$$

Es sencillo ver que los valores propios son $\lambda = 1$ (doble) y $\lambda = 0.6$ (pues P es triangular). Los vectores propios asociados a $\lambda = 1$ son de la forma $[x, y, 0]^T$, siendo $x, y \in \mathbb{R}$ arbitrarios. Si aplicamos el teorema 7.5, obtenemos que el término estacionario existe y es un vector propio asociado a $\lambda = 1$. Pero, usando este teorema, solo podemos decir que el término estacionario es de la forma $[x, y, 0]^T$ y, como es un vector de probabilidades, $1 = x + y$. **Fin**

Cuando la matriz de transición es diagonalizable, siempre podemos usar el teorema 7.2, aunque la multiplicidad del valor propio $\lambda = 1$ fuera superior a 1.

Ejemplo 7.14. Consideramos la matriz del ejemplo anterior. Sean $\mathbf{u} = [1, 0, 0]^T$, $\mathbf{v} = [0, 1, 0]^T$ dos vectores propios asociados a $\lambda = 1$ y $\mathbf{w} = [1, 1, -2]^T$ un vector propio asociado a $\lambda = -0.6$ (lo puedes hallar fácilmente). Si usamos el teorema 7.2, existen escalares α, β, γ tales que $\mathbf{x}_n = \alpha\mathbf{u} + \beta\mathbf{v} + \gamma(-0.6)^n\mathbf{w}$ para todo $n \in \mathbb{N}$. En particular, para $n = 0$ y, si llamamos $\mathbf{x}_0 = [a_0, b_0, c_0]^T$,

$$\begin{bmatrix} a_0 \\ b_0 \\ c_0 \end{bmatrix} = \alpha \begin{bmatrix} 1 \\ 0 \\ 0 \end{bmatrix} + \beta \begin{bmatrix} 0 \\ 1 \\ 0 \end{bmatrix} + \gamma \begin{bmatrix} 1 \\ 1 \\ -2 \end{bmatrix},$$

Después de resolver este sistema 3×3, logramos $\gamma = -c_0/2$, $\alpha = a_0 + c_0/2$, $\beta = b_0 + c_0/2$. Por tanto,

$$\mathbf{x}_n = \left(a_0 + \frac{c_0}{2}\right) \begin{bmatrix} 1 \\ 0 \\ 0 \end{bmatrix} + \left(b_0 + \frac{c_0}{2}\right) \begin{bmatrix} 0 \\ 1 \\ 0 \end{bmatrix} - \frac{c_0}{2}(-0.6)^n \begin{bmatrix} 1 \\ 1 \\ -2 \end{bmatrix}.$$

Si hacemos tender $n \to \infty$, obtenemos el término estacionario:

$$\lim_{n\to\infty} \mathbf{x}_n = \left(a_0 + \frac{c_0}{2}\right)\begin{bmatrix}1\\0\\0\end{bmatrix} + \left(b_0 + \frac{c_0}{2}\right)\begin{bmatrix}0\\1\\0\end{bmatrix}.$$

Observa que, en este ejemplo, el término estacionario depende del estado inicial. ___ **Fin**

7.5. Estados absorbentes

En la figura 7.12 puedes ver el grafo asociado a la cadena de Márkov cuya matriz de transición es la de los dos últimos ejemplos (como es habitual, no se han dibujado los bucles).

Observa que, si la cadena entra en los estados 1 y 2, entonces no sale de ahí. De manera algebraica, vemos que la matriz de transición se puede descomponer por bloques como

$$P = \left[\begin{array}{cc|c} 1 & 0 & 0.2 \\ 0 & 1 & 0.2 \\ \hline 0 & 0 & 0.6 \end{array}\right]. \tag{7.11}$$

Figura 7.12. Esta cadena tiene dos estados absorbentes.

Mira cómo ha aparecido la matriz identidad de orden 2.

En esta sección abordaremos cómo tratar las situaciones en las que existen estados que, una vez se accede a estos, no se sale.

Definición 7.3. Si una cadena de Márkov no puede salir de un estado; se dice que este estado es **absorbente.**

Veamos algunos ejemplos más de estados absorbentes:

1. En el ejemplo 7.3, los estados "gana el juego" y "abandona el juego".
2. En el ejemplo 7.4, los estados 0 y $m+1$.
3. En el ejemplo 7.5, los estados "A gana el punto" y "B gana el punto".

La caracterización de un estado absorbente mediante la matriz de transición es sencilla. Si miras las matrices de estos ejemplos y te fijas en los estados absorbentes, puedes ver que en las columnas correspondientes aparece un uno en la diagonal principal y en el resto de la columna aparecen ceros. Esto es debido a que, si i es un estado absorbente, entonces la probabilidad de que la cadena esté en el estado i, habiendo estado previamente en este estado, es 1. Evidentemente, las entradas restantes de la columna son nulas, ya que, si la cadena entra en un estado absorbente, no puede salir de este.

Teorema 7.6. Estados absorbentes

Sea $P = [p_{ij}]$ la matriz de transición de una cadena de Markov. El estado i es absorbente si y solo si $p_{ii} = 1$.

Siempre podemos ordenar los estados absorbentes para colocarlos al principio. Veamos un ejemplo: si miras la figura 7.13, puedes ver que el estado B es absorbente. Si colocamos B al principio, A en segundo lugar y C al final (el orden de A y C es indiferente), entonces la matriz de transición es:

$$\left[\begin{array}{c|cc} 1 & 0.5 & 0.2 \\ \hline 0 & 0.1 & 0.1 \\ 0 & 0.4 & 0.7 \end{array}\right].$$

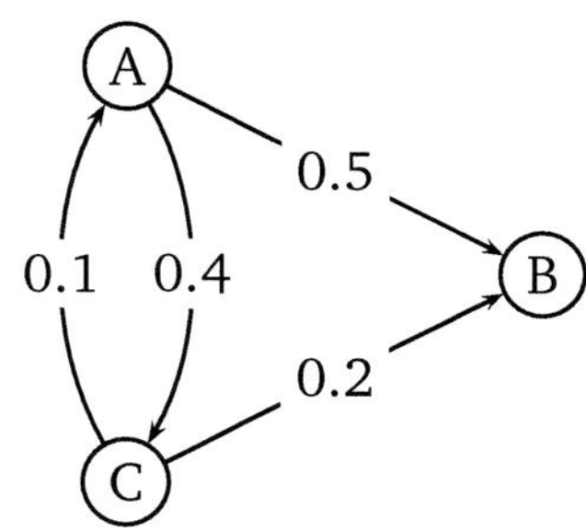

Figura 7.13.

Puedes ver otro ejemplo en la igualdad (7.11). Observa que, en estos ejemplos, el tamaño de la matriz identidad es el número de estados absorbentes.

Podemos siempre ordenar los estados para que los absorbentes estén al principio y, por tanto, podemos partir la matriz de transición P por bloques de la siguiente manera:

$$P = \begin{bmatrix} I_r & C \\ 0 & B \end{bmatrix}, \tag{7.12}$$

siendo r el número de estados absorbentes.

Estudiemos una cadena de Márkov cuya matriz de transición está escrita como en (7.12). Ya que $\mathbf{x}_n = P^n\mathbf{x}_0$, vamos a ver si obtenemos una fórmula para P^n. Tenemos que

$$P^2 = \begin{bmatrix} I_r & C \\ 0 & B \end{bmatrix}\begin{bmatrix} I_r & C \\ O & B \end{bmatrix} = \begin{bmatrix} I_r & C + CB \\ 0 & B^2 \end{bmatrix}$$

y

$$P^3 = \begin{bmatrix} I_r & C \\ 0 & B \end{bmatrix}\begin{bmatrix} I_r & C + CB \\ 0 & B^2 \end{bmatrix} = \begin{bmatrix} I_r & C + CB + CB^2 \\ 0 & B^3 \end{bmatrix}.$$

Parece que se tiene

$$P^n = \begin{bmatrix} I_r & C(I_s + B + \cdots + B^{n-1}) \\ 0 & B^n \end{bmatrix},$$

siendo s el número de estados no absorbentes. Efectivamente, esta última igualdad es cierta.

¿Qué significa B^n? Por el teorema 7.1, la entrada (i, j) de P^n es la probabilidad de que la cadena esté en el estado i si ha comenzado en el estado j. Pero observa que las posiciones de la matriz B corresponden a estados que no son absorbentes. Parece intuitivo que, a la larga, una cadena de Márkov se meta en un estado absorbente, luego es intuitivo que todas las entradas de B^n tienden a 0 cuando n tiende a infinito[23].

Teorema 7.7. Término estacionario para estados no absorbentes

Sea P una matriz de transición escrita en (7.12). Si desde cualquier estado no absorbente se puede alcanzar algún estado absorbente, entonces $\lim_{n\to\infty} B^n = 0$.

Ahora vamos a simplificar $I_s + B + \cdots + B^{n-1}$. Esta expresión se parece a la suma de una progresión geométrica, y si copiamos la deducción estándar que se hace con números, tenemos que, si llamamos $S = I_s + B + \cdots + B^{n-1}$, si multiplicamos por B, entonces $SB = B + B^2 + \cdots + B^n$, y si restamos, logramos $S - SB = I_s - B^n$. Por tanto, si $I_s - B$ fuera invertible,

$$S = I_s + B + \cdots + B^{n-1} = (I_s - B^n)(I_s - B)^{-1}.$$

Pero ¿es cierto que $I_s - B$ es invertible? Hay un teorema[24] que indica que para una matriz cuadrada A, entonces $\lim_{n\to\infty} A^n = 0$ si y solo si $|\lambda| < 1$ para todo λ valor propio de A. Por el teorema 7.7, se obtiene que $\lambda = 1$ no es valor propio de B y, así, $I_s - B$ es invertible. Por tanto, se tiene el siguiente resultado importante:

Teorema 7.8. Término estacionario cuando hay estados absorbentes

Sea P una matriz de transición escrita en (7.12) y sean r y s el número de estados absorbentes y no absorbentes, respectivamente. Si desde cualquier estado no absorbente se puede alcanzar algún estado absorbente, entonces

$$P^n = \begin{bmatrix} I_r & C(I_s - B^n)(I_s - B)^{-1} \\ 0 & B^n \end{bmatrix} \quad \text{y} \quad \lim_{n\to\infty} P^n = \begin{bmatrix} I_r & C(I_s - B)^{-1} \\ 0 & 0 \end{bmatrix}.$$

Si el término inicial se descompone como $\mathbf{x}_0 = \begin{bmatrix} \mathbf{0} \\ \mathbf{y}_0 \end{bmatrix}$, donde $\mathbf{y}_0 \in \mathbb{R}^s$, entonces

$$\mathbf{x}_n = \begin{bmatrix} C(I_s - B^n)(I_s - B)^{-1}\mathbf{y}_0 \\ B^n\mathbf{y}_0 \end{bmatrix} \quad \text{y} \quad \lim_{n\to\infty} \mathbf{x}_n = \begin{bmatrix} C(I_s - B)^{-1}\mathbf{y}_0 \\ \mathbf{0} \end{bmatrix}.$$

Quizá te preguntes la razón de que el término inicial se haya descompuesto como

$$\mathbf{x}_0 = \begin{bmatrix} \mathbf{0} \\ \mathbf{y}_0 \end{bmatrix}.$$

[23] La prueba formal de este teorema puede encontrarse en el capítulo 3 del libro *Finite Markov Chains*, de J. G. Kennedy, J. L. Snell, o bien en el capítulo 2 del libro *Markov Processes* de J. R. Kirkwood.

[24] Su demostración aparece en el capítulo 7 del libro *Matrix Analysis and Applied Linear Algebra*, de C. D. Meyer.

¿Por qué los ceros en las r primeras componentes? La razón es simple: recuerda que los r primeros estados son los absorbentes. Si la cadena empieza en uno de estos estados, se queda atrapada ahí. Luego no tiene interés que la cadena de Márkov comience en un estado absorbente.

Ejemplo 7.15. Repasa el ejemplo 7.5. Vamos a calcular la probabilidad de que A gane a B un juego si están en *deuce*.

Sea a_n la probabilidad de que A gane el punto tras n bolas; α_n la probabilidad de que A tenga ventaja tras n bolas; d_n la probabilidad de que estén en *deuce* tras n bolas; β_n la probabilidad de que B tenga ventaja tras n bolas y b_n la probabilidad de que B gane el punto tras n bolas. Sea p la probabilidad de que A gane a B una bola y $q = 1-p$.

Como los estados "A gana el punto" y "B gana el punto" son absorbentes, los colocamos al principio. Y el proceso, en forma matricial, toma la forma siguiente:

$$\underbrace{\begin{bmatrix} a_{n+1} \\ b_{n+1} \\ \alpha_{n+1} \\ d_{n+1} \\ \beta_{n+1} \end{bmatrix}}_{\mathbf{x}_{n+1}} = \underbrace{\left[\begin{array}{cc|ccc} 1 & 0 & p & 0 & 0 \\ 0 & 1 & 0 & 0 & q \\ \hline 0 & 0 & 0 & p & 0 \\ 0 & 0 & q & 0 & p \\ 0 & 0 & 0 & q & 0 \end{array}\right]}_{P} \underbrace{\begin{bmatrix} a_n \\ b_n \\ \alpha_n \\ d_n \\ \beta_n \end{bmatrix}}_{\mathbf{x}_n}.$$

Resulta que podemos aplicar el teorema 7.8 para calcular el término estacionario. Pero para ello tenemos que conocer el término inicial. Como inicialmente los jugadores están en *deuce*, $\mathbf{x}_0 = [0,0,0,1,0]^T$. Si usamos la notación del teorema 7.8,

$$C = \begin{bmatrix} p & 0 & 0 \\ 0 & 0 & q \end{bmatrix}, \qquad B = \begin{bmatrix} 0 & p & 0 \\ q & 0 & p \\ 0 & q & 0 \end{bmatrix}, \qquad \mathbf{y}_0 = \begin{bmatrix} 0 \\ 1 \\ 0 \end{bmatrix}.$$

Para calcular el término estacionario usando el teorema 7.8 hay que calcular $C(I_3-B)^{-1}\mathbf{y}_0$. Vamos a calcular $(I_3-B)^{-1}\mathbf{y}_0$ del siguiente modo: si $\mathbf{z} = (I_3-B)^{-1}\mathbf{y}_0$, entonces $(I_3-B)\mathbf{z} = \mathbf{y}_0$,

$$(I_3-B)\mathbf{z} = \mathbf{y}_0 \quad \rightarrow \quad \begin{bmatrix} 1 & -p & 0 \\ -q & 1 & -p \\ 0 & -q & 1 \end{bmatrix} \begin{bmatrix} z_1 \\ z_2 \\ z_3 \end{bmatrix} = \begin{bmatrix} 0 \\ 1 \\ 0 \end{bmatrix}.$$

De la primera y tercera ecuación, $z_1 = pz_2$, $z_3 = qz_2$. De la segunda ecuación,

$$1 = -qz_1 + z_2 - pz_3 = (1-2pq)z_2,$$

y, ya que $1 = (p+q)^2$, se tiene $z_2 = 1/(p^2+q^2)$. Luego, $z_1 = p/(p^2+q^2)$ y $z_3 = q/(p^2+q^2)$. Ahora,

$$C(I_3-B)^{-1}\mathbf{y}_0 = C\mathbf{z} = \begin{bmatrix} p & 0 & 0 \\ 0 & 0 & q \end{bmatrix} \begin{bmatrix} p/(p^2+q^2) \\ 1/(p^2+q^2) \\ q/(p^2+q^2) \end{bmatrix} = \frac{1}{p^2+q^2} \begin{bmatrix} p^2 \\ q^2 \end{bmatrix}.$$

Esto indica que la probabilidad de que A gane el juego a B es $p^2/(p^2+q^2)$ y la probabilidad de que A pierda el juego es $q^2/(p^2+q^2)$. **Fin**

Ejercicio 7.13. En el ejemplo anterior se ha supuesto que inicialmente los jugadores están en *deuce*. Repasa de nuevo el ejemplo anterior e intenta hacer los menos cálculos posibles para hallar la probabilidad de que A gane a B si inicialmente A tiene ventaja.

El siguiente teorema nos habla sobre lo "frecuentado" que está un estado no absorbente. Observa que, a la larga, la cadena alcanza un estado absorbente, pero, hasta que llega, está moviéndose por los estados no absorbentes.

Teorema 7.9. Veces que la cadena está en estados no absorbentes

Sea P una matriz de transición escrita como en (7.12). Si desde cualquier estado no absorbente se puede alcanzar un estado absorbente, entonces la entrada (i,j) de $(I_s-B)^{-1}$ es el número esperado de veces que la cadena está en el estado i si la cadena ha comenzado en el estado j.

Escribiremos la demostración al final de este capítulo.

Ejemplo 7.16. Revisa los ejemplos 7.5 y 7.15. Si los jugadores están en *deuce*, vamos a calcular el número esperado de veces que A y B tienen ventaja.

Como están en *deuce*, que es el segundo estado de la matriz B (es el cuarto estado si nos fijamos en la matriz P del ejemplo 7.15), por el teorema 7.9, hay que fijarse en las entradas $(i,2)$ de $(I_3-B)^{-1}$. La entrada $(1,2)$ de $(I_3-B)^{-1}$ es el número esperado de veces que A tiene ventaja y la entrada $(3,2)$ es el número esperado de veces que B tiene ventaja. Si bien en el ejemplo 7.15 nos hemos librado de calcular la inversa, ahora no nos queda más remedio.

$$(I_3-B)^{-1}=\frac{1}{p^2+q^2}\begin{bmatrix} 1-pq & p & p^2 \\ q & 1 & p \\ q^2 & q & 1-pq \end{bmatrix}. \tag{7.13}$$

Por tanto, el número esperado de veces que A tiene ventaja es $p/(p^2+q^2)$ y el número esperado de veces que B tiene ventaja es $q/(p^2+q^2)$. **Fin**

Siempre es conveniente detenerse a considerar si los resultados obtenidos son coherentes con nuestra intuición o con algunos casos particulares. El número esperado de veces que A tiene ventaja es, ya que $q=1-p$,

$$f(p)=\frac{p}{p^2+(1-p)^2}. \tag{7.14}$$

Vamos a dar valores concretos: si $p = 0$, entonces $f(p) = 0$; y esto es coherente puesto que $p = 0$ indica que A pierde siempre y la única posibilidad de la cadena es "*deuce*" → "ventaja B" → "gana B" y el número de veces que A tiene ventaja es siempre 0. Análogamente, la igualdad $f(1) = 1$ debería ser intuitiva, pues $p = 1$ implica que A gana siempre y la única posibilidad de la cadena es "*deuce*" → "ventaja A" → "gana A".

Si te tomas la molestia de resolver $f'(p) = 0$ para ver el máximo de f, verás qué ocurre cuando $p = \sqrt{2}/2 \simeq 0.7$. Esto indica que A tiene que ser un poco mejor que B para que el número esperado de veces que A tiene ventaja sea máximo.

Además, como $f(p) \leq f(\sqrt{2}/2)$ (ya que $\sqrt{2}/2$ es donde se alcanza el máximo de f para $0 \leq p \leq 1$), se tiene que $f(p) \leq 1.207$. Un número no demasiado grande, lo que indica que, por término medio, el número de veces que A tiene ventaja es como mucho 1.207. Por supuesto, esto no quiere decir que *siempre* el número de veces que A tiene ventaja tiene que ser menor que 1.207.

Observa que el número esperado de veces que A y B juegan hasta que A o B ganan el punto es

$$\frac{p}{p^2+q^2} + \frac{1}{p^2+q^2} + \frac{q}{p^2+q^2} = \frac{p+q+1}{p^2+q^2},$$

puesto que el número esperado de veces que A y B están en *deuce* es $1/(p^2+q^2)$. Ya que $p+q = 1$, esta expresión es

$$g(p) = \frac{2}{p^2+(1-p)^2},$$

Antes de hacer cálculos inútiles, observa que g es máxima cuando su denominador es mínimo (y viceversa). Como el denominador es $h(p) = p^2+(1-p)^2 = 2p^2-2p+1$, entonces $h'(p) = 4p-2$, lo que indica que, si $h'(p) = 0$, entonces $p = 1/2$. Es decir, el máximo de g se alcanza en $p = 1/2$.

Por tanto, $2 \leq g(p) \leq 4$, lo que prueba que el número esperado de veces de bolas si A y B han empezado en *deuce* está entre 2 y 4. El mínimo se alcanza cuando $p = 0$ o bien $p = 1$. El máximo se alcanza cuando $p = 1/2$: si la fuerza de A y B es similar, entonces los juegos suelen ser más largos; pero por término medio duran solo 4 bolas.

El siguiente ejercicio generaliza un poco la discusión anterior.

Ejercicio 7.14. Sea P una matriz de transición escrita en (7.12). Si desde cualquier estado no absorbente se puede alcanzar un estado absorbente, prueba que la componente j del vector $\mathbb{1}_s^T(I_s - B)^{-1}$ es el número esperado de veces que la cadena está en un estado no absorbente si la cadena ha comenzado en el estado j. A partir de ahora denotaremos $\mathbb{1}_s^T = [1, 1, \cdots, 1] \in \mathbb{R}^s$.

Observa que $\mathbb{1}_s^T(I_s - B)^{-1}$ se puede hallar sin calcular la inversa de $I_s - B$ como muestra el siguiente ejemplo.

Ejemplo 7.17. Calculemos el número esperado de bolas hasta que A o B gane el punto, suponiendo que están en *deuce*. Observa que ya lo hemos hecho antes, pero calculando la inversa de $I_3 - B$. Ahora lo vamos a hacer sin calcular de forma explícita esta inversa.

Por el ejercicio anterior, hay que calcular la segunda componente de $\mathbf{z} = \mathbb{1}_3^T(I_3 - B)^{-1}$:

$$\mathbf{z}(I_3 - B) = \mathbb{1}_3 \quad \rightarrow \quad [z_1, z_2, z_3]\begin{bmatrix} 1 & -p & 0 \\ -q & 1 & -p \\ 0 & -q & 1 \end{bmatrix} = [1, 1, 1].$$

De donde $z_1 - qz_2 = 1$, $-pz_1 + z_2 - qz_3 = 1$, $-pz_2 + z_3 = 1$. Despejando z_1 y z_3 e insertando estos valores en la segunda ecuación se obtiene (usando $p + q = 1$) que $z_2 = 2/(p^2 + q^2)$.

Observa que z_1 es el número esperado de veces que juegan A y B hasta que alguno de los dos gane el punto, si A tiene ventaja, y, análogamente, z_3 es el número esperado de veces que se juega hasta que alguno de los dos gane el punto, suponiendo que B tiene ventaja. ___ **Fin**

7.6. Cadenas irreducibles

Un tipo importante de cadenas de Márkov son las irreducibles.

Definición 7.4. Una cadena de Márkov es **irreducible** si la cadena puede ir desde el estado i hasta el j para todos i, j (no necesariamente de una sola vez).

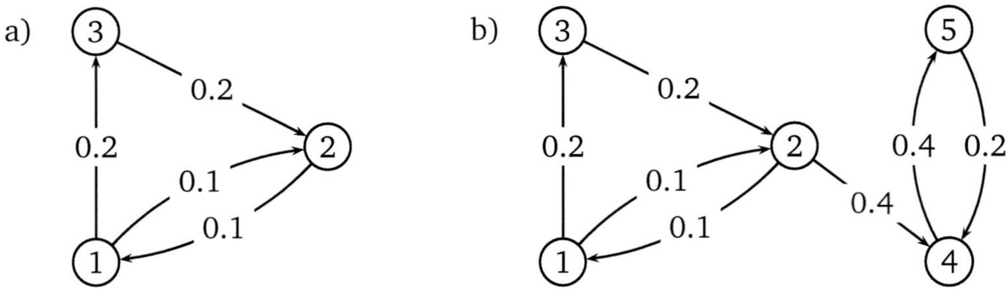

Figura 7.14.

Obviamente, si la cadena tiene un estado absorbente, no es irreducible ya que es imposible salir de este estado absorbente. Veamos dos ejemplos más complicados.

Ejemplo 7.18. Mira la cadena a) de la figura 7.14. Podemos ir directamente del estado 1 a los estados 2 y 3. También es evidente que podemos ir del estado 2 al 1 e ir del estado 3 al 2 en un solo paso. Pero podemos ir del 2 al 3 (pasando por el 1) y del 3 al 1 (pasando por el 2). También puedes ver que, aunque los bucles no estén dibujados, es posible ir desde cualquier estado hacia el mismo. Por tanto, la cadena asociada al gráfico de la izquierda es irreducible.

Mira la cadena b) de la figura 7.14. Evidentemente, desde el estado 4 y el estado 5 no se pueden alcanzar los restantes. La cadena de la derecha no es irreducible. Este segundo ejemplo muestra que hay cadenas no irreducibles sin estados absorbentes. ___ **Fin**

El propósito de esta sección es estudiar las cadenas irreducibles. El estudio de las no irreducibles es más complejo[25].

Dentro de las cadenas irreducibles hay una tipo particular de cadenas que tienen bastantes propiedades.

Definición 7.5. Una cadena de Márkov es **regular** si existe un $n \in \mathbb{N}$ tal que todas las componentes de P^n son positivas, siendo P la matriz de transición de la cadena.

¿Qué significa la condición anterior? Acuérdate de que la entrada (i, j) de P^n es la probabilidad de que la cadena esté en el estado i tras n pasos si ha comenzado desde el estado j. Si todas las componentes de P^n son positivas, esto quiere decir que desde cualquier estado se puede alcanzar cualquier estado con el mismo número de pasos.

El siguiente ejemplo muestra que hay cadenas irreducibles que no son regulares.

Ejemplo 7.19. Sea la cadena cuya matriz de transición es:

$$P = \begin{bmatrix} 0 & 1 \\ 1 & 0 \end{bmatrix}.$$

Es evidente que esta cadena es irreducible, ya que se puede ir desde un estado hasta el otro en un paso y desde uno hacia el mismo en dos pasos. Por tanto, la cadena es irreducible.

Pero, como es fácil de comprobar, $P^n = I_2$ si n es par y $P^n = P$ si n es impar. Por lo tanto, para todo n hay entradas de P^n nulas, y por definición, la cadena no es regular. ______ **Fin**

7.6.1. Cadenas regulares

El siguiente teorema[26] es de vital importancia para el estudio de las cadenas regulares. Recuerda que $\mathbb{1}_k$ es el vector columna de $\mathbb{R}^k$ cuyas componentes valen 1.

Teorema 7.10. Comportamiento a la larga de las cadenas regulares

Sea P la matriz de transición (de tamaño k) de una cadena de Márkov regular. Entonces

a) Existe $T = \lim_{n\to\infty} P^n$.

b) Esta matriz T se puede escribir como $T = \pi \mathbb{1}_k^T$, donde π es un vector columna de $\mathbb{R}^k$.

c) Las componentes de π son positivas y $\mathbb{1}_k^T \pi = 1$.

---

[25] Puedes consultarlo en el capítulo 8 del libro *Matrix Analysis and Applied Linear Algebra*, de C. D. Meyer; o en los capítulos 6 y 7 del libro *Understanding Markov Chains: Examples and Applications*, de N. Privault.

[26] Puedes encontrar la demostración de este resultado en el libro *Finite Markov Chains*, de J. G. Kennedy y J. L. Snell, o también en el libro *Markov Processes*, de J. R. Kirkwood.

Las igualdades de los apartados b) y c) se entienden mejor con un ejemplo.

Ejemplo 7.20. La matriz de transición de la primera cadena del ejemplo 7.18 es

$$P = \begin{bmatrix} 0.7 & 0.1 & 0 \\ 0.1 & 0.9 & 0.2 \\ 0.2 & 0 & 0.8 \end{bmatrix}.$$

Ya vimos que esta cadena es regular. Si vamos calculando potencias (por supuesto, con un programa adecuado de ordenador) de P, tenemos

$$P^2 = \begin{bmatrix} 0.5 & 0.16 & 0.02 \\ 0.2 & 0.82 & 0.34 \\ 0.3 & 0.02 & 0.64 \end{bmatrix}, \cdots, \quad P^{40} = P^{41} = \cdots = \begin{bmatrix} 0.2 & 0.2 & 0.2 \\ 0.6 & 0.6 & 0.6 \\ 0.2 & 0.2 & 0.2 \end{bmatrix}.$$

Parece que P^n tiende a una matriz que tiene las tres columnas iguales. Si denotamos por π esta columna repetida, vemos que $\pi \mathbb{1}_3^T = \pi[1,1,1] = [\pi, \pi, \pi]$ es esta matriz límite. Además observa que las componentes de π son positivas y suman 1. Esto último se puede escribir como

$$1 = 0.2 + 0.6 + 0.2 = [1,1,1] \begin{bmatrix} 0.2 \\ 0.6 \\ 0.2 \end{bmatrix} = \mathbb{1}_3^T \pi.$$

Fin

El vector π del teorema 7.10 es en realidad el término estacionario de una cadena regular, como se ve en el siguiente teorema.

Teorema 7.11. El término estacionario de una matriz regular

Sea P la matriz de transición (de tamaño k) de una cadena de Márkov regular y sea $\pi \in \mathbb{R}^k$ el vector dado en el teorema 7.10. Entonces

a) Para cualquier distribución inicial de probabilidades $\mathbf{x}_0$, la sucesión $P^n \mathbf{x}_0$ tiende a π.

b) El vector π es el único que cumple $\mathbb{1}_k^T \pi = 1$ y $P\pi = \pi$.

DEMOSTRACIÓN.

a) Como $\mathbf{x}_n = P^n \mathbf{x}_0$, por el teorema 7.10, se obtiene $\lim_{n\to\infty} P^n \mathbf{x}_0 = (\pi \mathbb{1}_k^T)\mathbf{x}_0 = \pi(\mathbb{1}_k^T \mathbf{x}_0)$. Pero, como $\mathbf{x}_0$ es un vector de probabilidades, la suma de sus componentes es 1, luego, $\mathbb{1}_k^T \mathbf{x}_0 = 1$. Por tanto, $\lim_{n\to\infty} P^n \mathbf{x}_0 = \pi$.

b) Primero veamos que π cumple las dos condiciones del apartado b).

Aunque la propiedad $\mathbb{1}_k^T \pi = 1$ viene dada por el teorema 7.10, la vamos a demostrar. Ya que P es una matriz estocástica, se cumple $\mathbb{1}_k^T P = \mathbb{1}_k^T$ y, de aquí, es fácil ver que $\mathbb{1}_k^T P^n = \mathbb{1}_k^T$ para todo $n \in \mathbb{N}$. Si hacemos tender n a infinito, $\mathbb{1}_k^T \pi \mathbb{1}_k^T = \mathbb{1}_k^T$, de donde $(1 - \mathbb{1}_k^T \pi)\mathbb{1}_k^T = \mathbf{0}$. Luego $1 - \mathbb{1}_k^T \pi = 0$.

Podemos ver el límite $\lim_{n\to\infty} P^{n+1}$ de dos maneras distintas. Directamente como P^m cuando m tiende a infinito, que es $\pi \mathbb{1}_k^T$; y también como $\lim_{n\to\infty} P^{n+1} = \lim_{n\to\infty} PP^n = P\pi\mathbb{1}_k^T$. Por tanto, igualando las dos expresiones del límite, $\pi\mathbb{1}_k^T = P\pi\mathbb{1}_k^T$. Luego $(P\pi - \pi)\mathbb{1}_k^T = 0$ y, por tanto, $P\pi = \pi$.

Sea ahora $\mathbf{w}$ un vector que cumple $\mathbb{1}_k^T \mathbf{w} = 1$ y $P\mathbf{w} = \mathbf{w}$. Es fácil ver que $P^n\mathbf{w} = \mathbf{w}$ para todo n, y, haciendo $n \to \infty$, se tiene $\pi \mathbb{1}_k^T \mathbf{w} = \mathbf{w}$. Como $\mathbb{1}_k^T \mathbf{w} = 1$, entonces $\pi = \mathbf{w}$. □

Ejercicio 7.15. Sea P la matriz de transición (de tamaño k) de una cadena de Márkov regular y sea $\mathbf{u} \in \mathbb{R}^k$ que cumple $\mathbf{u}^T P = \mathbf{u}^T$. Prueba que existe $c \in \mathbb{R}$ tal que $\mathbf{u} = c\mathbb{1}_k$.

Observa que una consecuencia inmediata del teorema 7.11 es que solo hay un vector de probabilidades π que cumple $P\pi = \pi$, en otras palabras: el término estacionario de una cadena regular es el único vector propio asociado a 1 tal que la suma de sus componentes es 1. Y además este término estacionario es independiente de la condición inicial.

Observa que los teoremas 7.5 y 7.11 son en cierta manera parecidos. La ventaja del teorema 7.11 es que no es necesario comprobar la diagonalizabilidad de la matriz de transición, que suele resultar arduo; pero habría que comprobar la regularidad de la cadena.

Ejemplo 7.21. Considera la matriz de transición de la primera cadena del ejemplo 7.18. Pretendemos calcular el término estacionario con el menor esfuerzo posible.

En primer lugar, ya vimos que es regular. Por tanto, el término estacionario existe y no depende de la distribución inicial. Este término estacionario es el único vector propio asociado a $\lambda = 1$ cuyas componentes suman 1. Los vectores propios asociados a $\lambda = 1$ se calculan con $(P - I_3)\mathbf{x} = \mathbf{0}$, es decir,

$$\begin{bmatrix} -0.3 & 0.1 & 0 \\ 0.1 & -0.1 & 0.2 \\ 0.2 & 0 & -0.2 \end{bmatrix} \begin{bmatrix} x \\ y \\ z \end{bmatrix} = \begin{bmatrix} 0 \\ 0 \\ 0 \end{bmatrix}.$$

La solución de este sistema es $[x, 3x, x]^T$, siendo x arbitrario. Como la suma de las componentes es 1, entonces $1 = x + 3x + x = 5x$, luego, $x = 0.2$. Por tanto, el término estacionario es $\pi = [0.2, 0.6, 0.2]^T$. ______ **Fin**

7.6.2. Cadenas irreducibles no regulares

El siguiente ejemplo aclara el comportamiento de una cadena irreducible no regular.

Ejemplo 7.22. Considera la siguiente cadena para $0 < p < 1$ y $q = 1 - p$.

$$\underbrace{\begin{bmatrix} a_{n+1} \\ b_{n+1} \end{bmatrix}}_{\mathbf{x}_{n+1}} = \underbrace{\begin{bmatrix} 0 & 1 \\ 1 & 0 \end{bmatrix}}_{P} \underbrace{\begin{bmatrix} a_n \\ b_n \end{bmatrix}}_{\mathbf{x}_n}, \qquad \begin{bmatrix} a_0 \\ b_0 \end{bmatrix} = \begin{bmatrix} p \\ q \end{bmatrix}. \tag{7.15}$$

La matriz de esta cadena ya ha aparecido en el ejemplo 7.19, en donde vimos que es irreducible, pero no regular. Otra manera de ver que esta cadena no es regular es estudiar "a lo bruto" su comportamiento. Puesto que

$$(a_n)_{n=0}^{\infty} = (p, q, p, q, p, \ldots), \qquad (b_n)_{n=0}^{\infty} = (q, p, q, p, q, \ldots),$$

vemos que, si $p \neq q$, entonces no existen $\lim_{n\to\infty} a_n$ ni $\lim_{n\to\infty} b_n$, lo que contradiría el teorema 7.11 si la cadena fuera regular.

Pero este ejemplo muestra un comportamiento oculto. Veámoslo con un ejemplo: un curso de universidad tiene dos grupos A y B. Sean A_n y B_n el número de alumnos que van a los grupos A y B, respectivamente, en el mes n. Si a_n y b_n es la probabilidad de que un alumno vaya a los grupos A y B, respectivamente, en el mes n, entonces $a_n = A_n/N$ y $b_n = B_n/N$, siendo N el número total de alumnos.

Por los motivos que sean, al final de cada mes, todos los alumnos se cambian de grupo; por lo que se verifica la igualdad (7.15). Si hallamos el número medio de los alumnos que estudian en el grupo A,

$$A_0 = Np, \qquad \frac{A_0 + A_1}{2} = N\frac{p+q}{2} = \frac{N}{2}, \qquad \frac{A_0 + A_1 + A_2}{3} = N\frac{p+q+p}{3} = N\frac{1+p}{3}, \qquad \ldots$$

En general,

$$\frac{A_0 + A_1 + \cdots + A_n}{n+1} = \begin{cases} \dfrac{N}{2} & \text{si } n \text{ es impar,} \\[2ex] N\dfrac{n/2 + p}{n+1} & \text{si } n \text{ es par.} \end{cases}$$

Por lo que

$$\lim_{n\to\infty} \frac{A_0 + A_1 + \cdots + A_n}{n+1} = \frac{N}{2}.$$

Por tanto, el promedio de los alumnos que estudian en el grupo A cuando n es grande tiende a $N/2$. Algo similar ocurre con el grupo B.

Puedes ver que existe $\lim_{n\to\infty}(A_0 + A_1 + \cdots + A_n)/(n+1)$; pero no $\lim_{n\to\infty} A_n$. ______ **Fin**

Se puede probar (es algo difícil) que, si x_n es una sucesión convergente a L, entonces existe $\lim_{n\to\infty}(x_0 + x_1 + \cdots + x_n)/(n+1)$ y este límite vale L.

El siguiente resultado es muy útil.

Teorema 7.12. Cadenas irreducibles y vector propio asociado a 1

Si P es la matriz de transición de una cadena irreducible, entonces existe un único vector de probabilidades $\mathbf{w}$ tal que $P\mathbf{w} = \mathbf{w}$.

DEMOSTRACIÓN. Sea $Q = \frac{1}{2}(P + I_k)$, donde k es el tamaño de P. Trivialmente, la matriz Q es estocástica, ya que las entradas de Q son mayores o iguales que 0 y $\mathbb{1}_k^T Q = \frac{1}{2}(\mathbb{1}_k^T P + \mathbb{1}_k^T I_k) = \mathbb{1}_k^T$.

Es evidente que la cadena asociada a Q es irreducible, ya que la cadena asociada a P es irreducible (se añaden aristas al grafo asociado a P). Como la cadena asociada a Q es irreducible, entonces se puede ir desde cualquier estado i a cualquier otro j en un número de pasos. Sea n_{ij} el menor de estos números y sea N el mayor de todos los n_{ij}. Vamos a ver que se puede ir desde cualquier estado i hasta cualquier otro estado j en N pasos. Si $n_{ij} = N$, es claro. Si $n_{ij} < N$, podemos ir desde i hasta j con n_{ij} pasos, y como la entrada (j, j) de Q es estrictamente positiva (por la definición de Q), mediante un número apropiado de pasos que empiezan en j y acaban en j, podemos ir desde i hasta j con N pasos. Por tanto, todas las entradas de Q^N son positivas y, así, la cadena asociada a Q es regular.

Por el teorema 7.11 existe un único vector $\mathbf{w}$ de probabilidades que cumple $Q\mathbf{w} = \mathbf{w}$, y, por la definición de Q, se tiene $(P + I_k)\mathbf{w} = 2\mathbf{w}$, o simplificando $P\mathbf{w} = \mathbf{w}$.

Si $\mathbf{u}$ es un vector de probabilidades que cumple $P\mathbf{u} = \mathbf{u}$, por la definición de Q, se cumple $(2Q - I_k)\mathbf{u} = \mathbf{u}$; es decir, $Q\mathbf{u} = \mathbf{u}$, y por la unicidad del teorema 7.11, se tiene $\mathbf{u} = \mathbf{w}$. □

Ejercicio 7.16. Si P es la matriz de transición de una cadena irreducible de tamaño k y si el vector $\mathbf{x} \in \mathbb{R}^k$ cumple $\mathbf{x}^T = \mathbf{x}^T P$, prueba que $\mathbf{x}$ es un múltiplo escalar de $\mathbb{1}_k$. *Ayuda:* observa que la demostración del teorema anterior se ha basado en el teorema 7.11. ¿Hay algún resultado de cadenas regulares parecido al ejercicio propuesto?

El siguiente resultado es importante en el estudio de las cadenas irreducibles (dejaremos la demostración para más adelante).

Teorema 7.13. Cadenas irreducibles

Sea P la matriz de transición de una cadena irreducible de tamaño k. Existe $\pi \in \mathbb{R}^k$ tal que

$$\lim_{n\to\infty} \frac{1}{n+1}(I_k + P + \cdots + P^n) = \pi \mathbb{1}_k^T.$$

Como $\pi \mathbb{1}_k^T$ es la matriz cuadrada cuyas columnas son todas iguales a π, entonces:

$$\text{Entrada } (i, j) \text{ de } \lim_{n\to\infty} \frac{1}{n+1}(I_k + P + \cdots + P^n) = \text{Coordenada } i\text{-ésima de } \pi.$$

La interpretación de la matriz $\frac{1}{n+1}(I_k + P + \cdots + P^n)$ es la siguiente: su entrada (i,j) es la esperanza del promedio del número de veces que la cadena está en el estado i si ha salido del estado j en en los primeros n pasos. Lo que prueba la importancia del vector π del teorema anterior.

El problema ahora es encontrar de forma fácil el vector π que aparece en el teorema 7.13. El siguiente teorema nos dice cómo.

Teorema 7.14. Cadenas irreducibles y vector propio asociado a 1

Si P es la matriz de transición de una cadena irreducible de Márkov, entonces el vector $\mathbf{w}$ del teorema 7.12 coincide con el vector π del teorema 7.13.

DEMOSTRACIÓN. Sea k el tamaño de la matriz A. Como $P\mathbf{w} = \mathbf{w}$, se tiene $P^2\mathbf{w} = P(P\mathbf{w}) = P\mathbf{w} = \mathbf{w}$ y así sucesivamente para obtener $P^n\mathbf{w} = \mathbf{w}$ para todo $n \in \mathbb{N}$. Por tanto,

$$\frac{1}{n+1}(I_k + P + \cdots + P^n)\mathbf{w} = \frac{1}{n+1}(\underbrace{\mathbf{w} + \cdots + \mathbf{w}}_{n+1 \text{ veces}}) = \mathbf{w}.$$

Por otra parte, por el teorema 7.13 y como las componentes de $\mathbf{w}$ suman 1 ($\mathbb{1}_k^T\mathbf{w} = 1$):

$$\lim_{n\to\infty} \frac{1}{n+1}(I_k + P + \cdots + P^n)\mathbf{w} = \pi\mathbb{1}_k^T\mathbf{w} = \pi.$$

Comparando las dos últimas igualdades, $\mathbf{w} = \pi$. □

Ejemplo 7.23. Vamos a usar los teoremas anteriores para encontrar la esperanza del promedio (a largo plazo) del número de veces que la cadena está en el estado i si ha empezado en el estado j para la cadena del ejemplo 7.22, cuya matriz es

$$P = \begin{bmatrix} 0 & 1 \\ 1 & 0 \end{bmatrix}.$$

En primer lugar, por el teorema 7.13, existe $\lim_{n\to\infty} \frac{1}{n+1}(I_2 + P + \cdots + P^n)$. El teorema 7.14 permite hallar de forma sencilla este límite. El único vector π de probabilidades que cumple el teorema 7.13 cumple $P\pi = \pi$; es decir, π es un vector propio asociado a $\lambda = 1$. Por tanto:

$$(P - I_2)\pi = \mathbf{0} \quad \to \quad \begin{bmatrix} -1 & 1 \\ 1 & -1 \end{bmatrix}\begin{bmatrix} \pi_1 \\ \pi_2 \end{bmatrix} = \begin{bmatrix} 0 \\ 0 \end{bmatrix} \quad \to \quad \pi_1 = \pi_2 \quad \to \quad \pi = \pi_1\begin{bmatrix} 1 \\ 1 \end{bmatrix}.$$

Como π es un vector de probabilidades, la suma de sus componentes es 1. Por tanto, $\pi_1 = 1/2$, y así, $\pi = [0.5, 0.5]^T$. Por el teorema 7.13,

$$\lim_{n\to\infty} \frac{1}{n+1}(I_2 + P + \cdots + P^n) = \pi\mathbb{1}_2^T = \begin{bmatrix} 0.5 \\ 0.5 \end{bmatrix}[1,1] = \begin{bmatrix} 0.5 & 0.5 \\ 0.5 & 0.5 \end{bmatrix}.$$

Esto indica que, independientemente de la condición inicial, la esperanza del promedio (a largo plazo) del número de veces que está en el estado 1 o en el 2 es 0.5. **Fin**

Ejercicio 7.17. Considera una cadena con 3 estados de forma que $a_{n+1} = c_n$, $b_{n+1} = a_n$, $c_{n+1} = b_n$. Halla la matriz de transición, P, y

$$\lim_{n\to\infty} \frac{1}{n}(I_3 + P + \cdots + P^n).$$

Generaliza el ejemplo 7.23 y este ejercicio para m estados.

7.7. Tiempo medio del primer paso para cadenas irreducibles

En esta sección consideraremos dos cantidades muy relacionadas en las cadenas irreducibles: el tiempo medio en volver a un estado y el tiempo medio de ir de un estado a otro.

7.7.1. Tiempo medio de transición

Si una cadena irreducible está en un estado dado, la probabilidad de que vaya a cualquier otro en un número aleatorio de pasos no es 0. Lo que vamos a estudiar ahora es el tiempo medio de transición de un estado a otro; es decir, estudiaremos el número promedio de pasos que tarda la cadena en ir de un estado a otro. La definición usa el concepto probabilístico de esperanza, que tiene una definición precisa; pero la idea intuitiva es la que hemos mencionado previamente: el número promedio de pasos que tarda la cadena en ir de un estado a otro.

Definición 7.6. Si una cadena irreducible comienza en el estado j, la esperanza del número de pasos para alcanzar el estado i (con $i \neq j$) se llama el **tiempo medio de transición** de j a i y se denotará a partir de ahora por m_{ij}. Por convención, $m_{ii} = 0$ para todo i.

Vamos a ver cómo se calcula el tiempo medio de transición de j a i. Formamos una nueva cadena obligando que i sea un estado absorbente. Si comenzamos desde el estado $j \neq i$, esta nueva cadena tiene exactamente el mismo comportamiento hasta que el estado i sea alcanzado. Esta nueva cadena, además, tiene un único estado absorbente, el i, que eventualmente siempre será alcanzado (puesto que la cadena original es irreducible)[27]. Resulta que podemos usar ahora el ejercicio 7.14 para calcular m_{ij}, el tiempo medio de transición del estado j al i.

Con el siguiente ejemplo se entenderá mejor.

Ejemplo 7.24. Considera la cadena de la figura 7.15a. Vamos a calcular el tiempo medio de transición del estado 1 al 4.

Tenemos que forzar que el estado 4 sea absorbente y aplicar el ejercicio 7.14. Puesto que para usar este ejercicio tenemos que colocar los estados absorbentes al principio, reordenamos los estados para que el 4 esté en la primera posición. Como el orden del resto de los estados

[27] Esta afirmación no es del todo exacta. Después del siguiente ejemplo se enunciará de forma precisa.

nos es indiferente, elegimos, por ejemplo, el orden 4-1-2-3. Observa que la matriz de transición de la cadena es

$$P = \begin{bmatrix} 0 & 0 & 1/2 & 1/2 \\ 0 & 0 & 1/2 & 1/2 \\ 1/2 & 1/2 & 0 & 0 \\ 1/2 & 1/2 & 0 & 0 \end{bmatrix} \begin{array}{l} \rightarrow \text{Estado } 4 \\ \rightarrow \text{Estado } 1 \\ \rightarrow \text{Estado } 2 \\ \rightarrow \text{Estado } 3 \end{array}$$

Si forzamos que el estado 4 sea absorbente, tenemos el grafo de la figura 7.15b, cuya matriz de transición es

$$\widehat{P} = \left[\begin{array}{c|ccc} 1 & 0 & 1/2 & 1/2 \\ \hline 0 & 0 & 1/2 & 1/2 \\ 0 & 1/2 & 0 & 0 \\ 0 & 1/2 & 0 & 0 \end{array}\right] = \begin{bmatrix} 1 & C \\ \mathbf{0} & B \end{bmatrix}.$$

Para usar el ejercicio 7.14 hay que calcular $\mathbb{1}_3^T(I_3-B)^{-1}$. Pero esto se puede hacer sin hallar la inversa de I_3-B. Si llamamos $[x,y,z] = \mathbb{1}_3^T(I_3-B)^{-1}$, entonces $[x,y,z](I_3-B) = \mathbb{1}_3^T$. Luego,

$$[1,1,1] = [x,y,z] \begin{bmatrix} 1 & -1/2 & -1/2 \\ -1/2 & 1 & 0 \\ -1/2 & 0 & 1 \end{bmatrix}.$$

La solución de este sistema es $x = 4$, $y = 3$, $z = 3$. Por tanto, $\mathbb{1}_3^T(I_3-B)^{-1} = [4,3,3]^T$. Por el ejercicio 7.14, el número medio de pasos hasta llegar a un estado absorbente si ha comenzado desde el estado 1 es 4. Por tanto, el tiempo medio de transición del estado 1 al 4 es 4 o, dicho de otro modo, $m_{41} = 4$. Análogamente podemos afirmar que $m_{42} = m_{43} = 3$. ________ **Fin**

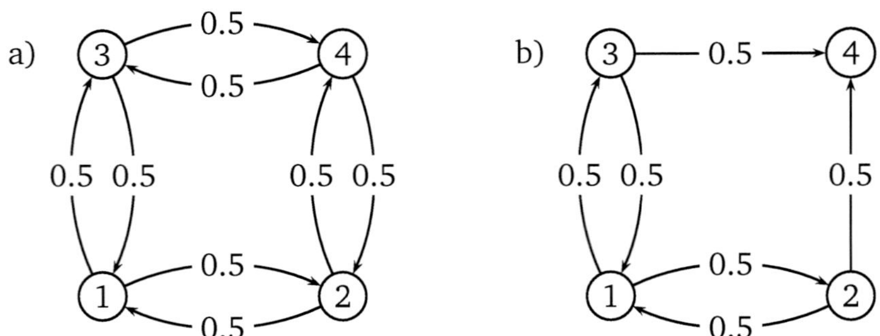

Figura 7.15. Grafos del ejemplo 7.24. El a) es el original y el b) es el resultado de haber obligado a que el estado 4 sea absorbente.

El truco de convertir un estado en absorbente permite resolver de forma sencilla el siguiente ejercicio.

Ejercicio 7.18. Considera un estado i de una cadena irreducible. Si p_n denota la probabilidad de que la cadena haya alcanzado el estado i en un número menor o igual que n pasos, prueba que $\lim_{n\to\infty} p_n = 1$. *Ayuda:* fuerza que el estado i sea absorbente y aplica el teorema 7.7.

7.7.2. Tiempo medio de regreso

Ahora estudiaremos el tiempo medio de regreso en cadenas irreducibles. Es decir, el tiempo medio que una cadena tarda en regresar a un estado. Es claro que podemos regresar, ya que si salimos de un estado i, en el siguiente paso llegamos a otro estado j; y por el ejercicio 7.18 se regresa al estado i.

Definición 7.7. Si una cadena irreducible comienza en un estado i, el número esperado de pasos para volver al estado i por primera vez se llama el **tiempo medio de regreso** del estado i. Se denota r_i.

El principal resultado del tiempo medio es el siguiente:

Teorema 7.15. Tiempo medio de regreso

Para una cadena irreducible, el tiempo medio de regreso del estado i es $r_i = 1/w_i$, donde w_i es la i-ésima componente proporcionada por el teorema 7.12.

La demostración de este resultado es un poco complicada y la dejaremos para el final del capítulo. Pero este resultado debe ser intuitivo en el caso de las cadenas regulares: el término estacionario es el vector proporcionado por el teorema 7.12. Si, por ejemplo, la cadena está en el estado i una de cada 5 veces, la componente i-ésima del término estacionario es $w_i = 1/5$. Pero, además, parece evidente que, si parte de i, por término medio debe regresar a i cada 5 pasos. Por tanto $r_i = 5$.

Ejemplo 7.25. Considera la matriz P del ejemplo 7.20. Como la cadena es regular (ya que todas las entradas de P^2 son positivas) es irreducible y podemos usar el teorema 7.15 (este teorema se puede usar aunque la cadena no sea regular) para hallar el tiempo medio de regreso. Para este fin, hay que hallar el vector $\mathbf{w}$ proporcionado por el teorema 7.12. Este vector $\mathbf{w}$ es un vector propio asociado a 1 y la suma de las componentes de $\mathbf{w}$ es 1. Se puede comprobar fácilmente que $\mathbf{w} = [0.2, 0.6, 0.2]^T$. Por tanto, $r_1 = 1/0.2 = 5$; $r_2 = 1/0.6 = 1.67$ y $r_3 = 1/0.2 = 5$. ______ **Fin**

7.8. Demostraciones

Vamos a denotar (en todas las demostraciones) k el tamaño de las matrices de transición. Recuerda que hemos denotado $\mathbb{1}_k = [1, 1, \ldots, 1]^T \in \mathbb{R}^k$.

DEMOSTRACIÓN DEL TEOREMA 7.3.

a) Observa que, como P es estocástica, $\mathbb{1}_k^T P = \mathbb{1}_k^T$. Luego $P^T \mathbb{1}_k = \mathbb{1}_k$. De aquí se deducen dos cosas: que 1 es un valor propio de P^T y que $\mathbb{1}_k$ es un vector propio de P (en realidad, esta última consecuencia no nos importa). Ya que los valores propios de una matriz coinciden con los valores propios de su transpuesta, obtenemos que 1 es un valor propio de P.

b) Si λ es un valor propio de P, lo es de P^T. Luego existe un vector propio $\mathbf{v}$ (no nulo) asociado a λ; es decir, $P^T\mathbf{v} = \lambda\mathbf{v}$. En otras palabras:

$$\underbrace{\begin{bmatrix} p_{11} & \cdots & p_{k1} \\ \vdots & \ddots & \vdots \\ p_{1k} & \cdots & p_{kk} \end{bmatrix}}_{P^T} \underbrace{\begin{bmatrix} v_1 \\ \vdots \\ v_k \end{bmatrix}}_{\mathbf{v}} = \lambda \begin{bmatrix} v_1 \\ \vdots \\ v_k \end{bmatrix}$$

Como $\mathbf{v} \neq \mathbf{0}$, existe una componente que en módulo es mayor o igual que las restantes y es distinta de 0. Sea v_j esta componente. De la igualdad anterior logramos:

$$p_{1j}v_1 + \cdots + p_{kj}v_k = \lambda v_j.$$

Recuerda que las entradas de P son mayores o iguales que 0, por tanto,

$$\begin{aligned} |\lambda||v_j| = |\lambda v_j| = |p_{1j}v_1 + \cdots + p_{kj}v_k| \leq p_{1j}|v_1| + \cdots + p_{kj}|v_k| \leq p_{1j}|v_j| + \cdots + p_{kj}|v_j| \\ = (p_{1j} + \cdots + p_{kj})|v_j|. \end{aligned}$$

Como la matriz P es estocástica, $p_{1j} + \cdots + p_{kj} = 1$ y, por tanto, $|\lambda||v_j| \leq |v_j|$. Si dividimos por $|v_j|$, se logra $|\lambda| \leq 1$. □

Demostración del teorema 7.9. Requiere saber lo que es una variable aleatoria y la definición de esperanza. Sean i, j dos estados no absorbentes. Supongamos que la cadena comienza en el estado j. Sea X_m la variable aleatoria que vale 1 si la cadena está en el estado i después de m pasos, y vale 0 en el otro caso. Por el teorema 7.1,

$$\mathrm{pr}(X_m = 1) = \text{Entrada } (i, j) \text{ de } B^m.$$

Esta igualdad también es cierta para $m = 0$ ya que $B^0 = I_s$. Por tanto,

$$\mathrm{E}(X_m) = 0\,\mathrm{pr}(X_m = 0) + 1\,\mathrm{pr}(X_m = 1) = \text{Entrada } (i, j) \text{ de } B^m.$$

El número esperado de veces que la cadena está en el estado i en los primeros n pasos es

$$\mathrm{E}(X_0 + X_1 + \cdots + X_n) = \mathrm{E}(X_0) + \mathrm{E}(X_1) + \cdots + \mathrm{E}(X_n) = \text{Entrada } (i, j) \text{ de } I_s + B + \cdots + B^n. \quad (7.16)$$

Como ya vimos justo después del teorema 7.7, se cumple $\lim_{n\to\infty} B^n = 0$ y $I_s + B + \cdots + B^n = (I_s - B^{n+1})(I_s - B)^{-1}$. Haciendo tender $n \to \infty$ en (7.16), se obtiene que el número esperado de veces que la cadena está en el estado i es la entrada (i, j) de $(I_s - B)^{-1}$. □

Demostración del teorema 7.13. La demostración es un poco extensa, por lo que la dividiremos en tres pasos diferenciados

Paso 1. La matriz $I_k - P + \mathbf{w}\mathbb{1}_k^T$ es invertible, siendo $\mathbf{w}$ el vector dado en el teorema 7.12. Sea $\mathbf{x} \in \mathbb{R}^k$ que cumple

$$\mathbf{x}^T(I_k - P + \mathbf{w}\mathbb{1}_k^T) = \mathbf{0}. \tag{7.17}$$

Para probar este paso es suficiente demostrar que $\mathbf{x}$ debe ser $\mathbf{0}$. Si multiplicamos (7.17) por $\mathbf{w}$ por la derecha, tenemos que $\mathbf{x}^T(I_k - P + \mathbf{w}\mathbb{1}_k^T)\mathbf{w} = \mathbf{0}$. Ahora, por el teorema 7.12, se tiene $P\mathbf{w} = \mathbf{w}$ y $\mathbb{1}_k^T\mathbf{w} = 1$ (ya que la suma de las componentes de $\mathbf{w}$ es 1) y, por tanto, se tiene

$$\mathbf{x}^T\mathbf{w} = 0. \tag{7.18}$$

Combinando (7.17) con (7.18), se logra $\mathbf{x}^T(I_k - P) = \mathbf{0}$ o, equivalentemente,

$$\mathbf{x}^T = \mathbf{x}^T P. \tag{7.19}$$

Por el ejercicio 7.16 (en la página 223), existe un número real c tal que $\mathbf{x} = c\mathbb{1}_k$. Usando de nuevo (7.18), se logra $0 = \mathbf{x}^T\mathbf{w} = c\mathbb{1}_k^T\mathbf{w} = c$. Luego, $\mathbf{x} = c\mathbb{1}_k^T = \mathbf{0}$.

Paso 2. Demostración de

$$\left(I_k + P + \cdots + P^{n-1}\right)\left(I_k - P + \mathbf{w}\mathbb{1}_k^T\right) = I_k - P^n + n\mathbf{w}\mathbb{1}_k^T \qquad \text{para todo } n \in \mathbb{N}. \tag{7.20}$$

Evidentemente

$$\begin{aligned}&(I_k + P + \cdots + P^{n-2} + P^{n-1})(I_k - P) \\ &\qquad = (I_k + P + \cdots + P^{n-2} + P^{n-1}) - (P + P + \cdots + P^{n-1} + P^n) = I_k - P^n.\end{aligned}$$

A partir de $P\mathbf{w} = \mathbf{w}$ es muy fácil deducir $P^n\mathbf{w} = \mathbf{w}$ para cualquier n. Luego

$$(I_k + P + \cdots + P^{n-1})\mathbf{w} = n\mathbf{w}.$$

Ahora la igualdad (7.20) debe ser evidente.

Último paso. Del primer paso y de la igualdad (7.20) se obtiene que

$$\frac{1}{n}\left(I_k + P + \cdots + P^{n-1}\right) = \frac{1}{n}(I_k - P^n)(I_k - P + \mathbf{w}\mathbb{1}_k^T)^{-1} + \mathbf{w}\mathbb{1}_k^T(I_k - P + \mathbf{w}\mathbb{1}_k^T)^{-1}. \tag{7.21}$$

Como P es estocástica, $\mathbb{1}_k^T P = \mathbb{1}_k^T$ y, como las columnas de $\mathbf{w}$ suman 1, $\mathbb{1}_k^T\mathbf{w} = 1$. Luego,

$$\mathbf{w}\mathbb{1}_k^T(I_k - P + \mathbf{w}\mathbb{1}_k^T) = \mathbf{w}\mathbb{1}_k^T - \mathbf{w}\mathbb{1}_k^T P + \mathbf{w}\mathbb{1}_k^T\mathbf{w}\mathbb{1}_k^T = \mathbf{w}\mathbb{1}_k^T,$$

y como $I_k - P + \mathbf{w}\mathbb{1}_k^T$ es invertible, $\mathbf{w}\mathbb{1}_k^T = \mathbf{w}\mathbb{1}_k^T(I_k - P + \mathbf{w}\mathbb{1}_k^T)^{-1}$. Luego, (7.21) se simplifica a

$$\frac{1}{n}\left(I_k + P + \cdots + P^{n-1}\right) = \frac{1}{n}(I_k - P^n)(I_k - P + \mathbf{w}\mathbb{1}_k^T)^{-1} + \mathbf{w}\mathbb{1}_k^T \tag{7.22}$$

Todas las entradas de P^n están en $[0,1]$ (por el teorema 7.1, las entradas de P^n son probabilidades), luego las entradas de $I_k - P^n$ están en $[0,1]$. Por tanto, $n^{-1}(I_k - P^n)$ tiende a la matriz nula cuando $n \to \infty$. Luego, de (7.22) se obtiene que

$$\lim_{n\to\infty} \frac{1}{n}\left(I_k + P + \cdots + P^{n-1}\right) = \mathbf{w}\mathbb{1}_k^T$$

Con lo que el teorema 7.13 queda demostrado. □

DEMOSTRACIÓN DEL TEOREMA 7.15. Se requiere conocer lo que es una variable aleatoria y su esperanza. También se usa el teorema de las probabilidades totales.

Necesitamos desarrollar algunas propiedades del tiempo medio de transición. Aunque ya vimos cómo se calcula el tiempo medio de transición, veamos ahora otra expresión. Recuerda que, si $P = (p_{rs})$ es la matriz de transición de la cadena, entonces la probabilidad de que la cadena vaya del estado s al r en un solo paso es p_{rs}. Sea N_{rs} la variable aleatoria que representa el menor número de pasos que se necesita para llegar a r saliendo desde s. Sea m_{rs} la esperanza de N_{rs} (el tiempo medio de transición de s a r). Denotaremos como siempre el tamaño de la cadena por k.

Paso 1. Demostración de

$$\text{Si } i \neq j, \text{ entonces } m_{ij} = 1 + \sum_{s=1}^{k} m_{is} p_{sj}. \tag{7.23}$$

Si usamos la definición de la esperanza de una variable aleatoria, como N_{ij} puede tomar los valores 1,2, ..., entonces

$$m_{ij} = \mathrm{E}(N_{ij}) = \sum_{n=1}^{\infty} n \,\mathrm{pr}(N_{ij} = n) = \mathrm{pr}(N_{ij} = 1) + \sum_{n=2}^{\infty} n \,\mathrm{pr}(N_{ij} = n).$$

Si $i \neq j$, se puede ir desde j hasta i de dos maneras distintas: directamente o pasando por un estado $s \neq i$ (puede ocurrir que $s = j$). Esta es la idea de la última igualdad.

¿Qué significa $N_{ij} = 1$? Que el menor número de pasos para ir de j a i es 1, es decir, que se ha ido en un solo paso de j a i y, por tanto, $\mathrm{pr}(N_{ij} = 1) = p_{ij}$.

Si $N_{ij} \geq 2$, entonces se necesitan al menos dos pasos para ir de j a i, por tanto, la cadena es $j \to s \to \cdots \to i$, siendo $s \neq i$. Por tanto, si $n \geq 2$, por el teorema de las probabilidades totales,

$$\mathrm{pr}(N_{ij} = n) = \sum_{s\neq i} \mathrm{pr}(N_{is} = n-1)\,\mathrm{pr}(\text{ir de } j \text{ a } s \text{ en un solo paso}) = \sum_{s\neq i} \mathrm{pr}(N_{is} = n-1) p_{sj}.$$

Por tanto,

$$m_{ij} = p_{ij} + \sum_{n=2}^{\infty} n \sum_{s\neq i} \mathrm{pr}(N_{is} = n-1) p_{sj} = p_{ij} + \sum_{s\neq i} p_{sj} \sum_{n=2}^{\infty} n \,\mathrm{pr}(N_{is} = n-1).$$

En el sumatorio interno hacemos el "cambio de variables" $n-1=m$:

$$\sum_{n=2}^{\infty} n\,\mathrm{pr}(N_{is}=n-1)=\sum_{m=1}^{\infty}(m+1)\,\mathrm{pr}(N_{is}=m)=\sum_{m=1}^{\infty} m\,\mathrm{pr}(N_{is}=m)+\sum_{m=1}^{\infty}\mathrm{pr}(N_{is}=m).$$

Como la variable aleatoria N_{is} toma los valores 1, 2, ..., entonces $1=\sum_{m=1}^{\infty}\mathrm{pr}(N_{is}=m)$ y $\mathrm{E}(N_{is})=\sum_{m=1}^{\infty} m\,\mathrm{pr}(N_{is}=m)$. Por lo que

$$\sum_{n=2}^{\infty} n\,\mathrm{pr}(N_{is}=n-1)=\mathrm{E}(N_{is})+1=m_{is}+1.$$

Y así,

$$m_{ij}=p_{ij}+\sum_{s\neq i} p_{sj}(m_{is}+1)=p_{ij}+\sum_{s\neq i} p_{sj}+\sum_{s\neq i} m_{is}p_{sj}.$$

Puesto que P es estocástica, $p_{1j}+\cdots+p_{nj}=1$ y, por convenio, se supuso $m_{ii}=0$. Por tanto, de la igualdad anterior se deduce (7.23).

Paso 2. Demostración de

$$r_i=1+\sum_{s=1}^{k} m_{is}p_{si}. \tag{7.24}$$

Sea M_i la variable aleatoria que representa el menor número de pasos necesarios para volver al estado i. Igual que antes, tenemos

$$r_i=\mathrm{E}(M_i)=\mathrm{pr}(M_i=1)+\sum_{n=2}^{\infty} n\,\mathrm{pr}(M_i=n).$$

Como $M_i=1$ si y solo si la transición ha sido $i\to i$ (se ha necesitado un solo paso para regresar a i), entonces $\mathrm{pr}(M_i=1)=p_{ii}$. Si $M_i>1$, entonces la transición ha sido $i\to s\to\cdots\to i$, siendo $s\neq i$. Como la probabilidad del primer paso es p_{si} y luego tiene que volver a i (desde s), entonces

$$\begin{aligned}
\sum_{n=2}^{\infty} n\,\mathrm{pr}(M_i=n) &= \sum_{n=2}^{\infty} n\sum_{s\neq i} p_{si}\,\mathrm{pr}(N_{is}=n-1)\\
&=\sum_{m=1}^{\infty}(m+1)\sum_{s\neq i} p_{si}\,\mathrm{pr}(N_{is}=m)\\
&=\sum_{s\neq i} p_{si}\left(\sum_{m=1}^{\infty} m\,\mathrm{pr}(N_{is}=m)+\sum_{m=1}^{\infty}\mathrm{pr}(N_{is}=m)\right)\\
&=\sum_{s\neq i} p_{si}\,(\mathrm{E}(N_{is})+1)=\sum_{s\neq i} p_{si}(m_{is}+1).
\end{aligned}$$

Por tanto, puesto que $m_{ii} = 0$,

$$r_i = p_{ii} + \sum_{s\neq i} p_{si}(m_{is} + 1) = \sum_{s=1}^{k} p_{si} + \sum_{s=1}^{k} p_{si} m_{is} = 1 + \sum_{s=1}^{k} p_{si} m_{is},$$

lo que prueba (7.24).

Paso 3. Escribir de forma matricial las igualdades (7.23) y (7.24).

Si llamamos $M = [m_{ij}]$, observa que $\sum_{s=1}^{k} m_{is} p_{sj}$ es la entrada (i, j) de la matriz MP. Si llamamos U_k a la matriz $k \times k$ cuyas entradas todas valen 1 y si R es la matriz diagonal cuyos valores son $r_1, \ldots, r_k$, entonces las igualdades (7.23) y (7.24) pueden escribirse de forma conjunta como:

$$M + R = U_k + MP. \tag{7.25}$$

Último paso. Como la cadena es irreducible, podemos aplicar el teorema 7.12 y encontrar un vector de probabilidades $\mathbf{w}$ que cumple $P\mathbf{w} = \mathbf{w}$. Si multiplicamos (7.25) por $\mathbf{w}$ tenemos $M\mathbf{w} + R\mathbf{w} = U_k\mathbf{w} + MP\mathbf{w}$. Como $P\mathbf{w} = \mathbf{w}$, entonces $R\mathbf{w} = U_k\mathbf{w}$. Como $\mathbf{w}$ es un vector de probabilidades, la suma de sus componentes es 1, por lo que es fácil deducir que todas las componentes del vector $U_k\mathbf{w}$ valen 1 (debido también a que todas las entradas de la matriz U_k valen 1). Por tanto, todas las componentes de $R\mathbf{w}$ valen 1, de donde es trivial deducir que $r_i w_i = 1$ para todo i. □

Ejercicio 7.19. Se podría pensar que de (7.25) se puede obtener M a partir de R, puesto que $M(I_k - P) = U_k - R$ y, de aquí, $M = (U_k - R)(I_k - P)^{-1}$. Pero este último paso es erróneo. Prueba que la matriz $I_k - P$ **nunca** es invertible.

7.9. Ejercicios

1. El clima de una región se modela (de forma muy simple y nada real) de la siguiente manera: hay tres posibles tipos de días: soleados, lluviosos y con nieve. Nunca hay dos días soleados seguidos. Si hay un día soleado, hay la misma probabilidad de que llueva o nieve al día siguiente. Si llueve o nieva, hay un 50 % de probabilidades de que no cambie la situación al día siguiente, y hay un 25 % de probabilidades de que el día siguiente sea soleado.

   a) Halla la matriz de transición.

   b) Si un lunes está soleado, ¿cuál es la probabilidad de que el miércoles siguiente esté soleado?

   c) Dibuja el grafo asociado.

2. Sea P una matriz estocástica y $\mathbf{x}$ un vector columna cuyas componentes suman 1. Prueba que $P\mathbf{x}$ es un vector cuyas componentes suman 1.

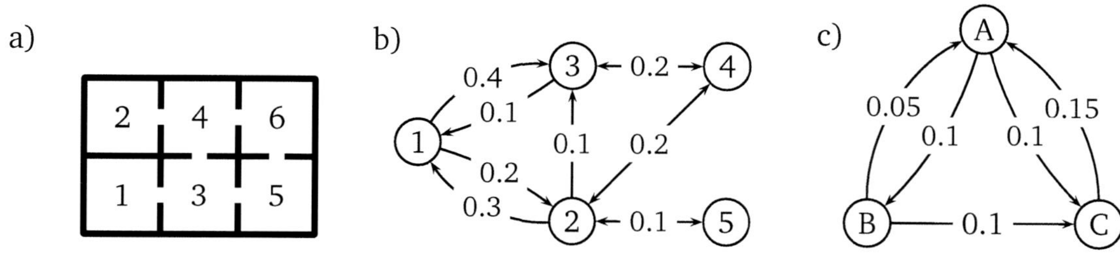

Figura 7.16.

3. Prueba que, si P y Q son matrices estocásticas, entonces $(P+Q)/2$ es otra matriz estocástica. Generaliza esta propiedad para m matrices estocásticas.

4. Una sala de exposiciones tiene 6 habitaciones como muestra la figura 7.16a. Cada hora, un vigilante cambia de una habitación a otra contigua de manera aleatoria y equiprobable sin permanecer dos horas en la misma habitación.

   a) Modela esta situación como una cadena de Márkov y halla su matriz de transición, llámala P.

   b) Si ha comenzado desde la habitación 2, después de 4 horas, ¿cuál es la probabilidad de que esté en la habitación 3?

   c) Si el vigilante puede permanecer en la misma habitación, pero manteniendo la equiprobabilidad, hay que cambiar la matriz de transición Por ejemplo, si está en la habitación 6, la probabilidad de ir a la habitación 5 o 4 y quedarse en la habitación 6 es $1/3$. Halla esta nueva matriz de transición, llámala Q e intenta descubrir una relación entre P y Q.

5. Modela como una cadena de Márkov el grafo de la figura 7.16b.

6. Sea la siguiente matriz

$$P = \begin{bmatrix} 1 & 1/2 & 1/3 \\ 0 & 1/2 & 1/3 \\ 0 & 0 & 1/3 \end{bmatrix}.$$

   a) Calcula (con un programa de ordenador si quieres) P^2 y P^3. ¿Qué observas?

   b) ¿Hacia qué matriz tiende P^n cuando $n \to \infty$?

7. Recuerda que $\mathbb{1}_k$ es el vector de $\mathbb{R}^k$ todo formado por unos. Demuestra que la matriz $P = \frac{1}{n}\mathbb{1}_k\mathbb{1}_k^T$ es estocástica y calcula P^2. Interpreta este resultado en términos de cadenas de Márkov y probabilidades.

8. En el ejemplo 7.4 se supuso que, cuando la persona llega a 0 o $m+1$, se queda ahí para siempre. Cambia este ejemplo para que, si la persona llega a 0, entonces en el instante

posterior pase a 1, y si la persona llega a $m+1$, entonces en el instante posterior regrese a m. Halla la matriz de transición.

9. Modifica el ejemplo 7.4 para que, cuando la persona llegue a 0, pueda ir a 1 o bien a $m+1$, y si la persona llega a $m+1$, entonces pueda ir a m o a 0. Halla la matriz de transición.

10. En el modelo de Ehrenfest (ejemplo 7.6, página 200), considera 5 bolas e inicialmente 2 bolas en la urna A. Si p_n es la probabilidad de que haya solo una bola en la urna A tras n iteraciones, halla p_n para $n = 1, 2, 3, 4, 5$. Puedes usar un programa de ordenador si lo prefieres.

11. Antiguamente (y desafortunadamente) solo los hombres podían ir a la universidad. Imagina un país con dos universidades, A y B. Supón que el 80 % de los hijos de los que estudiaron en A estudiará en A, y el resto, en B. El 40 % de los hijos de los que estudiaron en B estudiará en B, el 20 %, en A, y el resto no estudia. El 70 % de los hijos de los que no estudiaron no estudiarán, el 20 % estudiará en A, y el 10 %, en B.

    a) ¿Cuáles son las probabilidades de que el nieto de un hombre que estudió en A estudie en A o en B?, ¿y de que no estudie? (observa que la suma de estas tres probabilidades debe ser 1).
    b) Prueba que el término estacionario existe y hállalo. Si haces las cuentas a mano, te resultará útil observar que 1 es siempre un valor propio de toda matriz estocástica.

12. En un país existen 3 partidos políticos, A, B y C. Un votante de A tiene una probabilidad de votar a A en la próxima elección de 0.60, de votar a B con probabilidad 0.2 y de votar a C con probabilidad 0.2. Si el votante es de B, en la próxima votación vota a B con probabilidad de 0.5, vota a A con probabilidad de 0.3 y vota a C con probabilidad de 0.2. Si el votante es de C, mantiene su voto con probabilidad 0.4, cambia a A o a B con probabilidad 0.3.

    a) Modela este problema mediante una cadena de Márkov. En concreto dibuja el grafo asociado y halla su matriz de transición.
    b) ¿Cuál es la probabilidad de que un votante de A, al cabo de dos votaciones, vote a B?

13. Modela como una cadena de Márkov el grafo de la figura 7.16c. Halla, si existe, el término estacionario.

14. Considera la matriz estocástica

$$P = \frac{1}{4}\begin{bmatrix} 1 & 2 & 1 \\ 2 & 1 & 1 \\ 1 & 1 & 2 \end{bmatrix}.$$

    a) Dibuja el grafo asociado a la cadena de Márkov cuya matriz de transición es P.

b) Calcula P^n y $\text{lím}_{n\to\infty} P^n$.

c) Calcula el término estacionario (si lo tuviera). ¿Es independiente de la condición inicial?

15. Considera el ejercicio 1. Si un día es soleado,

a) ¿cuál es la probabilidad de que el día n esté soleado?

b) ¿Tiene término estacionario? ¿Cuál?

c) Cambia la condición inicial por otra cualquiera y responde de nuevo al apartado b).

16. Considera la matriz

$$P = \begin{bmatrix} 0.2 & 0 & 0.8 \\ 0.8 & 0.2 & 0 \\ 0 & 0.8 & 0.2 \end{bmatrix}.$$

Calcula $\text{lím}_{n\to\infty} \mathbf{v}_n$ si $\mathbf{v}_0$ es cualquier vector de probabilidades.

17. Calcula el término estacionario (si lo tuviera) para la cadena del ejercicio 11.

18. En el ejemplo 7.3 considera $p = q = r$ y $s_1 = s_2 = s_3$.

a) Halla la probabilidad de que una persona complete el videojuego.

b) Encuentra el número medio de partidas que juega una persona que, o bien completa el videojuego, o bien lo abandona.

19. Considera el ejemplo 7.4, pero tomando $p = q = 1/2$. En este problema vamos a encontrar la probabilidad de que, partiendo del estado i, se llegue al estado $m+1$. Vamos a hacerlo en varios pasos. Obviamente, si r es la probabilidad de que se llegue al estado $m+1$, entonces $1-r$ es la probabilidad de que se llegue a 0.

a) Si $m = 2$, obtén que la probabilidad de que llegue al estado $m+1$ si ha partido de los estados 1 y 2 son $1/3$ y $2/3$, respectivamente.

b) Si $m = 3$, obtén que la probabilidad de que llegue al estado $m+1$ si ha partido de los estados 1, 2 y 3 son $1/4$, $2/4$ y $3/4$, respectivamente.

¿Observas algo? Muchas veces, si tenemos un "candidato", es mucho más simple.

c) Prueba que, para m arbitrario, la probabilidad de que llegue al estado $m+1$ si ha partido del estado i es $i/(m+1)$.

20. Repite los apartados a) y b) del ejercicio anterior, pero tomando $p = 1/3$ y $q = 2/3$. Observa las diferencias entre ambas soluciones y justifícalas cuantitativamente.

21. Considera el ejemplo 7.4, pero supón que la probabilidad de permanecer en el mismo sitio es ε, mientras que la probabilidad de ir a la derecha y a la izquierda es $(1-\varepsilon)/2$. También supondremos que los estados 0 y $m+1$ son absorbentes.

   a) Si Q es la matriz de transición de este ejercicio y P la matriz de transición del ejercicio 21, prueba que $Q=(1-\varepsilon)P+\varepsilon I_{m+2}$.

   b) Aprovecha el apartado anterior y el ejercicio 21 para probar que la probabilidad de que llegue al estado $m+1$ si ha partido del i es $i/(m+1)$.

22. Considera el ejemplo 7.4 tomando $p=1/2$.

   a) Si $m = 3$, halla el número medio de pasos que se da hasta que la cadena queda atrapada en alguno de los dos estados absorbentes si ha comenzado desde el estado 1, 2 o 3.

   b) Vamos a generalizar el apartado anterior. Para ello, vamos a ver si logramos primero conjeturar una expresión para m arbitrario y así tener un "candidato". Para $m=4$, 5 y 6 (no hace falta que lo hagas, pues los cálculos son similares al apartado anterior) tenemos

m	4	5	6
Si ha comenzado desde 1	4	5	6
Si ha comenzado desde 2	6	8	10
Si ha comenzado desde 3	6	9	12
Si ha comenzado desde 4	4	8	12
Si ha comenzado desde 5		5	10
Si ha comenzado desde 6			6
	$\mathbf{v}_4$	$\mathbf{v}_5$	$\mathbf{v}_6$

Lo primero es ver que, si $\mathbf{v}_m$ denota el vector en donde guardamos el número medio de pasos hasta que la cadena queda atrapada, entonces $\mathbf{v}_m$ debe tener m coordenadas, pues puede la cadena salir desde los estados $1,\dots,m$.

Vamos a conjeturar una expresión para $\mathbf{v}_m$. Parece que su primera y última coordenada deberían valer m. También parece que cada $\mathbf{v}_m$ debería tener una especie de simetría central. Por último, las coordenadas de mayor valor son las centrales, hecho que debería ser intuitivo, pues comenzar lejos de los estados absorbentes debe implicar que el tiempo hasta que la cadena llegue a los estados absorbentes es mayor.

Observa que

$$\mathbf{v}_6=[6,10,12,12,10,6]=[6\cdot 1,5\cdot 2,4\cdot 3,3\cdot 4,2\cdot 5,1\cdot 6]$$

y que $\mathbf{v}_4$ y $\mathbf{v}_5$ tienen el mismo patrón. ¡Esto no debe ser casualidad!

Conjetura el valor de la coordenada i-ésima de $\mathbf{v}_m$. Para esta conjetura prueba que este valor es el número medio de pasos hasta que la cadena llega a un estado absorbente si ha partido del estado i.

23. Considera la cadena de Márkov cuya matriz de transición es la siguiente:

$$P = \begin{bmatrix} 0 & 0 & 0.5 \\ 1 & 0.5 & 0 \\ 0 & 0.5 & 0.5 \end{bmatrix}.$$

   a) Construye el grafo asociado. ¿Es una cadena regular?

   b) Calcula si existe el término estacionario. ¿Depende de la condición inicial?

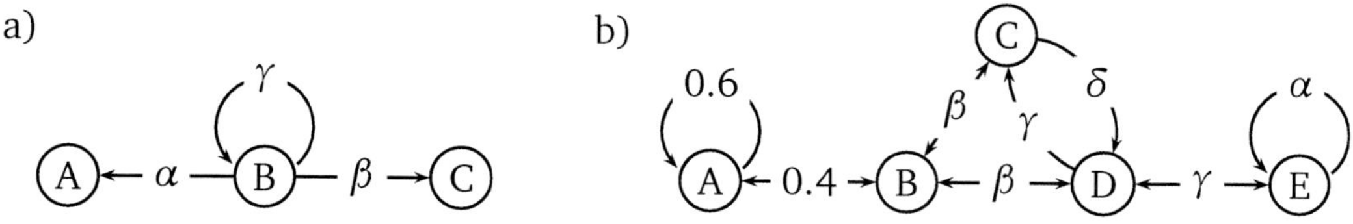

Figura 7.17.

24. Considera la cadena de Márkov cuyo grafo asociado es el de la figura 7.17a. Supón $\gamma \neq 1$. Observa que $1 = \alpha + \beta + \gamma$ y que A y C son los dos únicos estados absorbentes.

   a) Calcula la probabilidad de que la cadena se quede atrapada en A y en C.

   b) Calcula el número medio de pasos que da la cadena antes de meterse en A o C.

25. Considera la cadena de Márkov cuyo grafo asociado es el de la figura 7.17b. En los nodos B, C y D no hay bucles.

   a) Halla α, β, γ y δ.

   b) ¿Hay algún estado absorbente?

   c) Si la cadena sale del nodo E, ¿cuál es el número medio de pasos que se necesitan para llegar a B?

26. Considera la matriz $P = k^{-1}\mathbb{1}_k\mathbb{1}_k^T$. Observa que es regular y obtén por medio del teorema 7.11 el término estacionario para la cadena cuya matriz de transición es P.

27. Sea la matriz (de orden k) dada por

$$P = \begin{bmatrix} 1 & 1/2 & \cdots & 1/(k-1) & 1/k \\ 0 & 1/2 & \cdots & 1/(k-1) & 1/k \\ \vdots & \vdots & \ddots & \vdots & \vdots \\ 0 & 0 & \cdots & 1/(k-1) & 1/k \\ 0 & 0 & \cdots & 0 & 1/k \end{bmatrix}.$$

   Prueba que existe $\lim_{n\to\infty} P^n$ y averigua cuánto vale este límite.

28. Los estados de una cadena de Márkov son 1, 2, 3, 4 y 5. Si está en el estado j, en cada paso consecutivo se mueve con igual probabilidad a un estado superior a j hasta que alcanza el estado 5. Por ejemplo, si está en el estado 2, puede ir a los estados 3, 4, y 5 con probabilidad $1/3$.

    Si sale del estado i, encuentra el número esperado de pasos para llegar al estado 5 (o de forma equivalente, el número esperado de veces que la cadena está en un estado no absorbente).

29. ¿Cuáles de las siguientes matrices corresponden a procesos regulares?, ¿y a irreducibles?

$$P_1 = \begin{bmatrix} 1 & 1/2 \\ 0 & 1/2 \end{bmatrix}, \quad P_2 = \begin{bmatrix} 0 & 1/2 \\ 1 & 1/2 \end{bmatrix}, \quad P_3 = \begin{bmatrix} 0 & 0.5 & 0 \\ 1 & 0.5 & 0.5 \\ 0 & 0 & 0.5 \end{bmatrix}, \quad P_4 = \begin{bmatrix} p & q & 0 \\ 0 & p & q \\ q & 0 & p \end{bmatrix}.$$

30. Considera una cadena de Márkov con k estados cuyo grafo, para $k = 5$, está dibujado en figura 7.18a. La probabilidad de que vaya a un estado saliendo del mismo es $1-p$. Considera en este problema que $p \neq 0$, pues, si $p = 0$, la cadena consta de k estados aislados entre sí.

    a) Halla la matriz de transición. Sea P.
    b) Prueba que, si $p \neq 1$, la cadena es regular.
    c) Prueba que, si $p = 1$, la cadena no es regular, pero es irreducible.
    d) En el apartado b), calcula el término estacionario. ¿Es independiente de la condición inicial?
    e) En el apartado c), prueba que no existe $\lim_{n\to\infty} P^n$; pero, sin embargo, existe

$$\lim_{n\to\infty} \frac{1}{n+1}(I_k + P + \cdots + P^n)$$

    e interpreta este resultado de forma probabilista.

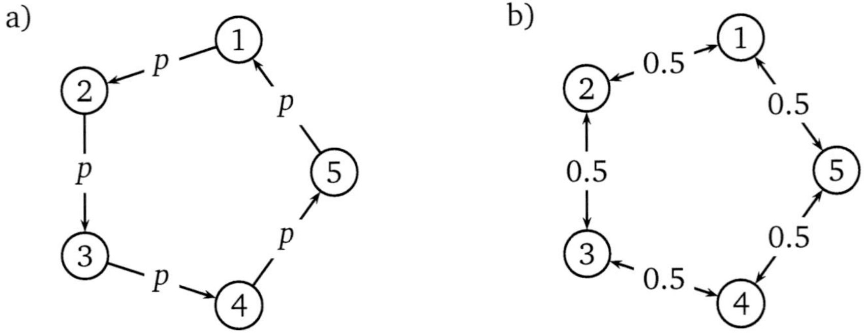

Figura 7.18.

31. Considera el modelo de Ehrenfest (este ejemplo está desarrollado en la página 200).

a) Prueba que esta cadena es irreducible, pero no es regular.

b) Para $m = 2$ y $m = 3$ halla el único vector $\mathbf{w}$ de probabilidades que cumple $P\mathbf{w} = \mathbf{w}$. La matriz P es la matriz de transición del modelo y está dada en el ejemplo 7.6.

La importancia de este vector $\mathbf{w}$ radica en el teorema 7.14: aunque $\lim_{n\to\infty} P^n$ no exista, sí existe $\lim_{n\to\infty}(n+1)^{-1}(I_{m+1} + \cdots + P^n)$ y este límite vale $\mathbf{w}\mathbb{1}_{m+1}^T$.

Conjeturar $\mathbf{w}$ para un m arbitrario no es fácil. Quizá lo hayas hecho ya; pero vamos a adelantar la conjetura.

c) Sea $\mathbf{v}_n$ el siguiente vector columna de $\mathbb{R}^{m+1}$:

$$\mathbf{v} = \left[\binom{m}{0}, \binom{m}{1}, \cdots \binom{m}{m-1}, \binom{m}{m}\right]^T.$$

Prueba que $P\mathbf{v} = \mathbf{v}$. Por lo que el vector $\mathbf{w}$ es el único múltiplo de $\mathbf{v}$ cuyas coordenadas suman 1.

d) Considerando el binomio de Newton $2^m = (1+1)^m$, prueba que las componentes de $\mathbf{v}$ suman 2^m y deduce el valor de $\mathbf{w}$.

e) Para un m arbitrario, por término medio y a largo plazo, ¿cuál es el promedio de veces que una de la urnas tiene dos bolas?

32. Considera el grafo de la figura 7.18b.

a) Si la cadena sale de 1, ¿cuál es el término medio del número de pasos que se necesitan para llegar a 3?

b) Si la cadena sale de 1, ¿cuál es el término medio del número de pasos que se necesitan para regresar a 1?

c) Comprueba que en este ejemplo se cumple la igualdad (7.25).

33. Considera el grafo de la figura 7.18a. Considera un número arbitrario de estados y $0 < p < 1$.

a) Si ha salido de un estado, ¿cuál es el número esperado de veces que tarda en llegar a otro? *Ayuda:* por la simetría del problema y del grafo, podemos suponer que este otro es el estado 1; y así, podemos formular la pregunta como "si ha salido del estado $i \neq 1$, ¿cuál es el número esperado de veces que tarda en llegar al estado 1?".

b) Siempre es bueno comprobar la solución sin repasar de nuevo la resolución. Sea n_i la respuesta del apartado anterior (para $i = 2, \ldots, m$). Por la situación, la distancia desde el punto 2 al 1 es mayor que la distancia entre el punto 3 al 1. Y así con el resto de los puntos. Por lo que parece que se deba cumplir $n_2 > n_3 > \cdots > n_m$. ¿Es esto cierto?

c) Otra forma de comprobación es pensar en un caso límite. En este caso, si $p = 1$, el proceso es determinista y desde el punto 2 al punto 1 se deben hacer exactamente $m-1$ pasos. ¿Es esto cierto? ¿Cuántos pasos se dan del punto i al 1?

d) ¿Cuál es el tiempo medio de retorno para los estados de la cadena?

34. Una rata de laboratorio corre de manera aleatoria en el laberinto representado en la figura 7.16a.

    a) Si sale de 1 y por término medio, ¿cuántos pasos hará para llegar a 2?

    b) Si sale de 1 y por término medio, ¿cuántos pasos hará para regresar?

35. Sobre una mesa se encuentra un dado. Llamaremos cara inferior a la que se encuentra en contacto con la mesa, cara superior a su opuesta y caras laterales a las restantes. Supongamos que inicialmente el 6 ocupa la cara inferior. Si en cada paso se cambia la posición del dado de manera que una de las caras laterales, cada una de ellas con la misma probabilidad, pasa a ocupar la cara superior, ¿cuántos pasos son necesarios, por término medio, para que el 6 alcance la cara superior?

36. Considera el ejemplo 7.4 con solo $m = 1$ (solo hay tres estados, 0, 1, 2), pero con barreras reflectantes. Es decir, si la persona llega a los estados 0 o 2, entonces seguro que en el instante posterior está en el 1. Toma p y $q = 1 - p$ arbitrarios.

    a) Si P es la matriz de transición, calcula

    $$\lim_{n\to\infty} \frac{1}{n+1}(I_3 + P + \cdots + P^n)$$

    e interpreta esta igualdad en términos de la teoría de la probabilidad.

    b) Si sale del 0, por término medio, ¿cuánto tarda en llegar al 2?

    c) Si sale de cada estado, por término medio, ¿cuánto tarda en regresar?

37. Sea P la matriz de transición de una cadena irreducible de orden k.

    a) Prueba que $I_k - P + \mathbb{1}_k\mathbb{1}_k^T$ es invertible.

    b) Prueba que, si $\mathbf{w} \in \mathbb{R}^k$ es el único vector de probabilidades dado por el teorema 7.14, entonces $(I_k - P + \mathbb{1}_k\mathbb{1}_k^T)\mathbf{w} = \mathbb{1}_k$. Observa que este ejercicio proporciona otra manera de calcular este vector $\mathbf{w}$.

Capítulo 8
Matrices y biología

8.1. Modelo de Leslie

Estudiaremos en este capítulo un modelo importante llamado **modelo de Leslie** en honor de Patrick Holt Leslie. Vamos a empezar con un ejemplo sencillo.

Ejemplo 8.1. Una especie animal se divide en tres grupos según la edad de cada individuo: crías (de 0 a 5 años), adolescentes (de 5 a 10 años) y adultos (de 10 años en adelante). La tasa de supervivencia de las crías es del 20 %, y la de los adolescentes es del 40 %. Supondremos que las crías no pueden tener descendencia, el promedio de descendientes de los adolescentes es 3, y el de los adultos es 5. Todos estos números se refieren por bloques de 5 años. ¿Cómo se modela esta situación?

Discretizaremos el estudio en periodos de 5 años. Sean a_k, b_k y c_k el número de crías, adolescentes y adultos, respectivamente, en el año $5k$.

Como sobreviven el 20 % de las crías, entonces $b_{k+1} = 0.2 \cdot a_k$. Por la misma razón, $c_{k+1} = 0.4 \cdot b_k$. Por término medio, cada adolescente tiene 3 descendientes, por tanto, tras 5 años, habrá $3b_k$ crías engendradas por los adolescentes. Análogamente, habrá $5c_k$ crías engendrados por los adultos. Luego $a_{k+1} = 3b_k + 5c_k$. Por tanto, se tiene la siguiente relación:

$$\begin{aligned} a_{k+1} &= 3b_k + 5b_k \\ b_{k+1} &= 0.2a_k \\ c_{k+1} &= 0.4b_k \end{aligned}$$

que se expresa de forma matricial como

$$\begin{bmatrix} a_{k+1} \\ b_{k+1} \\ c_{k+1} \end{bmatrix} = \begin{bmatrix} 0 & 3 & 5 \\ 0.2 & 0 & 0 \\ 0 & 0.4 & 0 \end{bmatrix} \begin{bmatrix} a_k \\ b_k \\ c_k \end{bmatrix}.$$

Si llamamos $\mathbf{x}_k = [a_k, b_k, c_k]^T$ y L la matriz 3×3 que aparece, entonces $\mathbf{x}_{k+1} = L\mathbf{x}_k$. Si suponemos conocidos los valores a_0, b_0 y c_0 (la cantidad de crías, adolescentes y adultos en el instante inicial), entonces $\mathbf{x}_0$ es conocido. Por tanto, podemos calcular $\mathbf{x}_1$, ya que $\mathbf{x}_1 = L\mathbf{x}_0$. Pero, como conocemos $\mathbf{x}_1$, podemos calcular $\mathbf{x}_2 = L\mathbf{x}_1 = L^2\mathbf{x}_0$. Y así progresivamente. Por tanto,

$$\mathbf{x}_k = L^k\mathbf{x}_0, \qquad \text{para todo } k \in \mathbb{N}.$$

Debe ser claro que para cualquier valor de k podemos calcular $\mathbf{x}_k$ si conocemos a_0, b_0, c_0. Por supuesto, para valores altos de k, o bien calculamos L^k "a lo bruto", por ejemplo usando Octave, o desarrollando técnicas más efectivas. ______ **Fin**

Octave La siguiente función de Octave dibuja las sucesiones a_k, b_k, c_k para $k = 0, \ldots, 20$ si introducimos una condición inicial x0, que es un vector fila o columna de $\mathbb{R}^3$.

```
function leslie(x0)
x0 = x0(:);
k = 20;
x = zeros(3,k+1);
x(:,1) = x0;
A = [0 3 5; 0.2 0 0; 0 0.4 0];
for i = 1:k
   x0 = A*x0;
   x(:,i+1) = x0;
end
p1 = plot(1:k+1,x(1,:),'o-',1:k+1,x(2.,:),'*-',1:k+1,x(3,:));
h = legend('Crías','Adolescentes','Adultos');
set(p1,'linewidth',5); set(h,'fontsize',18);
```

La instrucción `x0 = x0(:)` fuerza que x0 sea una columna (independientemente de si se ha introducido como fila o columna).

Las iteraciones se van guardando columna a columna en la matriz x. Esta matriz tiene 3 filas (una fila para cada grupo) y $k+1$ columnas (su primera columna corresponde a $\mathbf{x}_0$, y en general, su i-ésima columna es $\mathbf{x}_{i-1} = L^{i-1}\mathbf{x}_0$). El resto de la función es fácil de entender si comprendemos que la última y penúltima líneas sirven para cambiar atributos a la gráfica.

La figura 8.1 se ha obtenido con la condición inicial $\mathbf{x}_0 = [10, 8, 4]^T$. Observa que las unidades de medida no tienen que ser número de individuos, sino, por ejemplo, miles de individuos. ______ **Fin**

8.2. Planteamiento general del modelo de Leslie

Supongamos que la máxima edad alcanzada por una hembra de una especie es T (la unidad temporal es indiferente, esta unidad puede ser segundos, días, años o cualquier unidad) y que se divide la población en n clases de edades de la siguiente manera:

$$\text{Clase 1} \to \left[0, \frac{T}{n}\right[, \qquad \text{Clase 2} \to \left[\frac{T}{n}, \frac{2T}{n}\right[, \qquad \ldots \qquad \text{Clase } n \to \left[\frac{(n-1)T}{n}, T\right].$$

Sea $x_i(k)$ la cantidad de hembras de la clase i-ésima en el tiemplo kT/n. Sea m_i la proporción de hembras de la clase i-ésimo que sobreviven y pasan a la clase $i+1$, y sea a_i la tasa de fertilidad de la clase i-ésima. Cuando escribamos las igualdades básicas del modelo de Leslie, se entenderán algo mejor estas tasas.

Todos los individuos que sobreviven de la clase 1 tras T/n años se convierten en individuos de la clase 2. Además, cualquier individuo de la clase 2 solo ha podido ser un individuo de la clase 1 en el periodo anterior. Como la tasa de supervivencia del grupo 1 es m_1, entonces

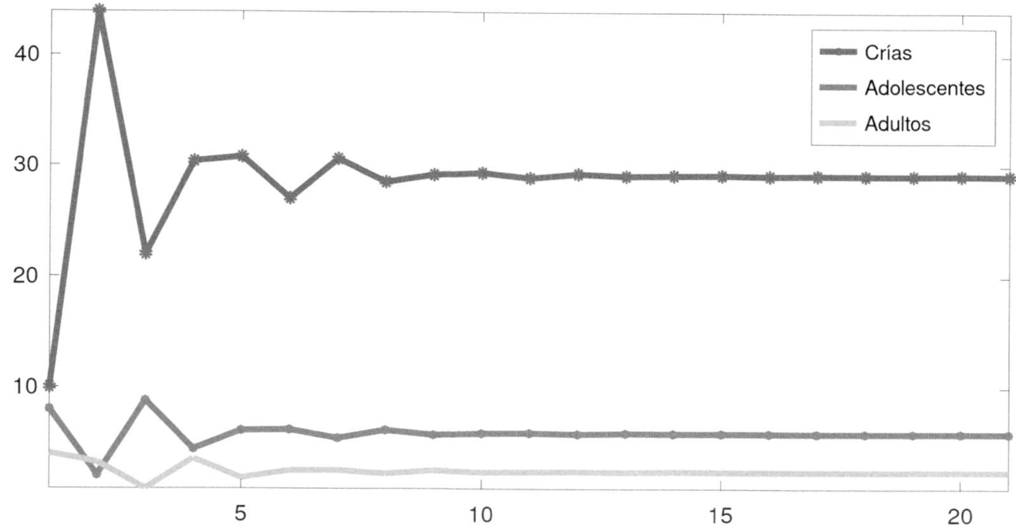

Figura 8.1.

$$x_2(k+1) = m_1 x_1(k).$$

De forma análoga, se tienen

$$x_3(k+1) = m_2 x_2(k), \qquad \dots \qquad x_n(k+1) = m_{n-1} x_{n-1}(k).$$

El número de hembras de la primera clase, $x_1(k+1)$, es la suma de las hembras engendradas por todas las clases. Las engendradas por la clase i-ésima son $a_i x_i(k)$, ya que $x_i(k)$ es la cantidad de hembras de la clase i en el periodo temporal anterior. Por tanto,

$$x_1(k+1) = a_1 x_1(k) + a_2 x_2(k) + \cdots + a_n x_n(k).$$

Es evidente que

a) $a_1, \dots, a_n \geq 0$, ya que la tasa de fertilidad es mayor o igual que 0. La igualdad $a_i = 0$ indica que la clase i-ésima no puede engedrar, y en este caso se dice que esta clase es **estéril**. Si $a_i > 0$, se dice que la clase i-ésima es **fértil**. Supondremos que por lo menos hay una clase fértil (pues, si no, no habría nacimientos).

b) $0 < m_1, \dots, m_{n-1} \leq 1$. Si $m_i = 0$, entonces ninguna hembra viviría mas allá de la clase i-ésima.

Las igualdades anteriores se pueden escribir de forma matricial. Si

$$\mathbf{x}(k) = [x_1(k), x_2(k), \dots, x_n(k)]^T,$$

entonces

$$\underbrace{\begin{bmatrix} x_1(k+1) \\ x_2(k+1) \\ x_3(k+1) \\ \vdots \\ x_{n-1}(k+1) \\ x_n(k+1) \end{bmatrix}}_{=\mathbf{x}(k+1)} = \underbrace{\begin{bmatrix} a_1 & a_2 & a_3 & \cdots & a_{n-1} & a_n \\ m_1 & 0 & 0 & \cdots & 0 & 0 \\ 0 & m_2 & 0 & \cdots & 0 & 0 \\ \vdots & \vdots & \vdots & \ddots & \vdots & \vdots \\ 0 & 0 & 0 & \cdots & 0 & 0 \\ 0 & 0 & 0 & \cdots & m_{n-1} & 0 \end{bmatrix}}_{=L} \underbrace{\begin{bmatrix} x_1(k) \\ x_2(k) \\ x_3(k) \\ \vdots \\ x_{n-1}(k) \\ x_n(k) \end{bmatrix}}_{\mathbf{x}(k)}. \tag{8.1}$$

De esta igualdad se deduce fácilmente

$$\mathbf{x}(k) = L^k\mathbf{x}(0).$$

Ejercicio 8.1. Un modelo de Leslie tiene solo dos grupos de edades y cumple $a_1 = 0$.

a) Halla la matriz 2×2 que describe el modelo.

b) Calcula L^k si L es la matriz hallada en el apartado anterior. Interpreta este resultado en términos de la población de la especie.

c) ¿Para qué valores de m_1 y de a_2 la especie se extingue?

El modelo de Leslie tiene la limitación de suponer que todos los individuos son iguales considerando la natalidad y la supervivencia.

El siguiente ejemplo es un poco largo debido a que la matriz de Leslie que aparece tiene valores propios complejos.

Ejemplo 8.2. Considera una población dividida en tres grupos de edades de forma que su modelo de Leslie está dado por la siguiente matriz:

$$L = \begin{bmatrix} 0 & 10 & 40 \\ 0.2 & 0 & 0 \\ 0 & 0.5 & 0 \end{bmatrix}.$$

Vamos a ir calculando varias cosas en este ejemplo. En primer lugar, la población de cada uno de los grupos tras un periodo de tiempo si inicialmente hay 10000 individuos en el primer grupo, 5000 en el segundo y 1000 en el tercer grupo. Si $x(k), y(k), z(k)$ denotan la población de cada uno de los grupos (en miles de unidades), entonces

$$\begin{bmatrix} x(1) \\ y(1) \\ z(1) \end{bmatrix} = \mathbf{x}(1) = L\mathbf{x}(0) = \begin{bmatrix} 0 & 10 & 40 \\ 0.2 & 0 & 0 \\ 0 & 0.5 & 0 \end{bmatrix} \begin{bmatrix} 10 \\ 5 \\ 1 \end{bmatrix} = \begin{bmatrix} 90 \\ 2 \\ 2.5 \end{bmatrix}.$$

Ahora vamos a calcular la población tras dos periodos de tiempo. Como $\mathbf{x}(2) = L^2\mathbf{x}(0)$, usando, por ejemplo, Octave, calculamos L^2:

$$\mathbf{x}(2) = L^2\mathbf{x}(0) = \begin{bmatrix} 2 & 20 & 0 \\ 0 & 2 & 8 \\ 0.1 & 0 & 0 \end{bmatrix} \begin{bmatrix} 10 \\ 5 \\ 1 \end{bmatrix} = \begin{bmatrix} 120 \\ 18 \\ 1 \end{bmatrix}.$$

La pregunta ahora es cómo podemos calcular $\mathbf{x}(k) = L^k\mathbf{x}(0)$. Para este fin, podemos intentar ver si L es diagonalizable. Es fácil ver que $\det(L - \lambda I_3) = -\lambda^3 + 2\lambda + 4$ (usando Octave también se puede calcular el polinomio característico de una matriz: basta teclear `poly(L)`). Una raíz se obtiene fácilmente por medio de la regla de Ruffini. Esta raíz es $\lambda = 2$. Las otras dos se obtienen dividiendo $\lambda^3 - 2\lambda - 4$ entre $\lambda - 2$, lo que da como resultado $\lambda^2 + 2\lambda + 2$, cuyas raíces son $\lambda = -1 \pm \mathrm{j}$ (usando Octave se pueden encontrar estas tres raíces por medio de `roots(poly(L))`).

Los vectores propios asociados a $\lambda = 2$ se calculan resolviendo el sistema $(L - 2I_3)\mathbf{x} = \mathbf{0}$. La solución de este sistema son los múltiplos de $[40, 4, 1]^T$.

Los vectores propios asociados al valor propio $\lambda = -1 + \mathrm{j}$ se calculan resolviendo el sistema $(L - (-1 + \mathrm{j})I_3)\mathbf{x} = \mathbf{0}$. La solución de este sistema son los múltiplos complejos del vector $[-20\,\mathrm{j}, -2 + 2\,\mathrm{j}, 1]^T$.

En este momento, calcular los vectores propios asociados a $\lambda = -1 - \mathrm{j}$ es trivial después de usar el siguiente resultado "si $\mathbf{v}$ es un vector propio de una matriz real asociado al valor propio complejo λ, entonces $\overline{\mathbf{v}}$ es un vector propio asociado a $\overline{\lambda}$". Los vectores propios asociados a $\lambda = -1 - \mathrm{j}$ son los múltiplos del vector complejo $[20\,\mathrm{j}, -2 - 2\,\mathrm{j}, 1]^T$.

Octave Octave dispone de una manera automática para calcular los valores y vectores propios de una matriz cuadrada L: usando el comando `eig`. Por ejemplo,

```
L = [0 10 40; 0.2 0 0; 0 0.5 0];
[S D] = eig(L)
```

proporciona dos matrices S y D. Las columnas de S son los vectores propios y D es una matriz diagonal cuyas entradas son los valores propios ordenados según las columnas de S. En este ejemplo, obtenemos que la primera columna de S es $[0.994729, 0.099473, 0.024868]^T$, un vector propio asociado a la primera entrada de la diagonal de D, que es 2.

Aparentemente, esto choca con lo afirmado anteriormente: un vector propio asociado a $\lambda = 2$ es $[40, 2, 1]^T$. Pero la solución de esta aparente contradicción estriba en que, si $\mathbf{v}$ es un vector propio asociado a λ, entonces $\alpha\mathbf{v}$ también es un vector propio para cualquier α. Si dividimos la primera columna de S entre su tercera coordenada (ya que la tercera coordenada de $[40, 2, 1]^T$ es 1), vemos que la tercera columna de S y $[40, 2, 1]^T$ son proporcionales.

```
v = S(:,1)  % Es la primera columna de S
v/v(3)
```

Fin

El cálculo de $\mathbf{x}(k) = L^k\mathbf{x}(0)$ se puede hacer de dos maneras distintas (de alguna manera, estas dos maneras son equivalentes).

La primera es factorizar L usando sus valores y vectores propios. Sea S una matriz (invertible) cuyas columnas forman una base de vectores propios y D la matriz diagonal formada por los valores propios:

$$S = \begin{bmatrix} 40 & -20\,\mathrm{j} & 20\,\mathrm{j} \\ 4 & -2+2\,\mathrm{j} & -2-2\,\mathrm{j} \\ 1 & 1 & 1 \end{bmatrix}, \qquad D = \begin{bmatrix} 2 & 0 & 0 \\ 0 & -1+\mathrm{j} & 0 \\ 0 & 0 & -1-\mathrm{j} \end{bmatrix}.$$

Y ahora, como $L = SDS^{-1}$, entonces $L^k = SD^kS^{-1}$, luego

$$\mathbf{x}(k) = L^k\mathbf{x}(0) = SD^kS^{-1}\mathbf{x}(0).$$

En teoría, de esta expresión podemos calcular $\mathbf{x}(k)$.

Acabaremos el ejemplo de otra manera distinta. Primeramente, pongamos el vector $\mathbf{x}(0) = [10, 5, 1]^T$ como combinación lineal de los vectores propios:

$$\mathbf{x}(0) = \begin{bmatrix} 10 \\ 5 \\ 1 \end{bmatrix} = \alpha \begin{bmatrix} 40 \\ 4 \\ 1 \end{bmatrix} + \beta \begin{bmatrix} -20\,\mathrm{j} \\ -2+2\,\mathrm{j} \\ 1 \end{bmatrix} + \gamma \begin{bmatrix} 20\,\mathrm{j} \\ -2-2\,\mathrm{j} \\ 1 \end{bmatrix}. \tag{8.2}$$

Ejercicio 8.2. ¿Por qué esta última igualdad es equivalente a hallar $S^{-1}\mathbf{x}(0)$, expresión aparecida en el primer enfoque?

La solución del sistema (8.2) es $\alpha = 0.8$, $\beta = 0.1 - 0.55\,\mathrm{j}$, $\gamma = 0.1 + 0.55\,\mathrm{j}$. Esta solución se ha encontrado usando Octave, según se muestra a continuación:

Octave Definimos la matriz de coeficientes y el vector de términos independientes:

```
S = [40 -20*j 20*j; 4 -2+2*j -2-2*j; 1 1 1];
b = [10; 5; 1];
```

La solución del sistema se halla con

```
x0 = S\b
```

Fin

Como puedes ver, los valores obtenidos de β y γ son conjugados. ¿Es casualidad? En muchas ocasiones, las casualidades no existen y es bueno intentar encontrar la razón (en el peor de los casos, si se tratara de una simple casualidad, lo único que perdemos es tiempo, pero ganamos experiencia). En este caso, no es casualidad, como se ve en el siguiente ejercicio:

Ejercicio 8.3. Toma conjugados en (8.2) y deduce (¡sin resolver el sistema!) que α debe ser real y $\overline{\beta} = \gamma$.

Ahora, si llamamos $\mathbf{u} = [40, 4, 1]^T$ y $\mathbf{v} = [-20\,\mathrm{j}, -2 + 2\,\mathrm{j}, 1]^T$, entonces la condición inicial, $\mathbf{x}(0)$, se escribe como combinación lineal de la base de los vectores propios usando (8.2):

$$\mathbf{x}(0) = \alpha\mathbf{u} + \beta\mathbf{v} + \overline{\beta}\overline{\mathbf{v}}. \tag{8.3}$$

Como $\mathbf{u}$ es un vector propio asociado a 2, entonces $L\mathbf{u} = 2\mathbf{u}$ y, por tanto, $L^k\mathbf{u} = 2^k\mathbf{u}$. Por la misma razón $L^k\mathbf{v} = (-1+\mathrm{j})^k\mathbf{v}$ y $L^k\overline{\mathbf{v}} = (-1-\mathrm{j})^k\overline{\mathbf{v}}$. Luego

$$\mathbf{x}(k) = L^k\mathbf{x}(0) = \alpha 2^k\mathbf{u} + \beta(-1+\mathrm{j})^k\mathbf{v} + \overline{\beta}(-1-\mathrm{j})^k\overline{\mathbf{v}} \tag{8.4}$$

Puesto que aparecen potencias de números complejos, es conveniente usar la forma exponencial. Como el módulo de $-1+\mathrm{j}$ es $\rho = \sqrt{2}$ y un argumento es $\theta = 3\pi/4$, entonces $-1+\mathrm{j} = \rho\exp(\mathrm{j}\,\theta)$ y $-1-\mathrm{j} = \rho\exp(-\mathrm{j}\,\theta)$. Si nos fijamos en (8.4),

$$\beta(-1+\mathrm{j})^k\mathbf{v} + \overline{\beta}(-1-\mathrm{j})^k\overline{\mathbf{v}} = \rho^k\left[\beta e^{k\,\mathrm{j}\,\theta}\mathbf{v} + \overline{\beta}e^{-k\,\mathrm{j}\,\theta}\overline{\mathbf{v}}\right] = 2\rho^k\mathrm{Re}\left[\beta e^{k\,\mathrm{j}\,\theta}\mathbf{v}\right].$$

Puesto que (solo calculamos la parte real, pues la imaginaria es innecesaria)

$$\begin{aligned}\beta e^{k\,\mathrm{j}\,\theta}\mathbf{v} &= (0.1 - 0.55\,\mathrm{j})(\cos(k\theta) + \mathrm{j}\,\mathrm{sen}(k\theta))\begin{bmatrix} -20\,\mathrm{j} \\ -2+2\,\mathrm{j} \\ 1 \end{bmatrix} \\ &= (\cos(k\theta) + \mathrm{j}\,\mathrm{sen}(k\theta))\begin{bmatrix} -11 - 2\,\mathrm{j} \\ 0.9 + 1.3\,\mathrm{j} \\ 0.1 - 0.55\,\mathrm{j} \end{bmatrix} = \begin{bmatrix} -11\cos(k\theta) + 2\,\mathrm{sen}(k\theta) \\ 0.9\cos(k\theta) - 1.3\,\mathrm{sen}(k\theta) \\ 0.1\cos(k\theta) + 0.55\,\mathrm{sen}(k\theta) \end{bmatrix} + \mathrm{j}\begin{bmatrix} \star \\ \star \\ \star \end{bmatrix}.\end{aligned}$$

Retomando los cálculos previos, de (8.4):

$$\mathbf{x}(k) = 0.8 \cdot 2^k \begin{bmatrix} 40 \\ 4 \\ 1 \end{bmatrix} + 2 \cdot 2^{k/2} \begin{bmatrix} -11\cos(k\theta) + 2\,\mathrm{sen}(k\theta) \\ 0.9\cos(k\theta) - 1.3\,\mathrm{sen}(k\theta) \\ 0.1\cos(k\theta) + 0.55\,\mathrm{sen}(k\theta) \end{bmatrix}. \tag{8.5}$$

Fin

8.3. Solución general del modelo de Leslie

A partir del modelo de Leslie planteado en (8.1) se puede obtener trivialmente

$$\mathbf{x}(k) = L^k\mathbf{x}(0).$$

Como en el ejemplo anterior, usaremos la teoría de valores y vectores propios. A partir de ahora vamos a suponer que L es diagonalizable. Esta suposición no es tan restrictiva como a primera vista puede parecer, ya que la mayor parte de las matrices son diagonalizables[28].

[28] Esta afirmación puede hacerse muy precisa, pero para poder formularse con rigor hacen falta herramientas matemáticas bastante avanzadas.

Como la matriz L es diagonalizable, existe una matriz S invertible y una matriz diagonal tales que $L = SDS^{-1}$. Ya que $\mathbf{x}(k) = L^k\mathbf{x}(0)$, entonces $\mathbf{x}(k) = SD^kS^{-1}\mathbf{x}(0)$. Si llamamos $\boldsymbol{\alpha}$ al vector $\boldsymbol{\alpha} = S^{-1}\mathbf{x}(0)$, entonces

$$\mathbf{x}(k) = SD^k\boldsymbol{\alpha}.$$

La mejor manera de hallar este vector $\boldsymbol{\alpha}$ no es usar $\boldsymbol{\alpha} = S^{-1}\mathbf{x}(0)$, sino resolver el sistema de ecuaciones lineales $S\boldsymbol{\alpha} = \mathbf{x}(0)$ ya que resolver un sistema es mucho más rápido que hallar la inversa de una matriz.

Vamos a llamar $\mathbf{w}_1, \ldots, \mathbf{w}_n$ a las columnas de S; $\lambda_1, \ldots, \lambda_n$ a las entradas de la diagonal de D y $\boldsymbol{\alpha} = [\alpha_1, \ldots, \alpha_n]^T$. De $\mathbf{x}(k) = SD^k\boldsymbol{\alpha}$ obtenemos

$$\mathbf{x}(k) = \begin{bmatrix} \mathbf{w}_1 & \cdots & \mathbf{w}_n \end{bmatrix} \begin{bmatrix} \lambda_1^k & \cdots & 0 \\ \vdots & \ddots & \vdots \\ 0 & \cdots & \lambda_n^k \end{bmatrix} \begin{bmatrix} \alpha_1 \\ \vdots \\ \alpha_n \end{bmatrix} = \alpha_1\lambda_1^k\mathbf{w}_1 + \cdots + \alpha_n\lambda_n^k\mathbf{w}_n.$$

Por tanto, podemos enunciar el siguiente teorema:

Teorema 8.1. Solución general del modelo de Leslie

Sean L la matriz de Leslie y $\mathbf{x}(k)$ descritas en (8.1). Supongamos que L es diagonalizable y sea $\mathbf{w}_1, \ldots, \mathbf{w}_n$ una base de vectores propios asociados a $\lambda_1, \ldots, \lambda_n$, respectivamente. Si $\mathbf{x}(0) = \alpha_1\mathbf{w}_1 + \cdots + \alpha_n\mathbf{w}_n$, entonces

$$\mathbf{x}(k) = \alpha_1\lambda_1^k\mathbf{w}_1 + \cdots + \alpha_n\lambda_n^k\mathbf{w}_n \qquad \text{para } k \in \mathbb{N}.$$

Si las hembras de la población son estériles en las últimas $n - r$ clases (como ocurre, por ejemplo, en los mamíferos), la matriz de Leslie L tiene la siguiente forma:

$$L = \left[\begin{array}{cccccc|ccccc} a_1 & a_2 & a_3 & \cdots & a_{r-1} & a_r & 0 & 0 & \cdots & 0 & 0 \\ m_1 & 0 & 0 & \cdots & 0 & 0 & 0 & 0 & \cdots & 0 & 0 \\ 0 & m_2 & 0 & \cdots & 0 & 0 & 0 & 0 & \cdots & 0 & 0 \\ 0 & 0 & m_3 & \cdots & 0 & 0 & 0 & 0 & \cdots & 0 & 0 \\ \vdots & \vdots & \vdots & \ddots & \vdots & \vdots & \vdots & \vdots & \ddots & \vdots & \vdots \\ 0 & 0 & 0 & \cdots & m_{r-1} & 0 & 0 & 0 & \cdots & 0 & 0 \\ \hline 0 & 0 & 0 & \cdots & 0 & m_r & 0 & 0 & \cdots & 0 & 0 \\ 0 & 0 & 0 & \cdots & 0 & 0 & m_{r+1} & 0 & \cdots & 0 & 0 \\ \vdots & \vdots & \vdots & \ddots & \vdots & \vdots & \vdots & \vdots & \ddots & \vdots & \vdots \\ 0 & 0 & 0 & \cdots & 0 & 0 & 0 & 0 & \cdots & m_{n-1} & 0 \end{array}\right] = \begin{bmatrix} L_1 & 0 \\ M & N \end{bmatrix}. \qquad (8.6)$$

Supondremos que $a_r \neq 0$, es decir, la clase r es la última clase reproductiva. Observa que la estructura del bloque L_1 es otra matriz de Leslie, pero más pequeña que L.

Vamos a ir calculando potencias de L a ver qué pasa:

$$L^2 = \begin{bmatrix} L_1 & 0 \\ M & N \end{bmatrix} \begin{bmatrix} L_1 & 0 \\ M & N \end{bmatrix} = \begin{bmatrix} L_1^2 & 0 \\ ML_1 + NM & N^2 \end{bmatrix},$$

$$L^3 = L^2 L = \begin{bmatrix} L_1^2 & 0 \\ ML_1 + NM & N^2 \end{bmatrix} \begin{bmatrix} L_1 & 0 \\ M & N \end{bmatrix} = \begin{bmatrix} L_1^3 & 0 \\ ML_1^2 + NML_1 + N^2M & N^3 \end{bmatrix}.$$

La estructura general de L^k es bastante clara:

$$L^k = \begin{bmatrix} L_1^k & 0 \\ ??? & N^k \end{bmatrix}.$$

Falta por averiguar el bloque que se ha escrito con interrogantes. Este bloque para L^4 es

$$(ML_1^2 + NML_1 + N^2M)L_1 + N^3M = ML_1^3 + NML_1^2 + N^2ML_1 + N^3M.$$

Viendo las matrices L^2, L^3, L^4, podemos intuir que

$$L^k = \begin{bmatrix} L_1^k & 0 \\ \sum_{i=0}^{k-1} N^i M L_1^{k-1-i} & N^k \end{bmatrix}. \tag{8.7}$$

Si quieres, puedes demostrar esta fórmula por inducción (aunque no lo consideramos necesario).

Por otra parte, la matriz N cumple que $N^i = 0$ para $i \geq n - r$. Si no te convence esta afirmación, prueba a hacer el siguiente ejercicio.

Ejercicio 8.4. Considera las matrices

$$A_2 = \begin{bmatrix} 0 & 0 \\ a & 0 \end{bmatrix}, \quad A_3 = \begin{bmatrix} 0 & 0 & 0 \\ a & 0 & 0 \\ 0 & b & 0 \end{bmatrix}, \quad A_4 = \begin{bmatrix} 0 & 0 & 0 & 0 \\ a & 0 & 0 & 0 \\ 0 & b & 0 & 0 \\ 0 & 0 & c & 0 \end{bmatrix}.$$

Calcula A_2^2, A_3^3 y A_4^4. ¿Qué observas?

Ten en cuenta que, si una matriz A cumple $A^m = 0$ para un cierto natural m (este tipo de matrices se llaman **nilpotentes**), entonces $A^n = 0$ para cualquier $n \geq m$. Ten cuidado, ya que un fallo que se suele cometer con este tipo de matrices es afirmar que $A^m = 0$ implica que $A = 0$ (observa de nuevo el ejercicio anterior). Pero lo que sí es cierto es el enunciado del siguiente ejercicio.

Ejercicio 8.5. Prueba que, si A es nilpotente y diagonalizable, entonces $A = 0$.

Por tanto, la matriz L^k tiene las últimas $n-r$ columnas nulas a partir de la etapa $k=n-r$. Esto significa que las hembras que en el instante inicial estén en un grupo postreproductivo no están representadas en la distribución de edad en el instante k para $k \geq n-r$, pues no tienen descendientes y estas hembras ya han muerto.

Luego para estudiar la evolución de la población después de $n-r$ etapas es suficiente considerar las r primeras clases de edad o, lo que es lo mismo, considerar solo el bloque L_1, que únicamente tiene en cuenta a las clases reproductivas.

8.4. Valores y vectores propios de una matriz de Leslie

Debido al teorema 8.1, es conveniente estudiar los valores y vectores propios de una matriz de Leslie.

Teorema 8.2. El polinomio característico de la matriz de Leslie

Sea L la matriz de Leslie definida en (8.1). Entonces su polinomio característico es

$$\det(\lambda I_n - L) = \lambda^n - a_1\lambda^{n-1} - a_2 m_1 \lambda^{n-2} - \cdots - a_{n-1} m_1 \cdots m_{n-2}\lambda - a_n m_1 \cdots m_{n-1}.$$

La demostración es muy aburrida (requiere usar el principio de inducción) y se pospone al final de este capítulo. Ahora le toca el turno a los vectores propios.

Teorema 8.3. Vectores propios de una matriz de Leslie

Toda matriz de Leslie tiene al menos un único valor propio distinto de 0. La multiplicidad geométrica de cualquier valor propio distinto de 0 es simple y cualquier vector propio asociado a $\lambda \neq 0$ es un múltiplo de

$$\left[1, \frac{m_1}{\lambda}, \frac{m_1 m_2}{\lambda^2}, \ldots, \frac{m_1 \cdots m_{n-1}}{\lambda^{n-1}}\right]^T.$$

DEMOSTRACIÓN. Primero observemos que toda matriz de Leslie tiene un valor propio distinto de cero, pues, si todos fueran nulos, su polinomio característico sería $\det(\lambda I_n - L) = \lambda^n$, y usando el teorema 8.2 y que ninguna de las tasas de supervivencia $m_1, \cdots, m_{n-1}$ es nula, entonces se deduciría $a_1 = \cdots = a_n = 0$, lo que contradice la suposición de que por lo menos una clase es fértil.

Sea λ un valor propio no nulo de la matriz de Leslie definida en (8.1) y $\mathbf{v}$ un vector propio asociado; es decir, $L\mathbf{v} = \lambda\mathbf{v}$ o, escrito de otro modo,

$$\begin{bmatrix} a_1 & a_2 & a_3 & \cdots & a_{n-1} & a_n \\ m_1 & 0 & 0 & \cdots & 0 & 0 \\ 0 & m_2 & 0 & \cdots & 0 & 0 \\ \vdots & \vdots & \vdots & \ddots & \vdots & \vdots \\ 0 & 0 & 0 & \cdots & 0 & 0 \\ 0 & 0 & 0 & \cdots & m_{n-1} & 0 \end{bmatrix} \begin{bmatrix} v_1 \\ v_2 \\ v_3 \\ \vdots \\ v_{n-1} \\ v_n \end{bmatrix} = \lambda \begin{bmatrix} v_1 \\ v_2 \\ v_3 \\ \vdots \\ v_{n-1} \\ v_n \end{bmatrix}. \tag{8.8}$$

Luego:

$$m_1 v_1 = \lambda v_2, \quad m_2 v_2 = \lambda v_3, \ldots, \quad m_{n-1} v_{n-1} = \lambda v_n,$$

por tanto,

$$v_2 = \frac{m_1}{\lambda} v_1, \quad v_3 = \frac{m_2}{\lambda} v_2 = \frac{m_1 m_2}{\lambda^2} v_1, \quad v_4 = \frac{m_3}{\lambda} v_3 = \frac{m_1 m_2 m_3}{\lambda^3} v_1, \ldots, \quad v_n = \frac{m_1 \cdots m_{n-1}}{\lambda^{n-1}} v_1.$$

Luego, cualquier vector propio asociado al valor propio $\lambda \neq 0$ es un múltiplo de

$$\left[1, \frac{m_1}{\lambda}, \frac{m_1 m_2}{\lambda^2}, \ldots, \frac{m_1 \cdots m_{n-1}}{\lambda^{n-1}}\right]^T. \qquad \square$$

Observa que se ha descartado la primera igualdad de (8.8), puesto que, como un sistema de ecuaciones para hallar los vectores propios tiene infinitas soluciones, al menos una ecuación sobra. De todas maneras, si usamos esta primera ecuación, tenemos $a_1 v_1 + \cdots + a_n v_n = \lambda v_1$ y, si empleamos los valores de $v_2, \ldots, v_n$ encontrados anteriormente,

$$\left(a_1 + a_2 \frac{m_1}{\lambda} + \cdots + a_n \frac{m_1 \cdots m_{n-1}}{\lambda^{n-1}}\right) v_1 = \lambda v_1.$$

Y esta igualdad se cumple debido al teorema 8.2.

Es instructivo investigar qué ocurre si $\lambda = 0$ es un valor propio de una matriz de Leslie. Debido al teorema 8.2, $\lambda = 0$ es valor propio de L si y solo si $a_n m_1 \cdots m_{n-1} = 0$, y como las tasas de supervivencia $m_1, \ldots, m_{n-1}$ no son nulas, $\lambda = 0$ es un valor propio si y solo si $a_n = 0$.

Ejercicio 8.6. Sea L la matriz de Leslie definida en (8.1). Supón que $\lambda = 0$ es un valor propio de L. Halla los vectores propios asociados a $\lambda = 0$.

En el siguiente teorema usaremos el teorema de Perron-Frobenius al modelo de Leslie. En el apéndice A puedes encontrar este teorema, así como sus ideas básicas.

Teorema 8.4. Raíz de Perron y modelos de Leslie

Supongamos que, en el modelo de Leslie descrito en (8.1), la última clase es reproductiva, es decir, $a_n \neq 0$. Entonces

a) Existe un valor propio de L positivo, denotado por $\lambda_{\text{máx}}$, que cumple $\lambda_{\text{máx}} \geq |\lambda|$ para cualquier valor propio λ de L.

b) La multiplicidad algebraica y geométrica de $\lambda_{\text{máx}}$ es simple.

c) Existe $\mathbf{x} \in \mathbb{R}^n$, vector propio asociado a $\lambda_{\text{máx}}$ con todas sus componentes positivas.

Demostración. Por el teorema de Perron-Frobenius (es el teorema A.4), es suficiente comprobar que la matriz L es irreducible. La figura 8.2 representa el grafo asociado a la matriz L.

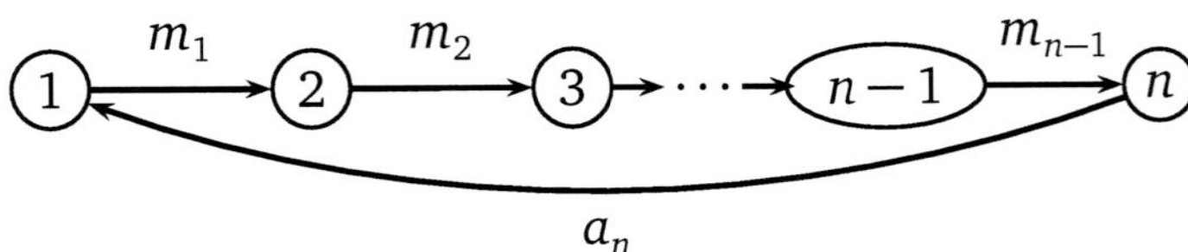

Figura 8.2.

Ya que $m_1, \ldots, m_{n-1} \neq 0$ y $a_n \neq 0$, la figura anterior es un ciclo que pasa por todos los puntos del grafo asociado a L. Por el ejercicio que viene después de la definición A.2 (en la página 349), la matriz L es irreducible. □

Ejercicio 8.7. Sea L una matriz de Leslie descrita en (8.1). Prueba que L es irreducible si y solo si $a_n \neq 0$ (es decir, que la última clase es reproductiva).

Ejemplo 8.3. Considera la matriz de Leslie:

$$L = \begin{bmatrix} 0 & 14 & 24 \\ 1/2 & 0 & 0 \\ 0 & 1/2 & 0 \end{bmatrix}.$$

Como la última clase es reproductiva (ya que la entrada $(1,3)$ de L no es nula), se debe cumplir el teorema 8.4. Veámoslo: el polinomio característico de L es $\det(L - \lambda I) = -\lambda^3 + 7\lambda + 6$, cuyas raíces son 3, -2 y -1. Es claro que $\lambda_{\text{máx}} = 3$. Es fácil calcular los vectores propios asociados a $\lambda_{\text{máx}} = 3$: son múltiplos de $[36, 6, 1]^T$. Es evidente que se cumplen todas las consecuencias del teorema 8.4. **Fin**

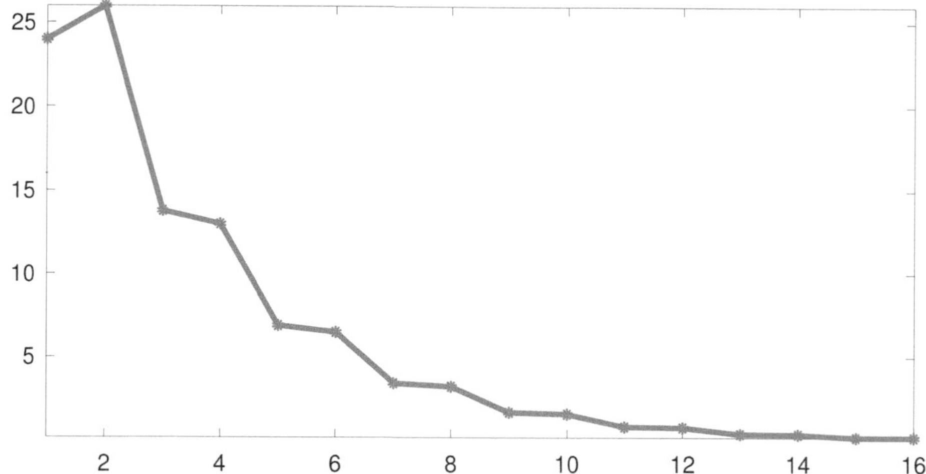

Figura 8.3. La especie del modelo (8.9) se extingue. Se ha ejecutado la función que se escribe a continuación para esta matriz y la condición inicial $[10, 8, 6]^T$.

8.5. Comportamiento a largo plazo del modelo de Leslie

Si $\mathbf{x}(k)$ es una sucesión de vectores que cumple el modelo de Leslie, ¿qué le ocurre a $\mathbf{x}(k)$ cuando $k \to \infty$? Desgraciadamente, puede ocurrir de todo, como vamos a ver ahora.

En el ejemplo 8.1 (si miras la gráfica de la figura 8.1) puedes comprobar que la población se estabiliza frente a unos valores. Más adelante veremos cuáles son y cómo se pueden calcular en general.

En el ejemplo 8.2, en donde la expresión de $\mathbf{x}(k)$ aparece en (8.5), debido al término $2^{k/2}$, se ve claramente que la población de todos los grupos tiende a infinito.

Considera ahora la siguiente matriz de Leslie:

$$L = \begin{bmatrix} 0 & 2 & 1 \\ 0.1 & 0 & 0 \\ 0 & 0.3 & 0 \end{bmatrix} \tag{8.9}$$

La idea intuitiva de esta matriz es que la primera fila indica que la especie tiene pocos descendientes y las dos últimas filas indican que las tasas de supervivencia son muy bajas. Por lo tanto, todo parece indicar que la especie de este modelo se extinguirá. Si $\mathbf{x}(k) = L^k\mathbf{x}(0)$ es la población de los tres grupos en el tiempo k y s_k es la suma de la población de los tres grupos, en la figura 8.3 podemos ver la gráfica de la sucesión s_k para los primeros 16 valores de k. Más adelante probaremos que, en este ejemplo, la sucesión s_k tiende a 0 cuando $k \to \infty$.

Octave Con la siguiente función puedes observar que la población del modelo (8.9) se extinguirá con el tiempo. Esta función calcula y dibuja la población total en el tiempo k (la suma de las componentes de $\mathbf{x}(k)$).

```
function P = leslie(x0)
x0 = x0(:); n = 15;
x = zeros(3,n+1); s = zeros(1,n+1);
x(:,1) = x0; s(1) = sum(x0);
A = [0 2 1; 0.1 0 0; 0.3 0 0];
for i = 1:n
   x0 = A*x0;
   x(:,i+1) = x0;  s(i+1) = sum(x0);
end
p1 = plot(1,n+1,s,'o-');
set(p1,'linewidth',5)
```

Puedes experimentar que, para varias poblaciones iniciales, la población se extingue. En la figura 8.3 puedes ver que la población total tiende a 0. ______________ **Fin**

Vamos a suponer que la matriz de Leslie es diagonalizable. Por tanto, por el teorema 8.1, la sucesión $\mathbf{x}(k)$ cumple

$$\mathbf{x}(k) = \alpha_1 \lambda_1^k \mathbf{w}_1 + \cdots + \alpha_n \lambda_n^k \mathbf{w}_n,$$

donde el significado de α_i, λ_i y $\mathbf{w}_i$ está especificado en el teorema 8.1.

Evidentemente, si todos los valores propios cumplen $|\lambda| < 1$, entonces $\lim_{k\to\infty} \mathbf{x}(k) = 0$.

Veremos en el siguiente ejemplo cómo tratar modelos cuya última fase no es reproductiva. Esta situación suele aparecer en los mamíferos, por ejemplo, el hombre.

Ejemplo 8.4. Considera la matriz

$$L = \begin{bmatrix} 0 & 2 & 3 & 0 & 0 \\ 0.4 & 0 & 0 & 0 & 0 \\ 0 & 0.7 & 0 & 0 & 0 \\ 0 & 0 & 0.8 & 0 & 0 \\ 0 & 0 & 0 & 0.5 & 0 \end{bmatrix}.$$

Para aplicar el teorema 8.1, tenemos que saber si L es diagonalizable. Calculemos los valores propios de L:

$$0 = \det(L - \lambda I) = \det \begin{bmatrix} -\lambda & 2 & 3 & 0 & 0 \\ 0.4 & -\lambda & 0 & 0 & 0 \\ 0 & 0.7 & -\lambda & 0 & 0 \\ 0 & 0 & 0.8 & -\lambda & 0 \\ 0 & 0 & 0 & 0.5 & -\lambda \end{bmatrix},$$

desarrollando por la última columna y luego por la penúltima, obtenemos

$$0 = \det(L - \lambda I) = (-\lambda)^2 \det \begin{bmatrix} -\lambda & 2 & 3 \\ 0.4 & -\lambda & 0 \\ 0 & 0.7 & -\lambda \end{bmatrix}.$$

Si se usa Octave para calcular los valores propios de la matriz

$$L_1 = \begin{bmatrix} 0 & 2 & 3 \\ 0.4 & 0 & 0 \\ 0 & 0.7 & 0 \end{bmatrix},$$

se obtienen tres valores propios distintos: 1.22, $-0.61 \pm 0.56\,\mathrm{j}$. Luego, los valores propios de L son 0, 1.22, $-0.61 \pm 0.56\,\mathrm{j}$. Pero observa que la multiplicidad algebraica del valor propio 0 es doble.

Ejercicio 8.8. Calcula los vectores propios asociados a $\lambda = 0$. Comprueba que la multiplicidad geométrica de 0 es simple.

Como la multiplicidad geométrica de 0 no coincide con la multiplicidad algebraica de 0, la matriz L no es diagonalizable. Por tanto, no podemos aplicar el teorema 8.1.

No obstante, vamos a tratar de arreglar la situación. El problema de la no diagonalizabilidad viene provocado por el valor propio 0. Recuerda que, cuando hemos calculado los valores propios, este valor propio 0 ha sido hallado fácilmente viendo las dos últimas columnas. También observa que para calcular los otros valores propios basta con fijarse en el primer bloque 3×3 de L, que es diagonalizable. Parece razonable partir la matriz L de la siguiente manera:

$$L = \left[\begin{array}{ccc|cc} 0 & 2 & 3 & 0 & 0 \\ 0.4 & 0 & 0 & 0 & 0 \\ 0 & 0.7 & 0 & 0 & 0 \\ \hline 0 & 0 & 0.8 & 0 & 0 \\ 0 & 0 & 0 & 0.5 & 0 \end{array}\right] = \begin{bmatrix} L_1 & 0 \\ M & N \end{bmatrix}.$$

De esta manera, separamos la parte "problemática" (el bloque N) de la que no lo es (el bloque L_1). Decimos que es problemática porque N no es diagonalizable (puedes comprobar esto muy fácilmente) y L_1 sí es diagonalizable (antes hemos visto que L_1, que es un bloque 3×3, tiene tres valores propios distintos).

¿Te suena de algo esta partición por bloques de L?

Podemos seguir el método descrito en la página 248. Para ello "aislamos" las últimas clases no reproductivas (en este ejemplo, la cuarta y la quinta). Observa que L_1 es una matriz de Leslie que corresponde a las tres primeras clases de este ejemplo, que son las clases fértiles. Además, tal como se muestra en la igualdad (8.7),

$$L^k = \begin{bmatrix} L_1^k & 0 \\ \sum_{i=0}^{k-1} N^i M L_1^{k-1-i} & N^k \end{bmatrix}.$$

En este ejemplo se cumple $N^2 = 0$ y, por tanto, $N^k = 0$ para $k \geq 2$. Luego podemos simplificar bastante la expresión anterior de L^k para $k \geq 2$:

$$k \geq 2 \qquad \Rightarrow \qquad L^k = \begin{bmatrix} L_1^k & 0 \\ M L_1^{k-1} + N M L_1^{k-2} & 0 \end{bmatrix}. \tag{8.10}$$

La ventaja de esta expresión es que la matriz L_1 es diagonalizable.

Si tenemos una condición inicial concreta, $\mathbf{x}(0) = [a,b,c,d,e]^T$, entonces como $\mathbf{x}(k) = L^k\mathbf{x}(0)$, para usar la partición de (8.10), tenemos que partir $\mathbf{x}(0)$ de manera útil. Observa que L_1 es un bloque 3×3, por lo que es razonable la siguiente partición de $\mathbf{x}(0)$:

$$\mathbf{x}(0) = \begin{bmatrix} a \\ b \\ c \\ \hline d \\ e \end{bmatrix} = \begin{bmatrix} \mathbf{y}(0) \\ \hline \mathbf{z}(0) \end{bmatrix}.$$

De hecho, esta partición guarda una lógica con este problema: las tres primeras clases son fértiles y las dos últimas son estériles.

Ahora, si $k \geq 2$ (para estudiar el caso $k = 1$ no hace falta una teoría complicada: basta calcular $L\mathbf{x}(0)$), entonces

$$\begin{aligned} \mathbf{x}(k) = L^k\mathbf{x}(0) &= \begin{bmatrix} L_1^k & 0 \\ ML_1^{k-1} + NML_1^{k-2} & 0 \end{bmatrix} \begin{bmatrix} \mathbf{y}(0) \\ \mathbf{z}(0) \end{bmatrix} \\ &= \begin{bmatrix} L_1^k\mathbf{y}(0) \\ \left(ML_1^{k-1} + NML_1^{k-2}\right)\mathbf{y}(0) \end{bmatrix} = \begin{bmatrix} L_1^k\mathbf{y}(0) \\ (ML_1 + NM)L_1^{k-2}\mathbf{y}(0) \end{bmatrix}. \end{aligned} \tag{8.11}$$

Observa que $\mathbf{z}(0)$ ha "desaparecido". ¿Qué quiere decir esto? Los valores iniciales de los dos grupos estériles son irrelevantes a la hora de estudiar el comportamiento de la especie en dos ciclos, ya que no dejan descendencia y, tras dos ciclos, los individuos de estos grupos en el instante inicial fallecen.

En (8.11), realmente basta calcular $L_1^m\mathbf{y}(0)$ y poco más. Ya que L_1 es diagonalizable, es relativamente sencillo calcular las potencias de L_1 (se expresa $L_1 = SDS^{-1}$, siendo D diagonal y $L_1^m = SD^mS^{-1}$). Como la matriz L_1 tiene un valor propio real y dos complejos, la técnica es similar a la del ejemplo 8.2 (en la página 244). ______________________ **Fin**

Hemos visto que un modelo de Leslie puede tender a infinito o a cero (incluso puede ser periódico, como muestra el ejercicio 4 del final del capítulo). Pero el siguiente teorema muestra que, bajo determinadas condiciones, los modelos de Leslie presentan un comportamiento asintótico bastante definido.

Estas condiciones son la diagonalizabilidad y la primitividad. Si no conoces el concepto de primitividad, puedes consultar el apéndice A para repasarlo. De todas maneras, si examinas el enunciado del teorema 8.6, este concepto no aparece (pero sí está presente en su demostración). Antes debes recordar que dos números naturales se llaman **primos entre sí** si su máximo común divisor es 1.

Teorema 8.5. Comportamiento asintótico de un modelo de Leslie

Sean L una matriz de Leslie y $\mathbf{x}(k)$ definidas en (8.1). Supongamos que L es diagonalizable, $a_n \neq 0$ y existen $r \neq s$ primos entre sí tales que $a_r, a_s \neq 0$. Entonces

$$\lim_{k\to\infty} \frac{\mathbf{x}(k)}{\lambda_{\text{máx}}^k} = \alpha \mathbf{w},$$

donde $\lambda_{\text{máx}}$ es la raíz de Perron de L (que existe por el teorema 8.4),

$$\mathbf{w} = \left[1, \frac{m_1}{\lambda_{\text{máx}}}, \frac{m_1 m_2}{\lambda_{\text{máx}}^2}, \ldots, \frac{m_1 \cdots m_{n-1}}{\lambda_{\text{máx}}^{n-1}}\right]^T,$$

que es un vector propio asociado a $\lambda_{\text{máx}}$ (por el teorema 8.3), $\alpha = \mathbf{e}_1^T S^{-1}\mathbf{x}(0)$ y S es la matriz de los vectores propios de L cuya primera columna es $\mathbf{w}$.

La demostración de este teorema se deja como ejercicio al final del capítulo (para demostrar este teorema es necesario que leas antes la demostración del teorema 8.6). Se puede omitir la hipótesis de diagonalizabilidad[29], pero la demostración es bastante más complicada y, en nuestra opinión, no aporta una ventaja significativa, puesto que la "inmensa mayoría" de las matrices son diagonalizables.

Además, si $\lambda_{\text{máx}} > 1$, como $m_i \leq 1$ (puesto que cada m_i es la tasa de supervivencia de la clase i), entonces $\lambda_{\text{máx}} > m_i$, por tanto,

$$1 > \frac{m_1}{\lambda_{\text{máx}}} > \frac{m_1 m_2}{\lambda_{\text{máx}}^2} > \cdots > \frac{m_1 \cdots m_{n-1}}{\lambda_{\text{máx}}^{n-1}}.$$

Luego, si $\lambda_{\text{máx}} > 1$, entonces la distribución se estabiliza hacia un modelo con forma de pirámide invertida. Esto es, la clase más grande son las crías y el tamaño de cada clase disminuye a medida que la edad aumenta.

8.6. Comportamiento a largo plazo de la proporción

Antes de adentrarnos en la teoría, veamos un ejemplo sencillo.

Ejemplo 8.5. Considera el siguiente modelo de Leslie:

$$\begin{bmatrix} x(k+1) \\ y(k+1) \\ z(k+1) \end{bmatrix} = \begin{bmatrix} 2 & 1 & 3 \\ 0.2 & 0 & 0 \\ 0 & 0.3 & 0 \end{bmatrix} \begin{bmatrix} x(k) \\ y(k) \\ z(k) \end{bmatrix}, \qquad \begin{bmatrix} x(0) \\ y(0) \\ z(0) \end{bmatrix} = \begin{bmatrix} 1 \\ 2 \\ 2 \end{bmatrix}.$$

[29] Consulta el capítulo 6 del libro *Difference Equations. From Rabbits to Chaos*, de P. C. M. Flahive y R. Robson.

Quizá te sorprendas de que $x(0), y(0), z(0)$ sean números bajos; pero ten en cuenta que podemos elegir las unidades que queramos. Por ejemplo, $x(k), y(k), z(k)$ pueden estar medidos en miles de individuos. Para estudiar este modelo usando Octave ejecutamos

```
L = [2 1 3; 0.2 0 0; 0 0.3 0];
xx0 = [1 2 2]'; xx = xx0;
for i = 1:10
   xx0 = L*xx0;
   xx = [xx xx0];
end
```

Si escribimos xx, obtenemos (redondeando)

k	0	1	2	3	4	5	6	7	8	9	10
$x(k)$	1	10	22	46	98	210	448	957	2041	4355	9292
$y(k)$	2	0.20	2.00	4.40	9.2	19	42	89	191	408	871
$z(k)$	2	0.60	0.06	0.60	1.3	2.7	5.9	12	26	57	122

Aparentemente vemos que las tres sucesiones tienden a ∞. Si cambiamos el bucle anterior por `i=1:100`, obtenemos valores muy altos. De hecho, el valor propio de módulo máximo es 2.13, mayor que 1, y esto provoca que estas sucesiones tiendan a $+\infty$.

Pero podemos preguntarnos por la proporción de cada uno de los grupos. Como el total de individuos en el tiempo k es $x(k)+y(k)+z(k)$, entonces las proporciones de cada una de las especies son

$$p_x(k)=\frac{x(k)}{x(k)+y(k)+z(k)}, \quad p_y(k)=\frac{y(k)}{x(k)+y(k)+z(k)}, \quad p_z(k)=\frac{z(k)}{x(k)+y(k)+z(k)}.$$

Modificamos ligeramente el código anterior para estudiar cómo varían las proporciones.

```
L = [2 1 3; 0.2 0 0; 0 0.3 0];
xx0 = [1 2 2]'; xx = xx0;
prop = xx0/sum(xx0);
for i=1:8
   xx0 = L*xx0;
   prop = [prop xx0/sum(xx0)];
end
```

Después de teclear prop para ver cómo cambian las proporciones, obtenemos:

k	0	1	2	3	4	5	6	7	8
$p_x(k)$	0.200	0.926	0.914	0.902	0.903	0.903	0.903	0.903	0.903
$p_y(k)$	0.400	0.019	0.083	0.086	0.085	0.085	0.085	0.085	0.085
$p_z(k)$	0.400	0.056	0.002	0.011	0.012	0.012	0.012	0.012	0.012

Vemos que, tras muy pocas iteraciones, las proporciones se estabilizan; pese a que las poblaciones tiendan a $+\infty$. ¿Qué cumple el vector de proporciones estacionarias?

Para extraer la última proporción, denotada por $\mathbf{v}$, tecleamos `v = prop(:,end)`. Si calculamos `L*v`, obtenemos un vector que aparentemente no tiene nada que ver con `v`. Pero, si queremos saber si `L*v` y `v` son proporcionales, ejecutamos `L*v./v`, que proporciona un vector cuyas componentes son las divisiones entre las componentes de `L*v` y `v`, y obtenemos $[2.133, 2.133, 2.133]^T$. ¿Qué quiere decir esto? Que $L\mathbf{v} = \lambda\mathbf{v}$, siendo $\lambda = 2.133$, en otras palabras, que $\lambda = 2.133$ es un valor propio y $\mathbf{v}$ es un vector propio asociado. Pero, es más, si calculamos todos los valores propios de L con `[S D] = eig(L)`, viendo las entradas de `D`, comprobamos que 2.133 es el valor propio de módulo máximo. ______________ **Fin**

Estudiemos a continuación la proporción de individuos en un modelo de Leslie. Para esto recordemos un poco la notación. Si tenemos un modelo de Leslie con n clases distintas descrito en (8.1), entonces la población de cada una de las clases en el tiempo k se denota por $x_1(k), \ldots, x_n(k)$. La proporción del grupo i en el tiempo k se denotará por $p_i(k)$, es decir,

$$p_i(k) = \frac{x_i(k)}{x_1(k) + \cdots + x_n(k)}.$$

El vector $\mathbf{p}(k) = [p_1(k), \ldots, p_n(k)]^T$ representa la distribución de las proporciones en el tiempo k. Probaremos ahora que $\mathbf{p} = \text{lím}_{k\to\infty} \mathbf{p}(k)$ existe bajo las condiciones del teorema 8.5 y determinaremos su valor.

Teorema 8.6. Comportamiento asintótico de la proporción

Sea L una matriz de Leslie $n \times n$ diagonalizable tal que $a_n \neq 0$. Si existen $r \neq s$ primos entre sí tales que $a_r, a_s \neq 0$ y si

$$\mathbf{w} = \left[1, \frac{m_1}{\lambda_{\text{máx}}}, \frac{m_1 m_2}{\lambda_{\text{máx}}^2}, \ldots, \frac{m_1 \cdots m_{n-1}}{\lambda_{\text{máx}}^{n-1}}\right]^T,$$

donde $\lambda_{\text{máx}}$ es la raíz de Perron de L, se cumple

$$\lim_{k\to\infty} \mathbf{p}(k) = \frac{1}{w_1 + \cdots + w_n}\mathbf{w},$$

siendo w_i la coordenada i-ésima de $\mathbf{w}$.

DEMOSTRACIÓN. En la figura 8.4 puedes ver el grafo asociado a la matriz de Leslie, pero de orden 4. Ya que $m_i > 0$, las flechas $2 \to 1$, $3 \to 2$, $\ldots$, $n \to n-1$ se hallan siempre presentes.

Sin embargo, las flechas en trazo discontinuo pueden aparecer o no según si a_i es 0 o no. De una manera más precisa, la flecha del vértice 1 al vértice i está presente si y solo si $a_i \neq 0$.

Como $a_n \neq 0$, la matriz L es irreducible ya que hay un ciclo que pasa por todos los puntos (en la figura 8.4 se puede observar este hecho fácilmente).

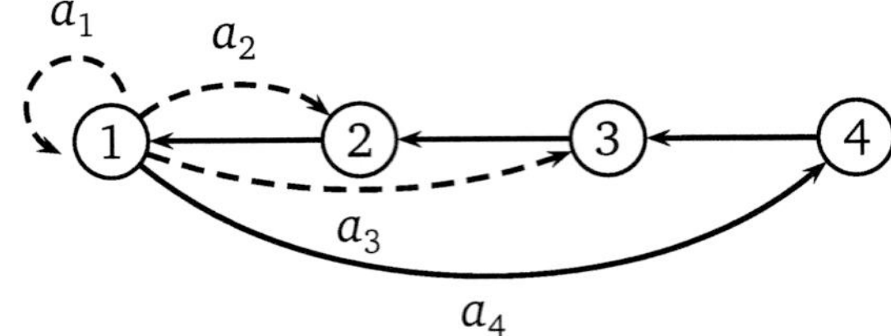

Figura 8.4. El grafo asociado a una matriz de Leslie de orden 4.

Podemos observar que, si $a_i > 0$, entonces hay un ciclo de longitud i en el grafo, el ciclo $1 \to i \to i-1 \to \cdots \to 2 \to 1$. Por lo que, por la hipótesis del teorema, existen dos ciclos cuyas longitudes son primas entre sí, y por el teorema A.7, puesto que además hemos visto que era irreducible, la matriz L es primitiva.

Podemos aplicar el teorema de Perron-Frobenius (el teorema A.4) junto con la definición de matriz primitiva: existe un valor propio positivo $\lambda_{\text{máx}}$ (la raíz de Perron) de multiplicidad (algebraica y geométrica) simple que cumple $\lambda_{\text{máx}} > |\lambda|$ para cualquier otro valor propio λ. Además, el vector propio asociado a $\lambda_{\text{máx}}$ viene dado por el teorema 8.3, que será denotado por $\mathbf{w}$.

Vamos a denotar $\lambda_2, \ldots, \lambda_n$ el resto de los valores propios y sean $\mathbf{w}_2, \ldots, \mathbf{w}_n$ vectores propios asociados, respectivamente. Además, por ser la matriz L diagonalizable, podemos aplicar el teorema 8.1: si $\mathbf{x}(0) = \alpha\mathbf{w} + \alpha_2\mathbf{w}_2 + \cdots + \alpha_n\mathbf{w}_n$, entonces

$$\mathbf{x}(k) = \alpha\lambda_{\text{máx}}^k\mathbf{w} + \alpha_2\lambda_2^k\mathbf{w}_2 + \cdots + \alpha_n\lambda_n^k\mathbf{w}_n. \tag{8.12}$$

Por otra parte, observa que la suma de las componentes de un vector $\mathbf{v} = [v_1, v_2, \ldots, v_n]^T$ es

$$v_1 + \cdots + v_n = [1, \ldots, 1]\begin{bmatrix} v_1 \\ \vdots \\ v_n \end{bmatrix} = [1, \ldots, 1]\mathbf{v},$$

por lo que, si definimos $\mathbb{1}_n = [1, 1, \ldots, 1]^T \in \mathbb{R}^n$, entonces la suma de las componentes de $\mathbf{v} \in \mathbb{R}^n$ es $\mathbb{1}_n^T\mathbf{v}$. Luego, el vector de proporciones es:

$$\mathbf{p}(k) = \frac{\mathbf{x}(k)}{\mathbb{1}_n^T\mathbf{x}(k)}.$$

Ejercicio 8.9. Comprueba que la suma de las componentes de $\mathbf{p}(k)$ es 1.

Ahora es sencillo entender lo que se va a hacer: usar la expresión (8.12) y hacer tender $k \to \infty$.

$$\begin{aligned}\mathbf{p}(k) = \frac{\mathbf{x}(k)}{\mathbb{1}_n^T\mathbf{x}(k)} &= \frac{\alpha\lambda_{\text{máx}}^k\mathbf{w} + \alpha_2\lambda_2^k\mathbf{w}_2 + \cdots + \alpha_n\lambda_n^k\mathbf{w}_n}{\mathbb{1}_n^T(\alpha\lambda_{\text{máx}}^k\mathbf{w} + \alpha_2\lambda_2^k\mathbf{w}_2 + \cdots + \alpha_n\lambda_n^k\mathbf{w}_n)} \\ &= \frac{\alpha\lambda_{\text{máx}}^k\mathbf{w} + \alpha_2\lambda_2^k\mathbf{w}_2 + \cdots + \alpha_n\lambda_n^k\mathbf{w}_n}{\alpha\lambda_{\text{máx}}^k\mathbb{1}_n^T\mathbf{w} + \alpha_2\lambda_2^k\mathbb{1}_n^T\mathbf{w}_2 + \cdots + \alpha_n\lambda_n^k\mathbb{1}_n^T\mathbf{w}_n}.\end{aligned}$$

Para calcular $\lim_{k\to\infty} \mathbf{p}(k)$, dividimos el numerador y el denominador entre $\lambda_{\text{máx}}^k$ y aprovechamos que $\lambda_{\text{máx}} > |\lambda|$ para cualquier valor propio λ. Observa que es necesario usar la primitividad de la matriz de Leslie, pues, si no se usa la primitividad, solo se garantiza que $\lambda_{\text{máx}} \geq |\lambda|$, y no se podría simplificar el límite siguiente, ya que es posible que haya valores propios λ tales que $|\lambda_{\text{máx}}/\lambda| = 1$ y, por tanto, no existir $\lim_{k\to\infty}(\lambda_{\text{máx}}/\lambda)^k$.

$$\lim_{k\to\infty} \mathbf{p}(k) = \lim_{k\to\infty} \frac{\alpha \mathbf{w} + \alpha_2 \left(\frac{\lambda_2}{\lambda_{\text{máx}}}\right)^k \mathbf{w}_2 + \cdots + \alpha_n \left(\frac{\lambda_n}{\lambda_{\text{máx}}}\right)^k \mathbf{w}_n}{\alpha \mathbb{1}_n^T \mathbf{w} + \alpha_2 \left(\frac{\lambda_2}{\lambda_{\text{máx}}}\right)^k \mathbb{1}_n^T \mathbf{w}_2 + \cdots + \alpha_n \left(\frac{\lambda_n}{\lambda_{\text{máx}}}\right)^k \mathbb{1}_n^T \mathbf{w}_n} = \frac{\mathbf{w}}{\mathbb{1}_n^T \mathbf{w}},$$

en donde hemos aplicado que, si $|\rho| < 1$, entonces $\lim_{k\to\infty} \rho^k = 0$. □

Ejercicio 8.10. Este último teorema no está del todo bien enunciado ya que falta una hipótesis (que afortunadamente se cumple en la mayor parte de las ocasiones). Repasa la demostración y di cómo se puede enunciar esta hipótesis extra.

Ejemplo 8.6. Considera la matriz

$$L = \begin{bmatrix} 0 & 2 & 3 & 1 \\ 0.4 & 0 & 0 & 0 \\ 0 & 0.5 & 0 & 0 \\ 0 & 0 & 0.6 & 0 \end{bmatrix}.$$

Usaremos Octave para hacer los cálculos pesados. Con los comandos

```
L = [0 2 3 1; 0.4 0 0 0; 0 0.5 0 0; 0 0 0.6 0];
[S D] = eig(L); d = (diag(D));
```

calculamos los valores propios (almacenados en el vector `d`) y los vectores propios (almacenados columna a columna en la matriz `S`). Si tecleamos `d`, vemos que L tiene cuatro valores propios distintos, lo que implica que L es diagonalizable. Pero, como hay valores complejos, tecleamos `abs(d)` para ver el módulo de los valores propios. Como hay un valor propio de módulo mayor que 1, entonces, salvo situaciones bastante excepcionales de la distribución inicial, el total de individuos tiende a infinito.

Para hallar la distribución estacionaria de las proporciones, veamos si L cumple las condiciones del teorema 6: a) L es diagonalizable (visto), b) L es irreducible, pues la última clase es reproductiva ($a_4 \neq 0$), c) a_2 y a_3 no son nulos y los índices, 2 y 3, son primos entre sí. Luego se cumple el teorema 8.6.

Para obtener el vector $\mathbf{w}$ del teorema 8.6 tecleamos `abs(d)` para saber cuál de los valores propios tiene módulo máximo (solo debe haber uno por el teorema 8.6). En este caso, $\lambda_{\text{máx}} = 1.18$. Nos fijamos en la posición que ocupa en el vector `d`. Al realizar este ejercicio, hemos obtenido que $\lambda_{\text{máx}} = 1.18$ ocupa la primera posición (esta posición puede variar según la versión del programa, pero esto es indiferente para los cálculos finales). Luego, la primera columna de `S` juega el papel de $\mathbf{w}$. Por tanto, ejecutamos

```
w = S(:,1);
proporcion = w/sum(w)
```

para obtener el vector estacionario de proporciones, que es (redondeando al segundo decimal)

$$\mathbf{p} = [0.64, 0.22, 0.09, 0.05]^T.$$

Fin

Octave Presentamos a continuación dos funciones que ayudan a automatizar cálculos.

```
function [vp,xf,pf] = leslie1(L,x0,k)
[S D] = eig(L); d = diag(D); [lm im] = max(abs(d));
vp = S(:,im)/sum(S(:,im));
for i = 1:k
   x0 = L*x0;
end
xf = x0; pf = x0/sum(x0);
```

Esta función tiene tres argumentos de entrada: la matriz de Leslie, `L`, la distribución inicial, `x0`, y el número final de iteraciones, `k`.

Tiene tres argumentos de salida: el vector de Perron normalizado, `vp`, la distribución final de poblaciones, `xf`, y la distribución final de proporciones, `pf`.

Puedes probar esta función para la matriz L del ejemplo anterior y para algunas distribuciones iniciales elegidas al azar, y podrás ver, por ejemplo, para `k = 10` o `k = 20` que el vector de poblaciones cada vez se hace más grande cuando k crece, mientras que el vector de proporciones tiende rápidamente al vector de Perron normalizado.

Ejercicio 8.11. Hay algunas distribuciones iniciales anómalas. Prueba a ejecutar

```
L = [0 2 3 1; 0.4 0 0 0; 0 0.5 0 0; 0 0 0.6 0];
[X D] = eig(L)
[vp xf pf] = leslie1(L,X(:,4),10)
```

Se ha tomado como distribución inicial un vector propio asociado a un número real que no es la raíz de Perron. ¿Es cierto que la sucesión de proporciones converge al vector de Perron normalizado? *Ayuda:* repasa el ejercicio 8.10.

Si queremos dibujar el gráfico que representa la evolución de la población y de la proporción, podemos emplear la función `leslie2`, que se presenta a continuación. Tiene cuatro diferencias con la función anterior: la primera es que se omite el cálculo de los valores y vectores propios con el uso de la función `eig`. La segunda es que tenemos la necesidad de ir almacenando los iterados: en la función `leslie1` se sobreescribían con la línea `x0 = L*x0`, mientras que en la función `leslie2` se almacenan en `X` (observa que además se almacenan las proporciones). La tercera diferencia, obviamente, estriba en el uso de la función `subplot`. Por fin, la última diferencia es que `leslie2` no tiene argumentos de salida.


```
function leslie2(L,x0,k)
  X = x0; P = x0/sum(x0);
  for i = 1:k
    x0 = L*x0;
    X = [X x0]; P = [P x0/sum(x0)];
  end
subplot(2,1,1); plot(X','linewidth',2); axis tight;
set(gca,'fontSize',20); xlabel('Población')
subplot(2,1,2); plot(P','linewidth',2); axis tight;
set(gca,'fontSize',20); xlabel('Proporción')
```

Por ejemplo, si introducimos

```
L = [0 2 3 1; 0.4 0 0 0; 0 0.5 0 0; 0 0 0.6 0];
x0 = [1 2 3 4]';
```

y ejecutamos `leslie2(L,x0,5)`, obtenemos la gráfica de la figura 8.5. ________ **Fin**

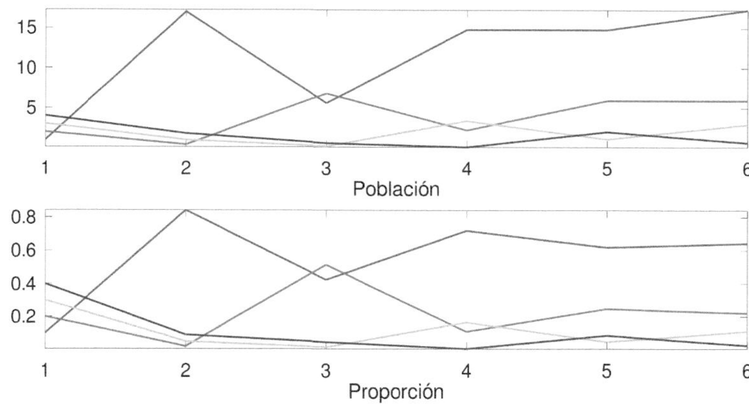

Figura 8.5.

Vamos a ver un modelo de Leslie cuya matriz no es primitiva o, dicho de otra manera, un modelo en donde no se cumple el teorema 8.6.

Ejemplo 8.7. Hay especies cuya fase reproductiva es solo la última, por ejemplo, el salmón rosado (*Oncorhynchus gorbuscha*). Vamos a suponer que una especie con esta característica tiene tres grupos distintos. Su matriz de Leslie es

$$L = \begin{bmatrix} 0 & 0 & a_3 \\ m_1 & 0 & 0 \\ 0 & m_2 & 0 \end{bmatrix},$$

donde $a_3 \neq 0$, y como siempre pasa en los modelos de Leslie, $m_1, m_2 \neq 0$. El único índice i tal que $a_i \neq 0$ es 3. Es claro que no se satisfacen las condiciones del teorema 8.6.

Vamos a experimentar con este modelo. Si $a_3 = 20$, $m_1 = 0.2$, $m_3 = 0.3$, y $\mathbf{x}(0) =$ $[1, 10, 5]^T$, introducimos

```
L = [0 0 20; 0.2 0 0; 0 0.3 0];
x0 = [1 10 5]';
```

y ejecutamos `leslie2(L,x0,10)`. Obtenemos la figura 8.6.

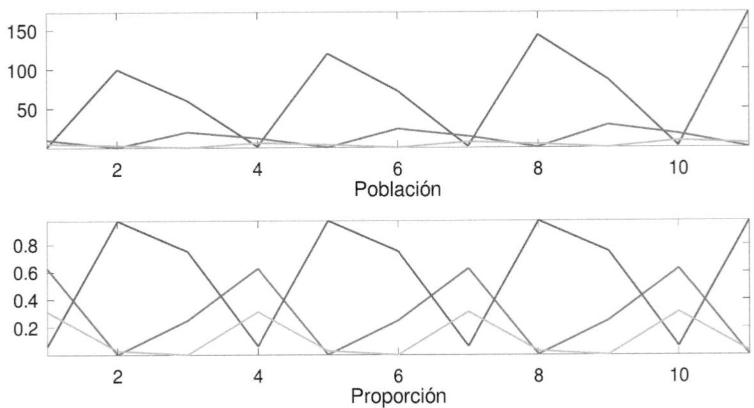

Figura 8.6.

Vemos que, con esta matriz, la proporción de poblaciones no converge a nada. Es más, intuimos que la proporción tiene ciclos de longitud 3. ______ **Fin**

La coincidencia de la longitud de los ciclos con el tamaño de la matriz no es cierta en general como muestra el siguiente ejemplo, totalmente artificial.

Ejemplo 8.8. Considera la siguiente matriz de Leslie:

$$L = \begin{bmatrix} 0 & a_2 & 0 & a_4 \\ m_1 & 0 & 0 & 0 \\ 0 & m_2 & 0 & 0 \\ 0 & 0 & m_3 & 0 \end{bmatrix},$$

donde $a_2, a_4 \neq 0$ y, como siempre, $m_1, m_2, m_3 \neq 0$. No se conoce ninguna especie cuyo comportamiento esté modelado por la matriz anterior: observa que la tercera fase no es reproductiva y está entre dos fases reproductivas.

Para ver si se cumple el teorema 8.6, nos fijamos en los índices i tales que $a_i \neq 0$, que en este ejemplo son $i = 2$ e $i = 4$. Como el máximo común divisor de 2 y 4 no es 1, entonces no se cumple el teorema 8.6.

Vamos a dar algunos valores numéricos concretos a la matriz L de este ejemplo para hacer alguna simulación, por ejemplo, $a_2 = 2$, $a_4 = 3$, $m_1 = 0.3$, $m_2 = 0.4$, $m_3 = 0.6$. Y después de ejecutar la función `leslie2` con la distribución inicial $[1,2,1,2]^T$ se obtiene la figura 8.7. La distribución de proporciones no se estabiliza, pero vemos que los ciclos son de dos años. Observa que la matriz es de tamaño 4. **Fin**

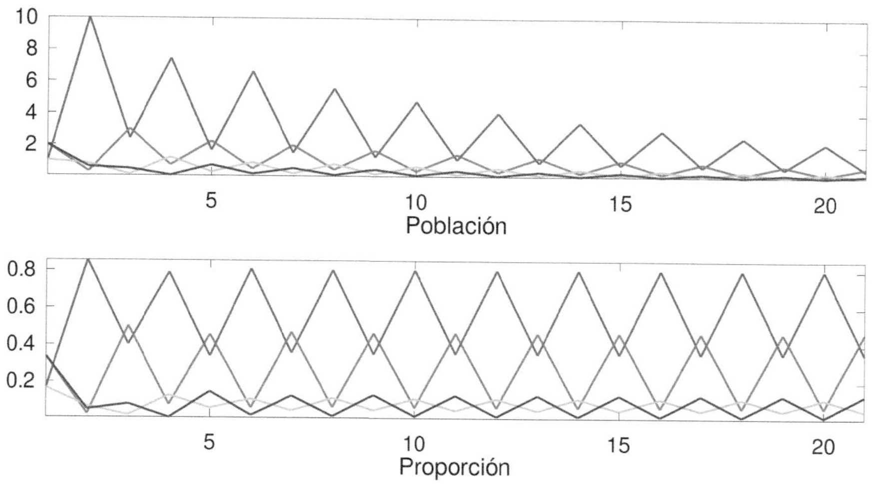

Figura 8.7.

8.7. Demostraciones

DEMOSTRACIÓN DEL TEOREMA 8.2. Sean n el tamaño de L y L_k la submatriz de L a la que se han quitado las filas $k+1,\dots,n$ y las columnas $k+1,\dots,n$. Vamos a probar el teorema por inducción sobre k.

Para $k = 1$. La matriz L_1 es simplemente el escalar a_1 y, por tanto, $\det(\lambda I_1 - L_1) = \lambda - a_1$ y el teorema es cierto para $k = 1$.

Supongamos que el teorema es cierto para $n-1$. Observa que L_{n-1} es una matriz de Leslie y además

$$L = \begin{bmatrix} L_{n-1} & \mathbf{v} \\ \mathbf{w}^T & 0 \end{bmatrix}, \qquad \mathbf{v} = \begin{bmatrix} a_n \\ 0 \\ \vdots \\ 0 \end{bmatrix}, \qquad \mathbf{w}^T = \begin{bmatrix} 0 & \cdots & 0 & m_{n-1} \end{bmatrix}.$$

Desarrollando $\lambda I_n - L$ por la última columna y usando la hipótesis de inducción,

$$\begin{aligned}\det(\lambda I_n - L) &= (-1)^{n+1}(-a_n)(-m_1)\cdots(-m_{n-1}) + \lambda\det(\lambda I_{n-1} - L_{n-1})\\ &= -a_n m_1\cdots m_{n-1} + \lambda\left[\lambda^{n-1} - a_1\lambda^{n-2} - \cdots - a_{n-1}m_1\cdots m_{n-2}\right]\\ &= \lambda^n - a_1\lambda^{n-1} - \cdots - a_{n-1}m_1\cdots m_{n-2}\lambda - a_n m_1\cdots m_{n-1}.\end{aligned}$$

El teorema queda probado. □

8.8. Ejercicios

1. Considera la siguiente matriz de Leslie:

$$L = \begin{bmatrix} 0 & 8 \\ 1/2 & 0 \end{bmatrix}.$$

   a) Halla el polinomio característico y los valores y vectores propios de L.
   b) Halla L^k (distingue si k es par o impar).
   c) Halla $\mathbf{x}(k)$ para cualquier distribución inicial.
   d) Investiga si $\mathbf{x}(k)$ o el vector de proporciones converge. ¿Hay ciclos temporales?

2. Sea L una matriz de Leslie diagonalizable y $\mathbf{x}(k)$ definida por medio de $\mathbf{x}(k+1) = L\mathbf{x}(k)$ para $k = 1, 2, \ldots$, siendo $\mathbf{x}(0)$ la población inicial. Como L es diagonalizable, entonces existe una base de vectores propios $\mathbf{w}_1, \ldots, \mathbf{w}_n$ y denotemos por λ_i el valor propio de $\mathbf{w}_i$. Sean $\lambda_1, \ldots, \lambda_r$ los valores propios cuyo módulo es menor que 1. Prueba que

   a) $\lim_{k\to\infty} \mathbf{x}(k) = \mathbf{0}$ si y solo si $\mathbf{x}(0)$ es combinación lineal de $\mathbf{w}_1, \ldots, \mathbf{w}_r$.
   b) Si $S = [\mathbf{w}_1|\cdots|\mathbf{w}_n]$ y si $\mathbf{e}_1, \ldots, \mathbf{e}_n$ son los vectores (columna) de la base canónica de $\mathbb{R}^n$, prueba que $\lim_{k\to\infty} \mathbf{x}(k) = \mathbf{0}$ si y solo si $\mathbf{e}_j^T S^{-1}\mathbf{x}(0) = 0$ para $j = r+1, \ldots, n$.

3. Considera la siguiente matriz de Leslie:

$$L = \begin{bmatrix} 0 & 0 & a_3 \\ m_1 & 0 & 0 \\ 0 & m_2 & 0 \end{bmatrix}.$$

   a) Halla L^k para $k \in \mathbb{N}$.
   b) Si $\mathbf{x}(k+1) = L\mathbf{x}(k)$, halla $\mathbf{x}(k)$ en función de $\mathbf{x}(0)$.
   c) Halla el vector de proporciones, $\mathbf{p}(k)$. ¿Hay ciclos temporales de cierta longitud? Es decir, averigua si hay $k_0 \in \mathbb{N}$ de forma que $\mathbf{p}(k+k_0) = \mathbf{p}(k)$ para k arbitrario.

4. Considera un modelo de Leslie de tamaño n con solo un grupo, el último, reproductivo.

a) Halla el polinomio característico y deduce que la matriz de Leslie correspondiente es diagonalizable.

b) Calcula L^n (observa que el exponente n coincide con el tamaño de la matriz).

c) Demuestra que existe $\alpha \in \mathbb{R}$ tal que $\mathbf{x}(n) = \alpha \mathbf{x}(0)$. ¿Cuánto vale este número α?

d) Prueba que $\mathbf{x}(n+k) = \alpha \mathbf{x}(k)$. Por lo que este modelo presenta ciclos temporales de longitud n.

5. Considera la siguiente matriz de Leslie:

$$L = \begin{bmatrix} 0 & 1 & 0 & 2 \\ 0.5 & 0 & 0 & 0 \\ 0 & 1 & 0 & 0 \\ 0 & 0 & 0.5 & 0 \end{bmatrix}.$$

Esta matriz L cumple $L^4 = (L^2 + I)/2$ (no hace falta que compruebes esto).

a) Prueba que $L^{k+2} - L^k = -(L^k - L^{k-2})/2$.

b) Prueba que $L^{2k+2} - L^{2k} = (-1/2)^k (L^2 - I_4)$ y $L^{2k+1} - L^{2k-1} = (-1/2)^k L(L^2 - I_4)$.

c) Prueba que $\lim_{k\to\infty} L^{k+2} - L^k = 0$.

La última igualdad indica que el modelo tiene ciclos de longitud 2.

6. Considera el siguiente modelo de Leslie con estos datos:

$$L = \begin{bmatrix} 1 & 4 & 3 \\ 0.1 & 0 & 0 \\ 0 & 0.2 & 0 \end{bmatrix}, \qquad \mathbf{x}(0) = \begin{bmatrix} 1 \\ 2 \\ 10 \end{bmatrix}.$$

Usa un ordenador para calcular el término general $\mathbf{x}(k)$. Ten en cuenta que la matriz L tiene valores propios complejos y debes expresar la solución en términos de números reales.

7. Sea la siguiente matriz de Leslie:

$$L = \begin{bmatrix} 0 & 14 & 24 \\ 0.5 & 0 & 0 \\ 0 & 0.5 & 0 \end{bmatrix}.$$

Intuitivamente, como las tasas de reproductividad son muy altas (14 y 24), el tamaño de la población aumenta sin parar. Para hacer este ejercicio es recomendable que uses un programa de cálculo numérico como Octave.

a) Halla $\mathbf{x}(k)$ en función de $\mathbf{x}(0) = [x_1(0), x_2(0), x_3(0)]^T$.

b) Halla el número total de individuos en el tiempo k.

c) Halla la distribución estacionaria de proporciones.

8. Considera una matriz de Leslie que cumple las condiciones del teorema 8.6. Investiga si existe

$$\lim_{k\to\infty} \frac{\mathbf{x}(k)}{\lambda_{\text{máx}}^{k}},$$

siendo $\lambda_{\text{máx}}$ el valor propio de L de módulo máximo. Interpreta este límite en términos de dinámica de poblaciones.

Capítulo 9
Modelo económico de Leontief

La idea central del modelo de Leontief es que la economía está dividida en varios sectores. Cada sector produce bienes, y para su elaboración, se requieren bienes procedentes de diferentes sectores, quizá todos, incluyendo el propio sector. Por tanto, cada sector debe producir lo suficiente para cubrir tanto la demanda externa como la demanda interna para que la economía sea productiva.

Ejemplo 9.1. Imagina el siguiente sistema económico (muy simple). En un futuro muy lejano, los hombres han colonizado el planeta Solaria[30], donde hay minas de plomo y una factoría de robots. Cada año, las minas de plomo necesitan 100 kg de plomo y 20 robots. La factoría de robots necesita 500 kg de plomo y 10 robots. Por último, se exige que el planeta exporte 20 000 kg de plomo y 200 robots.

Vamos a reunir esta información en la siguiente tabla (llamada tabla de ***input-output***).

	Demanda interna		Demanda externa	Producción bruta
	Plomo	Robots		
Plomo	100	500	20 000	20 600
Robots	20	10	200	230

Es claro que cada columna representa las necesidades de cada sector. Así, la primera columna representa las necesidades de las minas de plomo. Observa que las unidades de las componentes no necesitan ser las mismas, por ejemplo, la primera componente de la primera columna son kilogramos y la segunda componente de la primera columna son robots.

Vamos a pensar en el significado de las filas. La primera fila (si nos olvidamos de la columna "Producción bruta") es $[100, 500, 20\,000]$ que corresponde a las necesidades de plomo que tiene la economía. Observa que las unidades de las componentes de cada fila sí tienen que coincidir.

La columna "Producción bruta" simplemente se ha obtenido sumando las columnas anteriores y representa lo que la economía necesita, tanto para satisfacer la demanda interna (minas de plomo y factoría de robots) como la externa. ______________ **Fin**

Ejemplo 9.2. Supongamos que la economía se divide en los sectores primario, secundario y terciario[31]. Para que la economía sea productiva, cada sector necesita gastar en el resto de los sectores y posiblemente en el propio sector.

Por ejemplo, supongamos que el sector primario gasta 600 € en otras empresas del mismo sector (abonos, forrajes, etc.), 1500 € en compras en el sector secundario (herramientas, ferti-

---

[30] Claramente, este nombre es un pequeño homenaje al escritor Isaac Asimov.

[31] El sector primario es el que obtiene productos directamente de la naturaleza (ganadería, pesca, agricultura, minería, etc.). El sector secundario es el que transforma materias primas en productos terminados (industrias, construcción, etc.). El sector terciario es el que no produce bienes (transporte, turismo, educación, sanidad, etc.).

lizantes, tractores, etc.) y 900 € en empresas del sector terciario (servicio de sanidad, asesoría legal, etc.). Ya podemos rellenar la primera columna de la tabla de *input-output:*

	Demanda interna			Demanda externa	Producción bruta
	1.er sector	2.º sector	3.er sector		
1.er sector	600	⋆	⋆	⋆	⋆
2.º sector	1500	⋆	⋆	⋆	⋆
3.er sector	900	⋆	⋆	⋆	⋆

Vamos a suponer que las necesidades del segundo y tercer sector son, respectivamente,

$$\begin{bmatrix} 400 \\ 800 \\ 600 \end{bmatrix}, \quad \begin{bmatrix} 1400 \\ 700 \\ 700 \end{bmatrix}.$$

La segunda y tercera columna tienen interpretaciones análogas.

La demanda externa (D. E.) puede considerarse como las necesidades de cualquier sector no involucrado en los anteriores, por ejemplo, la demanda de otros países. Vamos a suponer que se requieren 600 € del primer sector (por ejemplo, exportaciones de productos agrícolas o ganaderos), 1000 € del segundo sector (por ejemplo, exportaciones de bienes facturados) y 2600 € del tercer sector (por ejemplo, turistas que vienen al país). Por tanto, ya podemos rellenar la tabla completa de *input-output*.

	Demanda interna			→ D. E.	→ P. B.
	1.er sector	2.º sector	3.er sector		
1.er sector	600	400	1400	600	3000
2.º sector	1500	800	700	1000	4000
3.er sector	900	600	700	2600	4800

La columna de la producción bruta (P. B.) se ha obtenido sumando las columnas anteriores:

$$\begin{bmatrix} 600 \\ 1500 \\ 900 \end{bmatrix} + \begin{bmatrix} 400 \\ 800 \\ 600 \end{bmatrix} + \begin{bmatrix} 1400 \\ 700 \\ 700 \end{bmatrix} + \begin{bmatrix} 600 \\ 1000 \\ 2600 \end{bmatrix} = \begin{bmatrix} 3000 \\ 4000 \\ 4800 \end{bmatrix}.$$

Fin

En un modelo más detallado existirían más sectores; por ejemplo, en vez de usar un único sector primario, debería distinguirse entre sector agricultura, ganadería, pesca, etc.

9.1. Modelo económico de Leontief

El modelo económico de Leontief supone que la economía está dividida en n sectores interconectados y con una demanda externa. Se construye la tabla *input-output* de la siguiente manera:

	Demanda interna			Demanda externa	Producción bruta
	Sector 1	$\cdots$	Sector n		
Sector 1	x_{11}	$\cdots$	x_{1n}	d_1	X_1
$\cdots$	$\vdots$	$\ddots$	$\vdots$	$\vdots$	$\cdots$
Sector n	x_{n1}	$\cdots$	x_{nn}	d_n	X_n

Los valores x_{ij} son las compras que el sector j hace al sector i, d_i son las compras que los consumidores externos hacen al sector i y X_i es la producción del sector i. Se debe cumplir

$$x_{i1}+x_{i2}+\cdots+x_{in}+d_i=X_i, \qquad i=1,\ldots,n. \tag{9.1}$$

Definimos los coeficientes

$$a_{ij}=\frac{x_{ij}}{X_j}.$$

El significado de estos coeficientes es el siguiente: si, para producir X_j unidades, el sector j necesita x_{ij} unidades del sector i, entonces $a_{ij}=x_{ij}/X_j$ representa las unidades de producto del sector i necesarias para producir una unidad de mercancía del sector j.

De (9.1) se obtiene

$$a_{i1}X_1+a_{i2}X_2+\cdots+a_{in}X_n+d_i=X_i, \qquad i=1,\ldots,n.$$

Y estas n igualdades se pueden escribir de forma matricial:

$$\underbrace{\begin{bmatrix} a_{11} & a_{12} & \cdots & a_{1n} \\ a_{21} & a_{22} & \cdots & a_{2n} \\ \vdots & \vdots & \ddots & \vdots \\ a_{n1} & a_{n2} & \cdots & a_{nn} \end{bmatrix}}_{A} \underbrace{\begin{bmatrix} X_1 \\ X_2 \\ \vdots \\ X_n \end{bmatrix}}_{\mathbf{x}} + \underbrace{\begin{bmatrix} d_1 \\ d_2 \\ \vdots \\ d_n \end{bmatrix}}_{\mathbf{d}} = \underbrace{\begin{bmatrix} X_1 \\ X_2 \\ \vdots \\ X_n \end{bmatrix}}_{\mathbf{x}},$$

o de una forma mucho más compacta:

$$A\mathbf{x}+\mathbf{d}=\mathbf{x},$$

o escrito de otra manera,

$$(I_n-A)\mathbf{x}=\mathbf{d}.$$

Definición 9.1. La matriz $A=[a_{ij}]$ se llama matriz **estructural** de la economía. El vector $\mathbf{d}$ es el vector de demandas externas y el vector $\mathbf{x}$ es el de producción bruta.

Ejemplo 9.3. Considera la economía del planeta Solaria descrito en el ejemplo 9.1. La matriz estructural del sistema es

$$A=\begin{bmatrix} 100/20\,600 & 500/230 \\ 20/20\,600 & 10/230 \end{bmatrix}.$$

Si se definen

$$\mathbf{d} = \begin{bmatrix} 20\,000 \\ 200 \end{bmatrix}, \qquad \mathbf{x} = \begin{bmatrix} 20\,600 \\ 230 \end{bmatrix},$$

entonces se puede comprobar fácilmente $A\mathbf{x} + \mathbf{d} = \mathbf{x}$. **Fin**

En internet hay bastantes páginas donde se pueden encontrar tablas de *input-output* de varios países. Por ejemplo, puedes consultar la dirección `http://www.wiod.org/home`

9.2. Solución del modelo de Leontief

El propósito principal de esta sección es el siguiente: conocemos la matriz estructural de la economía A, la demanda externa $\mathbf{d}$ y deseamos saber qué cantidad debe producir cada sector para que se satisfaga tanto la demanda interna como externa, es decir, deseamos calcular $\mathbf{x}$. Es claro que lo que debemos hacer es resolver el sistema $(I_n - A)\mathbf{x} = \mathbf{d}$.

Ejemplo 9.4. Considera la economía del planeta Solaria descrita en el ejemplo 9.1. Si se requiere que se exporten 400 robots y 15 000 kg de plomo, ¿cuál debe ser la producción bruta?

Hay que resolver el sistema $(I_2 - A)\mathbf{x} = \mathbf{d}$, donde A es la matriz estructural de la economía, que ha sido hallada en el ejemplo 9.3, y $\mathbf{d} = [15\,000,\ 400]^T$ es la demanda externa. Luego

$$\underbrace{\begin{bmatrix} 1 - 100/20\,600 & -500/230 \\ -20/20\,600 & 1 - 10/230 \end{bmatrix}}_{I_2 - A} \underbrace{\begin{bmatrix} X_1 \\ X_2 \end{bmatrix}}_{\mathbf{x}} = \underbrace{\begin{bmatrix} 15\,000 \\ 400 \end{bmatrix}}_{\mathbf{d}}.$$

Cuya solución es $X_1 = 16\,022.22$, $X_2 = 434.44$.

Ahora la pregunta es ¿cómo se debe distribuir la producción bruta $\mathbf{x}$? La respuesta es fácil si usamos la definición de los coeficientes de la matriz estructural: $a_{ij} = x_{ij}/X_j$. Se tiene

$$x_{11} = a_{11}X_1 = 77.778, \qquad x_{12} = a_{12}X_2 = 944.44,$$

$$x_{21} = a_{21}X_1 = 15.556, \qquad x_{22} = a_{22}X_2 = 18.889.$$

Por lo que la tabla de *input-output* del modelo debe ser:

	Demanda interna		Demanda externa	Producción bruta
	Plomo	Robots		
Plomo	77.778	944.44	15 000	16 022.22
Robots	15.556	18.889	400	434.44

Fin

Ejemplo 9.5. Considera la siguiente matriz estructural de una economía dividida en dos sectores:

$$A = \begin{bmatrix} 0.2 & 0.5 \\ 0.4 & 0.8 \end{bmatrix}.$$

Si la demanda externa es $\mathbf{d} = [1,\ 3]^T$, vamos a hallar la producción bruta $\mathbf{x}$. Puesto que $(I_2 - A)\mathbf{x} = \mathbf{d}$, tenemos que resolver el sistema:

$$\begin{bmatrix} 0.8 & -0.5 \\ -0.4 & 0.2 \end{bmatrix} \begin{bmatrix} x \\ y \end{bmatrix} = \begin{bmatrix} 1 \\ 3 \end{bmatrix}.$$

La solución de este sistema es $x = -42.5$, $y = -70$. Pero esta solución no es adecuada, ya que la producción tiene que ser positiva. ______ **Fin**

Este ejemplo muestra que todas las componentes de la solución del sistema $(I_n - A)\mathbf{x} = \mathbf{d}$ no deben ser negativas. El siguiente teorema proporciona una caracterización de la existencia de una solución no negativa para cualquier demanda arbitraria no negativa $\mathbf{d}$. Antes de enunciarlo, veamos la notación usada: si $X = [x_{ij}]$ e $Y = [y_{ij}]$ son matrices, escribiremos $X \geq Y$ $(X > Y)$ si $x_{ij} \geq y_{ij}$ $(x_{ij} > y_{ij})$ para todos i, j.

Teorema 9.1. Condición de Hawkins y Simon

Sea $B = [b_{ij}]$ una matriz $n \times n$ que cumple $b_{ij} \leq 0$ para $i \neq j$. Las siguientes afirmaciones son equivalentes:

a) Para todo $\mathbf{c} \geq 0$, el sistema $B\mathbf{x} = \mathbf{c}$ tiene solución $\mathbf{x} \geq 0$.

b) Se cumple

$$b_{11} > 0, \quad \det\begin{bmatrix} b_{11} & b_{12} \\ b_{21} & b_{22} \end{bmatrix} > 0, \quad \ldots, \quad \det\begin{bmatrix} b_{11} & b_{12} & \cdots & b_{1n} \\ b_{21} & b_{22} & \cdots & b_{2n} \\ \vdots & \vdots & \ddots & \vdots \\ b_{n1} & b_{n2} & \cdots & b_{nn} \end{bmatrix} > 0.$$

c) B es invertible y $B^{-1} \geq 0$.

Este teorema fue originalmente demostrado por D. Hawkins y H. A. Simon en 1949. Veamos la equivalencia entre a) y c)[32].

[32] Puedes encontrar la demostración de la equivalencia entre a) y b) en el artículo de P. Ramírez: "El sistema de Leontief y su solución matemática (nota didáctica)", *Lecturas de economía*, 37, 1992; o en el libro de H. Nikaido: *Introduction to Sets and Mappings in Modern Economics* (capítulo 1, sección 3).

a) $\Rightarrow$ c). Sea $\mathbf{e}_1, \dots, \mathbf{e}_n$ la base canónica de $\mathbb{R}^n$. Como $\mathbf{e}_i \geq 0$, existe $\mathbf{x}_i \geq 0$ tal que $B\mathbf{x}_i = \mathbf{e}_i$. Si formamos la matriz X cuyas columnas son $\mathbf{x}_1, \dots, \mathbf{x}_n$, entonces $X \geq 0$ y $BX = B[\mathbf{x}_1, \dots, \mathbf{x}_n] = [\mathbf{e}_1, \dots, \mathbf{e}_n] = I_n$. Luego B es invertible y $X = B^{-1}$.

c) $\Rightarrow$ a). Si $\mathbf{c} \geq 0$, entonces $B^{-1}\mathbf{c} \geq 0$ es solución de la ecuación $B\mathbf{x} = \mathbf{c}$. □

Este teorema se aplica para estudiar las soluciones del sistema $(I_n - A)\mathbf{x} = \mathbf{d}$ para $B = I_n - A$. Observa que la condición $b_{ij} \leq 0$ para $i \neq j$ se cumple automáticamente en esta situación, ya que, si $i \neq j$, entonces $b_{ij} = -a_{ij} \leq 0$.

Ejemplo 9.6. El sistema del ejemplo 9.5 no tiene una producción bruta $\mathbf{x}$ admisible para una demanda $\mathbf{d} \geq 0$ concreta. Si nos fijamos en la matriz del sistema $I_2 - A$, vemos que, aunque la entrada $(1,1)$ es positiva, su determinante es negativo. Por tanto, este sistema no cumple las condiciones del teorema 9.1. **Fin**

Ejercicio 9.1. ¿Cómo debe cambiar la producción bruta si cambia la demanda?

Sea A la matriz estructural de una economía. Supongamos que, para satisfacer la demanda $\mathbf{d}$, la economía necesita producir de acuerdo con el vector $\mathbf{x}$. Si al i-ésimo sector se le demanda λ unidades más, entonces prueba que el vector de producción bruta debe ser $\mathbf{x} + \lambda \mathbf{f}_i$, siendo $\mathbf{f}_i$ la i-ésima columna de $(I_n - A)^{-1}$, siempre que $I_n - A$ sea invertible. Deduce que la producción bruta no puede decrecer.

Si A es la matriz estructural de una economía, la matriz $(I_n - A)^{-1}$ tiene un significado económico claro: indica el aumento de la producción bruta si la demanda externa aumenta. Además, si $\mathbf{d}$ es la demanda externa, entonces la producción bruta $\mathbf{x}$ debe cumplir $(I_n - A)\mathbf{x} = \mathbf{d}$. Pero ¿es $I_n - A$ es invertible? Además, si $(I_n - A)^{-1}$ tuviera entradas negativas, entonces $\mathbf{x} = (I_n - A)^{-1}\mathbf{d}$ puede tener componentes negativas. Observa que $B = I_n - A$ cumple la condición de Hawkins-Simon (el teorema 9.1) si y solo si $I_n - A$ es invertible y $(I_n - A)^{-1} \geq 0$.

Vamos a ver una condición suficiente para asegurar la invertibilidad de $I_n - A$ y la no negatividad de $(I_n - A)^{-1}$.

Teorema 9.2. Existencia y no negatividad de $(I_n - A)^{-1}$

Sea A una matriz no negativa de orden $n \times n$. Si $\text{máx}\{|\lambda| : \lambda \text{ es valor propio de } A\} < 1$, entonces

a) $I_n - A$ es invertible.

b) $\text{lím}_{k \to \infty} A^k = 0$.

c) $(I_n - A)^{-1} = I_n + A + A^2 + \cdots$

d) $(I_n - A)^{-1} \geq 0$

Observa que el apartado d) es trivial a partir de c)[33].

Vamos a ver para qué sirve el teorema 9.2. Recuerda que es importante resolver el sistema $(I_n - A)\mathbf{x} = \mathbf{d}$, donde $\mathbf{x}$ es la producción bruta desconocida y $\mathbf{d}$ la demanda externa conocida. Si la matriz A cumple la condición del teorema 9.2, entonces $I_n - A$ es invertible y por el apartado c) del teorema 9.2,

$$\mathbf{x} = (I_n - A)^{-1}\mathbf{d} = (I_n + A + A^2 + \cdots)\mathbf{d} = \mathbf{d} + A\mathbf{d} + A^2\mathbf{d} + \cdots \qquad (9.2)$$

Como las entradas de A suelen ser pequeñas, la convergencia de $\text{lím}_{k\to\infty} A^k = 0$ es rápida, por lo que en la igualdad (9.2) normalmente basta tomar pocos sumandos. Hay otra explicación un poco más rigurosa: si A es diagonalizable (lo que es cierto en la mayoría de las ocasiones), entonces $A = SDS^{-1}$, donde S es invertible y D es una matriz diagonal cuyos elementos son los valores propios. Por tanto, $A^k = SD^kS^{-1}$ y, como el módulo de todos los valores propios de A es menor que 1, entonces A^k tiende a 0 de forma exponencial. También, cuanto menor sea $\text{máx}\{|\lambda| : \lambda \text{ es valor propio de } A\}$, la convergencia es más rápida.

Desde un punto de vista computacional, los sumandos $A^k\mathbf{d}$ se van calculando de forma recursiva como sigue: $A^{k+1}\mathbf{d} = A(A^k\mathbf{d})$.

Octave La siguiente función de Octave calcula la producción bruta $\mathbf{x}$ en términos de la matriz estructural A y la demanda externa $\mathbf{d}$ usando la expresión (9.2).

```
function [x k] = leontief(A,d)  %%%% 1
x = d;
k = 1;                          %%%% 2
do
  d = A*d;
  x = x + d;
  k = k+1;                      %%%% 2
until norm(d) < 0.001
```

Como ves, la condición de salida de este bucle es $||A^k\mathbf{d}|| < 0.001$. De forma intuitiva, lo que se pretende es que en la suma (9.2) se dejen de calcular términos cuando $A^k\mathbf{d}$ sea pequeño. Las líneas que involucran al contador `k` (líneas marcadas con "2") se pueden eliminar, pues solo se han incluido para "rastrear" el número de sumandos necesarios en (9.2), y en este caso se debería cambiar la línea 1 por `function x = leontief(A,d)`. ________ **Fin**

Ejemplo 9.7. Considera la siguiente matriz estructural:

$$A = \begin{bmatrix} 0.4 & 0.7 & 0.2 \\ 0.1 & 0.2 & 0.4 \\ 0.2 & 0 & 0.1 \end{bmatrix}.$$

[33] Puedes encontrar la demostración de los apartados a), b) y c) de este teorema en el capítulo 7 del libro *Matrix Analysis and Applied Linear Algebra* escrito por C. D. Meyer.

Para ver si A cumple la condición del teorema 9.2, tendríamos que calcular los valores propios de A, lo que haremos mediante Octave ya que el tamaño de A es pequeño.

```
A = [0.4 0.7 0.2; 0.1 0.2 0.4; 0.2 0 0.1];
[X D] = eig(A);
r = max(diag(abs(D)))
```

Obtenemos `r = 0.74755`. Luego A cumple el teorema 9.2. Ahora para cualquier demanda externa **d** podemos resolver $(I_3 - A)\mathbf{x} = \mathbf{d}$ o usar (9.2) para calcular **x**. ________________ **Fin**

9.3. Un sistema económico donde todos los bienes son básicos

Definición 9.2. Un bien es **básico** si influye, directa o indirectamente, en cualquier otro bien.

Obviamente, si el sector j compra al i, entonces el sector i influye directamente sobre el j. Ahora imaginemos que el sector k compra al j, y el j compra al i; entonces podemos decir que i influye sobre k indirectamente. Obviamente, estas cadenas de sectores no tienen que estar limitadas a tres sectores.

Estudiemos qué concepto matricial equivale a que todos los bienes sean básicos. Sea $A = [a_{ij}]$ la matriz estructural de la economía. Si recordamos que $a_{ij} = x_{ij}/X_j$ y que x_{ij} es la cantidad de productos que compra el sector j al sector i, entonces $a_{ij} \neq 0$ si y solo si el sector i interviene en el sector j directamente. Pero ¿qué pasa si el sector i_1 interviene en el sector i_k indirectamente? Que hay una cadena de sectores $i_k, i_{k-1}, \ldots, i_2, i_1$ de forma que cada sector compra al anterior. En otras palabras, que $a_{i_1 i_2}, \ldots, a_{i_{k-1} i_k}$ no son nulos. Es decir: si todos los bienes son básicos, entonces la matriz A es no negativa e irreducible[34]. La importancia de esto es que podremos aplicar el teorema de Frobenius (el teorema A.4, en la página 351) a las matrices estructurales de las economías con todos sus bienes básicos. Por tanto, se verifica el siguiente resultado.

Teorema 9.3. Matrices estructurales e irreducibles

Si A es una matriz estructural de una economía, entonces todos los sectores son básicos si y solamente si, A es irreducible.

Por supuesto, si la matriz A es positiva, la matriz A es irreducible.

Hemos visto que, si A es una matriz estructural de una economía y si **d** es la demanda externa, entonces la producción bruta **x** debe cumplir $(I_n - A)\mathbf{x} = \mathbf{d}$. Pero, si $B = I_n - A$ cumple

[34] Si no sabes lo que es una matriz irreducible, encontrarás su definición en la sección A.2 (página 349) del apéndice A.

la condición de Hawkins-Simon (el teorema 9.1) o el teorema 9.2, entonces $I_n - A$ es invertible y $(I_n - A)^{-1} \geq 0$.

La siguiente definición es debida a Leontief y asegura que, si $\mathbf{d} > 0$, entonces $\mathbf{x} > 0$.

Definición 9.3. Sea A una matriz no negativa de orden $n \times n$. La matriz A es **productiva** si $I_n - A$ es invertible y $(I_n - A)^{-1} > 0$.

El siguiente teorema caracteriza las matrices productivas cuando todos los bienes son básicos.

Teorema 9.4. Caracterización de las matrices productivas

Sea A una matriz irreducible de orden n. Las siguientes afirmaciones son equivalentes.

a) $I_n - A$ es invertible y $(I_n - A)^{-1} > 0$.

b) $I_n - A$ es invertible y $(I_n - A)^{-1} \geq 0$.

c) Si λ es un valor propio de A, entonces $|\lambda| < 1$.

d) Existe $\mathbf{x} \in \mathbb{R}^n$ tal que $\mathbf{x} > 0$ y $A\mathbf{x} < \mathbf{x}$.

DEMOSTRACIÓN. Vamos a usar la teoría de Perron-Frobenius (mira el apéndice A). Sea $\lambda_{\text{máx}}$ la raíz de Perron de A. Recuerda que $\lambda_{\text{máx}}$ es real y que también $\lambda_{\text{máx}}$ es la raíz de Perron de A^T.

a) $\Rightarrow$ b) es trivial.

b) $\Rightarrow$ c) Sea $\mathbf{v} = [v_1, \ldots, v_n]^T$ un vector propio asociado a $\lambda_{\text{máx}}$ con todas sus componentes positivas (o escrito de forma simbólica, $\mathbf{v} > 0$).

Si $\lambda_{\text{máx}} = 1$, entonces, como 1 es un valor propio de A, entonces $I_n - A$ no es invertible[35]. Si $\lambda_{\text{máx}} > 1$, entonces $A\mathbf{v} = \lambda_{\text{máx}}\mathbf{v} > \mathbf{v}$, por lo que $\mathbf{c} = A\mathbf{v} - \mathbf{v} > 0$, de donde se deduce que $\mathbf{u} = (I_n - A)^{-1}\mathbf{c} \geq 0$. Ahora, $(A - I_n)\mathbf{v} = A\mathbf{v} - \mathbf{v} = \mathbf{c} = (I_n - A)\mathbf{u}$, y, como $I_n - A$ es invertible, $\mathbf{v} = -\mathbf{u}$, lo que contradice $\mathbf{v} > 0$ y $\mathbf{u} \geq 0$. Como no puede ser $\lambda_{\text{máx}} \geq 1$, entonces $\lambda_{\text{máx}} < 1$.

c) $\Rightarrow$ a) Como se verifica el teorema 9.2, entonces $I_n - A$ es invertible. Ahora vamos a demostrar que $(I_n - A)^{-1} > 0$. Si G es la matriz de adyacencia del grafo asociado a G (consulta la segunda sección del apéndice A si no sabes lo que es la matriz de adyacencia), entonces, por la definición de G, es evidente que $G \leq A$. Se deduce que $G^k \leq A^k$ para cualquier $k \in \mathbb{N}$, por tanto, $(I_n - A)^{-1} = I + A + A^2 + \cdots \geq I + G + G^2 + \cdots$. Por el teorema A.3 se obtiene $(I_n - A)^{-1} > 0$.

a) $\Rightarrow$ d) Sea $\mathbf{y}$ cualquier vector de $\mathbb{R}^n$ cuyas componentes son todas positivas. Entonces $\mathbf{x} = (I_n - A)^{-1}\mathbf{y} > 0$ y $\mathbf{x} - A\mathbf{x} = (I_n - A)\mathbf{x} = (I_n - A)(I_n - A)^{-1}\mathbf{y} = \mathbf{y} > 0$.

d) $\Rightarrow$ c) Sea $\mathbf{w} = [w_1, \ldots, w_n]^T$ un vector propio de A^T asociado a $\lambda_{\text{máx}}$ con todas sus componentes positivas. Denotemos $\mathbf{x} = [x_1, \ldots, x_n]^T$. Si $(A\mathbf{x})_i$ es la i-ésima coordenada de $A\mathbf{x}$,

[35] Recuerda que λ es un valor propio de A si y solo si $\det(A - \lambda I_n) = 0$.

entonces como $(A\mathbf{x})_i < x_i$, se obtiene

$$\mathbf{w}^T A\mathbf{x} = w_1(A\mathbf{x})_1 + \cdots + w_n(A\mathbf{x})_n < w_1x_1 + \cdots + w_nx_n = \mathbf{w}^T\mathbf{x}$$

y

$$\mathbf{w}^T A\mathbf{x} = (A^T\mathbf{w})^T\mathbf{x} = \lambda_{\text{máx}}\mathbf{w}^T\mathbf{x}.$$

Por tanto, $0 < (1-\lambda_{\text{máx}})\mathbf{w}^T\mathbf{x}$. Como $\mathbf{w} > 0$ y $\mathbf{x} > 0$, entonces $1-\lambda_{\text{máx}} > 0$. Como la raíz de Perron verifica $\lambda_{\text{máx}} \geq |\lambda|$ para cualquier valor propio λ, se cumple c). □

Ejercicio 9.2. Prueba que la traspuesta de una matriz productiva es productiva.

9.4. Los precios en el modelo de Leontief

Supongamos que cada uno de los n sectores de una economía produce un único producto. Recordemos que x_{ij} es la cantidad de productos que el sector j compra al sector i y que X_j es la producción del sector j. Si p_i es el precio del producto i, el coste total de producir X_j unidades del producto j es $p_1x_{1j} + p_2x_{2j} + \cdots + p_nx_{nj}$. Por tanto, para que la producción del sector j sea beneficiosa, se debe tener

$$p_jX_j > p_1x_{1j} + p_2x_{2j} + \cdots + p_nx_{nj},$$

ya que p_jX_j son los beneficios obtenidos por el sector j.

9.4.1. La economía no genera beneficios

Si ningún sector genera beneficios, entonces

$$p_jX_j = p_1x_{1j} + p_2x_{2j} + \cdots + p_nx_{nj}$$

para todo j. Si dividimos por X_j y recordamos la definición de los coeficientes de la matriz estructural, $a_{ij} = x_{ij}/X_j$, obtenemos el sistema:

$$\begin{bmatrix} p_1 \\ \vdots \\ p_n \end{bmatrix} = \begin{bmatrix} a_{11} & \cdots & a_{n1} \\ \vdots & \ddots & \vdots \\ a_{n1} & \cdots & a_{1n} \end{bmatrix} \begin{bmatrix} p_1 \\ \vdots \\ p_n \end{bmatrix}.$$

La matriz de este sistema es la traspuesta de la matriz estructural de la economía. Si llamamos $\mathbf{p} = [p_1, \ldots, p_n]^T$, entonces el sistema anterior se escribe como $\mathbf{p} = A^T\mathbf{p}$, que puede reescribirse como

$$(I_n - A^T)\mathbf{p} = \mathbf{0}.$$

Si la matriz A es productiva, por definición, $I_n - A$ es invertible y, por tanto, $I_n - A^T$ es también invertible (puesto que $\det(I_n - A) = \det(I_n - A^T)$). Luego, la única solución del sistema $(I_n - A^T)\mathbf{p} = \mathbf{0}$ es $\mathbf{p} = \mathbf{0}$, situación que no tiene interés.

9.4.2. La economía genera beneficios

Si el sector j tiene beneficios, entonces

$$p_j X_j > p_1 x_{1j} + p_2 x_{2j} + \cdots + p_n x_{nj},$$

Por tanto, existe r_j tal que

$$p_j X_j = (1 + r_j)\big(p_1 x_{1j} + p_2 x_{2j} + \cdots + p_n x_{nj}\big).$$

Después de dividir por X_j, obtenemos

$$p_j = (1 + r_j)\big(p_1 a_{1j} + p_2 a_{2j} + \cdots + p_n a_{nj}\big), \tag{9.3}$$

donde r_j puede interpretarse como la tasa de ganancia del producto j.

Vamos a suponer que estas tasas de ganancias, r_j, son iguales para todos los productos. Esta suposición se corresponde en muchas ocasiones con el comportamiento usual. De este modo en la igualdad (9.3) podemos sustituir $r = r_j$ para todo j, y tenemos

$$\begin{bmatrix} p_1 \\ \vdots \\ p_n \end{bmatrix} = (1 + r) \begin{bmatrix} a_{11} & \cdots & a_{n1} \\ \vdots & \ddots & \vdots \\ a_{n1} & \cdots & a_{1n} \end{bmatrix} \begin{bmatrix} p_1 \\ \vdots \\ p_n \end{bmatrix}$$

o, escrito de una manera más compacta,

$$\mathbf{p} = (1 + r)A^T \mathbf{p}. \tag{9.4}$$

Estamos interesados en buscar soluciones $\mathbf{p} \neq \mathbf{0}$ para las cuales el sistema económico sea real, es decir, que ninguna componente de $\mathbf{p}$ sea negativa.

A partir de este momento, solo vamos a estudiar la situación en la que todos los bienes son básicos. Usaremos la teoría de Perron-Frobenius (mira el apéndice A). Por el teorema de Perron (aplicado a A^T), existe un valor propio de A^T real y positivo, $\lambda_{\text{máx}}$ que cumple $\lambda_{\text{máx}} \geq |\lambda|$ para todo valor propio λ, las soluciones de $A^T \mathbf{x} = \lambda_{\text{máx}} \mathbf{x}$ forman un subespacio de dimensión 1, y puede tomarse un vector propio $\mathbf{p}^*$ asociado a $\lambda_{\text{máx}}$, con todas sus componentes positivas. Por tanto, $A^T \mathbf{p}^* = \lambda_{\text{máx}} \mathbf{p}^*$. Basta tomar ahora $r = \lambda_{\text{máx}}^{-1} - 1$ para que se cumpla $\mathbf{p}^* = (1 + r)A^T \mathbf{p}^*$.

Fácilmente se ve que, como $\mathbf{p}^*$ cumple (9.4), entonces $\alpha \mathbf{p}^*$ también cumple (9.4) para cualquier $\alpha > 0$, lo que indica que podemos usar como unidad monetaria la medida que queramos. Es más, por el teorema de Frobenius, todas las soluciones de (9.4) son múltiplos escalares de $\mathbf{p}^*$, es decir, esencialmente tenemos las mismas soluciones.

Ahora, por el teorema A.5, si hubiera otro valor propio λ de A^T con un vector propio $\mathbf{v}$, este vector $\mathbf{v}$ tendrá alguna componente negativa. Lo que esto implica es que cualquier otro valor propio distinto a la raíz de Perron tendrá un vector propio que no tiene sentido desde el punto de vista económico (los precios no pueden ser negativos). Por tanto, para un sistema económico donde todos los bienes son básicos, solo hay un candidato para la solución de (9.4): $r = \lambda_{\text{máx}}^{-1} - 1$ y cualquier vector propio asociado a $\lambda_{\text{máx}}$ de componentes positivas.

¿Y qué ocurre con la tasa de ganancia? Solo hay un valor razonable para la tasa de ganancia: $r = \lambda_{\text{máx}}^{-1} - 1$. Pero ¿podemos asegurar que la tasa de ganancia r es positiva? Observa que

$$r > 0 \quad \Longleftrightarrow \quad \lambda_{\text{máx}} < 1.$$

Luego, por el teorema 9.4, la matriz A es productiva si y solamente si la tasa de ganancia r es positiva (de aquí el nombre de productiva para este tipo de matrices). Pero observa que el teorema 9.1 caracteriza cuándo una economía es productiva.

Ejercicio 9.3. Sea A una matriz irreducible (todos los bienes son básicos). Prueba que A es productiva si y solamente si $\mathbf{p}^* > A^T\mathbf{p}^*$, siendo $\mathbf{p}^*$ el vector de Perron de A^T.

Resumamos lo que hemos conseguido en el siguiente teorema.

Teorema 9.5. Economía básica y precios

Sea A la matriz estructural de una economía donde todos los bienes son básicos.

a) Existe una única tasa r de crecimiento y un único vector significativo de precios $\mathbf{p}^*$ (salvo proporcionalidad) de forma que $\mathbf{p}^* = (1+r)A^T\mathbf{p}^*$. Esta tasa r es $\lambda_{\text{máx}}^{-1} - 1$, donde $\lambda_{\text{máx}}$ es la raíz de Perron de A y $\mathbf{p}^*$ es el vector de Perron de A^T.

b) La matriz $I_n - A$ cumple el teorema 9.1 si y solamente si $r > 0$.

La palabra *significativo* quiere decir que todas sus componentes son positivas.

9.5. Ejercicios

1. Considera un sistema económico con solo dos sectores, agricultura e industria, cuya tabla *input-output* es la siguiente:

	Agr.	Ind.	Demanda	Producción
Agr.	3.5	7.5	59	70
Ind.	10.5	3	16.5	30

   a) Halla la matriz tecnológica.

   b) Si hay un aumento en la demanda de 11 unidades en la agricultura, ¿cómo deben aumentar los sectores?

2. Considera un sistema económico con la siguiente matriz estructural:

$$A = \begin{bmatrix} 0.8 & 0.3 \\ 0.4 & 0.4 \end{bmatrix}.$$

   a) Prueba que $B = I_2 - A$ no es invertible.
   b) Halla la condición que debe cumplir una demanda $\mathbf{d}$ para que exista producción bruta. ¿Cuál es?
   c) Observa que hay demandas que no tienen producción bruta. ¿Esto contradice el teorema 9.1?
   d) ¿Se cumple $\lim_{k\to\infty} A^k = 0$? ¿Se puede usar $\mathbf{x} = \mathbf{d} + A\mathbf{d} + A^2\mathbf{d} + \cdots$ para calcular la producción $\mathbf{x}$ en términos de una demanda $\mathbf{d}$?
   e) ¿Tiene algo que ver el apartado anterior con los valores propios de A?

3. Investiga si se puede aplicar el teorema 9.1 al sistema económico del ejercicio 1.

4. Si A es la matriz tecnológica del ejercicio 1, resuelve $(I_n - A)\mathbf{x} = \mathbf{d}$ para $\mathbf{d} = [1, 1]^T$ directamente y aproximando $\mathbf{x} = \mathbf{d} + A\mathbf{d} + A^2\mathbf{d} + A^3\mathbf{d}$. ¿Es buena la aproximación?

5. Sea A una matriz cuadrada no negativa tal que $I_n - A$ verifica el teorema 9.1. Prueba que la entrada (i, i) de $(I_n - A)^{-1}$ es mayor o igual que 1. ¿Cuál es la consecuencia económica de este hecho? (recuerda el ejercicio 9.1). *Ayuda:* observa que "todas la entradas (i, i) de $(I_n - A)^{-1}$ son mayores o iguales que 1" equivale a $I_n \leq (I_n - A)^{-1}$.

6. Si A es una matriz estructural, prueba que $a_{ii} \leq 1$ para todo i.

7. Sea la matriz

$$A = \begin{bmatrix} 1.2 & 0.06 \\ 0.2 & 0.01 \end{bmatrix}.$$

   Observa que, por el ejercicio anterior, esta matriz A no puede ser la matriz estructural de ninguna economía.

   a) ¿Existe la inversa de $I_2 - A$?
   b) Calcula la raíz de Perron de A.
   c) ¿Converge la serie $I_2 + A + A^2 + \cdots$? ¿Se contradice el teorema 9.2?

8. Supón que la matriz estructural de una economía con dos sectores es:

$$A = \begin{bmatrix} a & b \\ c & d \end{bmatrix},$$

   donde a, b, c, d están en $[0, 1]$.

a) Encuentra una fórmula para $(I_2 - A)^{-1}$.

b) Prueba que la matriz $I_2 - A$ satisface la condición de Hawkins y Simon si y solo si $(1-a)(1-d) > bc$.

c) Si $(1-a)(1-d) < bc$, prueba que hay demandas $\mathbf{d} > 0$ para las cuales hay una producción bruta $\mathbf{x}$ que carece de sentido, es decir, que $\mathbf{x}$ tiene componentes negativas.

9. Considera la matriz

$$A = \begin{bmatrix} 0.2 & 0.1 \\ 0.4 & 0.2 \end{bmatrix}.$$

Comprueba todas las condiciones del teorema 9.2 para A y las del teorema 9.1 para $I_n - A$.

10. En este ejercicio se estudia qué le pasa a la tasa de crecimiento (definida en el teorema 9.5) si aumenta la matriz estructural.

Sean A_1 y A_2 dos matrices irreducibles tales que $A_1 \le A_2$.

a) Sean λ_1 y λ_2 las raíces de Perron de A_1 y A_2, respectivamente, y sean $\mathbf{v}_1 > 0$, $\mathbf{v}_2 > 0$ los vectores de Perron de A_1 y A_2^T, respectivamente. Prueba que $\lambda_1 \mathbf{v}_2^T \mathbf{v}_1 \le \lambda_2 \mathbf{v}_2^T \mathbf{v}_1$ y deduce que $\lambda_1 \le \lambda_2$.

b) Sean r_1 y r_2 las tasas de crecimiento de las dos economías. Prueba que $r_2 \le r_1$.

11. Considera la economía del planeta Solaria descrita al principio de este capítulo.

a) Comprueba que $B = I_2 - A$ cumple la condición de Hawkins-Simon.

b) ¿Son todos los bienes básicos?

c) Halla la tasa r de crecimiento.

d) Halla todos los vectores significativos de precios.

e) Si un robot se vende a 100 unidades monetarias, y el crecimento es estable, ¿a cuánto se debe vender cada kilogramo de plomo?

12. Considera una economía con n sectores en la que no hay demanda externa y tal que la producción bruta de cualquier sector es distinta que la suma de los bienes que todos los sectores hacen al primer sector mencionado. En otras palabras: $x_{i1} + \cdots + x_{in} \neq X_i$ para todo i. Sea A la matriz estructural y $\mathbf{x}$ el vector de producción bruta. Sea $g_i > 0$ tal que $g_i(x_{i1} + \cdots + x_{in}) = X_i$.

a) Prueba que $GA\mathbf{x} = \mathbf{x}$, siendo G la matriz diagonal cuyos valores son $g_1, \ldots, g_n$.

b) Prueba que 1 es un valor propio de GA.

c) Si $G = (1+g)I_n$ (esto indica que la tasa de crecimiento de los bienes es constante para cualquier sector), prueba que $1/(g+1)$ es un valor propio de A.

d) Prueba que $1/(1+g)$ es la raíz de Perron de A.

e) Prueba que $g = r$, es decir, la tasa de crecimiento de los bienes coincide con la tasa de aumento de los precios. A veces se conoce a esta ley como la "regla de oro" del crecimiento económico.

13. Considera una economía cuya matriz estructural es A y que cada uno de los n sectores produce un único producto. Sea $\mathbf{d} = [d_1, \ldots, d_n]^T$ la demanda externa y $\mathbf{x} = [x_1, \ldots, x_n]^T$ la producción bruta, por lo que sabemos que $(I_n - A)\mathbf{x} = \mathbf{d}$. Sea p_j el precio de una unidad del producto j y formamos $\mathbf{p} = [p_1, \ldots, p_n]^T$. Por último sea $\mathbf{q} = [q_1, \ldots, q_n]^T$ definido por $\mathbf{q} = (I_n - A^T)\mathbf{p}$. Prueba que

$$\sum_{i=1}^{n} d_i p_i = \sum_{j=1}^{n} x_j q_j.$$

La interpretación económica de $\mathbf{q} = (I_n - A^T)\mathbf{p}$ es la siguiente: el sector j produce una unidad usando $a_{1j}, a_{2j}, \ldots, a_{nj}$ unidades de *inputs*. Como p_j es el precio del producto fabricado por el sector j, entonces el sector j debe pagar $\sum_{i=1}^{n} a_{ij} p_i$ a todos los sectores (incluyendo a sí mismo). Entonces $q_j = p_j - \sum_{i=1}^{n} a_{ij} p_i$ es el valor medio añadido al sector j.

14. Una economía de n sectores cumple que el sector j no hace compras al sector i para $j < i$.

a) ¿Qué tipo de matriz es la matriz estructural del sistema?

b) ¿Es la matriz estructural irreducible?

15. La matriz estructural de una economía es:

$$A = \begin{bmatrix} A_1 & 0 \\ 0 & A_2 \end{bmatrix},$$

siendo A_1 y A_2 matrices cuadradas.

a) Interpreta la economía de este sistema.

b) Si $\mathbf{x}_1$ y $\mathbf{x}_2$ son las soluciones, respectivamente, de $(I - A_1)\mathbf{x}_1 = \mathbf{d}_1$ y $(I - A_2)\mathbf{x}_2 = \mathbf{d}_2$, ¿cómo podemos calcular la solución de $(I - A)\mathbf{x} = \begin{bmatrix} \mathbf{d}_1 \\ \mathbf{d}_2 \end{bmatrix}$?

c) ¿Es A irreducible?

d) Si λ es la raíz de Perron de A_1 y A_2 encuentra algún valor propio de A.

e) Relaciona los dos apartados anteriores con las tasas de crecimiento asociadas a las economías correspondientes a las matrices A_1 y A_2, permitiendo que haya precios nulos.

Capítulo 10
El motor de búsqueda de Google

Actualmente todos nosotros usamos motores de búsqueda de internet cuando queremos encontrar cualquier información. ¿Queremos saber dónde nació Aristóteles? Simplemente tecleamos `Biografía Aristóteles` y aparecen millones de páginas donde podemos encontrar la información que buscamos. ¿Cómo funciona el motor de búsqueda Google?[36].

10.1. Una pequeña introducción al algoritmo PageRank

El motor de búsqueda de Google fue diseñado en 1998 por Sergei Brin y Lawrence Page, dos estudiantes de doctorado en Informática en la Universidad de Stanford, que fundaron la empresa Google y ahora son multimillonarios. Brin y Page idearon el algoritmo PageRank, que es el corazón del motor de búsqueda usado por Google. Este algoritmo es el responsable del auge de Google como empresa dominante en el ámbito de la informática.

Antes de presentar las fórmulas necesarias del algoritmo PageRank, veamos su idea intuitiva. ¿Cuándo consideramos que una página es importante? A primera vista, podemos decir que cuando hay muchas páginas con enlaces a esta página. Sin embargo, este criterio debe ser modificado por los dos motivos siguientes:

1. No es lo mismo que un enlace proceda de una página importante que de una página irrelevante. Por ejemplo, se pueden crear muchas páginas web vacías de contenido que enlacen a una dada para darle más importancia. Esto no es deseable. Resumiendo, una página web es importante si es señalada por otras páginas importantes.

2. Una página importante puede enlazar a 1000 páginas o a una sola. Es claro que, en estas dos situaciones, cada enlace no debe contar lo mismo.

Veremos que todo esto puede ser formalizado mediante una fórmula matricial simple.

10.2. La fórmula inicial del algoritmo PageRank

La estructura de internet puede ser esquematizada como un grafo dirigido (enorme) en el que sus vértices corresponden a las páginas web y las flechas representan los enlaces de una página a otra. El algoritmo PageRank asigna un número, llamado **PageRank**, a cada página web, de forma que, cuanto mayor sea este número, más importante es la página.

[36] Hay muchos más motores de búsqueda, pero nos centraremos en el más usado actualmente. Si quieres profundizar más en este tema (o estudiar otros motores), puedes consultar el libro *Google's PageRank and Beyond: The Science of Search Engine Rankings*, de A. N. Langville y C. D. Meyer.

Una igualdad clave del algoritmo es que el PageRank de una página P, denotado por $r(P)$, es la suma ponderada de los PageRanks de todas las páginas que tienen enlaces a P. Su expresión concreta es:

$$r(P) = \sum_{Q \in B(P)} \frac{r(Q)}{\#(Q)}, \tag{10.1}$$

donde $B(P)$ es el conjunto de las páginas que tienen enlaces a P y $\#(Q)$ es el número de enlaces que salen de la página Q. La idea de esta igualdad es que una página es importante si es señalada por páginas importantes. Observa que, en la igualdad anterior, el término $r(Q)$ está dividido por $\#(Q)$, lo que captura la idea de que, si una página tiene muchos enlaces, cada enlace tiene menos importancia.

El problema con esta igualdad es que, para calcular $r(P)$, hay que conocer los valores $r(Q)$ que son desconocidos.

Ejemplo 10.1. Veamos un ejemplo con el siguiente grafo, que modela un internet "de juguete".

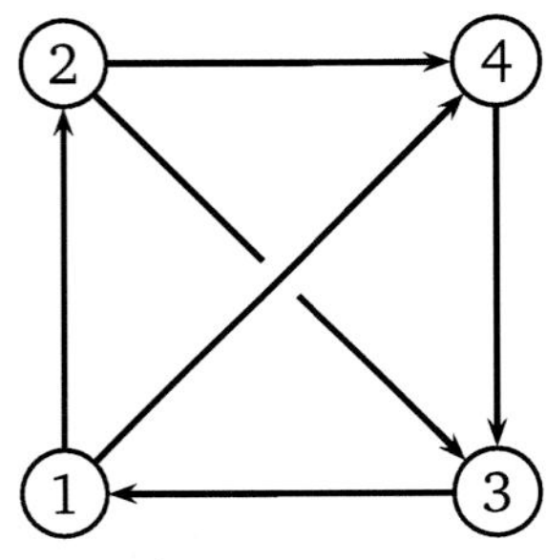

Figura 10.1.

Primero calculamos $\#(Q)$ para todos los vértices, que no es más que el número de flechas que salen de cada vértice.

$$\#(1) = 2, \qquad \#(2) = 2, \qquad \#(3) = 1, \qquad \#(4) = 1.$$

Si planteamos (10.1), obtenemos el siguiente sistema lineal:

$$\begin{array}{rcl} r(1) & = & r(3) \\ r(2) & = & \frac{r(1)}{2} \\ r(3) & = & \frac{r(2)}{2} + r(4) \\ r(4) & = & \frac{r(1)}{2} + \frac{r(2)}{2} \end{array} \quad \Rightarrow \quad \begin{bmatrix} r(1) \\ r(2) \\ r(3) \\ r(4) \end{bmatrix} = \begin{bmatrix} 0 & 0 & 1 & 0 \\ 1/2 & 0 & 0 & 0 \\ 0 & 1/2 & 0 & 1 \\ 1/2 & 1/2 & 0 & 0 \end{bmatrix} \begin{bmatrix} r(1) \\ r(2) \\ r(3) \\ r(4) \end{bmatrix}. \tag{10.2}$$

Si $\mathbf{r} = [r(1), r(2), r(3), r(4)]^T$ y H es la matriz 4×4 que aparece, entonces

$$\mathbf{r} = H\mathbf{r}.$$

Por tanto, $\mathbf{r}$ es un vector propio de H asociado al valor propio 1. Pero ¿es cierto que 1 es un valor propio de la matriz H? Esta pregunta es importante, pues si 1 no fuese un valor propio de H, entonces $H - I_4$ sería invertible y de $(H - I_4)\mathbf{r} = \mathbf{0}$ se deduciría $\mathbf{r} = \mathbf{0}$, lo que no tiene sentido, pues $\mathbf{r}$ debe servir para ordenar las páginas según su importancia.

En este ejemplo, 1 es un valor propio. De hecho, vamos a hallar los vectores propios asociados a 1 para averiguar la clasificación de los nodos de este ejemplo. De $H\mathbf{r} = \mathbf{r}$, obtenemos $(H - I_4)\mathbf{r} = \mathbf{0}$. Luego

$$\begin{bmatrix} -1 & 0 & 1 & 0 \\ 1/2 & -1 & 0 & 0 \\ 0 & 1/2 & -1 & 1 \\ 1/2 & 1/2 & 0 & -1 \end{bmatrix} \begin{bmatrix} r(1) \\ r(2) \\ r(3) \\ r(4) \end{bmatrix} = \begin{bmatrix} 0 \\ 0 \\ 0 \\ 0 \end{bmatrix}.$$

Puedes comprobar fácilmente que este sistema tiene infinitas soluciones:

$$\mathbf{r} = [r(1), r(2), r(3), r(4)]^T = \alpha[4, 2, 4, 3]^T, \quad \alpha \in \mathbb{R}.$$

Como solo nos interesa la ordenación de los nodos según su importancia, concluimos que los nodos 1 y 3 son los más importantes, a continuación estaría el 4 y el nodo 2 sería el menos importante. ______ **Fin**

Cuando se ha construido un modelo es útil verificarlo con problemas cuya solución conocemos de antemano. Considera el siguiente grafo:

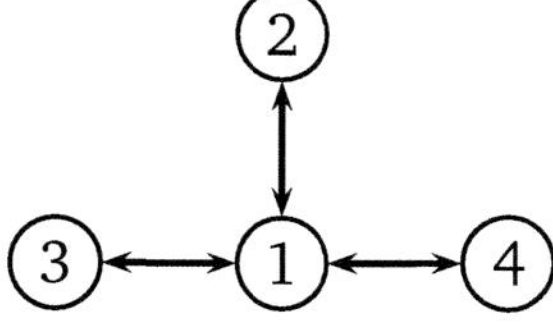

Figura 10.2.

Es razonable pensar que el nodo 1 tiene más importancia que el resto y el resto de los nodos tienen la misma relevancia.

Ejercicio 10.1. Considera el grafo de la figura 10.2.

a) Plantea las ecuaciones (10.1) para plantear el sistema $H\mathbf{r} = \mathbf{r}$ y halla $\mathbf{r}$ (observa que 1 es un valor propio de H).

b) Generaliza este ejemplo a $n + 1$ puntos.

Ejemplo 10.2. Considera el grafo de la figura 10.3. (no es más que el de la figura 10.1 al que se le ha quitado la flecha $3 \to 1$).

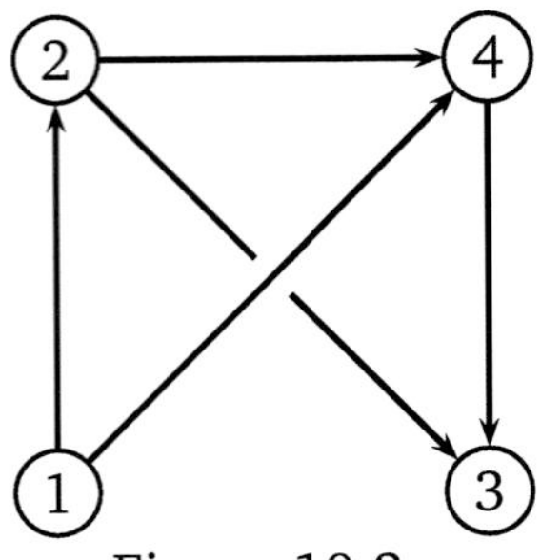

Figura 10.3.

Tras plantear las igualdades (10.1), se tiene

$$\begin{aligned} r(1) &= 0 \\ r(2) &= \tfrac{r(1)}{2} \\ r(3) &= \tfrac{r(2)}{2} + r(4) \\ r(4) &= \tfrac{r(1)}{2} + \tfrac{r(2)}{2} \end{aligned} \quad \Rightarrow \quad \begin{bmatrix} r(1) \\ r(2) \\ r(3) \\ r(4) \end{bmatrix} = \underbrace{\begin{bmatrix} 0 & 0 & 0 & 0 \\ 1/2 & 0 & 0 & 0 \\ 0 & 1/2 & 0 & 1 \\ 1/2 & 1/2 & 0 & 0 \end{bmatrix}}_{H} \begin{bmatrix} r(1) \\ r(2) \\ r(3) \\ r(4) \end{bmatrix}. \quad (10.3)$$

Como no hay ninguna flecha que entre en el nodo 1, entonces el conjunto $B(1)$ de las páginas con enlaces al nodo 1 es vacío y, por tanto, si aplicamos (10.1) para $r(1)$, se tiene $r(1) = 0$.

Pero este sistema de ecuaciones tiene solución única: $\mathbf{r} = \mathbf{0}$. Es muy intuitivo ver la razón: como ninguna flecha apunta al nodo 1, este no tiene importancia ($r(1) = 0$). Como solo el nodo 2 está apuntado por 1 y este no tiene importancia, entonces el nodo 2 tampoco la tiene ($r(2) = 0$). Como el nodo 4 solo está apuntado por los nodos 1 y 2, que no tienen importancia, entonces el nodo 4 tampoco la tiene ($r(4) = 0$). Ahora es trivial ver que $r(3) = 0$.

Desde luego, este ejemplo muestra que debemos hacer alguna modificación a las ecuaciones (10.1), puesto que dar como vector de preferencias $\mathbf{r} = \mathbf{0}$ carece de sentido. ________ **Fin**

¿Qué diferencias tienen estos dos últimos ejemplos que provocan que las soluciones sean distintas? La matriz H del ejemplo 10.1 tiene $\lambda = 1$ como valor propio, mientras que la matriz H del ejemplo 10.2 no tiene $\lambda = 1$ como valor propio (puesto que la única solución del sistema $H\mathbf{r} = \mathbf{r}$ es $\mathbf{r} = \mathbf{0}$). ¿Tiene esto algo que ver con el grafo asociado? Más adelante responderemos a esta pregunta.

En la matriz H del ejemplo 10.2 hay una fila de ceros: esto equivale a que no entra en el nodo 1 ninguna flecha. Quizá te preguntes si la razón de que el sistema $H\mathbf{r} = \mathbf{r}$ tenga solución única es que haya nodos en los que no entran flechas. Veamos en el siguiente ejercicio que esto no es así.

Ejercicio 10.2. Considera el grafo de la figura 10.4. Observa que a todos los nodos les llega al menos una flecha. Plantea el sistema $H\mathbf{r} = \mathbf{r}$ y prueba que $\mathbf{r} = \mathbf{0}$. ¿Es 1 un valor propio de H?

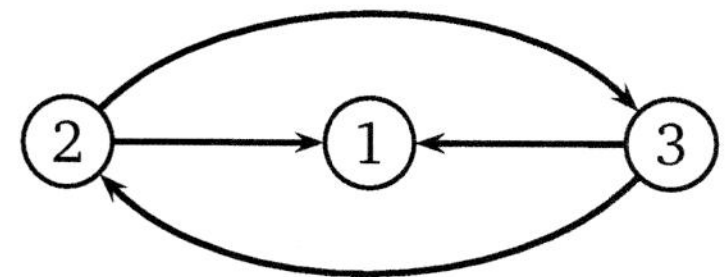

Figura 10.4.

Pero hay una característica común en el ejemplo 10.2 y en el ejercicio 10.2. En el ejemplo 10.2, del nodo 3 no sale ninguna flecha; y en el ejercicio 10.2, del nodo 1 tampoco. Veremos más adelante que esto es lo que provoca que el sistema $H\mathbf{r} = \mathbf{r}$ tenga $\mathbf{r} = \mathbf{0}$ como única solución.

Definición 10.1. Un nodo de un grafo dirigido es un **sumidero** cuando no hay ninguna flecha que salga de este nodo.

Normalmente una página web que contenga solo un documento pdf o un vídeo es un sumidero, pues normalmente estas páginas no tienen enlaces a otras.

10.3. El algoritmo PageRank en su forma inicial

Hemos visto que la igualdad (10.1) se puede escribir de forma sencilla usando matrices: $\mathbf{r} = H\mathbf{r}$. Serguéi Brin y Larry Page usaron un procedimiento iterativo para calcular las soluciones de $\mathbf{r} = H\mathbf{r}$.

El proceso comienza con una estimación inicial de $\mathbf{r}$. Lo más normal es suponer que, al principio, todas las páginas tienen la misma importancia, es decir, se inicia el proceso con

$$\mathbf{r}_0 = \frac{1}{k}[1, 1, \cdots, 1]^T.$$

Hemos denotado por k el número de páginas de internet o, lo que es lo mismo, el tamaño de la matriz H. Y ahora se van calculando iteraciones sucesivas por medio de

$$\mathbf{r}_{n+1} = H\mathbf{r}_n.$$

A partir de ahora vamos a denotar por $\mathbb{1}_k$ el vector columna de $\mathbb{R}^k$ completamente formado por unos.

Ejemplo 10.3. Veamos este algoritmo aplicado a la matriz H del ejemplo 10.1 con unas pocas iteraciones iniciales:

	$n=0$	$n=1$	$n=2$	$n=3$	$n=4$	$n=5$	$n=6$	$n=7$	Orden
$r_n(1)$	0.25	0.25	0.375	0.3125	0.25	0.3438	0.3281	0.2656	2
$r_n(2)$	0.25	0.125	0.125	0.1875	0.1562	0.125	0.1719	0.1641	4
$r_n(3)$	0.25	0.375	0.3125	0.25	0.3438	0.3281	0.2656	0.3203	1
$r_n(4)$	0.25	0.25	0.1875	0.25	0.25	0.2031	0.2344	0.25	3

Si ejecutamos 7 iteraciones, parece que debemos ordenar los nodos como indica la última columna, pero la convergencia de este proceso iterativo no es demasiado clara. Además, ¿qué cumple el límite, siempre que exista? Para responder a esto usaremos Octave. ________ **Fin**

Octave La siguiente función de Octave calcula los n primeros iterados de la sucesión

$$\mathbf{r}_{n+1} = H\mathbf{r}_n, \qquad \mathbf{r}_0 = \frac{1}{k}\mathbb{1}_k.$$

```
function  [r R] = pagerank(H,n)
[k1 k2] = size(H);
r = ones(k1,1)/k1;
R = r;
for i=1:n
   r = H*r;
   R = [R r];
end
```

Si ejecutamos `r = pagerank(H,n)` solo devuelve el último iterado, mientras que `[r R] = pagerank(H,n)` devuelve tanto el último iterado como $\mathbf{r}_0, \mathbf{r}_1, \ldots, \mathbf{r}_n$. ________ **Fin**

Continuemos con el ejemplo 10.3.

Ejemplo 10.4. Vamos a ejectuar la función `pagerank` para la matriz H del sistema (10.2).

```
H = [0 0 1 0; 1/2 0 0 0 ; 0 1/2 0 1; 1/2 1/2 0 0];
r = pagerank(H,100)
```

Obtenemos (redondeando) $\mathbf{r} = [0.31, 0.15, 0.31, 0.23]^T$. Según este resultado, los nodos más importantes son el primero y el tercero (por igual), luego el cuarto y el menos importante es el segundo. Para comprobar si la sucesión $\mathbf{r}_n$ converge a la solución de $H\mathbf{r} = \mathbf{r}$ ejecutamos `H*r-r`, obteniendo un vector muy pequeño.

Comparemos este resultado con los del ejemplo 10.1. Ya que $\mathbf{r}$ es un vector propio asociado a 1, entonces $\mathbf{r}$ debe ser un múltiplo de $[4,2,4,3]^T$. Veamos que este vector $\mathbf{r}$ obtenido con Octave lo cumple: debería existir $\alpha \in \mathbb{R}$ tal que $\mathbf{r} = \alpha[4,2,4,3]^T$. Este escalar α se puede hallar con `r./[4 2 4 3]'`.

Recuerda que, si $\mathbf{v} = [v_1, \ldots, v_n]^T$ y $\mathbf{w} = [w_1, \ldots, w_n]^T$, entonces la instrucción `v./w` devuelve el vector $[v_1/w_1, \ldots, v_n/w_n]^T$. Tras ejecutar `r./[4 2 4 3]'` obtenemos un vector cuyas cuatro componentes son iguales. Este valor común es el valor de α.

Desde luego, en un modelo de internet real no se pueden hacer los cálculos a mano pues el tamaño de la matriz H es enorme. ________ **Fin**

El ejemplo anterior sugiere el siguiente teorema.

Teorema 10.1. Primer teorema de convergencia del algoritmo PageRank

Sea H una matriz $k \times k$ y sea $\mathbf{r}_0 \in \mathbb{R}^k$. Si la sucesión $\mathbf{r}_n$ definida recursivamente por $\mathbf{r}_{n+1} = H\mathbf{r}_n$ converge a $\mathbf{r}$, entonces $H\mathbf{r} = \mathbf{r}$.

La prueba es realmente trivial ya que basta hacer tender $n \to \infty$ en la igualdad $H\mathbf{r}_n = \mathbf{r}_{n+1}$.

Sin embargo, este teorema no es demasiado útil, pues una hipótesis es que la sucesión $\mathbf{r}_1, \mathbf{r}_2, \ldots$ sea convergente. Esta hipótesis es demasiado fuerte.

Quizá te preguntes la razón de que Page y Brin eligieran calcular el límite de la sucesión $\mathbf{r}_{n+1} = H\mathbf{r}_n$ en vez de resolver el sistema $H\mathbf{r} = \mathbf{r}$. La razón es que la matriz H tiene muchísimos ceros. Observa que la entrada (i, j) de H no es cero si y solo hay un enlace de la página j a la página i. Como el número de páginas de internet es enorme (se estima que en 2019 había unos 1700 millones de páginas web) y el número de enlaces que tiene una página es relativamente pequeño, entonces la matriz H tiene muchos ceros. Esto implica que calcular términos de la sucesión $\mathbf{r}_{n+1} = H\mathbf{r}_n$, aunque sean muchos, es más rápido que resolver $H\mathbf{r} = \mathbf{r}$.

Pero este algoritmo presenta dos serios problemas.

Problema 1. Si ejecutamos la función `pagerank` para la matriz H del ejemplo 10.2, obtenemos que converge tras muy pocas iteraciones a la solución $\mathbf{r} = \mathbf{0}$. Esto no debe extrañar, ya que la única solución de $H\mathbf{r} = \mathbf{r}$ es $\mathbf{r} = \mathbf{0}$. Sin embargo, no tiene sentido si queremos clasificar los nodos según la importancia que poseen. Esto se ve agravado si pensamos que sí podemos ordenar las páginas del ejemplo 10.1, mientras que si quitamos un enlace ya no podemos ordenar las páginas.

Pero vamos a profundizar un poco más. Ejecutamos la función `pagerank` para el ejemplo 10.2; pero viendo los términos $\mathbf{r}_0, \mathbf{r}_1, \mathbf{r}_2, \mathbf{r}_3, \ldots$

```
[r R] = pagerank(H,4)
```

Obtenemos

$$R = \begin{bmatrix} 0.25 & 0 & 0 & 0 & 0 \\ 0.25 & 0.125 & 0 & 0 & 0 \\ 0.25 & 0.375 & 0.3125 & 0.0625 & 0 \\ 0.25 & 0.25 & 0.0625 & 0 & 0 \end{bmatrix}.$$

La i-ésima columna de R corresponde al i-ésimo iterado $\mathbf{r}_i$.

Vemos que la tercera página gana "popularidad" en las dos primeras iteraciones al tiempo que el resto de los nodos van perdiéndola, hasta que, en la tercera iteración, debido a que el tercer nodo se "nutre" de la popularidad de las restantes, esta se hace muy pequeña, hasta que, finalmente, el vector $\mathbf{r}$ se hace nulo.

Problema 2. Considera el siguiente modelo de internet compuesto por tres páginas.

Tras plantear la ecuación (10.1), tenemos

Figura 10.5.

$$\begin{aligned} r(1) &= 0 \\ r(2) &= r(1)+r(3) \\ r(3) &= r(2) \end{aligned} \quad \Rightarrow \quad \begin{bmatrix} r(1) \\ r(2) \\ r(3) \end{bmatrix} = \underbrace{\begin{bmatrix} 0 & 0 & 0 \\ 1 & 0 & 1 \\ 0 & 1 & 0 \end{bmatrix}}_{H} \begin{bmatrix} r(1) \\ r(2) \\ r(3) \end{bmatrix}. \tag{10.4}$$

Podemos ejecutar la función `pagerank` para la matriz cuadrada H, pero los cálculos son tan sencillos que se pueden hacer a mano: como $\mathbf{r}_0 = \mathbb{1}_3/3$, entonces

$$\mathbf{r}_1 = H\mathbf{r}_0 = \begin{bmatrix} 0 & 0 & 0 \\ 1 & 0 & 1 \\ 0 & 1 & 0 \end{bmatrix} \begin{bmatrix} 1/3 \\ 1/3 \\ 1/3 \end{bmatrix} = \frac{1}{3} \begin{bmatrix} 0 \\ 2 \\ 1 \end{bmatrix},$$

$$\mathbf{r}_2 = H\mathbf{r}_1 = \begin{bmatrix} 0 & 0 & 0 \\ 1 & 0 & 1 \\ 0 & 1 & 0 \end{bmatrix} \begin{bmatrix} 0 \\ 2/3 \\ 1/3 \end{bmatrix} = \frac{1}{3} \begin{bmatrix} 0 \\ 1 \\ 2 \end{bmatrix},$$

$$\mathbf{r}_3 = H\mathbf{r}_2 = \begin{bmatrix} 0 & 0 & 0 \\ 1 & 0 & 1 \\ 0 & 1 & 0 \end{bmatrix} \begin{bmatrix} 0 \\ 1/3 \\ 2/3 \end{bmatrix} = \frac{1}{3} \begin{bmatrix} 0 \\ 2 \\ 1 \end{bmatrix},$$

Vemos que la iteración ha entrado en un bucle, puesto que $\mathbf{r}_n = [0, 2/3, 1/3]^T$ para n impar y $\mathbf{r}_n = [0, 1/3, 2/3]^T$ para n par. Este comportamiento es intuitivo si nos fijamos en el grafo: si una persona comienza en el nodo 1, luego tiene que ir al nodo 2; luego al 3, luego al 2, y así sucesivamente.

Puesto que la sucesión $\mathbf{r}_n$ cumple $\mathbf{r}_{n+1} = H\mathbf{r}_n$, entonces $\mathbf{r}_n = H^n\mathbf{r}_0$. Luego la teoría de valores y vectores propios va a jugar un papel primordial en el estudio del algoritmo PageRank. El siguiente ejercicio muestra esta conexión.

Ejercicio 10.3. Considera la matriz H del ejemplo que acabamos de ver. Calcula los valores y vectores propios de H. ¿Tiene algo que ver un valor propio con la fluctuación observada anteriormente?

10.4. Ajustes del algoritmo PageRank. Matriz de Google

¿Cómo se forma la matriz H de los ejemplos anteriores? Viendo las matrices de estos ejemplos, podemos definir el siguiente tipo de matrices:

Definición 10.2. Dado un grafo dirigido, definimos la matriz **hiperlink** de este grafo, $H = [h_{ij}]$, de la siguiente forma:

$$h_{ij} = \begin{cases} 1/n_j & \text{si hay un enlace de la página } j \text{ a la página } i, \\ 0 & \text{si no hay un enlace de la página } j \text{ a la página } i, \end{cases}$$

donde n_j es el número de aristas que salen de la página j.

Vamos a ver la propiedad más importante de una matriz hiperlink. Para este fin, nos fijaremos en los enlaces que tiene la página 1. Si esta página tiene enlaces a las páginas $i_1, \ldots, i_m$, entonces de la ecuación (10.1) se tiene

$$r(i_j) = \frac{r(1)}{m} + \cdots$$

para $j = 1, \ldots, m$. Luego la primera columna de H tiene exactamente m entradas con valor $1/m$, y el resto de las entradas de esta columna son nulas. Puedes comprobar este hecho con la matriz H del ejemplo 10.1.

En general, si la página i tiene m enlaces a otras páginas ($m \geq 1$), entonces la columna i-ésima de H tiene m entradas iguales a $1/m$ y el resto de sus entradas son nulas.

Pero cuidado. Si repasas la matriz del ejemplo 10.2 (en la página 287), puedes ver que la tercera columna de la matriz del ejemplo 10.2 es nula. ¿Esto contradice lo afirmado en el párrafo anterior? No, ya que, si una página no tiene enlaces a otras, no se puede aplicar el párrafo anterior. Podemos ver en el ejemplo 10.2 que la tercera página no tiene ningún enlace a otra. O dicho de otro modo: la tercera página es un sumidero. En general, si la página i es un sumidero, entonces la columna i-ésima de H es nula.

Teorema 10.2. La matriz hiperlink es "casi" estocástica

Sea H una matriz hiperlink. Las entradas de la columna i suman 1 si la página i no es un sumidero. La columna i es nula si la página i es un sumidero.

Recuerda que una matriz $A = [a_{ij}]$ es estocástica si $0 \leq a_{ij}$ y la suma de las entradas de cada columna es 1 (esta última condición es equivalente a $\mathbb{1}_n^T A = \mathbb{1}_n^T$, donde $\mathbb{1}_= [1, \ldots, 1]^T \in \mathbb{R}^n$). Este tipo de matrices tiene mucho que ver con las cadenas de Márkov. De hecho, la sucesión dada recursivamente por $\mathbf{r}_{n+1} = H\mathbf{r}_n$ es "casi" una cadena de Márkov: solo hace falta convertir H en estocástica para aplicar la teoría de las cadenas de Márkov.

Observa que por el teorema 10.2 tenemos que:

$$H \text{ es estocástica si y solo si no hay sumideros.} \tag{10.5}$$

Por lo que, si modificamos H para ser estocástica, evitamos el problema de los sumideros.

Imaginemos que alguien que está navegando en internet se mete en una página sin enlaces (un sumidero). Si queremos que siga navegando, podemos cambiar la columna correspondiente de H por el vector $\mathbb{1}_k/k$. Como resultado, si el internauta entra en un sumidero, puede seguir navegando por internet "saltando" al azar a cualquier otra página. Este salto se hace con la misma probabilidad para todas las páginas.

Esta modificación de la matriz H se denotará a partir de ahora por S.

Ejemplo 10.5. Considera la matriz H del ejemplo 10.2. Como la tercera columna de H es nula, cambiamos esta columna por $\mathbb{1}_4/4$. Se tiene que

$$S = \begin{bmatrix} 0 & 0 & 1/4 & 0 \\ 1/2 & 0 & 1/4 & 0 \\ 0 & 1/2 & 1/4 & 1 \\ 1/2 & 1/2 & 1/4 & 0 \end{bmatrix}.$$

Fin

Hay una relación clara entre la matriz hiperlink H y la matriz S. Con el ejemplo anterior se tiene que

$$S - H = \begin{bmatrix} 0 & 0 & 1/4 & 0 \\ 1/2 & 0 & 1/4 & 0 \\ 0 & 1/2 & 1/4 & 1 \\ 1/2 & 1/2 & 1/4 & 0 \end{bmatrix} - \begin{bmatrix} 0 & 0 & 0 & 0 \\ 1/2 & 0 & 0 & 0 \\ 0 & 1/2 & 0 & 1 \\ 1/2 & 1/2 & 0 & 0 \end{bmatrix} = \begin{bmatrix} 0 & 0 & 1/4 & 0 \\ 0 & 0 & 1/4 & 0 \\ 0 & 0 & 1/4 & 0 \\ 0 & 0 & 1/4 & 0 \end{bmatrix}$$

$$= \frac{1}{4}\begin{bmatrix} 1 \\ 1 \\ 1 \\ 1 \end{bmatrix}\begin{bmatrix} 0 & 0 & 1 & 0 \end{bmatrix}.$$

¿Qué tiene que ver el vector $[0,0,1,0]^T$ con el ejemplo 10.2? Observa que el 1 ocupa el lugar de la columna de H que cambiamos. Podemos decir que representa al sumidero del grafo.

Definición 10.3. Dado un modelo de internet de k páginas, el vector **sumidero** se define como

$$\mathbf{s} = [s_1, \ldots, s_k]^T, \quad s_i = \begin{cases} 1 & \text{si la página } i \text{ es un sumidero,} \\ 0 & \text{si la página } i \text{ no es un sumidero.} \end{cases}$$

La **corrección estocástica** de la matriz hiperlink de este modelo es:

$$S = H + \frac{1}{k}\mathbb{1}_k \mathbf{s}^T.$$

Obviamente, con este primer ajuste, la matriz S siempre es estocástica, puesto que cada columna suma 1 y todas las entradas de S son mayores o iguales a 0. Pero seguimos teniendo otro problema ya comentado: la sucesión puede entrar en un bucle, tal como muestra el ejemplo 10.3. Page y Brin hicieron una última modificación al modelo para evitar estos bucles. La idea intuitiva de esta modificación es la siguiente: un internauta puede saltar de una página a otra siguiendo los enlaces de las páginas, pero también puede moverse de forma aleatoria entre dos páginas no enlazadas.

Definición 10.4. Si H es la matriz hiperlink de tamaño k, entonces

$$G = \alpha\left(H + \frac{1}{k}\mathbb{1}_k\mathbf{s}^T\right) + \frac{1-\alpha}{k}\mathbb{1}_k\mathbb{1}_k^T \tag{10.6}$$

es la **matriz de Google** asociada, donde $\alpha \in]0,1[$.

Para entender mejor esta fórmula, en primer lugar debemos analizar la matriz $\mathbb{1}_k\mathbb{1}_k^T$. Por ejemplo, si $k=3$, se tiene

$$\mathbb{1}_3\mathbb{1}_3^T = \begin{bmatrix} 1 & 1 & 1 \end{bmatrix}\begin{bmatrix} 1 \\ 1 \\ 1 \end{bmatrix} = \begin{bmatrix} 1 & 1 & 1 \\ 1 & 1 & 1 \\ 1 & 1 & 1 \end{bmatrix}.$$

En general, $\mathbb{1}_k\mathbb{1}_k^T$ es la matriz de orden $k \times k$ toda formada por unos.

La matriz $\frac{1}{k}\mathbb{1}_k\mathbb{1}_k^T$ modela que un internauta cambie de una página a otra página sin ningún criterio. Ahora es fácil ver que α es la proporción de los saltos que el internauta hace siguiendo los enlaces de las páginas y $1-\alpha$ es la proporción de los saltos que hace de forma arbitraria a cualquier página de internet.

Teorema 10.3. La matriz de Google es estocástica

La matriz de Google G definida en (10.6) es estocástica.

DEMOSTRACIÓN. Hemos de comprobar dos cosas: a) que las entradas de G son mayores o iguales que 0 y b) que cada columna de G suma 1.

a) Por la definición de G la entrada (i,j) de G es

$$g_{ij} = \alpha s_{ij} + \frac{1-\alpha}{k},$$

donde s_{ij} es la entrada (i,j) de S. Como $\alpha \in]0,1[$ y $s_{ij} \in [0,1]$, entonces $g_{ij} > 0$.

b) Hay que probar que $\mathbb{1}_k^T G = \mathbb{1}_k^T$; pero $\mathbb{1}_k^T S = \mathbb{1}_k^T$, puesto que S es estocástica. Ahora, como $\mathbb{1}_k^T\mathbb{1}_k = k$,

$$\mathbb{1}_k^T G = \mathbb{1}_k^T\left[\alpha S + (1-\alpha)\frac{1}{k}\mathbb{1}_k^T\mathbb{1}_k\right] = \alpha\mathbb{1}_k^T S + \frac{1-\alpha}{k}\mathbb{1}_k^T\mathbb{1}_k\mathbb{1}_k^T = \alpha\mathbb{1}_k^T + (1-\alpha)\mathbb{1}_k^T = \mathbb{1}_k^T. \quad \square$$

La demostración del teorema previo prueba también el siguiente teorema:

Teorema 10.4. La matriz de Google es positiva

Todas las entradas de la matriz de Google son estrictamente positivas.

10.5. El algoritmo PageRank en su versión final

El algoritmo PageRank que permite ordenar las k páginas de internet según su importancia genera una sucesión $\pi_0, \pi_1, \pi_2, \ldots$ de forma recursiva como sigue:

$$\pi_0 = \frac{1}{k}\mathbb{1}_k, \qquad \pi_{n+1} = G\pi_n \quad \text{para } n = 0, 1, \ldots$$

donde G es la matriz de Google definida en (10.6). Veremos más adelante que esta sucesión es convergente y, si definimos $\pi = \text{lím}_{n\to\infty} \pi_n$, entonces diremos que la página i es preferible a la página j si la coordenada i-ésima de π es mayor que la coordenada j-ésima de π.

Vamos a ver la razón de que la sucesión $(\pi_n)_{n=0}^{\infty}$ generada por el algoritmo PageRank converja: ya que G es estocástica y las coordenadas de π_0 suman 1, entonces podemos considerar esa sucesión como una cadena de Márkov, luego podemos usar los resultados del capítulo 7. En concreto, la cadena es regular[37] puesto que todas las entradas de G son positivas. Ahora, por el teorema 7.11, la sucesión generada por el algoritmo de Google converge a un vector π. Además, este vector π es el único vector que cumple $\mathbb{1}_k^T \pi = 1$ (esto no es más que decir que las coordenadas de π suman 1) y $G\pi = \pi$, esto es, π es un vector propio de G asociado al valor propio 1. También se cumple que las coordenadas de π son positivas por el teorema 7.10.

Por tanto, hemos probado el siguiente teorema:

Teorema 10.5. Convergencia del algoritmo PageRank

Sea G la matriz de Google. La sucesión dada por

$$\pi_0 = \frac{1}{k}\mathbb{1}_k, \qquad \pi_{n+1} = G\pi_n \quad \text{para } n = 0, 1, \ldots$$

es convergente al único vector propio de G asociado al valor propio 1 cuyas coordenadas suman 1.

[37] Una cadena de Márkov cuya matriz de transición es P es regular si existe $n \in \mathbb{N}$ tal que todas las entradas de P^n son positivas.

Para demostrar este teorema hemos usado la teoría de las cadenas de Márkov y el teorema de Perron[38].

Definición 10.5. El vector proporcionado por el teorema 10.5 se llama **vector PageRank**, y será denotado por π.

10.6. Aspectos computacionales del algoritmo PageRank

El algoritmo PageRank halla el vector de Perron de G. Pero la base de este algoritmo es el método de las potencias, conocido hace bastante tiempo (lo novedoso del algoritmo PageRank es el planteamiento para ordenar las páginas web y la elección de la matriz de Google). En realidad, hay varios métodos numéricos que calculan vectores propios. Pero ¿por qué Brin y Page usaron el método de las potencias como base del algoritmo PageRank? Esta y varias cuestiones relacionadas serán estudiadas a continuación.

El algoritmo PageRank encuentra el único vector $\pi \in \mathbb{R}^k$ que cumple

$$G\pi = \pi, \qquad \mathbb{1}_k^T \pi = 1. \tag{10.7}$$

El número k es el número de páginas web que hay en internet. Este valor de k es enorme, por lo que hay que usar un método computacionalmente aceptable. Desde luego (10.7) es un sistema de ecuaciones lineales que (en teoría) se puede resolver directamente, pero el tamaño del sistema provoca que una resolución directa sea inaceptable.

El algoritmo PageRank es muy simple: en cada iteración se multiplica por G. Analicemos un poco más profundamente esta iteración. Si recordamos la definición de la matriz de Google (10.6),

$$\pi_{n+1} = G\pi_n = \left(\alpha\left(H + \frac{1}{k}\mathbb{1}_k\mathbf{s}^T\right) + \frac{1-\alpha}{k}\mathbb{1}_k\mathbb{1}_k^T\right)\pi_n = \alpha H\pi_n + \frac{\alpha}{k}\mathbb{1}_k\mathbf{s}^T\pi_n + \frac{1-\alpha}{k}\mathbb{1}_k\mathbb{1}_k^T\pi_n.$$

Puesto que $\mathbf{s}^T\pi_n$ es un número y $\mathbb{1}_k^T\pi_n = 1$ para cualquier n, se cumple:

$$\pi_{n+1} = \alpha H\pi_n + \frac{\alpha}{k}(\mathbf{s}^T\pi_n)\mathbb{1}_k + \frac{1-\alpha}{k}\mathbb{1}_k = \alpha H\pi_n + \frac{1}{k}\left(\alpha\mathbf{s}^T\pi_n + (1-\alpha)\right)\mathbb{1}_k.$$

Aunque la matriz H es enorme, la proporción de entradas nulas en H es muy grande. De hecho, se estima que, por término medio, cada página tiene 10 enlaces. Por tanto, cada columna de H tiene de media 10 entradas no nulas; y efectuar la multiplicación $H\pi_n$ es relativamente rápido.

Octave Vamos a modificar la función `pagerank.m` para calcular los iterados de la sucesión generada por el algoritmo PageRank.

[38] En el artículo de K. Bryan, T. Leise "The $25,000,000,000 Eigenvector: The Linear Algebra behind Google", *SIAM Review*, 48, 3, 2006, se prueba la convergencia del algoritmo PageRank sin usar ni teoremas de cadenas de Márkov ni el teorema de Perron.

```
function [r R] = pagerank2(H,alfa,n)
[k k1] = size(H);
s = ones(1,k)-sum(H);
r = ones(k,1)/k;
R = r;
for i=1:n
   r = alfa*H*r + (alfa*dot(s,r)+1-alfa)/k;
   R = [R r];
end
```

En esta función, `n` es el número de iterados que se desea calcular. Si solo se desea ver el último iterado, se debe ejecutar `r = pagerank(H,alfa,n)`, mientras que, si se ejecuta `[r R] = pagerank(H,alfa,n)`, la función proporciona todos los iterados.

Vamos a explicar por qué `s = ones(1,k)-sum(H)` produce el vector de sumideros. La matriz H es "casi estocástica" en el siguiente sentido: si la página i es un sumidero, entonces la columna i-ésima de H suma 1, y si la página i no es un sumidero, entonces la columna i-ésima es nula. Por lo que `sum(H)` es un vector (fila) de ceros y unos de forma que su coordenada i-ésima es 0 si la página i es un sumidero. Ahora hay que cambiar los ceros por unos y viceversa. ______ **Fin**

Ejemplo 10.6. Considera el ejemplo 10.2.

En el vector **s** se guardan las posiciones de los sumideros. Como un sumidero se caracteriza por tener la columna correspondiente nula, entonces el único sumidero que tiene este grafo es el tercero. Luego, $\mathbf{s} = [0, 0, 1, 0]^T$ (pero no es necesario introducirlo en la función `pagerank2` de forma explícita como argumento de entrada). Tomamos para α un valor un tanto arbitrario: $\alpha = 0.65$ (más adelante estudiaremos un poco este valor). Y ahora vamos a calcular algunos iterados con la función anterior:

```
H = [0 0 0 0; 1/2 0 0 0; 0 1/2 0 1;1/2 1/2 0 0];
[r R] = pagerank2(H,0.65,5)
```

Obtenemos (redondeando con tres cifras decimales):

$$\pi_5 = \begin{bmatrix} 0.150 \\ 0.199 \\ 0.387 \\ 0.264 \end{bmatrix}, \quad B = \begin{bmatrix} 0.250 & 0.128 & 0.148 & 0.153 & 0.150 & 0.150 \\ 0.250 & 0.209 & 0.190 & 0.201 & 0.199 & 0.199 \\ 0.250 & 0.372 & 0.405 & 0.382 & 0.386 & 0.387 \\ 0.250 & 0.291 & 0.258 & 0.263 & 0.265 & 0.264 \end{bmatrix}.$$

Vemos que la convergencia es relativamente rápida. Esto se ve mejor si ejecutamos

```
[r R] = pagerank2(H,0.65,10);
r
```


y obtenemos

$$\pi_{10} = [0.1503, 0.1992, 0.3866, 0.2639]^T.$$

Y si queremos comparar si los dos últimos iterados son parecidos entre sí, tecleamos

```
norm(R(:,end)-R(:,end-1))
```

para calcular $\|\pi_{10} - \pi_9\|$. Obtenemos aproximadamente $7 \cdot 10^{-6}$, un valor bastante pequeño.

Pero observa que solo importa el orden de las páginas y no el vector π. En este ejemplo, ya en la segunda iteración se alcanza la misma ordenación que la proporcionada por π. ___ **Fin**

Estudiemos ahora la rapidez de convergencia del algoritmo PageRank, es decir, si la sucesión π_n tiende o no rápidamente a π, o, dicho de una manera más formal: a qué ritmo decrece $\|\pi - \pi_n\|$ a 0 cuando $n \to \infty$.

Como 1 es la raíz de Perron de G, entonces los valores propios de G se pueden ordenar

$$1 > |\lambda_2| \geq |\lambda_3| \geq \cdots \geq |\lambda_k|.$$

Sean $\mathbf{v}_2, \mathbf{v}_3, \ldots, \mathbf{v}_k$ vectores propios asociados a $\lambda_2, \lambda_3, \ldots, \lambda_k$ (recuerda que π es un vector propio asociado a 1). Si π_0 (este vector es el primer término de la sucesión generada por el algoritmo PageRank) pertenece al subespacio generado por $\pi, \mathbf{v}_2, \ldots, \mathbf{v}_k$ (esto ocurre, por ejemplo, si G fuese diagonalizable, pues $\pi, \mathbf{v}_2, \ldots, \mathbf{v}_k$ sería una base de $\mathbb{R}^k$), entonces existen escalares $a_1, \ldots, a_k$ tales que

$$\pi_0 = a_1\pi + a_2\mathbf{v}_2 + \cdots + a_k\mathbf{v}_k.$$

Ahora, como $G\pi = \pi$ y $G\mathbf{v}_i = \lambda_i\mathbf{v}_i$ para $i = 2, \ldots, k$ (puesto que cada $\mathbf{v}_i$ es un vector propio de G asociado al valor propio λ_i), entonces

$$\begin{aligned}\pi_1 &= G\pi_0 = G(a_1\pi + a_2\mathbf{v}_2 + \cdots + a_k\mathbf{v}_k) = a_1G\pi + a_2G\mathbf{v}_2 + \cdots + a_kG\mathbf{v}_k \\ &= a_1\pi + a_2\lambda_2\mathbf{v}_2 + \cdots + a_k\lambda_k\mathbf{v}_k,\end{aligned}$$

$$\begin{aligned}\pi_2 &= G\pi_1 = G(a_1\pi + a_2\lambda_2\mathbf{v}_2 + \cdots + a_k\lambda_k\mathbf{v}_k) = a_1G\pi + a_2\lambda_2G\mathbf{v}_2 + \cdots + \lambda_ka_kG\mathbf{v}_k \\ &= a_1\pi + a_2\lambda_2^2\mathbf{v}_2 + \cdots + a_k\lambda_k^2\mathbf{v}_k,\end{aligned}$$

y en general,

$$\pi_n = a_1\pi + a_2\lambda_2^n\mathbf{v}_2 + \cdots + a_k\lambda_k^n\mathbf{v}_k.$$

Pero, como $|\lambda_2|, \ldots, |\lambda_k| < 1$, entonces $\lim_{n\to\infty} \pi_n = a_1\pi$. Como sabemos de antemano que π_n tiende a π, entonces $a_1 = 1$. Por tanto,

$$\pi_n = \pi + a_2\lambda_2^n\mathbf{v}_2 + \cdots + a_k\lambda_k^n\mathbf{v}_k.$$

Por lo que

$$\|\pi_n - \pi\| = \|a_2\lambda_2^n\mathbf{v}_2 + \cdots + a_k\lambda_k^n\mathbf{v}_k\| \leq |a_2||\lambda_2|^n\|\mathbf{v}_2\| + \cdots + |a_k||\lambda_k|^n\|\mathbf{v}_k\|.$$

Podríamos haber supuesto desde el principio que los vectores $\mathbf{v}_2, \ldots, \mathbf{v}_k$ tienen norma 1, luego

$$\|\pi_n - \pi\| \leq |a_2||\lambda_2|^n + \cdots + |a_k||\lambda_k|^n.$$

Recuerda que $|\lambda_2| \geq \cdots \geq |\lambda_k|$, por lo que, cuando n es grande, entonces el sumando que predomina es $a_2\lambda_2^n$. Por lo que, **cuanto mayor sea λ_2, la convergencia de π_n es más lenta.**

Una hipótesis usada en el razonamiento anterior es que la matriz de Google G sea diagonalizable. Afortunadamente, las matrices no diagonalizables son "muy escasas". Por lo que la restricción de la diagonalizabilidad en la práctica no es importante.

10.7. El factor de amortiguamiento

Brin y Page eligieron 0.85 como el valor α (al que llamaron **factor de amortiguamiento**[39]). ¿Por qué? Primero vamos a ver de forma intuitiva el significado de α.

El algoritmo PageRank puede pensarse como el modelo de un internauta que navega al azar por internet y salta de página a página mediante los enlaces, pero que a veces se aburre y va a cualquier otra página completamente al azar. La probabilidad de que este internauta visite a la larga una página de internet es el PageRank de esta página (la correspondiente coordenada de π). Por esto, las páginas con mayor PageRank son las más importantes.

Recordemos que la matriz de Google es

$$G = \alpha\left(H + \frac{1}{k}\mathbb{1}_k\mathbf{s}^T\right) + \frac{1-\alpha}{k}\mathbb{1}_k\mathbb{1}_k^T.$$

La estructura de internet está modelada en la matriz

$$H + \frac{1}{k}\mathbb{1}_k\mathbf{s}^T,$$

que modela los saltos que el internauta hace siguiendo los enlaces de cada página. Mientras que la matriz

$$\frac{1}{k}\mathbb{1}_k\mathbb{1}_k^T$$

modela los saltos que hace el internauta a cualquier página de internet de forma completamente aleatoria.

[39] En el original, *damping factor*.

Por tanto, el factor de amortiguamiento α es la probabilidad de que, en cada salto, el internauta siga los enlaces de las páginas. Por supuesto, $1-\alpha$ es la probabilidad de que el internauta salte a otra página completamente al azar.

La siguiente función mide de forma empírica la velocidad de convergencia del algoritmo PageRank. La función solo sale del bucle si $\|\pi_{n+1} - \pi_n\| \leq 10^{-5}$. El programa devuelve el número n de iterados necesarios.

```
function n = damping(H,alfa)
[k k1] = size(H);
s = ones(1,k)-sum(H); r = ones(k,1)/k;
error = 10; n = 0;
while error > 1e-5
   r1 = alfa*H*r + (alfa*dot(s,r)+1-alfa)/k;
   error = norm(r-r1);
   r = r1; n = n+1;
end
```

Podemos ejecutar la función para una matriz H fija y varios valores de α. Obtenemos para la matriz H del ejemplo 10.2:

α	0.1	0.2	0.3	0.4	0.5	0.6	0.7	0.8	0.9	0.95
n	4	5	6	7	8	10	11	13	14	16

Claramente vemos que, cuanto mayor es α, se necesitan más iteraciones para obtener la precisión deseada. ¿Esto es así en general? Veámoslo en el caso de que G sea diagonalizable: recuerda que, cuanto más grande sea $|\lambda_2|$, la convergencia de π_n es más lenta y que los valores propios de la matriz de Google se han ordenado $1 > |\lambda_2| \geq \cdots \geq |\lambda_k|$.

La relación entre λ_2 y el factor de amortiguamiento α se ve en el siguiente teorema. Recordemos que la corrección estocástica de la matriz hiperlink H y la matriz de Google son, respectivamente,

$$S = H + \frac{1}{k}\mathbb{1}_k \mathbf{s}^T, \qquad G = \alpha S + (1-\alpha)\frac{1}{k}\mathbb{1}_k \mathbb{1}_k^T.$$

donde k es el número de páginas de internet y $\mathbf{s}$ el vector de sumideros.

Teorema 10.6. Valores propios de la matriz de Google

Si los valores propios de la matriz S son $1, \mu_2, \ldots, \mu_k$, entonces los valores propios de la matriz de Google $G = \alpha S + (1-\alpha)\mathbf{v}\mathbb{1}_k^T$ son $1, \alpha\mu_2, \ldots, \alpha\mu_k$, donde $\mathbf{v}$ es cualquier vector de $\mathbb{R}^k$ cuyas componentes son positivas y suman 1.

DEMOSTRACIÓN. Ya que S es estocástica, $\mathbb{1}_k^T S = \mathbb{1}_k$. Luego $\mathbb{1}_k$ es un vector propio de S^T asociado al valor propio 1. Sea $Q = [\mathbb{1}_k\, X]$ una matriz invertible cuya primera columna es $\mathbb{1}_k$. Si partimos Q^{-1} destacando su primera fila, tenemos

$$Q^{-1} = \begin{bmatrix} \mathbf{y}^T \\ Y \end{bmatrix},$$

donde $\mathbf{y} \in \mathbb{R}^k$ es un vector columna e Y es una matriz con $n-1$ filas y n columnas. De la igualdad $Q^{-1}Q = I_k$ obtenemos

$$\begin{bmatrix} 1 & \mathbf{0}^T \\ \mathbf{0} & I_{k-1} \end{bmatrix} = \begin{bmatrix} \mathbf{y}^T \\ Y \end{bmatrix} \begin{bmatrix} \mathbb{1}_k & X \end{bmatrix} = \begin{bmatrix} \mathbf{y}^T\mathbb{1}_k & \mathbf{y}^T X \\ Y\mathbb{1}_k & YX \end{bmatrix}. \tag{10.8}$$

Por tanto,

$$1 = \mathbf{y}^T\mathbb{1}_k, \qquad \mathbf{0} = X^T\mathbf{y}, \qquad \mathbf{0} = Y\mathbb{1}_k, \qquad I_{k-1} = YX.$$

Por otra parte,

$$\begin{aligned} Q^{-1}S^TQ &= \begin{bmatrix} \mathbf{y}^T \\ Y \end{bmatrix} S^T \begin{bmatrix} \mathbb{1}_k & X \end{bmatrix} = \begin{bmatrix} \mathbf{y}^T \\ Y \end{bmatrix} \begin{bmatrix} S^T\mathbb{1}_k & S^TX \end{bmatrix} \\ &= \begin{bmatrix} \mathbf{y}^T \\ Y \end{bmatrix} \begin{bmatrix} \mathbb{1}_k & S^TX \end{bmatrix} = \begin{bmatrix} \mathbf{y}^T\mathbb{1}_k & \mathbf{y}^TS^TX \\ Y\mathbb{1}_k & YS^TX \end{bmatrix} = \begin{bmatrix} 1 & \mathbf{y}^TS^TX \\ \mathbf{0} & YS^TX \end{bmatrix}. \end{aligned}$$

Usando que los valores propios de $Q^{-1}S^TQ$ coinciden con los de S^T, y estos coinciden con los de S, deducimos que los valores propios de YS^TX son $\mu_2, \ldots, \mu_k$. Ahora, por (10.8) y como las componentes de $\mathbf{v}$ suman 1, es decir, $\mathbf{v}^T\mathbb{1}_k = 1$,

$$\begin{aligned} Q^{-1}\left(\alpha S^T + (1-\alpha)\mathbb{1}_k\mathbf{v}^T\right)Q &= \alpha Q^{-1}S^TQ + (1-\alpha)Q^{-1}\mathbb{1}_k\mathbf{v}^TQ \\ &= \alpha\begin{bmatrix} 1 & \mathbf{y}^TS^TX \\ \mathbf{0} & YS^TX \end{bmatrix} + (1-\alpha)\begin{bmatrix} \mathbf{y}^T \\ Y \end{bmatrix}\mathbb{1}_k\mathbf{v}^T\begin{bmatrix} \mathbb{1}_k & X \end{bmatrix} \\ &= \alpha\begin{bmatrix} 1 & \mathbf{y}^TS^TX \\ \mathbf{0} & YS^TX \end{bmatrix} + (1-\alpha)\begin{bmatrix} \mathbf{y}^T\mathbb{1}_k \\ Y\mathbb{1}_k \end{bmatrix}\begin{bmatrix} \mathbf{v}^T\mathbb{1}_k & \mathbf{v}^TX \end{bmatrix} \\ &= \alpha\begin{bmatrix} 1 & \mathbf{y}^TS^TX \\ \mathbf{0} & YS^TX \end{bmatrix} + (1-\alpha)\begin{bmatrix} 1 \\ \mathbf{0} \end{bmatrix}\begin{bmatrix} 1 & \mathbf{v}^TX \end{bmatrix} \\ &= \alpha\begin{bmatrix} 1 & \mathbf{y}^TS^TX \\ \mathbf{0} & YS^TX \end{bmatrix} + (1-\alpha)\begin{bmatrix} 1 & \mathbf{v}^TX \\ \mathbf{0} & 0 \end{bmatrix} \\ &= \begin{bmatrix} 1 & \alpha\mathbf{y}^TS^TX + (1-\alpha)\mathbf{v}^TX \\ \mathbf{0} & \alpha YS^TX \end{bmatrix}. \end{aligned}$$

Por tanto, los valores propios de $\alpha S^T + (1-\alpha)\mathbb{1}_k\mathbf{v}^T$ son 1 junto con los valores propios de αYS^TX, que son $\alpha\mu_2, \ldots, \alpha\mu_k$ (puesto que los de YS^TX son $\mu_2, \ldots, \mu_k$). Luego, los valores propios de $\alpha S^T + (1-\alpha)\mathbb{1}_k \mathbf{v}^T$ son $1, \alpha\mu_2, \ldots, \alpha\mu_k$. Teniendo en cuenta que los valores propios de una matriz coinciden con los de su traspuesta se acaba la demostración. □

¿Qué importancia tiene este resultado? Recuerda la notación empleada: a los valores propios de G les habíamos denotado $1, \lambda_2, \ldots, \lambda_k$ (uno de estos valores propios era 1 por ser G estocástica). Además, se cumple que $|\lambda_i| < 1$ (esto es una consecuencia del teorema de Perron, como hemos visto). Pues bien, ordenamos los valores propios de forma que $1 > |\lambda_2| \geq \cdots \geq |\lambda_k|$. También hemos visto que, cuanto mayor sea $|\lambda_2|$, la convergencia del algoritmo PageRank es más lenta.

Pero este último resultado nos dice que $\lambda_i = \alpha\mu_i$. Es decir, **cuanto más grande sea α, la convergencia del algoritmo PageRank es más lenta**, pues $|\lambda_2|$ es mayor.

Pero recuerda que la matriz de Google está definida como

$$\alpha S + \frac{1-\alpha}{k}\mathbb{1}_k \mathbb{1}_k^T,$$

donde S guarda la estructura de enlaces de las páginas de internet y $\mathbb{1}_k \mathbb{1}_k^T/k$ es una matriz $k \times k$ cuyas entradas son todas iguales a $1/k$, que permite a un internauta saltar de una página a cualquier otra. Esta última matriz es “artificial” en el sentido de que no refleja la estructura de internet. Por tanto, **cuanto más grande sea α, mejor se refleja la estructura de enlaces de las páginas de internet**.

Originalmente, Brin y Page tomaron el valor $\alpha = 0.85$ y señalaron que obtenían una exactitud de dos o tres cifras decimales en la aproximación del vector π, adecuado para ordenar las páginas. Con este valor de $\alpha = 0.85$, Brin y Page confirmaron que se necesitaban entre 50 y 100 iteraciones para calcular de forma aproximada este vector π.

Falta algo por explicar: en el teorema 10.6, la matriz de Google es $G = \alpha S + (1-\alpha)\mathbf{v}\mathbb{1}_k^T$, donde $\mathbf{v}$ es cualquier vector de $\mathbb{R}^k$ cuyas componentes son positivas y suman 1. Evidentemente $\mathbb{1}_k/k$ cumple las condiciones que debe cumplir $\mathbf{v}$. Pero ¿qué significa $\mathbf{v}$?

Imaginemos un internauta que está navegando de forma aleatoria por las páginas de acuerdo con lo siguiente: si $\mathbf{w} = [w_1, \ldots, w_k]^T \in \mathbb{R}^k$ es un vector de probabilidades que indica que w_i es la probabilidad de que el internauta esté en la página i, entonces el vector de probabilidades en el salto siguiente es $G\mathbf{w}$. Pero, como las componentes de $\mathbf{w}$ suman 1 (esto es, $\mathbb{1}_k^T\mathbf{w} = 1$):

$$G\mathbf{w} = \left[\alpha S + (1-\alpha)\mathbf{v}\mathbb{1}_k^T\right]\mathbf{w} = \alpha S\mathbf{w} + (1-\alpha)\mathbf{v}\mathbb{1}_k^T\mathbf{w} = \alpha S\mathbf{w} + (1-\alpha)\mathbf{v}.$$

Por tanto, el internauta decide con probabilidad α moverse de acuerdo con la estructura de internet y con probabilidad $1-\alpha$ saltar a una de las páginas donde la correspondiente coordenada de $\mathbf{v} = [v_1, \ldots, v_k]^T$ no es 0. Si elige no seguir la estructura de internet, entonces el internauta salta a la página i con probabilidad v_i.

Por tanto, el vector $\mathbf{v}$ puede interpretarse como una especie de “personalización” de los saltos. Una persona aficionada al ajedrez es más propensa a ver páginas de ajedrez que de recetas de cocina, así que, dependiendo de las búsquedas previas, se puede conseguir un vector $\mathbf{v}$ distinto para cada internauta que ayuda a personalizar las búsquedas. El problema es que, si este vector $\mathbf{v}$ tiene muchas componentes nulas, entonces la matriz G puede dejar de tener todas sus componentes positivas, lo que puede provocar que el algoritmo PageRank no converja.

10.8. Ejercicios

1. Considera los dos modelos siguientes de internet:

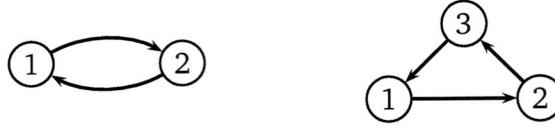

Figura 10.6.

   a) Halla las matrices hiperlink (las matrices H), las correcciones estocásticas (las S) y las matrices de Google de estas dos redes.
   b) Conjetura los vectores propios asociados a $\lambda = 1$ de las matrices de Google pensando cuál de los vértices tiene más importancia. Verifica tu conjetura. Si no eres capaz de conjeturarlos, siempre puedes hallar "a mano" estos vectores propios.
   c) Generaliza estas redes a k páginas y halla el vector que permite ordenar los vértices.

2. Para este ejercicio necesitas usar Octave. Considera el modelo de internet del ejemplo 10.1 (en la página 286).

   a) Usa el valor de Page y Brin, $\alpha = 0.85$, para hallar el PageRank de las cuatro páginas. ¿Coincide con los resultados del ejemplo 10.1?
   b) El propietario de la página 1 quiere aumentar su importancia creando una quinta página con solo un enlace a la página 1. ¿Aumenta la importancia de la página 1?

3. La gráfica de una red con solo un sumidero y el resto de las páginas apuntando a este sumidero es la siguiente:

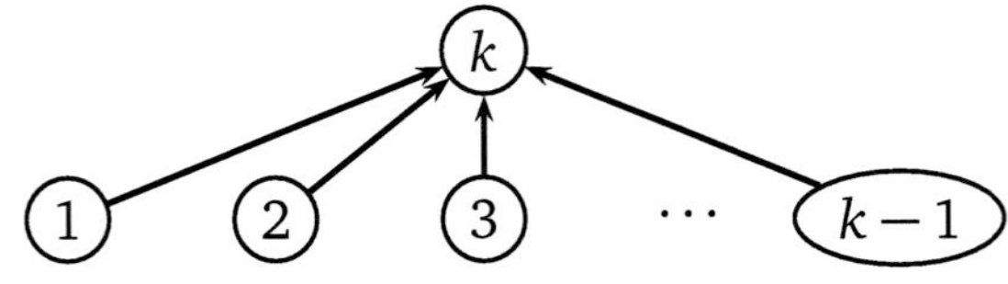

Figura 10.7.

   a) Halla la matriz hiperlink (la matriz H), la corrección estocástica (la S) y la matriz de Google de esta redes.

b) Sea π el vector PageRank de esta red. Debido a que los $k-1$ primeras páginas son similares, es razonable pensar que las $k-1$ primeras componentes de π son iguales. Comprueba que $[x,\ldots,x,y]^T$ es un vector propio de G asociado a 1 dando una relación adecuada entre x e y. Halla el vector PageRank de este modelo.

c) Particulariza este vector para los casos $\alpha = 0$ y $\alpha = 1$. Observa que, cuando $\alpha = 0$, el vector no refleja la red y, sin embargo, cuando $\alpha > 0$, la importancia de la última página es mayor que las restantes.

4. En un modelo de internet, todas las páginas están conectadas entre sí, es decir si i y j son dos páginas cualesquiera, entonces hay un enlace de la página i a la j. Halla el vector π PageRank.

5. Un modelo de internet tiene una página i que no tiene enlaces hacia esta página. Prueba que la componente i-ésima del vector PageRank es $(1-\alpha)/k$. *Ayuda:* observa que la fila i-ésima de S es nula y recuerda que el vector PageRank π cumple $G\pi = \pi$.

6. Sea H la matriz hiperlink de un grafo dirigido de k vértices, $\mathbf{s}$ el vector sumidero y S la corrección estocástica de H. Prueba:

   a) $\mathbb{1}_k^T H = \mathbb{1}_k^T - \mathbf{s}^T$.

   b) $\mathbb{1}_k^T S = \mathbb{1}_k^T$. Por lo que S es estocástica.

7. Una variación del algoritmo PageRank (ya sugerido por Page y Brin) consiste en sustituir la matriz $\mathbb{1}_k \mathbb{1}_k^T/k$ en la definición de la matriz de Google G por otra matriz V que describa el salto de un internauta no a cuaquier página de internet, sino a cualquier página de un grupo de páginas previamente establecido.

   a) ¿Cómo se debe modelar esta matriz V?

   b) Si $\mathbf{u}$ es un vector de probabilidades (esto es, las componentes de $\mathbf{v}$ no son negativas y suman 1), ¿qué debe ser $V\mathbf{u}$?

8. Considera una internet cuya matriz hiperlink es H, su corrección estocástica es $S = H + \frac{1}{k}\mathbb{1}_k \mathbf{s}^T$ y $\mathbf{s}$ el vector de sumideros (su componente i es 1 si la página i es un sumidero y 0 en caso contrario). Prueba que $\mathbf{s} = \mathbb{1}_k - H^T \mathbb{1}_k$.

9. Prueba que, si $0 < \alpha < 1$ y si H es la matriz hiperlink de una red, entonces $I_k - \alpha H$ es invertible.

10. Si $0 < \alpha < 1$, prueba que π es el vector PageRank (es decir, $G\pi = \pi$ y $\mathbb{1}_k^T \pi = 1$) si y solamente si $(I_k - \alpha S)\pi = \frac{1-\alpha}{k}\mathbb{1}_k$.

    Este ejercicio muestra que podemos hallar el vector PageRank resolviendo un sistema de ecuaciones lineales. El problema de este sistema es que, aunque la matriz de coeficientes sea invertible, es una matriz con bastantes entradas no nulas, por lo que la resolución de este sistema es computacionalmente ineficaz. Esto se arregla en el siguiente ejercicio.

11. Considera un modelo de internet y $0 < \alpha < 1$. Sea $\mathbf{x}$ la única solución de $(I_k - \alpha H)\mathbf{x} = \frac{1}{k}\mathbb{1}_k$ (en un ejercicio previo se ha probado que $I_k - \alpha H$ es invertible) y $\pi = \mathbf{x}/(\mathbb{1}_k^T \mathbf{x})$.

    a) Prueba que $\mathbb{1}_k^T \pi = 1$.

    b) Prueba que

    $$G\mathbf{x} = \mathbf{x} - \frac{1}{k}\mathbb{1}_k + \frac{\alpha}{k}\mathbb{1}_k \mathbf{s}^T \mathbf{x} + \frac{1-\alpha}{k}\mathbb{1}_k \mathbb{1}_k^T \mathbf{x}.$$

    c) Prueba que $(1-\alpha)\mathbb{1}_k^T \mathbf{x} + \alpha \mathbf{s}^T \mathbf{x} = 1$.

    d) Prueba que $G\mathbf{x} = \mathbf{x}$.

    e) Concluye que $G\pi = \pi$, que es lo que faltaba por probar que π es el vector PageRank.

    La ventaja del sistema $(I_k - \alpha H)\mathbf{x} = \frac{1}{k}\mathbb{1}_k$ frente a $(I_k - \alpha S)\mathbf{x} = \frac{1-\alpha}{k}\mathbb{1}_k$ es que la matriz $I_k - \alpha H$ tiene muchas más entradas nulas que $I_k - \alpha S$.

Capítulo 11
Recuperación de información

Cuando buscamos algún término por internet, ¿cómo es posible que un motor de búsqueda nos proporcione en pocos segundos las páginas más idóneas? Otra situación parecida es la siguiente: actualmente se escriben millones de artículos científicos, ¿cómo podemos buscar un tema concreto de forma automática? Por supuesto no es necesario leer el artículo completo, ya que estos contienen bastante información en el título, autores, *keywords*[40], *abstract*[41] y *subject classification*[42].

Antes del desarrollo de los ordenadores, la información se almacenaba de forma manual y en tarjetas en cada biblioteca. Calímaco (310 a. C.-240 a. C.), considerado el primer bibliotecario, elaboró 120 volúmenes con el catálogo completo de la Biblioteca de Alejandría. Se comprende fácilmente que actualmente se necesiten métodos automáticos de recuperación de la información. Por ejemplo, en la lista JCR (que es la más usada en el ámbito científico) del año 2019 hay cerca de 12 000 revistas. Otro ejemplo: la Biblioteca Nacional de España guarda más de 28 millones de libros. Un último ejemplo: hay 1700 millones de páginas de internet en todo el mundo.

Además, hay otros problemas importantes, entre los cuales destacan la polisemia (palabras con varios significados) y la sinonimia (varias palabras que comparten el mismo significado).

El objetivo de este capítulo es mostrar cómo el álgebra matricial puede ser usada para la recuperación automática de información. En concreto, se describirá el modelo del espacio vectorial.

11.1. La matriz de documentos

Veamos un ejemplo muy reducido con 6 documentos en los que cada uno tiene una serie de palabras clave o términos.

1	Historia	Rock	Español	Música
2	Historia	España	Medieval	
3	Álgebra	Lineal	Matrices	Problemas
4	Problemas	Depresión		
5	Álgebra	Abstracta		
6	Historia	Arte	Abstracto	España

[40] Es una lista breve de palabras clave que se incluye al principio del artículo para indicar su contenido principal.

[41] Es un resumen muy breve del artículo.

[42] Estas clasificaciones asignan un número para cada tema del conocimiento. Hay varias: la usada por la Unesco (`https://en.wikipedia.org/wiki/UNESCO_nomenclature`) es muy general. En matemáticas se suele usar la MSC2020 (`https://www.zbmath.org/classification/`).

Un primer intento es formar una matriz con tantas columnas como documentos y tantas filas como términos, en donde la entrada (i, j) de esta matriz es 1 si el documento j contiene al término i y 0 en caso contrario.

De la lista anterior, vamos a poner sus 6 documentos en fila y sus 12 términos en columna, poniendo una cruz en la intersección de una columna y una fila si el término de la fila está en el documento de la columna.

	1	2	3	4	5	6
Hist.	×	×				×
Rock	×					
Esp.	×	×				×
Mús.	×					
Med.		×				
Álg.			×		×	
Lin.			×			
Matr.			×			
Prob.			×	×		
Depr.				×		
Abst.					×	×
Arte						×

$$\Rightarrow \quad F = \begin{bmatrix} 1 & 1 & 0 & 0 & 0 & 1 \\ 1 & 0 & 0 & 0 & 0 & 0 \\ 1 & 1 & 0 & 0 & 0 & 1 \\ 1 & 0 & 0 & 0 & 0 & 0 \\ 0 & 1 & 0 & 0 & 0 & 0 \\ 0 & 0 & 1 & 0 & 1 & 0 \\ 0 & 0 & 1 & 0 & 0 & 0 \\ 0 & 0 & 1 & 0 & 0 & 0 \\ 0 & 0 & 1 & 1 & 0 & 0 \\ 0 & 0 & 0 & 1 & 0 & 0 \\ 0 & 0 & 0 & 0 & 1 & 1 \\ 0 & 0 & 0 & 0 & 0 & 1 \end{bmatrix}$$

En este ejemplo hay 6 documentos y 12 términos. Observa que esta matriz tiene 72 entradas, de las cuales 19 son distintas de 0. Es decir, un 26 % de las entradas son distintas de 0. En realidad, en una base de datos con muchos documentos y palabras clave, la proporción de entradas no nulas es muy pequeña.

Estas matrices de ceros y unos son adecuadas (salvo un retoque que veremos más adelante) cuando cada palabra clave está repetida solo una vez en la lista de términos de cada documento, lo que ocurre en los artículos científicos. Pero, cuando se tienen en cuenta todas las palabras de un documento, hay que modificar este esquema.

11.1.1. Matriz de frecuencias ponderadas

Si tenemos en cuenta todas las palabras del documento, no es lo mismo si una palabra se repite una vez o muchas. Por ejemplo, en este libro, la palabra *rock* se repite pocas veces, pero la palabra *matriz* está repetida muchísimas veces. Obviamente, se le debe dar mucha más importancia a *matriz* que a *rock*. Veamos un ejemplo antes de hacer ningún cálculo.

Tenemos una lista con las 5 siguientes novelas (ficticias): *Pepito Grillo*, *Yo mismo y mi turismo*, *El helado que fue devorado*, *La matriz y sus valores propios*, *Aventuras de un vector*; y contamos los términos que aparecen. Construimos la matriz $F = (f_{ij})$ de forma que la entrada f_{ij} es el número de veces que el término i está contenido en el libro j. Por ejemplo:

	Pepito	Mismo	Helado	Matriz	Vector
Motín	10	4	0	0	20
Idea	33	0	0	2	0
Juguete	40	0	10	0	0
Cocina	0	10	0	3	0
Calor	10	0	50	0	5
Enojar	1	4	4	0	10
Coche	5	47	0	1	0
Tren	0	50	0	0	0

$$F = \begin{bmatrix} 10 & 4 & 0 & 0 & 20 \\ 33 & 0 & 0 & 2 & 0 \\ 40 & 0 & 10 & 0 & 0 \\ 0 & 10 & 0 & 3 & 0 \\ 10 & 0 & 50 & 0 & 5 \\ 1 & 4 & 4 & 0 & 10 \\ 5 & 47 & 0 & 1 & 0 \\ 0 & 50 & 0 & 0 & 0 \end{bmatrix}. \tag{11.1}$$

La entrada $(5, 3)$ de esta matriz es 50, que es el número de veces que se repite el término "*Calor*" (el término número 5) en el documento *El helado que fue devorado* (el documento número 3).

Definición 11.1. Si hay m documentos y n términos, la **matriz de frecuencias** es la matriz F de tamaño $n \times m$ tal que su entrada f_{ij} es el número de veces que aparece el término i en el documento j.

Pero esta forma de medir la importancia no es muy apropiada: si buscamos los documentos que contienen a un término, un documento con 100 repeticiones de este término es más relevante que otro documento con 20 repeticiones de este término, pero no es 5 veces más relevante. La relevancia de un documento crece cuando aumentan los términos buscados en este documento; pero no linealmente. Debemos moderar el crecimiento lineal a otro modelo de crecimiento más lento. La siguiente forma de ponderar las frecuencias es muy usada.

Definición 11.2. Si hay m documentos y n términos, la **frecuencia ponderada logarítmica** del término i en el documento j es

$$\phi_{ij} = \begin{cases} 1 + \log_{10} f_{ij} & \text{si } f_{ij} > 0, \\ 0 & \text{si } f_{ij} = 0, \end{cases}$$

donde f_{ij} es el número de veces que el documento j contiene al término i.

La matriz $\Phi = [\phi_{ij}]$ se llama **matriz de frecuencias ponderadas logarítmicas.**

Ya que el logaritmo crece más lentamente que una función lineal, esta fórmula atempera el crecimiento de la frecuencia. Por ejemplo,

f_{ij}	0	1	2	3	10	20	50	100	500
ϕ_{ij}	0	1	1.301	1.477	2	2.301	2.699	3	3.699

Así, la matriz de frecuencias ponderadas logarítmicas de la matriz de frecuencias (11.1) es

$$\Phi = \begin{bmatrix} 2 & 1.602 & 0 & 0 & 2.301 \\ 2.518 & 0 & 0 & 1.301 & 0 \\ 2.602 & 0 & 2 & 0 & 0 \\ 0 & 2 & 0 & 1.477 & 0 \\ 2 & 0 & 2.699 & 0 & 1.699 \\ 1 & 1.602 & 1.602 & 0 & 2 \\ 1.699 & 2.672 & 0 & 1 & 0 \\ 0 & 2.699 & 0 & 0 & 0 \end{bmatrix}.$$

11.1.2. Frecuencia inversa ponderada

La idea del concepto que vamos a definir a continuación es que los términos que aparecen menos frecuentemente son más informativos que los más comunes. Por ejemplo, hay una infinidad de palabras que están en casi todos los documentos (*el, la, los, las, en, un*, etc.). Seleccionar un documento en función de si estas palabras están o no es sencillamente estúpido, pues están en casi todos los documentos. Otro ejemplo: si buscamos *Albert Einstein* en internet, seguro que nos salen muchas páginas, pero bastantes serán poco informativas ya que guardan poca relación con este famoso físico. Pero, si buscamos nuestro nombre en internet, aunque salgan muchos menos resultados, seguro que estas pocas páginas son más informativas.

De todo esto se desprende que deberíamos dar un peso mayor a los términos que se repiten con menor frecuencia en el total de los documentos.

Definición 11.3. La **frecuencia documental** del término i es el número de documentos que contienen el término i. Se denota d_i.

Si hay m documentos, entonces trivialmente se cumple $d_i \leq m$. En el ejemplo anterior de las cinco novelas ficticias (11.1), como la palabra *motín* se repite en tres novelas, entonces $d_1 = 3$. Análogamente,

$$d_2 = 2, \qquad d_3 = 2, \qquad d_4 = 2, \qquad d_5 = 3, \qquad d_6 = 4, \qquad d_7 = 3, \qquad d_8 = 1.$$

La mayor de las frecuencias documentales es la de la sexta palabra (*enojar*) y la menor es la de la octava (*tren*). La búsqueda *tren* es más significativa que *enojar* puesto que *tren* solo devolvería el segundo documento, mientras que *enojar* devolvería cuatro documentos.

Por lo comentado antes de la definición, cuanto más grande es la frecuencia documental del término i, menos información lleva el término i. Por lo que debemos buscar una función cuyo valor decrezca cuando la frecuencia documental aumente.

Definición 11.4. Sean d_i la frecuencia documental del término i y m el número de documentos. La **frecuencia inversa documental** del término i se define como

$$\delta_i = \log_{10}\left(\frac{m}{d_i}\right),$$

El uso del logaritmo en base 10 es para "combinar" la frecuencia inversa documental con la frecuencia ponderada logarítmica, como veremos más adelante.

Como $1 \leq d_i \leq m$, entonces $0 \leq \delta_i \leq \log_{10} m$. Pero hay que destacar que el caso extremo $\delta_i = 0$ no aporta ninguna información cuando se pregunta por el término i, ya que $\delta_i = 0$ implica que $d_i = m$, lo que quiere decir que el término i está en todos los documentos.

En el ejemplo de las 5 novelas ficticias tenemos la siguiente tabla:

Término	1	2	3	4	5	6	7	8
d_i	3	2	2	2	3	4	3	1
δ_i	0.22	0.39	0.39	0.39	0.22	0.097	0.22	0.69

Vemos claramente que, cuanto más frecuente sea un término, menos relevante es. Y por supuesto, al revés: cuanto menos frecuente es un término, más relevante es.

11.1.3. Ponderación directa-inversa

Una vez vistas la frecuencia ponderada logarítmica (que sirve para saber si un término es relevante en un documento) y la frecuencia inversa documental (que sirve para saber si un término es relevante o no en el total de los documentos), podemos combinarlas para formar el siguiente concepto:

Definición 11.5. La **ponderación directa-inversa** del término i en el documento j es

$$\omega_{ij} = \phi_{ij}\delta_i.$$

La matriz $\Omega = [\omega_{ij}]$ se llama la **matriz de los pesos directos-inversos**.

Este parece ser el esquema de ponderación más usado actualmente. Se ha de decir que no es el único y hay mucha investigación abierta para ver si esta definición se puede mejorar.

Ejercicio 11.1. Halla una matriz Δ (en función de las frecuencias inversas documentales) tal que $\Omega = \Delta\Phi$ o $\Omega = \Phi\Delta$. Debes averiguar cuál de los dos productos anteriores es el válido.

¿Cuáles son las características de la ponderación directa-inversa ω_{ij}? Aumenta cuando el número de veces que se repite el término i en el documento j aumenta y cuando la frecuencia documental de la palabra i disminuye.

Octave La siguiente función calcula la matriz Φ de frecuencias ponderadas logarítmicas, el vector $\boldsymbol{\delta} = [\delta_1, \ldots, \delta_n]$ de frecuencias inversas documentales y la matriz Ω de los pesos directos-inversos a partir de la matriz de frecuencias $F = [f_{ij}]$.

```
function [Omega,Phi,delta] = vsm(F)
[n m] = size(F);
%%%%%%% Calculo de delta
M = F;
nocero = find(M);
M(nocero) = 1;
d = sum(M');
delta = log10(m./d);
%%%%%%% Calculo de Phi
cero = find(~F);
F(cero) = 1;
Phi = 1+log10(F);
Phi(cero) = 0;
%%%%%%% Calculo de Omega
Delta = diag(delta);
Omega = Delta*Phi;
```

El programa calcula, en primer lugar, el vector $\boldsymbol{\delta}$ de frecuencias documentales. ¿Cómo lo hace? Ya que vamos a modificar la matriz de frecuencias, la almacenamos con otra variable `M`, luego convierte las entradas no nulas de `M` a unos (primero busca las entradas no nulas de `M` con `nocero = find(M)`, y luego fuerza que estas entradas sean unos `M(nocero) = 1`); y por último suma por filas (`d = sum(M')`) para conseguir la frecuencia documental y, luego, la frecuencia inversa documental (`delta = log10(m./d)`).

Para calcular la matriz $\Phi = \phi_{ij}$ hay que tener en cuenta que, si $f_{ij} \neq 0$, entonces $\phi_{ij} = \log_{10}(1+f_{ij})$, pero, si se sustituye en esta expresión $f_{ij} = 0$, sale una expresión indeterminada (por eso en la definición de ϕ_{ij} se exige tratar el caso $f_{ij} = 0$ por separado). Se fuerza que las entradas nulas de F sean unos, se aplica $\phi_{ij} = \log_{10}(1 + f_{ij})$ para todo (i, j), y luego las entradas de Φ que ocupan las posiciones de las entradas nulas de F se fuerza que sean nulas.

Para calcular la matriz Ω se usa el ejercicio anterior. ________________ **Fin**

Ejemplo 11.1. Después de aplicar la función `vsm` descrita anteriormente a la matriz de frecuencias escrita en (11.1), obtenemos la siguiente matriz Ω:

$$\Omega = \begin{bmatrix} 0.44370 & 0.35542 & 0.00000 & 0.00000 & 0.51048 \\ 1.00222 & 0.00000 & 0.00000 & 0.51773 & 0.00000 \\ 1.03546 & 0.00000 & 0.79588 & 0.00000 & 0.00000 \\ 0.00000 & 0.79588 & 0.00000 & 0.58781 & 0.00000 \\ 0.44370 & 0.00000 & 0.59876 & 0.00000 & 0.37691 \\ 0.09691 & 0.15526 & 0.15526 & 0.00000 & 0.19382 \\ 0.37691 & 0.59280 & 0.00000 & 0.22185 & 0.00000 \\ 0.00000 & 1.88650 & 0.00000 & 0.00000 & 0.00000 \end{bmatrix}$$

Para comprender mejor el significado de los pesos directos-inversos, nos podemos fijar en las dos entradas sombreadas de la matriz Ω y en las entradas correspondientes en la matriz de frecuencias. La entrada (8,2) de Ω es sensiblemente mayor que la entrada (5,3) pese a que las frecuencias son iguales (el quinto término se repite 50 veces en el tercer documento y el octavo término se repite otras 50 veces en el segundo documento). ¿Por qué? El octavo término solo se repite en un documento, mientras que el quinto término se repite en tres documentos. Así, el octavo término es más raro que el quinto, y tiene más relevancia: cualquier búsqueda que contenga al término octavo nos llevará al segundo documento. **Fin**

11.2. El modelo del espacio vectorial

Una vez vista la matriz de los pesos directos-inversos, vamos a ver cómo se buscan los documentos mediante preguntas. Cuando buscamos un documento relevante, solemos teclear una o varias preguntas y esperamos que el motor de búsqueda nos devuelva una serie de documentos relacionados con lo que hemos escrito.

Un documento está formado por una serie de términos que, dentro del documento, tienen una medida de relevancia. En realidad pueden pensarse como las componentes de un vector de $\mathbb{R}^n$, donde n es el número de términos. El documento j será identificado con el vector columna $[\omega_{1j}, \dots \omega_{nj}]^T$.

Pero una pregunta también consta de términos. Y como hay n términos, entonces una pregunta también se identifica con un vector de $\mathbb{R}^n$ de forma que $\mathbf{q} = [q_1, \dots, q_n]^T$, donde $q_i = 1$ si la palabra i forma parte de la pregunta y $q_i = 0$ en caso contrario.

Por ejemplo, si tenemos la matriz de pesos directa-inversa Ω,

	Documento 1	Documento 2	Documento 3	Documento 4	Documento 5
Término 1	0.44370	0.35542	0.00000	0.00000	0.51048
Término 2	1.00222	0.00000	0.00000	0.51773	0.00000
Término 3	1.03546	0.00000	0.79588	0.00000	0.00000
Término 4	0.00000	0.79588	0.00000	0.58781	0.00000
Término 5	0.44370	0.00000	0.59876	0.00000	0.37691
Término 6	0.09691	0.15526	0.15526	0.00000	0.19382
Término 7	0.37691	0.59280	0.00000	0.22185	0.00000
Término 8	0.00000	1.88650	0.00000	0.00000	0.00000

entonces el documento 3 se identificará por la tercera columna, un vector de $\mathbb{R}^8$ y si hacemos la búsqueda (o pregunta) compuesta del segundo y quinto término, entonces

$$\mathbf{q} = [0, 1, 0, 0, 1, 0, 0, 0]^T.$$

La idea clave de este modelo es que tanto los documentos como las preguntas son vectores del mismo espacio vectorial, y si queremos que un documento sea parecido a la pregunta, entonces de alguna manera tenemos que asegurarnos de que el vector que representa al documento se adecue al vector que representa la pregunta.

¿Cómo podemos formalizar la proximidad en un espacio vectorial?

El primer intento es simplemente tomar la distancia euclídea. Recuerda que, si $\mathbf{p}, \mathbf{q}$ son vectores de $\mathbb{R}^n$, y si $\|\mathbf{p} - \mathbf{q}\|$ es pequeño, entonces $\mathbf{p}$ es parecido a $\mathbf{q}$. Pero, en esta situación, esto no es una buena idea debido a que la distancia euclídea es grande para vectores de distinta longitud.

Veamos un ejemplo sencillo: en la figura 11.1 están representados los documentos $\mathbf{d}_1$ y $\mathbf{d}_2$ y la pregunta $\mathbf{q}$. Se ve que $\|\mathbf{q} - \mathbf{d}_2\| > \|\mathbf{q} - \mathbf{d}_1\|$, por lo que, si preguntamos $\mathbf{q}$, entonces el motor nos devolvería $\mathbf{d}_1$ no es relevante. ¿Pero esto es correcto? Pensemos cómo se construyen los vectores asociados a los documentos. Si las frecuencias de las palabras aumentan en el documento j, entonces las componentes del vector asociado al documento j aumentan. Sin embargo, la relevancia de cada palabra no debería cambiar mucho. De forma intuitiva, el documento cuyo vector es $\mathbf{d}_2$ debe ser más relevante que $\mathbf{d}_1$ ante la pregunta $\mathbf{q}$ pues hay un escalar α de forma que $\|\alpha \mathbf{d}_2 - \mathbf{q}\|$ es pequeño.

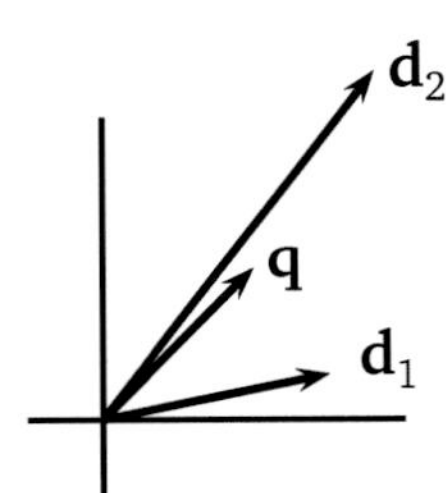

Figura 11.1.

La gráfica nos permite dar con la medida de similaridad entre una pregunta $\mathbf{q}$ y un documento $\mathbf{d}$: el ángulo entre los dos vectores. Así, en la gráfica, la similaridad entre $\mathbf{d}_1$ y $\mathbf{q}$ es menor que la similaridad entre $\mathbf{d}_2$ y $\mathbf{q}$.

Ejercicio 11.2. Si una pregunta es exactamente igual a un documento, ¿cuánto vale el ángulo que forman los vectores que representan a la pregunta y al documento?

La forma estándar de calcular el ángulo entre dos vectores de $\mathbb{R}^n$ es usar el producto escalar. Recuerda que, si $\mathbf{u}, \mathbf{v}$ son vectores no nulos, entonces el ángulo entre estos dos vectores es el único $\theta \in [0, \pi]$ tal que

$$\cos\theta = \frac{\mathbf{u}^T \mathbf{v}}{\|\mathbf{u}\| \|\mathbf{v}\|}.$$

Vamos a ponernos en una situación ya concreta: hemos calculado la matriz de los pesos directos-inversos Ω de tamaño $n \times m$, donde n es el número de términos y m el número de documentos. Las m columnas de Ω corresponden a los m documentos y, por tanto, tiene sentido descomponer

$$\Omega = \begin{bmatrix} \boldsymbol{\omega}_1 & \boldsymbol{\omega}_2 & \cdots & \boldsymbol{\omega}_m \end{bmatrix},$$

donde $\boldsymbol{\omega}_i$ representa el documento i-ésimo. Observa que cada $\boldsymbol{\omega}_i$ es un vetor de $\mathbb{R}^n$.

Si formulamos una pregunta buscando documentos que contengan una serie de términos, formamos un vector $\mathbf{q} \in \mathbb{R}^n$ de tal forma que la componente i-ésima de $\mathbf{q}$ es 1 si la pregunta contiene a la palabra i, y 0 en caso contrario. A continuación calculamos el coseno del ángulo entre $\boldsymbol{\omega}_j$ y $\mathbf{q}$, que será denotado por $\cos\theta(\mathbf{q}, \boldsymbol{\omega}_j)$ y, si está dentro de unos límites aceptables, entonces el documento $\boldsymbol{\omega}_j$ es aceptable.

¿Qué quiere decir "dentro de unos límites aceptables"? Ten en cuenta que tanto la pregunta $\mathbf{q}$ como los documentos $\boldsymbol{\omega}_j$ son vectores de componentes no negativas. Por tanto, $\mathbf{q}^T\boldsymbol{\omega}_j \geq 0$ para cualquier j. Por tanto, $0 \leq \cos\theta(\mathbf{q}, \boldsymbol{\omega}_j) \leq 1$. Como ya hemos comentado anteriormente, si dos documentos son iguales, el ángulo que forman los vectores asociados es 0, cuyo coseno es 1. Parece intuitivo que, cuanto más próximo esté $\cos\theta(\mathbf{q}, \boldsymbol{\omega}_j)$ a 1, el documento j será más relevante ante la pregunta $\mathbf{q}$. Y ¿qué ocurre con el otro caso extremo? Pensemos en el siguiente ejercicio.

Ejercicio 11.3. Si un documento no contiene una serie de términos, y preguntamos por varios de estos términos, es natural que la relevancia del documento debe ser nula. Vamos a formalizar esta situación: el vector asociado al documento es un vector $\boldsymbol{\omega}$ de $\mathbb{R}^n$ y, reordenando los términos, podemos suponer que las k primeras posiciones de $\boldsymbol{\omega}$ son nulas (los términos que no están en el documento). Si hacemos una búsqueda preguntando por términos que no están en el documento, entonces las $n-k$ últimas componentes del vector $\mathbf{q}$ asociado a la pregunta son nulas. Prueba que el coseno del ángulo que foman $\boldsymbol{\omega}$ y $\mathbf{q}$ es 0.

Por este ejercicio y el párrafo anterior tenemos lo siguiente:

El coseno que forman $\boldsymbol{\omega}$ y $\mathbf{q}$ es 1 $\longleftrightarrow$ El documento $\boldsymbol{\omega}$ es similar a la pregunta $\mathbf{q}$
El coseno que forman $\boldsymbol{\omega}$ y $\mathbf{q}$ es 0 $\longleftrightarrow$ El documento $\boldsymbol{\omega}$ es independiente de $\mathbf{q}$

Por tanto, es aceptable el siguiente criterio:

Criterio para la relevancia de un documento ante una pregunta.

Si el coseno entre $\boldsymbol{\omega}$ y $\mathbf{q}$ es mayor que cierto umbral $r \in]0,1[$, entonces el documento $\boldsymbol{\omega}$ es relevante frente a la pregunta $\mathbf{q}$.

Por supuesto que, cuanto mayor sea este umbral, más selectivos somos a la hora de encontrar documentos que se adapten a la pregunta.

Pero si tenemos que comparar la pregunta $\mathbf{q}$ con todos los documentos $\boldsymbol{\omega}_1, \ldots, \boldsymbol{\omega}_m$ disponibles (que son las m columnas de Ω), entonces tenemos que calcular

$$\cos\theta(\mathbf{q}, \boldsymbol{\omega}_i) = \frac{\mathbf{q}^T\boldsymbol{\omega}_j}{\|\mathbf{q}\|\|\boldsymbol{\omega}_i\|} \qquad \text{para } j = 1, \ldots, m.$$

Si tuviéramos $\|\boldsymbol{\omega}_1\| = \cdots = \|\boldsymbol{\omega}_m\|$, entonces todos los cosenos anteriores se pueden calcular de golpe, puesto que

$$\begin{aligned}\begin{bmatrix} \cos\theta(\mathbf{q}, \boldsymbol{\omega}_1) & \cdots & \cos\theta(\mathbf{q}, \boldsymbol{\omega}_m) \end{bmatrix} &= \begin{bmatrix} \dfrac{\mathbf{q}^T\boldsymbol{\omega}_1}{\|\mathbf{q}\|\|\boldsymbol{\omega}_1\|} & \cdots & \dfrac{\mathbf{q}^T\boldsymbol{\omega}_m}{\|\mathbf{q}\|\|\boldsymbol{\omega}_m\|} \end{bmatrix} \\ &= \frac{1}{\|\mathbf{q}\|\|\boldsymbol{\omega}_1\|}\mathbf{q}^T \begin{bmatrix} \boldsymbol{\omega}_1 & \cdots & \boldsymbol{\omega}_m \end{bmatrix} = \frac{1}{\|\mathbf{q}\|\|\boldsymbol{\omega}_1\|}\mathbf{q}^T\Omega.\end{aligned}$$

Por tanto, la siguiente modificación de la matriz de los pesos directos-inversos Ω es sencilla de entender. Si previamente a la búsqueda de cualquier documento, normalizamos las columnas de Ω, entonces

$$\left[\begin{array}{ccc} \cos\theta(\mathbf{q},\boldsymbol{\omega}_1) & \cdots & \cos\theta(\mathbf{q},\boldsymbol{\omega}_m) \end{array}\right] = \frac{1}{\|\mathbf{q}\|}\mathbf{q}^T\widehat{\Omega}, \tag{11.2}$$

donde $\widehat{\Omega}$ es la matriz que se obtiene normalizando cada columna de Ω.

Octave La siguiente función toma como argumento de entrada la matriz Ω de los pesos directos-inversos y devuelve la matriz normalizada $\widehat{\Omega}$.

```
function B = nomega(A)
aux = norm(A,2,'cols');
[n m] = size(A);
aux1 = ones(n,1)*aux;
B = A./aux1;
```

La línea `aux = norm(A,2,'cols')` calcula un vector (fila) cuya j-ésima componente es la norma de la columna j de la matriz A.

Si queremos hacer una pregunta $\mathbf{q}$, basta implementar (11.2). ______________ **Fin**

Ejemplo 11.2. Introducimos la matriz de frecuencias (11.1) mediante

```
F = [10 4 0 0 20;
33 0 0 2 0;
40 0 10 0 0;
0 10 0 3 0;
10 0 50 0 5;
1 4 4 0 10;
5 47 0 1 0;
0 50 0 0 0];
```

Y usamos la función `vsm` descrita anteriomente, pero, como solo necesitaremos la matriz de pesos directos-inversos, tecleamos `Omega = vsm(F);`. A continuación normalizamos Ω tecleando `B = nomega(Omega);`.

Si queremos buscar un documento relacionado con las palabras *calor* y *cocina*, entonces $\mathbf{q} = [0,0,0,1,1,0,0,0]^T \in \mathbb{R}^8$, puesto que hay 8 términos y las palabras que buscamos están en la cuarta y quinta posición.

```
q = [0 0 0 1 1 0 0 0]';
c = q'*B/norm(q)
```

Obtenemos $\mathbf{c} = [0.19, 0.26, 0.42, 0.51, 0.40]$. Esto indica que el cuarto documento es el que más se adapta a la pregunta realizada. Y si tomamos un umbral de 0.4, entonces solo los tres últimos documentos son adecuados. ______________ **Fin**

Por supuesto que la base de datos de este último ejemplo es muy pequeña. Veamos en la siguiente sección un método que acelera la obtención de los resultados en problemas reales.

11.3. Reducción del rango y la factorización QR

Las columnas de la matriz de documentos tienen gran dependencia debido a varios factores. Por ejemplo, una librería puede contener diferentes ediciones de un mismo libro. Otro ejemplo se ve en el siguiente ejercicio.

Ejercicio 11.4. Se formulan las preguntas "Álgebra lineal aplicada", "Gráficos por ordenador" y "Álgebra lineal aplicada a los gráficos por ordenador", ¿cuál es la dimensión del subsepacio vectorial generado por los tres vectores que corresponden a estas preguntas?

Vimos en la sección anterior que para responder a la pregunta **q** hay que calcular

$$\frac{1}{\|\mathbf{q}\|}\mathbf{q}^T\widehat{\Omega}.$$

La factorización QR de $\widehat{\Omega}$ se emplea para eliminar la redundancia entre las columnas de $\widehat{\Omega}$. Esta factorización es

$$\widehat{\Omega}P = QR,$$

donde Q es una matriz ortogonal[43] $n \times n$, R es una matriz $n \times m$ triangular superior y P es una matriz permutación. Si no sabes lo que es una matriz permutación, espérate al ejemplo siguiente.

Como el rango de las matrices $\widehat{\Omega}$ y R es el mismo (pues P y Q son invertibles) y R es triangular superior, entonces, si r es el rango de $\widehat{\Omega}$, las últimas $n-r$ filas de R son nulas. Veamos un ejemplo.

Octave Considera la matriz

$$A = \begin{bmatrix} 1 & 2 & 1 \\ 2 & 4 & 0 \\ 2 & 4 & 4 \end{bmatrix}.$$

Se puede ver fácilmente que el rango de A es 2 (de hecho, la segunda columna es un múltiplo de la primera). La factorización QR se obtiene con Octave con el comando `qr`.

```
A = [1 2 1; 2 4 0; 2 4 4];
rank(A) % Calcula el rango de A
[Q R P] = qr(A)
```

Obtenemos (tras un redondeo)

$$Q = \begin{bmatrix} -0.333 & 0 & -0.943 \\ -0.667 & -0.707 & 0.236 \\ -0.667 & 0.707 & 0.236 \end{bmatrix}, \quad R = \begin{bmatrix} -6 & -3 & -3 \\ 0 & 2.828 & 0 \\ 0 & 0 & 0 \end{bmatrix}, \quad P = \begin{bmatrix} 0 & 0 & 1 \\ 1 & 0 & 0 \\ 0 & 1 & 0 \end{bmatrix}.$$

[43] Una matriz $n \times n$ es ortogonal si $QQ^T = I_n$.

¿Cuál es el papel de la matriz permutación P? Si calculamos AP, vemos que este producto no es más que A a la cual se han permutado dos columnas. Por esto se llama a P una matriz permutación. Podemos comprobar que $AP = QR$ viendo que el producto `A*P-Q*R` es muy pequeño. ______ **Fin**

Una matriz permutación es una matriz cuadrada obtenida permutando columnas a la matriz identidad del mismo tamaño. Otra forma de decir lo mismo es que una matriz permutación es una matriz cuadrada cuyas columnas son los vectores de la base canónica de $\mathbb{R}^n$ escritos en cualquier orden. Por ejemplo, la matriz P del ejemplo anterior es $P = [\mathbf{e}_2|\mathbf{e}_3|\mathbf{e}_1]$, donde $\mathbf{e}_1, \mathbf{e}_2, \mathbf{e}_3$ es la base canónica de $\mathbb{R}^3$. Si P es una matriz permutación arbitraria, entonces AP no es más que una reordenación de las columnas de A: en efecto, si $P = [\mathbf{e}_{r_1}|\cdots|\mathbf{e}_{r_n}]$, siendo $\mathbf{e}_{r_1}, \ldots, \mathbf{e}_{r_n}$ los vectores de la base canónica de $\mathbb{R}^n$ posiblemente desordenados, entonces

$$AP = A[\mathbf{e}_{r_1}|\cdots|\mathbf{e}_{r_n}] = [A\mathbf{e}_{r_1}|\cdots|A\mathbf{e}_{r_n}].$$

Pero $A\mathbf{e}_{r_i}$ es la r_i-ésima columna de A, por tanto, la columna i-ésima de AP es la columna r_i-ésima de A.

Ejercicio 11.5. Prueba que, si P es una matriz permutación de orden n, entonces $P^T P = I_n$. Por lo que $P^{-1} = P^T$.

Octave Sean la matriz A y la matriz permutación P

$$A = \begin{bmatrix} 1 & 2 & 3 \\ 1 & 2 & 3 \end{bmatrix}, \qquad P = \begin{bmatrix} 0 & 0 & 1 \\ 1 & 0 & 0 \\ 0 & 1 & 0 \end{bmatrix} = [\mathbf{e}_2|\mathbf{e}_3|\mathbf{e}_1].$$

Introducimos la matriz A y la matriz permutación P como sigue:

```
A = [1 2 3; 1 2 3]
[n m] = size(A);
P = eye(m)(:,[2 3 1])
```

Ya que $P = [\mathbf{e}_2|\mathbf{e}_3|\mathbf{e}_1]$, la primera columna de AP es la segunda de A; la segunda columna de AP es la tercera de A y la tercera columna de AP es la primera de A:

$$AP = \begin{bmatrix} 2 & 3 & 1 \\ 2 & 3 & 1 \end{bmatrix}.$$

Como podemos verificar con Octave calculando `A*P`. ______ **Fin**

Si $\widehat{\Omega}P = QR$ es la factorización QR de $\widehat{\Omega}$, entonces $\widehat{\Omega}P$ se obtiene simplemente reordenando las columnas de $\widehat{\Omega}$. Por lo que $\widehat{\Omega}P$ solo es una mera reordenación de los documentos.

Sigamos explotando la factorización QR de $\widehat{\Omega}$. Como el rango de $\widehat{\Omega}$ coincide con el rango de R y esta última matriz es triangular superior, entonces el número de filas no nulas de R es el rango de $\widehat{\Omega}$. Si m es el número de documentos y n es el número de términos, entonces $\widehat{\Omega}$ es una matriz con m columnas y n filas (es decir, $\widehat{\Omega}$ es una matriz $n \times m$). La matriz P es cuadrada $m \times m$, la matriz Q es cuadrada $n \times n$ y la matriz R es del mismo tamaño que $\widehat{\Omega}$. Por lo que las últimas $n-r$ filas de R son nulas (siendo r el rango de $\widehat{\Omega}$).

Ejemplo 11.3. Los cálculos de este ejemplo se pueden hacer fácilmente con Octave. Dada la matriz:

$$A = \begin{bmatrix} 1 & 0 \\ 0 & 3 \\ 0 & 0 \\ 0 & 4 \\ 0 & 0 \end{bmatrix},$$

La factorización QR de A, es decir, $AP = QR$ es

$$Q = \begin{bmatrix} 0 & 1 & 0 & 0 & 0 \\ -0.6 & 0 & 0 & -0.8 & 0 \\ 0 & 0 & 1 & 0 & 0 \\ -0.8 & 0 & 0 & 0.6 & 0 \\ 0 & 0 & 0 & 0 & 1 \end{bmatrix}, \qquad R = \begin{bmatrix} -5 & 0 \\ 0 & 1 \\ 0 & 0 \\ 0 & 0 \\ 0 & 0 \end{bmatrix}, \qquad P = \begin{bmatrix} 0 & 1 \\ 1 & 0 \end{bmatrix}.$$

Siguiendo la notación del párrafo anterior a este ejemplo, tenemos que el número de documentos es $m = 2$, el número de términos es $n = 5$ y el rango de A es $r = 2$. Luego R tiene $r = 2$ filas no nulas y las últimas $n - r = 3$ filas de R son nulas. ____________ **Fin**

Como las r primeras filas de la matriz R son no nulas y las $n-r$ últimas son nulas, podemos partir la matriz R como sigue:

$$R = \begin{bmatrix} R_1 \\ 0 \end{bmatrix}, \quad R_1 \text{ tiene } r \text{ filas } (R_1 \text{ es una matriz } r \times m) \text{ y hay } n-r \text{ filas nulas.}$$

Ahora, sean Q_1 las r primeras columnas de Q, y Q_0 las últimas $n-r$ columnas de Q de forma que Q se descompone en bloques como $Q = [Q_1 \mid Q_0]$. El bloque Q_1 tiene n filas y r columnas (Q_1 es un bloque $n \times r$). Se tiene

$$\widehat{\Omega}P = QR = \begin{bmatrix} Q_1 & Q_0 \end{bmatrix} \begin{bmatrix} R_1 \\ 0 \end{bmatrix} = Q_1 R_1.$$

Para responder a la pregunta $\mathbf{q}$ en la base de datos hay que calcular $\mathbf{q}^T \widehat{\Omega} / \|\mathbf{q}\|$. Usando la factorización QR de $\widehat{\Omega}$, tenemos:

$$\frac{1}{\|\mathbf{q}\|}\mathbf{q}^T \widehat{\Omega} = \frac{1}{\|\mathbf{q}\|}\mathbf{q}^T \widehat{\Omega} P P^{-1} = \frac{1}{\|\mathbf{q}\|}\mathbf{q}^T Q_1 R_1 P^T.$$

¿Qué ventaja tiene la factorización QR? Resulta que, si el rango de $\widehat{\Omega}$ es mucho menor que el número de documentos, una vez calculada la factorización QR de $\widehat{\Omega}$, **que sirve para cualquier pregunta,** el número de operaciones es considerablemente menor si se emplea la expresión de la derecha en la igualdad anterior.

Veamos ahora cómo seguir explotando la reducción del rango para hacer menos operaciones. Recordemos que la factorización QR de $\widehat{\Omega}$ proporciona $\widehat{\Omega}P = QR$ y, si el rango de $\widehat{\Omega}$ es r, entonces basta considerar las r primeras columnas de Q y las r primeras filas de R en el producto $\widehat{\Omega}P = Q_1R_1$. Pero ¿qué ocurre si la matriz R tiene una fila casi nula? Por ejemplo, si

$$P = I, \qquad Q = \begin{bmatrix} \mathbf{q}_1 & \mathbf{q}_2 & \mathbf{q}_3 & \mathbf{q}_4 \end{bmatrix}, \qquad R = \begin{bmatrix} 3.23 & 2.91 & 1.65 \\ 0 & 2.21 & 1.43 \\ 0 & 0 & 0.02 \\ 0 & 0 & 0 \end{bmatrix}$$

es la factorización QR de cierta matriz $\widehat{\Omega}$, siendo $\mathbf{q}_1, \mathbf{q}_2, \mathbf{q}_3, \mathbf{q}_4$ las cuatro columnas de Q, es claro que el rango de R es 3 y, si usamos la forma "reducida" $\widehat{\Omega}P = Q_1R_1$, entonces

$$Q_1 = \begin{bmatrix} \mathbf{q}_1 & \mathbf{q}_2 & \mathbf{q}_3 \end{bmatrix}, \qquad R_1 = \begin{bmatrix} 3.23 & 2.91 & 1.65 \\ 0 & 2.21 & 1.43 \\ 0 & 0 & 0.02 \end{bmatrix}.$$

Si $\mathbf{q} \in \mathbb{R}^4$ es una pregunta, entonces

$$\mathbf{q}^T Q_1 R_1 = \mathbf{q}^T \begin{bmatrix} \mathbf{q}_1 & \mathbf{q}_2 & \mathbf{q}_3 \end{bmatrix} R_1 = \begin{bmatrix} \mathbf{q}^T\mathbf{q}_1 & \mathbf{q}^T\mathbf{q}_2 & \mathbf{q}^T\mathbf{q}_3 \end{bmatrix} \begin{bmatrix} 3.23 & 2.91 & 1.65 \\ 0 & 2.21 & 1.43 \\ 0 & 0 & 0.02 \end{bmatrix}.$$

Con un poco de inspección de este producto (no hace falta que lo desarrolles de manera completa) puedes ver que el 0.02 que aparece al final de R afecta muy poco a los cálculos. De hecho, podemos "acortar" un poco las matrices Q_1 y R_1 de la siguiente forma:

$$Q_2 = \begin{bmatrix} \mathbf{q}_1 & \mathbf{q}_2 \end{bmatrix}, \qquad R_2 = \begin{bmatrix} 3.23 & 2.91 & 1.65 \\ 0 & 2.21 & 1.43 \end{bmatrix},$$

y ahora, como

$$\mathbf{q}^T Q_2 R_2 = \mathbf{q}^T \begin{bmatrix} \mathbf{q}_1 & \mathbf{q}_2 \end{bmatrix} R_2 = \begin{bmatrix} \mathbf{q}^T\mathbf{q}_1 & \mathbf{q}^T\mathbf{q}_2 \end{bmatrix} \begin{bmatrix} 3.23 & 2.91 & 1.65 \\ 0 & 2.21 & 1.43 \end{bmatrix},$$

vemos que

$$\mathbf{q}^T Q_1 R_1 - \mathbf{q}^T Q_2 R_2 = \begin{bmatrix} 0 & 0 & 0.02\mathbf{q}^T\mathbf{q}_3 \end{bmatrix},$$

Por lo que $\mathbf{q}^T Q_1 R_1 \simeq \mathbf{q}^T Q_2 R_2$.

Todo este párrafo sugiere que, si eliminamos de R las filas cuyas entradas son muy pequeñas, entonces obtenemos resultados muy parecidos y, lo que es interesante, conseguimos disminuir el número de operaciones. Veámoslo en general.

Sea $\widehat{\Omega}P = QR = Q_1R_1$ la factorización QR de la matriz $\widehat{\Omega}$. Si r es el rango de $\widehat{\Omega}$, entonces la matriz R_1 tiene r filas y la matriz Q_1 tiene r columnas. Vamos a suponer que

$$Q_1 = \begin{bmatrix} Q_p & Q_q \end{bmatrix}, \quad R_1 = \begin{bmatrix} R_p \\ R_q \end{bmatrix},$$

donde $p + q = r$. Para responder a la pregunta $\mathbf{q} \in \mathbb{R}^n$ tenemos que calcular

$$\frac{1}{||\mathbf{q}||}\mathbf{q}^T Q_1 R_1 P^T = \frac{1}{||\mathbf{q}||}\mathbf{q}^T \begin{bmatrix} Q_p & Q_q \end{bmatrix} \begin{bmatrix} R_p \\ R_q \end{bmatrix} P^T = \frac{1}{||\mathbf{q}||}\mathbf{q}^T \left[Q_p R_p + Q_q R_q \right] P^T$$

Si quitamos de R_1 las últimas q filas, entonces tenemos que evaluar

$$\frac{1}{||\mathbf{q}||}\mathbf{q}^T Q_p R_p P^T.$$

No vamos a cuantificar la diferencia entre ambas respuestas, es decir, estimar el siguiente vector:

$$\frac{1}{||\mathbf{q}||}\mathbf{q}^T \left[Q_p R_p + Q_q R_q \right] P^T - \frac{1}{||\mathbf{q}||}\mathbf{q}^T Q_p R_p P^T = \frac{1}{||\mathbf{q}||}\mathbf{q}^T Q_q R_q P^T$$

ya que tendríamos que usar bastantes propiedades de normas matriciales. Pero, de un modo intuitivo, cuanto menores sean las entradas de R_1 que se suprimen (el bloque R_q), menor será la diferencia entre las dos respuestas.

Observa que esta reducción del rango es independiente de la pregunta, es decir, que se puede hacer *antes* de cualquier pregunta.

Octave Continuemos con el ejemplo 11.2. Vamos a suponer que ya tenemos introducidas las funciones `vsm`, `nomega` y la matriz `F`. Primero hallamos Ω y $\widehat{\Omega}$:

```
Omega = vsm(F);
normOmega = nomega(Omega);
```

Luego obtenemos la factorización QR de $\widehat{\Omega}$ mediante `[Q R P] = qr(normOmega)`. Escribimos R:

$$R = \left[\begin{array}{ccccc} -1.0000 & -0.1129 & -0.3840 & -0.4571 & -0.6769 \\ 0 & 0.9936 & 0.1045 & 0.2900 & -0.0658 \\ 0 & 0 & 0.9174 & -0.2243 & 0.1410 \\ 0 & 0 & 0 & -0.8103 & 0.3192 \\ 0 & 0 & 0 & 0 & -0.6447 \\ \hline 0 & 0 & 0 & 0 & 0 \\ 0 & 0 & 0 & 0 & 0 \\ 0 & 0 & 0 & 0 & 0 \end{array} \right].$$

Vemos que la matriz R tiene 5 filas no nulas, lo que significa que el rango de $\widehat{\Omega}$ es 5. Sea R_1 la matriz formada por las 5 primeras filas de R y sea Q_1 la matriz formada por las 5 primeras columnas de R

```
r = rank(normOmega);
R1 = R(1:r,:);
Q1 = Q(:,1:r);
```

Si queremos buscar un documento con la pregunta $\mathbf{q} = [1,0,0,0,1,0,0,1]^T$, entonces tenemos que calcular

$$\frac{1}{\|\mathbf{q}\|}\mathbf{q}^T Q_1 R_1 P^T$$

con

```
q = [1 0 0 0 1 0 0 1]';
respuesta = q'*Q1*R1*P'/norm(q);
```

Si quitamos de R_1 su última fila, obtenemos una matriz R_p con 4 filas. Sea Q_p la matriz cuyas cuatro primeras columnas son las de Q_1. Ahora calculamos

$$\frac{1}{\|\mathbf{q}\|}\mathbf{q}^T Q_p R_1 P^T$$

mediante

```
p = 4;
Rp = R(1:p,:);
Qp = Q(:,1:p);
respuesta2 = q'*Qp*Rp*P'/norm(q);
```

y obtenemos que `respuesta` y `respuesta2` son vectores bastante parecidos. ___ **Fin**

11.4. Ejercicios

1. Disponemos de una lista de libros de recetas de cocina. Contamos la lista siguiente de cinco términos para clasificar estos libros.

   (1) Horno, (2) Receta, (3) Pan(adería), (4) Pasta, (5) Tarta.

   Se trata de una colección de cuatro libros. Por simplicidad, suponemos que el contenido semántico se refleja solo por el título. Estos títulos son:

(1) Cómo hornear pan sin receta.

(2) Tartas de cumpleaños.

(3) Recetas de comidas para hacer en 5 minutos.

(4) Pan, pasta y tartas. Las buenas recetas que necesitan horno.

(5) Pastas: Un libro de las mejores recetas italianas.

a) Si se pregunta por un libro que contenga los términos *hornear* y *pan*, ¿qué vector asociado a esta pregunta debemos considerar?

b) Usa un umbral de 0.5 (un valor usual en problemas reales es 0.9). ¿Qué documentos son relevantes?

c) Cambia la pregunta sobre libros que tengan el término *pan*. ¿Qué documentos son relevantes? ¿Qué observas?

d) Usa la factorización QR y repite los dos apartados anteriores.

e) Elimina de la matriz R la última fila no nula y compara los resultados anteriores.

Capítulo 12
Análisis de componentes principales y el reconocimiento facial

El análisis de componentes principales (suele conocerse como PCA por sus siglas en inglés) es una técnica usada para describir un conjunto complejo de datos en términos de nuevas variables que mejoran el análisis al reducir la dimensionalidad de este conjunto de datos. En 1991 se describió cómo usar el análisis de componentes principales para el reconocimiento facial.

Es evidente que el reconocimiento facial (o de otras imágenes) automático es muy interesante por motivos tanto comerciales como policiales, como, por ejemplo, la identificación de fotos de pasaportes o de sospechosos de un crimen cuyas imágenes han sido captadas por cámaras de vigilancia. Una persona puede identificar fácilmente una cara, pero no es evidente cómo se puede implementar de una manera automática este reconocimiento. En este capítulo vamos a estudiar cómo se usan las matrices en un algoritmo de reconocimiento facial que fue descrito por primera vez por M. Turk y A. Pentland en 1991, donde acuñaron el término *eigenface*, inspirado por las palabras inglesas *eigenvector, eigenvalue* (vector, valor propio) y *face* (cara).

Queremos desarrollar un método que detecte de forma automática una cara de entre muchas de una base de datos. Es posible que la cara que tenemos que analizar no sea exactamente la misma que pueda aparecer en la base de datos. Piensa, por ejemplo, en un registro de fotos policiales y queremos analizar una foto de una cámara en el lugar de un crimen para identificar a un sospechoso. Por tanto, nuestro objetivo es el siguiente: dada una imagen de una cara desconocida, queremos encontrar una imagen de la misma cara en un conjunto de caras conocidas.

12.1. El espacio de caras

Consideraremos una imagen en blanco y negro como una matriz de enteros entre 0 y 255. Cada entero representa la intensidad de cada píxel, y va desde 0 (negro) hasta el 255 (blanco).

Supongamos que nuestra base de datos tiene m imágenes de tamaño $n_1 \times n_2$. Lo primero que tenemos que hacer es convertir cada imagen en un vector de tamaño $n_1 \cdot n_2$. Por ejemplo,

$$\begin{bmatrix} a & b & c \\ d & e & f \end{bmatrix} \Leftrightarrow \begin{bmatrix} a & b & c & d & e & f \end{bmatrix}^T.$$

El código de Octave para "vectorizar" una matriz A es `A(:)`.

Por tanto, tenemos m vectores de $\mathbb{R}^{n_1 \cdot n_2}$ en la base de datos. Llamemos a este espacio, $\mathbb{R}^{n_1 \cdot n_2}$, como el **espacio de caras**. Observa, que incluso para imágenes pequeñas, este espacio es enorme. Por ejemplo, con imágenes de tamaño 100×100, la dimensión de este espacio es 10 000.

Una idea simple que no funciona es la siguiente: dada una imagen de prueba, la compararemos una a una con las imágenes de la base de datos. Imagina que tenemos una base de datos formada por solo tres imágenes (de tamaño 6×12).

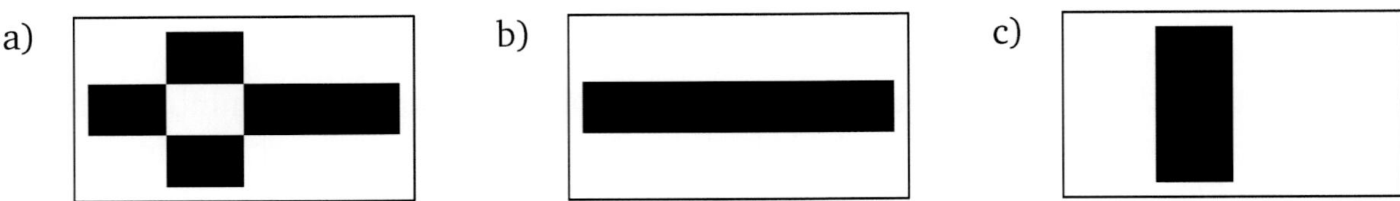

Figura 12.1.

Estas imágenes han sido creadas con los siguientes comandos de Octave:

```
A1 = ones(2,3); A2 = zeros(2,3);
A = 256*[A1 A2 A1 A1; A2 A1 A2 A2; A1 A2 A1 A1];
Aimage = uint8(A);
imwrite(Aimage,'e1.jpg')

B = 256*[ones(2,12); zeros(2,12); ones(2,12)];
Bimage = uint8(B);
imwrite(Bimage,'e2.jpg')

C = 256*[ones(6,3) zeros(6,3) ones(6,6)];
Cimage = uint8(C);
imwrite(Cimage,'e3.jpg')
```

La figura 12.2 ha sido creada con el código que viene a continuación.

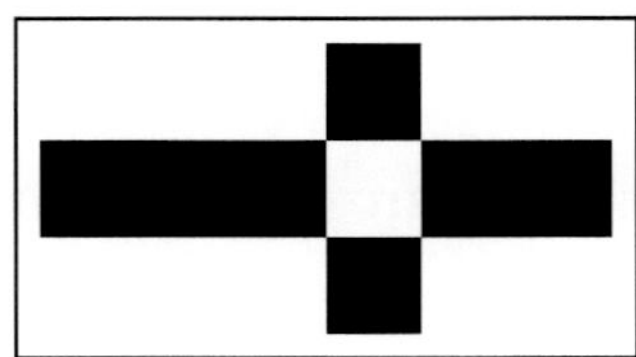

Figura 12.2.

```
D1 = [ones(2,6) zeros(2,2) ones(2,4)];
D = 255*[D1; zeros(2,6) ones(2,2) zeros(2,4); D1];
Dimage = uint8(D);
imwrite(Dimage,'e4.jpg')
```


¿Cuál de las tres imágenes de nuestra minúscula "base de datos" se parece más a esta última? Claramente podemos ver de manera intuitiva que la primera. Sin embargo, si ejecutamos las siguientes líneas:

```
a = A(:); b = B(:); c = C(:); d = D(:);
[norm(d-a) norm(d-b) norm(d-c)]
```

obtenemos

$$\|\mathbf{d}-\mathbf{a}\| = 1399.3, \qquad \|\mathbf{d}-\mathbf{b}\| = 885.7, \qquad \|\mathbf{d}-\mathbf{c}\| = 1490.7.$$

Esto indica que la imagen creada a partir de la matriz B es la más parecida de entre las de nuestra "base de datos" a la imagen creada a partir de la matriz D. Esto no tiene mucho sentido.

Pensemos ahora en las imágenes de caras de una base de datos normal; son relativamente parecidas: tienen ojos, nariz y bocas colocados en una posición similar. Es razonable suponer que m vectores de $\mathbb{R}^{n_1 \cdot n_2}$ (el espacio de caras) que almacenan las imágenes de caras ocupan una pequeña porción de $\mathbb{R}^{n_1 \cdot n_2}$. Teniendo en cuenta que $n_1 \times n_2$ es un número bastante grande, podemos pensar que usar una base de $\mathbb{R}^{n_1 \cdot n_2}$ es ineficaz.

Como las imágenes de las caras son más o menos semejantes podemos suponer que los vectores de las imágenes de caras están en una zona reducida del espacio de caras, $\mathbb{R}^{n_1 \cdot n_2}$. Podemos intentar dar una base de vectores en el espacio de caras de forma que haya vectores de esta base que estén en esta zona reducida. La cantidad de estos vectores debería ser mucho menor que $n_1 \cdot n_2$. Y luego trabajar solamente en el espacio generado por estos vectores. A la derecha se ve una figura muy simplificada del espacio de caras (¡de dimensión 2!) y los puntos que corresponden a las imágenes en la base de datos de las caras.

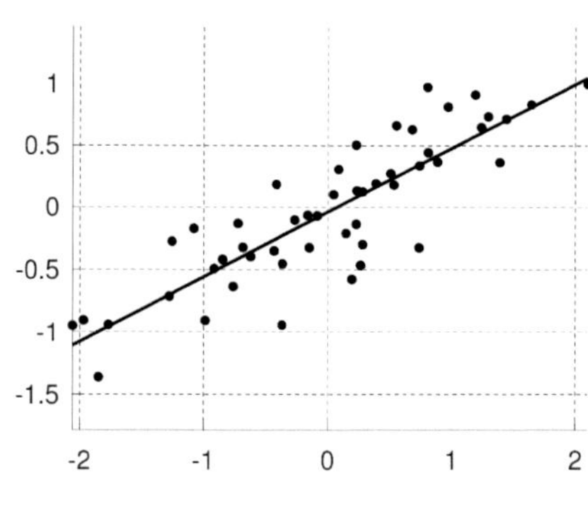

Figura 12.3.

Para encontrar esta base de vectores reducida usaremos el **análisis de las componentes principales.** Antes veamos algunos conceptos necesarios.

12.2. Media, varianza y covarianza

Definición 12.1. Sea $\mathbf{x} = [x_1, x_2, \ldots, x_m]^T \in \mathbb{R}^m$. La **media aritmética** (se suele omitir el adjetivo *aritmética*) de $\mathbf{x}$ es

$$\bar{\mathbf{x}} = \frac{1}{m}(x_1 + \cdots + x_m).$$

Es evidente que, si $\mathbf{x} = [x_1, \ldots, x_m]^T$, entonces

$$\frac{1}{m}(x_1 + \cdots + x_m) = \frac{1}{m}[1 \cdots 1]\begin{bmatrix} x_1 \\ \vdots \\ x_m \end{bmatrix}.$$

Por lo que, si definimos el vector $\mathbb{1}_m = [1, \ldots, 1]^T \in \mathbb{R}^m$ (el vector columna de $\mathbb{R}^m$ todo formado por unos), entonces

$$\overline{\mathbf{x}} = \frac{1}{m}\mathbb{1}_m^T \mathbf{x}.$$

De esta última expresión se deduce fácilmente

a) $\overline{\mathbf{x}+\mathbf{y}} = \overline{\mathbf{x}} + \overline{\mathbf{y}}$ para todos $\mathbf{x}, \mathbf{y} \in \mathbb{R}^m$.

b) $\overline{k\mathbf{x}} = k\overline{\mathbf{x}}$ para todos $\mathbf{x} \in \mathbb{R}^n$, $k \in \mathbb{R}$.

Ejercicio 12.1. Si $\mathbf{x} = [x_1, x_2, \ldots, x_m]^T$, calcula la media de $[x_1 - \overline{\mathbf{x}}, \ldots, x_m - \overline{\mathbf{x}}]^T$. Observa que este último vector es $\mathbf{x} - \overline{\mathbf{x}}\mathbb{1}_m$.

La media sirve para ubicar con un solo número una serie de valores. Si queremos saber si estos valores están más o menos dispersos, tenemos que acudir a otro número muy importante: la varianza.

Definición 12.2. Sea $\mathbf{x} = [x_1, \ldots, x_m]^T \in \mathbb{R}^m$. La **varianza** de $\mathbf{x}$ se define como

$$S_{\mathbf{x}}^2 = \frac{1}{m}\left((x_1 - \overline{x})^2 + \cdots + (x_m - \overline{x})^2\right).$$

Podemos expresar la varianza de forma matricial como sigue:

$$S_{\mathbf{x}}^2 = \frac{1}{m}(\mathbf{x} - \overline{\mathbf{x}}\mathbb{1}_m)^T(\mathbf{x} - \overline{\mathbf{x}}\mathbb{1}_m).$$

A veces se ve en algunos libros que el denominador de la varianza es $m-1$ en vez de m. Esto se debe a una razón más bien profunda relativa a la inferencia y no vamos a entrar en detalles. La **desviación típica** se define como la raíz cuadrada de la varianza y se suele denotar por $S_{\mathbf{x}}$.

Ejercicio 12.2. Sea $\mathbf{x} \in \mathbb{R}^m$. Prueba las siguientes afirmaciones:

a) $S_{\mathbf{x}}^2 = 0$ si y solo si $\mathbf{x}$ es un vector cuyas componentes son iguales, esto es, existe $a \in \mathbb{R}$ tal que $\mathbf{x} = a\mathbb{1}_m$. En el caso de que se cumpla la equivalencia, ¿cuánto vale a?

b) Si $b \in \mathbb{R}$, prueba $S_{\mathbf{x}+b\mathbb{1}_m}^2 = S_{\mathbf{x}}^2$.

c) $S_{\mathbf{x}}^2 = \frac{1}{m}\mathbf{x}^T\mathbf{x} - (\overline{\mathbf{x}})^2$.

El apartado a) dice que las únicas distribuciones de varianza nula son las constantes. El segundo apartado afirma que la varianza no depende de la ubicación de la distribución, solo de su forma. La fórmula del apartado c) es la que suele emplearse en la práctica para calcular la varianza.

Octave Si `x` es un vector (da igual si es columna o fila), entonces `mean(x)` calcula la media de `x`. La varianza de `x` se calcula con `var(x,1)`. Por ejemplo, si definimos los vectores

```
x = [1 2 3]; y = [0 2 4];
```

entonces con

```
[mean(x) mean(y)]
```

podemos decir $\overline{\mathbf{x}} = \overline{\mathbf{y}} = 2$. Además,

```
[var(x,1) var(y,1)]
```

calcula $S_{\mathbf{x}}^2 = 2/3$ y $S_{\mathbf{y}}^2 = 8/3$. Como $S_{\mathbf{x}}^2 < S_{\mathbf{y}}^2$, las componentes de $\mathbf{x}$ están menos dispersas que las de $\mathbf{y}$. ______ **Fin**

Definición 12.3. Sean $\mathbf{x}, \mathbf{y} \in \mathbb{R}^m$. La **covarianza** entre $\mathbf{x}$ e $\mathbf{y}$ se define como

$$S_{\mathbf{x},\mathbf{y}} = \frac{1}{m}(\mathbf{x} - \overline{\mathbf{x}}\mathbb{1}_m)^T(\mathbf{y} - \overline{\mathbf{y}}\mathbb{1}_m).$$

Ejercicio 12.3. Sean $\mathbf{x}, \mathbf{y} \in \mathbb{R}^m$. Si

$$S = \begin{bmatrix} S_{\mathbf{x}}^2 & S_{\mathbf{x},\mathbf{y}} \\ S_{\mathbf{x},\mathbf{y}} & S_{\mathbf{y}}^2 \end{bmatrix},$$

prueba que los valores propios de S son mayores o iguales que 0. Deduce que $S_{\mathbf{x}}^2 S_{\mathbf{y}}^2 \geq S_{\mathbf{x},\mathbf{y}}^2$. Esta matriz se llama **matriz de covarianza.**

La covarianza mide si hay una relación lineal entre las variables: cuanto menor sea, menos relación lineal hay. Se puede definir una noción de independencia (no entraremos) y se puede probar que, si las variables son independientes, entonces su covarianza es nula. Un error muy extendido es pensar que, si la covarianza es nula, entonces las variables son independientes. La interpretación intuitiva del signo de la covarianza entre dos vectores es que, si la covarianza es positiva, a menores valores de las componentes de un vector, estas componentes son también menores en el otro vector.

Ejemplo 12.1. Sean los vectores $\mathbf{a} = [2, 1, 4, 5]^T$, $\mathbf{b} = [3, 0, 10, 12]^T$ y $\mathbf{c} = [10, 12, 0, 2]^T$. Se tiene $S_{\mathbf{a},\mathbf{b}} = 7.75$ y $S_{\mathbf{a},\mathbf{c}} = -7.5$ (más adelante veremos cómo se usa Octave para mecanizar estos cálculos).

Si te fijas en los vectores **a** y **b**, las posiciones que ocupan las menores componentes son las mismas; y lo mismo pasa con las posiciones que ocupan las mayores componentes. Podemos decir que, cuando las componentes de **a** crecen, lo hacen las de de **b**. Esto se traduce de forma cuantitativa en que $S_{\mathbf{a},\mathbf{b}} > 0$.

La situación del párrafo previo cambia cuando comparamos los vectores **a** y **c**. Cuando las componentes de **a** son menores, las componentes de **c** son mayores (y viceversa). Este comportamiento se refleja en $S_{\mathbf{a},\mathbf{c}} < 0$.

En las figuras 12.4a y 12.4b vemos los pares (a_i, b_i) y (a_i, c_i), respectivamente. En la figura 12.4a se ve que "a menor a_i corresponde menor b_i", mientras que en la figura 12.4b se ve que "a mayor a_i corresponde menor c_i". **Fin**

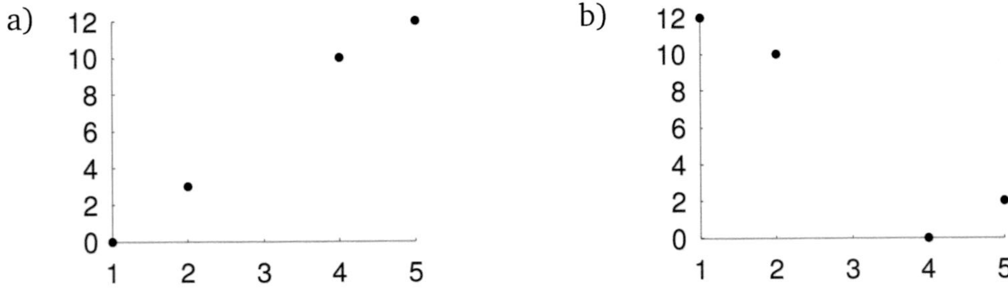

Figura 12.4.

Octave La gráfica de la figura 12.4a se ha creado con

```
a = [2 1 4 5]; b = [3 0 10 12];
scatter(a,b,'k','filled')
```

Fin

Ejercicio 12.4. Sean $\mathbf{x}, \mathbf{y} \in \mathbb{R}^m$ y $a, b \in \mathbb{R}$. Prueba

a) $S_{\mathbf{x}+a\mathbb{1}_m, \mathbf{y}+b\mathbb{1}_m} = S_{\mathbf{x},\mathbf{y}}$.

b) $S_{\mathbf{x},\mathbf{y}} = \frac{1}{m}(\mathbf{x}^T\mathbf{y}) - \overline{\mathbf{x}}\,\overline{\mathbf{y}}$.

Octave Para calcular con Octave la matriz de covarianza de los vectores $\mathbf{x}, \mathbf{y} \in \mathbb{R}^m$, primero tenemos que formar la matriz cuyas columnas son estos vectores y luego aplicar el comando `cov`. Veamos un ejemplo: si $\mathbf{x} = [1, 2, 3]^T$, $\mathbf{y} = [4, 2, 1]^T$, tecleamos


```
x = [1 2 3]'; y = [4 2 1]';
X = [x y];
cov(X,1)
```

Obtenemos

$$S = \begin{bmatrix} 0.667 & -1 \\ -1 & 1.556 \end{bmatrix}.$$

Esto indica que $S_{\mathrm{x}}^2 = 0.667$, $S_{\mathrm{y}}^2 = 1.556$ y $S_{\mathrm{x,y}} = -1$. ______ **Fin**

12.3. Análisis de las componentes principales

El objetivo del análisis de las componentes principales es reducir la dimensionalidad en un conjunto grande de datos para poder inferir propiedades útiles. ¿Qué es esto de "reducir la dimensionalidad"? Veamos un ejemplo sin entrar ni en detalles matemáticos ni en fórmulas.

Se estudian las notas de las asignaturas de Matemáticas, Lengua Española, Lengua Extranjera, Física e Historia de los alumnos de un instituto. ¿Podemos describir la información contenida en todos estos datos mediante algún conjunto de nuevas variables menor que el de las variables originales? Si una variable es función de otras, contiene información redundante. También podemos crear una nueva variable que "resuma" de alguna manera otras ya existentes. Por ejemplo, se supone que, si un alumno es bueno en Física, lo es en Matemáticas y viceversa; y así podemos crear una nueva variable, que podemos llamar ciencias, que condense a Física y a Matemáticas. Igual podríamos hacer con el resto de las asignaturas, y así, en vez de tener 5 variables (las 5 asignaturas), tendríamos solo dos: ciencias y letras.

Si no quieres ver el desarrollo teórico del análisis de las componentes principales, puedes ir directamente al teorema 12.1.

12.3.1. Primer eje principal

Imaginemos de momento, por tener una situación muy simplificada, que solo tenemos dos magnitudes o características y que hacemos m medidas. Por ejemplo, puedes pensar que medimos la altura (característica 1) y el peso (característica 2) a m niños. Obtenemos los valores

Característica 1	x_1	$\cdots$	x_m
Característica 2	y_1	$\cdots$	y_m

Dibujamos los m puntos y obtenemos la figura 12.5.

Vemos que los puntos están más o menos alineados. ¿Cómo podemos buscar esta alineación? Pensemos en las figuras 12.6a y 12.6b.

Es intuitivamente claro que la dispersión de las coordenadas x e y de los datos, figura 12.6a, es menor que la dispersión de los datos si los proyectamos en la línea oblicua, figura 12.6b.

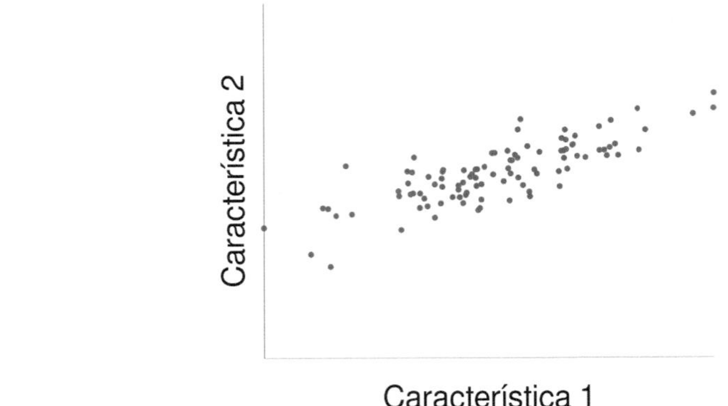

Figura 12.5.

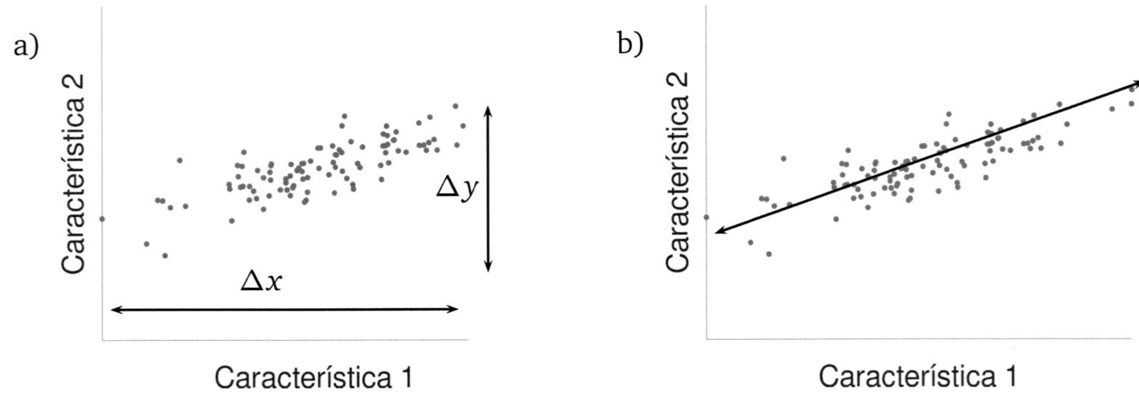

Figura 12.6.

Vamos a encontrar la recta de modo que las proyecciones de los puntos de la nube de puntos sobre esta recta tengan una mayor dispersión. Más adelante precisaremos lo que queremos indicar por dispersión.

Primero vamos a buscar la proyección de un punto $\mathbf{x}$ sobre una recta que pasa por el punto $\mathbf{p}$ y tiene vector director $\mathbf{v}$ (mira la figura 12.7). Si $P(\mathbf{x})$ es la proyección de $\mathbf{x}$ sobre esta recta se tiene que

$$P(\mathbf{x}) = \mathbf{p} + \lambda \mathbf{v}$$

para algún $\lambda \in \mathbb{R}$ pues $P(\mathbf{x})$ está en la recta. Además,

$$\mathbf{v}^T(P(\mathbf{x}) - \mathbf{x}) = 0$$

pues el segmento que une $P(\mathbf{x})$ y $\mathbf{x}$ es perpendicular a la recta. De estas dos últimas igualdades obtenemos

$$\mathbf{v}^T(\mathbf{p} + \lambda \mathbf{v} - \mathbf{x}) = 0.$$

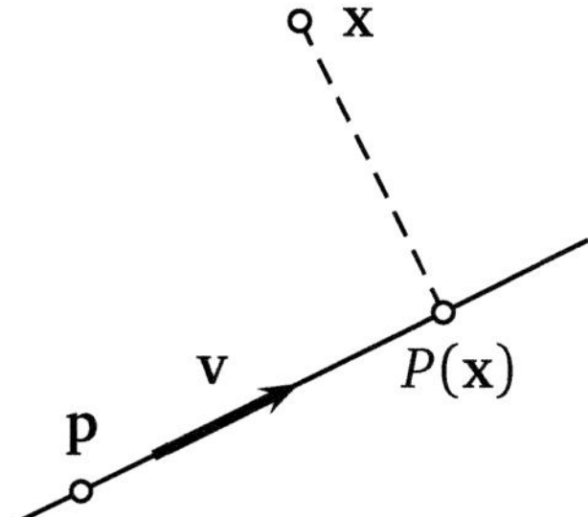

Figura 12.7. La proyección de un punto sobre una recta.

Luego, $\mathbf{v}^T\mathbf{p} + \lambda\mathbf{v}^T\mathbf{v} - \mathbf{v}^T\mathbf{x} = 0$. Observa que no es ninguna restricción suponer que $\mathbf{v}$ tiene norma 1, es decir, $\mathbf{v}^T\mathbf{v} = 1$, lo que simplifica la igualdad anterior: $\lambda = \mathbf{v}^T\mathbf{x} - \mathbf{v}^T\mathbf{p} = \mathbf{v}^T(\mathbf{x} - \mathbf{p})$. Luego la proyección de $\mathbf{x}$ sobre la recta es

$$P(\mathbf{x}) = \mathbf{p} + \mathbf{v}^T(\mathbf{x} - \mathbf{p})\mathbf{v}.$$

Observa que esta expresión es válida independientemente de si los vectores y puntos están en $\mathbb{R}^2$ o en cualquier $\mathbb{R}^n$.

La dispersión de la proyección de un punto $\mathbf{x}$ sobre la recta de proyección se puede pensar como la variación de $\|P(\mathbf{x}) - \mathbf{p}\|$. Como $\|\mathbf{v}\| = 1$, entonces

$$\|P(\mathbf{x}) - \mathbf{p}\| = \|\mathbf{v}^T(\mathbf{x} - \mathbf{p})\mathbf{v}\| = |\mathbf{v}^T(\mathbf{x} - \mathbf{p})| = |\mathbf{v}^T\overrightarrow{\mathbf{px}}|.$$

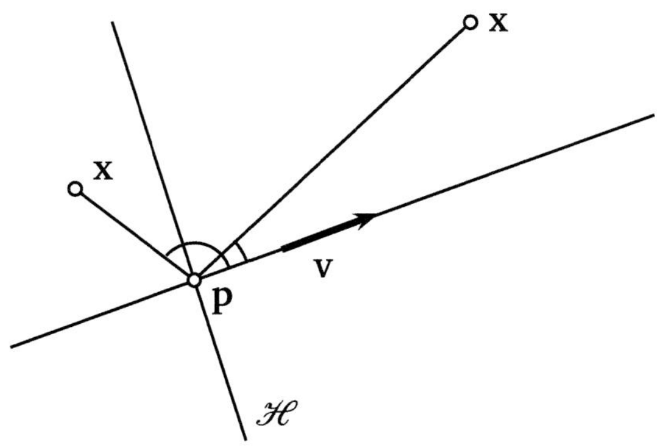

Figura 12.8.

Mira la figura 12.8. Sea $\mathscr{H}$ el hiperplano de ecuación $\mathbf{v}^T(\mathbf{x} - \mathbf{p}) = 0$ (en la figura es la recta perpendicular a la recta de proyección que pasa por $\mathbf{p}$). Este hiperplano separa a $\mathbb{R}^n$ en dos "semihiperplanos" (en la figura, en dos semiplanos): la ecuación de uno es $\mathbf{v}^T(\mathbf{x} - \mathbf{p}) > 0$, y la del otro, $\mathbf{v}^T(\mathbf{x}-\mathbf{p}) < 0$. Geométricamente estas condiciones son equivalentes a que los ángulos dibujados en la figura son agudos u obtusos, respectivamente. Observa que el punto $\mathbf{p}$ es arbitrario (basta con que esté en la recta de proyección). Moviendo $\mathbf{p}$ a un lado o a otro lado de la recta, podemos suponer que $\mathbf{v}^T\overrightarrow{\mathbf{px}} > 0$ para cualquier $\mathbf{x}$ de la nube de puntos.

Por tanto, la dispersión de las proyecciones de los puntos de la nube de puntos es $\mathbf{v}^T(\mathbf{x}-\mathbf{p})$. Recuerda que nuestro primer objetivo es **buscar el vector v de norma 1 que hace máxima la dispersión de $\mathbf{v}^T(\mathbf{x}-\mathbf{p})$**. Luego precisaremos este objetivo, pero antes veamos un pequeño ejemplo que ilustra la notación que usaremos.

Ejemplo 12.2. La siguiente tabla recoge las notas de 8 alumnos en 6 asignaturas distintas:

	Matemáticas	Lengua Española	Inglés	Física	Historia	Filosofía
Alumno 1	9	7	6	9	7	6
Alumno 2	4.5	6	8	5	5	7
Alumno 3	5	7	7	5.5	6	8
Alumno 4	3	6	6	3	6	5
Alumno 5	10	8	8	10	8	9
Alumno 6	7	6	7	7	7	6
Alumno 7	4	7	7	4	7	8
Alumno 8	9	6	7	9	6	6

Podemos definir los 8 siguientes vectores columna de $\mathbb{R}^6$: tantos vectores como individuos y la dimensión de estos vectores es el número de características distintas:

$$\mathbf{x}_1 = \begin{bmatrix} 9 \\ 7 \\ 6 \\ 9 \\ 7 \\ 6 \end{bmatrix}, \quad \mathbf{x}_2 = \begin{bmatrix} 4.5 \\ 6 \\ 8 \\ 6 \\ 5 \\ 7 \end{bmatrix}, \quad \ldots, \quad \mathbf{x}_8 = \begin{bmatrix} 9 \\ 6 \\ 7 \\ 9 \\ 6 \\ 6 \end{bmatrix}.$$

Fin

Sean $\mathbf{x}_1, \ldots, \mathbf{x}_m$ vectores de $\mathbb{R}^n$ (hay m individuos y cada uno de estos tiene n características) y $\mathbf{p}, \mathbf{v} \in \mathbb{R}^n$ (el punto $\mathbf{p}$ no va a jugar ningún papel importante). Se define

$$\mathbf{z} = \left[\mathbf{v}^T(\mathbf{x}_1 - \mathbf{p}), \ldots, \mathbf{v}^T(\mathbf{x}_m - \mathbf{p})\right]^T \in \mathbb{R}^m.$$

Ahora podemos plantear de forma precisa el problema.

Problema (versión 1). Encontrar el vector $\mathbf{v} \in \mathbb{R}^n$ de norma 1 tal que la varianza de $\mathbf{z}$ es máxima.

Observa que

$$\mathbf{z} = \left[\mathbf{v}^T(\mathbf{x}_1 - \mathbf{p}), \ldots, \mathbf{v}^T(\mathbf{x}_m - \mathbf{p})\right]^T = \left[\mathbf{v}^T\mathbf{x}_1, \ldots, \mathbf{v}^T\mathbf{x}_m\right]^T - (\mathbf{v}^T\mathbf{p})[1, \ldots, 1]^T.$$

Por el apartado b) del ejercicio 12.2, la varianza de $\mathbf{z}$ es la misma que la varianza de

$$\mathbf{y} = \left[\mathbf{v}^T\mathbf{x}_1, \ldots, \mathbf{v}^T\mathbf{x}_m\right]^T.$$

Escribamos un poco más brevemente el vector $\mathbf{y} \in \mathbb{R}^m$:

$$\mathbf{y} = \begin{bmatrix} \mathbf{v}^T\mathbf{x}_1 \\ \vdots \\ \mathbf{v}^T\mathbf{x}_m \end{bmatrix} = \begin{bmatrix} \mathbf{x}_1^T\mathbf{v} \\ \vdots \\ \mathbf{x}_m^T\mathbf{v} \end{bmatrix} = \begin{bmatrix} \mathbf{x}_1^T \\ \vdots \\ \mathbf{x}_m^T \end{bmatrix} \mathbf{v}.$$

Si definimos la siguiente matriz de orden $n \times m$:

$$X = [\mathbf{x}_1 \ \cdots \ \mathbf{x}_m],$$

entonces

$$\mathbf{y} = X^T\mathbf{v}.$$

Para calcular la varianza de $\mathbf{y}$, antes tenemos que calcular la media de $\mathbf{y}$:

$$\overline{\mathbf{y}} = \frac{1}{m}\mathbb{1}_m^T\mathbf{y} = \frac{1}{m}\mathbb{1}_m^T X^T\mathbf{v} = \frac{1}{m}(X\mathbb{1}_m)^T\mathbf{v}.$$

Como

$$\frac{1}{m}X\mathbb{1}_m = \frac{1}{m}[\mathbf{x}_1 \ \cdots \ \mathbf{x}_m]\mathbb{1}_m = \frac{1}{m}[\mathbf{x}_1 \ \cdots \ \mathbf{x}_m]\begin{bmatrix} 1 \\ \vdots \\ 1 \end{bmatrix} = \frac{1}{m}(\mathbf{x}_1 + \cdots + \mathbf{x}_m),$$

es natural definir el siguiente vector de $\mathbb{R}^n$:

$$\overline{X} = \frac{1}{m}X\mathbb{1}_m.$$

Y así,

$$\overline{\mathbf{y}} = \overline{X}^T\mathbf{v}.$$

Ahora ya podemos calcular la varianza de $\mathbf{y}$. Como

$$S_{\mathbf{y}}^2 = \frac{1}{m}\left[\mathbf{y} - \overline{\mathbf{y}}\mathbb{1}_m\right]^T\left[\mathbf{y} - \overline{\mathbf{y}}\mathbb{1}_m\right] = \frac{1}{m}\left\|\mathbf{y} - \overline{\mathbf{y}}\mathbb{1}_m\right\|^2,$$

simplificamos antes $\mathbf{y} - \overline{\mathbf{y}}\mathbb{1}_m$ (aprovechamos que $\overline{\mathbf{y}}$ es un escalar que conmuta con cualquier matriz):

$$\mathbf{y} - \overline{\mathbf{y}}\mathbb{1}_m = \mathbf{y} - \mathbb{1}_m\overline{\mathbf{y}} = X^T\mathbf{v} - \mathbb{1}_m\overline{X}^T\mathbf{v} = \left(X^T - \mathbb{1}_m\overline{X}^T\right)\mathbf{v},$$

y, si llamamos

$$M = X^T - \mathbb{1}_m \overline{X}^T,$$

entonces $\mathbf{y} - \overline{\mathbf{y}}\mathbb{1}_m = M\mathbf{v}$. Luego, $S^2_{\mathbf{y}} = \frac{1}{m}||M\mathbf{v}||^2$. Acabamos de simplificar nuestro problema.

Problema (versión 2). Dada una matriz M de orden $m \times n$, encontrar el vector $\mathbf{v} \in \mathbb{R}^n$ de norma 1 que maximiza $||M\mathbf{v}||$.

Resulta que la descomposición en valores singulares juega un papel esencial[44]. Veamos un poco esta descomposición, que tiene muchas aplicaciones. Si M es cualquier matriz (enfatizamos que M puede ser cualquiera), entonces existen dos matrices ortogonales U y V tales que $M = U\Sigma V^T$. La matriz Σ es diagonal y el mismo tamaño que M (si Σ no fuera cuadrada, decir que $\Sigma = [\sigma_{ij}]$ es diagonal equivale a $\sigma_{ij} = 0$ para todos $i \neq j$). Una matriz U es ortogonal si cumple que U es cuadrada y, además, $U^T U = I_n$ (el tamaño de U es n). Una propiedad importante de las matrices ortogonales es $||U\mathbf{v}|| = ||\mathbf{v}||$ para todo vector $\mathbf{v}$ (esto es así, ya que $||U\mathbf{v}||^2 = (U\mathbf{v})^T(U\mathbf{v}) = \mathbf{v}^T U^T U\mathbf{v} = \mathbf{v}^T I_n \mathbf{v} = \mathbf{v}^T\mathbf{v} = ||\mathbf{v}||^2$).

Sea $M = U\Sigma V^T$ la descomposición en valores singulares de M. Se cumple $U^T = U^{-1}$ por ser U una matriz ortogonal. Luego, si $\mathbf{v} \in \mathbb{R}^n$ tiene norma 1, entonces

$$||M\mathbf{v}||^2 = (M\mathbf{v})^T M\mathbf{v} = \mathbf{v}^T M^T M\mathbf{v} = \mathbf{v}^T (U\Sigma V^T)^T (U\Sigma V^T)\mathbf{v} = \mathbf{v}^T V\Sigma^T U^T U\Sigma V^T\mathbf{v} = \mathbf{v}^T V\Sigma^T \Sigma V^T\mathbf{v}.$$

Llamamos $\mathbf{w} = V^T\mathbf{v}$, y como $||\mathbf{v}|| = 1$ y V es una matriz ortogonal, entonces $||\mathbf{w}|| = 1$.

$$||M\mathbf{v}||^2 = \mathbf{v}^T V\Sigma^T \Sigma V^T\mathbf{v} = \mathbf{w}^T \Sigma^T \Sigma\mathbf{w}.$$

Hemos simplificado considerablemente la expresión $||M\mathbf{v}||^2$ ya que Σ es casi una matriz diagonal.

Distinguimos ahora dos casos: $m \geq n$ y $m \leq n$. Analicemos el primero y el segundo se deja como ejercicio.

Si $m \geq n$, como la matriz Σ es de orden $m \times n$ (la matriz Σ tiene el mismo tamaño que M), la matriz Σ es "más alta" que "ancha", es decir, Σ tiene la siguiente forma:

$$\Sigma = \left[\begin{array}{ccc} \sigma_1 & \cdots & 0 \\ \vdots & \ddots & \vdots \\ 0 & \cdots & \sigma_n \\ \hline 0 & \cdots & 0 \\ \vdots & \ddots & \vdots \\ 0 & \cdots & 0 \end{array}\right] = \begin{bmatrix} D \\ 0 \end{bmatrix}.$$

Ahora,

$$\mathbf{w}^T \Sigma^T \Sigma\mathbf{w} = \mathbf{w}^T \begin{bmatrix} D^T & 0 \end{bmatrix} \begin{bmatrix} D \\ 0 \end{bmatrix} \mathbf{w} = \mathbf{w}^T D^T D\mathbf{w}.$$

[44] Hay otro enfoque alternativo: usar los multiplicadores de Lagrange. Mira el tercer ejercicio.

Se suelen ordenar los números σ_i (los valores singulares) de mayor a menor, es decir, $\sigma_1 \geq \sigma_2 \geq \cdots \geq \sigma_n$. Si $\mathbf{w} = [w_1, \ldots, w_n]^T$ tiene norma 1, entonces

$$\mathbf{w}^T D^T D\mathbf{w} = w_1^2\sigma_1 + \cdots + w_n^2\sigma_n \leq w_1^2\sigma_1 + \cdots + w_n^2\sigma_1 = (w_1^2 + \cdots + w_n^2)\sigma_1 = \|\mathbf{w}\|^2\sigma_1 = \sigma_1.$$

Además, el vector $\mathbf{w}_0 = [1, 0, \ldots, 0]^T$ cumple $\mathbf{w}_0^T D^T D\mathbf{w}_0 = \sigma_1$. Por lo que el máximo de $\mathbf{w}^T \Sigma^T \Sigma \mathbf{w}$ se alcanza cuando $\mathbf{w} = [1, 0, \ldots, 0]^T$ y este máximo es σ_1. Como $\mathbf{w} = V^T\mathbf{v}$, entonces $\mathbf{v} = V\mathbf{w} = V[1, 0, \ldots, 0]^T$ es la primera columna de V.

Ejercicio 12.5. Estudia el caso $m \leq n$.

Se acaba de demostrar parte del teorema siguiente:

Teorema 12.1. Primera componente principal

Sean $\mathbf{x}_1, \ldots, \mathbf{x}_m$ vectores de $\mathbb{R}^n$, $\mathbf{p}, \mathbf{v} \in \mathbb{R}^n$. Definimos

$$\mathbf{z} = \left[\mathbf{v}^T(\mathbf{x}_1 - \mathbf{p}), \ldots, \mathbf{v}^T(\mathbf{x}_m - \mathbf{p})\right], \quad X = [\mathbf{x}_1, \ldots, \mathbf{x}_m], \quad \overline{X} = \frac{1}{m} X \mathbb{1}_m, \quad M = X^T - \mathbb{1}_m \overline{X}^T.$$

El vector $\mathbf{v} \in \mathbb{R}^n$ de norma 1 que maximiza la varianza de $\mathbf{z}$ es la primera columna de V, donde $M = U\Sigma V^T$ es la descomposición en valores singulares de M. La varianza maximizada es el primer valor singular.

Ejemplo 12.3. Considera el ejemplo de las notas de los alumnos (ejemplo 12.2). Si formamos la matriz cuyas 8 columnas son las notas obtenidas:

$$X = \begin{bmatrix} 9 & 4.5 & 5 & 3 & 10 & 7 & 4 & 9 \\ 7 & 6 & 7 & 6 & 8 & 6 & 7 & 6 \\ 6 & 8 & 7 & 6 & 8 & 7 & 7 & 7 \\ 9 & 5 & 5.5 & 3 & 10 & 7 & 4 & 9 \\ 7 & 5 & 6 & 6 & 8 & 7 & 7 & 6 \\ 6 & 7 & 8 & 5 & 9 & 6 & 8 & 6 \end{bmatrix},$$

el vector $\mathbf{v}$ que maximiza la varianza del teorema anterior es

$$\mathbf{v} = [0.704,\ 0.094,\ 0.045,\ 0.682,\ 0.144,\ 0.09]^T$$

y la varianza maximizada es 9.98. Más adelante veremos cómo se puede usar Octave para mecanizar estos cálculos.

De momento, la información útil nos la proporciona el vector $\mathbf{v}$. Podemos observar que la primera y cuarta componentes son mayores que el resto y, por tanto, podemos agrupar estas dos en otra característica. Como la primera componente es la nota de Matemáticas, y la cuarta, la de Física, podemos agrupar estas dos en esta otra nota:

$$\text{Ciencias} = \frac{1}{2}(\text{Matemáticas} + \text{Física}).$$

Una manera más precisa podría ser fijarnos en los coeficientes de Matemáticas y Física y normalizarlos de forma que sumen 1:

$$\begin{aligned}\text{Ciencias} &= \frac{1}{0.704 + 0.682}(0.704 \text{ Matemáticas} + 0.682 \text{ Física}) \\ &= 0.508 \text{ Matemáticas} + 0.492 \text{ Física}.\end{aligned} \tag{12.1}$$

Fin

12.3.2. Segunda componente principal

Una vez que hemos encontrado el eje de dispersión máxima, vamos a encontrar el siguiente eje. Vamos a precisar un poco más: si hemos medido n características $C_1, \ldots, C_n$ a m individuos, tenemos m vectores de $\mathbb{R}^n$. La idea del vector $\mathbf{v} = [v_1, \ldots, v_n]^T$ de norma 1 que maximiza la dispersión es que la característica $v_1C_1 + \cdots + v_nC_n$ es la predominante. Ahora queremos encontrar otra característica que no tenga mucho que ver con la anterior pero cuya varianza sea lo más grande posible. Precisaremos un poco más esto último:

Siguiendo con la notación de toda esta sección (y la del teorema 12.1), queremos encontrar el vector $\mathbf{v}_2 \in \mathbb{R}^n$ de norma 1 tal que la varianza de $\mathbf{z}_2 = [\mathbf{v}_2^T(\mathbf{x}_1-\mathbf{p}), \ldots, \mathbf{v}_2^T(\mathbf{x}_1-\mathbf{p})]$ sea máxima y la covarianza entre $\mathbf{z}$ (el vector $\mathbf{z}$ es el encontrado en el teorema anterior) y $\mathbf{z}_2$ sea nula.

Teorema 12.2. Segunda componente principal

Con la notación del teorema 12.1, si definimos

$$\mathbf{z}_2 = \left[\mathbf{v}_2^T(\mathbf{x}_1 - \mathbf{p}), \ldots, \mathbf{v}_2^T(\mathbf{x}_m - \mathbf{p})\right],$$

entonces el vector $\mathbf{v}_2 \in \mathbb{R}^n$ que maximiza la varianza de $\mathbf{z}_2$ sujeto a $\|\mathbf{v}_2\| = 1$ y $S_{\mathbf{v},\mathbf{z}_2} = 0$ es la segunda columna de V. La varianza maximizada es el segundo valor singular.

Ejercicio 12.6. Prueba este teorema.

Ejemplo 12.4. Siguiendo con el ejemplo de las notas, el vector $\mathbf{v}_2$ proporcionado por el teorema anterior es

$$\mathbf{v} = [-0.133,\ 0.351,\ 0.314,\ -0.086,\ 0.200,\ 0.844]^T.$$

Podemos fijarnos en la 2.ª, 3.ª, 5.ª y 6.ª característica y pensar en otra que resuma estas cuatro (no te preocupes por cómo se obtienen estos valores numéricos: más adelante veremos cómo se usa Octave para obtenerlos).

$$\begin{aligned}\text{Letras} &= \frac{0.35\ \text{Lengua} + 0.31\ \text{Inglés} + 0.2\ \text{Historia} + 0.84\ \text{Filosofía}}{0.351 + 0.314 + 0.2 + 0.844} \\ &= 0.205\ \text{Lengua} + 0.184\ \text{Inglés} + 0.117\ \text{Historia} + 0.494\ \text{Filosofía}.\end{aligned} \tag{12.2}$$

La varianza maximizada es 4.0852.

Podemos calcular las notas de los 8 alumnos en las categorías de ciencias y de letras según las expresiones (12.1) y (12.2).

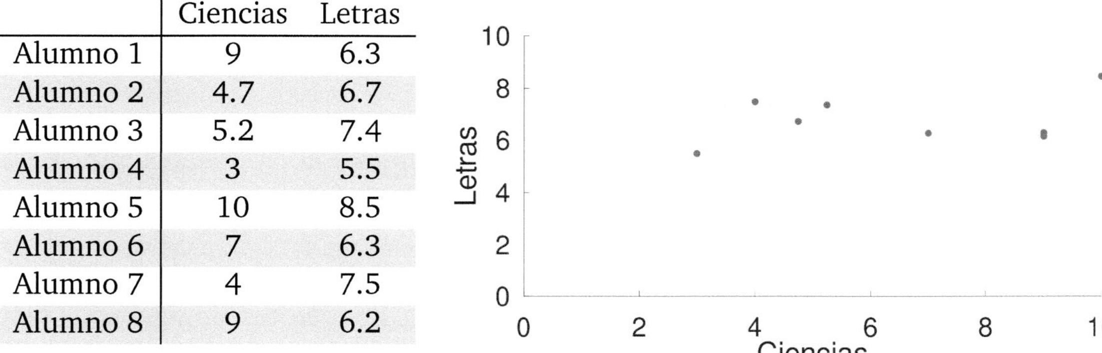

	Ciencias	Letras
Alumno 1	9	6.3
Alumno 2	4.7	6.7
Alumno 3	5.2	7.4
Alumno 4	3	5.5
Alumno 5	10	8.5
Alumno 6	7	6.3
Alumno 7	4	7.5
Alumno 8	9	6.2

Figura 12.9.

En la figura 12.9 podemos ver las "notas" de los 8 alumnos en estas dos nuevas categorías de ciencias y letras. Se gana claridad a costa de perder algo de información. ______ **Fin**

12.3.3. Componentes principales

Es evidente que podemos ir aumentando más eslabones en la cadena formada por los teoremas 12.1 y 12.2.

Teorema 12.3. Componentes principales

Sean $\mathbf{x}_1, \dots, \mathbf{x}_m$ vectores de $\mathbb{R}^n$, $\mathbf{p}, \mathbf{v} \in \mathbb{R}^n$. Definimos

$$\mathbf{z} = \left[\mathbf{v}^T(\mathbf{x}_1 - \mathbf{p}), \dots, \mathbf{v}^T(\mathbf{x}_m - \mathbf{p})\right], \quad X = [\mathbf{x}_1, \dots, \mathbf{x}_m], \quad \overline{X} = \frac{1}{m} X \mathbb{1}_m, \quad M = X^T - \mathbb{1}_m \overline{X}^T.$$

Sea $M = U\Sigma V^T$ la descomposición en valores singulares de M.

a) El vector $\mathbf{v}_1 \in \mathbb{R}^n$ de norma 1 que maximiza la varianza de $\mathbf{z}$ es la primera columna de V. La varianza maximizada es el primer valor singular.

b) Una vez hallados $\mathbf{v}_1, \ldots, \mathbf{v}_{k-1}$ vectores de $\mathbb{R}^n$, el vector $\mathbf{v}_k \in \mathbb{R}^n$ de norma 1 que maximiza la varianza de $\mathbf{z}$ sujeto a las restricciones $S_{\mathbf{z}_1,\mathbf{z}_k} = \cdots = S_{\mathbf{z}_{k-1},\mathbf{z}_k} = 0$ es la k-ésima columna de V. La varianza maximizada es el k-ésimo valor singular.

Los vectores $\mathbf{v}_k$ se llaman **componentes principales.**

¿Cuántas componentes principales tenemos que calcular? Esta pregunta no es muy precisa y depende mucho del contexto. Desde luego, debemos elegir un número de componentes tan pequeño como sea posible, pero, al mismo tiempo, sin perder mucha información. Si queremos dibujar los datos, podemos limitarnos a dos componentes principales (tal como hemos hecho con el ejemplo de las notas de los alumnos).

Otra manera es elegir el menor número de componentes de modo que la siguiente fracción

$$\frac{\text{Varianza originada por las componentes elegidas}}{\text{Varianza total}}$$

alcance un determinado umbral: por ejemplo 0.9. Si elegimos k componentes principales, entonces la varianza de estas k componentes es $\sigma_1 + \cdots + \sigma_k$, mientras que la varianza total es la suma de todos los valores singulares.

Ejemplo 12.5. Volvemos otra vez al ejemplo de las notas. Los valores singulares de la matriz M son 9.9885, 4.0852, 2.2999, 1.1104, 0.4155 y 0.1805. El porcentaje de la varianza explicado por la primera componente es

$$\frac{9.9885}{9.9885 + \cdots + 0.1805} = 55.3\,\%$$

El porcentaje de la varianza causado por las dos primeras componentes es

$$\frac{9.9885 + 4.0852}{9.9885 + \cdots + 0.1805} = 77.8\,\%$$

El porcentaje de la varianza causado por las tres primeras componentes es

$$\frac{9.9885 + 4.0852 + 2.2999}{9.9885 + \cdots + 0.1805} = 90.6\,\%$$

Si elegimos como umbral 90 %, entonces nos quedamos con las tres primeras componentes principales. ________ **Fin**

Octave Vamos a ver cómo se mecanizan los cálculos de las componentes principales usando Octave con el ejemplo de las notas. Primero se introducen las notas de los 8 alumnos:

```
x1 = [9 7 6 9 7 6]';
x2 = [4.5 6 8 5 5 7]';
x3 = [5 7 7 5.5 6 8]';
```



```
x4 = [3 6 6 3 6 5]';
x5 = [10 8 8 10 8 9]';
x6 = [7 6 7 7 7 6]';
x7 = [4 7 7 4 7 8]';
x8 = [9 6 7 9 6 6]';
X = [x1 x2 x3 x4 x5 x6 x7 x8];
```

Ahora se hallan las matrices X, $\overline{X}$ y M del teorema 12.3:

```
[n m] = size(X);
unom = ones(m,1);
Xb = (X*unom)/m;
M = X'-unom*Xb';
[U Sigma V] = svd(M);
```

La primera componente principal es la primera columna de V y la varianza originada por esta componente se calcula con

```
V(:,1)
Sigma(1,1)
```

Análogamente se calcula el resto de las componentes principales. ___________ **Fin**

12.3.4. Mejora de los cálculos

Si te fijas en el teorema 12.3, la matriz U de la descomposición en valores singulares de M no aparece en ninguna parte. ¿Cómo podemos sacar partido de esto?

Teorema 12.4. Valores singulares de M y valores propios de M^TM

Si M es una matriz, entonces los valores propios no nulos de M^TM son los cuadrados de los valores singulares no nulos de M. Además, los vectores propios de M^TM son las columnas de V, siendo $M = U\Sigma V^T$ la descomposición en valores singulares de M.

Observa que en $M^TM = (U\Sigma V^T)^T U\Sigma V^T = V\Sigma^T\Sigma V^T$ no aparece la matriz U. Esta igualdad también permite probar el teorema 12.4.

En muchas ocasiones basta con calcular solo algunas componentes principales, no todas. Hay métodos numéricos que calculan solo algunos valores propios, comenzando desde el de mayor módulo. Estos métodos son más rápidos que calcular todos los valores propios (pues evidentemente se calculan solo unos cuantos).

¿Cómo vamos calculando la proporción entre las varianzas de las componentes principales escogidas y la total? Está claro que esta proporción es

$$\frac{\sigma_1 + \cdots + \sigma_k}{\sigma_1 + \cdots + \sigma_k + \sigma_{k+1} + \cdots + \sigma_r},$$

donde en el denominador están todos los valores singulares. El problema de esta expresión es que, si solo hemos calculado las primeras k componentes principales, entonces $\sigma_{k+1}, \ldots, \sigma_r$ son desconocidas. Modificamos ligeramente esta fracción a

$$\frac{\sigma_1^2 + \cdots + \sigma_k^2}{\sigma_1^2 + \cdots + \sigma_k^2 + \sigma_{k+1}^2 + \cdots + \sigma_r^2},$$

y aprovechamos un resultado conocido que establece que la suma de los cuadrados de los valores singulares de una matriz M es la traza de $M^T M$. La traza de una matriz es la suma de los elementos de su diagonal principal. Por tanto, el cociente previo es

$$\rho = \frac{\sigma_1^2 + \cdots + \sigma_k^2}{\mathrm{tr}(M^T M)},$$

donde $\mathrm{tr}(M^T M)$ es la traza de $M^T M$.

Se van calculando k valores y vectores propios de $M^T M$ (los valores propios de mayor a menor) hasta que, o bien k alcance un valor fijo de antemano, o bien ρ supere un umbral dado.

12.3.5. Estandarización

El cálculo de las componentes principales depende de la varianza de datos observados, y la varianza de estos datos depende de las unidades de medida (o de escala) usadas en los datos.

Ejercicio 12.7. Si $\mathbf{x} \in \mathbb{R}^m$ y si $a \in \mathbb{R}$, prueba que $S_{a\mathbf{x}}^2 = a^2 S_{\mathbf{x}}$.

Piensa en el siguiente ejemplo: se recogen tres indicadores económicos de varios países[45]:

	PIB	PIB per cápita	Deuda pública (% del PIB)
España	1.778 billones	38 400	98.4 %
Italia	2.317 billones	38 200	131.8 %
Francia	2.856 billones	44 100	96.8 %

Es fácil comprobar que la varianza del PIB per cápita es $7.48 \cdot 10^6$; pero, si lo medimos usando como unidad miles de dólares, entonces la varianza es 7.48. Es claro que elegir una escala u otra provoca que los cálculos en las componentes principales varíen puesto que la idea

[45] Los datos están extraídos de `https://www.indexmundi.com/g/r.aspx` y son de 2017. El PIB (producto interior bruto) está medido en dólares.

es maximizar determinada varianza. Además, unos datos pueden tener distintas medidas: por ejemplo, aquí el PIB se mide en billones de dólares, el PIB per cápita, en dólares, y la deuda pública se expresa como un porcentaje.

Es importante, antes de calcular las componentes principales, conseguir que los datos estén adimensionalizados. Esto se logra con el proceso de estandarización: se transforman las variables de modo que tengan media 0 y desviación estándar 1, puesto que, si no se hiciera, las variables con mayor varianza dominarían al resto. El proceso de estandarización se realiza restando la media y dividiendo entre la desviación estándar de la variable. En otras palabras, si $\mathbf{x} \in \mathbb{R}^n$, entonces

$$\frac{\mathbf{x} - \bar{\mathbf{x}}\mathbb{1}_n}{S_{\mathbf{x}}}$$

es la **estandarización** de $\mathbf{x}$.

Ejercicio 12.8. Prueba que la media y la desviación típica de una variable estandarizada son 0 y 1, respectivamente.

Ejercicio 12.9. Sean $\mathbf{x} \in \mathbb{R}^n$, $a, b \in \mathbb{R}$ y $a > 0$. Prueba que $\mathbf{x}$ y $a\mathbf{x} + b\mathbb{1}_n$ tienen la misma estandarización.

Este ejercicio dice que, si cambiamos de escala unos datos, sus estandarizaciones coinciden.

Ejercicio 12.10. Sean $\mathbf{x}, \mathbf{y} \in \mathbb{R}^n$, $a, b, c, d \in \mathbb{R}$ y $a, c > 0$. Prueba que la covarianza entre $\mathbf{x}$ e $\mathbf{y}$ coincide con la covarianza entre $a\mathbf{x} + b\mathbb{1}_n$ y $c\mathbf{y} + d\mathbb{1}_n$.

Una propiedad que deben cumplir las componentes principales es que dos de estas han de tener covarianza nula. El ejercicio anterior prueba que la estandarización no afecta al hecho de que las componentes principales tengan covarianza nula.

En el caso en que todas las variables estén medidas en las mismas unidades, podemos optar por no estandarizarlas.

12.4. *Eigenfaces*

La idea del método de las *eigenfaces* es aplicar el análisis de las componentes principales al problema del reconocimiento facial. Para empezar disponemos de una base de datos de entrenamiento formada por m caras (imágenes), todas del mismo tamaño ($n_1 \times n_2$ píxeles). Estas imágenes tienen que haber sido tomadas en las mismas condiciones de luz y con los rasgos faciales de las personas fotografiadas (ojos y boca) ubicados en posiciones similares.

El primer paso es convertir cada imagen en un vector de $\mathbb{R}^{n_1 \times n_2}$, tal como se ha comentado en la sección 12.3 de este capítulo. Por tanto, nuestra base de datos contiene m vectores de

$n = n_1 \times n_2$ componentes. Siguiendo la notación de la sección anterior, denotemos $\mathbf{x}_1, \ldots, \mathbf{x}_m$ los vectores (columna) de $\mathbb{R}^n$ que forman nuestra base de datos y sea la siguiente matriz $n \times m$:

$$X = [\mathbf{x}_1 \ \cdots \ \mathbf{x}_m]$$

Aplicaremos el teorema 12.3. El vector

$$\overline{X} = \frac{1}{m} X \mathbb{1}_m = \frac{1}{m}(\mathbf{x}_1 + \cdots + \mathbf{x}_m) \in \mathbb{R}^n$$

es la "cara media". Ahora, siguiendo de nuevo el teorema 12.3, formamos la matriz

$$M = X^T - \mathbb{1}_m \overline{X}^T = \left(X - \overline{X}\mathbb{1}_m^T\right)^T.$$

Otra forma alternativa de escribir esta matriz M es

$$M^T = X - \overline{X}\mathbb{1}_m^T = [\mathbf{x}_1 \ \cdots \ \mathbf{x}_n] - \overline{X}[1 \ \cdots \ 1] = [\mathbf{x}_1 \ \cdots \ \mathbf{x}_n] - [\overline{X} \ \cdots \ \overline{X}] = \left[\mathbf{x}_1 - \overline{X} \ \cdots \ \mathbf{x}_n - \overline{X}\right].$$

Es decir, a cada cara se le resta la cara media.

Según los teoremas 12.3 y 12.4, los valores propios (de mayor a manor) no nulos de $M^T M$ son los cuadrados de las varianzas maximizadas por cada componente principal, y los vectores propios son las componentes principales. La matriz $M^T M$ es una matriz cuadrada de tamaño $n \times n$

Ahora habría que calcular los valores y vectores propios de $M^T M$; pero es conveniente pensar en el tamaño de los cálculos. Si los vectores que almacenan las caras de la base de datos son de $\mathbb{R}^{n_1 \times n_2}$, entonces el tamaño de la matriz $M^T M$ es $n \times n$, donde $n = n_1 n_2$. Por ejemplo, un banco de imágenes de $n_1 = 100$ píxeles de ancho y $n_2 = 200$ de alto (imágenes más bien pequeñas), obliga a pensar en vectores de tamaño $n = n_1 n_2 = 20\,000$. Es decir, hay que calcular los valores y vectores propios de una matriz de tamaño $20\,000 \times 20\,000$, lo que hoy en día está fuera del alcance de los ordenadores actuales.

Afortunadamente, el álgebra matricial viene en nuestra ayuda: los valores propios no nulos de $M^T M$ coinciden con los valores propios no nulos de $M M^T$ (esto es una consecuencia de la descomposición en valores singulares de M). Además, se verifica el siguiente teorema:

Teorema 12.5. Vectores propios de AA^T y $A^T A$

Si $\mathbf{v}$ es un vector propio asociado a un valor propio no nulo de $A^T A$, entonces $A\mathbf{v}$ es un vector propio asociado al mismo valor propio de AA^T.

DEMOSTRACIÓN. Sea $\lambda \neq 0$ el valor propio asociado a $\mathbf{v}$, es decir, $A^T A\mathbf{v} = \lambda\mathbf{v}$. Y ahora $(AA^T)A\mathbf{v} = A(A^T A\mathbf{v}) = A\lambda\mathbf{v} = \lambda A\mathbf{v}$. □

Ejercicio 12.11. Prueba que, si $\mathbf{w}$ es un vector propio asociado a un valor propio no nulo de AA^T, entonces $A^T\mathbf{w}$ es un vector propio asociado al mismo valor propio de $A^T A$.

Si nuestra base de datos de entrenamiento contiene m caras y m es mucho más pequeño que $n_1 \times n_2$, entonces es preferible usar MM^T en vez de M^TM. Por ejemplo, si hay 500 caras en nuestra base de imágenes de 100×200 píxeles, como 500 es mucho menor que $100 \cdot 200 = 10\,000$, entonces es preferible usar MM^T, que es "solo" una matriz de tamaño 500. En lo sucesivo, vamos a suponer que $m \leq n_1 \times n_2$ (que es la situación habitual).

Primero, calculamos los valores propios no nulos de MM^T, sean $\lambda_1, \ldots, \lambda_r$ estos valores propios. Como M es de orden $m \times n$, entonces MM^T es una matriz cuadrada $m \times m$, y como el número de valores propios no puede superar al tamaño de la matriz, entonces $r \leq m$. Además, calculamos los vectores propios asociados, $\mathbf{w}_1, \ldots, \mathbf{w}_r$.

Pero los ejes principales (que son llamados en este contexto *eigenfaces*) son los vectores propios de M^TM asociados a cada λ_i (por el teorema 12.4). Por el ejercicio anterior, si $\mathbf{w}$ es un vector propio de MM^T asociado a λ_i, entonces $M^T\mathbf{w}$ es un vector propio de M^TM asociado a λ_i. Luego, el siguiente paso es calcular $\mathbf{v}_1 = M^T\mathbf{w}_1, \ldots, \mathbf{v}_r = M^T\mathbf{w}_r$.

Estos vectores $\mathbf{v}_1, \ldots, \mathbf{v}_r$ son las *eigenfaces* y son vectores de $\mathbb{R}^n$. Llamemos al subespacio generado por estos r vectores el subespacio de *eigenfaces*, que es un subespacio en $\mathbb{R}^n$ cuya dimensión es r. Recuerda que r es considerablemente menor que n.

12.4.1. Procedimiento de reconocimiento

Supón ahora que tenemos una imagen de una cara y queremos saber cuál de las imagenes de la base de datos corresponde a la imagen de la cara. Primero de todo necesitamos proyectar esta imagen $\mathbf{c} \in \mathbb{R}^n$ sobre el subespacio de *eigenfaces*. Resulta que la base formada por las *eigenfaces* $\mathbf{v}_1, \ldots, \mathbf{v}_r$ es ortonormal (son las columnas de V en la descomposición en valores singulares de $M = U\Sigma V^T$). La proyección de $\mathbf{c}$ sobre el subespacio de las *eigenfaces* es[46]:

$$P(\mathbf{c}) = (\mathbf{c}^T\mathbf{v}_1)\mathbf{v}_1 + \cdots + (\mathbf{c}^T\mathbf{v}_r)\mathbf{v}_r.$$

Si $\mathbf{x}_1, \ldots, \mathbf{x}_m$ son los vectores de nuestra base de datos, y queremos saber cuál de estos es más parecido a $\mathbf{c}$, proyectamos todos los vectores sobre el subespacio de *eigenfaces* y debemos buscar cuál de estos vectores $\mathbf{x}_i$ hace mínimo $\|P(\mathbf{c}) - P(\mathbf{x}_i)\|$. Como

$$\begin{aligned} \|P(\mathbf{c}) - P(\mathbf{x})\|^2 &= \left\|(\mathbf{c}^T\mathbf{v}_1)\mathbf{v}_1 + \cdots + (\mathbf{c}^T\mathbf{v}_r)\mathbf{v}_r - \left[(\mathbf{x}_i^T\mathbf{v}_1)\mathbf{v}_1 + \cdots + (\mathbf{x}_i^T\mathbf{v}_r)\mathbf{v}_r\right]\right\|^2 \\ &= \left\|[(\mathbf{c} - \mathbf{x}_i)^T\mathbf{v}_1]\mathbf{v}_1 + \cdots + [(\mathbf{c} - \mathbf{x}_i)^T\mathbf{v}_r]\mathbf{v}_r\right\|^2, \end{aligned}$$

por el teorema de Pitágoras,

$$\|P(\mathbf{c}) - P(\mathbf{x}_i)\|^2 = [(\mathbf{c} - \mathbf{x}_i)^T\mathbf{v}_1]^2 + \cdots + [(\mathbf{c} - \mathbf{x}_i)^T\mathbf{v}_r]^2. \tag{12.3}$$

La imagen de la base de datos que más se parece a la nueva imagen $\mathbf{c}$ es la imagen i que hace mínima la expresión (12.3).

[46] La fórmula de la proyección sobre un subespacio con una base ortonormal se puede encontrar en el libro *Matrix Analysis and Applied Linear Algebra*, de C. D. Meyer.

Si $||\mathbf{c}-\mathbf{x}_i||^2 \geq \Theta$ para todo i, donde Θ es un umbral elegido de forma heurística, podemos decir que la imagen $\mathbf{c}$ no está en nuestra base de datos.

12.5. Ejercicios

1. Este ejercicio requiere que sepas cálculo diferencial de varias variables. Sea M una matriz real $m \times n$. Considera el siguiente problema:

$$\text{Maximizar } ||M\mathbf{x}|| \qquad \text{sujeto a } \mathbf{x} \in \mathbb{R}^n,\ ||\mathbf{x}|| = 1.$$

   Aplica la teoría de los multiplicadores de Lagrange para resolver este problema. Es decir, considera la función $g(\mathbf{x},\lambda) = ||M\mathbf{x}||^2 - \lambda(||\mathbf{x}||^2 - 1)$ y usando la condición $\nabla g = \mathbf{0}$ prueba que $\mathbf{x}$ debe ser un valor propio de M^TM. Por supuesto puedes usar $||M\mathbf{x}||^2 = (M\mathbf{x})^T M\mathbf{x} = \mathbf{x}^T M^T M\mathbf{x}$ y $||\mathbf{x}||^2 = \mathbf{x}^T\mathbf{x}$.

2. Considera el ejemplo 12.2. ¿Qué significado intuitivo tiene el vector $\mathbf{c}_j = [\mathbf{e}_j^T\mathbf{x}_1, \ldots, \mathbf{e}_j^T\mathbf{x}_m]^T$, siendo $\mathbf{e}_1, \ldots, \mathbf{e}_n$ la base canónica de $\mathbb{R}^n$?

3. En las condiciones del teorema 12.3, si definimos $\mathbf{c}_j$ como el ejercicio anterior, calcula una expresión sencilla para la covarianza entre $\mathbf{c}_j$ y $\mathbf{z}$.

4. La siguiente tabla muestra varios indicativos económicos de algunos países ficticios.

Países	Población (millones hab.)	PIB (per cápita)	IDH	Deuda (% PIB)
País 1	83.1	42 920	0.947	69.3
País 2	9	44 970	0.922	82.8
País 3	11.5	43 680	0.931	108.2
País 4	0.9	26 03	0.887	103.6
País 5	5.5	17 8	0.860	63.1
País 6	2.1	24 68	0.917	74.7
País 7	47.3	25 46	0.904	118.4

   El índice de desarrollo humano (IDH) es un indicador elaborado por las Naciones Unidas para medir el progreso de un país. El IDH analiza la salud, la educación y los ingresos y está entre 0 (lo peor) y 1 (lo mejor).

   a) Haz un análisis de las dos primeras componentes principales (no olvides estandarizar las variables).

   b) ¿Qué porcentaje de la varianza permanece con las dos primeras componentes?

Apéndice A
La teoría de Perron-Frobenius

Las matrices que tienen todas sus entradas estrictamente positivas o no negativas (positivas o nulas) tienen muchas aplicaciones, por ejemplo, las cadenas de Márkov, los modelos de Leslie o el algoritmo PageRank que usa Google.

La teoría para matrices de entradas positivas fue desarrollada por Perron en 1907 y fue ampliada a las matrices con entradas no negativas por Frobenius en 1912. En este apéndice expondremos los resultados básicos de esta teoría[47].

A.1. El teorema de Perron

Definición A.1. Una matriz se llama **positiva** si todas sus entradas son positivas. Una matriz se llama **no negativa** si todas sus entradas son o positivas o ceros.

Teorema A.1. Teorema de Perron

Sea A una matriz cuadrada positiva de orden n. Entonces

a) Existe un valor propio de A real y positivo, denotado $\lambda_{\text{máx}}$, que cumple

$$\lambda_{\text{máx}} > |\lambda|$$

para cualquier valor propio $\lambda \neq \lambda_{\text{máx}}$. Este valor propio se llama la **raíz de Perron** de A.

b) La multiplicidad algebraica de la raíz de Perron (y, por tanto, la multiplicidad geométrica) es simple.

c) Existe un vector propio asociado a $\lambda_{\text{máx}}$ con todas sus componentes positivas.

Veamos un ejemplo que clarifica este teorema:

Ejemplo A.1. Considera la matriz

$$A = \begin{bmatrix} 1 & 2 & 3 \\ 1/2 & 1 & 3 \\ 1/3 & 1/3 & 1 \end{bmatrix}.$$

---

[47] Puedes encontrar las demostraciones no elementales en los siguientes libros: *Matrix Analysis and Applied Linear Algebra*, de C. D. Meyer, y *Matrix Analysis*, de R. Horn y C. Johnson.

Los valores y vectores propios se calculan con Octave con el comando `eig`. Por ejemplo, si ejecutamos

```
A = [1 2 3; 1/2 1 3; 1/3 1/3 1];
[X D] = eig(A)
```

obtenemos una matriz `X` cuyas columnas son los vectores propios y una matriz diagonal `D` cuyas entradas son los valores propios. Además, el orden de las entradas de la diagonal de `D` es el mismo que en las columnas de `X`. En este ejemplo obtenemos (redondeando hasta la tercera cifra decimal)

$$X = \begin{bmatrix} 0.826 & 0.826 & 0.826 \\ 0.52 & -0.26+0.45\mathrm{j} & -0.26-0.45\mathrm{j} \\ 0.218 & -0.109-0.189\mathrm{j} & -0.109+0.189\mathrm{j} \end{bmatrix}$$

y

$$D = \begin{bmatrix} 3.054 & 0 & 0 \\ 0 & -0.027+0.404\mathrm{j} & \\ 0 & 0 & -0.027-0.404\mathrm{j} \end{bmatrix}.$$

Las entradas de `D` son los valores propios de A. Vemos que hay un valor propio real y los otros dos, complejos, son conjugados entre sí.

Si ejecutamos `abs(D)`, obtenemos una matriz diagonal cuyas entradas son los módulos de los valores propios. En este caso, los tres módulos son 3.054, 0.405 y 0.405 (en este ejemplo es normal que un módulo esté repetido, pues los dos valores propios no reales son conjugados uno del otro). Evidentemente, la raíz de Perron de A es $\lambda_{\text{máx}} = 3.054$.

Como $\lambda_{\text{máx}}$ ocupa la primera posición en la matriz `D`, entonces la primera columna de `X` proporciona un vector propio asociado. Este vector, por el apartado b) del teorema de Perron, genera el subespacio de vectores propios asociado a $\lambda_{\text{máx}}$. En otras palabras: cualquier vector propio asociado a $\lambda_{\text{máx}}$ es un múltiplo de la primera columna de A. Vemos que este vector propio tiene todas sus componentes positivas, lo que confirma el apartado c) del teorema de Perron. Podría ocurrir que este vector tuviera todas sus componentes negativas y, en este caso, bastaría con multiplicar este vector por -1 para obtener el vector que cumple el apartado c).

Lo que no puede pasar es que un vector propio asociado a $\lambda_{\text{máx}}$ tenga componentes positivas y negativas a la vez: esto contradiría el apartado c) del teorema de Perron. ___________ **Fin**

Ejercicio A.1. Sea A una matriz cuadrada positiva de orden n. Prueba que existe un único vector $\mathbf{x}_{\text{máx}} = [x_1, \ldots, x_n]^T \in \mathbb{R}^n$ que cumple: a) $\mathbf{x}_{\text{máx}}$ es un vector propio asociado a $\lambda_{\text{máx}}$, b) $x_1, \ldots, x_n > 0$, c) $x_1 + \cdots + x_n = 1$. Este vector se suele llamar **vector de Perron** de A.

Si $\mathbf{x} = [x_1, \ldots, x_n]^T$ es un vector con todas sus componentes positivas y si definimos $\alpha = x_1 + \cdots + x_n$, la suma de las componentes de $\mathbf{x}/\alpha$ es 1. Esto explica la razón de que el siguiente código permita obtener el vector de Perron de la matriz del ejemplo anterior.

A.2. El teorema de Frobenius

El teorema de Perron no es cierto para matrices no negativas. Por ejemplo, considera las dos siguientes matrices:

$$A = \begin{bmatrix} 0 & 0 \\ 1 & 0 \end{bmatrix}, \qquad B = \begin{bmatrix} 0 & 1 \\ 1 & 0 \end{bmatrix}.$$

El único valor propio de la matriz A es $\lambda = 0$, por lo que no existe $\lambda_{\text{máx}}$ y ya ni siquiera tiene sentido preguntarse por el resto de los apartados del teorema de Perron. Pero, es más, la multiplicidad algebraica de $\lambda = 0$ es doble, pero la multiplicidad geométrica es simple.

Los valores propios de B son $\lambda = \pm 1$. Se podría pensar que $\lambda = 1$ va a jugar el papel de la raíz de Perron. Es cierto que su multiplicidad algebraica y geométrica es simple y que hay un vector propio asociado a $\lambda = 1$ de componentes positivas. Pero la condición $1 > |\lambda|$ para cualquier otro valor propio λ ya no es cierta.

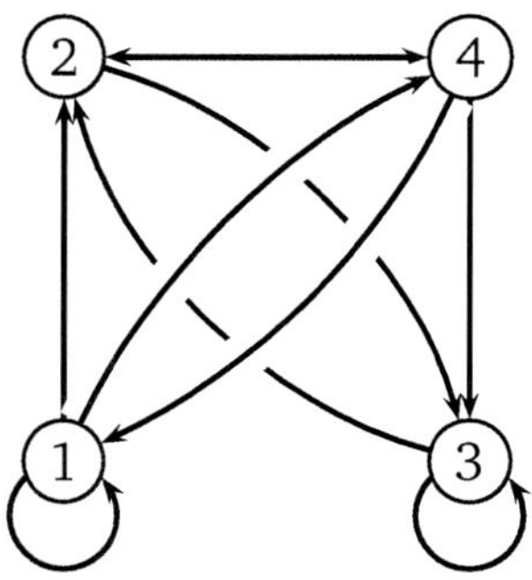

Figura A.1.

Frobenius logró generalizar el teorema de Perron a un cierto tipo de matrices no negativas. En esta generalización aparece el grafo asociado a una matriz cuadrada no negativa, que será definido a continuación.

Si A es una matriz cuadrada de orden n no negativa, construimos un grafo dirigido de n vértices como sigue: hay una arista $i \to j$ si y solo si $a_{ij} > 0$. Por ejemplo, dada la matriz

$$A = \begin{bmatrix} 1 & 2 & 0 & 3 \\ 0 & 0 & 1 & 1 \\ 0 & 1 & 1 & 0 \\ 1 & 2 & 1 & 0 \end{bmatrix}, \tag{A.1}$$

el grafo asociado de A es el que muestra la figura A.1.

Definición A.2. Una matriz cuadrada no negativa A se llama **irreducible** si el grafo asociado de A cumple que, si i, j son dos vértices cualesquiera de este grafo, entonces hay una secuencia de aristas que conecta i con j.

Dos conceptos útiles son los siguientes: un **ciclo** es un camino que empieza y acaba en un vértice y su **longitud** es el número de aristas involucradas. Por ejemplo, los bucles son ciclos de longitud 1. Otros ejemplos: en la figura A.1, el ciclo $1 \to 4 \to 1$ es de longitud 2, el ciclo $2 \to 4 \to 3 \to 2$ es de longitud 3 y el ciclo $1 \to 2 \to 3 \to 4 \to 1$ es de longitud 4 (este último ciclo, además pasa por todos los puntos).

Para matrices grandes, no es fácil ver si una matriz es irreducible. El siguiente ejercicio muestra una condición necesaria y suficiente que a veces es simple de usar.

Ejercicio A.2. Una matriz cuadrada y no negativa A es irreducible si y solo si el grafo asociado contiene un ciclo que conecta a todos los puntos.

Por ejemplo, sean

$$A = \begin{bmatrix} 0 & 1 & 0 \\ 0 & 0 & 1 \\ 1 & 0 & 0 \end{bmatrix}, \qquad B = \begin{bmatrix} 1 & 0 & 1 \\ 2 & 2 & 2 \\ 1 & 0 & 1 \end{bmatrix}. \tag{A.2}$$

Usando el ejercicio anterior, es fácil ver que A es irreducible, mientras que B no lo es. La matriz A que aparece en (A.1) no es tan sencilla, pero, tras algunas pruebas a base de ensayo y error, tenemos que $1 \to 2 \to 3 \to 2 \to 4 \to 1$ es un ciclo que pasa por todos los puntos del grafo.

Hay una caracterización algebraica de la irreducibilidad usando la matriz de adyacencia. La matriz de adyacencia es un concepto rescatado de la teoría de grafos, y, por si no lo conoces, vamos a repasarlo rápidamente en la siguiente subsección.

A.2.1. La matriz de adyacencia de un grafo

Definición A.3. A un grafo dirigido de n vértices le asociamos su **matriz de adyacencia** de orden $n \times n$, denotada G, de la siguiente manera:

a) Si hay una arista que va del vértice i al vértice j, entonces la entrada (i, j) de G es 1.

b) Si no hay una arista que va del vértice i al vértice j, entonces la entrada (i, j) de G es 0.

Por ejemplo, la matriz de adyacencia del grafo de la figura A.1 es:

$$G = \begin{bmatrix} 1 & 1 & 0 & 1 \\ 0 & 0 & 1 & 1 \\ 0 & 1 & 1 & 0 \\ 1 & 1 & 1 & 0 \end{bmatrix}.$$

El siguiente teorema es el más importante de las matrices de adyacencias en relación con su grafo.

Teorema A.2. Número de caminos entre dos vértices

Sea G la matriz de adyacencia de un grafo dirigido. El número de caminos de longitud k entre los vértices i y j es la entrada (i, j) de G^k.

La demostración de este teorema se incluye al final del apéndice.

A.2.2. Matrices irreducibles y el teorema de Frobenius

Teorema A.3. Una caracterización de las matrices irreducibles

Sea A una matriz de orden n cuadrada y no negativa. Sea G la matriz de adyacencia del grafo asociado a A, entonces A es irreducible si y solo si $G + \cdots + G^n$ es positiva.

DEMOSTRACIÓN. Es evidente que, si existe un camino que conecta dos puntos, entonces están conectados usando como mucho n aristas (puesto que hay n vértices). Ahora, el teorema debería ser evidente gracias al teorema A.2. □

Observa que la matriz de adyacencia del grafo asociado a una matriz A se obiene simplemente cambiando las entradas no nulas por unos y dejando las entradas nulas sin tocar. Por ejemplo, la matriz de adyacencia de la matriz B que aparece en (A.2) es

$$G = \begin{bmatrix} 1 & 0 & 1 \\ 1 & 1 & 1 \\ 1 & 0 & 1 \end{bmatrix}$$

y como

$$G + G^2 + G^3 = \begin{bmatrix} 7 & 0 & 7 \\ 11 & 3 & 11 \\ 7 & 0 & 7 \end{bmatrix}$$

tiene entradas nulas, entonces B no es irreducible.

El siguiente teorema se debe a Frobenius y generaliza el teorema de Perron ya que toda matriz positiva es irreducible (por ejemplo, por el teorema A.3). Este teorema se suele llamar de Perron-Frobenius.

Teorema A.4. Teorema de Perron-Frobenius

Sea A una matriz cuadrada no negativa irreducible de orden n. Entonces

a) Existe un único valor propio de A real y positivo, denotado por $\lambda_{\text{máx}}$, que cumple $\lambda_{\text{máx}} \geq |\lambda|$ para cualquier valor propio λ de A. Este valor propio se llama la **raíz de Perron** de A.

b) La multiplicidad algebraica de $\lambda_{\text{máx}}$ (y, por tanto, también la multiplicidad geométrica) es simple.

c) Existe $\mathbf{x} \in \mathbb{R}^n$, vector propio asociado a $\lambda_{\text{máx}}$ con todas sus componentes positivas.

Al igual que ocurría con las matrices positivas, si A es una matriz irreducible, existe un único vector propio asociado a $\lambda_{\text{máx}}$ cuyas componentes son positivas y es de norma 1. Este vector también se llama el **vector de Perron** de A.

Observa que en el teorema de Perron-Frobenius se tratan matrices irreducibles, que son más generales que las positivas. El precio que se paga frente al teorema de Perron es que la conclusión $\lambda_{\text{máx}} > |\lambda|$ para todo valor propio λ se debe relajar por $\lambda_{\text{máx}} \geq |\lambda|$. Es decir, puede haber valores propios con el mismo módulo que $\lambda_{\text{máx}}$, como vemos en el siguiente ejemplo:

Ejemplo A.2. Sea

$$A = \begin{bmatrix} 0 & 1 \\ 1 & 0 \end{bmatrix}.$$

La matriz A es irreducible pues todas las entradas de

$$A + A^2 = \begin{bmatrix} 1 & 1 \\ 1 & 1 \end{bmatrix}$$

son positivas. Además, los valores propios de A son $\lambda = \pm 1$. Claramente, la raíz de Perron es $\lambda_{\text{máx}} = 1$. Sin embargo, hay otro valor propio, $\lambda = -1$ cuyo módulo es justamente igual a la raíz de Perron. ______ **Fin**

El siguiente resultado muestra que, si λ es un valor propio que no es la raíz de Perron, entonces los vectores propios asociados tienen al menos una componente negativa.

Teorema A.5. Vectores propios no negativos en matrices irreducibles

Sea A una matriz cuadrada no negativa e irreducible. Si $A\mathbf{x} = \lambda\mathbf{x}$ y $\mathbf{x} \geq 0$, $\mathbf{x} \neq \mathbf{0}$, entonces $\lambda = \lambda_{\text{máx}}$.

DEMOSTRACIÓN. Sea $\mathbf{y}$ el vector de Perron de A^T. De $A^T\mathbf{y} = \lambda_{\text{máx}}\mathbf{y}$, se obtiene

$$\lambda_{\text{máx}}\mathbf{y}^T\mathbf{x} = \mathbf{y}^T A\mathbf{x} = \lambda\mathbf{y}^T\mathbf{x}.$$

De $\mathbf{y} > 0$, $\mathbf{x} \geq 0$, $\mathbf{x} \neq 0$ se logra fácilmente que $\mathbf{y}^T\mathbf{x} > 0$. Por lo que, usando $\lambda_{\text{máx}}\mathbf{y}^T\mathbf{x} = \lambda\mathbf{y}^T\mathbf{x}$, se concluye $\lambda_{\text{máx}} = \lambda$. □

La propiedad de que haya varios valores propios λ que cumplen $|\lambda| = \lambda_{\text{máx}}$ divide a las matrices irreducibles en dos clases.

Definición A.4. Sea A una matriz cuadrada, irreducible y negativa. Sea $\lambda_{\text{máx}}$ su raíz de Perron. Se dice que A es **primitiva** si $\lambda_{\text{máx}}$ es el único valor propio de A cuyo módulo es $\lambda_{\text{máx}}$.

Ejemplo A.3. La matriz irreducible

$$\begin{bmatrix} 0 & 1 \\ 1 & 0 \end{bmatrix}$$

no es primitiva, pues $\lambda_{\text{máx}} = 1$ y hay otro valor propio, -1, con el mismo módulo. ______ **Fin**

Ejercicio A.3. Prueba que la matriz

$$\begin{bmatrix} 0 & 1 & 0 \\ 0 & 0 & 1 \\ 1 & 0 & 0 \end{bmatrix}$$

es irreducible y no es primitiva.

Decidir si una matriz irreducible es primitiva o no puede ser difícil. Hay algunos resultados que permiten determinar la primitividad sin calcular de manera explícita los valores propios. El siguiente resultado se debe a Frobenius.

Teorema A.6. Una condición suficiente para la primitividad

Sea A una matriz no negativa. Si existe $m \in \mathbb{N}$ tal que A^m es positiva, entonces A es primitiva.

Ejercicio A.4. Considera la matriz no negativa

$$A = \begin{bmatrix} 1 & 1 \\ 0 & 2 \end{bmatrix}.$$

Claramente, los valores propios son 1 y 2, por lo que solo hay un valor propio de módulo máximo. Luego la matriz A cumple la definición de matriz primitiva. Prueba que, para todo $k \in \mathbb{N}$, se cumple

$$A^k = \begin{bmatrix} 1 & 2^{k-1} \\ 0 & 2^k \end{bmatrix}.$$

Por lo que, por el teorema A.6, la matriz A no puede ser primitiva. ¿Dónde está el error?

Una observación muy útil es la siguiente: considera una matriz no negativa $A = [a_{ij}]$ y sea $G = [g_{ij}]$ la matriz de adyacencia del grafo asociado a A, que se calcula simplemente como

$$g_{ij} = \begin{cases} 1 & \text{if } a_{ij} > 0, \\ 0 & \text{if } a_{ij} = 0. \end{cases}$$

Entonces $[G^k]_{ij} > 0$ si y solo si $[A^k]_{ij} > 0$ para todo k.

Ejemplo A.4. Vamos a comprobar si la siguiente matriz es primitiva:

$$A = \begin{bmatrix} 0 & 1 & 0 \\ 0 & 0 & 2 \\ 3 & 4 & 0 \end{bmatrix}.$$

En vez de calcular potencias de A, gracias a la observación previa, calcularemos potencias de la matriz de adyacencia del grafo asociado a A. Esta matriz de adyacencia es

$$G = \begin{bmatrix} 0 & 1 & 0 \\ 0 & 0 & 1 \\ 1 & 1 & 0 \end{bmatrix}.$$

Unos cálculos sencillos (que se omiten) muestran que G^2, G^3, G^4 tienen entradas nulas, sin embargo, todas las entradas de G^5 son positivas. Luego A^5 es positiva y, por el teorema A.6, la matriz A es primitiva. **Fin**

El siguiente teorema muestra la conexión entre primitividad y grafos.

Teorema A.7. Primitividad y grafos

Sea A una matriz no negativa. Entonces A es primitiva si y solamente si A es irreducible y el grafo asociado a A tiene dos ciclos tales que el máximo común divisor de sus longitudes es 1.

DEMOSTRACIÓN. Supongamos que A es primitiva. Por el teorema A.6, existe $m \in \mathbb{N}$ tal que A^m es positiva. Si G es la matriz de adyacencia del grafo asociado a A, entonces G^m es positiva. Luego cualquier vértice puede ser unido a cualquier otro con un camino de longitud m (repasa el teorema A.2). Pero entonces cualquier vértice puede unirse a sí mismo con un camino de longitud m, por lo que hay ciclos de longitud m. Pero G^{m+1} es también positiva, luego hay ciclos de longitud $m+1$. Como el máximo común divisor de m y $m+1$ es 1, hay (al menos) dos ciclos tales que el máximo común divisor de sus longitudes es 1.

La demostración del recíproco es más complicada[48]. □

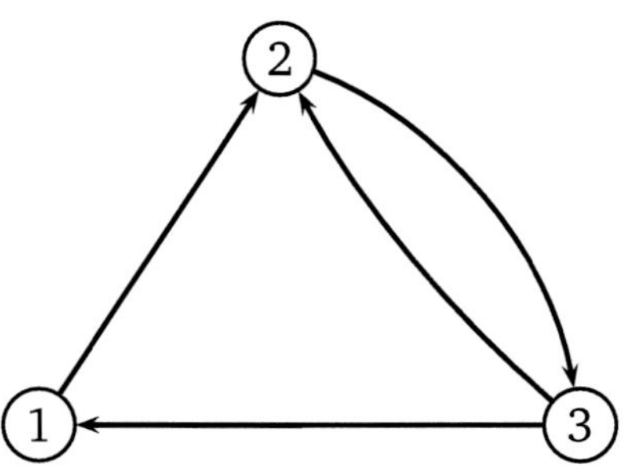

Figura A.2.

[48] La puedes encontrar en el capítulo 9 del libro *Dynamical Systems*, escrito por S. Sternberg.

Ejemplo A.5. Considera la matriz del ejemplo A.4. En la figura A.2 puedes ver el grafo asociado a esta matriz.

Los ciclos $1 \to 2 \to 3 \to 1$ y $2 \to 3 \to 2$ tienen longitudes 3 y 2, respectivamente. Como el máximo común divisor de 3 y 2 es 1, entonces la matriz A es primitiva. ______________ **Fin**

A.3. Demostraciones

Esta sección es opcional y muestra la demostración del teorema A.2.

DEMOSTRACIÓN DEL TEOREMA A.2. Sea $a_{i,j;k}$ el número de caminos de longitud k entre los vértices i, j y sea $[G^k]_{ij}$ la entrada (i,j) de G^k. Vamos a demostrar el teorema por inducción sobre k.

Para $k = 1$, el teorema es evidente pues se deduce trivialmente de la definición de la matriz de adyacencia G.

Supongamos que se cumple que $a_{r,s;k} = [G^k]_{rs}$ para dos vértices r,s cualesquiera. Vamos a demostrar que $a_{i,j;k+1} = [G^{k+1}]_{ij}$.

Como cualquier camino de longitud $k+1$ que va del vértice i al j es un camino de longitud k que va del vértice i a cualquier vértice r junto con la arista $r \to j$, entonces

$$a_{i,j;k+1} = \sum_{\text{Existe arista } r\to j} a_{i,r;k}.$$

Pero, si existe la arista $r \to j$, entonces $[G]_{r,j} = 1$; y, si no existe la arista $r \to j$, entonces $[G]_{r,j} = 0$. Por esto y la hipótesis de inducción,

$$a_{i,j;k+1} = \sum_r [G^k]_{ir}[G]_{rj}.$$

Debido a la definición del producto de matrices, $\sum_r [G^k]_{ir}[G]_{rj} = [G^k \cdot G]_{ij} = [G^{k+1}]_{ij}$. Por lo que el teorema está probado. □

Bibliografía

[1] J. Benítez, "El sistema de compresión JPEG. un pequeño paseo por la transformada discreta de fourier y la transformada coseno," *La Gaceta de la Real Sociedad Matemática Española*, vol. 19, no. 1, 2016.

[2] J. Benítez y J. Izquierdo, "Cómo tomar una decisión. analytic hierarchy process: otro uso de las matrices," *La Gaceta de la Real Sociedad Matemática Española*, vol. 22, no. 1, 2019.

[3] M. W. Berry, Z. Drmač y E. R. Jessup, "Matrices, vector spaces, and information retrieval," *SIAM Review*, vol. 41, no. 2, 1999.

[4] D. A. Brannan, M. F. Esplen y J. J. Gray, *Geometry*. Cambridge University Press, 2009.

[5] W. L. Briggs y V. E. Henson, *The DFT: an owner's manual for the discrete Fourier transform*. Society for Industrial and Applied Mathematics, 1987.

[6] S. A. Broughton y K. Bryan, *Discrete Fourier analysis and wavelets: applications to signal and image processing*. Wiley-Intersience, 2008.

[7] K. Bryan y T. Leise, "The $25,000,000,000 eigenvector: The linear algebra behind google," *SIAM Review*, vol. 48, no. 3, pp. 569–581, 2006.

[8] R. Casse, *Projective geometry: an introduction*. Oxford University Press, 2006.

[9] J. D'Amelio, *Perspective drawing handbook*. Dover Publications Inc., 2003.

[10] P. J. Davis, *Circulant matrices*. John Wiley & Sons Inc., 1979.

[11] J. W. Eaton, D. Bateman, S. Hauberg y R. Wehbring, "Free your numbers, GNU Octave," 2024. `https://docs.octave.org/octave.pdf` [Accedido: (13 de junio de 2025)].

[12] G. Farin, *Curves and surfaces for CAGD*. Elsevier, 2001.

[13] P. C. M. Flahive y R. Robson, *Difference Equations: From Rabbits to Chaos*. Springer, 2005.

[14] J. Gravesen, *Differential geometry and design of shape and motion*. Department of Mathematics, Technical University of Denmark, 2002.

[15] J. G. Kemeny y J. L. Snell, *Finite Markov chains*. Springer, 1976.

[16] J. R. Kirkwood, *Markov processes*. CRC Press, 2015.

[17] M. Kline, "Projective geometry," *Scientific American*, vol. 192, no. 1, 1955.

[18] D. O. Logofet, *Matrices and graphs. Stability problems in mathematical ecology*. CRC Press, 1993.

[19] C. D. Meyer y A. N. Langville, *Google's PageRank and beyond: the science of search engine rankings*. Princeton University Press, 2009.

[20] C. D. Meyer, *Matrix analysis and applied linear algebra*. Society for Industrial and Applied Mathematics, 2010.

[21] H. Nikaido, *Introduction to sets and mappings in modern economics*. Elsevier Science Publishing, 1970.

[22] A. Papoulis, *The Fourier integral and its applications*. McGraw-Hill College, 1962.

[23] D. Poole, *Álgebra lineal: una introducción moderna*. Cengage Learning Editores, 2006.

[24] N. Privault, *Understanding Markov chains*. Springer, 2013.

[25] P. Ramírez, "El sistema de Leontief y su solución matemática (nota didáctica)," *Lecturas de economía*, vol. 37, no. 1, 1992.

[26] J. Shlens, "A tutorial on principal component analysis," 2014. `https://arxiv.org/abs/1404.1100` [Accedido: (13 de junio de 2025)].

[27] S. Xambó-Descamps, *Block Error-Correcting Codes: A Computational Primer*. Springer, 2003.